プラント・オパール図譜

走査型電子顕微鏡写真による植物ケイ酸体学入門

近藤錬三 著

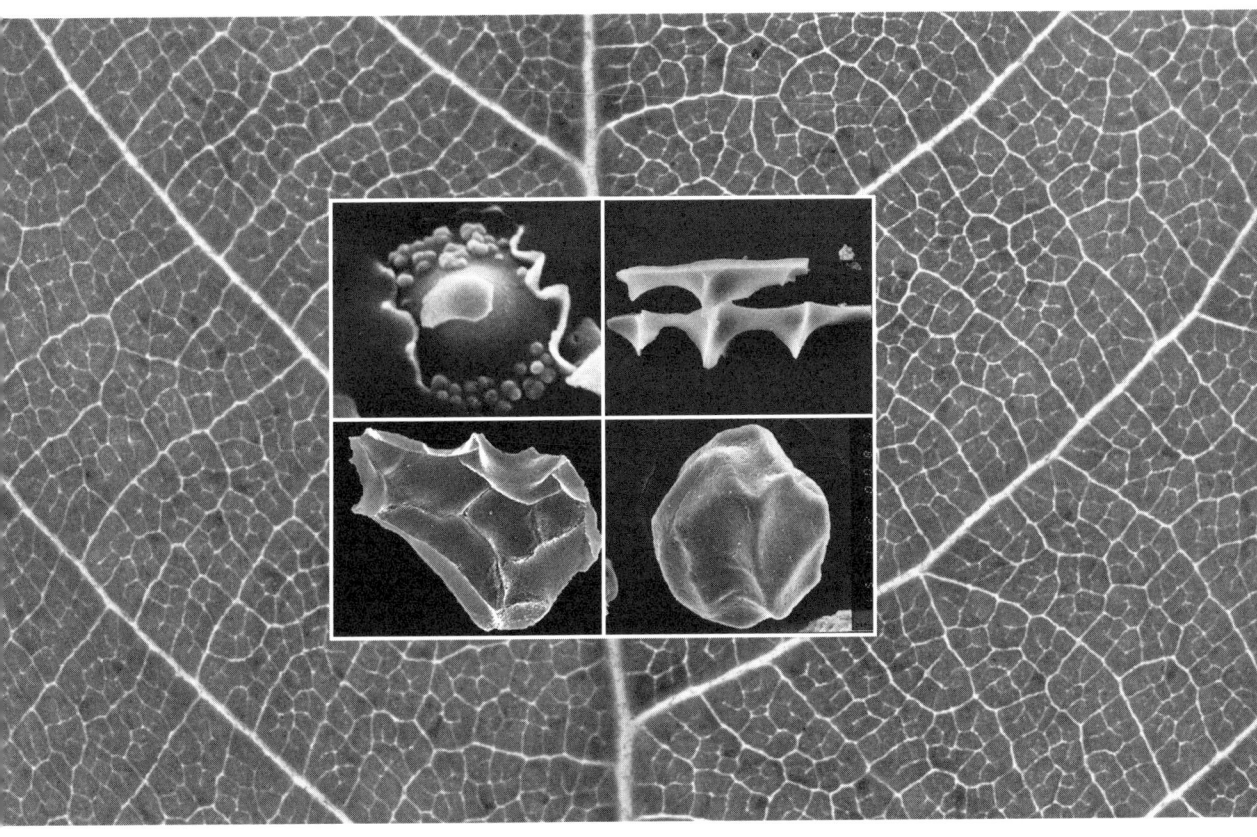

北海道大学出版会

ホタルイ	グイマツ
ハクモクレン	スダジイ

まえがき

　植物の細胞を鋳型としてつくられる植物ケイ酸体（プラント・オパール）は，いわば「細胞の鋳物」とみなせる。だから，鋳物の形がわかると，その元となる鋳型(細胞)が探しだせ，母植物が予測可能なのである。しかし，自然の摂理はそれほど甘くない。鋳型が存在しても，すべての植物が鋳物を形成するとは限らない。植物やそれを構成する細胞の違いによって鋳物ができやすいものとそうでないものがあるからである。その上，植物が生育する環境によっても鋳物の生成が左右されるのでいっそう厄介である。

　この鋳物の正体は，土壌に無尽蔵にあるケイ酸のうち，植物に吸収されやすい可溶性ケイ酸が細胞に沈積したもので，宝石のオパールと同じ非晶質含水ケイ酸($SiO_2 \cdot nH_2O$)なのだ。

　この顕微鏡サイズの微小な鉱物が植物体から発見されたのは，博物学者のC. Darwinがビグール号で航海中の後半の時期にあたる。Darwinと植物ケイ酸体との関わりについては第II部解説篇でふれるのでここでは割愛するが，この起源については当時から興味がもたれていたようである。

　植物ケイ酸体は，前述したように細胞のレプリカのようなものであるので，当初から植物中のケイ化した細胞の分布や形態について，一部の植物学者によって解剖学的に検討されてきた。とくに，葉身表皮細胞の解剖学的構造が植物の識別に重要であるという共通認識から多くの植物の分類学研究に応用された。そのひとつに，植物体を加熱灰化し，その灰化形骸の形態と分布を調べて，植物の類縁関係を求める手法，灰像(スポドグラム)分析がある。この灰像分析は，モーリッシュ反応を発見したH. Molischが考案した方法で，主に穀類の種子を同定する手法として今日でも考古学や薬学の分野で応用されている。

　植物ケイ酸体研究が飛躍的に発展し，研究が多く報告されるようになったのは1975年以降である。その裏には，解像度の高い走査型電子顕微鏡の出現と超音波処理などによる植物体から植物ケイ酸体を効率的に分離・抽出する手法の開発が見逃せない。

　この20年，植物ケイ酸体研究は各国で着実に根を張り，これまで以上のスピードで進歩しつつある。とくに，アメリカ，ヨーロッパを中心とする考古学，地質学，生態学などの研究報告が多いことには驚かされる。しかし，これらは，主に応用研究で，形態，分類などを取り扱っている基礎研究はいまだ少ない。

　一方，わが国における植物ケイ酸体研究をみると，ここ数年間着実に前進してきた。だが，解決せねばならぬ問題が山積している。ひとつは，植物ケイ酸体研究の基本ともいえる，形態の記載，命名，分類などが研究者の間でかなり隔たりがあることである。これは，情報交換の場が所属学会内に留まり，研究者間で論議の深まりがないことにも起因するが，やはり植物ケイ酸体研究に対する研究者自身の姿勢によるところが大きい。次に，系統的な基礎研究が少ないままに，応用面に走ることは，結果として植物ケイ酸体分析の解釈に説得力を欠き，一貫した成果が得られにくいことである。多くの研究者により指摘されている問題点が着実に解決され，それらの情報が蓄積されるならば，植物ケイ酸体研究のいっそうの展望が開ける。さらに，わが国では，研究者の絶対数が少ないばかりでなく，ごく一部の専門分野に偏り，ヨーロッパやアメリカに比べ研究者の多様性に欠如している。これは，植物ケイ酸体研究の発展に関わる全体的な問題でもある。少人数による植物ケイ酸体研究には限度があり，研究者の絶対数の増加が切望されるところである。また，初心者が植物ケイ酸体研究に興味を抱き，研究を進めようとしたとき，その研究方法の詳細についてすみやかに情報を提供してくれるような植物ケイ酸体形態の図鑑や啓蒙的な解説書がほとんど出版されていない。

　本書は，上記のような視点にたち，初心者や若手研究者がスムーズに植物ケイ酸体研究に着手できるように，便宜的に第I部と第II部にわけて記載することにした。

　第I部では，主に植物葉から分離した植物ケイ酸体の走査型電子顕微鏡(SEM)写真を図版篇として載せ，それらに若干の解説を加えた。植物ケイ酸体は，その性質上，植物種の違い，同一個体内および部位

ばかりでなく，同じ植物ケイ酸体でも光学顕微鏡下におけるプレパラート中で異なった形態として観察されることがあるので，初心者にとっては慣れ親しみづらいかも知れない。そこで，同じ植物ケイ酸体でも多少の変異があるということを究めてもらうために，可能な限り多くのSEM写真を載せるように努めた。読者はこのSEM写真を見て，光学顕微鏡観察時における植物ケイ酸体の同定に役立ててほしい。

第II部では，植物ケイ酸体がどのようにして植物体内で誕生し，植物細胞の鋳物としての体裁を整えるのかを細胞タイプとの関連から植物ケイ酸体の形態について解説した。さらに，光学顕微鏡で観察する際に戸惑う3次元(立体)形態の困難さについて，どのように克服すればよいかを，イネ科植物の短細胞と泡状細胞由来のケイ酸体を具体例として示し，同定の際に役立つよう努めた。今のところ，植物ケイ酸体の同定は，それらの特有な形態を手がかりに異なった分類レベルで行われている。これは，まだ植物ケイ酸体の分類が日本の研究者の間ばかりでなく，各国で統一されていないことを意味している。したがって，本書ではそのことをふまえ，最近の諸外国の動向を交えながら，主にイネ科植物と樹木起源ケイ酸体由来の植物ケイ酸体の分類について解説する。最後に，植物ケイ酸体分析を用いた植物学，地質学，土壌学，考古学などについて多数の具体例を紹介する。

また，これから植物ケイ酸体の研究を始めようとしている人のために，1835年から今日まで公表されてきた植物ケイ酸体に関連する主要な文献を本書末尾に載せた。これらの文献は第1章第2節の研究史のなかで引用・参考にしているが，すべてを網羅しているわけではない。これらの文献が読者にとって少しでも役立てば幸甚である。

本書は，植物ケイ酸体そのものに興味を抱く読者以外にも，植物学，植物生態学，考古学，地質学，第四紀学，土壌学などの関連分野の研究者や初学者に多くの有益な情報をもたらすであろう。とくに，環境復元法としての植物ケイ酸体分析は，花粉分析や大型植物遺体分析と併用することでよりいっそうそのすばらしい力が発揮される。また，写真図版に見られる多種多様な形態は，「もの造りデザイン」を取り扱う読者にとって創造性をそそる一助となるならば幸いである。

このように何の変哲もない1枚の植物葉に秘められた小さな生体鉱物，「植物ケイ酸体」が過去の植生の履歴や人間の行動を紐解く鍵になるとはDarwinも予想だにしなかったであろう。

2010年6月25日

近藤 錬三

目　　次

まえがき　i

第Ⅰ部　図版篇

イネ科 Poaceae タケ亜科 Bambusoideae タケ連 Bambuseae　5
　　ササ属 *Sasa* 5/アズマザサ属 *Sasaella* 15/スズタケ属 *Sasamorpha* 17/ヤダケ属 *Pseudosasa* 18/メダケ属 *Pleioblastus* 19/インヨウチク属 *Hibanobambusa* 23/カンチク属 *Chimonobambusa* 25/マダケ属 *Phyllostachys* 26/ナリヒラダケ属 *Semiarundinaria* 27/トウチク属 *Sinobambusa* 29/シホウチク属 *Tetragonocalamus* 30/オカメザサ属 *Shibataea* 31/ホウライチク属 *Bambusa* 32/スキゾスタキュム属 *Schizostachyum* 33

イネ科 Poaceae タケ亜科 Bambusoideae イネ連 Oryzeae　34
　　イネ属 *Oryza* 34/サヤヌカグサ属 *Leersia* 37/マコモ属 *Zizania* 38

イネ科 Poaceae イチゴツナギ亜科 Pooideae ハネガヤ連 Stipeae　39
　　ハネガヤ属 *Stipa* 39

イネ科 Poaceae イチゴツナギ亜科 Pooideae イチゴツナギ連 Poeae　40
　　ホソムギ属 *Lolium* 40/カモガヤ属 *Dactylis* 42/イチゴツナギ属 *Poa* 43/ウシノケグサ属 *Festuca* 43

イネ科 Poaceae イチゴツナギ亜科 Pooideae コムギ連 Triticeae　44
　　コムギ属 *Triticum* 44/テンキグサ属 *Leymus* 46/オオムギ属 *Hordeum* 46

イネ科 Poaceae イチゴツナギ亜科 Pooideae カラスムギ連 Aveneae　47
　　ノガリヤス属 *Calamagrostis* 47/アワガエリ属 *Phleum* 48/コウボウ属 *Hierochloe* 50/カラスムギ属 *Avena* 50/クサヨシ属 *Phalaris* 50/ヌカボ属 *Agrostis* 51

イネ科 Poaceae イチゴツナギ亜科 Pooideae ホガエリガヤ連 Brylkinieae　51
　　ホガエリガヤ属 *Brylkinia* 51

イネ科 Poaceae イチゴツナギ亜科 Pooideae スズメノチャヒキ連 Bromeae　52
　　スズメノチャヒキ属 *Bromus* 52

イネ科 Poaceae ダンチク亜科 Arundinoideae ダンチク連 Arundineae　53
　　ダンチク属 *Arundo* 53/ウラハグサ属 *Hakonechloa* 55/ヌマガヤ属 *Molinia* 56/ヨシ属 *Phragmites* 58

イネ科 Poaceae ダンチク亜科 Arudinoideae シロガネヨシ連 Cortaderiae　61
　　シロガネヨシ属 *Cortaderia* 61

イネ科 Poaceae ダンチク亜科 Arudinoideae ダンソニア連 Danthonieae　62
　　キオノクロア属 *Chionochloa* 62/リチドスペルマ属 *Rytidosperma* 63

イネ科 Poaceae ヒゲシバ亜科 Chloridoideae スズメガヤ連 Eragrostideae　64
　　スズメガヤ属 *Eragrostis* 64/タツノツメガヤ属 *Dactyloctenium* 65/ハマガ

ヤ属 *Diplachne* 65/ネズミガヤ属 *Muhlenbergia* 66/ジスチクリス属 *Distichlis* 68

イネ科 Poaceae ヒゲシバ亜科 Chloridoideae ギョウギシバ連 Cynodonteae　69
　　オヒシバ属 *Eleusine* 69/オヒゲシバ属 *Chloris* 70/シバ属 *Zoysia* 71

イネ科 Poaceae キビ亜科 Panicoideae キビ連 Paniceae　72
　　キビ属 *Panicum* 72/チヂミザサ属 *Oplismenus* 73/ヒエ属 *Echinochloa* 75/エノコログサ属 *Setaria* 77/メヒシバ属 *Digitaria* 79/チカラシバ属 *Pennisetum* 80

イネ科 Poaceae キビ亜科 Panicoideae トタシバ連 Arundinelleae　81
　　トタシバ属 *Arundinella* 81

イネ科 Poaceae キビ亜科 Panicoideae ヒメアブラススキ連 Andropogoneae　82
　　オオアブラススキ属 *Spodiopogon* 82/ススキ属 *Miscanthus* 83/チガヤ属 *Imperata* 85/モロコシ属 *Sorghum* 86/コブナグサ属 *Arthraxon* 87/ササガヤ属 *Microstegiurm* 88/メガルカヤ属 *Themeda* 89/ジュズダマ属 *Coix* 90/トウモロコシ属 *Zea* 91

イネ科 Poaceae の地下茎　94
　　ササ属 *Sasa* 94/スズタケ属 *Sasamorphs* 95

イネ科 Poaceae の根　96
　　ササ属 *Sasa* 96

イネ科 Poaceae の地下茎　97
　　ヨシ属 *Phragmites* 97

イネ科 Poaceae 非タケ類の地下茎・塊茎　99
イネ科 Poaceae 非タケ類の根　100
イネ科 Poaceae 穀類の種子　101
カヤツリグサ科 Cyperaceae　103
　　ガニア属 *Gahnia* 103/クロアブラガヤ属 *Scripus* 103/フトイ属 *Schoenoplectus* 103/ミカヅキグサ属 *Rhynchospora* 103/ヒメモトススキ属 *Cladium* 103/スゲ属 *Carex* 104/フトイ属 *Schoenoplectus* 104/ワタスゲ属 *Eriophorum* 104/スゲ属 *Carex* 105/ガニア属 *Gahnia* 105/スゲ属 *Carex* 106/クロアブラガヤ属 *Scripus* 106/ミカヅキグサ属 *Rhynchospora* 106/ガニア属 *Gahnia* 106

サンアソウ科 Restionaceae　107
　　エンポデスマ属 *Empodisma* 107/レプトカルプス属 *Leptocarpus* 107/スポラダンツス属 *Sporadanthus* 107

ヤシ科 Palmae　108
　　ヤエヤマヤシ属 *Satakentia* 108/クロツグ属 *Arenga* 108/ロパロスティリス属 *Rhopalostylis* 108/属名不明 108/ヤシ属 *Cocos* 109/属名不明 110/ロパロスティリス属 *Rhopalostylis* 111/ヤシ属 *Cocos* 111/属名不明 111

ラン科 Orchidaceae　112
　　シンピジュウム属 *Cymbidium* 112/コチョウラン属 *Phalaenopsis* 112

パイナップル科 Bromeliaceae　113
　　アナナス属 *Ananas* 113

カンナ科 Cannaceae　113

　　　　　ハナカンナ属 *Canna* 113
　　ショウガ科 Zingiberaceae　　114
　　　　　ホザキアヤメ属 *Costus* 114
　　バショウ科 Musaceae　　115
　　　　　バショウ属 *Musa* 115／オウムバナ属 *Heliconia* 116
　　クズウコン科 Malantaceae　　117
　　　　　カラチア属 *Calathea* 117
　　モクレン科 Magnoliaceae　　118
　　　　　モクレン属 *Magnolia* 118
　　マンサク科 Hamamelidaceae　　119
　　　　　イスノキ属 *Distylium* 119
　　クワ科 Moraceae　　120
　　　　　イチジク属 *Ficus* 120／パンノキ属 *Artocarpus* 121
　　ニレ科 Ulmaceae　　121
　　　　　ケヤキ属 *Zelkova* 121／ニレ属 *Ulmus* 121
　　ブナ科 Fagaceae　　122
　　　　　ブナ属 *Fagus* 122／コナラ属 *Quercus* 122／シイノキ属 *Castanopsis* 125／マ
　　　　　テバシイ属 *Lithocarpus* 127／ナンキョクブナ属 *Nothofagu* 128
　　クスノキ科 Lauraceae　　129
　　　　　タブノキ属 *Persea*（*Machilus*）129／クスノキ属 *Cinnamomum* 131／クロモ
　　　　　ジ属 *Lindera* 131／ハマビワ属 *Litsea* 132／シロダモ属 *Neolitsea* 134／アカ
　　　　　バクスノキ属 *Beilshmiedia* 135
　　キク科 Compositae　　136
　　　　　オレアリア属 *Olearia* 136／ブラキグロッテス属 *Brachyglottis* 136
　　クノニア科 Cunoniaceae　　137
　　　　　ウエインマニア属 *Weinmannia* 137
　　ムクロジ科 Sapindeaceae　　138
　　　　　アレクトリオン属 *Alectryon* 138
　　エスカロニア科 Escalloniacea　　139
　　　　　カルポデッス属 *Carpodetus* 139
　　ヤマモガシ科 Proteaceae　　139
　　　　　ニグティア属 *Knightia* 139
　　フトモモ科 Myrtaceae　　140
　　　　　メテロシデロス属 *Metrosideros* 140
　　トベラ科 Pittosporace　　140
　　　　　トベラ属 *Pittosporum* 140
　　フタバガキ科 Dispterocarpaceae　　141
　　　　　フタバガキ属 *Dipterocarpus* 141
　　アオギリ科 Sterculiaceae　　142
　　　　　シロギリ属 *Pterospermum* 142
　　クマツヅラ科 Verbenaceae　　143
　　　　　ハマゴウ属 *Vitex* 143
　　ナンヨウスギ科 Araucariaceae　　144

アガチス属 *Agathis* 144
イチイ科 Taxaceae　145
　イチイ属 *Taxus* 145
ヒノキ科 Cupressaceae　146
　ヒノキ属 *Chamaecyparis* 146/クロベ属 *Thuja* 146/ビャクシン属 *Juniperus* 147
マツ科 Pinaceae　148
　マツ属 *Pinus* 148/トウヒ属 *Picea* 155/モミ属 *Abies* 159/カラマツ属 *Larix* 162/ツガ属 *Tsuga* 166/トガサワラ属 *Pseudotsuga* 166

草本性シダ類：
コバノイシカグマ科 Dennstaedtiaceae　167
　ワラビ属 *Pteridium* 167/フモトシダ属 *Microlepia* 167
オシダ科 Dryopteridaceae　167
　イノデ属 *Polystichum* 167
シシガシラ科 Blechnaceae　167
　ブレキナム属 *Blechnum* 167
ヒメシダ科 Thelypteridaceae　167
　ヒメシダ属 *Thelypteris* 167
イワヒバ科 Selaginellaceae　168
　イワヒバ属 *Selaginella* 168
リュウビンタイ科 Marattiaceae　168
　リュウビンタイ属 *Angiopteris* 168
トクサ科 Equisetaceae　169
　トクサ属 *Equisetum* 169

木性シダ類：
ヘゴ科 Cyatheaceae　170
　ヘゴ属 *Cyathea* 170
タカワラビ科 Dicksoniaceae　170
　タカワラビ属 *Dicksonia* 170

第II部　解説篇

第1章　植物ケイ酸体研究　173

1. 植物ケイ酸体の発見とその背景　173
2. 研究史　174
3. わが国におけるケイ酸体研究の経緯　182

第2章　植物ケイ酸体の誕生　185

1. 植物ケイ酸体とは　186
2. 植物ケイ酸体の物理,化学的および光学的特性　186
　［コラム1］　植物ケイ酸体中の有機炭素量および ^{13}C 自然存在比　188
3. 植物体内へのケイ酸の吸収と集積　190

4. 植物におけるケイ酸の機能　192
　　　5. 植物界における植物ケイ酸体の生産量と分布　193
　　　6. 土壌中の植物ケイ酸体とその量　196

第3章　植物ケイ酸体の識別と観察法　199

　　　1. 植物ケイ酸体の識別　199
　　　2. 植物体からの植物ケイ酸体の分離・抽出　200
　　　　　［コラム2］　重　液　202
　　　3. 顕微鏡調整資料(プレパラート)の作成と観察法　202

第4章　植物ケイ酸体の形態と細胞タイプ　205

　　　1. イネ科植物の葉身に見られる植物ケイ酸体　205
　　　2. イネ科植物葉身の表皮における細胞の配列とケイ酸体　208
　　　3. イネ科植物の地下茎，根および種子に見られる植物ケイ酸体　210
　　　4. 樹木葉部および材部に見られる植物ケイ酸体　213
　　　5. そのほかの植物に見られる植物ケイ酸体　216
　　　6. 類似の形態を備えている植物ケイ酸体　218

第5章　植物ケイ酸体の3次元形態　221

　　　1. 各部位の名称とその定義　221
　　　2. 3次元的形態の特徴　222
　　　　　短細胞由来のケイ酸体　222/プリックルヘア由来のケイ酸体　225/泡状細胞由来のケイ酸体　225

第6章　植物ケイ酸体の粒径サイズ　231

　　　1. イネ科植物における代表的植物ケイ酸体の粒径　231
　　　2. 樹木起源ケイ酸体の粒径　237
　　　3. 植物ケイ酸体の粒径と粒径比の意義　238

第7章　植物ケイ酸体の同定と分類　241

　　　1. イネ科植物ケイ酸体の分類　242
　　　　　短細胞ケイ酸体の分類　243/泡状細胞(ファン型)ケイ酸体の分類　248
　　　2. カヤツリグサ型ケイ酸体の分類　251
　　　3. 樹木由来の植物ケイ酸体の分類　255

第8章　植物ケイ酸体分析の実際　261

　　　1. 植物ケイ酸体の分析法　261
　　　　　試料採取法　261/植物ケイ酸体の土壌・堆積物からの分離・抽出と分析法　262/植物ケイ酸体の同定とその計数法　263/植物ケイ酸体ダイアグラムとその解釈　264
　　　2. 植物ケイ酸体の溶解性と安定性　265
　　　3. 植物ケイ酸体のタフォノミー　266
　　　　　［コラム3］　植物ケイ酸体分析法の利点と欠点　267

第9章　植物ケイ酸体分析の応用　269

1. 植物ケイ酸体と植生分布との対応　269
2. 累積テフラ・ローム層の植生履歴　274
   ［コラム4］　植物ケイ酸体量および密度による植物ケイ酸体年生産量と植物葉部生産量の推定　281
3. 湿原における泥炭堆積物の植生履歴　283
4. 北海道における最近340年間のササ属葉部生産量の推移と最終間氷期以降のササ属の地史的動態　289
5. 植物ケイ酸体と土壌生成　293
6. 2次堆積物なかでの植物ケイ酸体の移動・運搬　297
7. 植物ケイ酸体と土壌・堆積物の年代　300
8. 植物ケイ酸体と農耕の起源，栽培作物　306
9. 植物ケイ酸体と考古学遺物　311
10. 植物ケイ酸体と食性　313

引用・参考文献　319

あとがき　363
事項索引　365
和名索引　375
学名索引　383

第 I 部

図 版 篇

本書に載せた植物ケイ酸体の図版は，主にイネ科，カヤツリグサ科などの草本類，ブナ科，クスノキ科などの広葉樹，マツ科，ヒバ科などの針葉樹およびシダ類の葉身から分離した植物ケイ酸体の走査型電子顕微鏡(SEM)写真である。

　葉身以外ではイネ科の地下茎・根と種子，樹木の枝・材部から分離した植物ケイ酸体のSEM写真も併せて載せた。

　図版に載せた植物は，大部分が日本に自生している植物種であるが，植物園や見本園に植栽している種，外国(ニュージーランド，フィリピン)種も含まれている。ただし，ニュージーランド産，フィリピン産など「産」を付しているものは，現地で採集したものであることを示している。

　タケ亜科以外のイネ科植物名は，長田(1989)に従い，イチゴツナギ亜科，ササクサ亜科，ダンチク亜科，ヒゲシバ亜科，およびキビ亜科の連，属および種名を用いた。タケ亜科は，室井(1969)，あるいは鈴木(1996)の属名，節名および種名を，また，カヤツリグサ科は谷城(2007)と勝山(2005)に準じた属名および種名を用いた。シダ類，樹木などの植物名は，採取，あるいは譲与いただいた植物園(京都府立大学付属植物園，国立科学博物館筑波植物園，富士竹類植物園)や見本園(東京大学北海道演習林，筑波森林総合研究所竹見本林，フィリピン・レイテ大学見本林)で常用している種名をそのまま用いた。

　第II部解説篇において詳細に述べるが，植物ケイ酸体の形態はその性質上，属，種および同一個体内ばかりでなく，顕微鏡観察時におけるプレパラート中の植物ケイ酸体の配置によっても変わって観察されるので，初心者にとっては慣れるまでは同定が多少困難かも知れない。そこで，図版篇では色々な方向から観察される植物ケイ酸体の多くのSEM写真を載せ，若干の解説を加えた。

　図版のSEM写真は，その大部分は帯広畜産大学在職中に土壌学研究室の走査型電子顕微鏡(明石α-10)で自ら撮影したものである。フィリピン産の植物ケイ酸体は，帯広畜産大学を退官後，明治大学農学部ハイテクリサーチセンターの走査型電子顕微鏡(JELO JS-6700)を用いて撮影した。また，ニュージーランド産の植物ケイ酸体は，著者が在外研究員としてDSIR土地資源研究に滞在中，ロアーハットのDSIR理化学研究所の走査型電子顕微鏡(Cambrige Stero sca50)を使用して撮影したものである。とくに，SEM撮影の際に，懇切丁寧なご指導をいただいたニュージーランドのKay-Card氏(Formaly Industrial Research Ltd, Lower Hutt)および中村卓准教授(明治大学農学部農芸科学科食品工学研究室)に感謝を申し上げる。

　なお，第II部解説篇の第4～第7章を読み終えた後にこれらの図版を通覧すれば，一層，植物ケイ酸体について理解が深まるであろう。

イネ科 Poaceae タケ亜科 Bambusoideae タケ連 Bambuseae ササ属 *Sasa* チマキザサ節 *Sasa* 　　　5

ササ属 *Sasa* チマキザサ節 *Sasa*

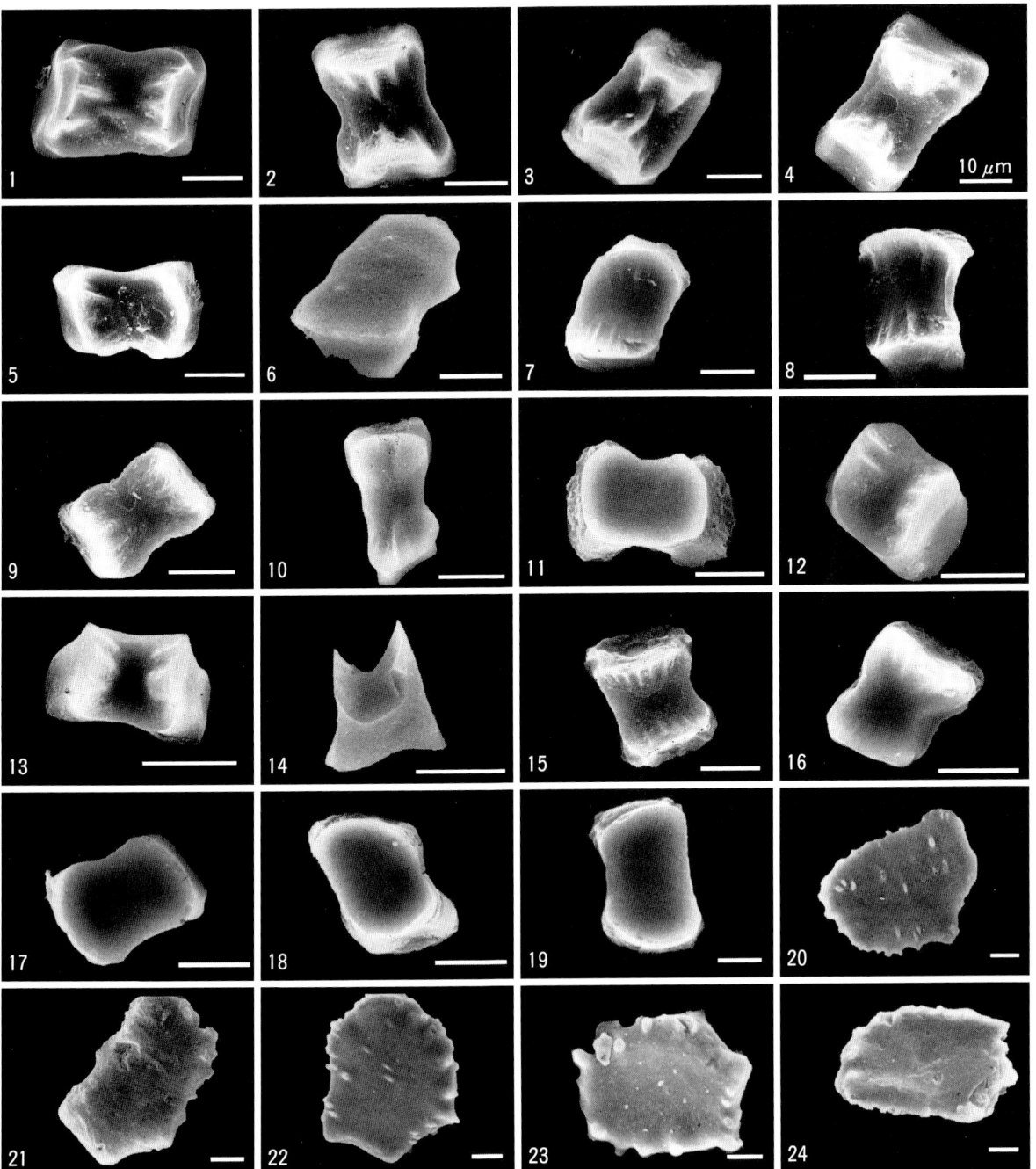

1〜4, 20〜24：チマキザサ *Sasa palmata*, 5, 21〜23：シャコタンチク *Sasa palmata* subs. *neblosa*, 7〜11：クマイザサ *Sasa senanensis*, 6：サトチマキ *Sasa palmata* subs. *neblosa*（南方系），12〜14：キスジクマザサ *Sasa veitchii* f.(?), 15, 16〜19：チュウゴクザサ *Sasa veitchii* var. *tyugokensis*

1〜19：短細胞由来のタケ型（長座鞍形）ケイ酸体（1〜5,7〜10,12,13,15,16：上面，6,11,17〜19：下面，14：上面・側面）。下面を上部とした側面の形態は「馬具の鞍」に似ているので，通常，タケ型ケイ酸体と呼んでいる。上面形状は，角がやや丸味を帯びた長方形で，中ほどがややくびれている。上面には数本の「皺」があるが，下面には見られない。「皺」は，両先端部から中ほどの斜面部分に見られる浅い波状の凹凸である。

20〜24：泡状細胞由来のファン型ケイ酸体（20〜23：端面，24：端面・側面）。大多数は扇形とは言い難い不定形。縦長は 50 μm 前後とチシマザサ節と同様に大きい。側面の厚さ（側長）は薄く（10 μm 前後），多数の小突起物が端面と側面で観察される。

6 イネ科 Poaceae タケ亜科 Bambusoideae タケ連 Bambuseae ササ属 *Sasa* チマキザサ節 *Sasa*

ササ属 *Sasa* チマキザサ節 *Sasa*

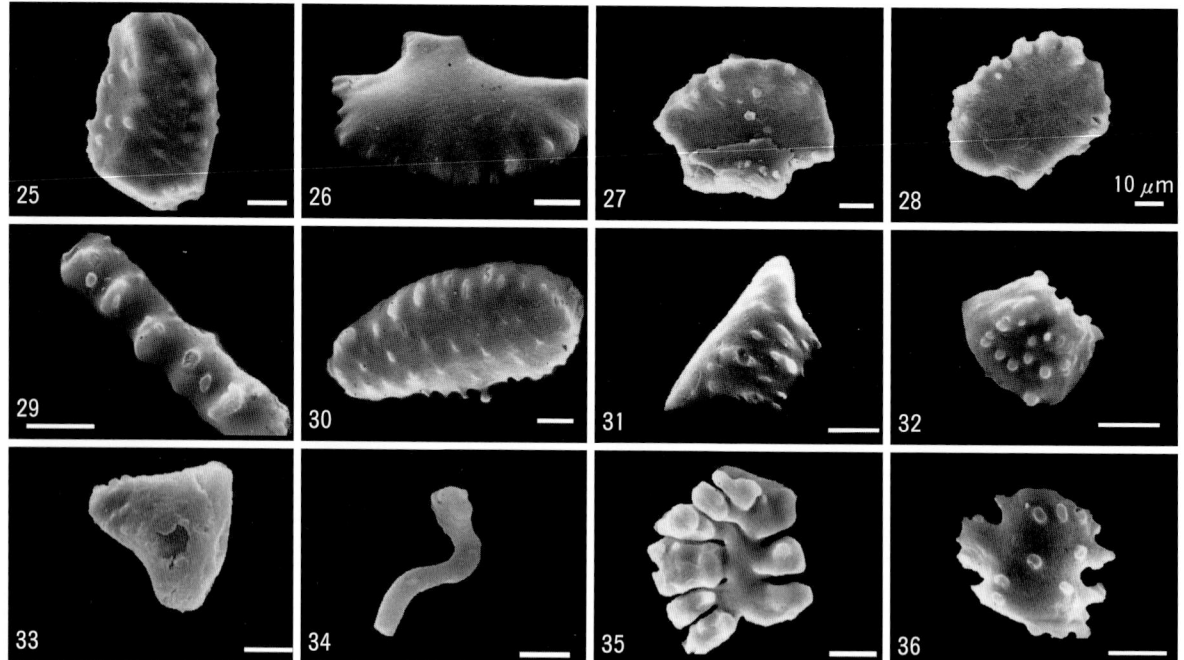

25, 32, 35：チュウゴクザサ *Sasa veitchii* var. *tyugokensis*, 27, 28：シャコタンチク *Sasa palmata* subs. *neblosa*, 26, 29〜31, 36：クマイザサ *Sasa senanensis*, 33, 34：キスジクマザサ *Sasa veitechii* f.(?)

25〜28：泡状細胞由来のファン型ケイ酸体(25：端面・側面, 26〜28：端面)。大多数は扇形とは言い難い不定形。縦長は50μm前後とチシマザサ節と同様に大きい。側長は薄く、小突起物が端面と側面で観察される。26はイチョウの葉様である。上面には突起物がない。

29：長細胞由来の棒状ケイ酸体。

30〜33：プリッケルヘア由来の円球状ポイント型ケイ酸体(30：下面, 31,32：側面, 33：上面)で、下面と側面に多数の小突起物が見られる。

34：ミクロヘア由来のパイプ状ケイ酸体。

35：葉肉の椀細胞(横断面)由来のケイ酸体。

36：給源細胞不明なケイ酸体。

イネ科 Poaceae タケ亜科 Bambusoideae タケ連 Bambuseae ササ属 *Sasa* チシマザサ節 *Macrochlamys*　　7

ササ属 *Sasa* チシマザサ節 *Macrochlamys*

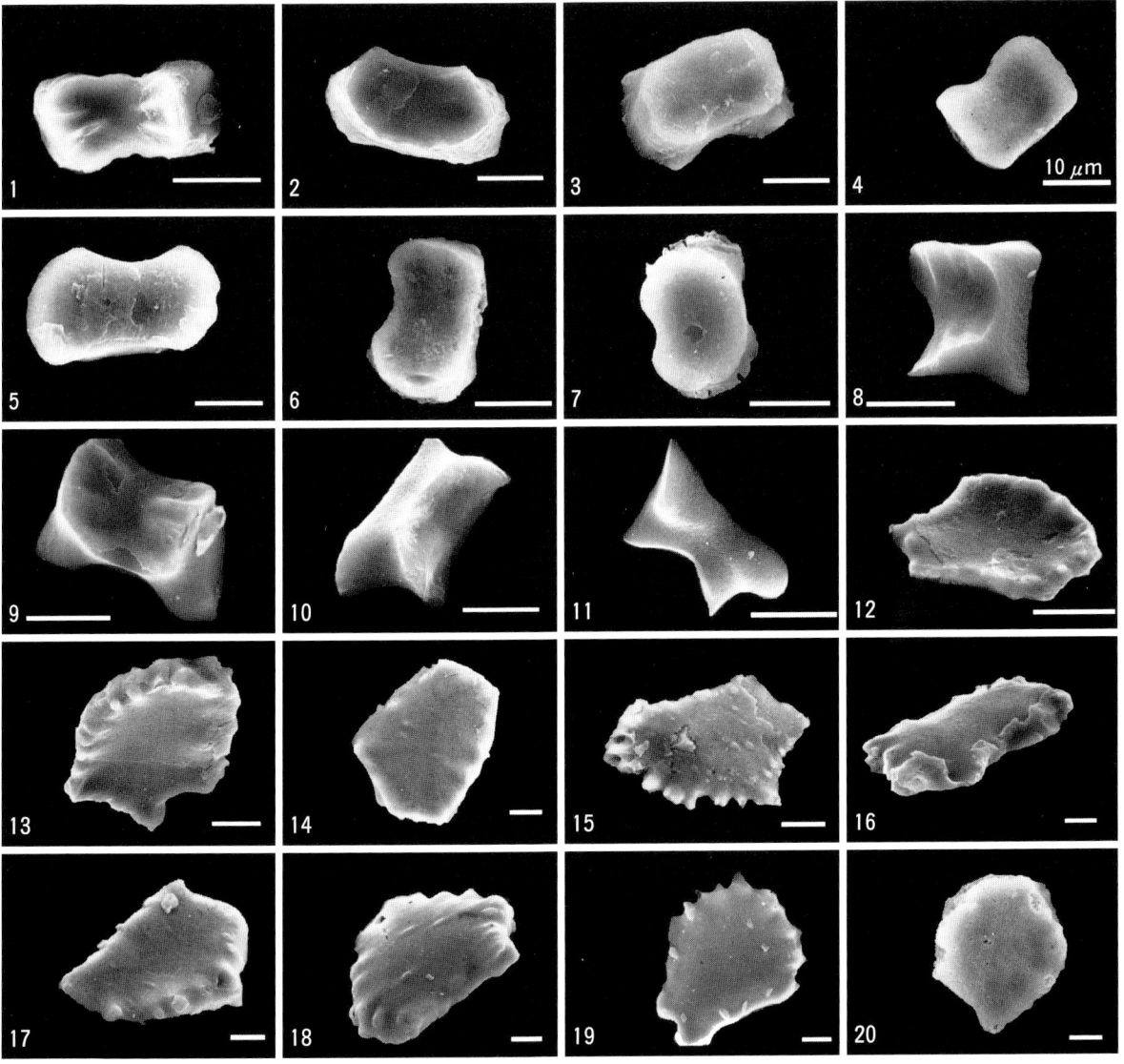

1〜20：チシマザサ *Sasa kurilensis*
1〜11：短細胞由来のタケ型ケイ酸（1〜3,9：上面，4〜7：下面，8,10：側面・上面，11：側面・下面）。皺があるが，どちらかといえば不明瞭である。下面形状はチマキザサ節より丸味のある長方形，長楕円形。
12〜20：ファン型ケイ酸体（12,14〜20：端面，13：端面・下面・側面）。大多数は端面の形状であるが，13のように側長が薄く，同時に下面形状のようすもわかる。チマキザサ節と同様に，扇形とは言い難い不定形。縦長/側長比が約4.7でとくに大きい。縦長は50μm前後で，小突起物が端面と側面の縁に観察される。

8 　イネ科 Poaceae タケ亜科 Bambusoideae タケ連 Bambuseae ササ属 Sasa チシマザサ節 Macrochlamys

ササ属 Sasa チシマザサ節 Macrochlamys

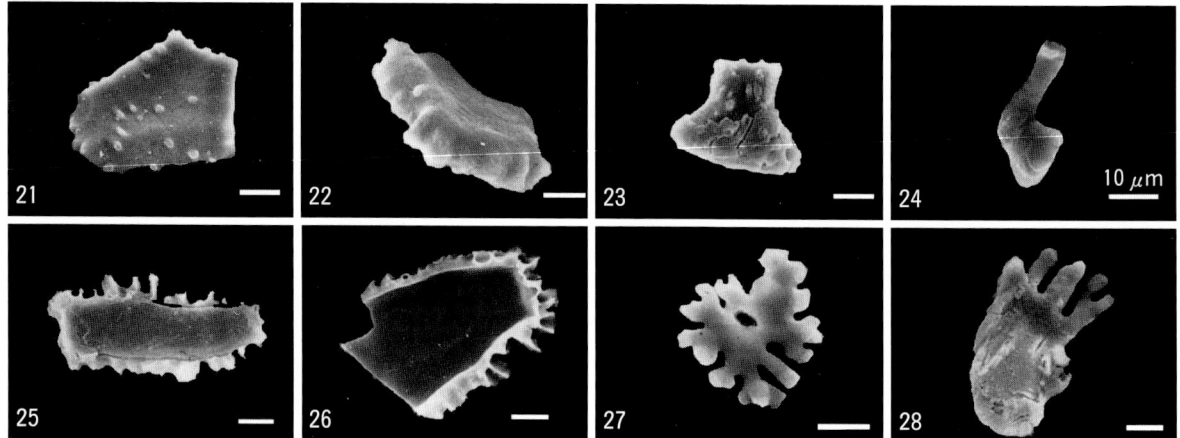

21～28：チシマザサ Sasa kurilensis
21, 22：ファン型ケイ酸体(21 端面・側面, 22：端面・下面・側面)。22 のように側長が薄く, 上面形状のようすもわかる。チマ
　　キザサ節と同様に, 扇形とは言い難い不定形。側長は薄く, 端面と側面に小突起物が観察される。
23：マクロヘア(?)由来のケイ酸体。
24：ミクロヘア由来のパイプ状ケイ酸体。
25,26：表皮付近の給源細胞不明なケイ酸体。佐瀬(1986a)のカレイ状ケイ酸体に相当。
27,28：葉肉の椀細胞由来のケイ酸体。28 はまるで「猿の足跡」状である。

イネ科 Poaceae タケ亜科 Bambusoideae タケ連 Bambuseae ササ属 *Sasa* ミヤコザサ節 *Crassinodi*

ササ属 *Sasa* ミヤコザサ節 *Crassinodi*

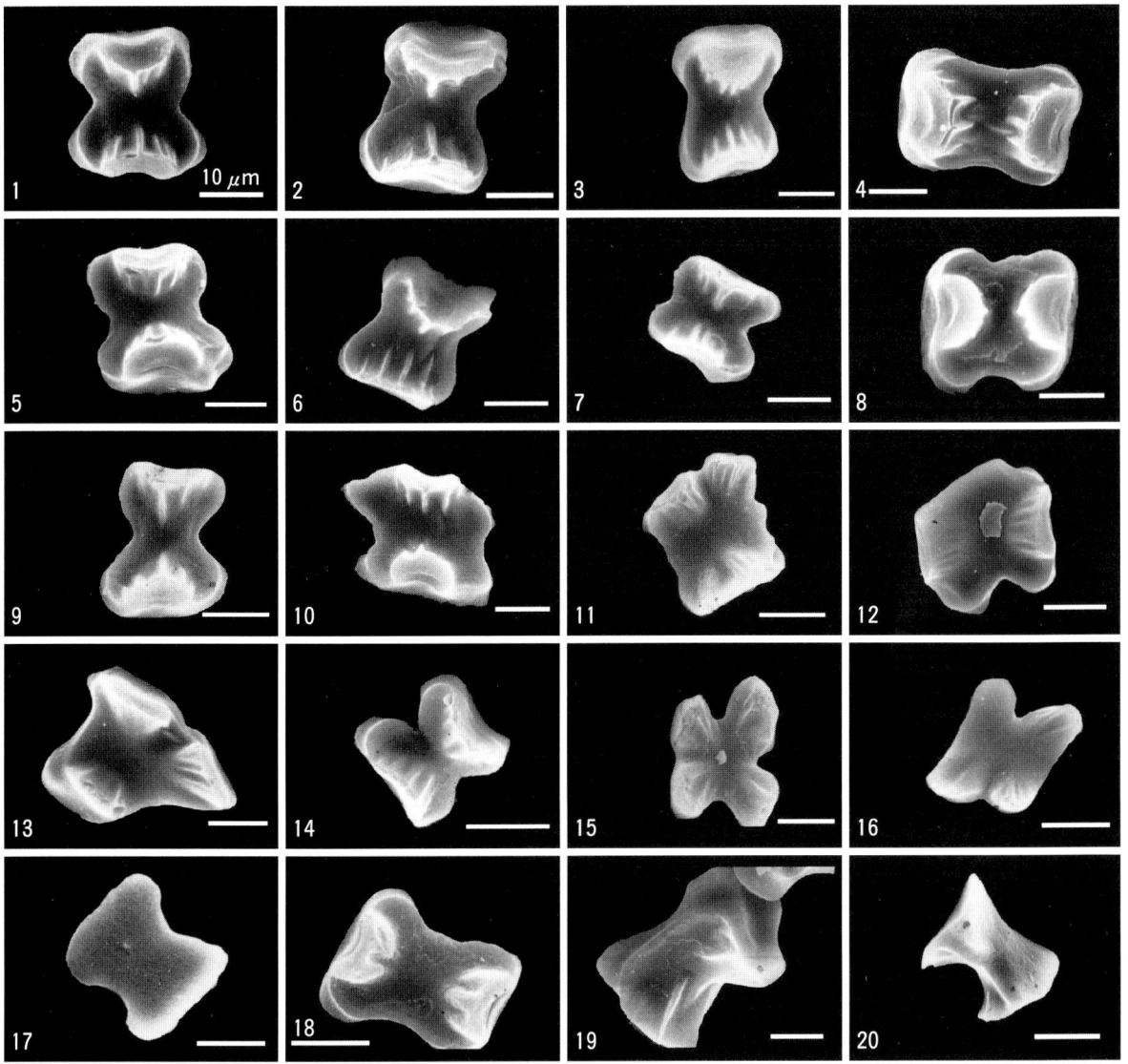

1～20：オオクマザサ *Sasa chartacea*

1～20：短細胞由来のタケ型ケイ酸(1～16,18：上面，17：下面，19：上面・側面，20：下面・側面)。上面形状はチマキザサ，チシマザサ両節に比べて，全体が丸味を帯びており，中ほどのくびれが深く，かつ，両先端部が窪んでいる。皺は極めて明瞭であり，両先端部から中ほどに向けて半円状の明瞭な輪郭が見られる。17で見られるように下面には皺はない。10～16は同一葉身に稀に観察される各種の形状である。とくに15は，皺の存在を除くと，キビ亜科の十字形ケイ酸体に類似する。

10　イネ科 Poaceae タケ亜科 Bambusoideae タケ連 Bambuseae ササ属 *Sasa* ミヤコザサ節 *Crassinodi*

ササ属 *Sasa* ミヤコザサ節 *Crassinodi*

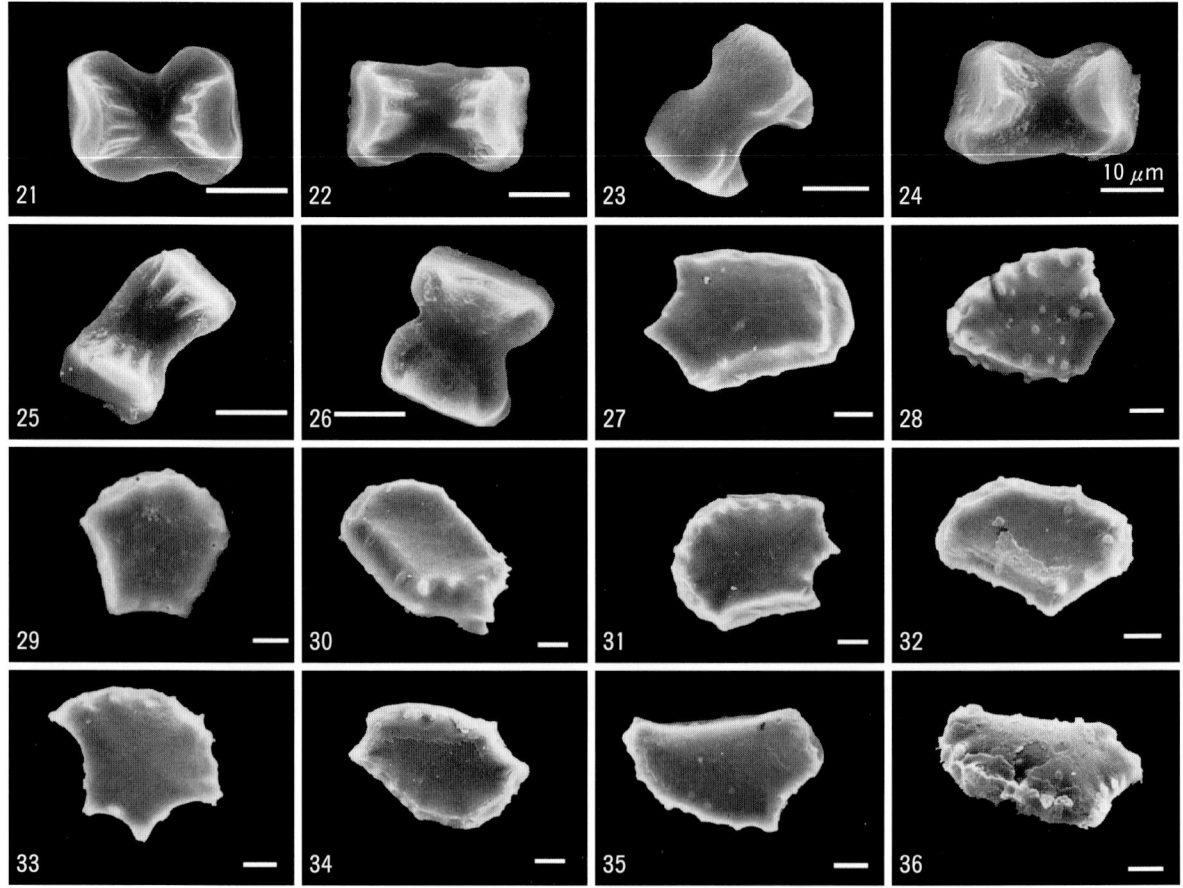

21〜26：ホソバザサ *Sasa ohominana*，27：ミヤコザサ *Sasa nipponica*，28，29：オオクマザサ *Sasa chartacea*，30〜34：エゾミヤコザサ *Sasa apoiensis*，35，36：ロッコウミヤコザサ *Sasa lokkomontana*

21〜26：短細胞由来のタケ型ケイ酸(21,22,24〜26：上面，23：下面・側面)。上面形状はチマキザサ，チシマザサ両節に比べて，全体が丸味を帯びており，中ほどのくびれが深く，かつ，両先端部が窪んでいる。皺は極めて明瞭であり，両先端部から中ほどに向けて半円状の明瞭な輪郭が見られる。また，22,25 はチマキザサ節に似た形状である。

27〜36：ファン型ケイ酸体(28,29,31,33〜35：端面，27,30,32：端面・側面，36：端面・下面)。29,30,33 以外は，扇形とは言い難い不定形。チシマザサ節，チマキザサ節に比べ小突起物はやや少なく，側長はやや薄い。縦長は種により幅が見られるが，40 μm 前後でチシマザサ，チマキザサ両節よりやや小さい。

イネ科 Poaceae タケ亜科 Bambusoideae タケ連 Bambuseae ササ属 *Sasa* ミヤコザサ節 *Crassinodi*

ササ属 *Sasa* ミヤコザサ節 *Crassinodi*

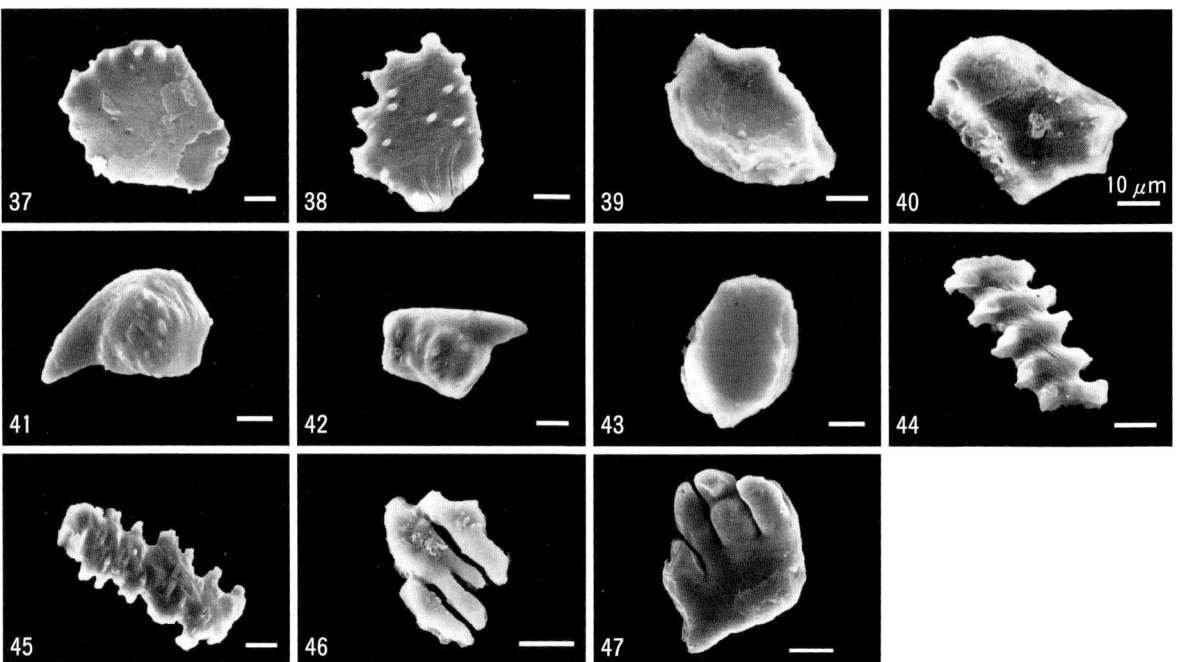

37, 38：ロッコウミヤコザサ *Sasa lokkomontana*，39, 40, 46, 47：ホソバザサ *Sasa ohomiana*，41〜45：オオクマザサ *Sasa chartacea*

37〜40：ファン型ケイ酸体(37〜39：端面，40：端面・側面)。扇形とは言い難い不定形。チシマザサ節，チマキザサ節に比べ小突起物はやや少なく，側長はやや薄い。縦長はチシマザサ，チマキザサ両節よりやや小さい。

41〜43：プリッケルヘア由来のポイント型ケイ酸体(41,42：側面，43：上面)で，ササ類で観察される典型的な形状である。

44,45：長細胞由来の鋸歯辺棒状ケイ酸体。

46,47：葉肉の椀細胞由来のグローブ状ケイ酸体。

12 イネ科 Poaceae タケ亜科 Bambusoideae タケ連 Bambuseae ササ属 *Sasa* ナンブスズ節 *Lasioderma*

ササ属 *Sasa* ナンブスズ節 *Lasioderma*

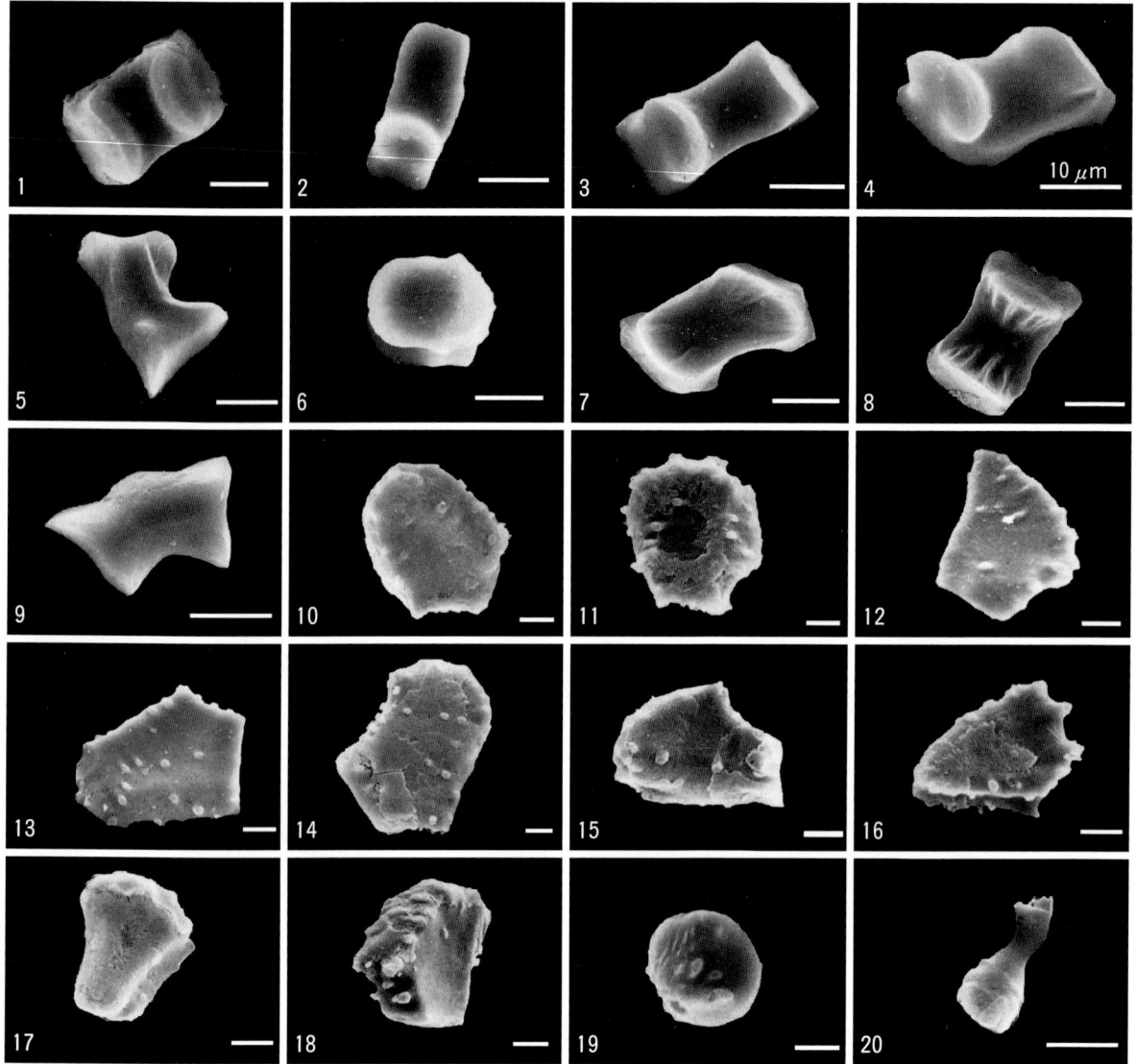

1〜6, 9, 12, 13, 17, 19, 20：ナンブスズ（ハコネナンブスズ）*Sasa shimidzuana*，7, 8, 15, 16：チトセスズ *Sasa togashiana*，
10, 11, 14, 18：ヨナイナンブスズ *Sasa kagamiana subs. yoshinoi*

1〜9：短細胞由来のタケ型ケイ酸体(1〜4,7,8：上面，5,9：側面，6：端面)。上面形状は，中ほどのくびれが浅く，全体が細長く，角張っている。皺は見られるが，不明瞭なものやないものもある。ミヤコザサ節ほどではないが，両先端部から中ほどに向けて半円状の輪郭が見られる。端面の形状(6)は食パン状にも見える。

10〜18：泡状細胞由来の不定形のファン型ケイ酸体(10〜12,14〜16：端面，13：端面・側面，17,18：端面・側面・下面)で，端面と側面に小さな突起物が僅かに見られる。側長は薄い。
19：プリッケルヘア由来の球状ケイ酸体。
20：ミクロヘア由来のパイプ状ケイ酸体。

イネ科 Poaceae タケ亜科 Bambusoideae タケ連 Bambuseae ササ属 *Sasa* アマギシザサ節 *Monilicadae*　　13

ササ属 *Sasa* アマギシザサ節 *Monilicadae*

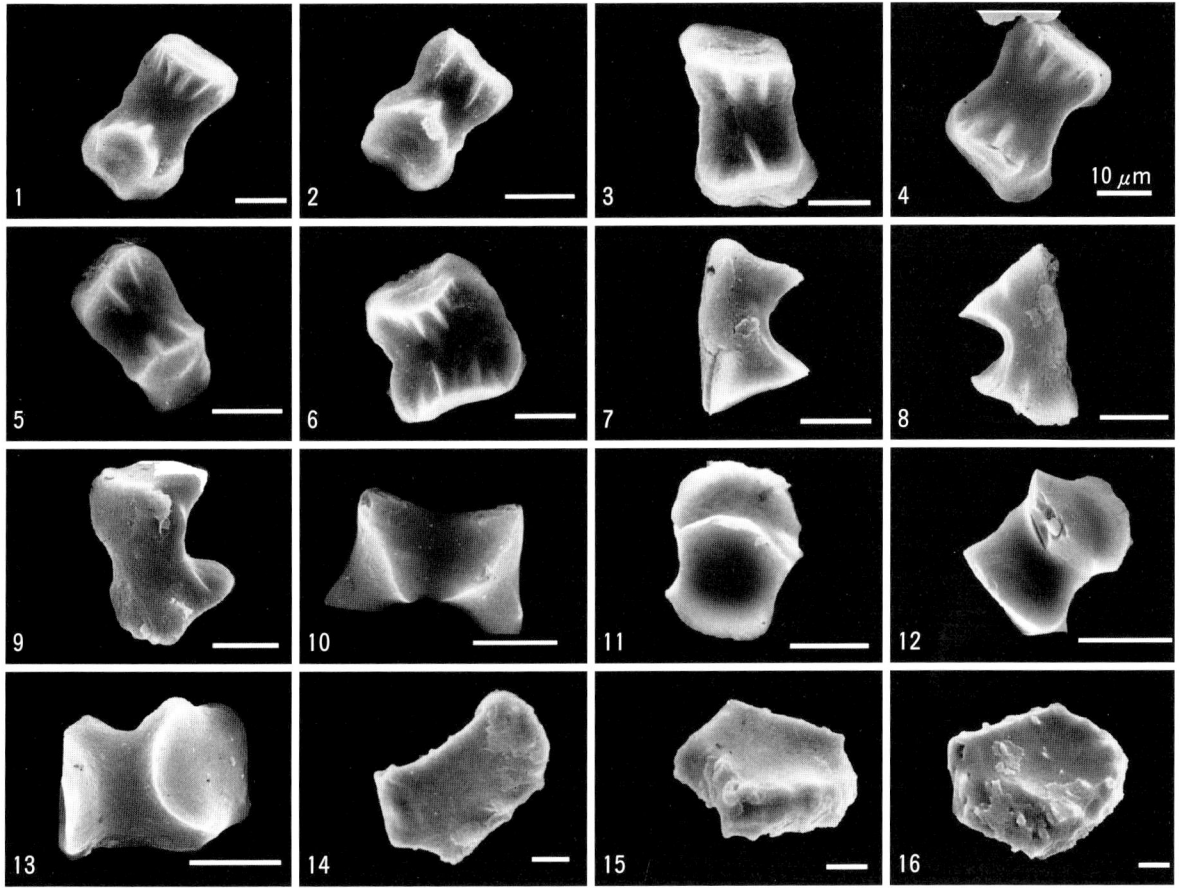

1, 9〜13：イブキザサ *Sasa tuboiana*, 2〜8, 14〜16：フシゲイブキザサ *Sasa scytophylla*

1〜13：短細胞由来のタケ型ケイ酸体(1〜6,13：上面, 7,8：側面, 9：下面・側面, 10：上面・側面, 11,12：端面・上面)である。6は縦長，横長がほぼ等しく，皺の存在がなければヒゲヒバ型に類似。この種のタイプはタケ類に多く見られる。上面形状は，角がやや丸味を帯びた長方形で，中ほどのくびれが浅い。10,13以外は，上面の皺が明瞭。11の端面の形はヒゲヒバ型の上面からみた形に似ている。

14〜16：泡状細胞由来のファン型ケイ酸体(14：端面, 15,16：端面・側面)。端面と側面に小突起物が見られるが，全般的に少ない。縦長はチマキザサ・チシマザサ節よりやや小さく，側長はやや薄い。

14　イネ科 Poaceae タケ亜科 Bambusoideae タケ連 Bambuseae ササ属 *Sasa* アマギシザサ節 *Monilicadae*

ササ属 *Sasa* アマギシザサ節 *Monilicadae*

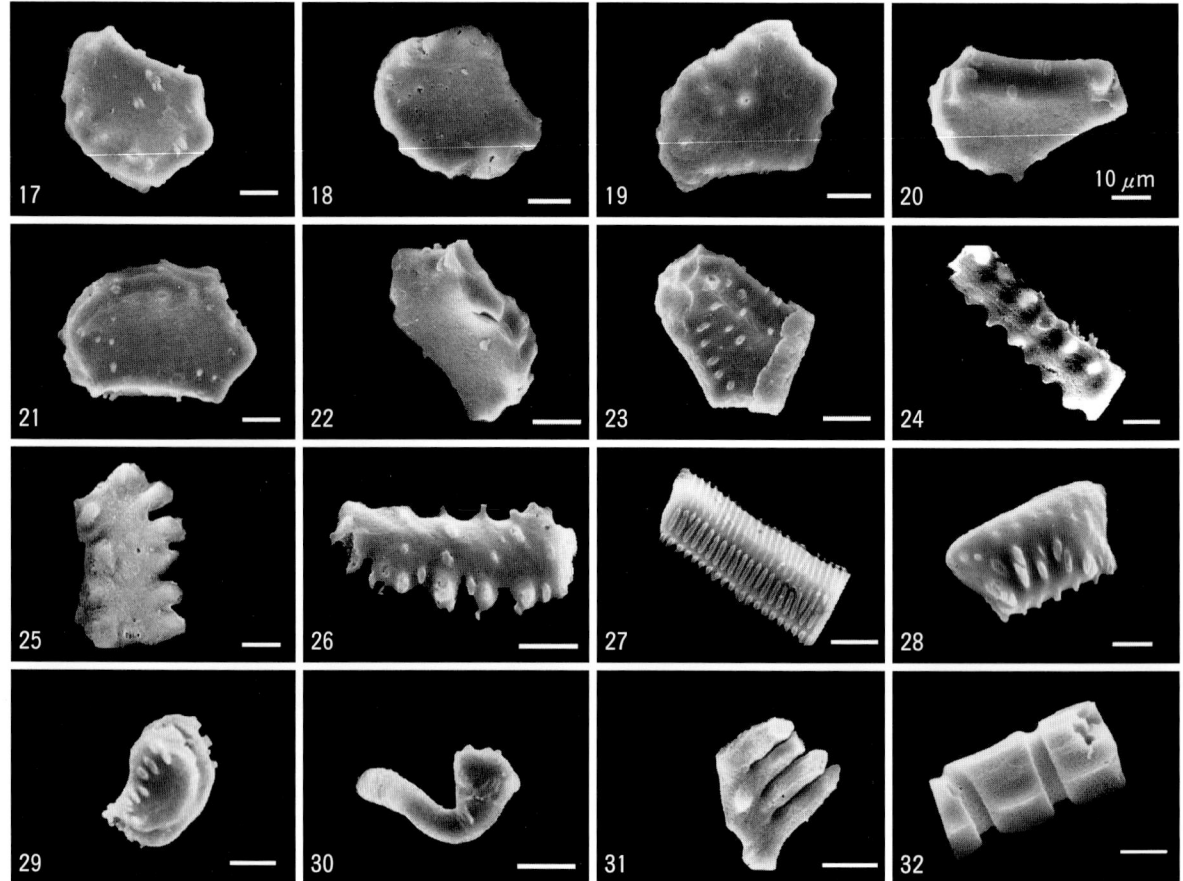

17，21，23，29〜31：フシゲイブキザサ *Sasa scytophylla*，18〜20，22，24〜28，32：イブキザサ *Sasa tuboiana*

17〜23：泡状細胞由来のファン型ケイ酸体(17〜19,23：端面，20,22：端面・側面，21：端面・下面)。端面と側面に小突起物が見られる。縦長はチマキザサ・チシマザサ節よりやや小さく，側長はやや薄い。
24〜26：長細胞由来の鋸歯辺棒状ケイ酸体。
27：仮導管由来の階紋をもつヤスリ状ケイ酸体。
28,29：プリッケルヘア由来のポイント型ケイ酸体(28,29：側面)。
30：ミクロヘア由来のパイプ状ケイ酸体。
31：葉肉の椀細胞由来の和櫛状ケイ酸体。
32 は給源細胞不明なケイ酸体。

イネ科 Poaceae タケ亜科 Bambusoideae タケ連 Bambuseae アズマザサ属 *Sasaella*　15

アズマザサ属 *Sasaella*

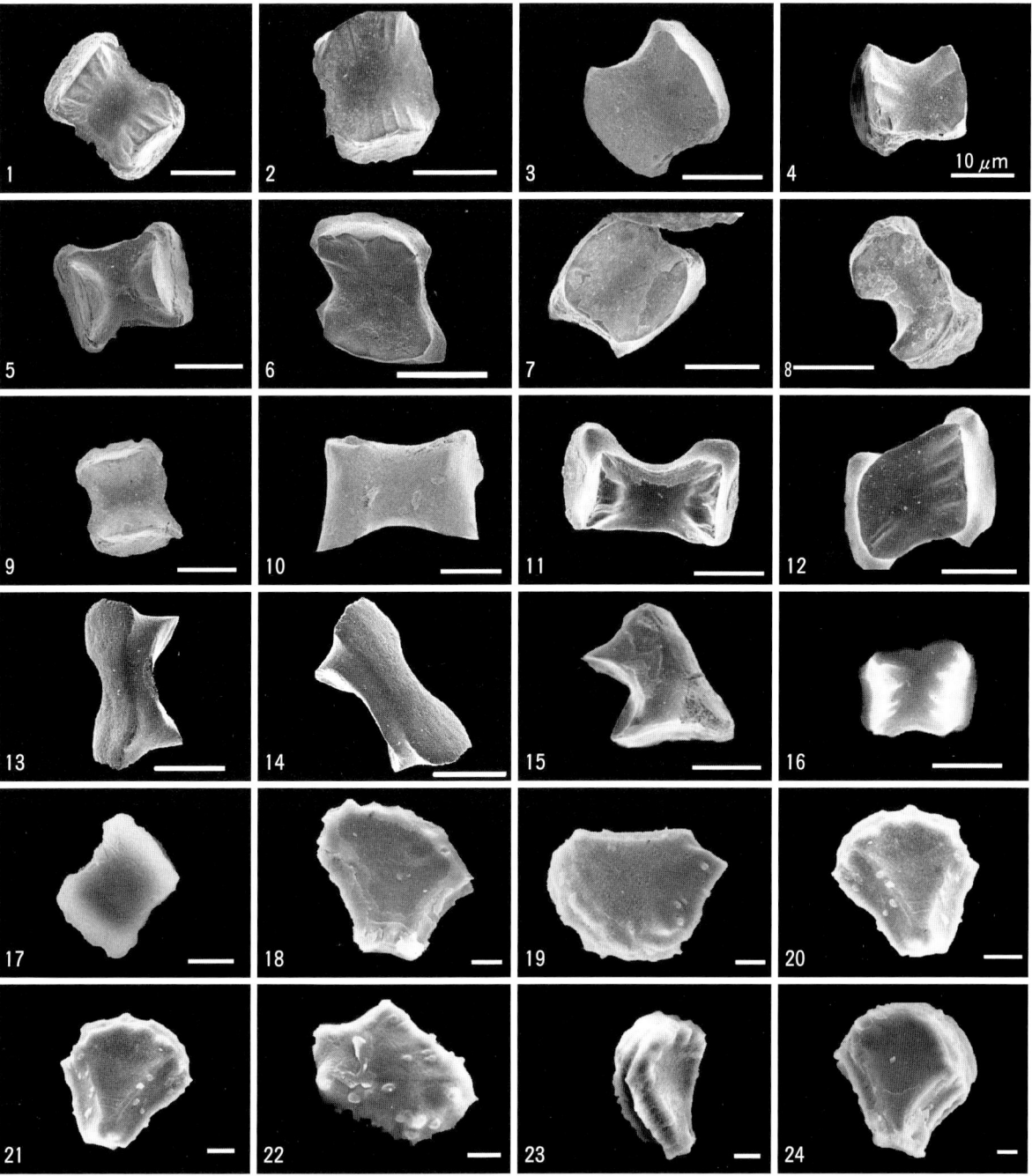

1〜4, 6〜15：アズマザサ *Sasaella ramosa*，5：スエコザサ *Sasaella suwekoana*，16, 18〜23：ハコネメダケ *Sasaella sawadai*, 17, 24：ミタケシノ *Sasaella arakii*

1〜17：短細胞由来のタケ型ケイ酸体(1〜9,11,12,16,17：上面，10,15：側面，13,14：下面・側面)。皺が明瞭なものとないものがある。横長に比べ縦長が長いタイプ(1,2,5,6,8,10〜15)とやや長いか，ほぼ等しいタイプ(3,4,7,9,16,17)の2通りのタケ型が混在している。前者は，ササ属の典型的なタイプ。後者は皺の存在を除くと，ヒゲシバ亜科のヒゲシバ型(短座鞍形)と類似のタイプであり，ササ類よりもタケ類においてよく観察される。

18〜24：泡状細胞由来のファン型ケイ酸体(18〜22,24：端面，23：下面・側面・端面)。下面の模様は不明瞭，あるいは縞目模様で側長はやや薄い。

16 イネ科 Poaceae タケ亜科 Bambusoideae タケ連 Bambuseae アズマザサ属 *Sasaella*

アズマザサ属 *Sasaella*

25：ミタケシノ *Sasaella arakii*，26：ハコネメダケ *Sasaella sawadai*，27〜30：タジマシノ *Sasaella tajima*，31〜40，43〜48：アズマザサ *Sasaella ramosa*，41，42：ナンブネマガリ *Sasaella muroiana*

25〜42：泡状細胞由来のファン型ケイ酸体(25,27,28,38,41,42：端面，33,36,37,40：下面・側面・端面，26：下面，29,31,32：下面・端面，30,34,35,39：下面・側面)。下面の模様は不明瞭，あるいは縞目模様で，側長は中程度(29,30,32,36,37,40)，あるいはやや厚い(31,33〜35,36,39)タイプと縞目模様のない薄い(25〜28,38,41,42)タイプが短細胞由来のタケ型と同様に混在している。

43：プリッケルヘア由来のポイント型ケイ酸体(43：側面)。

44：表皮付近の給源細胞不明なケイ酸体。

45,46：葉肉の椀細胞由来のグローブ状ケイ酸体。

47,48：長細胞由来の鋸歯辺棒状ケイ酸体。

イネ科 Poaceae タケ亜科 Bambusoideae タケ連 Bambuseae スズタケ属 *Sasamorpha* 17

スズタケ属 *Sasamorpha*

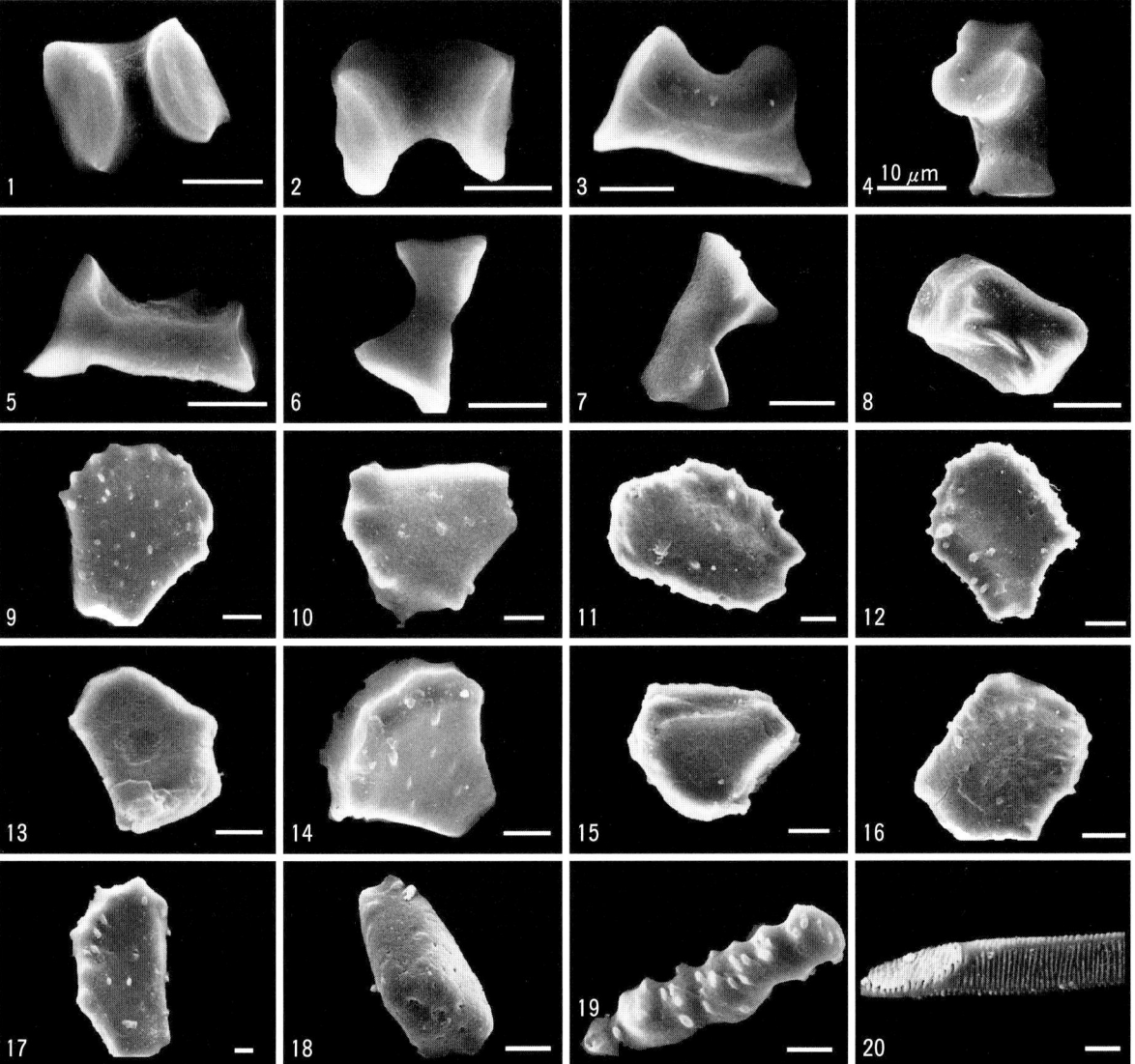

1〜7, 10, 13, 14, 17〜20：スズタケ *Sasamorpha borealis*, 8, 9, 11, 12, 15, 16：フイリスズ *Sasamorpha borealis* f. *albostrita*

1〜8：短細胞由来のタケ型ケイ酸体(1,2,8：上面, 3：上面・側面, 4：端面・上面, 5,6：側面, 7：下面・側面)。上面形状は，中ほどのくびれが浅く，角張っている。通常皺はあるが，不明瞭なものやなかったりする。ナンブザサ節に似る。

9〜18：泡状細胞由来のファン型ケイ酸体(9,11〜13,16,17：端面, 10,14：端面・下面, 15：端面・側面, 18：側面)。端面と側面に小突起物をもつが，平滑なものも見られる。縦長はササ属よりやや大きく，側長はやや薄い。

19：長細胞由来の波状辺棒状ケイ酸体。

20：仮導管由来の階紋をもつヤスリ状ケイ酸体。

18 イネ科 Poaceae タケ亜科 Bambusoideae タケ連 Bambuseae ヤダケ属 *Pseudosasa*

ヤダケ属 *Pseudosasa*

1〜7, 16：ラッキョウヤダケ *Pseudosasa japonica* f. *tsutsumiana*，8, 9〜11：メンヤダケ *Pseudosasa japonica* f. *pleioblastoides*，
12〜15：オオバヤダケ *Pseudosasa hamadae*
1〜4：短細胞由来のタケ型ケイ酸体。すべて上面から見た形状で，角張った正方形から長方形で，皺が見られる。
5〜14：泡状細胞由来のファン型ケイ酸体(5,7,9〜13：端面，6,8：下面・側面，14：端面・側面)。細長い扇状から不定形。下面に
縞目模様のある中程度の厚さのタイプと縞目模様のない薄いタイプが混在する。7のように端面下面部の縁に火焔状突起物が見
られるものもある。
15：表皮付近の給源細胞不明なケイ酸体。
16：プリッケルヘア由来のポイント型ケイ酸体(16：下面)。通常，先端部に覆う帽子状のものは欠如する。

イネ科 Poaceae タケ亜科 Bambusoideae タケ連 Bambuseae メダケ属 *Pleioblastus* リュウキュウチク節 *Pleioblastus*

メダケ属 *Pleioblastus* リュウキュウチク節 *Pleioblastus*

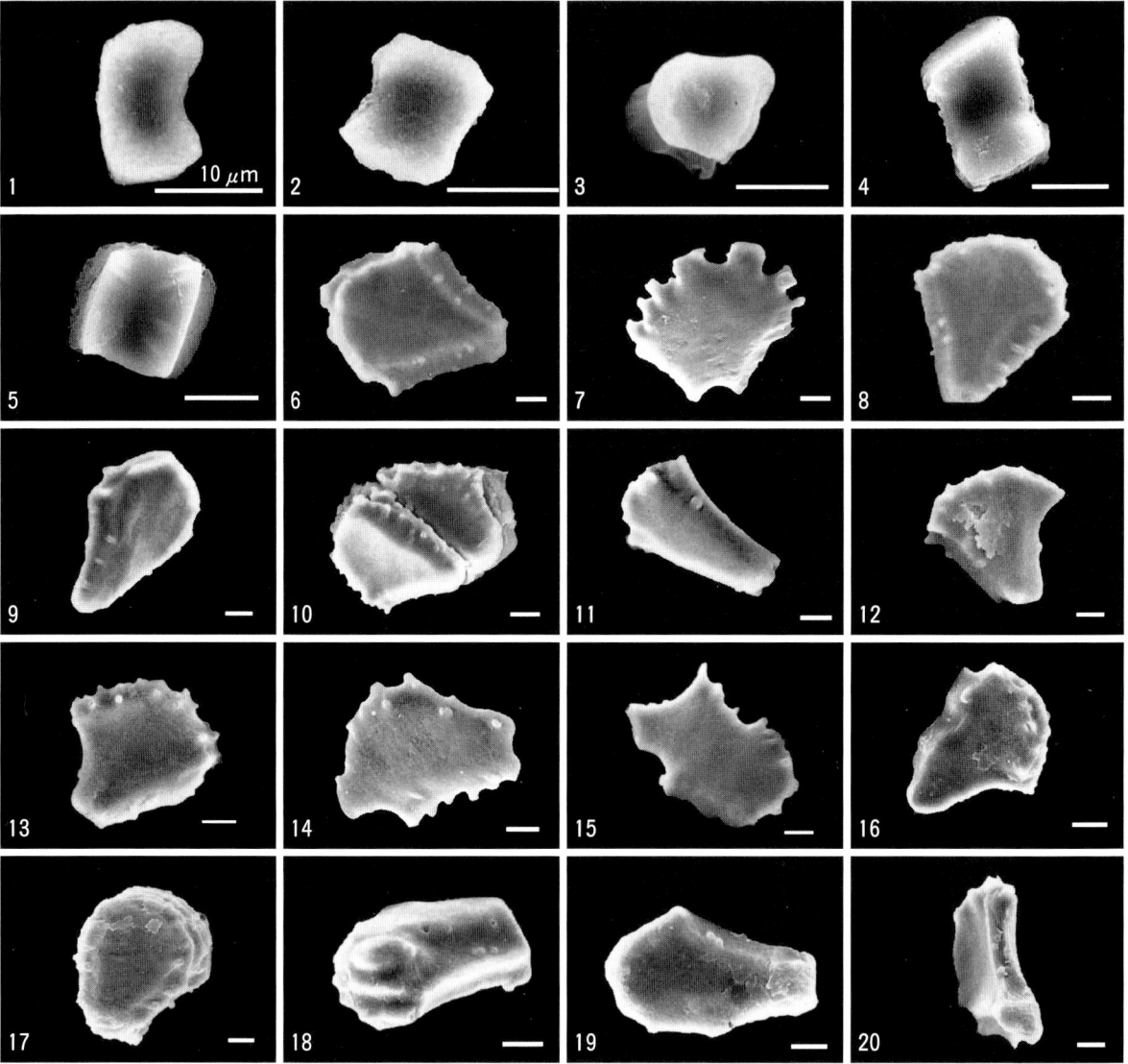

1~3, 6~12：リュウキュウチク *Pleioblastus linearis*, 4, 5, 13~15：タイミンチク *Pleioblastus graminens*, 16~20：カンザンチク *Pleioblastus hindsii*

1~5：短細胞由来のタケ型ケイ酸体(1,2,4,5：上面, 3：端面)。皺は不明瞭, あるいはなく, 角ばった正方形から長方形である。皺がないものはヒゲシバ型に類似する。

6~20：泡状細胞由来のファン型ケイ酸体(6~8,12~16,19：端面, 9~11,20：端面・側面, 18：下面・側面, 17：端面・下面)。端面下面部が丸味を帯びた凸状の扇形から不定形。9,19,20 の形状から明らかなように, 側長は薄い。7のように稀に端面下面部の縁に大きな突起物をもつものもある。

20 イネ科 Poaceae タケ亜科 Bambusoideae タケ連 Bambuseae メダケ属 Pleioblastus メダケ節 Medakesa

メダケ属 Pleioblastus メダケ節 Medakesa

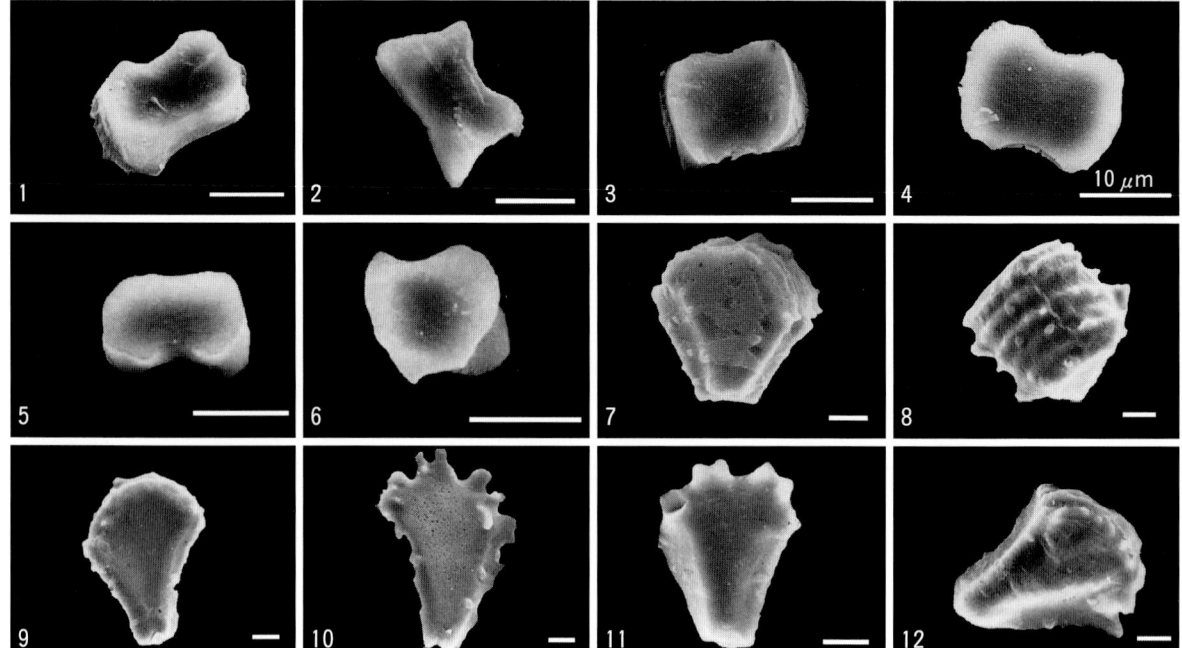

1, 2, 6, 9〜12：ハガワリメダケ Pleioblastus simoni var. heterophyllus, 3〜5, 7, 8：メダケ Pleioblastus simonii
1〜6：短細胞由来のタケ型ケイ酸体(1,3：上面, 2：上面・側面, 4,5：下面, 6：端面)。皺は極めて不明瞭あるいはなく，やや丸味のある正方形から長方形。胴部は僅か内側に窪んでいる。
7〜12：泡状細胞由来のファン型ケイ酸体(7：端面・下面, 8：下面, 9,10：端面, 11,12：端面・側面)。端面下面部が丸味を帯びた凸状の扇形から細長い扇形。下面には縞目模様がある。側長の厚さが中程度から薄いものまでさまざまである。側長が中程度のタイプには明瞭な縞目模様が見られる。端面下面部にはヤダケ属に似た火焔状突起物をもつ。

イネ科 Poaceae タケ亜科 Bambusoideae タケ連 Bambuseae メダケ属 *Pleioblastus* ネザサ節 *Nezasa* 21

メダケ属 *Pleioblastus* ネザサ節 *Nezasa*

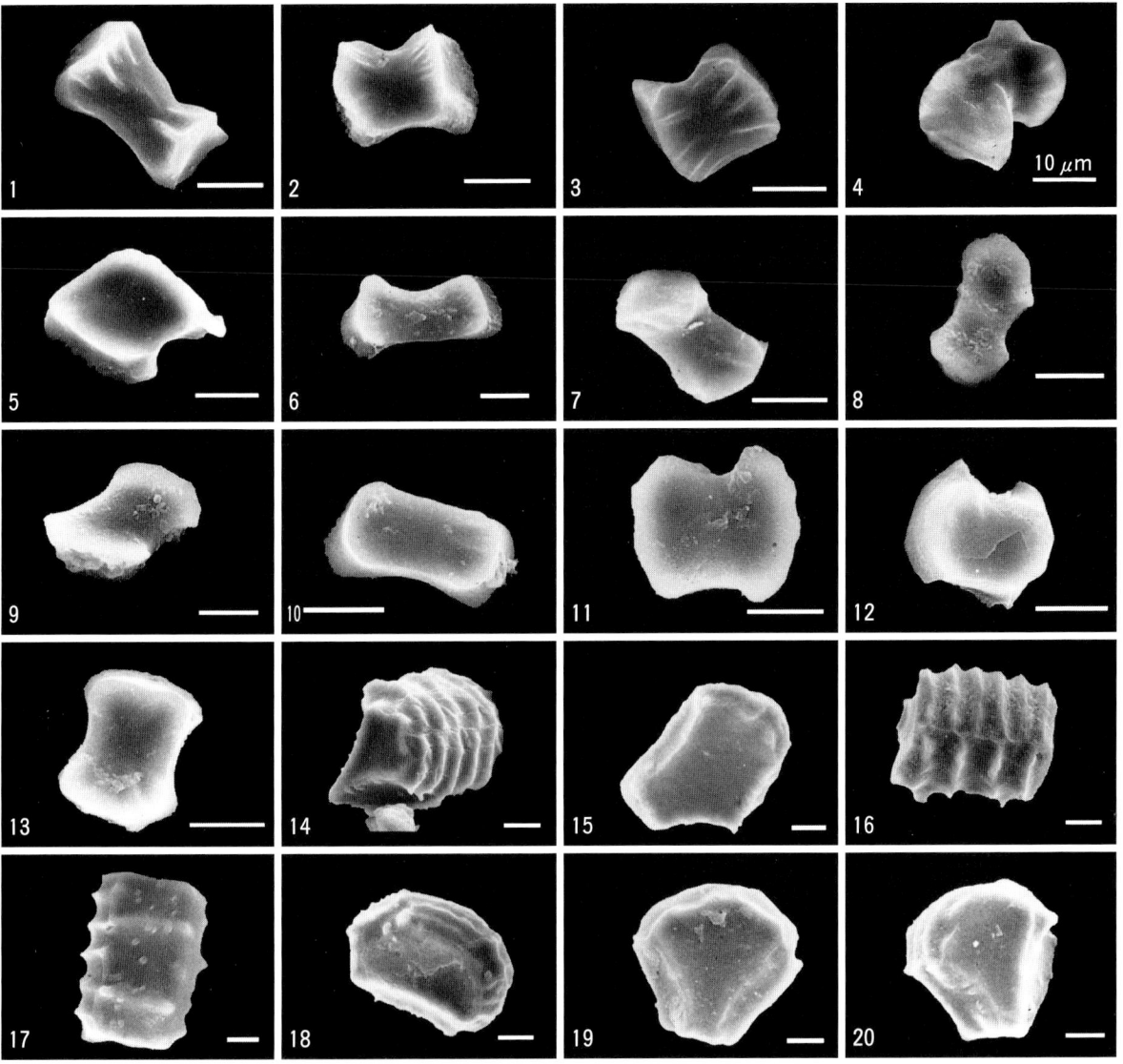

1〜5, 14, 15, 17, 18：アズマネザサ *Pleioblastus chino*, 6〜10：チゴザサ *Pleioblastus fortunei*, 11〜13：ヒメシマダケ *Pleioblastus chino* f. *angustifolius*, 16, 19, 20：ハコネダケ *Pleioblastus chino* var. *vagiratus*

1〜13：短細胞由来のタケ型ケイ酸体(1〜3,5,6,10,12,13：上面, 4：側面, 7：上面・端面, 8,9,11：下面)。上面に皺があったりなかったりする。形状は種間でかなり変異がある。横長に比べ, 縦長が長い細味の長方形状のタイプ(1,4,6〜10), 縦長がやや長いずんぐりしたタイプ(11〜13), 縦長と横長が等しい正方形状のタイプ(2,3,5)がある。

14〜20：泡状細胞由来のファン型ケイ酸体(14,18：下面・端面, 15,19,20：端面, 16：下面, 17：側面)。端面形状は, 下面部が丸味を帯びた凸状の扇形, 比較的幅が広くずんぐりしている。しかし, 一部は不定形, あるいは非対称の扇形も見られる。下面には明瞭な縞目模様がある。一般に側長は厚い(40μm前後とタケ亜科中最大)が, 一部に中程度や薄いタイプが見られる。薄いタイプの下面は縞目模様が不明瞭である。縞目模様(陵線)の間隔は約7〜9μmとやや狭い。

22　イネ科 Poaceae タケ亜科 Bambusoideae タケ連 Bambuseae メダケ属 Pleioblastus ネザサ節 Nezasa

メダケ属 Pleioblastus ネザサ節 Nezasa

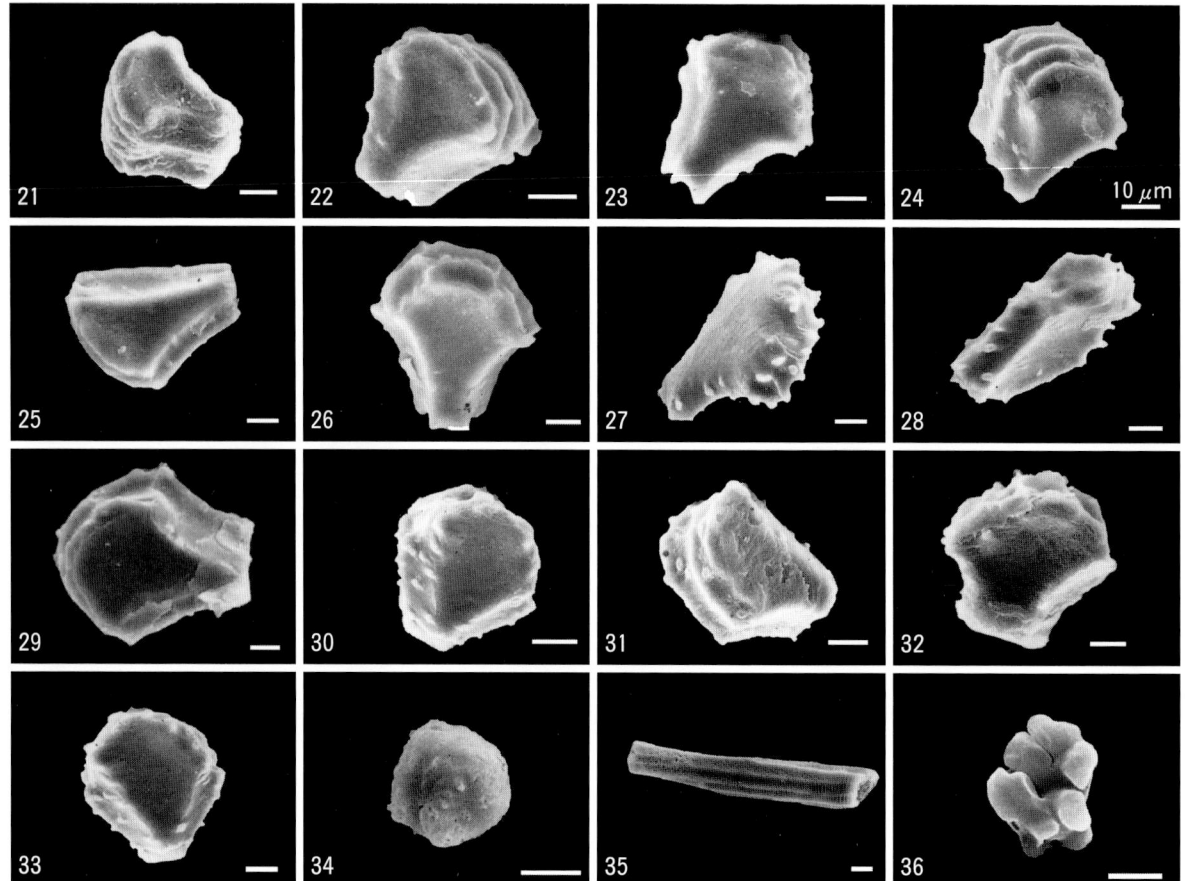

21：ハコネダケ Pleioblastus chino var. vagiratus，23，24：ヒメシダダケ Pleioblastus chino f. angustifolius，25，26：チゴザサ Pleioblastus fortunei，22，27〜29：ゴキダケ Pleioblastus argenteostriatus f. pumilus，30〜33：アワガネザサ Pleioblastus xystrophyllus，34〜36：アズマネザサ Pleioblastus chino

21〜33：泡状細胞由来のファン型ケイ酸体(21,22,24,27,29：端面・側面・下面，23,32：端面，26,31：下面・端面，25,28,30,33：側面・端面)。端面形状は，下面部が丸味を帯びた凸状の扇形，比較的幅が広くずんぐりしている。しかし，一部は不定形，あるいは非対称の扇形も見られる。下面に明瞭な縞目模様があるタイプとないタイプが混在。側長は中程度から薄いタイプまでさまざまある。薄いタイプの下面は縞目模様が不明瞭である。縞目模様(陵線)の間隔は約7〜9μmとやや狭い。

34：ブリッケルヘア由来の球状のポイント型ケイ酸体(34：下面)。

35：仮導管由来のヤスリ状ケイ酸体。

36：葉肉の椀細胞に由来するケイ酸体。

イネ科 Poaceae タケ亜科 Bambusoideae タケ連 Bambuseae インヨウチク属 *Hibanobambusa*

インヨウチク属 *Hibanobambusa*

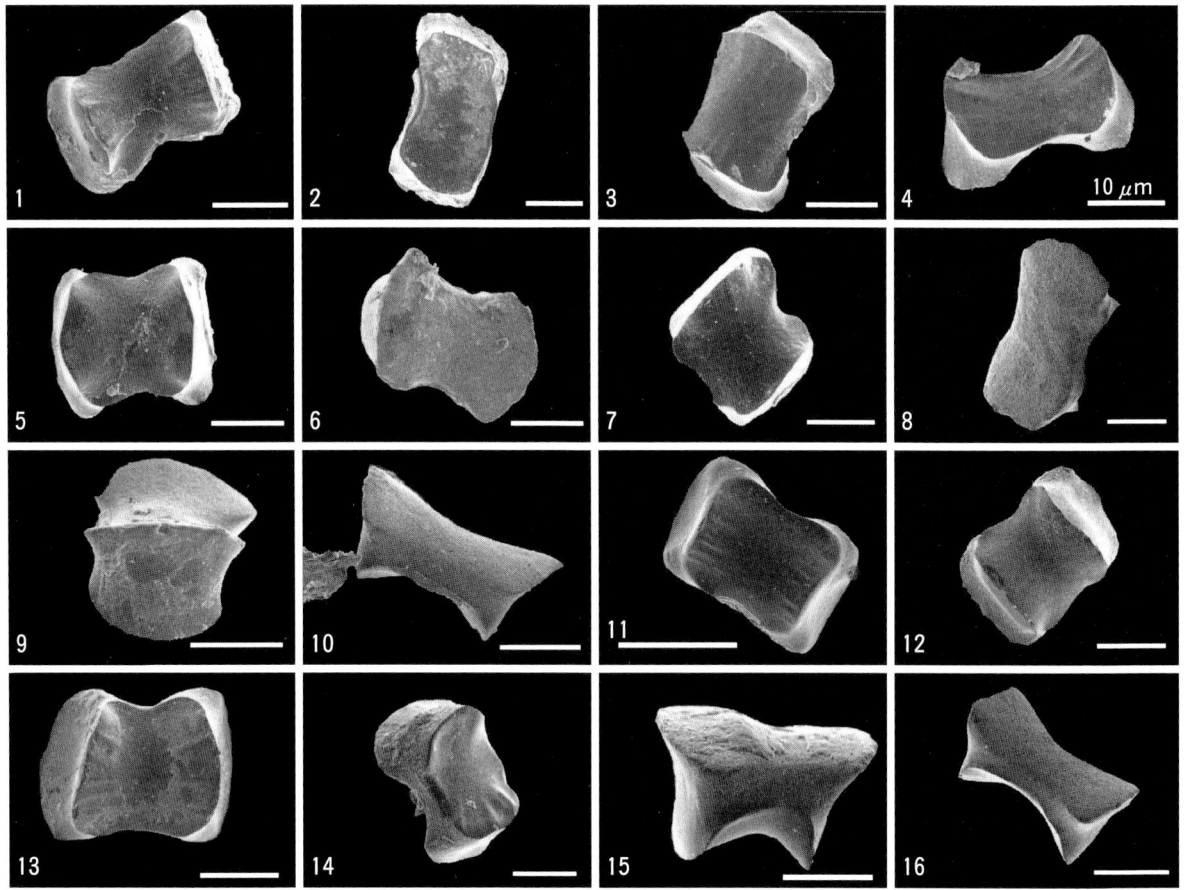

1〜16：インヨウチク *Hibanobambusa tranquillans*
1〜16：短細胞由来のタケ型ケイ酸体(1〜5,7,11〜13：上面，6,8：下面，9：上面・端面，10,15,16：下面・側面，14；上面・側面)。上面の皺は不明瞭である。形状は横長に比べ，縦長が長い長方形状のタイプ(1〜4,8,10,16)，縦長がやや長いずんぐりしたタイプ(6,9,11〜15)，横長と縦長が等しい正方形状のタイプ(5,7)がある。上面の中ほどのくびれがやや浅く，四隅もやや丸味を帯びている。上面の皺は不明瞭。

イネ科 Poaceae タケ亜科 Bambusoideae タケ連 Bambuseae インヨウチク属 Hibanobambusa

インヨウチク属 Hibanobambusa

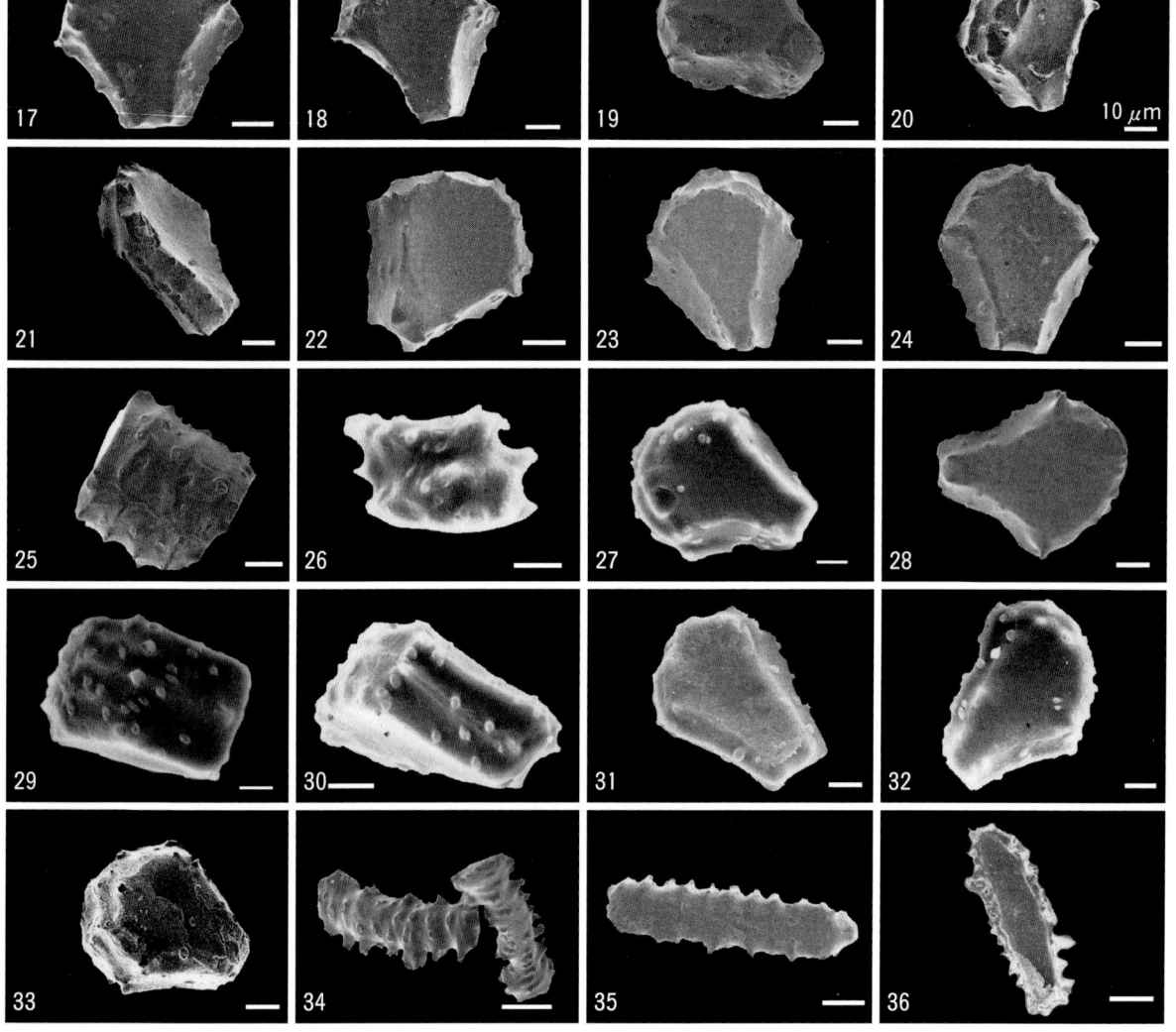

17〜25, 28, 33〜36：インヨウチク Hibanobambusa tranquillans, 26, 27, 29〜32：シロシマインヨウチク Hibanobambusa tranquillans f. shirosima
17〜33：泡状細胞由来のファン型ケイ酸体(17,18,23,24,27,28,31,32：端面, 19,21,22：端面・側面, 20,33：端面・下面, 25：下面, 26：側面, 29,30：下面・側面)。端面形状は，ネザサやマダケに類似の扇形。下面に縞目模様はあるが，多くは不明瞭である。側面の厚さは，中程度から薄いタイプまでさまざまである。下面と側面に小突起物が散在する。
34,35：鋸歯辺棒状ケイ酸体。
36：表皮付近の給源細胞不明なケイ酸体。

イネ科 Poaceae タケ亜科 Bambusoideae タケ連 Bambuseae カンチク属 *Chimonobambusa*

カンチク属 *Chimonobambusa*

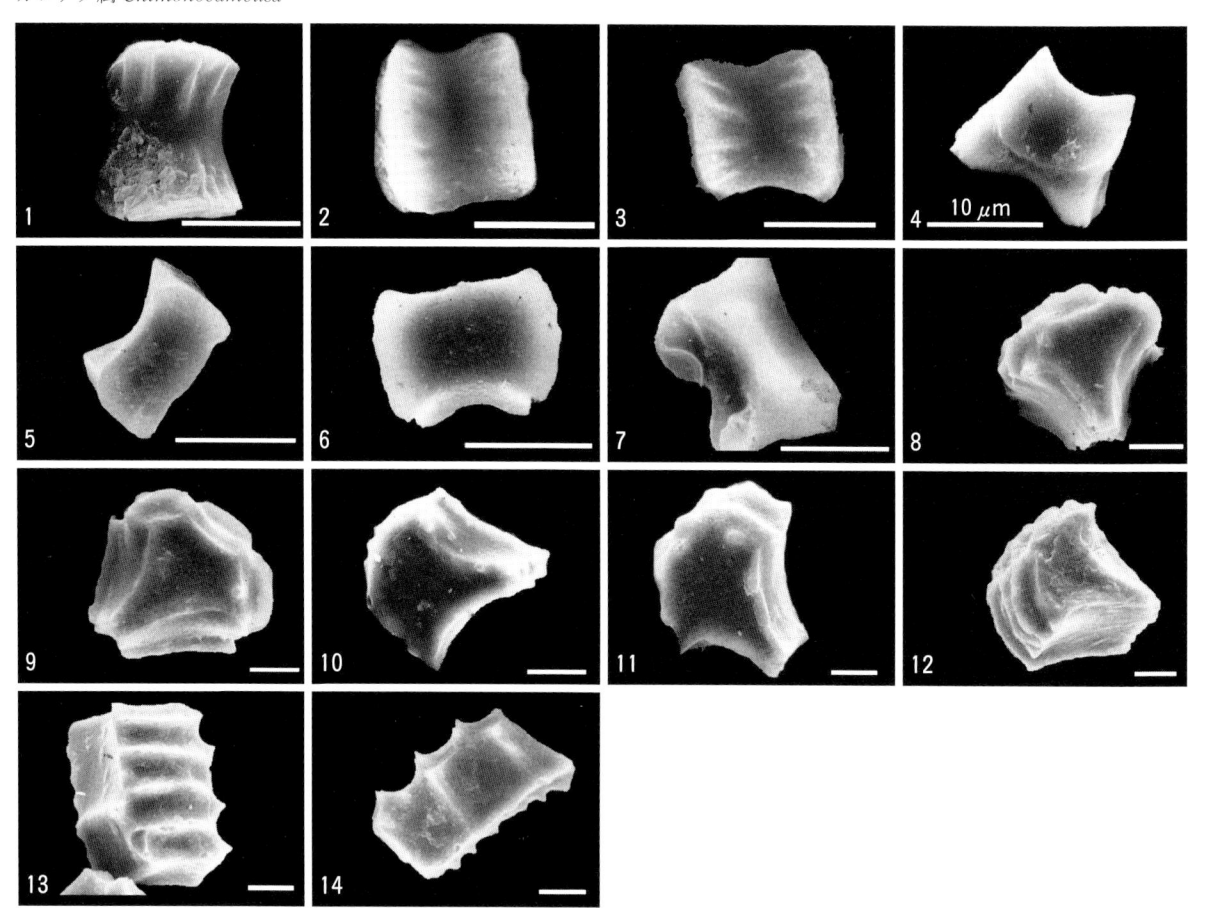

1〜14：カンチク *Chimonobambusa marumorea*
1〜7：短細胞由来のタケ型ケイ酸体(1〜3：上面，4,7：上面・側面，5：下面・側面，6：端面)。縦長が横長よりやや長いか，等しい正方形。皺はあるが，全般的に不明瞭である。四隅はやや角張っている。6の端面形状は，一見皺のない上面形状に類似している。
8〜14：泡状細胞由来のファン型ケイ酸体(8,10,11：端面・側面，9,12：端面・側面・下面，13：下面・側面，14：側面)。下面の縞目模様が深く明瞭である。縞目模様の間隔は約 10 μm である。端面下面部の中央部がやや平坦な扇形。縦長が 30 μm 前後と小さい。

26　イネ科 Poaceae タケ亜科 Bambusoideae タケ連 Bambuseae マダケ属 *Phyllostachys*

マダケ属 *Phyllostachys*

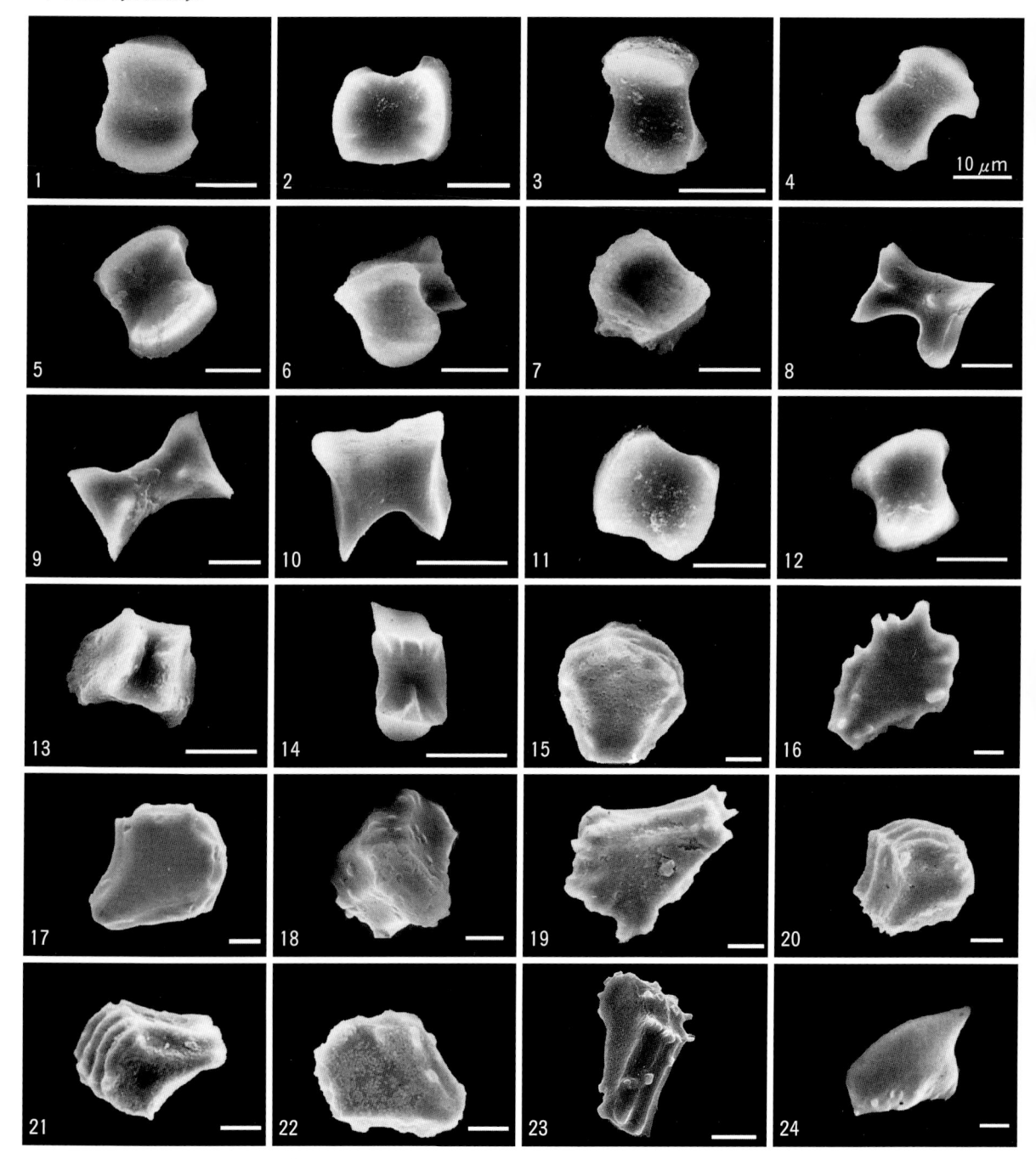

1, 2, 4～9, 11, 15～20, 24：マダケ *Phyllostachys bambusoides*, 3, 10, 21：モウソウチク *Phyllostachys heterocycla* f. *pubescens*, 12：オロシマチク *Phyllostachys distichus*, 13, 14：クロチク *Phyllostachys nigra*, 22, 23：ギンメイホテイ *Phyllostachys aurea* f. *flavescens-inversa*

1～14：短細胞由来のタケ型ケイ酸体(2,3,5,11～14：上面, 1,4：下面, 6,7：端面, 8～10：側面)。カンチク属と同様に縦長が横長よりやや長いか、等しい正方形。カンチク属に比べ丸味がある。皺は不明瞭か、あるいはない。皺がないものはヒゲシバ型に酷似する。13,14 はマダケ属のなかでも小さく、形状も異質。

15～23：泡状細胞由来のファン型ケイ酸体(15,18：端面・下面, 16,17：端面, 19,22：端面・側面, 20,21,23：下面・側面・端面)。端面下面部が丸味を帯びた扇形。側長は薄いものから中程度のものまでさまざまである。下面の縞目模様は明瞭であったり、やや不明瞭であったりさまざまである。端面の下面部にやや大きな突起物がある。

24：プリッケルヘア由来のポイント型ケイ酸体(24：側面)。

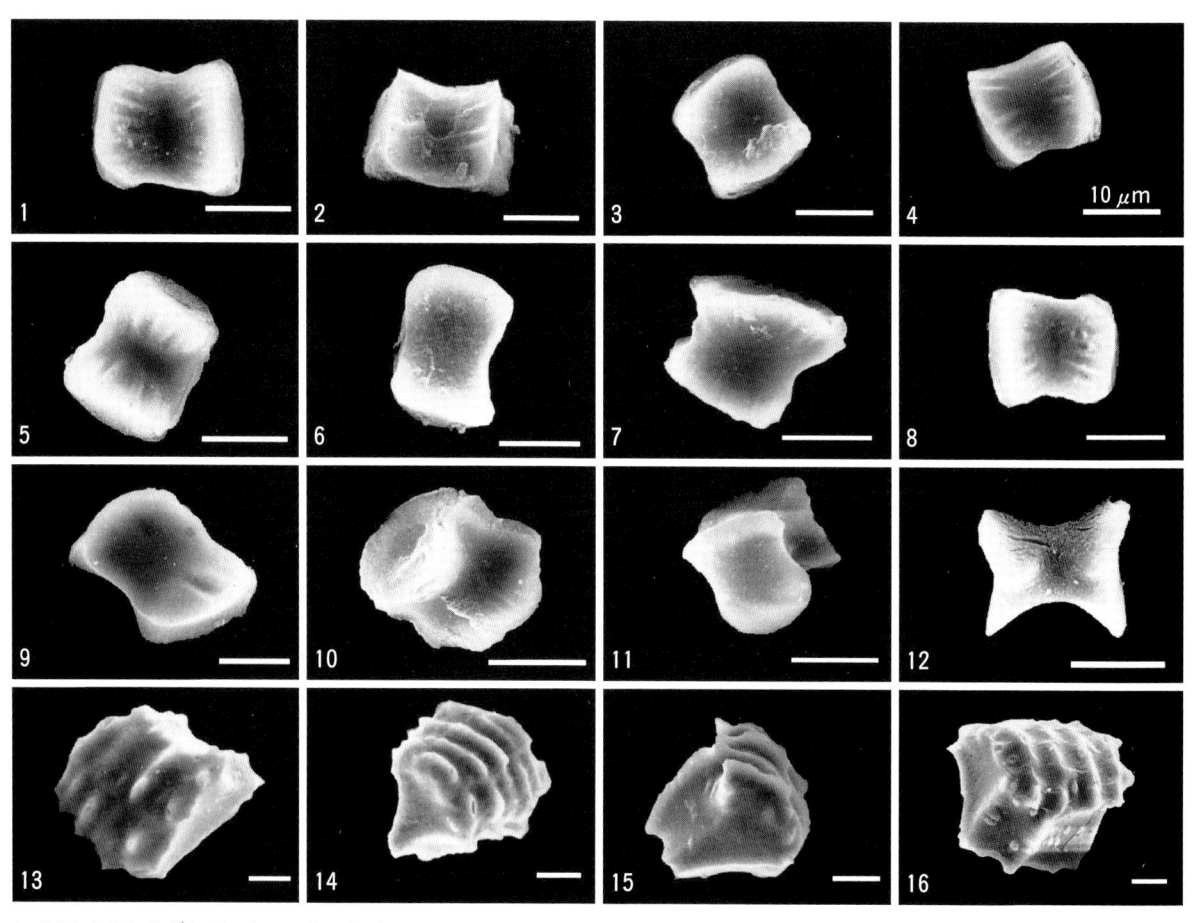

イネ科 Poaceae タケ亜科 Bambusoideae タケ連 Bambuseae ナリヒラダケ属 *Semiarundinaria* 27

ナリヒラダケ属 *Semiarundinaria*

1〜16：ナリヒラダケ *Semiarundinaria fastuosa*
1〜12：短細胞由来のタケ型ケイ酸体(1〜5,7〜9：上面，6：下面，10：端面・上面，11：端面，12：側面・下面)。縦長と横長が等しく，角が丸味の弱い正方形。上面中ほどが僅かにくびれ，皺は不明瞭か，あるいはない。
13〜16：泡状細胞由来のファン型ケイ酸体(13,14：下面・端面，15,16：端面・側面・下面)。下面の縞目模様は明瞭で，側長は比較的厚い。

28　イネ科 Poaceae タケ亜科 Bambusoideae タケ連 Bambuseae ナリヒラダケ属 *Semiarundinaria*

ナリヒラダケ属 *Semiarundinaria*

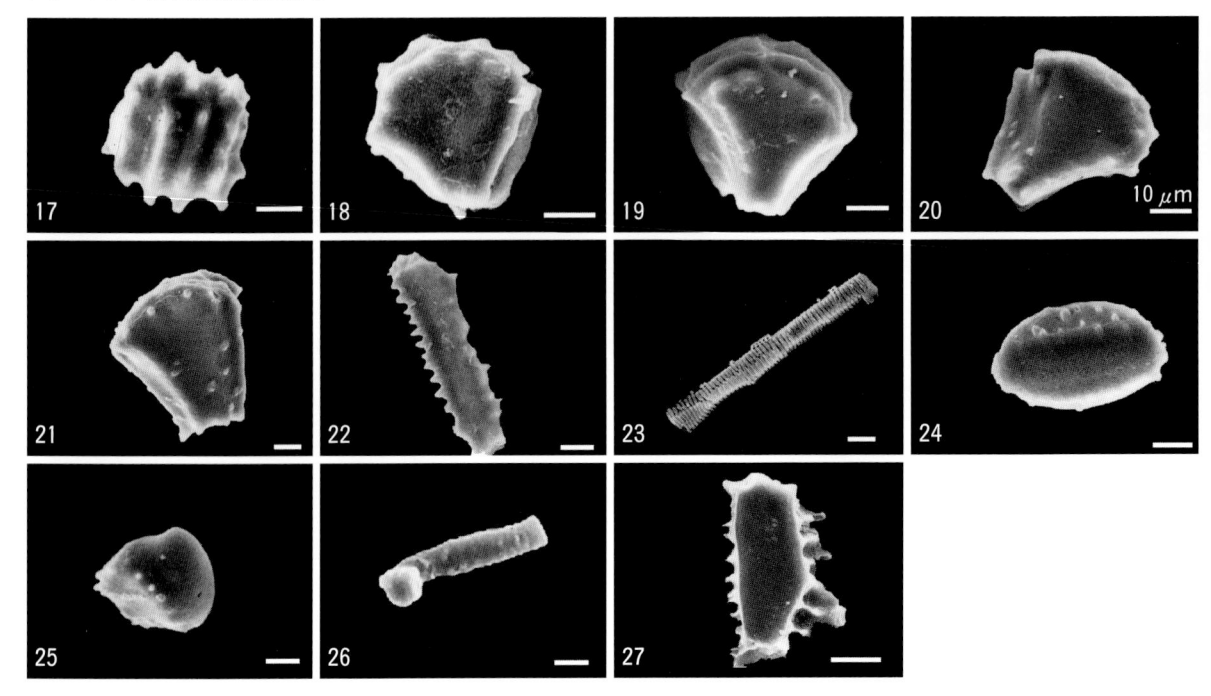

17〜27：ナリヒラダケ *Semiarundinaria fastuosa*
17〜21：泡状細胞由来のファン型ケイ酸体(17：下面，18,21：端面，19：端面・側面・下面，20：端面・側面)。下面の縞目模様は明瞭で，側長は比較的厚い。
22：長細胞由来の鋸辺棒状ケイ酸体。
23：導管由来のヤスリ状ケイ酸体。
24,25：プリッケルヘア由来のポイント型ケイ酸体。
26：ミクロヘア由来の煙管状ケイ酸体。
27：表皮付近の給源細胞不明なケイ酸体。佐瀬(1986a)のカレイ状ケイ酸体に相当。

イネ科 Poaceae タケ亜科 Bambusoideae タケ連 Bambuseae トウチク属 *Sinobambusa*

トウチク属 *Sinobambusa*

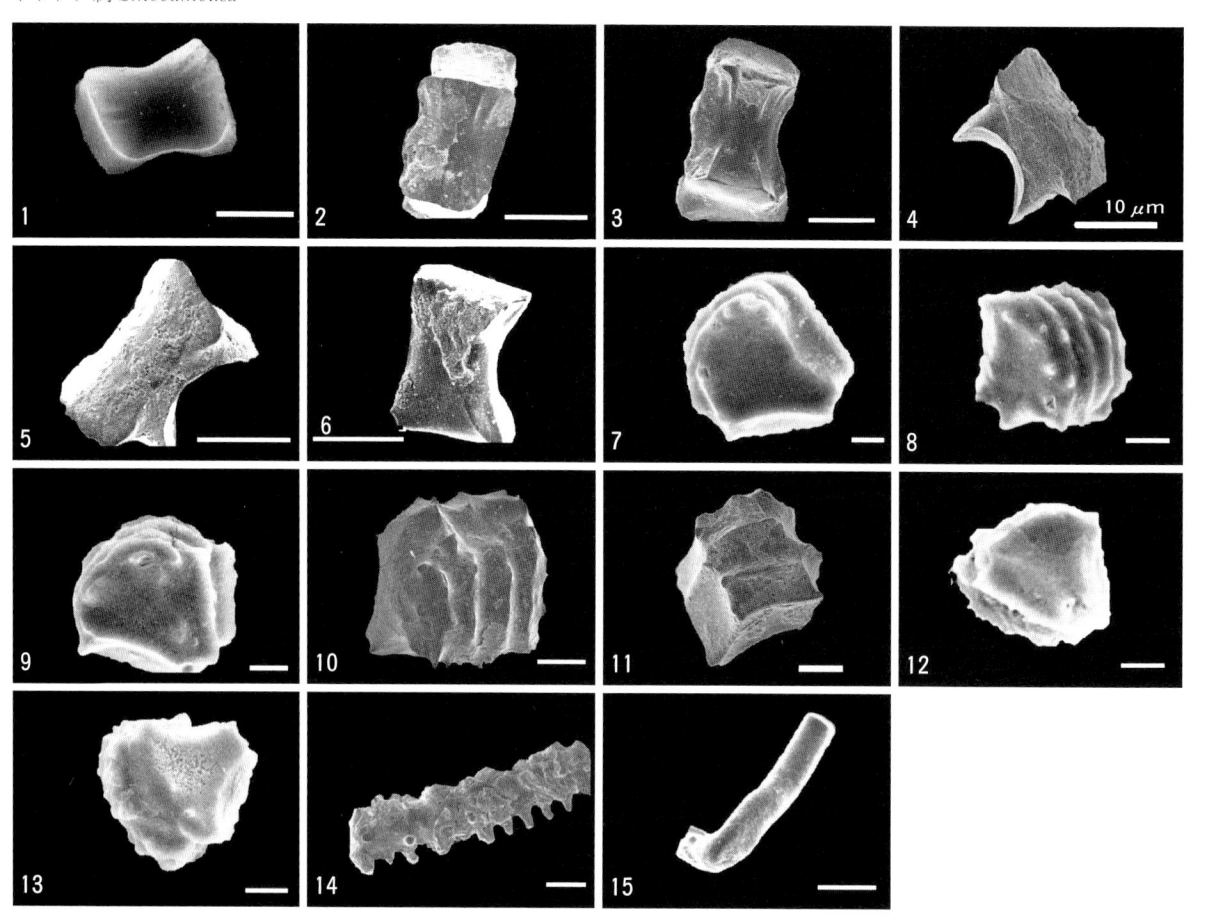

1〜15：トウチク *Sinobambusa tootsik*
1〜6：短細胞由来のタケ型ケイ酸体（1〜3：上面，4,5：下面・側面，6：側面）。縦長が横長より長く，角が丸味のない長方形。上面中ほどが少しくびれ，皺は不明瞭。
7〜13：泡状細胞由来のファン型ケイ酸体（7：端面・側面，8,9,10,13：端面・下面，11：下面・側面，12：端面）。下面の縞目模様は明瞭で，側長は中程度からやや厚い。
14：長細胞由来の鋸歯辺棒状ケイ酸体。
15：ミクロヘア由来の煙管状ケイ酸体。

30　イネ科 Poaceae タケ亜科 Bambusoideae タケ連 Bambuseae シホウチク属 *Tetragonocalamus*

シホウチク属 *Tetragonocalamus*

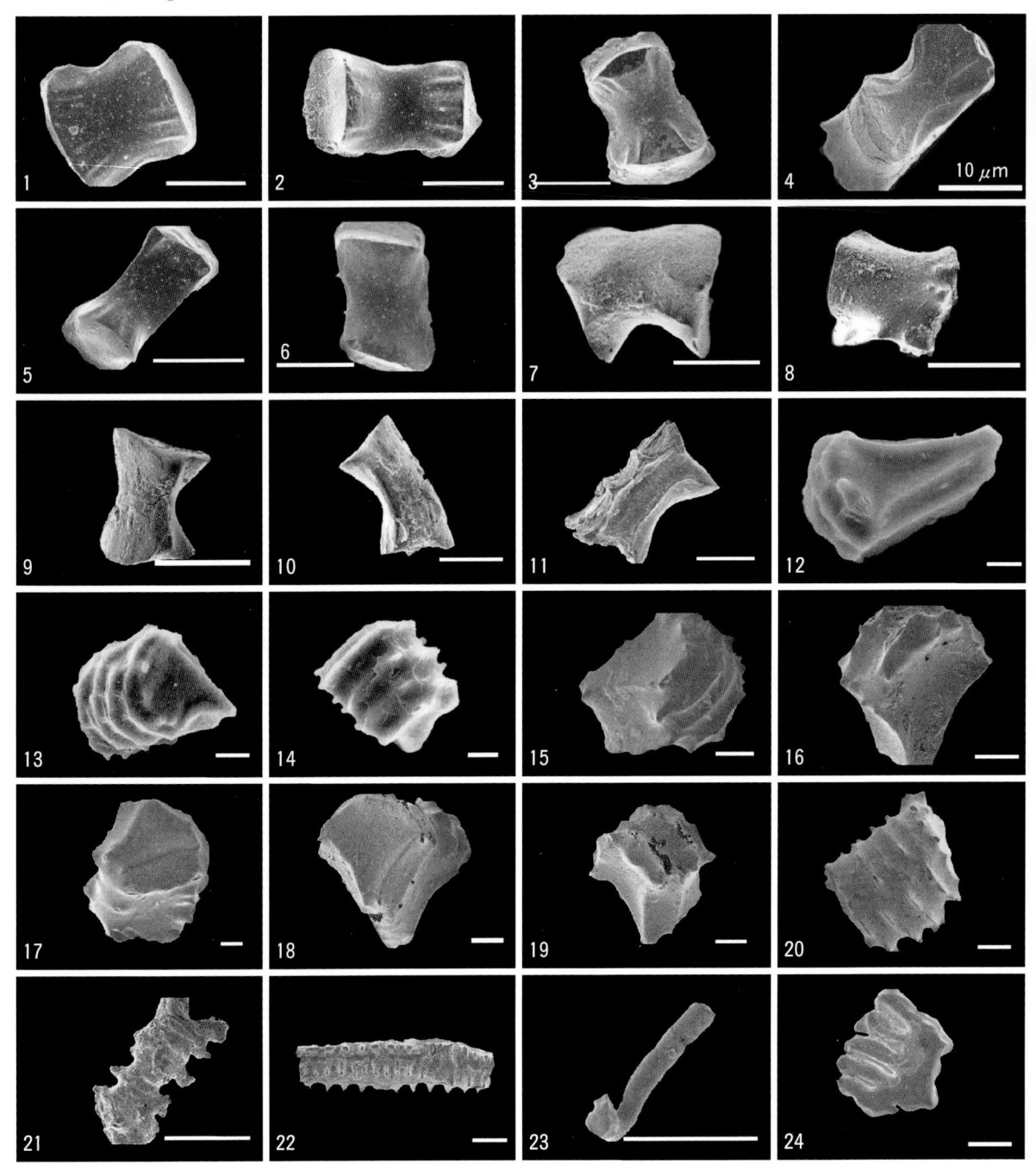

1～24：シホウチク *Tetragonocalamus angulatus*
1～11：短細胞由来のタケ型ケイ酸体(1～6：上面，7～9：下面・側面，10,11：側面)。縦長が横長より長く，角がやや丸味のある長方形。上面中ほどが少しくびれ，皺はやや不明瞭。
12～20：泡状細胞由来のファン型ケイ酸体(12,15,19：端面・側面・下面，13,16：下面・端面，18：端面・側面，14,20：下面，17：端面・側面・上面)。下面の縞目模様は明瞭で，側長は中程度からやや厚い。縞目模様(陵線)の間隔はネザサ節よりやや広い。
21,22：長細胞由来の鋸歯辺棒状ケイ酸体。
23：ミクロヘア由来の煙管状ケイ酸体。
24：葉肉の椀細胞由来のグローブ状ケイ酸体。

イネ科 Poaceae タケ亜科 Bambusoideae タケ連 Bambuseae オカメザサ属 *Shibataea*

オカメザサ属 *Shibataea*

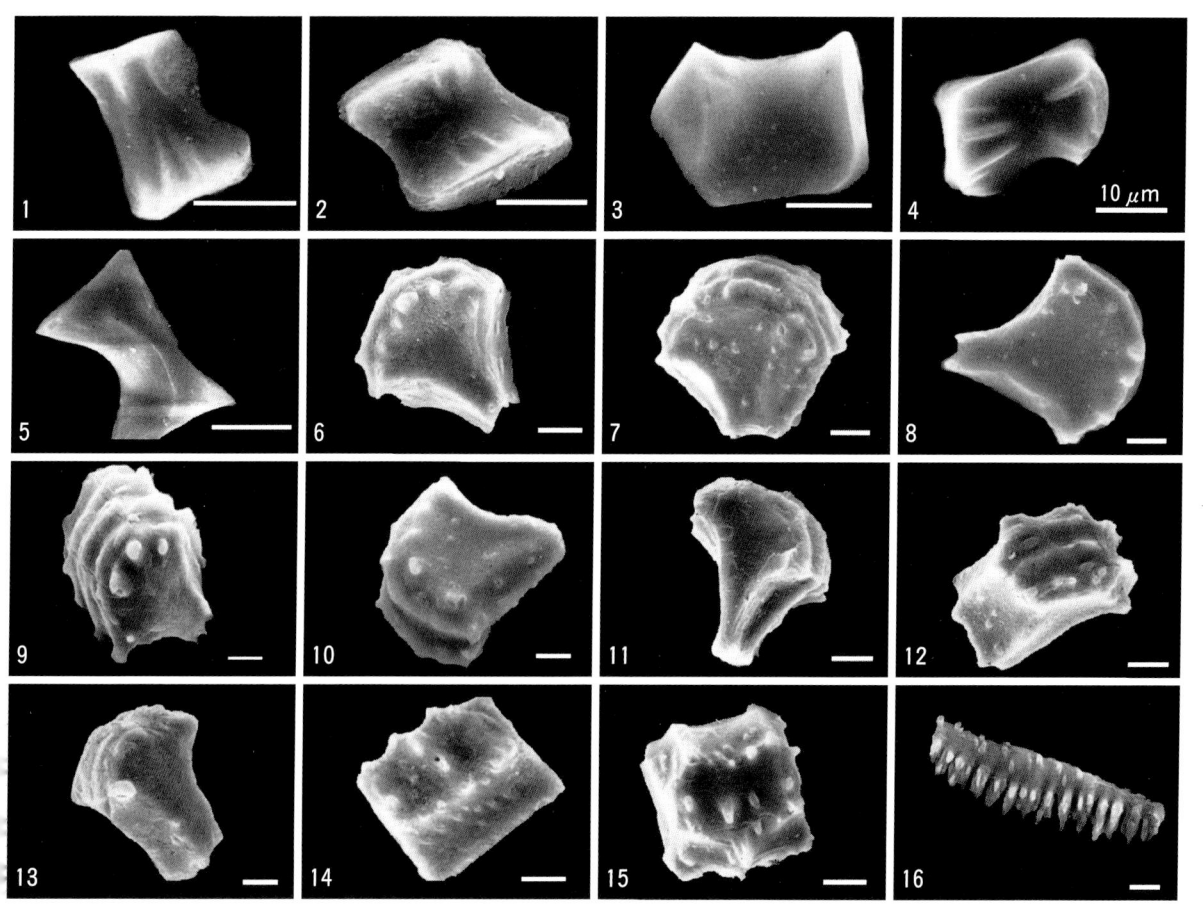

1～16：オカメザサ *Shibataea kumasaka*
1～5：短細胞由来のタケ型ケイ酸体（1～4：上面，5：側面）。縦長が横長よりやや長く，角が丸味のない長方形。胴部は少し内側に窪み，皺は明瞭かあるいはやや不明瞭。
6～15：泡状細胞由来のファン型ケイ酸体（6,8,10：端面，7,9：端面・下面，11,13：下面・端面・側面，12,14,15：下面・側面）。下面の縞目模様は明瞭で，側面は中程度からやや厚い。端面の上面部と下面部に突起物が見られる。
16：供給源不明のケイ酸体。

32　イネ科 Poaceae タケ亜科 Bambusoideae タケ連 Bambuseae ホウライチク属 *Bambusa*

ホウライチク属 *Bambusa*

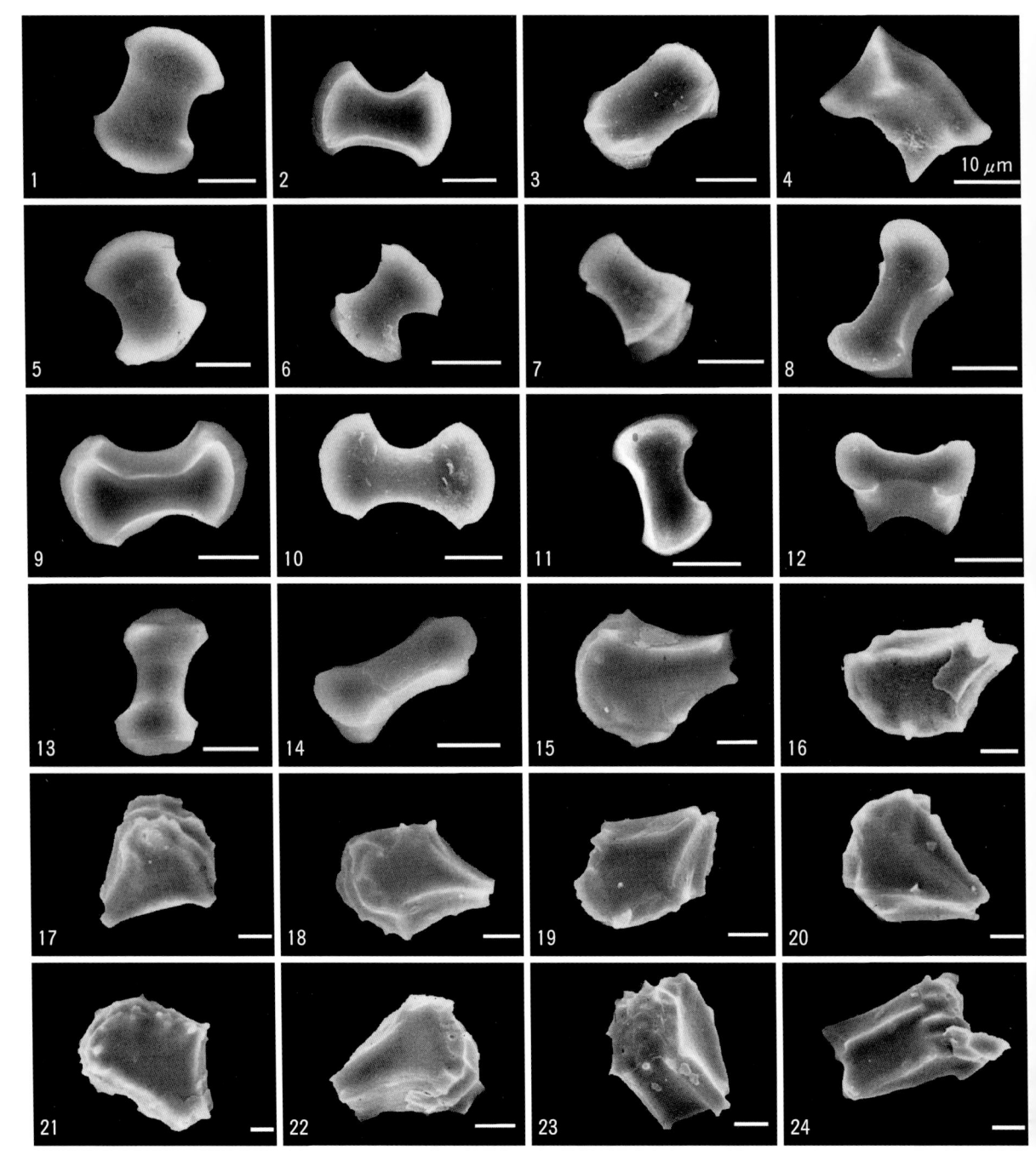

1〜4, 8, 12〜14, 21, 22：コマチダケ *Bambusa glancescens* f. *solida*, 5〜7, 11, 15〜17, 19, 23, 24：ホウライチク *Bambusa multiplex*, 9, 18, 20：ホウショウチク *Bambusa multiplex* f. *variegata*, 10：ホウオウチク *Bambusa multiplex* var. *elegans*

1〜14：短細胞由来のタケ型ケイ酸体(2,9〜11：上面，1,3,5,6,13,14：下面，4：側面，7：端面，8,12：上面・側面)。上面の全体形状は，マダケに類似するが，縦長がより長く，上面の中ほどのくびれが大きい。横長部が凸状で丸味のあるものは亜鈴形にも見える。両先端部は凸状で「両刃の戦闘斧様」でもある。上面から下面までの幅は厚い。

15〜24：泡状細胞由来のファン型ケイ酸体(15,16,20,21：端面，17：下面・端面，19：側面・端面，18,22,23：下面・側面・端面，24：下面・側面)。下面の縞目模様はやや明瞭かあるいは不明瞭。22,23のように網目模様らしきものもある。側長は中程度に厚い。全体に細長く，端面下面部の先端が尖るものもある。

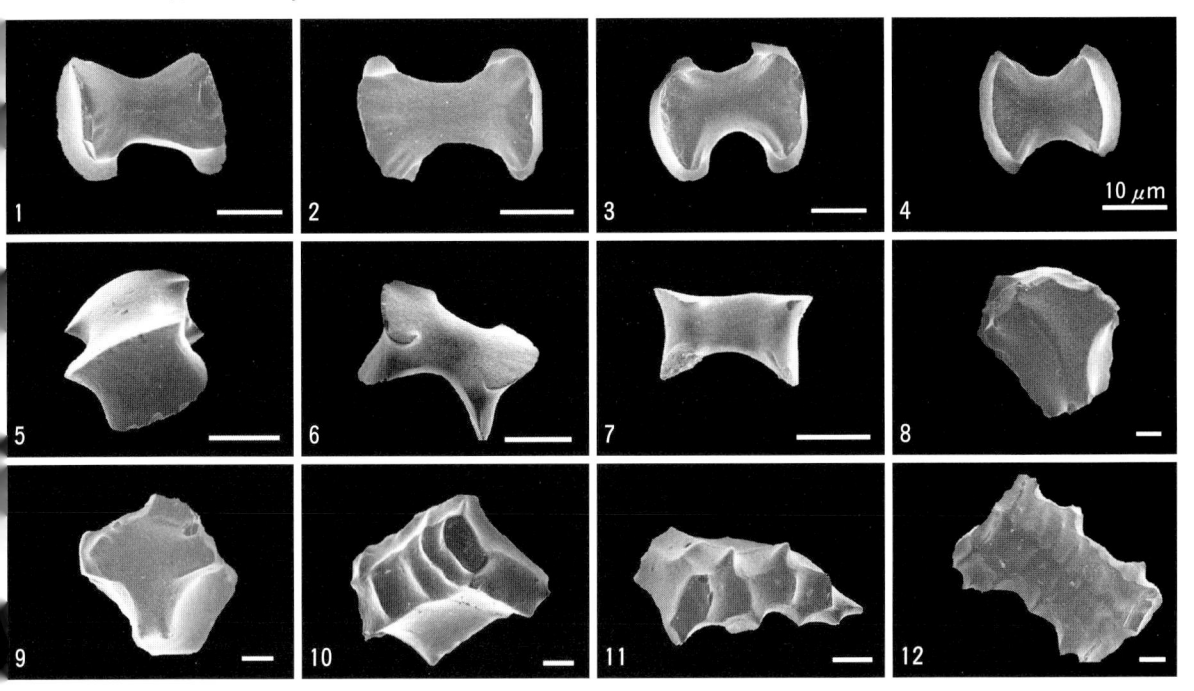

イネ科 Poaceae タケ亜科 Bambusoideae タケ連 Bambuseae スキゾスタキュム属 *Schizostachyum*　　33

スキゾスタキュム属 *Schizostachyum*

1〜12*¹：クライミング・バンブー*Schizostachyum grande*
1〜7：短細胞由来のタケ型ケイ酸体(1〜4：上面，5：下面・端面，6：下面・側面，7：側面)。両端が対称的な凸状刃をもつ(両刃の戦闘斧状)。ホウライチク属と類似している。
8〜12：泡状細胞由来の特有な形状のファン型ケイ酸体(8,9：端面・側面，10,11：下面・側面，12：上面？)。下面の縞目模様は明瞭である。11で見られるように下面と側面の境界部にある突起物(陵)の発達が著しい。
*¹フィリピン産

34 　イネ科 Poaceae タケ亜科 Bambusoideae イネ連 Oryzeae イネ属 *Oryza*

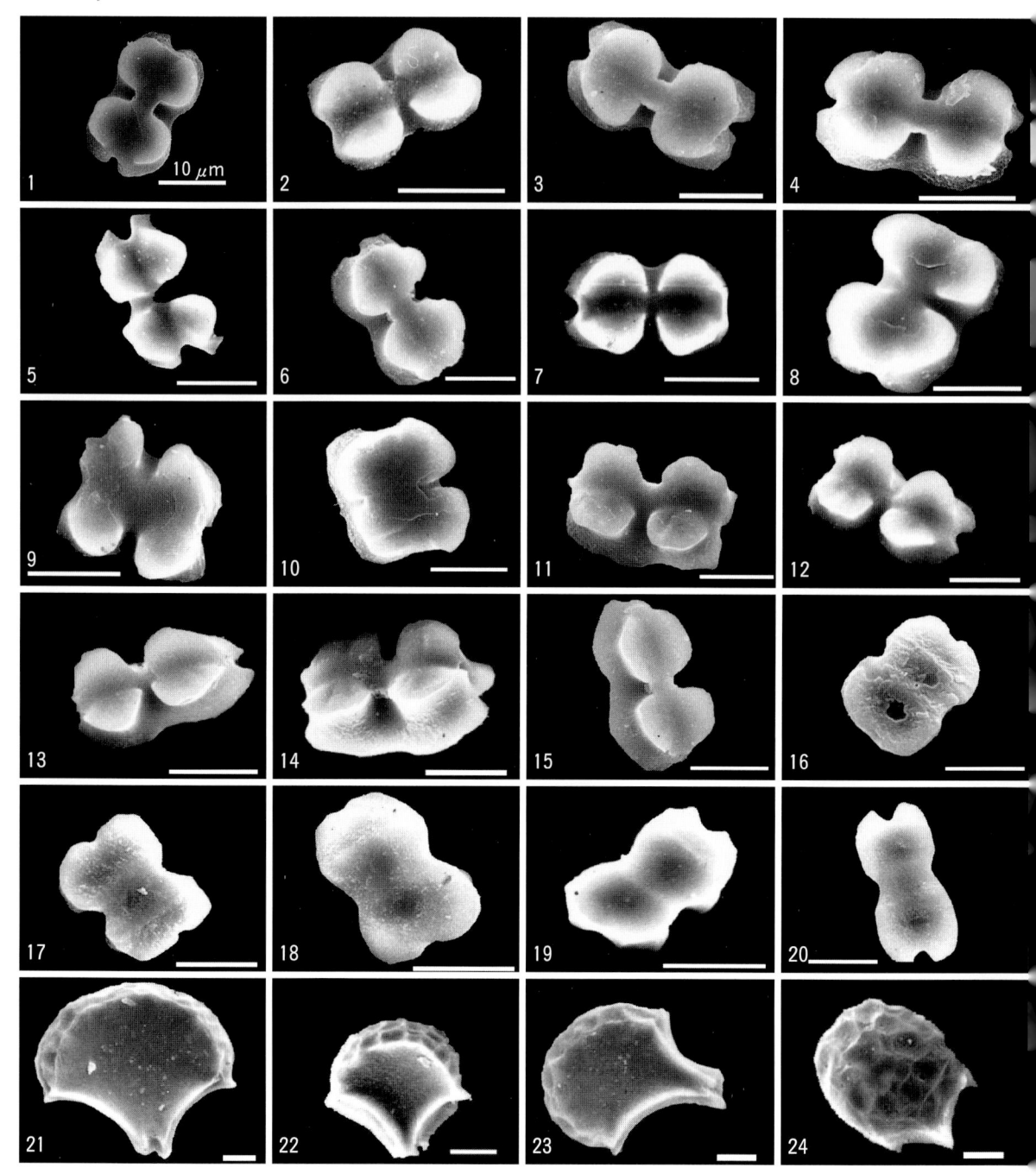

イネ属 *Oryza*

1〜24：イネ *Oryza sativa* (5, 21〜24：IR8, 7：アサヒカリ, 1〜4, 6, 8〜20：品種名不明)
1〜20：短細胞由来のキビ型ケイ酸体(1〜10,12：上面, 11,13〜15：上面・側面, 16〜20：下面)。上面と下面の亜鈴形が重なったような形状(11〜15)。上面から見た亜鈴の軸は，細く短い。亜鈴形の一方が「サクラの花びら様」。下面から見た亜鈴形は軸が太く，上面と対照的である。
21〜24：泡状細胞由来のファン型ケイ酸体(21,23：端面, 22：下面・端面, 24：下面)。端面下部部が丸味のある扇形，あるいは杓子形。上部縦長が短くずんぐりしている。下面は明瞭な網目模様(亀甲紋様)。縦長は 34〜46 μm で，側長は中程度の厚さ。側面に陵由来の明瞭な突起が見られる。

イネ科 Poaceae タケ亜科 Bambusoideae イネ連 Oryzeae イネ属 Oryza　　35

イネ属 Oryza

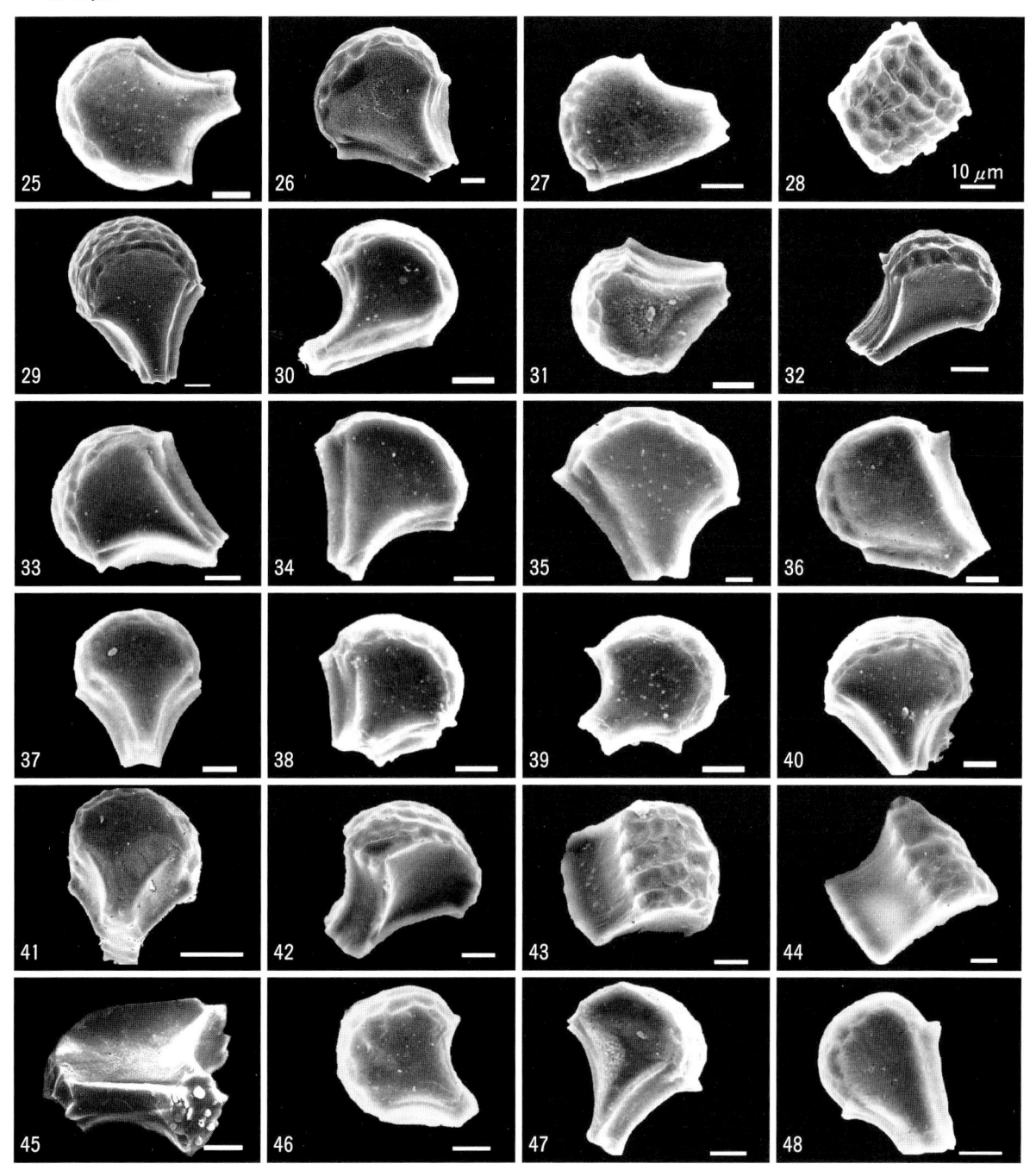

25〜48：イネ Oryza sativa (25, 34：タカネズス, 26〜28, 31：奥羽312, 29, 30, 38〜40, 47：サトホナミ, 32：アキヒカリ, 33：信州サキカケ, 35, 36, 48：石川8, 37：北陸128, 41：トドロキ早生, 42〜46：品種名不明)
25〜48：泡状細胞由来のファン型ケイ酸体(25,27,30,34〜36,48：端面, 26,29,39,40,46：下面・端面, 28：下面, 43,44：下面・側面, 31〜33,37,38,42,47：下面・端面・側面, 41,45：上面・端面・側面)。端面下部部が丸味のある扇形, あるいは杓子形。細身のタイプ, 左右のどちらかに偏る非対称のタイプなどさまざまである。下面は明瞭な網目模様(亀甲紋様)。縦長は35〜50μmで, 側長は中程度の厚さ。側面に陵由来の明瞭な突起が見られる。

36　イネ科 Poaceae タケ亜科 Bambusoideae イネ連 Oryzeae イネ属 *Oryza*

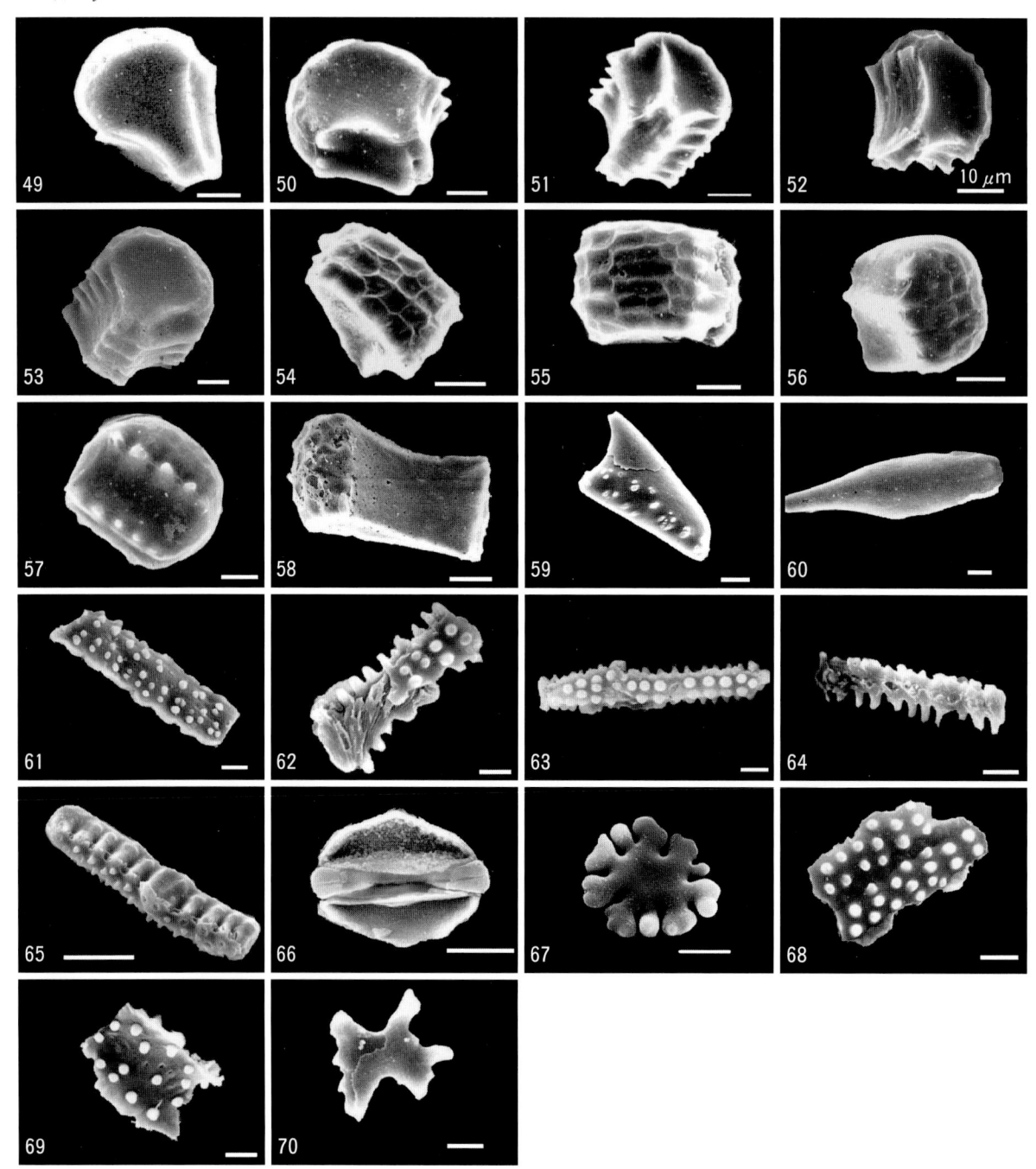

イネ属 *Oryza*

49〜70：イネ *Oryza sativa* (49〜66, 68〜70：品種名不明, 67：IR8)
49〜58：泡状細胞由来のファン型ケイ酸体(49：端面, 50〜53：上面・端面・側面, 54,55：下面, 57：上面, 56,58：下面・側面)。端面下面部が丸味のある扇形，あるいは杓子形。下面は明瞭な網目模様(亀甲紋様)。縦長は34〜46μmで，側長は中程度の厚さ。側面に陵由来の明瞭な突起が見られる。上面に対をなした乳頭突起の配列が57で見られる。
59,60：プリッケルヘア由来のポイント型ケイ酸体(59：側面, 60：上面)。
61〜65：長細胞由来の鋸歯辺あるいは刺状辺棒状ケイ酸体。表面に多数の乳頭突起が見られる。
66：気孔由来の亜鈴形ケイ酸体とその副細胞がケイ化。
67：葉肉の椀細胞由来のケイ酸体。
68,69：乳頭突起をともなう表皮細胞片由来のケイ酸体。
70：給源細胞不明なケイ酸体(気孔間長細胞？)。

イネ科 Poaceae タケ亜科 Bambusoideae イネ連 Oryzeae サヤヌカグサ属 *Leersia*　37

サヤヌカグサ属 *Leersia*

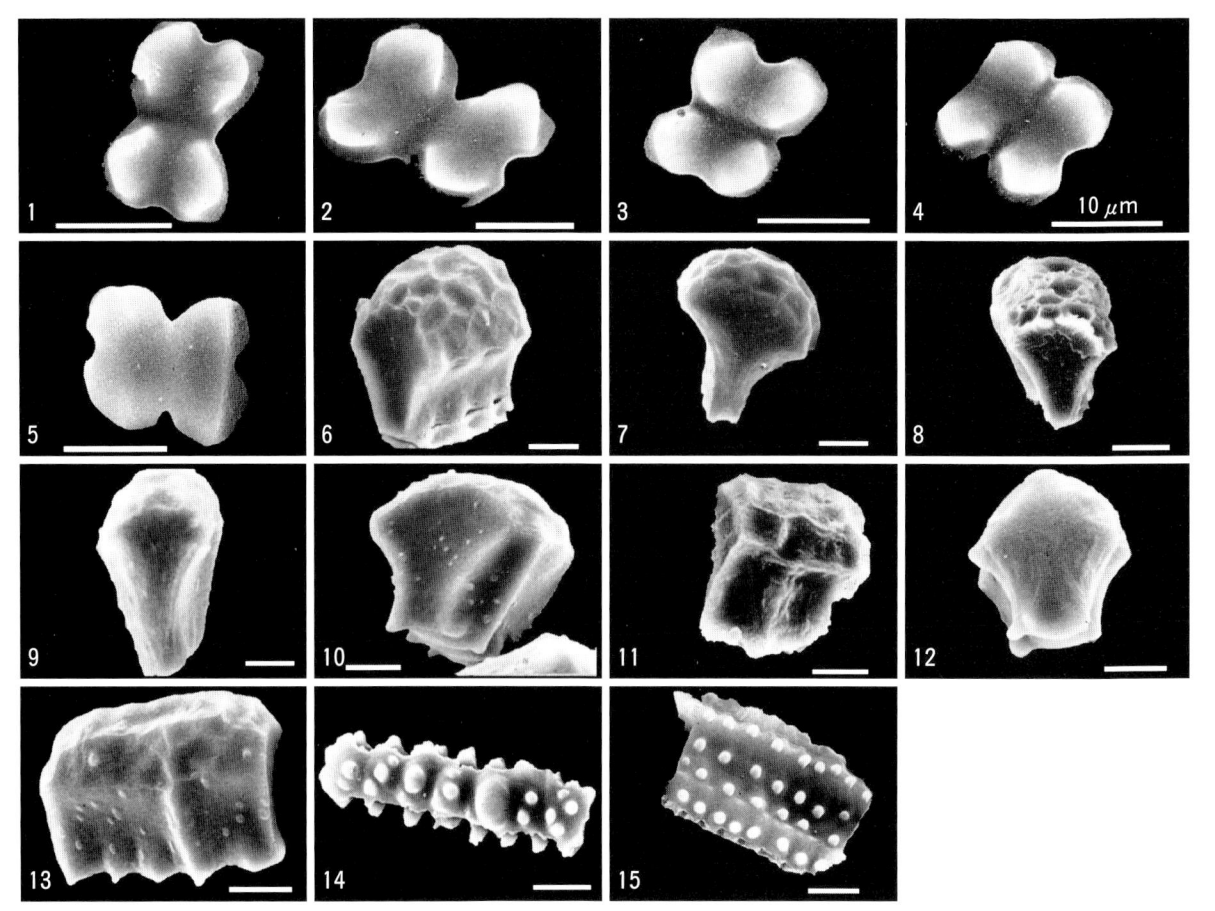

1〜15：エゾサヤヌカグサ *Leersia oryzoides*
1〜5：短細胞由来のキビ型ケイ酸体(1〜4：上面，5：下面)。イネより亜鈴形の花びらが横に広い。横長と縦長がほぼ等しい十字形に近い。上面から見た亜鈴の軸は，不明瞭，あるいは太く短い。
6〜13：泡状細胞由来のファン型ケイ酸(6：端面・下面・側面，7〜9：下面・端面，10：端面・側面，11,13：下面・側面，12：端面)。イネよりやや小型で，細長い杓子形，あるいは扇形。下面の網目模様はやや明瞭で，側長は中程度からやや厚い。
14：長細胞由来の鋸歯辺棒状ケイ酸体。
15：表皮の組織片。イネと同様表面に多数の乳頭突起が見られる。

38　イネ科 Poaceae タケ亜科 Bambusoideae イネ連 Oryzeae マコモ属 Zizania

マコモ属 Zizania

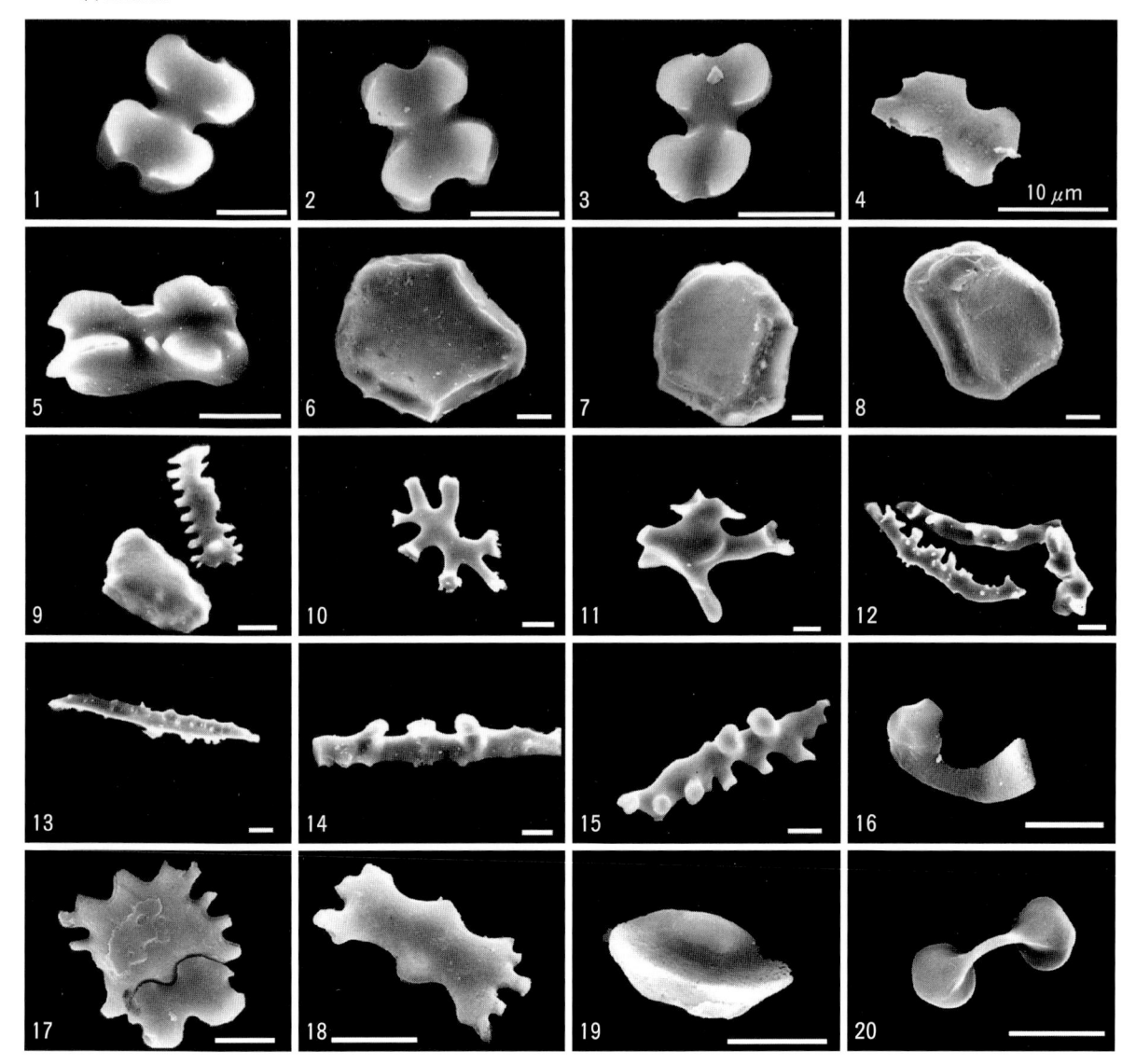

1～20：マコモ Zizania latifolia
1～5：短細胞由来のキビ型ケイ酸体（1～3,：上面，4：下面，5：上面・側面）。上面から見た亜鈴の軸は，イネよりエゾサヤヌカグサにむしろ似ており，太く短い。
6～8：泡状細胞由来のファン型ケイ酸体（6：端面，7：端面・側面，8：端面・下面・側面）。端面の形状はイネ属やエゾサヤヌカグサと明らかに異なる。ヨシに似るが，端面下面部は丸味が弱くやや平坦である。下面模様は不明瞭，あるいは皺模様で，側長は薄い。
9：長細胞由来の鋸歯辺棒状ケイ酸体。
10～15：通気組織由来のケイ酸体。時には10のように細胞が星形。
16：ミクロヘア由来のパイプ状ケイ酸体。
17,18：亜鈴細胞間短細胞由来のケイ酸体（17のように亜鈴形ケイ酸体と接続）。イネにも同じ細胞があるがケイ化していない。
19：コルク細胞由来の皿状ケイ酸体。
20：気孔由来の亜鈴形ケイ酸体。短細胞由来の亜鈴形と形状（軸は細い）がかなり異なる。

イネ科 Poaceae イチゴツナギ亜科 Pooideae ハネガヤ連 Stipeae ハネガヤ属 *Stipa*

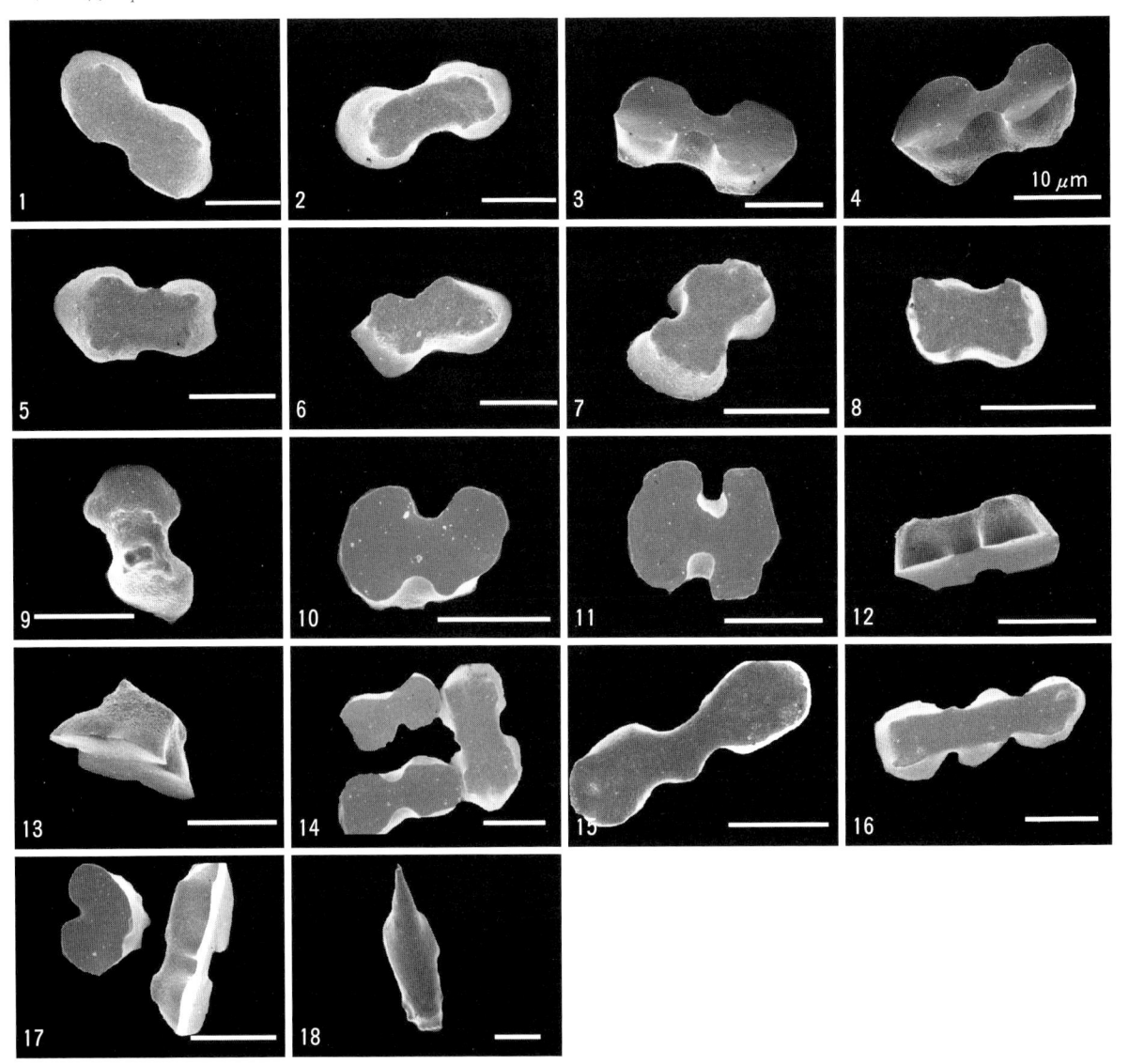

ハネガヤ属 *Stipa*

1~18：ハネガヤ *Stipa pekinensis*
1~17：短細胞由来のウシノケグサ型ケイ酸体(1,2,5~9,16：下面，10,11,15：上面，3,4,12：側面・上面，13：端面，14：上面・下面，17：上面，側面)。上面と下面の輪郭はキビ亜科のキビ型(亜鈴形)ケイ酸体に似ている。しかし，側面は台形であり，キビ型と異なりイチゴツナギ亜科のボート状ケイ酸体にむしろ似ている。最も異なる点は，上面，下面ともに平坦であり，キビ型ケイ酸体のように窪みがない。この種のケイ酸体はウシノケグサ型から区別され，ハネガヤ(*Stipa*)タイプと Mulholland(1989) により命名されている。
18：プリッケルヘア由来のポイント型ケイ酸体(18：上面)である。

40　イネ科 Poaceae イチゴツナギ亜科 Pooideae イチゴツナギ連 Poeae ホソムギ属 *Lolium*

ホソムギ属 *Lolium*

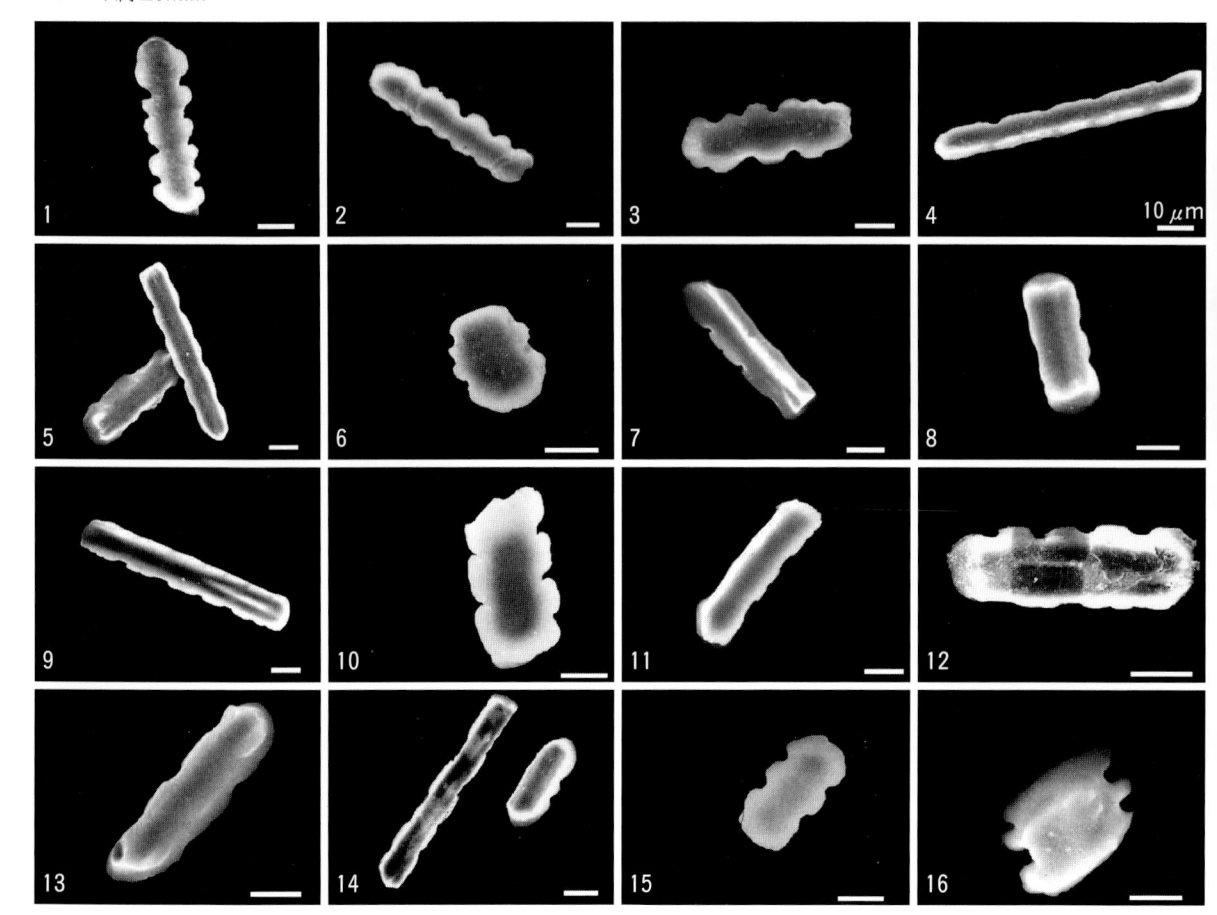

1～6：ネズミムギ（イタリアンライグラス）*Lolium multiflorum*，7～16：ホソムギ（ペレニアルライグラス）*Lolium perenne*
1～16：短細胞由来のウシノケグサ（または，イチゴツナギ）型ケイ酸体(1,4,10,11,13：上面，2,3,6～9,12,15,16：下面，5,14：上面・下面)。上面の形状は，長方形，楕円形および長楕円形を示し，台座の両面に小さな半円状の突出物(Lobe)が多数対をなして付着している。台座の先端部は，角張っているタイプ，丸まったタイプ，不規則なタイプなど多様である。半円状の突出物間の裂け目はほとんどないタイプと浅いタイプが見られる。

イネ科 Poaceae イチゴツナギ亜科 Pooideae イチゴツナギ連 Poeae ホソムギ属 *Lolium*

ホソムギ属 *Lolium*

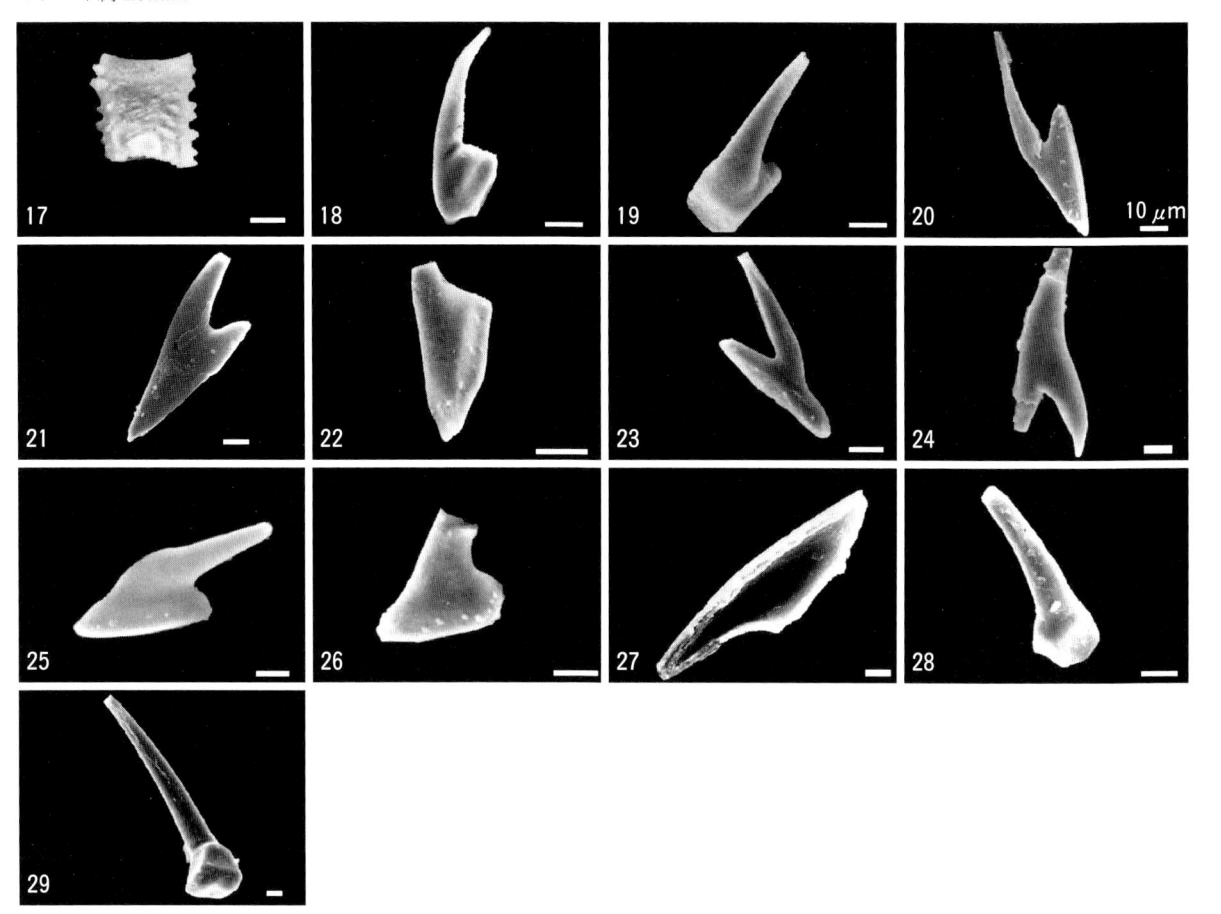

17〜20, 26〜29：ネズミムギ *Lolium multiflorum*, 21〜25：ホソムギ *Lolium perenne*
17：給源細胞不明なケイ酸体。
18〜27：プリッケルヘア由来のポイント型ケイ酸体(18,20〜27：側面, 19：上面)。
28,29：マクロヘア由来(？)のケイ酸体。

42　イネ科 Poaceae イチゴツナギ亜科 Pooideae イチゴツナギ連 Poeae カモガヤ属 *Dactylis*

カモガヤ属 *Dactylis*

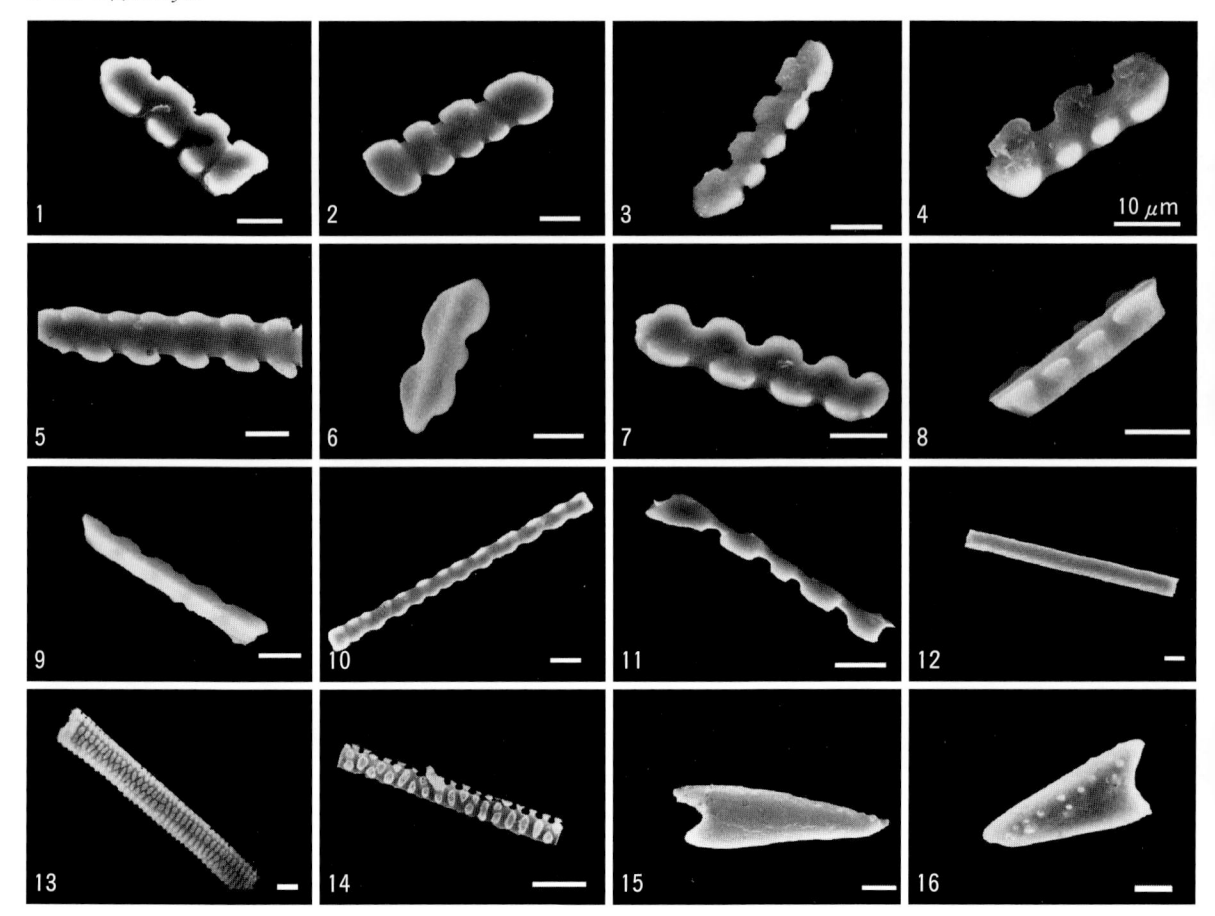

1〜16：カモガヤ（オーチャードグラス）*Dactylis glomerata*
1〜11：短細胞由来のウシノケグサ型ケイ酸体(1〜5,7,10：上面，6：下面，8,9,11：側面)。下面の形状は，両先端かあるいは片方が丸味を帯び角張った細長い長方形や長楕円などで，台座周辺に付着する突出物間の切れ込みががやや深い。側面の形状(8,9)は台形か，あるいはボート形である。
12：長細胞由来の平滑辺棒状ケイ酸体。
13,14：階紋をもつ仮導管由来のヤスリ状ケイ酸体。
15,16：プリッケルヘア由来のポイント型ケイ酸体(15,16：側面)。

イネ科 Poaceae イチゴツナギ亜科 Pooideae イチゴツナギ連 Poeae イチゴツナギ属 *Poa*，ウシノケグサ属 *Festuca*　　43

イチゴツナギ属 *Poa*

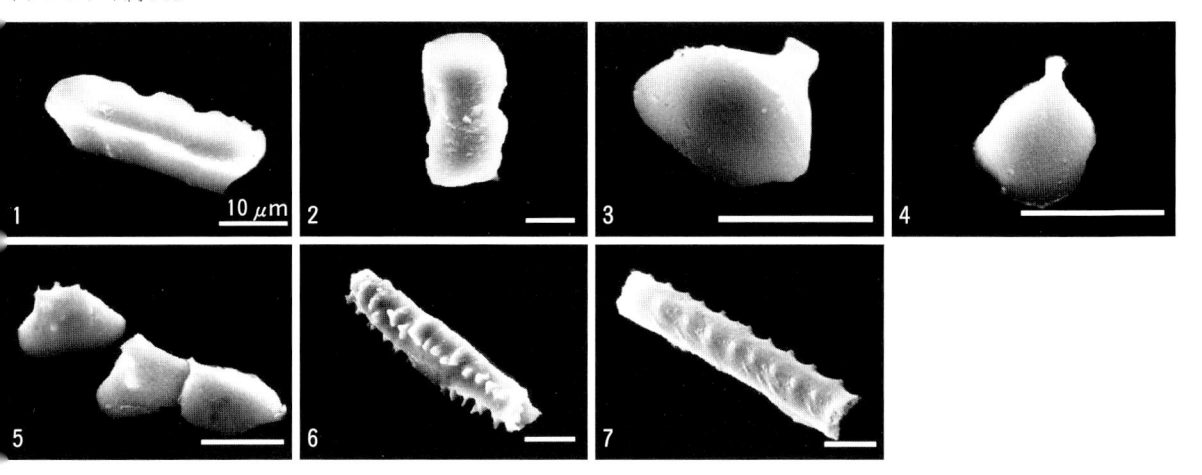

1～7：シルバータソック *Poa laevis*
1～5：短細胞由来のウシノケグサ型ケイ酸体(1,2：上面，3：下面，・側面，4,5：側面)。1,2 は典型的なボート状(台形)，3～5 は円錐形(帽子状)。
6,7：長細胞由来の刺状辺棒状ケイ酸体。

ウシノケグサ属 *Festuca*

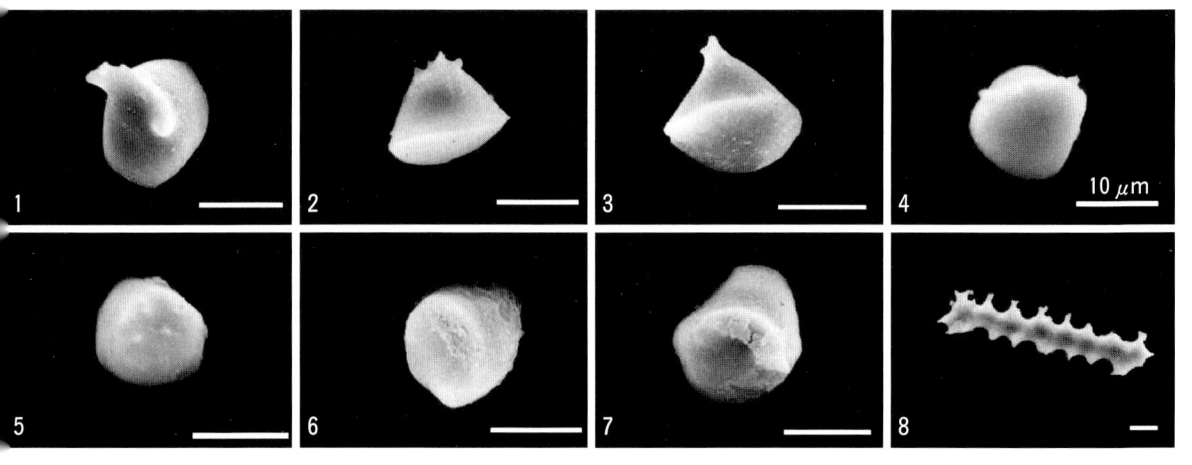

1～8：ウシノケグサ *Festuca ovina*
1～7：短細胞由来のウシノケグサ型ケイ酸体(1,4,5：上面，2,3,6,7：下面・側面)。すべて円錐形かあるいは帽子形(ハット)である。円錐先端部に各種の付属物をともなう。円錐形ケイ酸体は上面から見ると小円形(Rondel)で，中央に点，円，楕円，弓状の線などの輪郭が見られる。
8：長細胞由来の鋸歯辺棒状ケイ酸体。

44　イネ科 Poaceae イチゴツナギ亜科 Pooideae コムギ連 Triticeae コムギ属 *Triticum*

コムギ属 *Triticum*

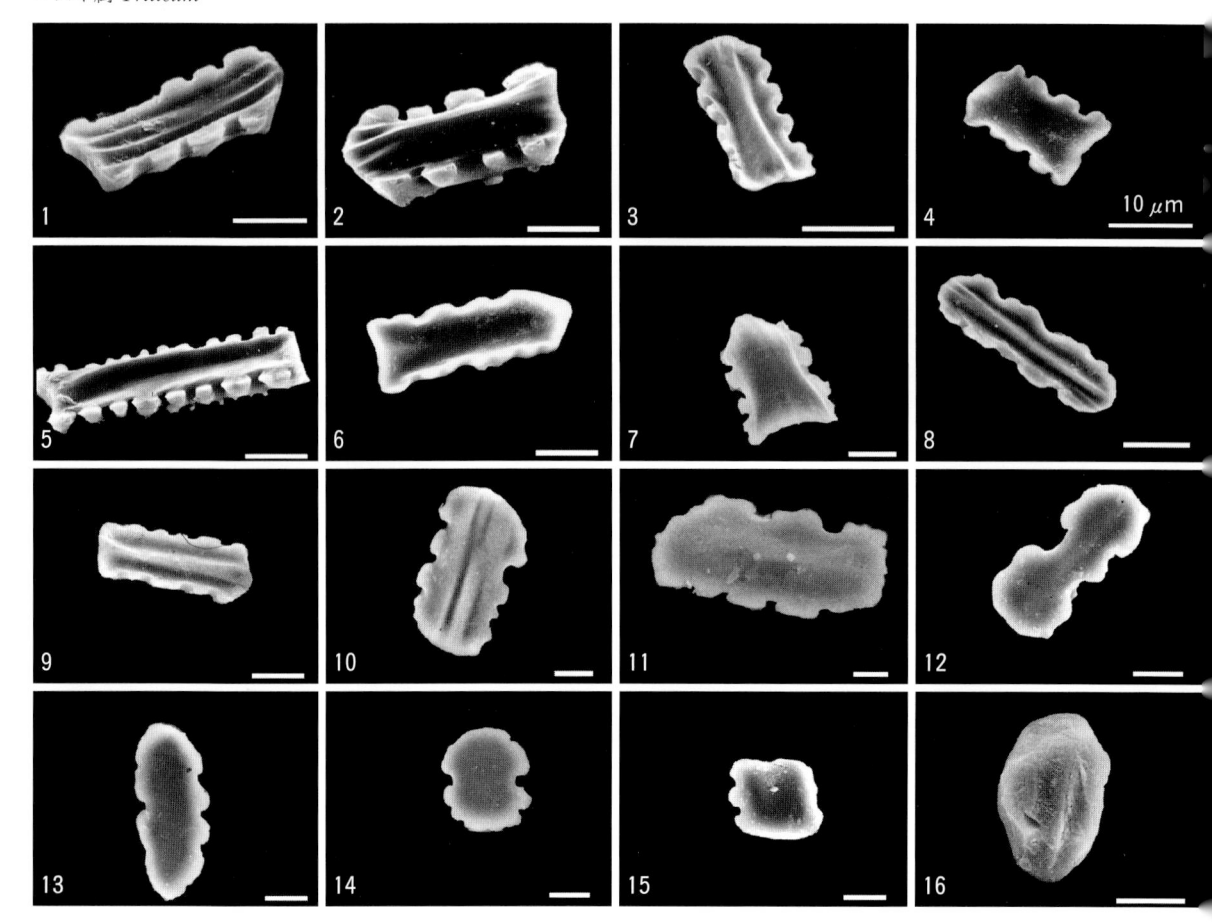

1〜16：コムギ *Triticum aestivum*（5：McDomind, 7, 9：Maris-Huntsmoaqx, 1〜4, 6, 8, 10〜16：品種名不明）
1〜16：短細胞由来のウシノケグサ型ケイ酸体（1〜3,5,8,9,16：上面，4,6,7,10〜15：下面）。上面の形状は，両先端部がやや丸味を帯びるか，あるいは角張った細長い長楕円形および長方形，先端の一方のみが尖った長方形，楕円形，正方形など多様である。

イネ科 Poaceae イチゴツナギ亜科 Pooideae コムギ連 Triticeae コムギ属 *Triticum* 　45

コムギ属 *Triticum*

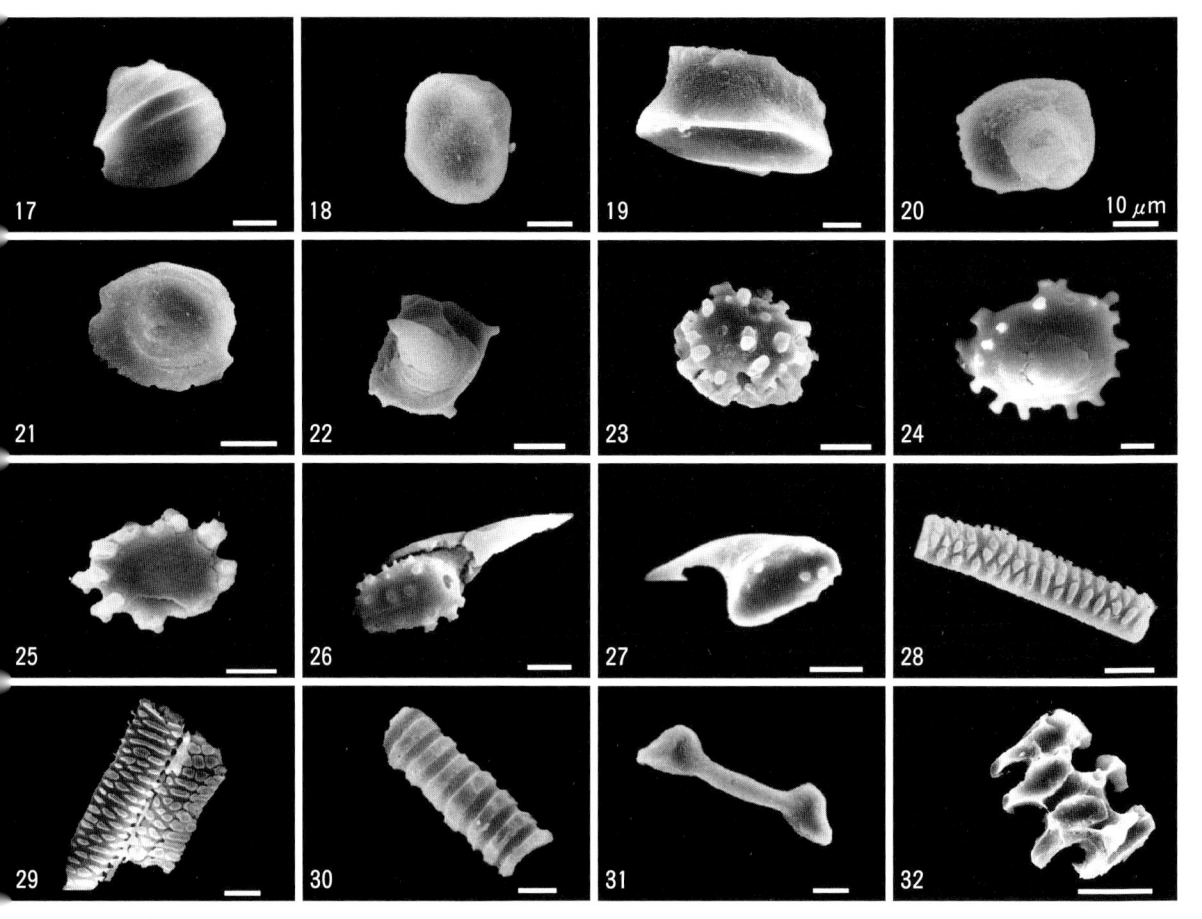

17〜32：コムギ *Triticum aestivum* (17, 20, 26, 27, 32：McDomid, 29：Maris-Huntsmax, 18, 19, 21〜25, 28, 30, 31：品種名不明)
17〜21：短細胞由来のウシノケグサ型ケイ酸体(17〜19：側面・下面, 20,21：上面)。上面の形状は円錐あるいは円錐台形状のケイ酸体(17〜21)である。
22〜25：毛状突起か, あるいは表皮毛基部由来のケイ酸体。
26,27：プリッケルヘア由来のケイ酸体(26,27：側面)。
28,29：階紋をもつ導管由来のヤスリ状ケイ酸体。
30：給源細胞不明なケイ酸体。
31：気孔由来の骨状ケイ酸体。
32：脊柱状有腕細胞(？)由来の椎骨状ケイ酸体。

46　イネ科 Poaceae イチゴツナギ亜科 Pooideae コムギ連 Triticeae テンキグサ属 Leymus，オオムギ属 Hordeum

テンキグサ属 Leymus

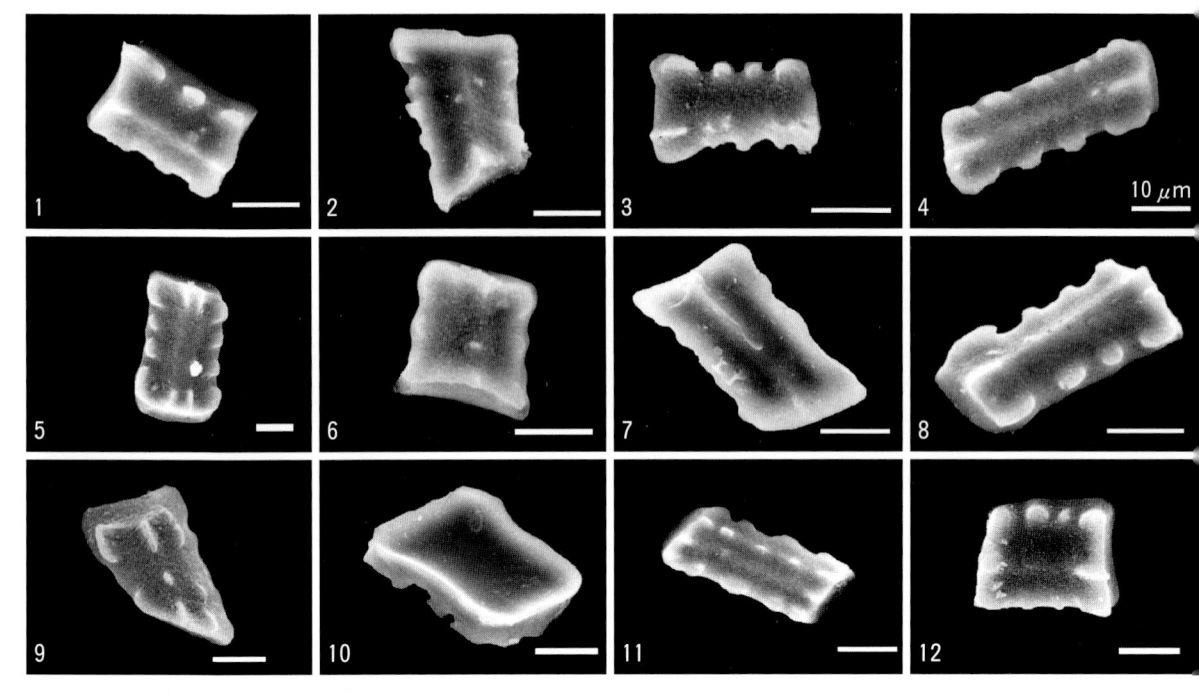

1〜12：ハマニンニク Leymus mollis
1〜12：短細胞由来のウシノケグサ型ケイ酸体（1〜9,11,12：上面，10：下面）。全体的な形状は，先端部が角張った幅広い長方形。突出部（Lobe）は極めて小さく，台座の内部におさまっている。したがって，下面から見ると突出物は台座から僅かしか観察されない。上面は中央部に向かいやや凸状である。

オオムギ属 Hordeum

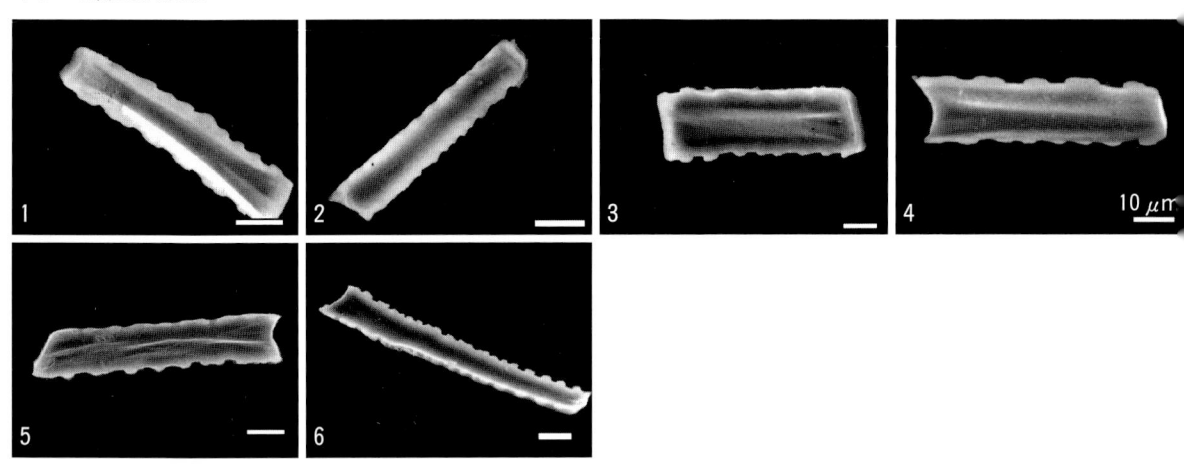

1〜6：オオムギ Hordeum murinum
1〜6：短細胞由来のウシノケグサ型ケイ酸体（1〜5：下面，6：上面）。全体的な形状は，先端部が角張った細長い長方形。突出物はハマニンニクに似て小さい（台座周辺の切れ込みは浅い）。小突出物が台座に沿って対をなし，多数連なる。

イネ科 Poaceae イチゴツナギ亜科 Pooideae カラスムギ連 Aveneae ノガリヤス属 *Calamagrostis*　　47

ノガリヤス属 *Calamagrostis*

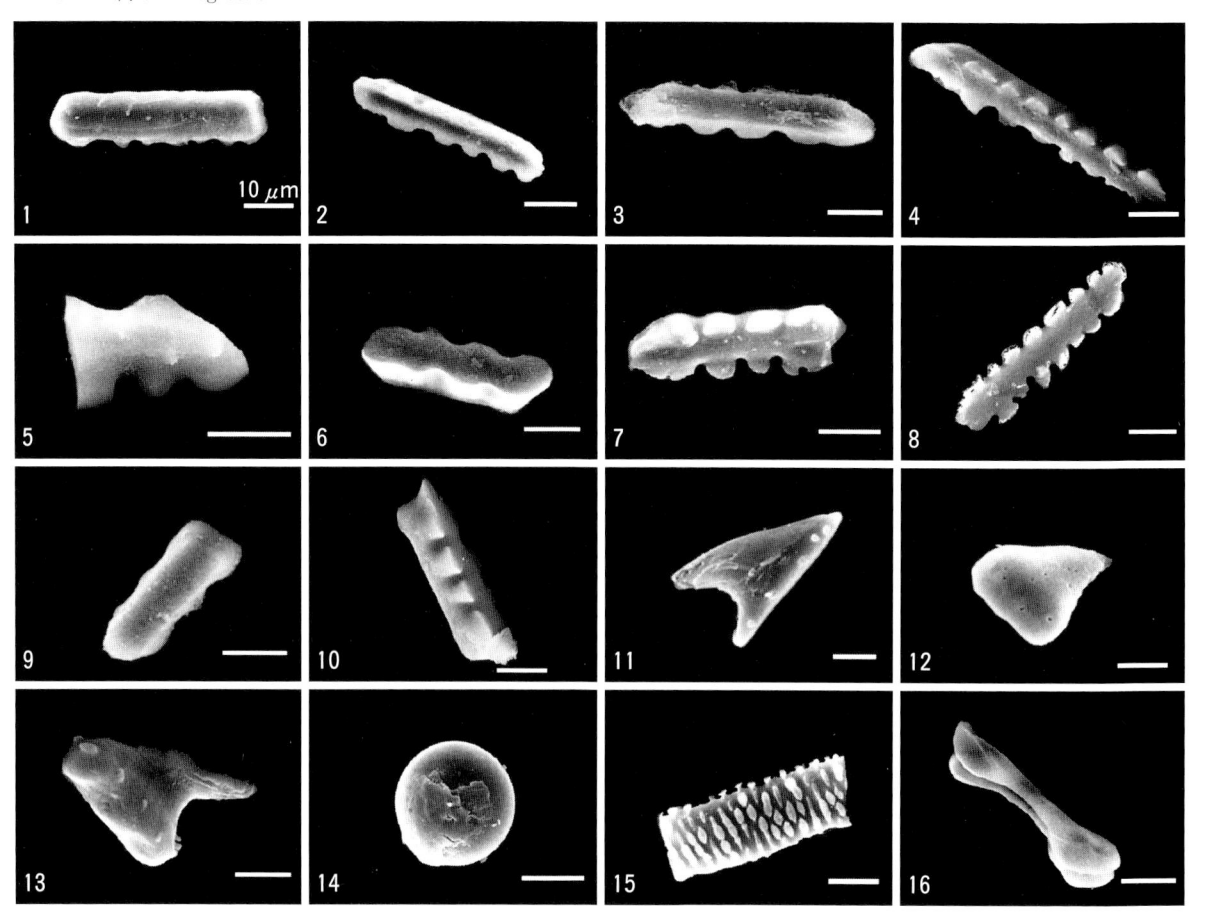

1，2，11，12，14，15：イワノガリヤス *Calamagrostis langsdorffii*，3〜10，13，16：ヤマアワ *Calamagrostis epigeios*
1〜10：短細胞由来のウシノケグサ型ケイ酸体(1〜3,5,9：下面，8：上面，4,6,7：上面・側面，10：側面)。下面の形状は，両先端
　　かあるいは片方が丸味を帯びた凸状の長楕円形で，台座周辺の切れ込みは浅い。
11〜14：プリッケルヘア由来のポイント型ケイ酸体(11〜13：側面，14：下面)。
15：階紋をもつ導管由来のヤスリ状ケイ酸体。
16：気孔由来の亜鈴形か，あるいは骨状ケイ酸体。

48　イネ科 Poaceae イチゴツナギ亜科 Pooideae カラスムギ連 Aveneae アワガエリ属 Phleum

アワガエリ属 Phleum

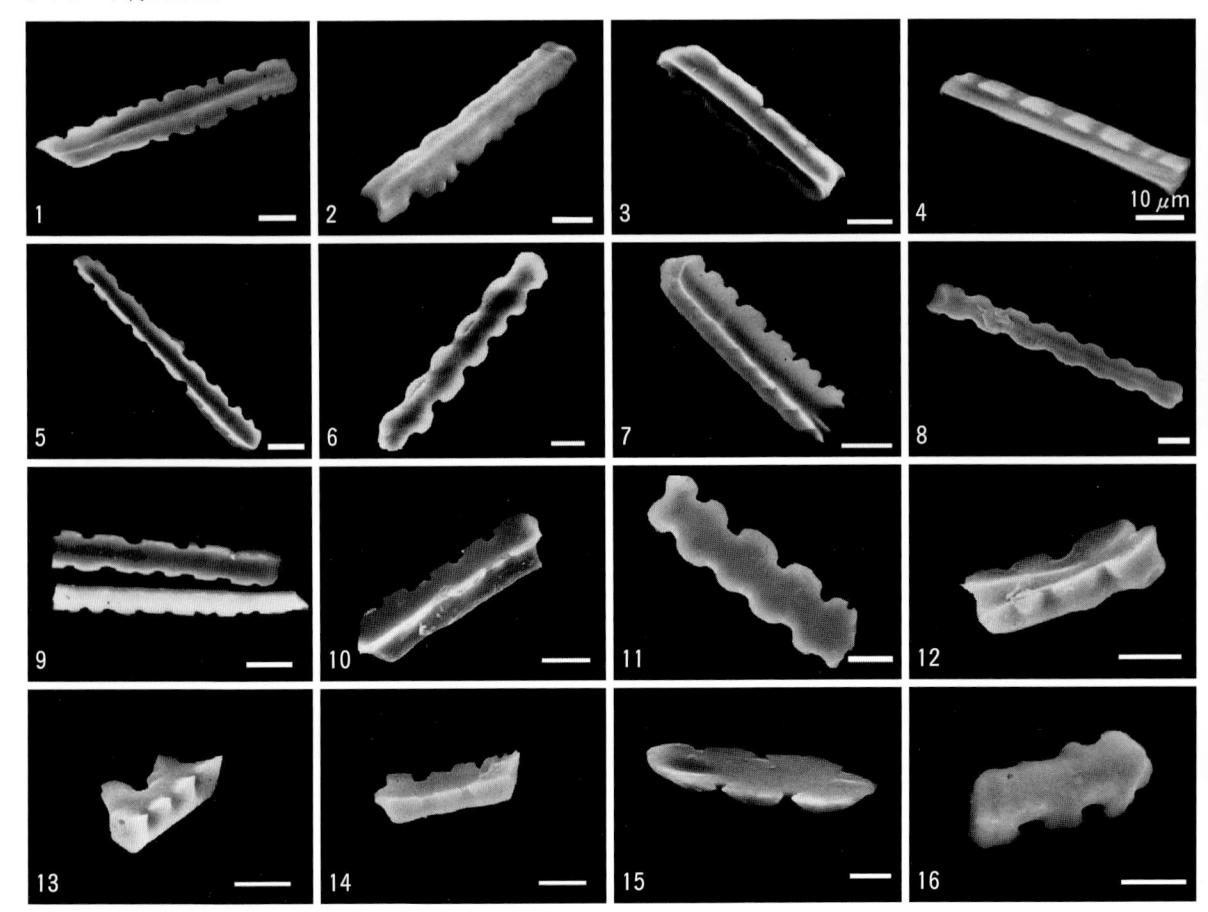

1〜16：オオアワガエリ（チモシー） Phleum pratense

1〜16：短細胞由来のウシノケグサ（または，イチゴツナギ）型ケイ酸体（1〜3,6,8,11,16：下面，5：上面，4：側面，7,9,10,12〜15：側面・上面）。下面の形状は，両先端部が丸味を帯びるか，あるいは角張った長楕円形および長方形，片方の先端のみが丸味を帯びた長楕円形など多様である。台座周辺の切れ込みは浅いものからやや深いものまでさまざまである。横に細長いタイプ（1〜11）が多いが，短いタイプ（13,14）も見られる。

イネ科 Poaceae イチゴツナギ亜科 Pooideae カラスムギ連 Aveneae アワガエリ属 *Phleum*　49

アワガエリ属 *Phleum*

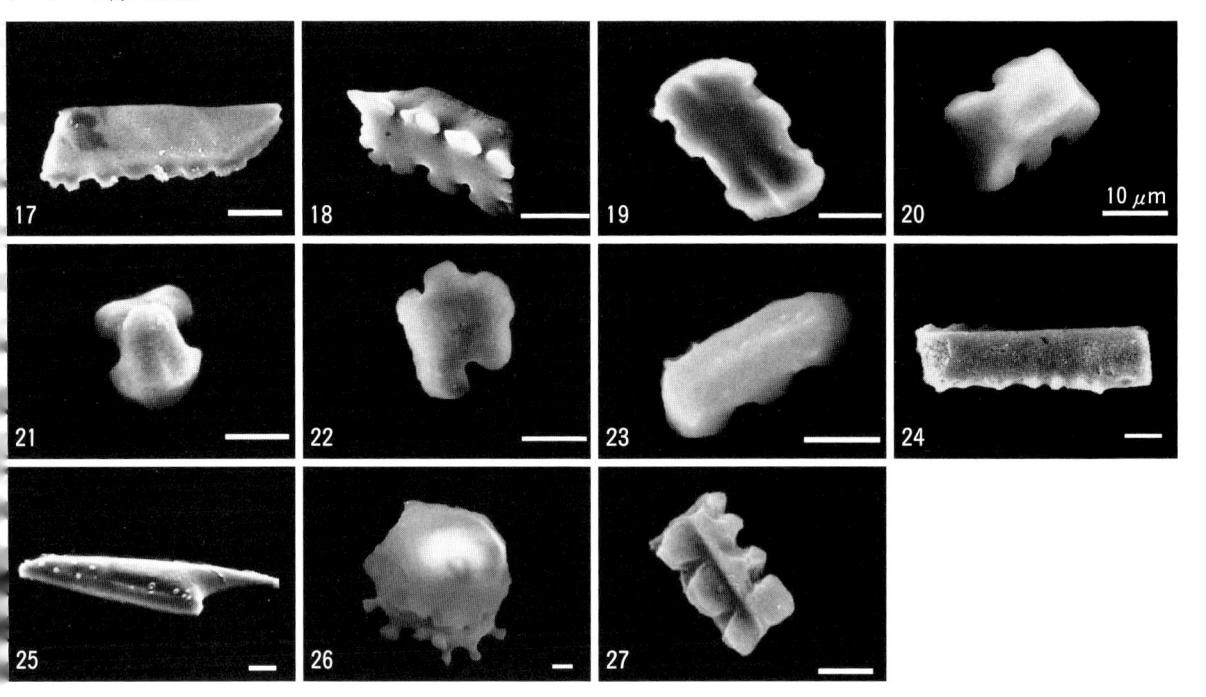

17〜27：オオアワガエリ(チモシー) *Phleum pratense*
17〜24：短細胞由来のウシノケグサ(または，イチゴツナギ)型ケイ酸体(17,19〜24：下面，18：側面・上面)。下面の形状は，両先端部が丸味を帯びるか，あるいは角張った長楕円形および長方形，片方の先端のみが丸味を帯びた長楕円形など多様である。台座周辺の切れ込みは浅いものからやや深いものまでさまざまである。横に細長いタイプ(17,23,24)が多いが，短いタイプ(18〜22)も見られる。
25,26：プリッケルヘア由来のポイント型ケイ酸体。
27：柵状細胞由来の椎骨状ケイ酸体。

50　イネ科 Poaceae イチゴツナギ亜科 Pooideae カラスムギ連 Aveneae コウボウ属 Hierochloe, カラスムギ属 Avena, クサヨシ属 Phalaris

コウボウ属 Hierochloe

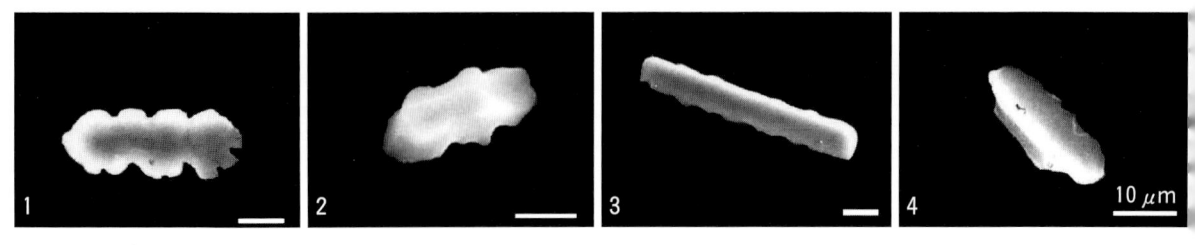

1～4：コウボウ Hierochloe odoratsa
1～4：短細胞由来のウシノケグサ型ケイ酸体(1～3：下面，4：上面)。小突出物が台座に沿って対をなし，多数連なる長楕円，細長い長方形。

カラスムギ属 Avena

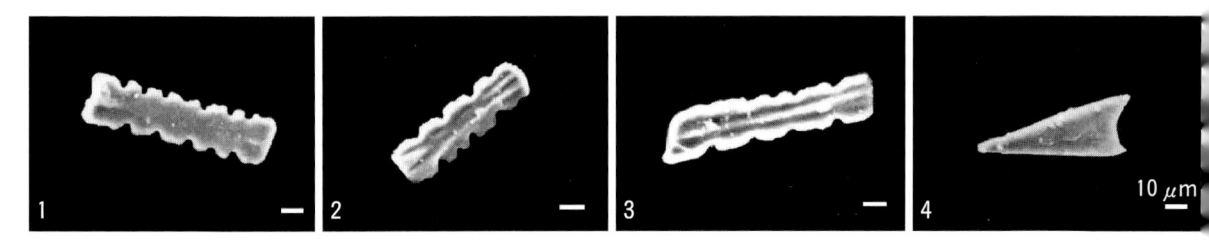

1～4：カラスムギ Avena fatua
1～3：短細胞由来のウシノケグサ型ケイ酸体(1～3：下面)。上面の形状は両端側が角張った細長い長方形。台座周辺の切れ込みは比較的浅い。
4：プリッケルヘア由来のポイント型ケイ酸体(4：側面)。

クサヨシ属 Phalaris

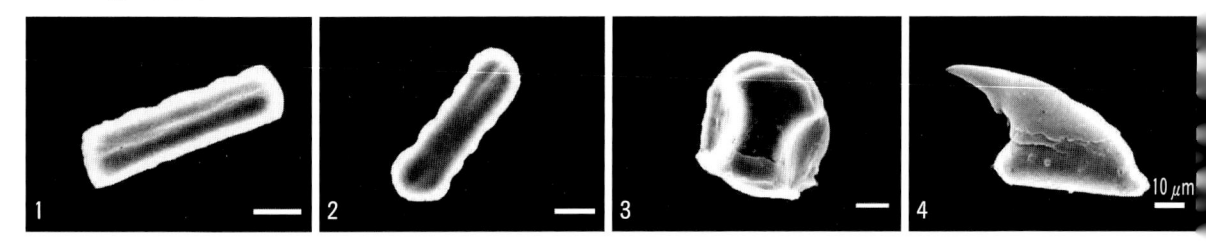

1～4：クサヨシ Phalaris arundinacea
1,2：短細胞由来のウシノケグサ型ケイ酸体(1,2：下面)。上面の形状は両端面側が丸味を帯びるか，あるいはやや角ばった細長い長方形。台座周辺の切れ込みは極めて浅いか，不明瞭。
3：泡状細胞由来の食パン状のファン型ケイ酸体。
4：プリッケルヘア由来のポイント型ケイ酸体(4：側面)。

イネ科 Poaceae イチゴツナギ亜科 Pooideae カラスムギ連 Aveneae ヌカボ属 Agrostis / ホガエリガヤ連 Brylkinieae ホガエリガヤ属 Brylkinia

ヌカボ属 Agrostis

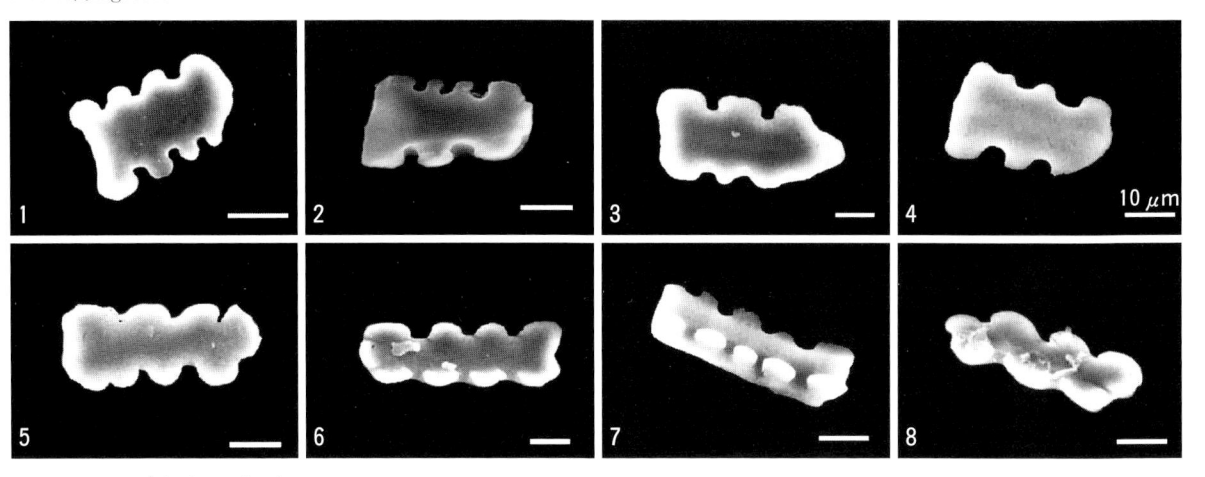

1〜8：コヌカグサ Agrostis gigantea
1〜8：短細胞由来のウシノケグサ型ケイ酸体(1〜4：下面，5,6,8：上面，7：上面・側面)。片方の先端部が丸味を帯びた凸状の長方形で，台座周辺の切れ込みはやや深い。

ホガエリガヤ属 Brylkinia

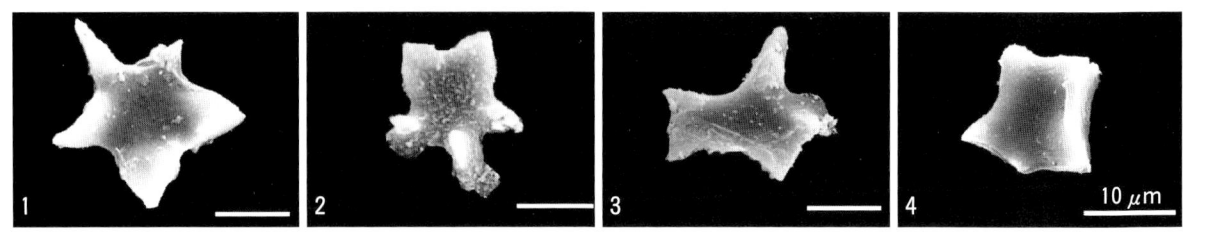

1〜4：ホガエリガヤ Brylkinia caudata
1〜4：短細胞由来のウシノケグサ型ケイ酸体。ホガエリガヤに特有な星形かあるいはその変形。

52　イネ科 Poaceae イチゴツナギ亜科 Pooideae スズメノチャヒキ連 Bromeae スズメノチャヒキ属 *Bromus*

スズメノチャヒキ属 *Bromus*

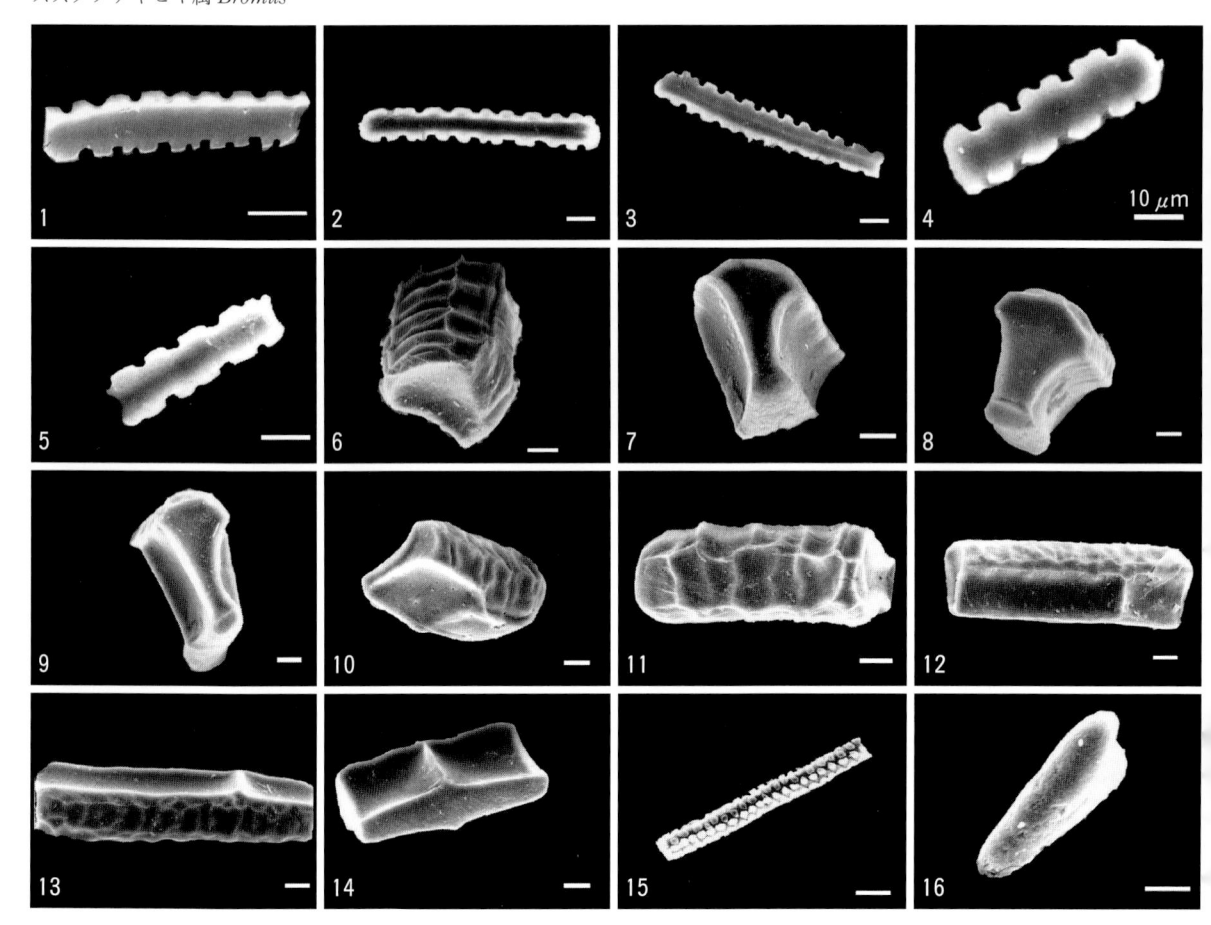

1〜16：コスズメノチャヒキ *Bromus intermis*
1〜5：短細胞由来のウシノケグサ型ケイ酸体(1〜3：下面，4,5：上面)。下面の形状は，両先端部がやや丸味を帯びているか，あるいは角張った細長い長方形で，台座周辺の切れ込みはやや小さい。
6〜14：泡状細胞由来のファン型ケイ酸体(6,10：下面・端面・側面，7〜9：端面・側面，11：下面，12,13：下面・側面，14：側面・上面)。下面にしわ，あるいは縞目模様(？)が見られ，側長は極めて厚い。通常，イチゴツナギ亜科はファン型ケイ酸体の出現は稀であるが，Bromus 属は比較的検出頻度が高い。
15：導管由来の階紋をもつヤスリ状ケイ酸体。
16：ブリッケルヘア由来のポイント型ケイ酸体(16：上面)。

イネ科 Poaceae ダンチク亜科 Arundinoideae ダンチク連 Arundineae ダンチク属 *Arundo*　　53

ダンチク属 *Arundo*

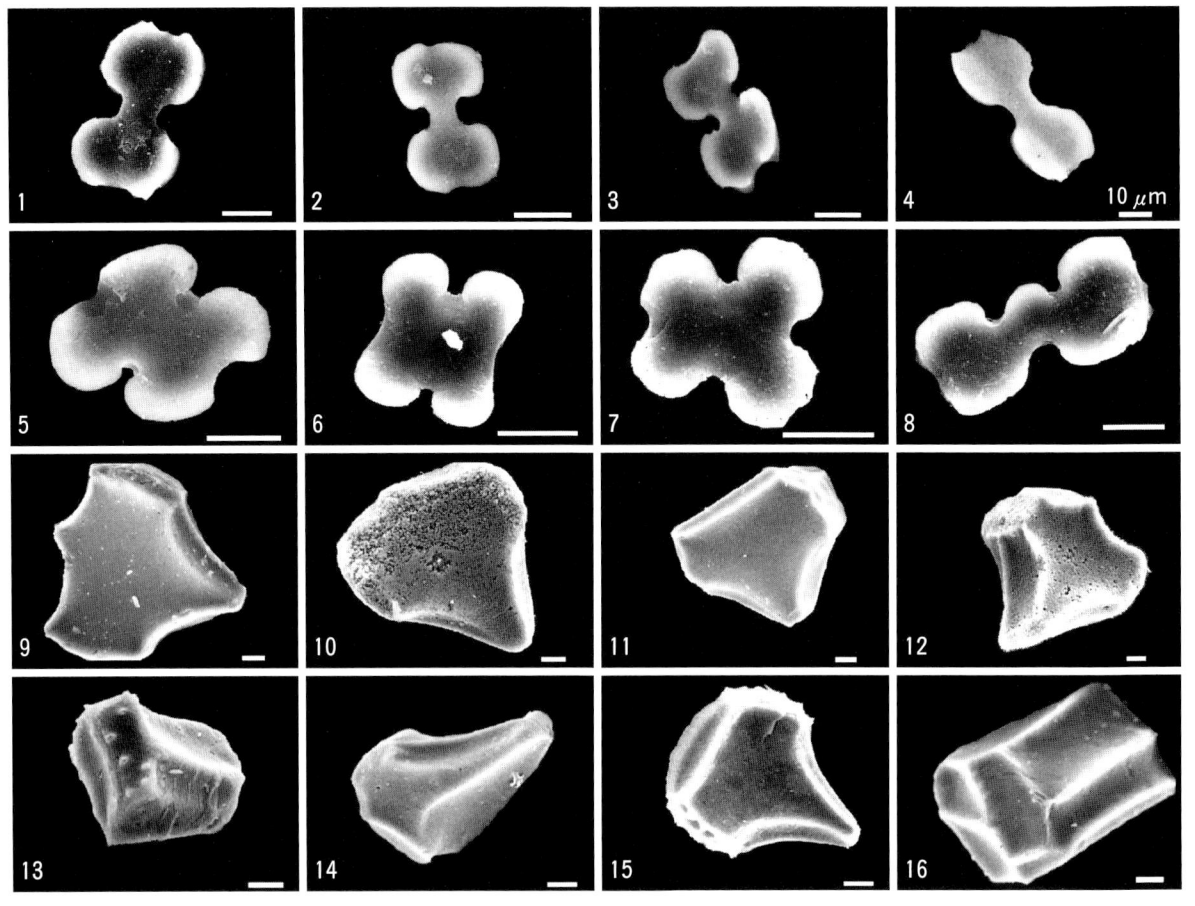

1〜10：ダンチク *Arundo donax*，11〜16：セイヨウダンチク *Arundo donax* var. *versicolor*
1〜8：短細胞由来のキビ型ケイ酸体(1〜3,5〜8：上面，4：下面)。上面の形状は，亜鈴形(1〜4)，十字形(5〜7)およびこぶ付き亜鈴形(8)である。
9〜16：泡状細胞由来のファン型ケイ酸体(9〜11,15：端面，12：端面・側面・下面，13,16：下面・側面，14：端面・側面)。端面下面部が平坦か，あるいは凹状の扇形。下面は部分的に網目模様。側長は中程度からやや薄い。

54　イネ科 Poaceae ダンチク亜科 Arundinoideae ダンチク連 Arundineae ダンチク属 *Arundo*

ダンチク属 *Arundo*

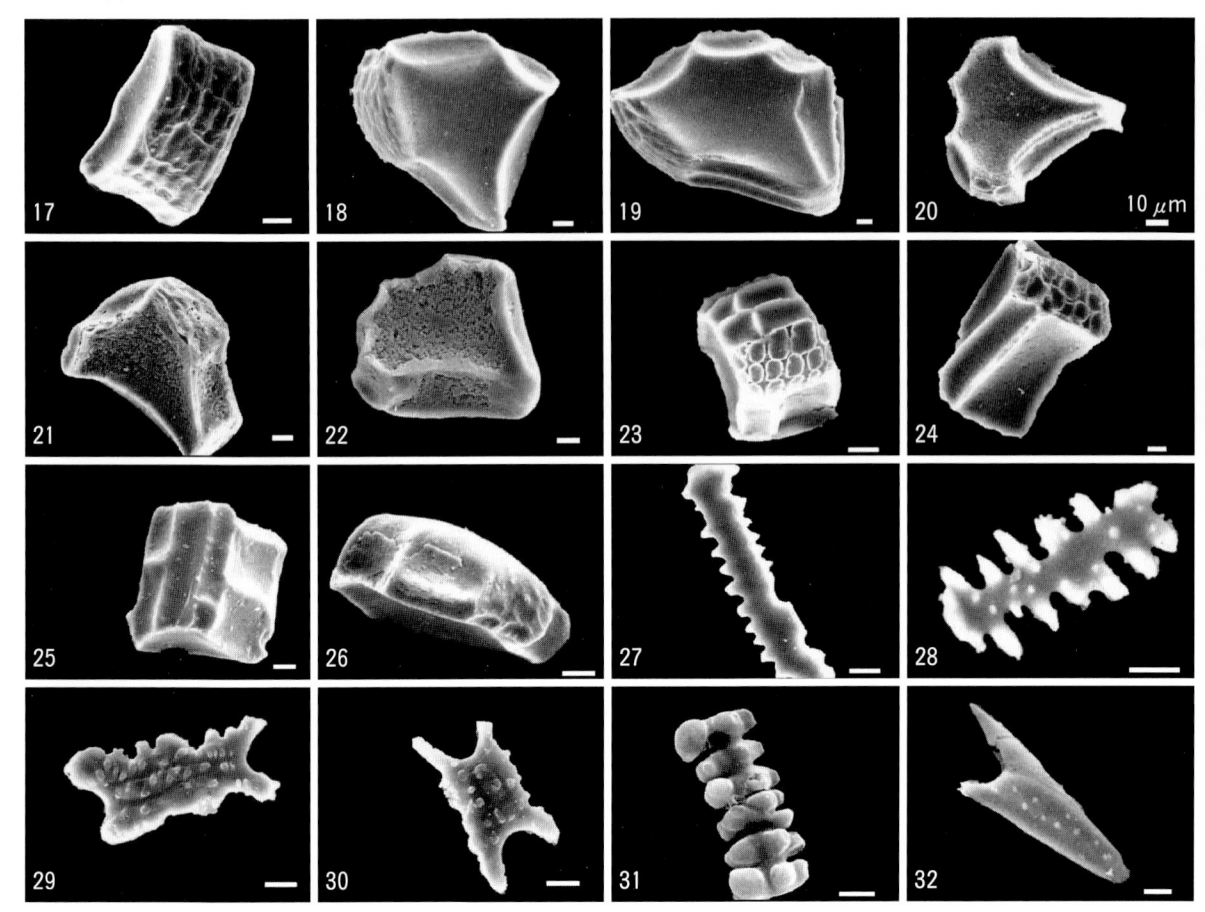

17～26：セイヨウダンチク *Arundo donax* var. *versicolor*，27～32：ダンチク *Arundo donax*
17～26：泡状細胞由来のファン型ケイ酸体(17,23,26：下面，18～20：端面，21：端面・側面・下面，22：端面・側面，24,25：下面・側面)。端面下面部が平坦か，あるいは凹状の扇形。下面は部分的に網目模様。側長は中程度からやや薄い。
27,28：長細胞由来の鋸歯辺棒状ケイ酸体。
29,30：気孔間長細胞由来の両端凹状棒状ケイ酸体。
31：柵状細胞由来の椎骨状ケイ酸体。
32：プリッケルヘア由来のポイント型ケイ酸体(32：側面)。

イネ科 Poaceae ダンチク亜科 Arudinoideae ダンチク連 Arundineae ウラハグサ属 *Hakonechloa* 55

ウラハグサ属 *Hakonechloa*

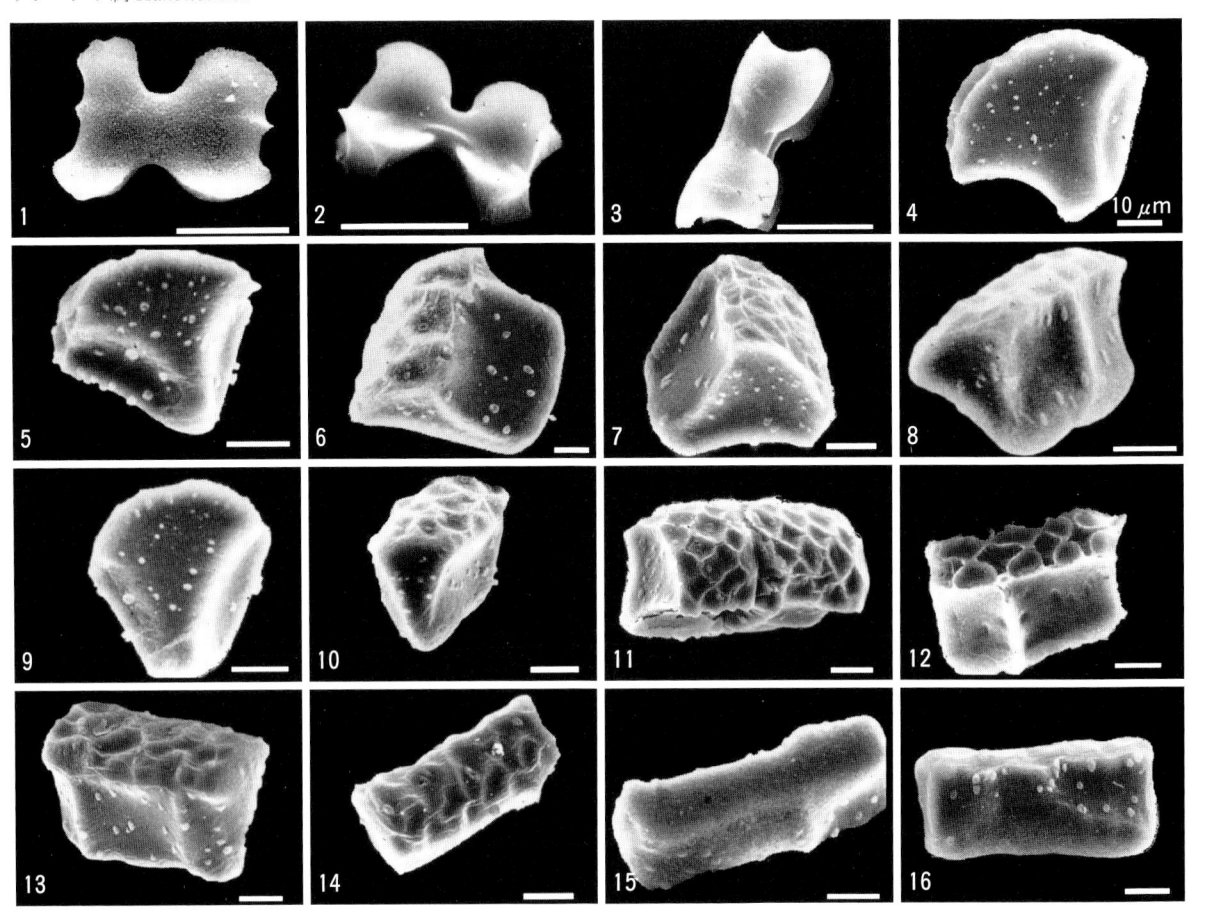

1～16：ウラハグサ *Hakonechloa macra*
1～3：短細胞由来のキビ型ケイ酸体(1：下面，2,3：上面)。上面の形状は亜鈴形である。
4～16：泡状細胞由来のファン型ケイ酸体(4,5,9：端面・側面，6,12,13：下面・側面，7,8,10：下面・端面・側面，11：下面・端面，14：下面，15,16：上面・側面)。端面下面部が丸味のある扇形。下面は明瞭な網目模様をもち，側長は厚い。端面と側面に小さい突起物が散在。

56　イネ科 Poaceae ダンチク亜科 Arudinoideae ダンチク連 Arundineae ヌマガヤ属 *Molinia*

ヌマガヤ属 *Molinia*

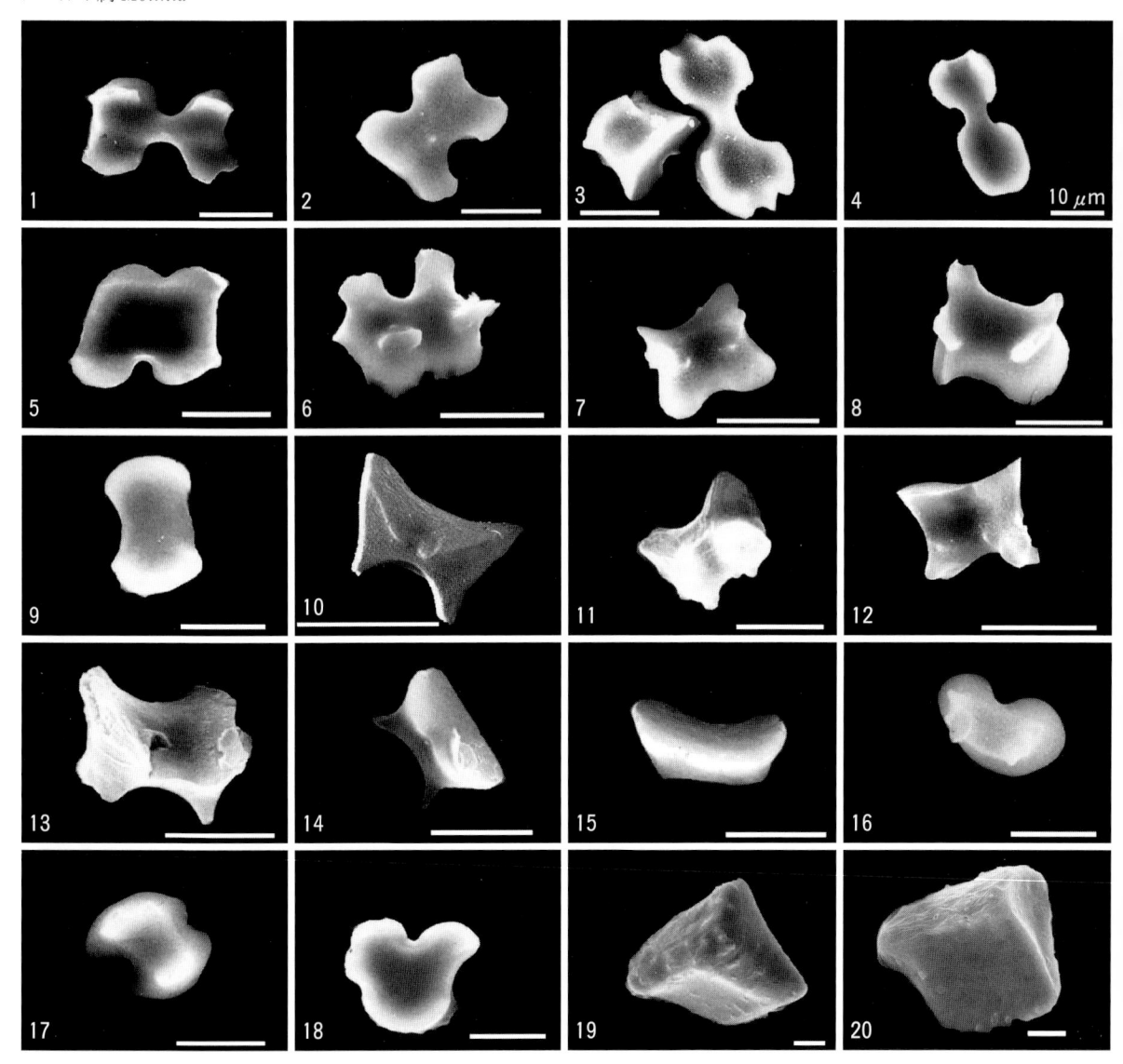

1～20：ヌマガヤ *Molinia japonica*
1～18：短細胞由来のキビ型ケイ酸体(1,4,6：上面，2,5：下面，3：上面・端面)，ヒゲシバ型類似の長座鞍形 b ケイ酸体(7,8,11：下面・側面，9：上面，10,13：上面・側面，12：側面)および他のケイ酸体(14,15,18：上面，16,17：下面)。
19,20：泡状細胞由来のファン型ケイ酸体(19,20：下面・端面・側面)。端面下面部がやや平坦で，細長の扇形(楔形)。下面の模様は不明瞭か，あるいは弱い網目模様をもち，側長は中程度。

イネ科 Poaceae ダンチク亜科 Arudinoideae ダンチク連 Arundineae ヌマガヤ属 *Molinia*

ヌマガヤ属 *Molinia*

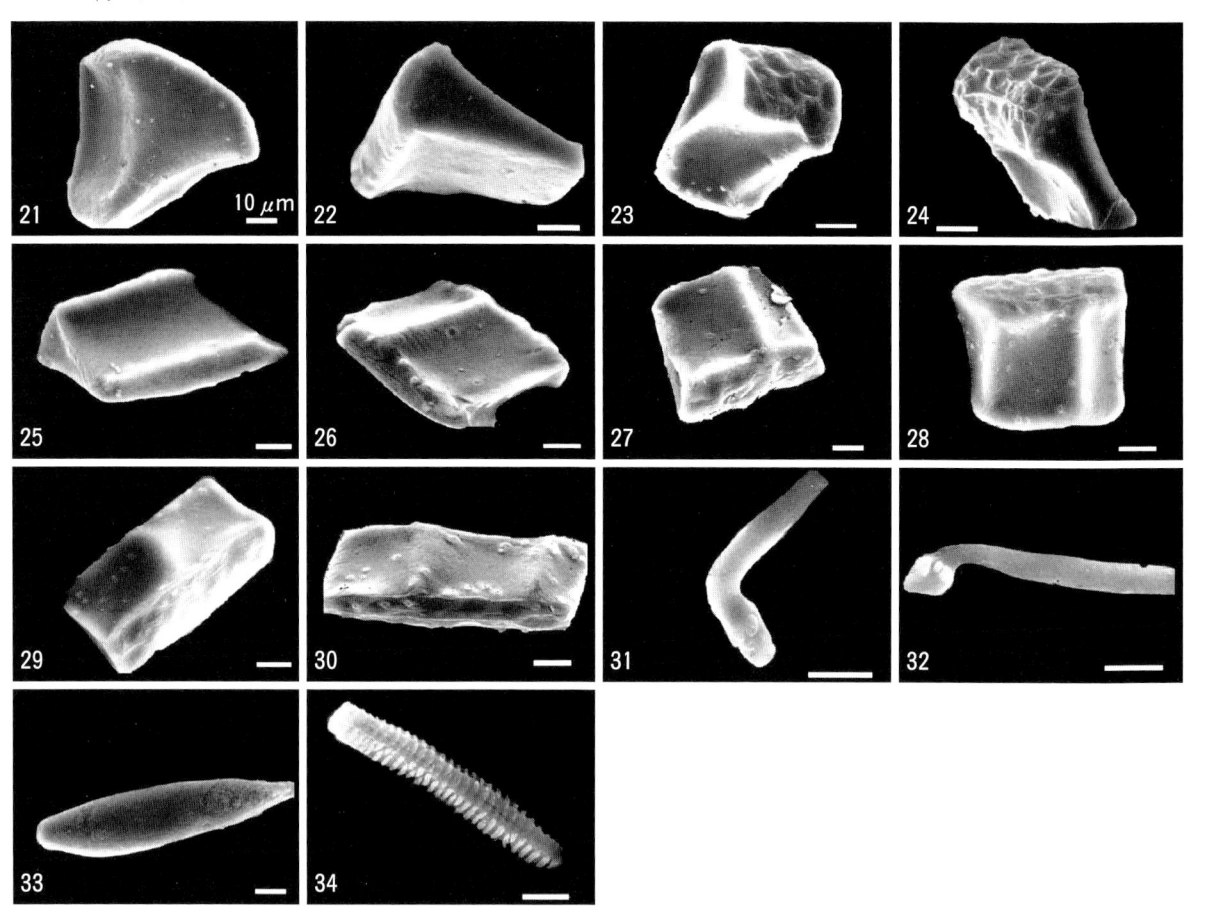

21〜34：ヌマガヤ *Molinia japonica*
21〜30：泡状細胞由来のファン型ケイ酸体(21,25：側面・端面，22〜24：下面・端面・側面，26〜30：下面・側面)。端面下面部がやや平坦で，細長の扇形(楔形)。下面の模様は不明瞭か，あるいは弱い網目模様をもち，側長は中程度からやや厚い。29,30のように端面・下面とも薄く，板状の形態を示すものもある。
31,32：ミクロヘア由来の煙管状ケイ酸体。
33：ブリッケルヘア由来のポイント型ケイ酸体(33：上面)。
34：仮導管由来のヤスリ状ケイ酸体。

58　イネ科 Poaceae ダンチク亜科 Arudinoideae ダンチク連 Arundineae ヨシ属 *Phragmites*

ヨシ属 *Phragmites*

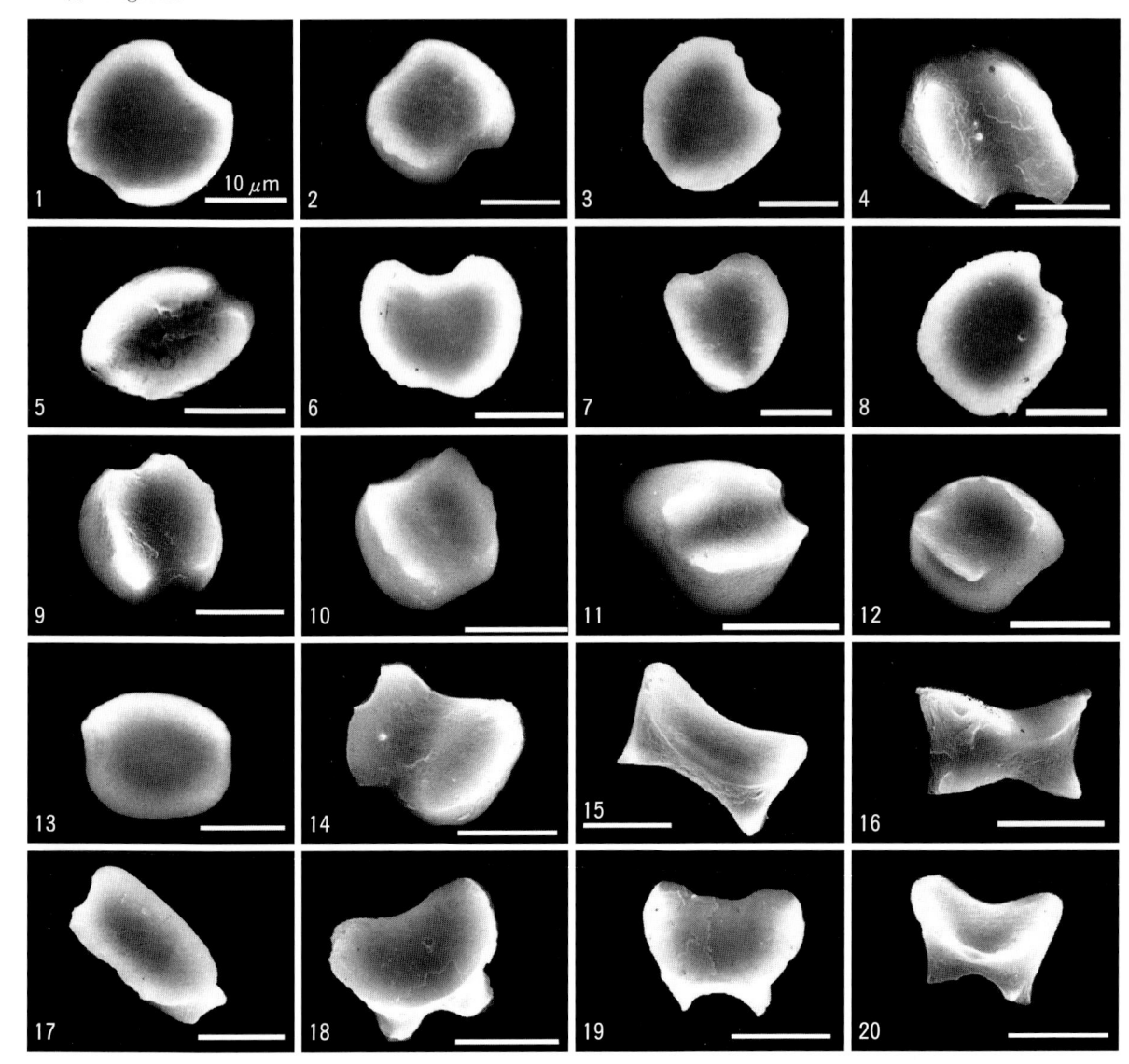

1, 4〜6, 9, 11, 12, 14〜20：ヨシ *Phragmites australis*, 2, 3, 7, 10, 13：ツルヨシ *Phragmites japonica*, 8：セイタカヨシ *Phragmites karka*

1〜17 は、短細胞由来のヒゲシバ型ケイ酸体(1,3〜10,13,14：上面, 2,11,12：下面, 15,16：上面・側面, 17：端面)。横長と縦長のサイズがほぼ等しいことから短座鞍形とも呼ばれている。

18〜20：ヒゲシバ型より小型で、やや横軸が長い鞍形のケイ酸体(18〜20：上面・側面)。これらは、ヌマガヤに見られる長座鞍形 b に似ている。

イネ科 Poaceae ダンチク亜科 Arudinoideae ダンチク連 Arundineae ヨシ属 *Phragmites*

ヨシ属 *Phragmites*

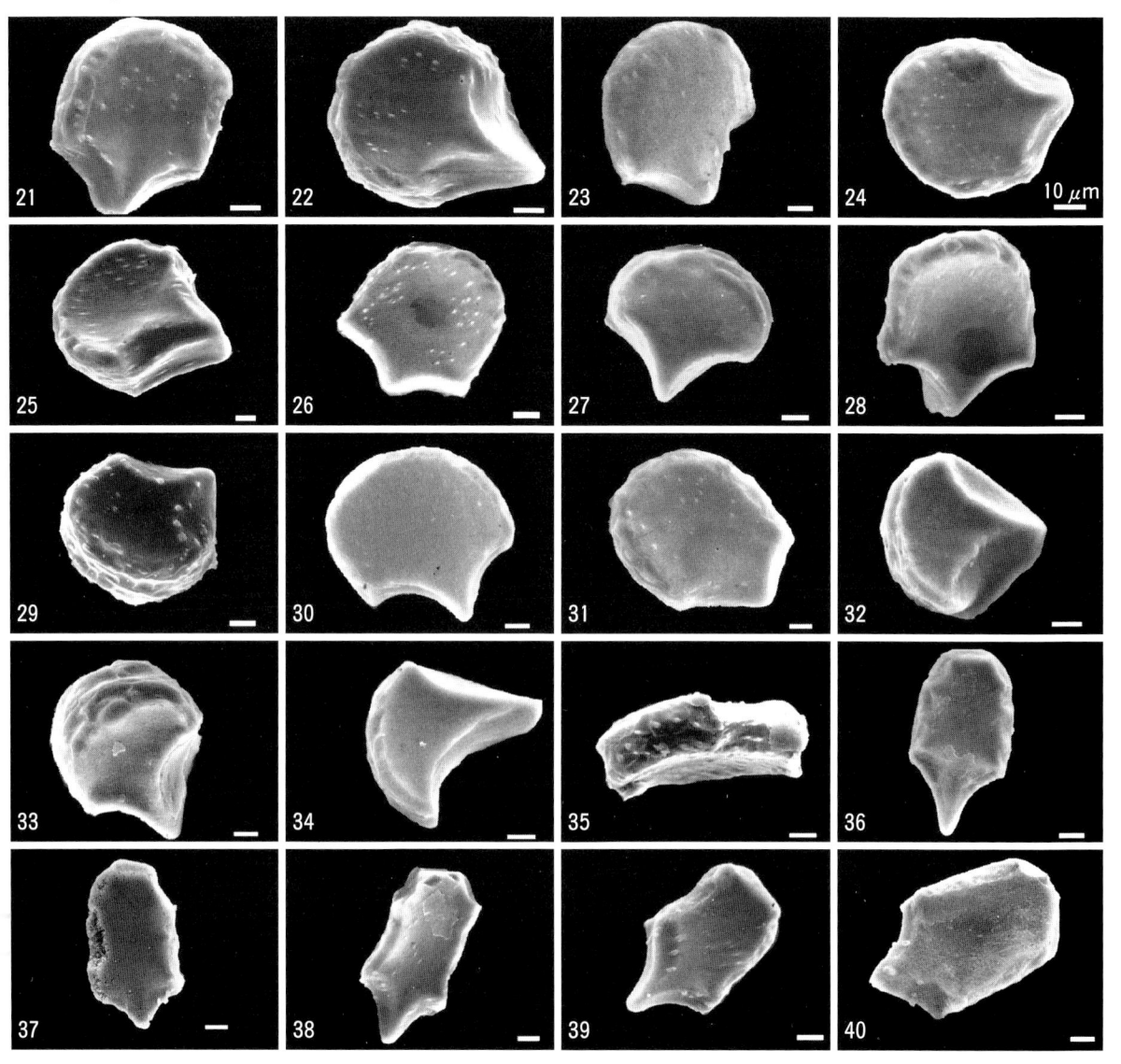

21, 22, 24〜31, 33, 35：ヨシ *Phragmites australis*，23, 32, 34：ツルヨシ *Phragmites japonica*，36〜40：セイタカヨシ *Phragmites karka*

21〜40：泡状細胞由来のファン型ケイ酸体(21〜24,26,27,30,31,34,36,37,39,40：端面，25,38：端面・側面，28,29,33：下面・端面，32：端面・下面・側面，35：下面・側面)。端面形状は，柄が短く端面下面部が丸味のある扇形か，あるいはヘルメット状である。柄が短く，やや角張った杓子形(羽子板状)のファン型(36〜40)はセイタカヨシに特有である。下面模様は不明瞭，あるいは皺模様で，側面はやや薄い。

60 　イネ科 Poaceae ダンチク亜科 Arudinoideae ダンチク連 Arundineae ヨシ属 *Phragmites*

ヨシ属 *Phragmites*

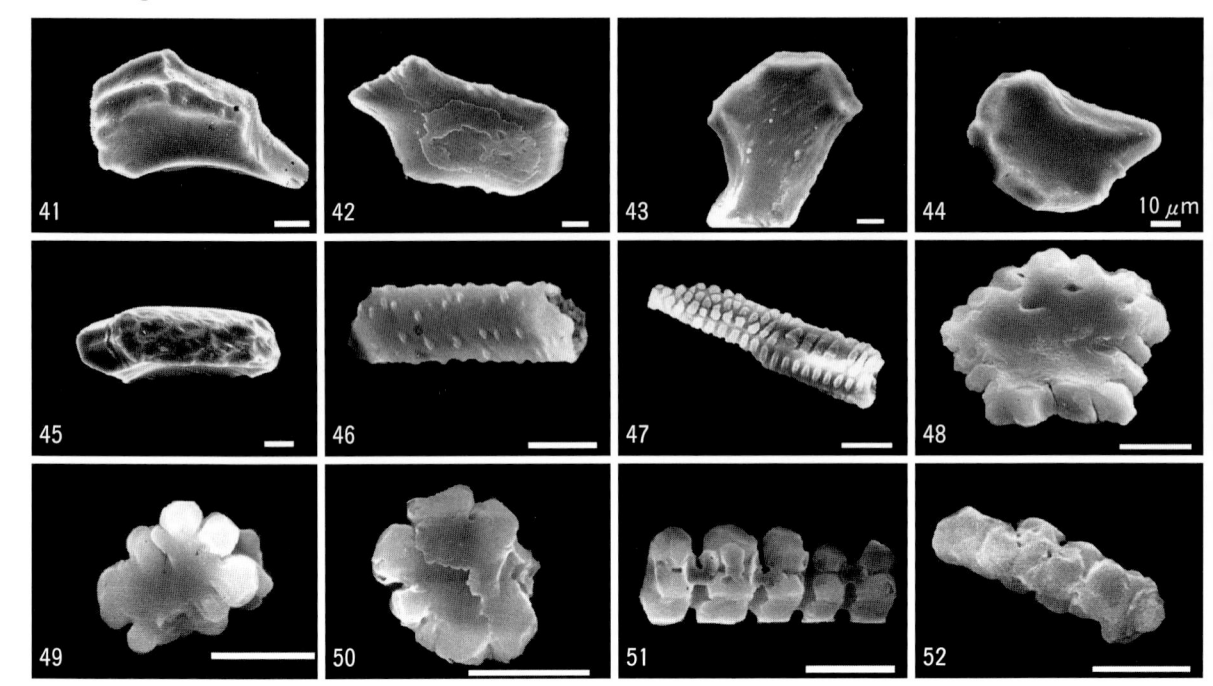

41～45：セイタカヨシ *Phragmites karka*，46, 47, 49～52：ヨシ *Phragmites australis*，48：ツルヨシ *Phragmites japonica*
41～45：泡状細胞由来のファン型ケイ酸体(41：端面・下面・側面，42～44：端面，45：下面)。端面形状は，端面下面部がやや角張った杓子形(羽子板状)である。下面模様は不明瞭，あるいは皺模様で，側面はやや薄い。41は縞目模様(?)にも見える。
46, 47：階紋をもつ仮導管由来のヤスリ状ケイ酸体。
48～52：端面と側面から見た葉肉の腕細胞由来のケイ酸体。

イネ科 Poaceae ダンチク亜科 Arudinoideae シロガネヨシ連 Cortaderiae シロガネヨシ属 *Cortaderia*

シロガネヨシ属 *Cortaderia*

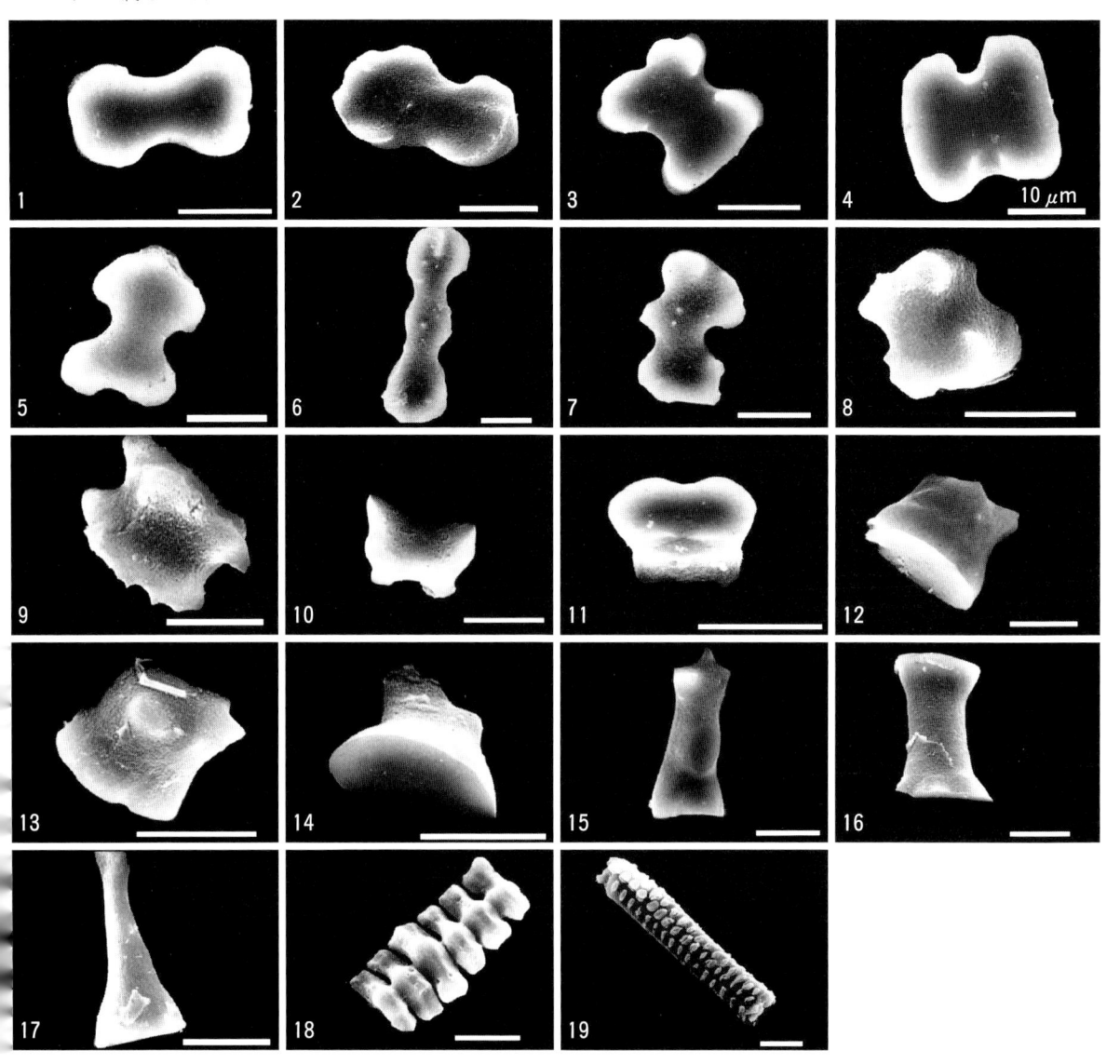

1, 3, 4, 5〜7, 9, 10, 14, 18：シロガネヨシ *Cortaderia argentea*, 2, 8, 11〜13, 15〜17, 19*[1]：トエトエ *Cortaderia toetoe*
1〜17：短細胞由来のキビ型(1〜4：上面, 5〜7：下面), 短座鞍形(8,9：下面), 円錐台形型(12,14：側面・下面, 13,15〜17：側面)およびその他(10：上面, 11：下面)のケイ酸体。とくに, 15〜17 は Pearsall & Trimble(1983)のスプール状ケイ酸体に相当する。
18：柵状細胞由来の椎骨状ケイ酸体。
19：仮導管由来のヤスリ状ケイ酸体。
*[1] ニュージーランド産

62 　イネ科 Poaceae ダンチク亜科 Arudinoideae ダンソニア連 Danthonieae キオノクロア属 *Chionochloa*

キオノクロア属 *Chionochloa*

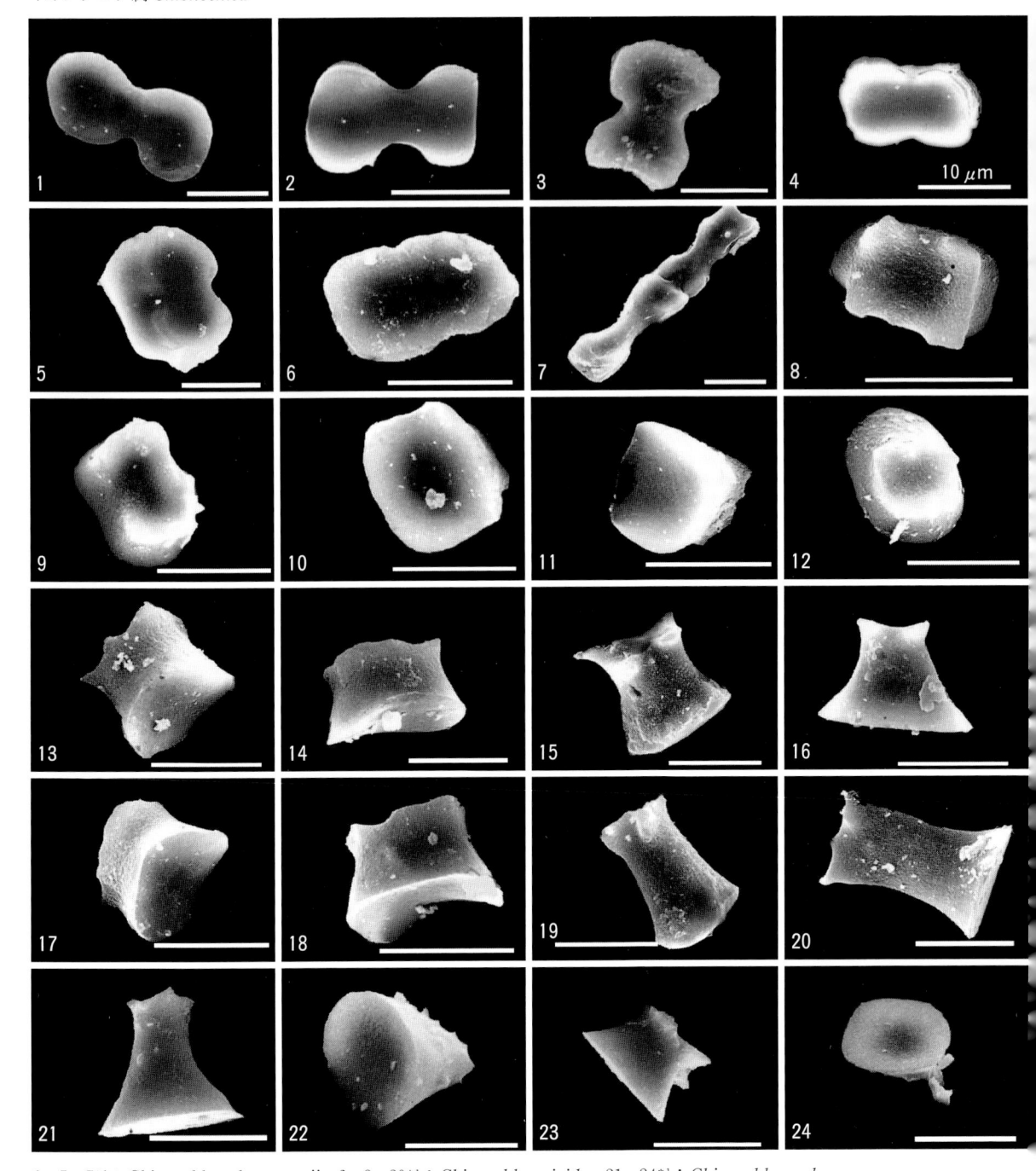

1〜5, 7*¹：*Chionochloa cheesemanii*, 6, 8〜20*¹：*Chionochloa rigida*, 21〜24*¹：*Chionochloa rubra*
1〜24：短細胞由来のキビ型(1：下面, 2〜7：上面)，短座鞍形(8,9：上面)および円錐台形(10,11,24：下面, 12：上面, 13,17,18, 22：下面・側面, 14〜16,19〜21,23：側面)ケイ酸体。キオノクロア属は円錐台形ケイ酸体の出現頻度が高く，多くの種は亜鈴形をともなわない。
*¹ニュージーランド産

イネ科 Poaceae ダンチク亜科 Arudinoideae ダンソニア連 Danthonieae リチドスペルマ属 *Rytidosperma*

リチドスペルマ属 *Rytidosperma*

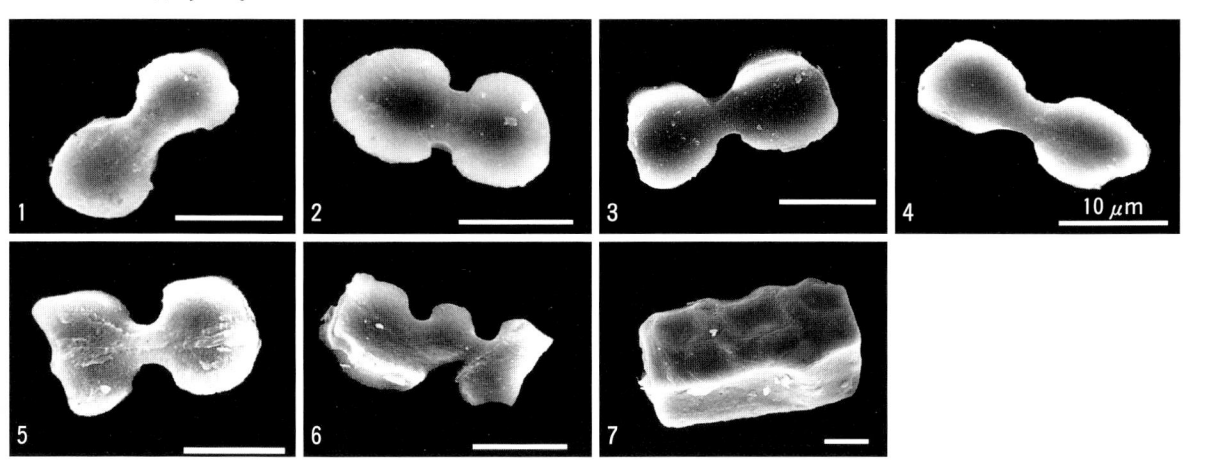

1～7*¹：*Rytidosperma gracile*
1～6：短細胞由来のキビ型(1～6：上面)ケイ酸体。上面の形状は亜鈴形(1～5)とこぶ付亜鈴形(6)。
7：泡状細胞由来のファン型ケイ酸体(7：下面・側面)。
*¹ニュージーランド産

64　イネ科 Poaceae ヒゲシバ亜科 Chloridoideae スズメガヤ連 Eragrostideae スズメガヤ属 *Eragrostis*

スズメガヤ属 *Eragrostis*

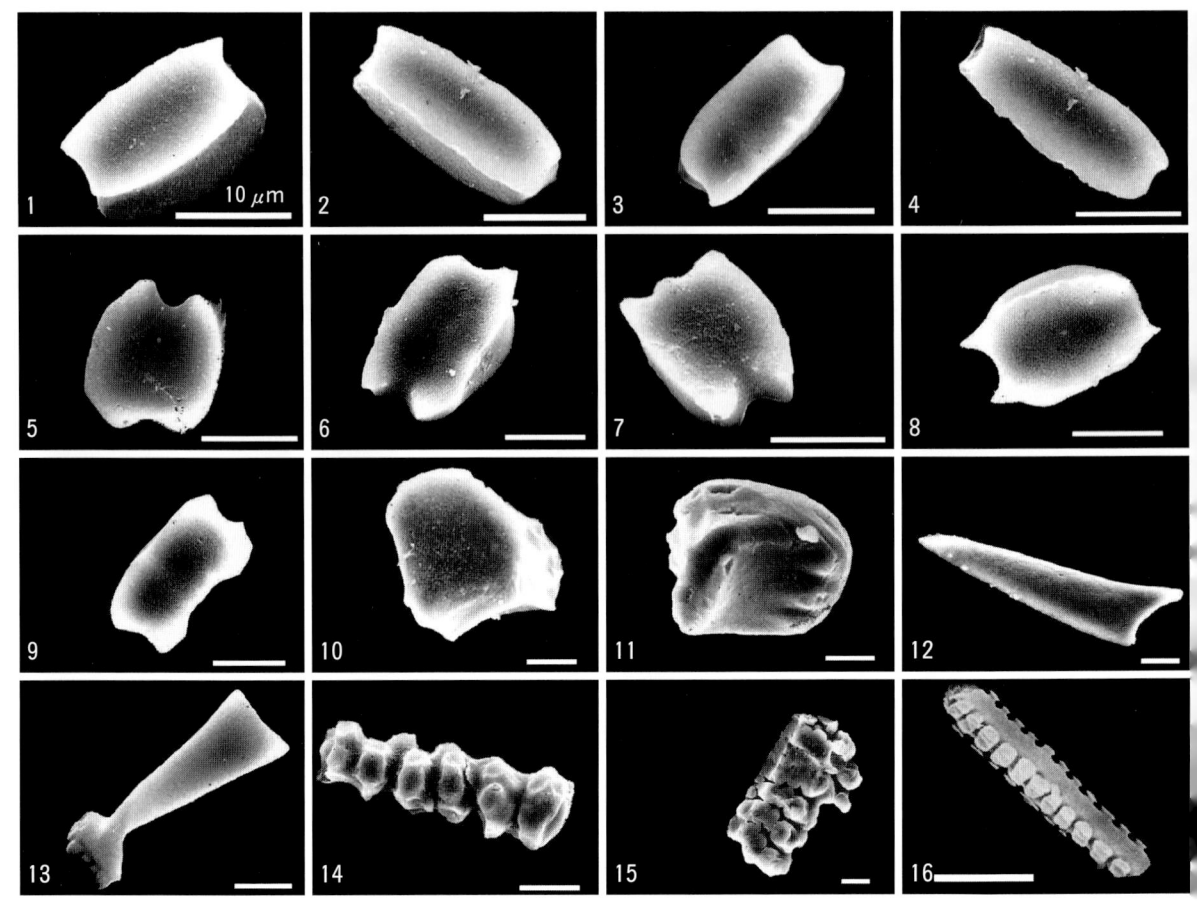

1〜4, 9, 11〜14：オオニワホコリ *Eragrostis pilosa*, 5〜8, 10, 15, 16：カゼグサ *Eragrostis ferruginea*
1〜9：短細胞由来の短座鞍形(ヒゲシバ型)ケイ酸体(1〜8：上面，9：下面？)。1〜4 は，横長が縦長の 2 倍以上のヒゲシバ型で，オオニワホコリに特有である。
10,11：泡状細胞由来のファン型ケイ酸体(10：端面・下面，11：上面・側面・端面)。端面下面部が平坦か，あるいはやや凹んだ扇形。
12：プリッケルヘア由来のポイント型ケイ酸体。
13：ミクロヘア由来のパイプ状ケイ酸体。
14,15：柵状細胞由来の椎骨状ケイ酸体。
16：給源細胞不明なケイ酸体。

イネ科 Poaceae ヒゲシバ亜科 Chloridoideae スズメガヤ連 Eragrostideae タツノツメガヤ属 *Dactyloctenium*，ハマガヤ属 *Diplachne*　65

タツノツメガヤ属 *Dactyloctenium*

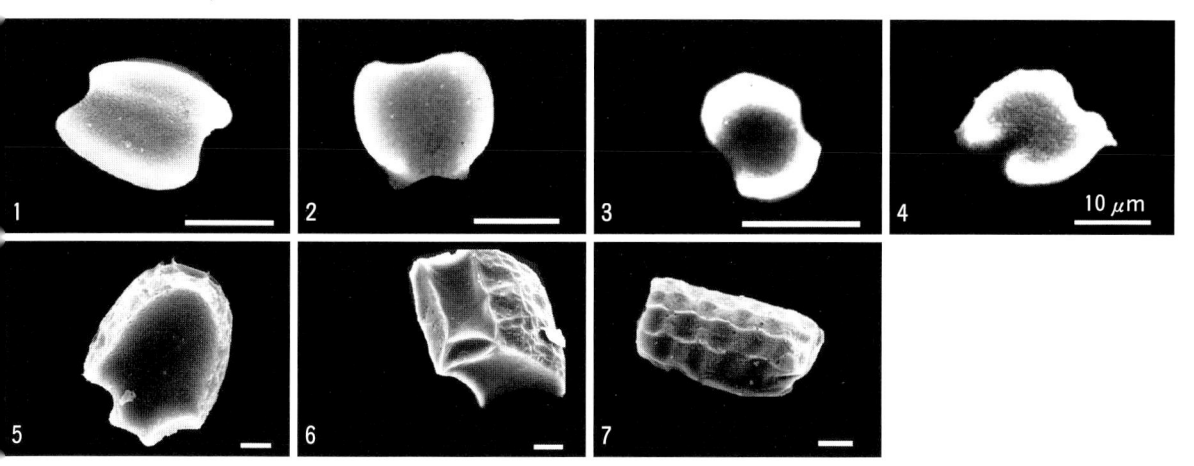

1～7：タツノツメガヤ *Dactyloctenium aegyptium*
1～4：短細胞由来の短座鞍形ケイ酸体(1～4：上面)。
5～7：泡状細胞由来のファン型ケイ酸体(5：端面・下面，6：上面・下面・端面，7：下面)。端面の形状は柄の短い扇形で，端面上面部の先端(柄に相当)が太く短い。側長は中程度からやや厚く，下面は網目模様である。

ハマガヤ属 *Diplachne*

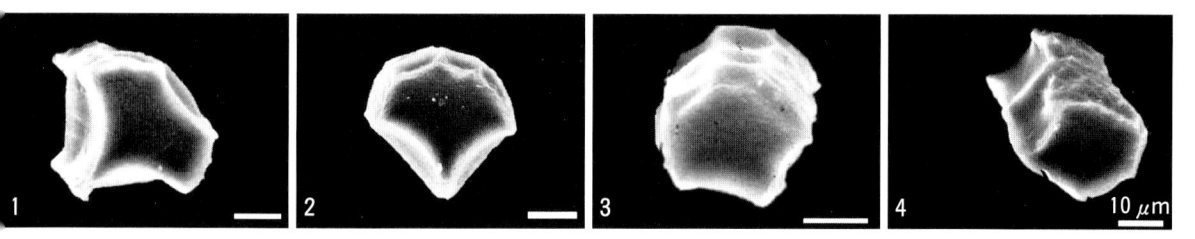

1～4：ハマガヤ *Diplachne fusca*
1～4：泡状細胞由来のファン型ケイ酸体(1：端面・側面，2,3：下面・端面，4：端面・下面・側面)。端面の形状は，端面上面部の輪郭が平坦か，あるいはやや窪んだ扇形である。側長は中程度からやや厚く，下面は網目模様である。カゼグサに似る。

66　イネ科 Poaceae ヒゲシバ亜科 Chloridoideae スズメガヤ連 Eragrostideae ネズミガヤ属 *Muhlenbergia*

ネズミガヤ属 *Muhlenbergia*

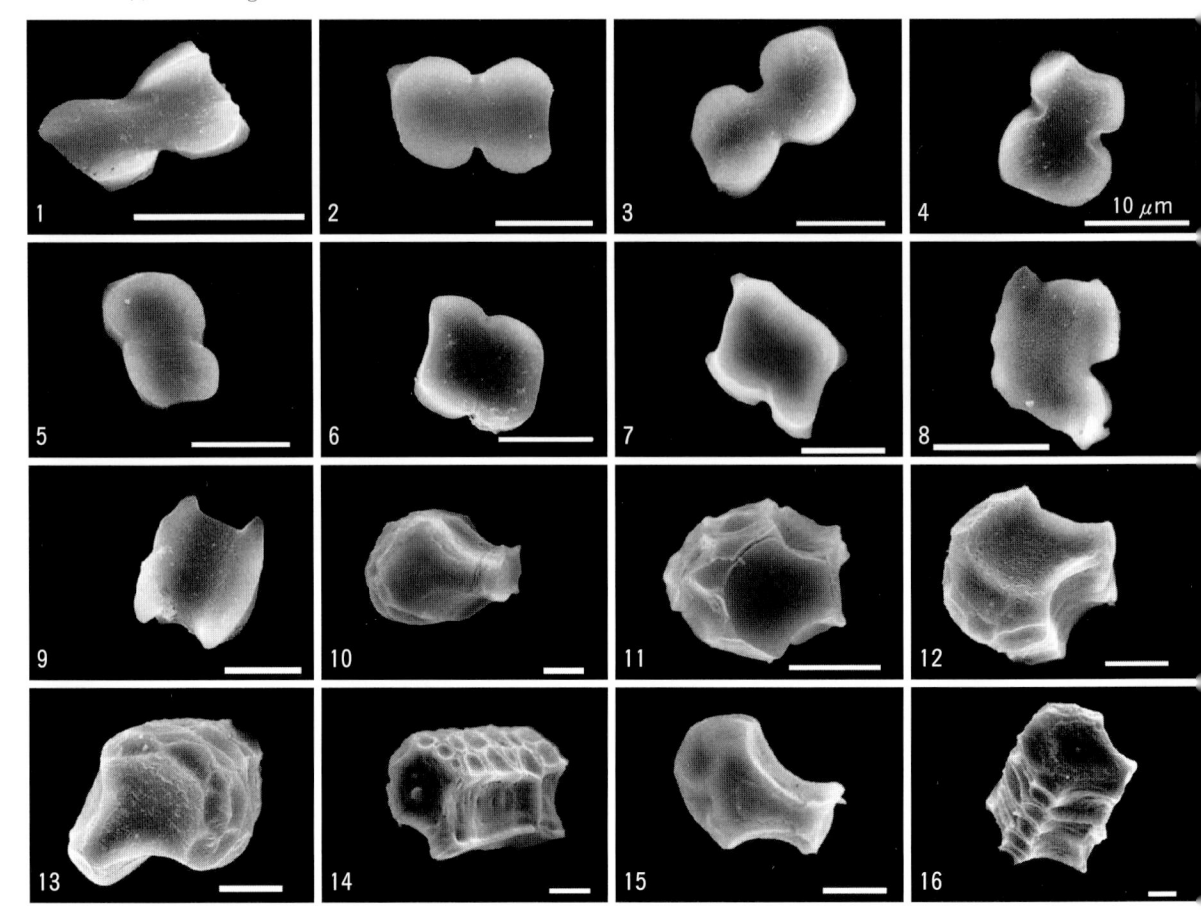

1〜16：コシノネズミガヤ *Muhlenbergia curviaristata*
1〜9：短細胞由来のキビ型（1〜6：上面）と短座鞍形ケイ酸体（7〜9：上面）。軸がほとんどなく，ふたつの短座鞍形が接合したようなようすが7や8のキビ型と短座鞍形の中間的な形状からわかる。
10〜16：泡状細胞由来のファン型ケイ酸体（10,16：端面・上面・側面，11,13,15：下面・端面，12,14：端面・下面・側面）。端面の形状は端面下面部が少し丸味のある扇形。側長は厚い。下面の網目模様は明瞭である。

イネ科 Poaceae ヒゲシバ亜科 Chloridoideae スズメガヤ連 Eragrostideae ネズミガヤ属 *Muhlenbergia*

ネズミガヤ属 *Muhlenbergia*

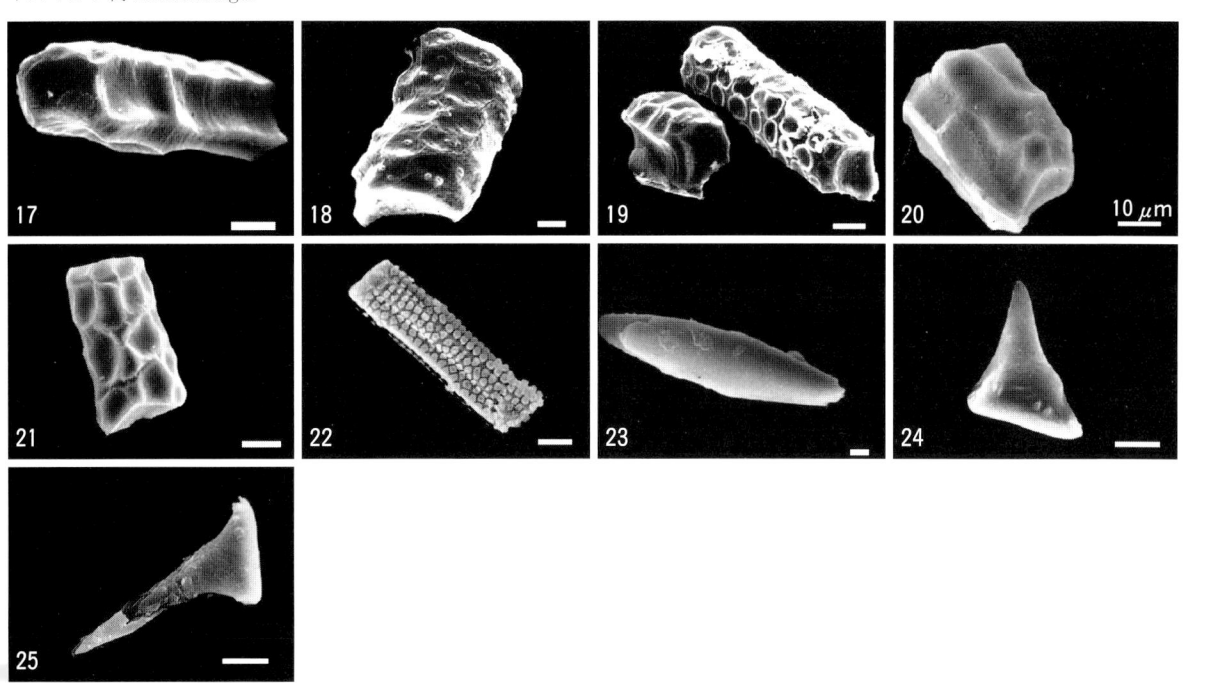

17〜25：コシノネズミガヤ *Muhlenbergia curviaristata*
17〜21：泡状細胞由来のファン型ケイ酸体(17：端面・側面・上面, 18,20,21：下面, 19(右)：下面・端面, 19(左)：端面・下面・側面)。端面の形状は端面下面部が少し丸味のある扇形。側長の厚いものは棒状に見える。下面の網目模様は明瞭である。
22：階紋をもつ導管由来のヤスリ状ケイ酸体。
23〜25：プリッケルヘア由来のポイント型ケイ酸体(23：下面, 24,25：側面)。

68　イネ科 Poaceae ヒゲシバ亜科 Chloridoideae スズメガヤ連 Eragrostideae ジスチクリス属 *Distichlis*

ジスチクリス属 *Distichlis*

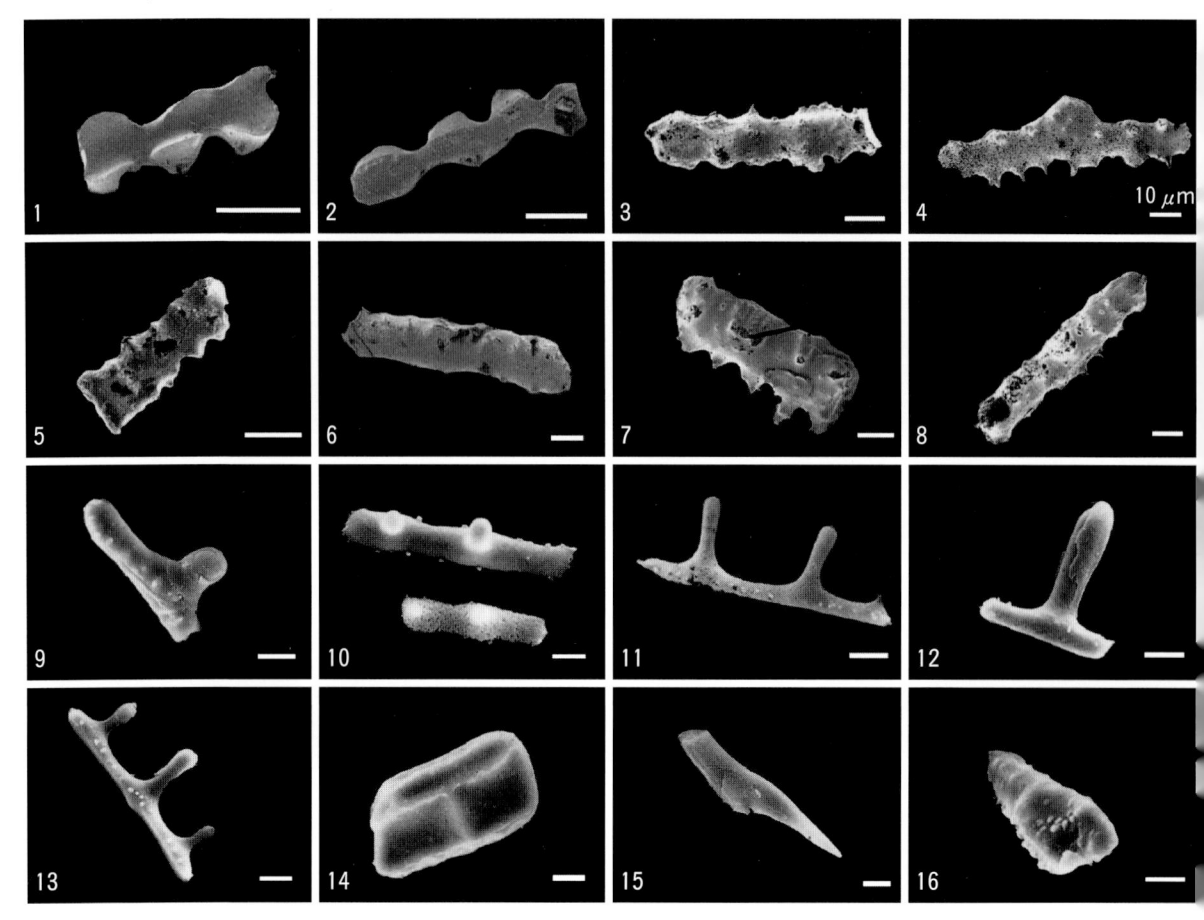

1〜16*[1]：オーストラリアンサルトグラス *Distichlis spicata*
1,2：短細胞由来のキビ型ケイ酸体（1：上面，2：下面）。上面の形状は，こぶ付き亜鈴形（1）と複合亜鈴形（2）である。
3〜8：長細胞由来の棒状型ケイ酸体。
9〜13：長細胞上に乳頭突起が成長した分枝状ケイ酸体。Parry & Smithson（1958）による *Nardus stricta* や *Snowdonia* の葉部表皮から検出される分枝状ケイ酸体（Branch-rob Phytolith）に似ている。
14：泡状細胞由来のファン型ケイ酸体（上面・側面？）。
15,16：プリッケルヘア由来（？）のポイント型ケイ酸体。
*[1]北アメリカ産

イネ科 Poaceae ヒゲシバ亜科 Chloridoideae ギョウギシバ連 Cynodonteae オヒシバ属 *Eleusine*

オヒシバ属 *Eleusine*

1〜16：オヒシバ *Eleusine indica*
1〜5：短細胞由来の短座鞍形(ヒゲシバ型)ケイ酸体(1〜3,5：上面，4：下面)。1,2,5 は他の鞍形ケイ酸体と異なる特有な形である。
6〜15：泡状細胞由来のファン型ケイ酸体(6〜8,10,12：端面・下面，9：端面・下面・上面，11：端面・上面，13,14：下面・側面，15：下面)。端面の形状は，柄のほとんどない扇形か，あるいは円形である。側長はやや厚く，下面は網目模様である。
16：プリッケルヘア由来のポイント型ケイ酸体(16：上面)。

70　イネ科 Poaceae ヒゲシバ亜科 Chloridoideae ギョウギシバ連 Cynodonteae オヒゲシバ属 *Chloris*

オヒゲシバ属 *Chloris*

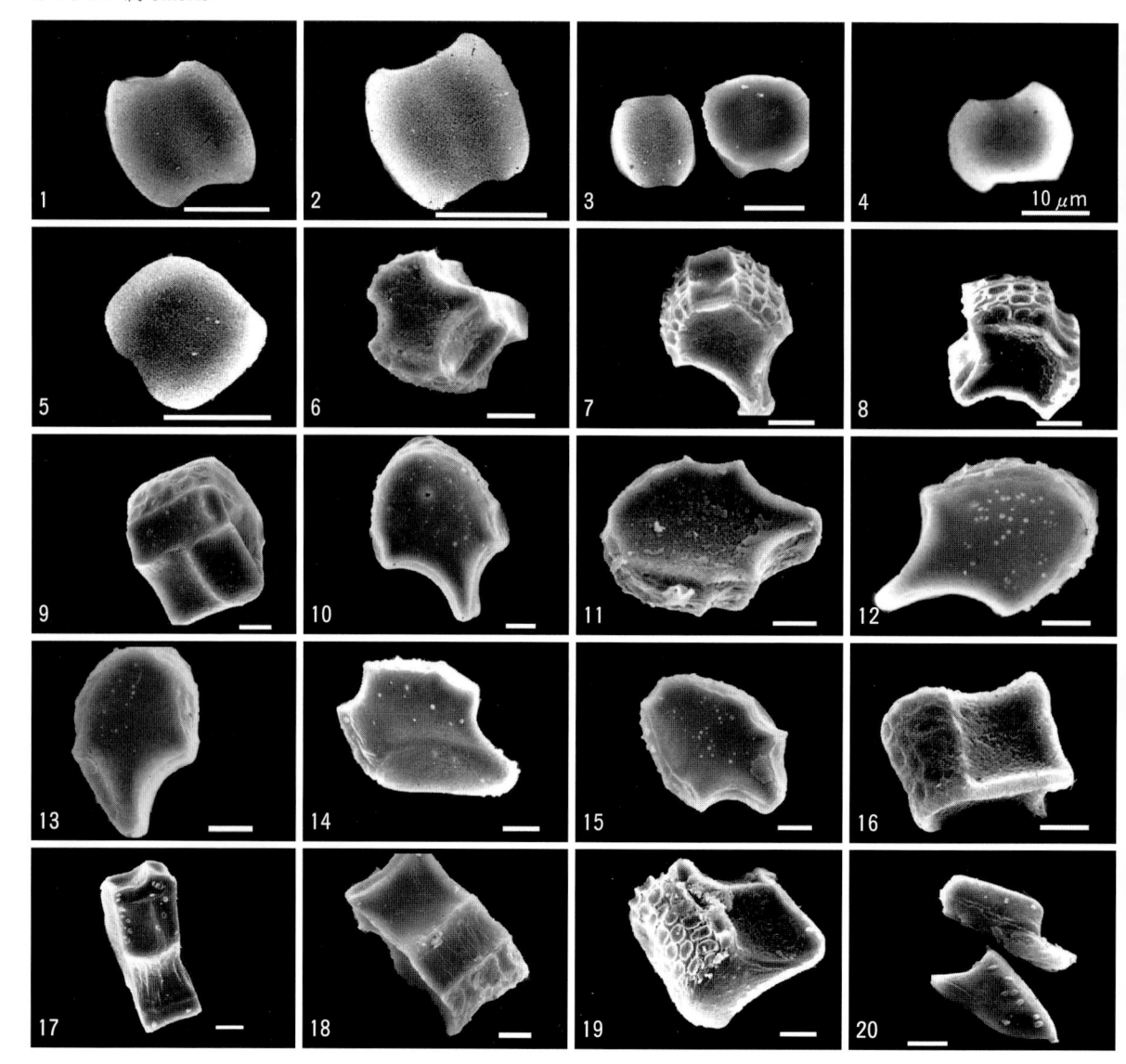

1〜3，5〜9，16：アフリカヒゲシバ（ローズソウ）*Chloris gayana*，4，10〜15，17〜20：シマヒゲシバ *Chloris barbata*
1〜5：短細胞由来の短座鞍形ケイ酸体（1〜5：上面）。
6〜19：泡状細胞由来のファン型ケイ（6：端面・側面・上面，7,8：下面・端面，9,16,17,19：側面・下面，10〜15：端面，18：側面）。端面の形状は端面下部部が凹状か，あるいはやや平坦な扇形。下面の網目模様は明瞭か，あるいはやや不明瞭。
20：プリッケルヘア由来のポイント型ケイ酸体（20：側面）。

イネ科 Poaceae ヒゲシバ亜科 Chloridoideae ギョウギシバ連 Cynodonteae シバ属 Zoysia　　71

シバ属 Zoysia

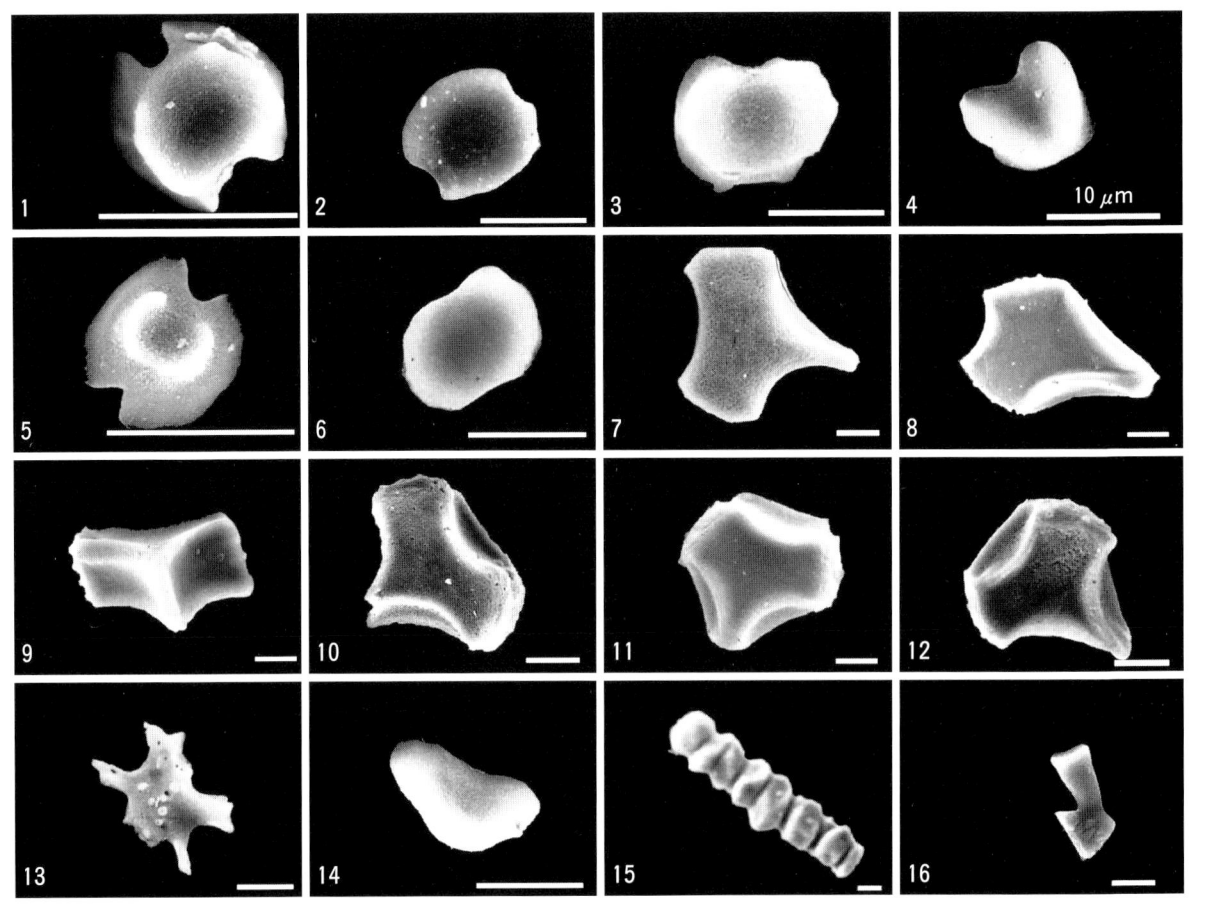

1～16：シバ Zoysia japonica
1～6：短細胞由来の短座鞍形ケイ酸体(1～4,6：上面，5：下面)。
7～12：泡状細胞由来のファン型ケイ酸体(7,8：端面，9：上面・側面，10～12：端面・下面)。端面の形状は端面下面部が窪んだ扇形かあるいはイチョウの葉形で，側長は薄く，下面の網目模様はやや不明瞭。
13：気孔間長細胞由来の両端凹状の棒状ケイ酸体。
14：コルク細胞由来の皿状ケイ酸体。
15：給源細胞不明なケイ酸体。
16：ミクロヘア由来のパイプ状ケイ酸体。

72　イネ科 Poaceae キビ亜科 Panicoideae キビ連 Paniceae キビ属 *Panicum*

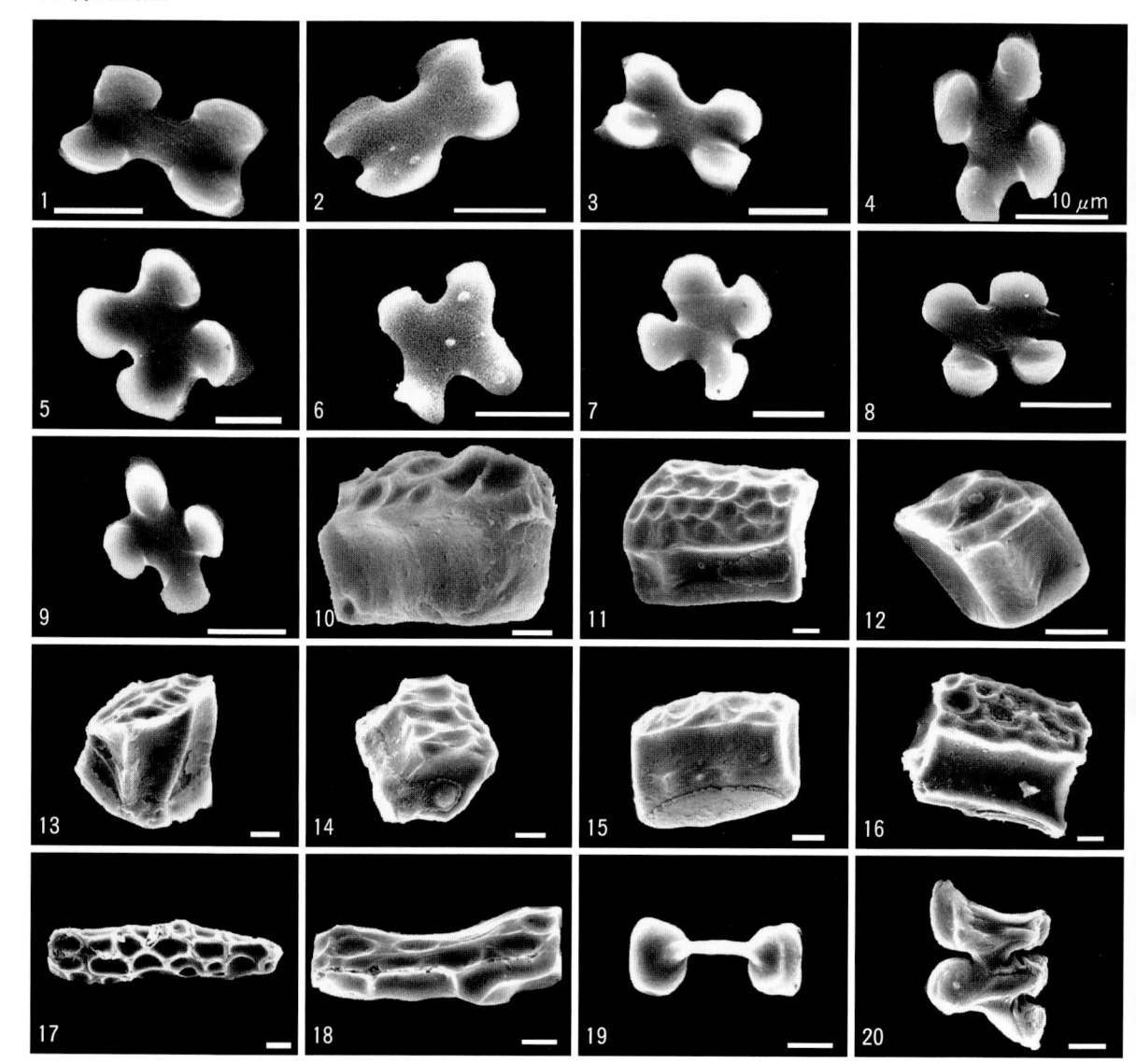

キビ属 *Panicum*

1～20：キビ *Panicum miliaceum*
1～9：短細胞由来のキビ型ケイ酸体(1,3～9：上面，2：下面)。上面の形状は亜鈴形(1～5)と十字形(6～9)である。
10～16：泡状細胞由来のファン型ケイ酸体(10～16：下面・側面)。側長は厚く，明瞭な網目模様を下面にもつ。
17,18：給源細胞不明(泡状細胞？)なケイ酸体。
19：気孔由来の亜鈴形ケイ酸体。
20：縦伸型有腕柵状細胞由来の推骨状ケイ酸体。

イネ科 Poaceae キビ亜科 Panicoideae キビ連 Paniceae チヂミザサ属 Oplismenus 73

チヂミザサ属 Oplismenus

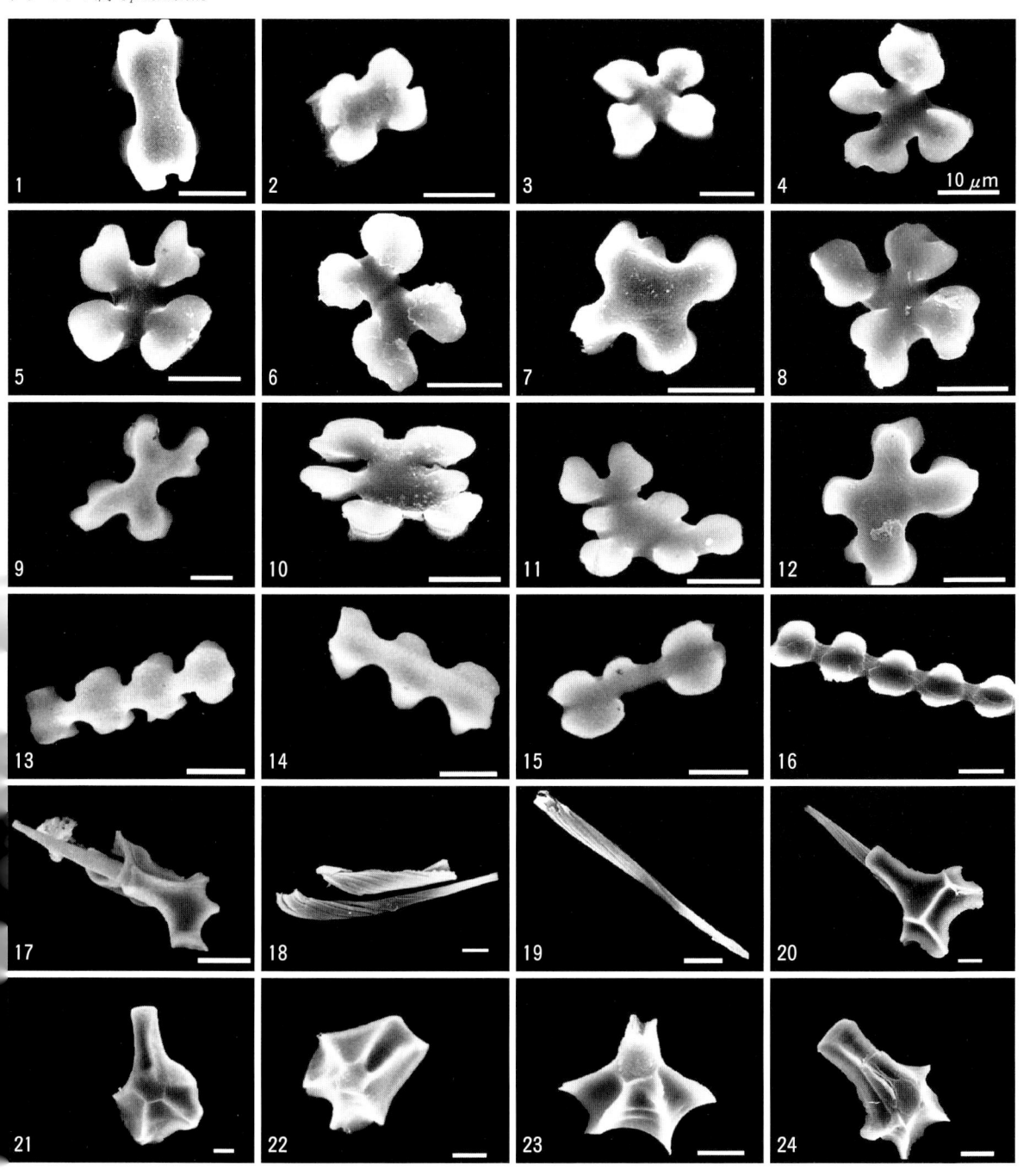

1〜24：ケチヂミザサ Oplismenus undulatifolius
1〜16：短細胞由来のキビ型ケイ酸体(1,7,9,12,13,14：下面，2〜6,8,10,11,15,16：上面)。上面の形状は亜鈴形(1,2,6,9)，十字形(3〜5,7,8,10,12)，複合亜鈴形(13,14,16)，こぶ付き亜鈴形(11,15)である。
17〜20：表皮毛とその基部由来のケイ酸体。17,20 は，表皮毛基部と毛が付着しているようすがわかる。18,19 は毛単独のケイ酸体で，まるで「一角獣(ユニコーン)の牙」のようである。
21〜24：表皮毛基部由来のケイ酸体。

イネ科 Poaceae キビ亜科 Panicoideae キビ連 Paniceae チヂミザサ属 Oplismenus

チヂミザサ属 Oplismenus

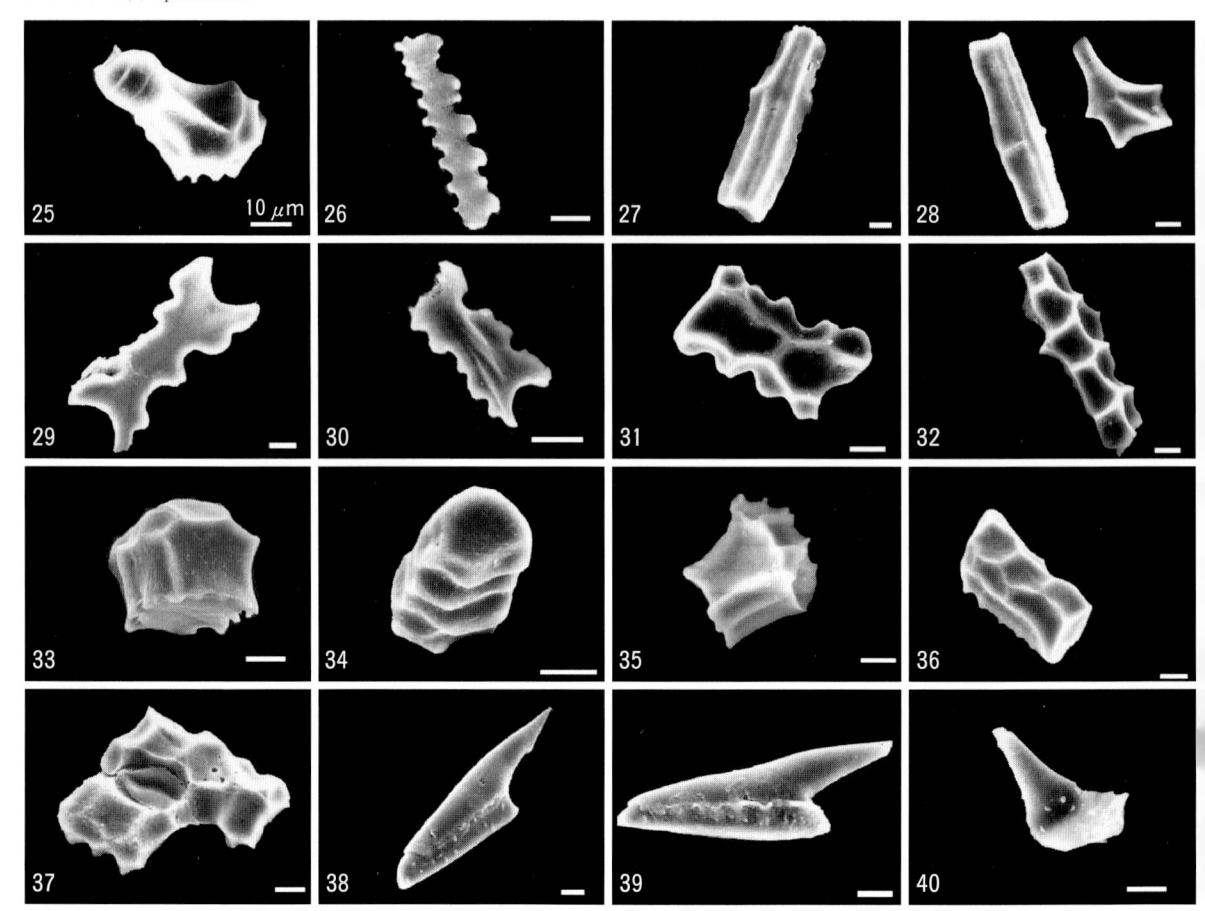

25〜40：ケチヂミザサ Oplismenus undulatifolius
25：表皮毛基部由来のケイ酸体。
26〜28：長細胞由来の鋸歯辺および平滑辺棒状ケイ酸体。
29,30：気孔間長細胞由来の両端凹状波状辺棒状ケイ酸体。
31,32：棒状ケイ酸体の仲間と思われるが，給源細胞の所在が不明である。
33〜35：泡状細胞由来のファン型ケイ酸体(33：端面・側面・下面・上面，34：端面・上面・側面，35：端面・下面・側面)。下面の網目模様は大きく，凸凹している。全体が角張っているので，表皮毛基部由来のケイ酸体と見間違えられる。
36,37：下面から見た泡状細胞ケイ酸体とも思えるが，その給源細胞は定かでない。
38〜40：プリッケルヘア由来のポイント型ケイ酸体(38,39：側面)。ただし，40 はプリッケルヘアでなく，他の毛状突起由来のケイ酸体かもしれない。

イネ科 Poaceae キビ亜科 Panicoideae キビ連 Paniceae ヒエ属 *Echinochloa* 75

ヒエ属 *Echinochloa*

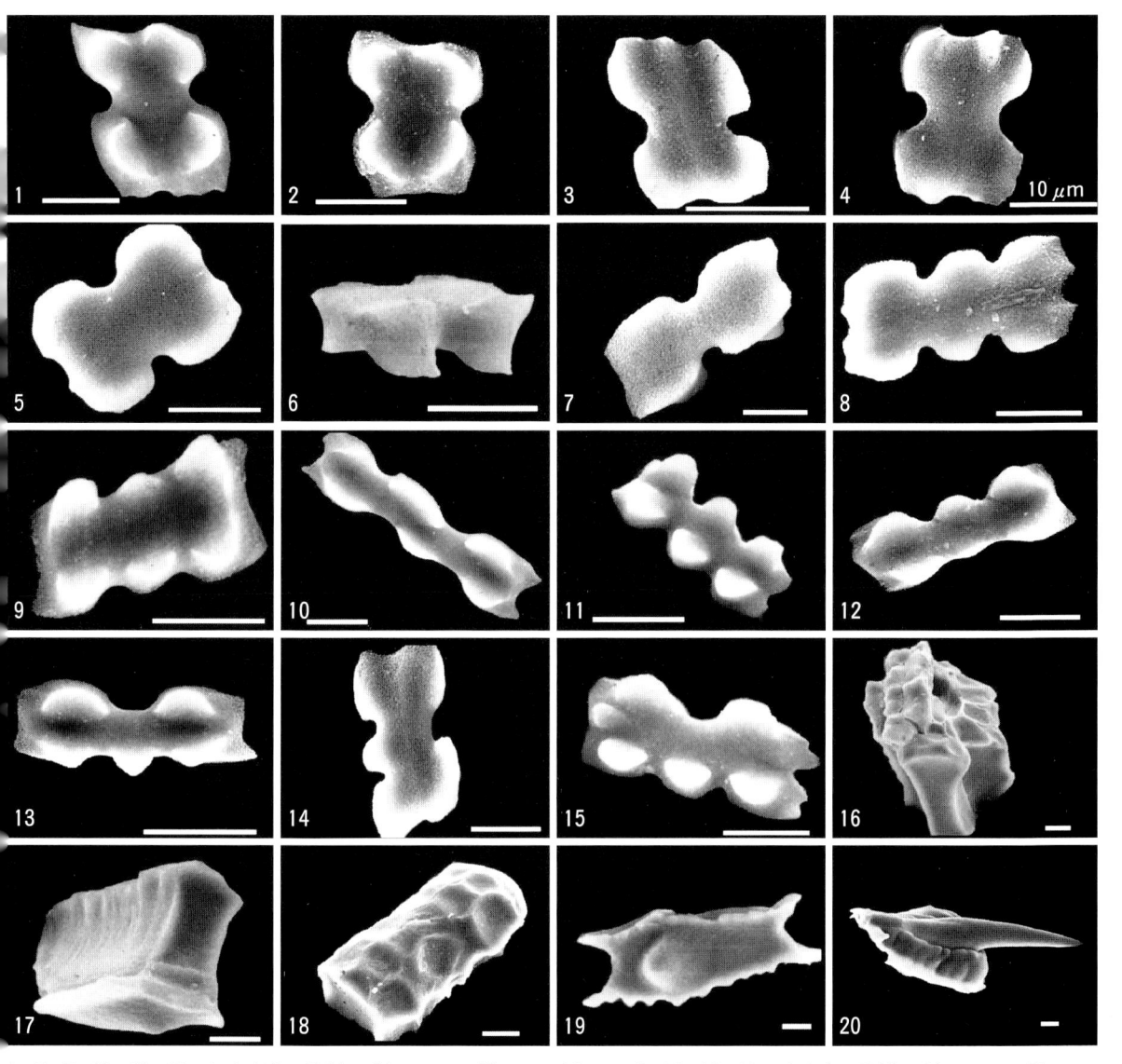

1〜5，7〜15，17，20：ケイヌビエ *Echinochloa crus-galli* var. *echinata*，6，16，18，19：イヌビエ *Echinochloa crus-galli*
1〜15：短細胞由来のキビ型ケイ酸体(1,2,9,10〜13,15：上面，3〜5,7,8,14：下面，6：下面・側面)。上面の形状は亜鈴形(1〜7)，複合亜鈴形(8〜11)，こぶ付き亜鈴形(12〜15)である。
16〜18：泡状細胞由来のファン型ケイ酸体(16：下面・端面，17：側面・端面・上面，18：下面)。全体的な形状は食パン状で，側長が厚く，下面に網目模様が見られる。16はファン型ケイ酸体の集合体。
19：気孔間長細胞由来の両端凹状の鋸歯辺棒状ケイ酸体。
20：プリッケルヘア由来のポイント型ケイ酸体(20：側面)。

76　イネ科 Poaceae キビ亜科 Panicoideae キビ連 Paniceae ヒエ属 *Echinochloa*

ヒエ属 *Echinochloa*

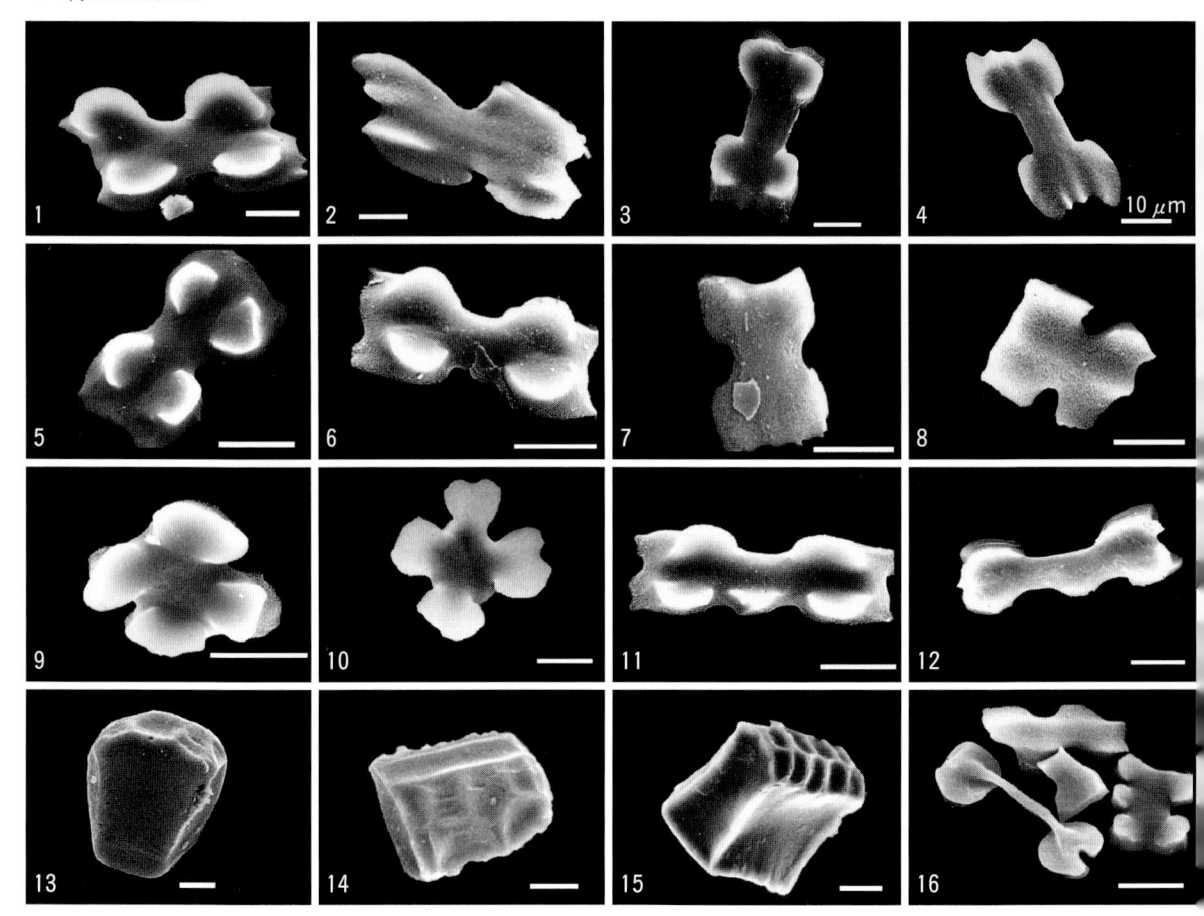

1～16：ヒエ *Echinochloa utilis*
1～12：短細胞由来のキビ型ケイ酸体(1,3,5,6,9～12：上面，2,4,7,8：下面)。上面の形状は，亜鈴形(1～8)，十字形(9～10)および
　　こぶ付き亜鈴形(11,12)である。亜鈴形の下面両先端部がメヒシバと同様にフリル状。
13～15：泡状細胞由来のファン型ケイ酸体(13：端面・下面，14：下面，15：端面・下面・側面)。全体的な形状は食パン状で，側
　　長が中程度から厚く，下面に網目模様がある。15のように網目模様の窪みが大きいものは，一見縞目模様のように見える。
16：気孔由来の亜鈴形とキビ型ケイ酸体が混在。

イネ科 Poaceae キビ亜科 Panicoideae キビ連 Paniceae エノコログサ属 *Setaria* 77

エノコログサ属 *Setaria*

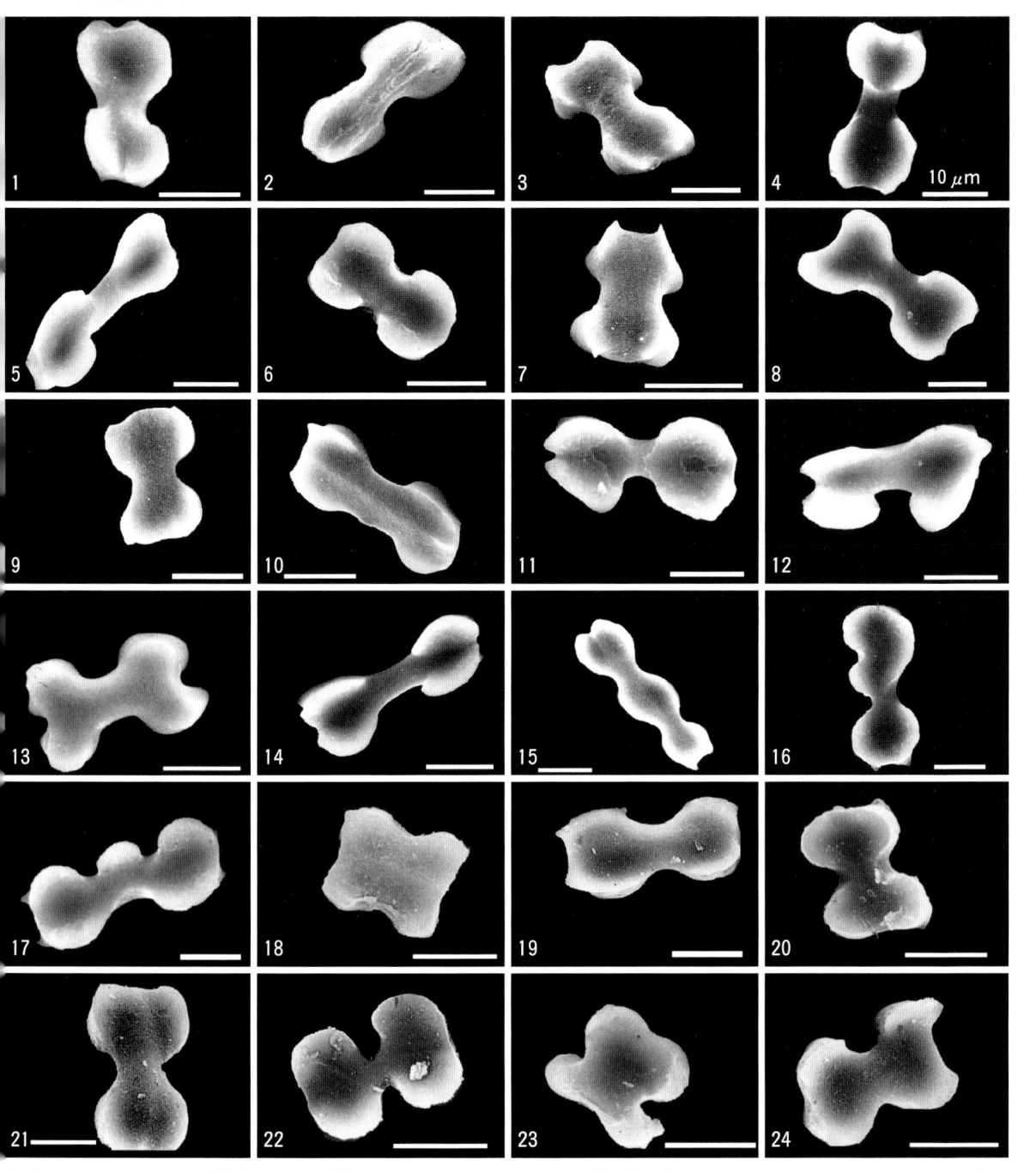

1〜5, 15, 17：エノコログサ *Setaria viridis*,：6〜9, 16：オオエノコログサ *Setaria pycnocoma*, 10〜14：キンエノコログサ *Setaria glauca*, 18〜20, 23, 24：アワ *Setaria italica*, 21, 22：ササキビ *Setaria palmifolia*
1〜24：短細胞由来のキビ型ケイ酸体(1,4〜6,8,11,12,14〜17,19,20,22,24,：上面, 2,3,7,9,10,13,18,21,23：下面)。上面の形状は亜鈴形(1〜14,18〜24), 複合亜鈴形(15)およびこぶ付き亜鈴形(16,17)である。

78　イネ科 Poaceae キビ亜科 Panicoideae キビ連 Paniceae エノコログサ属 Setaria

エノコログサ属 Setaria

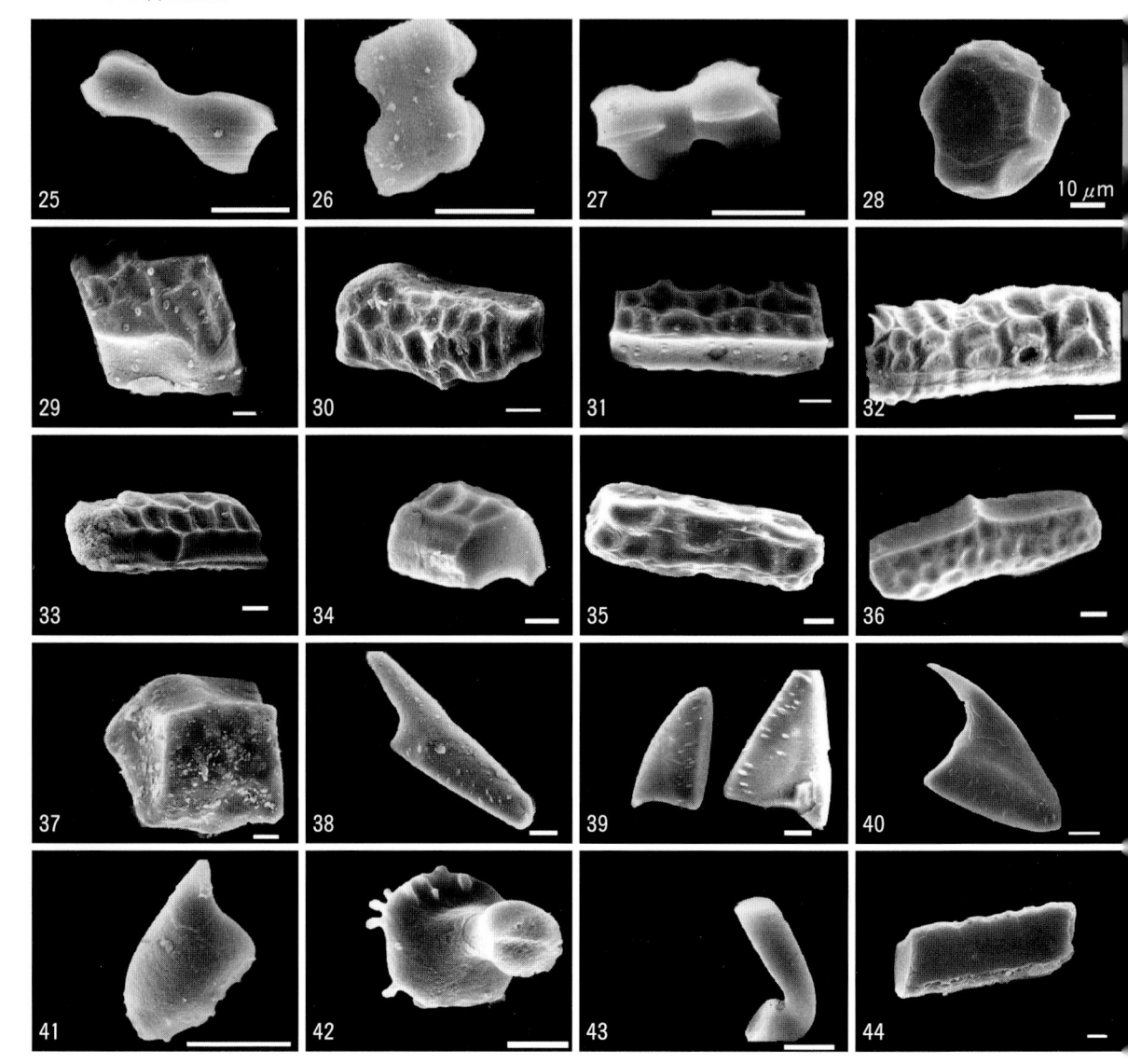

25〜27, 41, 43：アワ Setaria italica, 28〜32, 35：オオエノコログサ Setaria pycnocoma, 33, 34, 36, 39, 40, 42, 44：キンエノコログサ Setaria glauca, 37, 38：ササキビ Setaria palmifolia
25〜27：短細胞由来のキビ型ケイ酸体(25,26：下面, 27：側面・下面)。上面の形状は亜鈴形(25〜27)。
28〜37：泡状細胞由来のファン型ケイ酸体(28：端面, 29,31,33,36：下面・側面, 30,32,35：下面, 34：下面・端面, 37：端面・側面)。側長は 40 μm 以上と厚く, 直方体状のケイ酸体。下面の網目模様は明瞭。
38〜41：ブリッケルヘア由来のポイント型ケイ酸体(39〜41：側面)。
42,44：給源細胞(毛状突起？)不明なケイ酸体。
43：ミクロヘア由来のパイプ状ケイ酸体。

イネ科 Poaceae キビ亜科 Panicoideae キビ連 Paniceae メヒシバ属 *Digitaria*

メヒシバ属 *Digitaria*

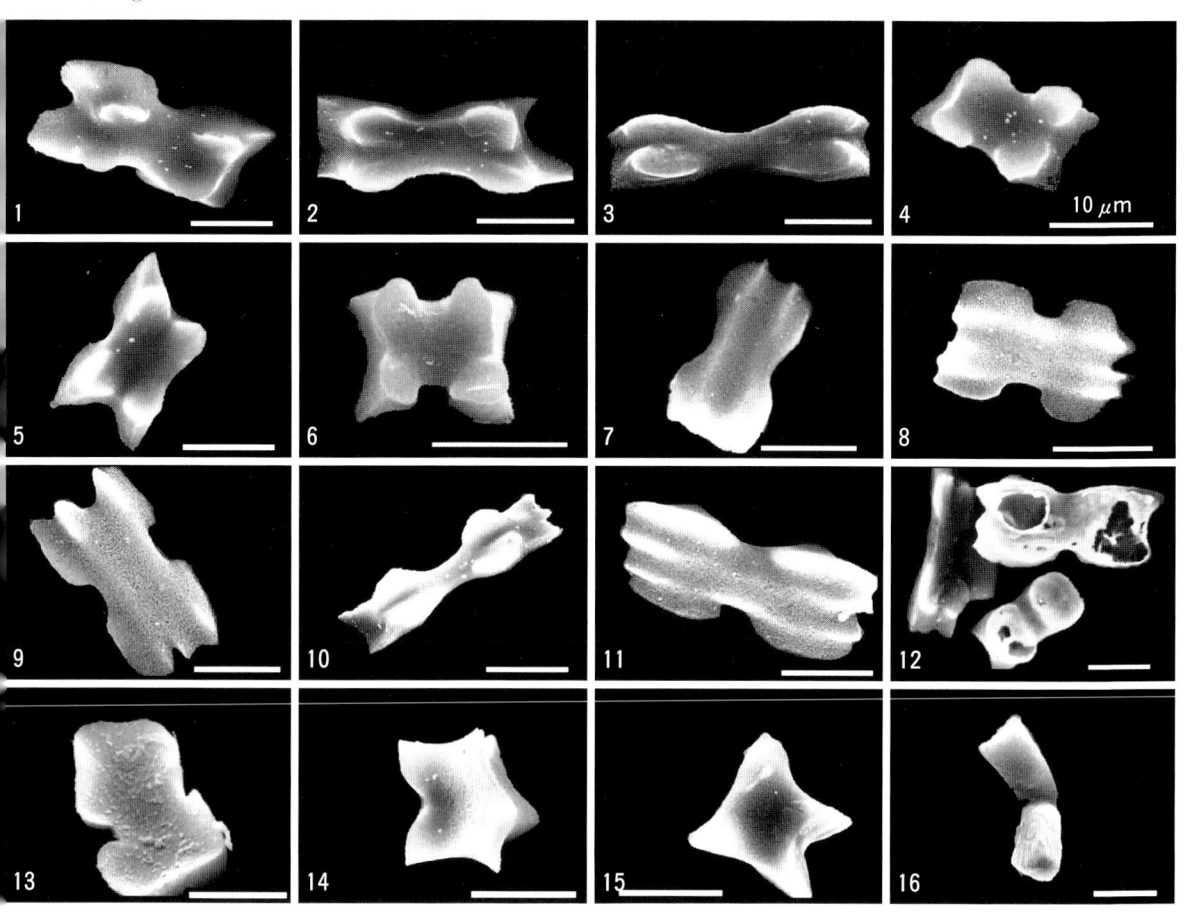

1〜16：メヒシバ *Digitaria ciliaris*
1〜15：短細胞由来のキビ型ケイ酸体(1〜6,10,12,13：上面，7〜9,11：下面，14,15：端面)。上面の形状はすべて亜鈴形，下面の両端はフリル状の特有な形態。端面の形状は星状にも見える。
16：ミクロヘア由来のパイプ状ケイ酸体。

80　イネ科 Poaceae キビ亜科 Panicoideae キビ連 Paniceae チカラシバ属 *Pennisetum*

チカラシバ属 *Pennisetum*

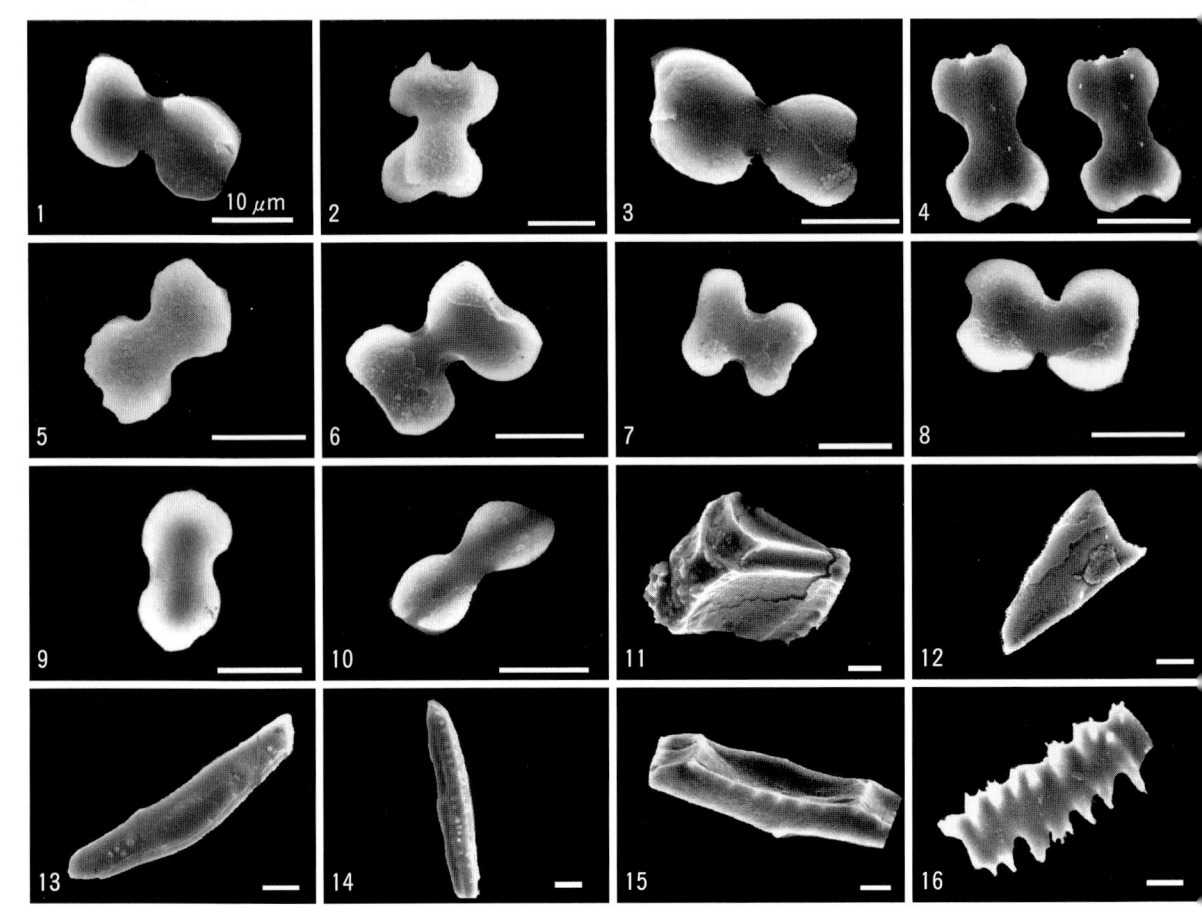

1〜16：チカラシバ *Pennisetum alopecuroides*
1〜10：短細胞由来のキビ型ケイ酸体(1,3,6〜8,10：上面，2,4,5,9：下面)。上面形状はすべて亜鈴形である。
11：泡状細胞由来のファン型ケイ酸体(下面・端面・側面)。端面形状は細長い扇形。下面の模様は不明瞭で，側長はやや厚い。
12：プリッケルヘア由来のポイント型ケイ酸体(12：側面)。
13〜16：長細胞由来の両先端が丸味を帯びた棒状，および鋸歯辺棒状ケイ酸体。とくに，13,14はイネ科の棒状ケイ酸体として珍しい。

イネ科 Poaceae キビ亜科 Panicoideae トタシバ連 Arundinelleae トタシバ属 Arundinella　　81

トタシバ属 Arundinella

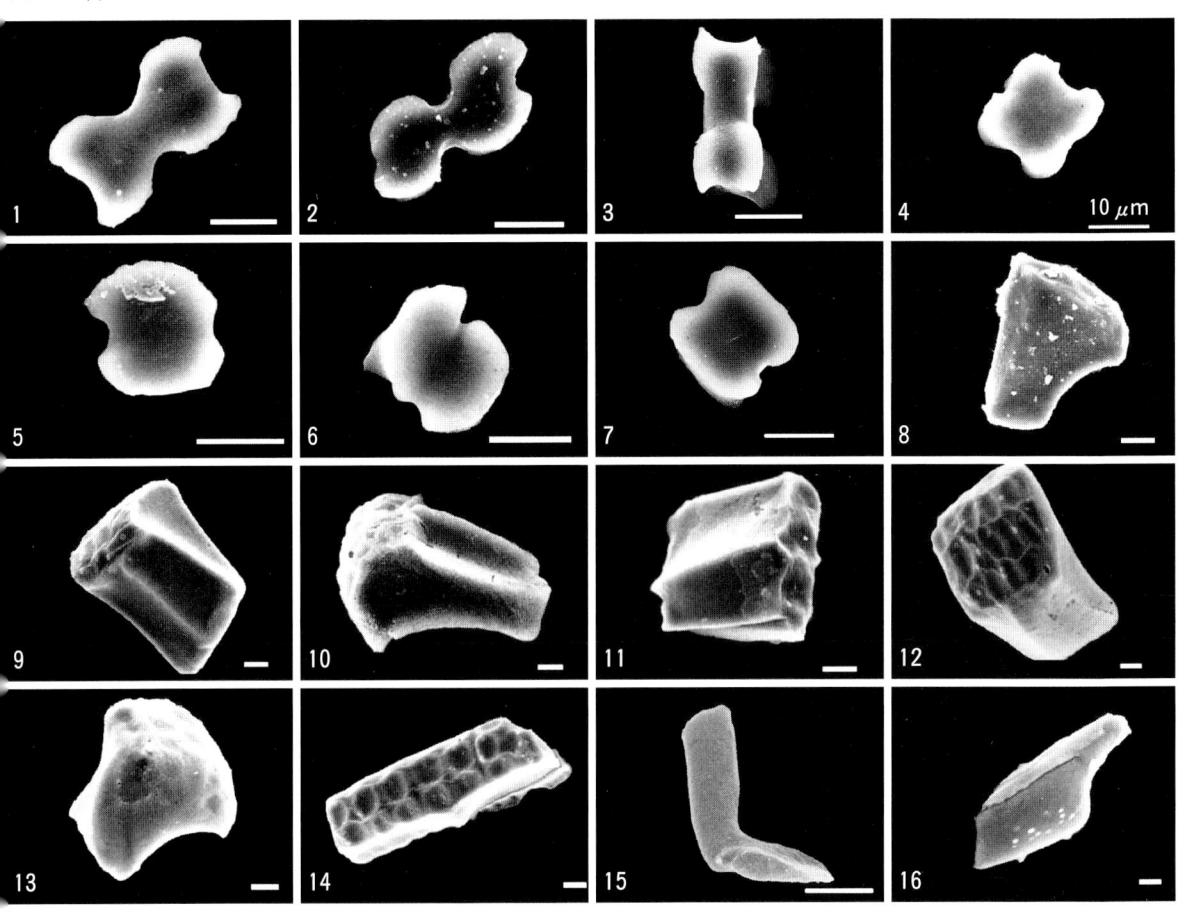

1〜16：トタシバ Arundinella hirta
1〜7：短細胞由来のキビ型(2〜4：上面，1：下面)およびヒゲシバ型ケイ酸体(5〜7：上面)。上面の形状は亜鈴形(1〜3)，十字形(4)および短座鞍形(5〜7)である。
8〜14：泡状細胞由来のファン型ケイ酸体(8：端面，9,10：端面・側面・下面，11,12：側面・下面，13：端面・下面：14：下面)。端面の形状は細長い非対称の扇形か，あるいは楔形。下面は網目模様を示し，側長は中程度から厚い。
15：ミクロヘア由来のパイプ状ケイ酸体。
16：プリッケルヘア由来のポイント型ケイ酸体(16：側面)。

82　イネ科 Poaceae キビ亜科 Panicoideae ヒメアブラススキ連 Andropogoneae オオアブラススキ属 *Spodiopogon*

オオアブラススキ属 *Spodiopogon*

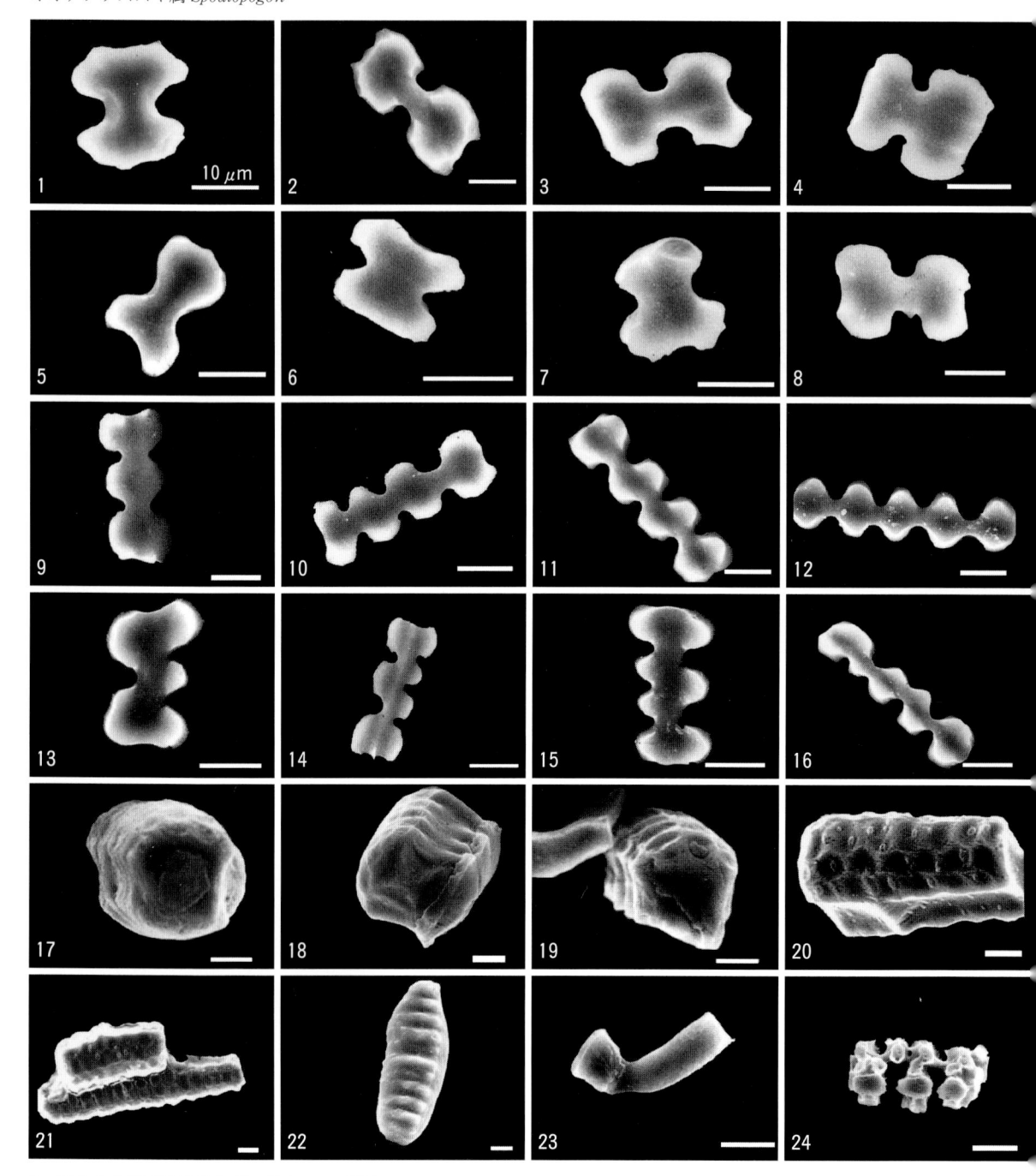

1～24：オオアブラススキ *Spodiopogon sibiricus*
1～16：短細胞由来のキビ型（1,3,6,9,14：下面，2,4,5,7,8,10～13,15,16：上面）。上面の形状は亜鈴形（1～5,7,8），十字形（6），複合亜鈴形（9～12,14～16）およびこぶ付き亜鈴形（13）である。
17～21：泡状細胞由来のファン型ケイ酸体（17～19：下面・端面・側面，20：下面・側面，21：下面）。全体的な形状はずんぐりした食パン状。下面は網目模様で，側長は厚い。
22：プリッケルヘア由来のポイント型ケイ酸体（22：下面）。
23：ミクロヘア由来のパイプ状ケイ酸体。
24：柵状細胞由来の推骨状ケイ酸体。

イネ科 Poaceae キビ亜科 Panicoideae ヒメアブラススキ連 Andropogoneae ススキ属 *Miscanthus*　83

ススキ属 *Miscanthus*

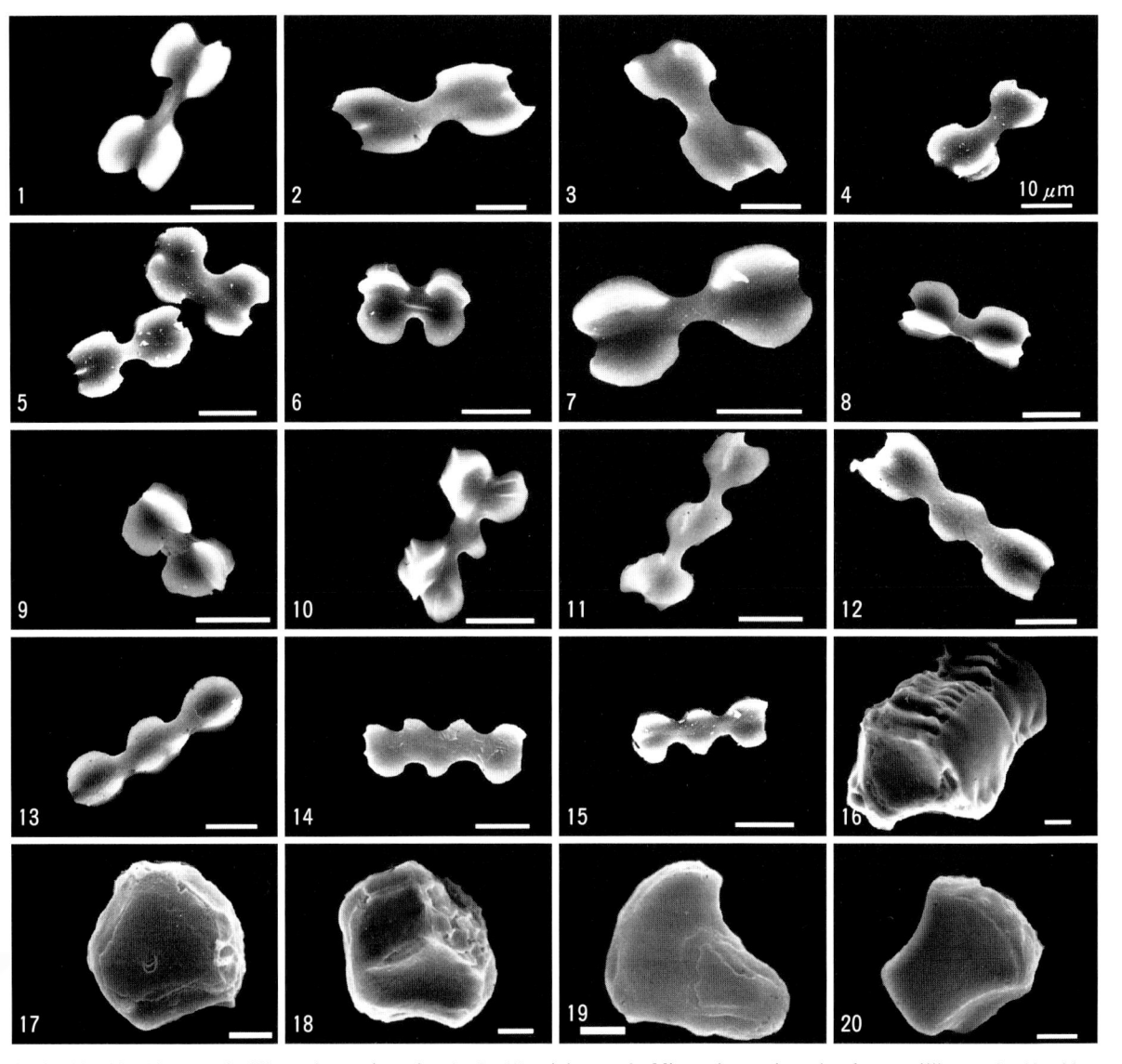

1, 2, 10〜12, 16：ススキ *Miscanthus sinensis*, 4〜7, 15：イトススキ *Miscanthus sinensis* f. *gracillimus*, 3, 13, 14, 17〜20：オギ *Miscanthus sacchariflorus*, 8, 9：ハチジョウススキ *Miscanthus condensatus*

1〜15：短細胞由来のキビ型ケイ酸体(1,4,5,6〜13,15：上面，2,3,14：下面)。上面の形状は亜鈴形(1〜9)，こぶ付き亜鈴形(10,14)および複合亜鈴形(11〜13,15)である。

16〜20：泡状細胞由来のファン型ケイ酸体(16,17,20：下面・端面，18：下面・端面・側面，19：端面)である。端面の形状はずんぐりした扇形から非対称の扇形。典型的なタイプは端面下面部がやや窪む。下面模様は不明瞭で，側長は中程度，あるいはやや薄い。16 はファン型ケイ酸体の集合体。

イネ科 Poaceae キビ亜科 Panicoideae ヒメアブラススキ連 Andropogoneae ススキ属 *Miscanthus*

ススキ属 *Miscanthus*

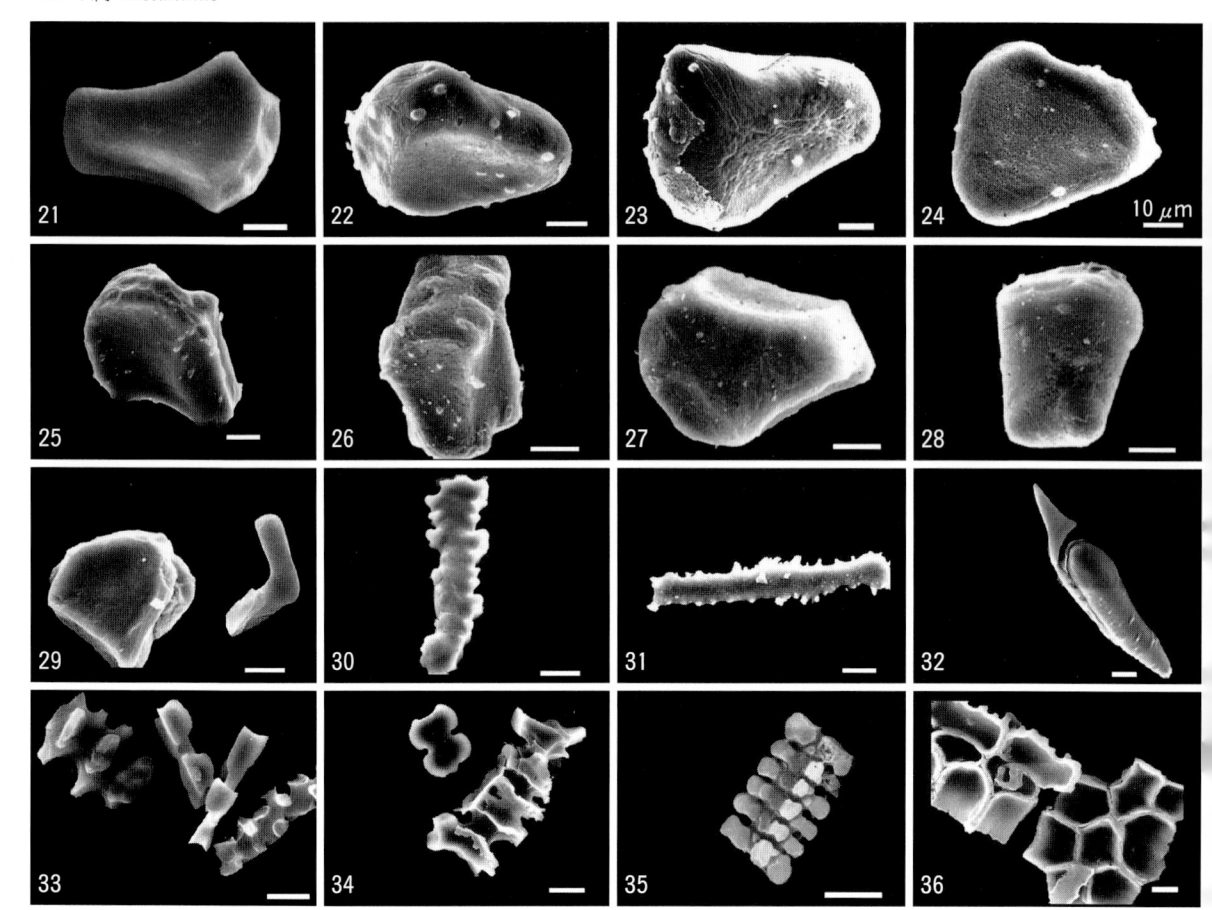

21, 29, 30, 35：オギ *Miscanthus sacchariflorus*, 22〜25：ハチジョウススキ *Miscanthus condensatus*, 26, 27, 33, 34, 36：トキワススキ *Miscanthus floridulus*, 28, 31：イトススキ *Miscanthus sinensis* f. *gracillimus*, 32：ススキ *Miscanthus sinensis*

21〜28：泡状細胞由来のファン型ケイ酸体(21,24,28：端面, 22,27：端面・側面, 23,25,26：下面・端面・側面)。端面表面には小突起があるものとないものがある。端面の形状はずんぐりした扇形から非対称の扇形。典型的なタイプは端面下面部がやや窪む。下面模様は不明瞭で，側面は中程度，あるいはやや薄い。

29：ミクロヘア由来のパイプ状ケイ酸体とファン型ケイ酸体。

30,31：長細胞由来の鋸歯辺か，あるいは刺状辺棒状型ケイ酸体。

32：プリッケルヘア由来のポイント型ケイ酸体(32：下面)。

33〜35：柵状細胞由来の椎骨状ケイ酸体。

36：表皮組織片由来のケイ酸体(?)。

イネ科 Poaceae キビ亜科 Panicoideae ヒメアブラススキ連 Andropogoneae チガヤ属 *Imperata* 　　85

チガヤ属 *Imperata*

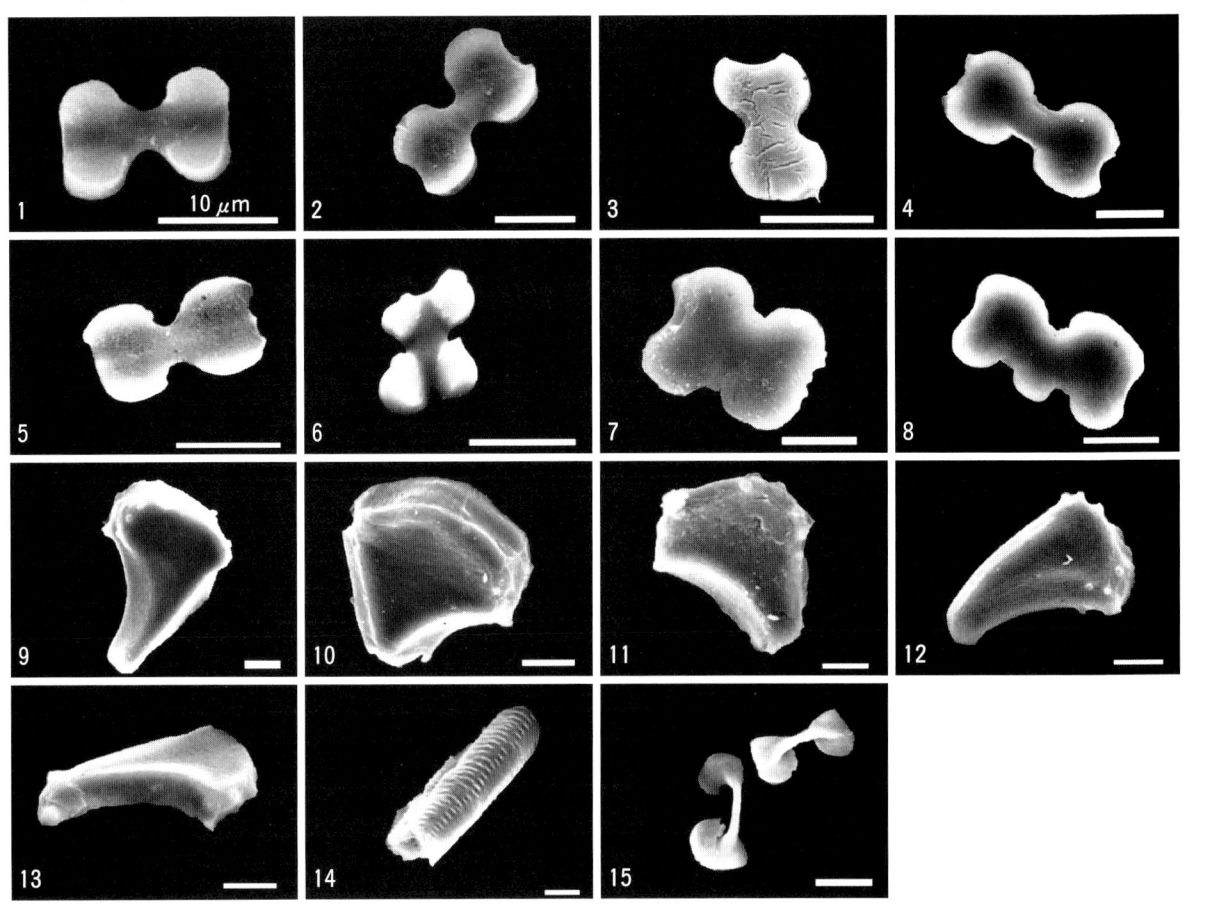

1〜15：チガヤ *Imperata cylindrica*
1〜8：短細胞由来のキビ型ケイ酸体(1,2,4,6：上面，3,5,7,8：下面)。上面の形状は亜鈴形(1〜7)およびこぶ付き亜鈴形(8)である。
9〜13：泡状細胞由来のファン型ケイ酸体(9,11,12：端面，10：下面・端面，13：側面・端面)。端面の形状は左右のどちらかに湾曲した非対称の扇形。端面下面部は平ら，あるいは少し窪む。下面模様は不明瞭で，側長は中程度，あるいはやや薄い。10は縞目模様のようにも見える。
14：導管由来のヤスリ状ケイ酸体。
15：気孔由来の亜鈴形ケイ酸体。

86　イネ科 Poaceae キビ亜科 Panicoideae ヒメアブラススキ連 Andropogoneae モロコシ属 *Sorghum*

モロコシ属 *Sorghum*

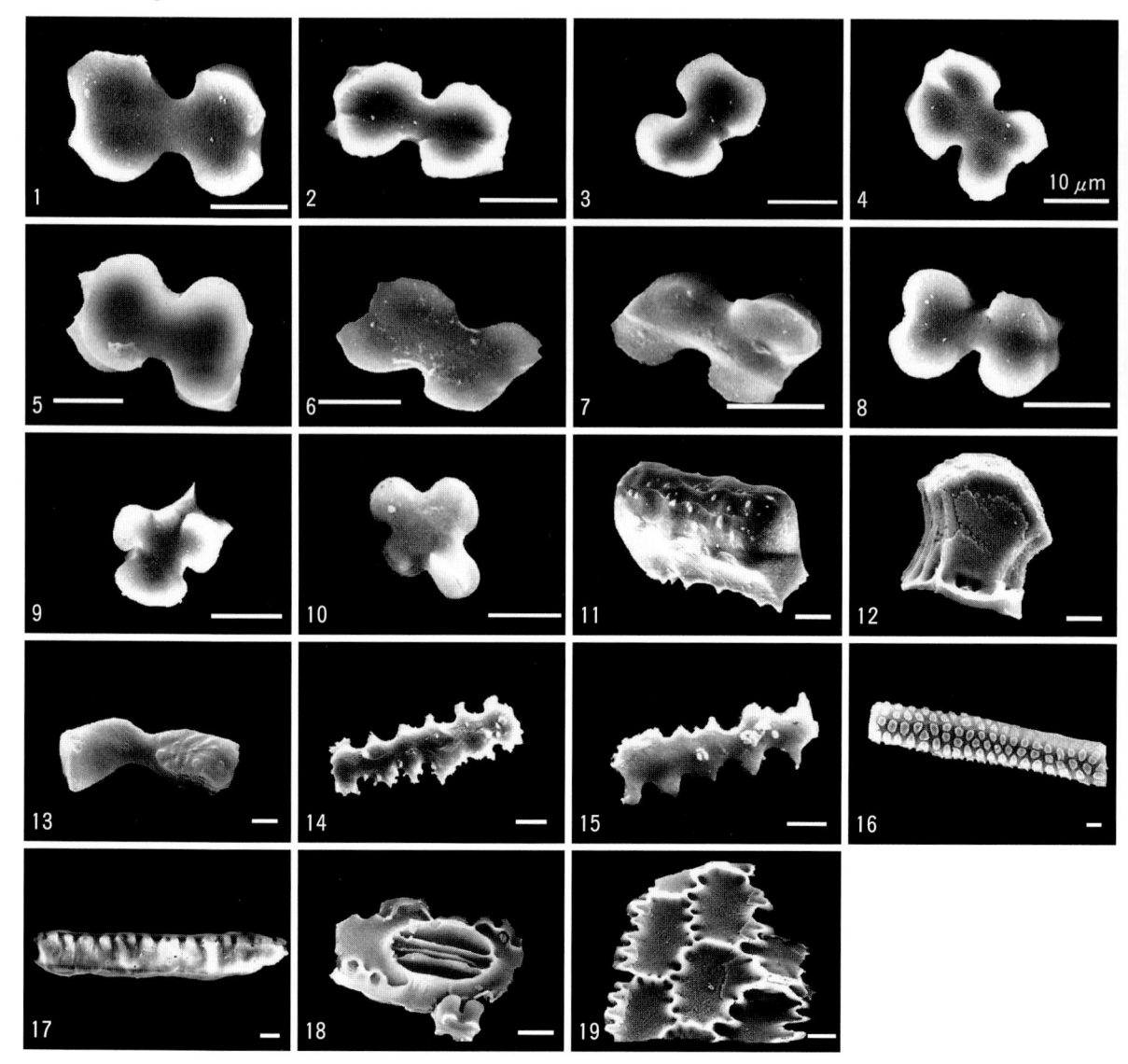

1～19：モロコシ *Sorghum vulgare*
1～10：短細胞由来のキビ型ケイ酸体(1～3,5,6,8,9：上面，4,7,10：下面)。上面の形状は亜鈴形(1～8)と十字形(9,10)である。
11,12：泡状細胞由来のファン型ケイ酸体(11：下面・端面・側面，12：端面)。端面の形状は食パン状。上面の模様は不明瞭で，側長はやや厚い。
13：ミクロヘア由来のパイプ状ケイ酸体。
14,15,17：長細胞由来の鋸歯辺棒状型ケイ酸体。
16：導管由来の階紋をもつヤスリ状ケイ酸体。
18：気孔と周辺の組織片由来のケイ酸体。
19：表皮組織片由来のケイ酸体。

イネ科 Poaceae キビ亜科 Panicoideae ヒメアブラススキ連 Andropogoneae コブナグサ属 *Arthraxon*　　87

コブナグサ属 *Arthraxon*

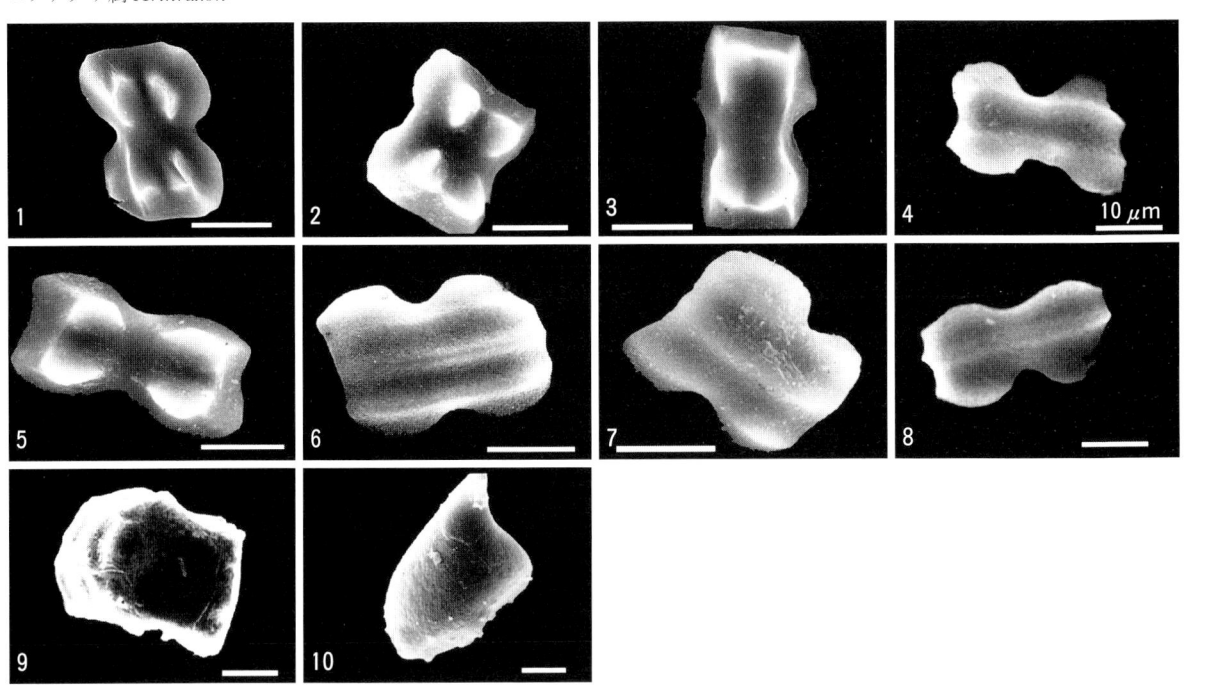

1〜10：コブナグサ *Arthraxon hispidus*
1〜8：短細胞由来のキビ型ケイ酸(1,2,5：上面，3,4,6〜8：下面)。上面の形状は亜鈴形(1〜8)である。5,6のように下面の形状に特徴が見られる(ふたつの窪みが横軸方向に平行に配列)。
9：泡状細胞由来のファン型ケイ酸体(9：下面・端面)。全体的な形状は食パン状。下面模様は不明瞭，側長は中程度。
10：プリッケルヘア由来のポイント型ケイ酸体(10：側面)。

88　イネ科 Poaceae キビ亜科 Panicoideae ヒメアブラススキ連 Andropogoneae ササガヤ属 *Microstegiurm*

ササガヤ属 *Microstegiurm*

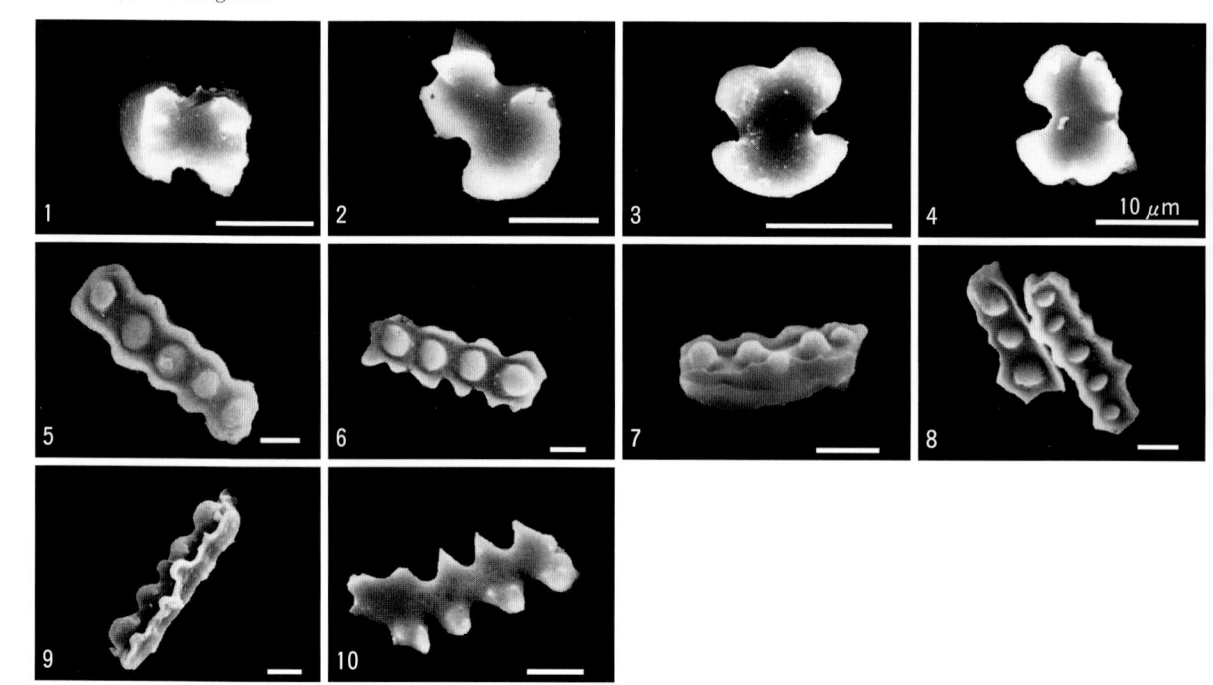

1〜10：ササガヤ *Microstegium japonicum*
1〜4：短細胞由来のキビ型ケイ酸(1〜4：上面)。上面の形状は，亜鈴形(1,2)および十字形(3,4)である。
5〜10：長細胞由来の波状辺および鋸歯辺棒状型ケイ酸体。10以外は中央部に球状の突起物が規則的に配列する特有な形状。

イネ科 Poaceae キビ亜科 Panicoideae ヒメアブラススキ連 Andropogoneae メガルカヤ属 *Themeda* 89

メガルカヤ属 *Themeda*

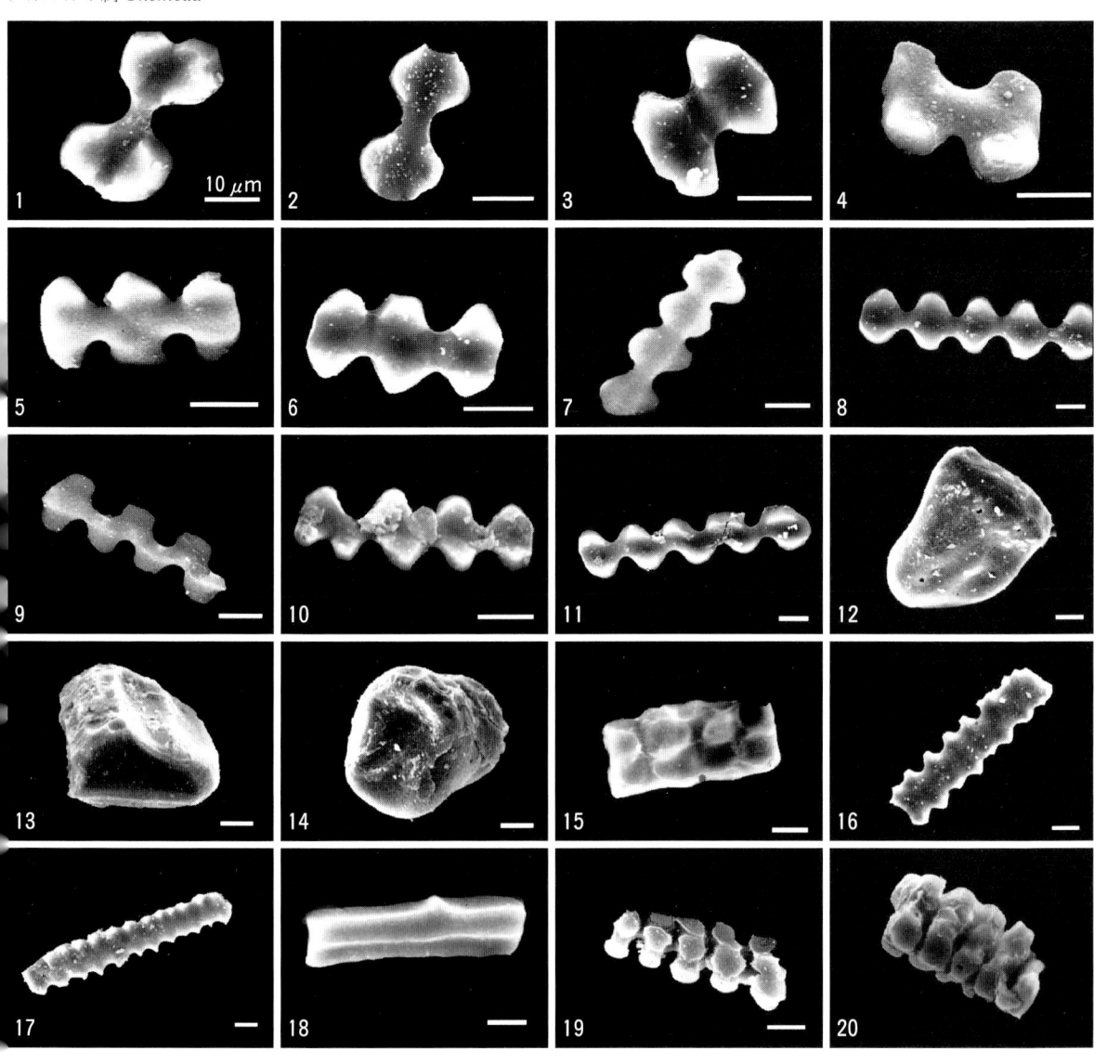

1～20：メガルカヤ *Themeda triandra* var. *japonica*
1～11：短細胞由来のキビ型ケイ酸(1～4,6,8,10,11,：上面，5,7,9：下面)。上面の形状は亜鈴形(1～4)，複合亜鈴形(5～8)およびこぶ付き亜鈴形(9～11)である。複合亜鈴形の出現頻度が極めて高い。
12～14：泡状細胞由来のファン型ケイ酸体(12～14：下面・側面・端面)。全体的な形状は食パン状，あるいは端面上面部(先端部)がやや太い扇形。下面は不明瞭な網目模様，側長は中程度。
15：給源細胞不明なケイ酸体。
16～18：長細胞由来の鋸歯辺および平滑辺棒状ケイ酸体。
19,20：柵状細胞由来の推骨状ケイ酸体。

イネ科 Poaceae キビ亜科 Panicoideae ヒメアブラススキ連 Andropogoneae ジュズダマ属 Coix

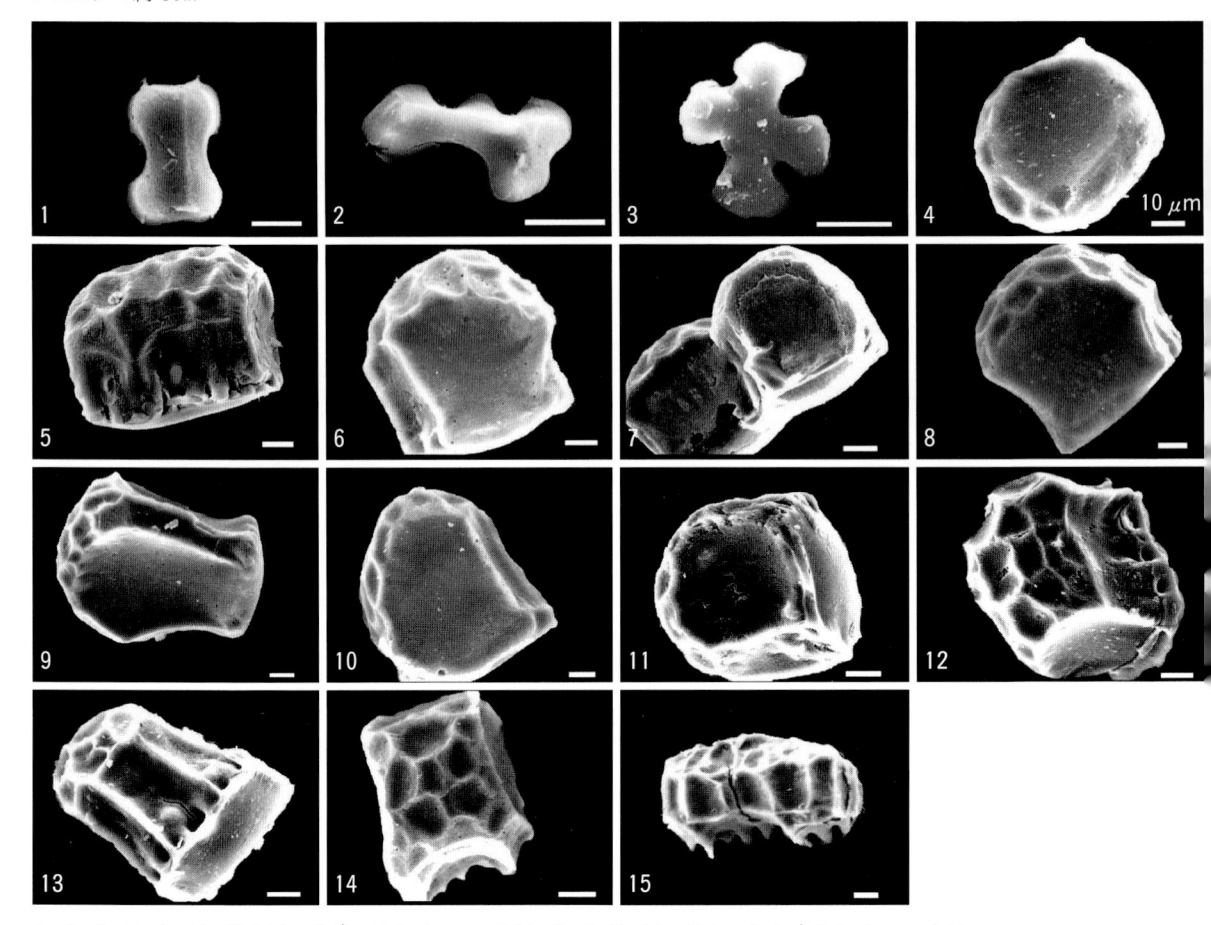

ジュズダマ属 Coix

1〜3, 5, 8, 9, 14, 15：ジュズダマ Coix lacryma-jobi，4, 6, 7, 10〜13：ハトムギ Coix lacyma-jobi var. mayuen
1〜3：短細胞由来のキビ型ケイ酸(1〜3：下面)。下面の形状は亜鈴形(1)，こぶ付き亜鈴形(2)および十字形(3)である。
4〜15：泡状細胞由来のファン型ケイ酸体(4,7,10,：端面，5：下面・側面，6,8：下面・端面，9,12：下面・端面・側面，11：端面・上面，13：側面・下面・上面，14,15：下面)。全体的な形状はパウンドケーキ状(ずんぐりした食パン状)で，下面の網目模様が明瞭。側長は中程度。端面上面部に刺状か，あるいは疣状突起物の列が見られる。

イネ科 Poaceae キビ亜科 Panicoideae ヒメアブラススキ連 Andropogoneae トウモロコシ属 Zea

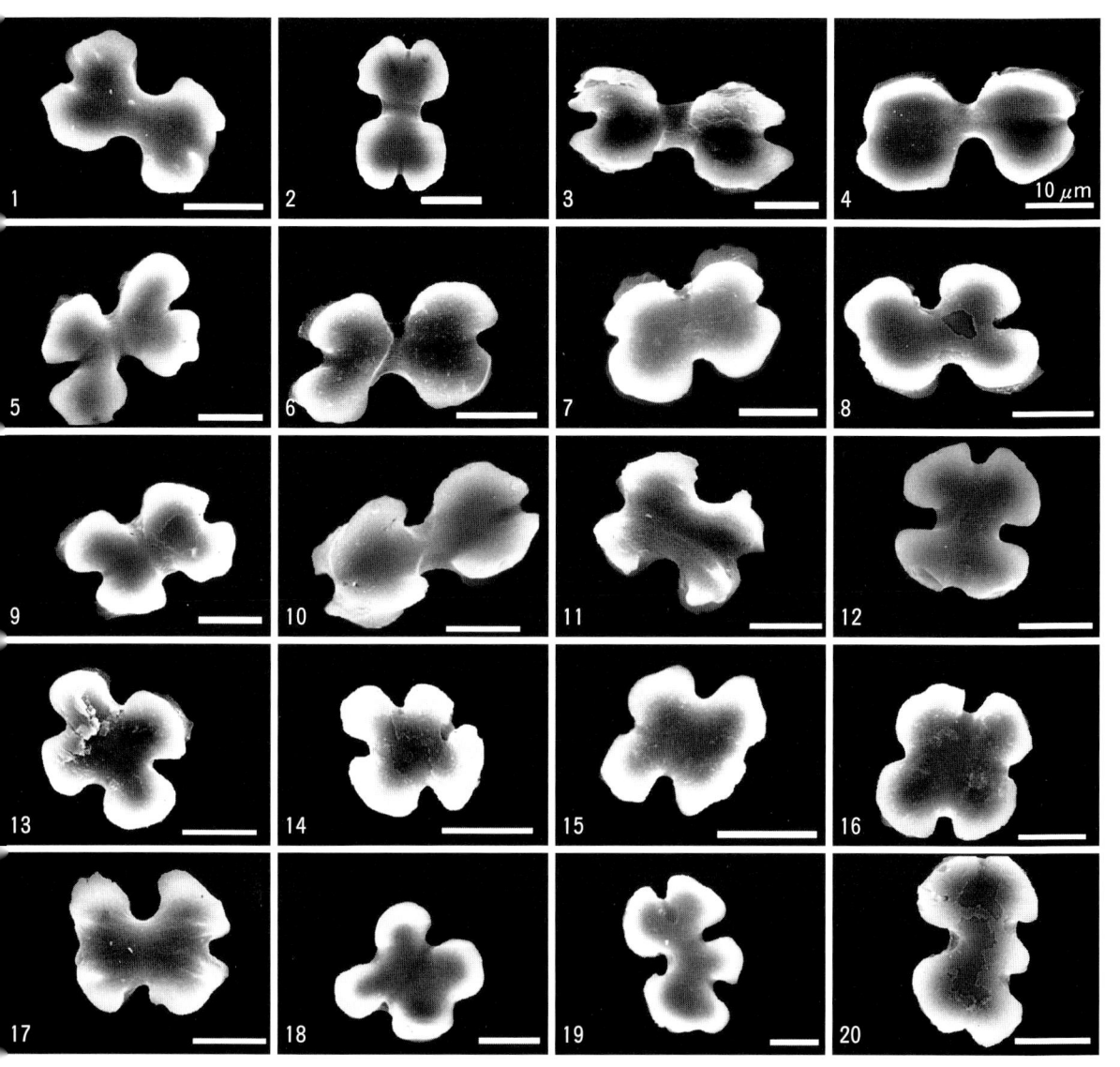

トウモロコシ属 Zea

1〜20：トウモロコシ Zea mays
1〜20：短細胞由来のキビ型ケイ酸体(1,15：下面，2〜14,16,17〜20：上面)。上面の形状は亜鈴形(1〜11)，十字形(12〜18)およびこぶ付き亜鈴形(19,20)である。

92　イネ科 Poaceae キビ亜科 Panicoideae ヒメアブラススキ連 Andropogoneae トウモロコシ属 Zea

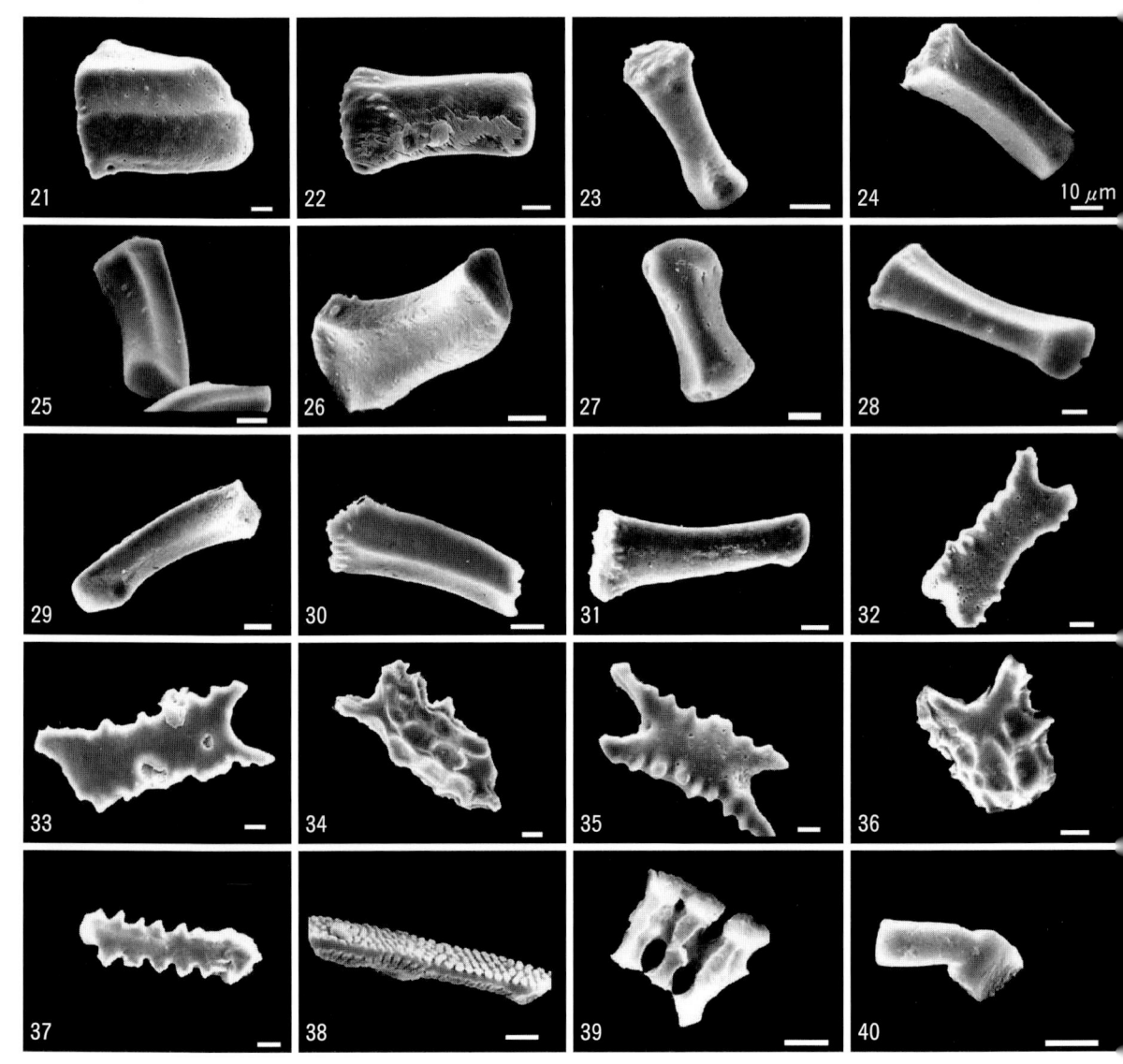

トウモロコシ属 Zea

21〜40：トウモロコシ Zea mays
21〜31：泡状細胞由来のファン型ケイ酸体（21,24〜26,28〜30：端面・側面，22,23,27,31：側面）。端面の形状はやや湾曲した細長い糸巻き状，バチ状，あるいは非対称の細長い扇形。下面の模様は不明瞭で，側長は中程度，あるいはやや薄い。
32〜36：気孔間長細胞由来の両端，あるいは片端凹状鋸歯辺棒状ケイ酸体。
37：長細胞由来の鋸歯辺棒状ケイ酸体。
38：階紋をもつ導管由来のヤスリ状ケイ酸体。
39：柵状細胞由来の椎骨状ケイ酸体。
40：ミクロヘア由来のパイプ状ケイ酸体。

イネ科 Poaceae キビ亜科 Panicoideae トウモロコシ属 Zea

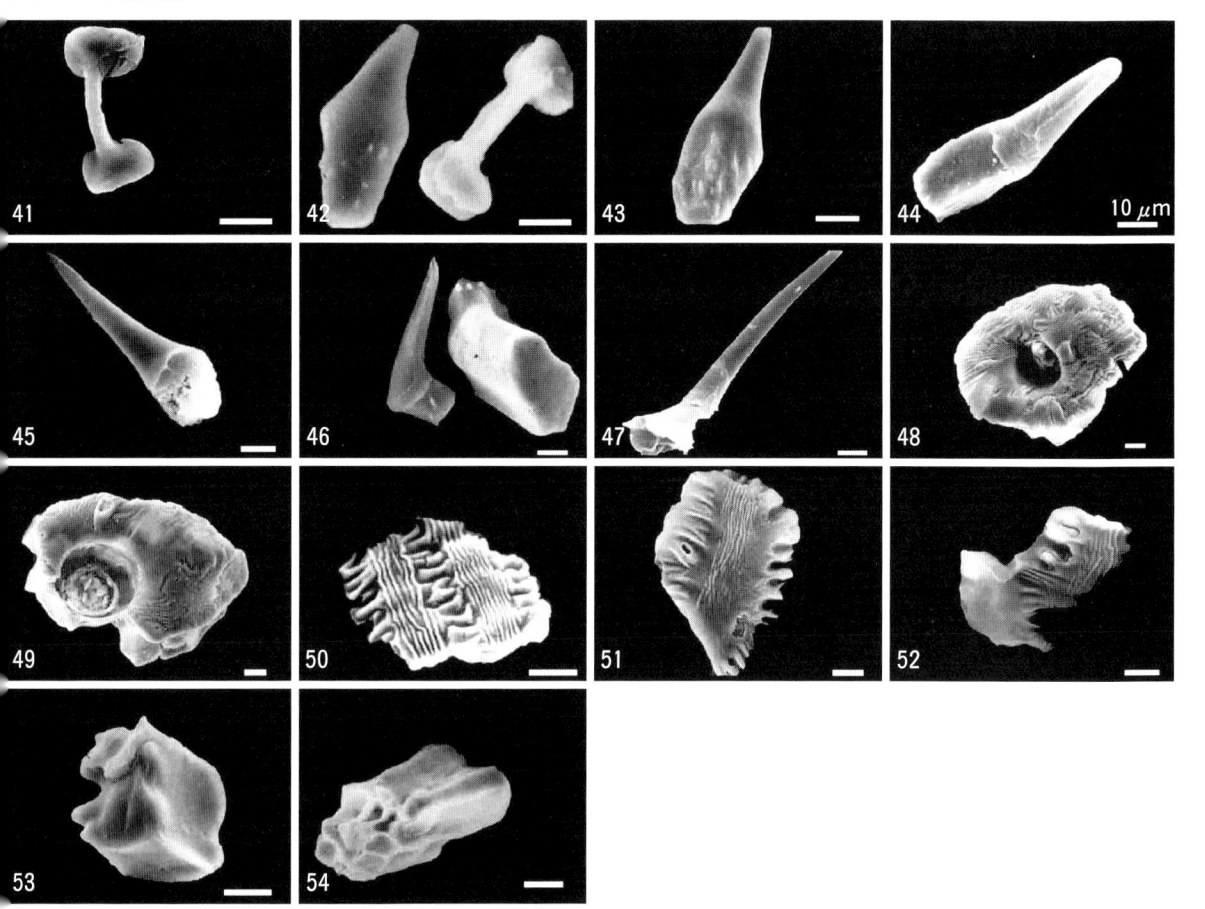

トウモロコシ属 Zea

41～54：トウモロコシ Zea mays
41～42：気孔由来の亜鈴状ケイ酸体。
43～47：毛状突起に由来するケイ酸体。
48,49：毛基部由来のケイ酸体。
50～54：給源細胞不明な各種のケイ酸体。とくに 50～52 は塚田(1980)の箱型ケイ酸体表面の剥離部分に相当する。表面模様に特徴が見られる。

94　イネ科 Poaceae ササ属 *Sasa* の地下茎

ササ属 *Sasa* の地下茎

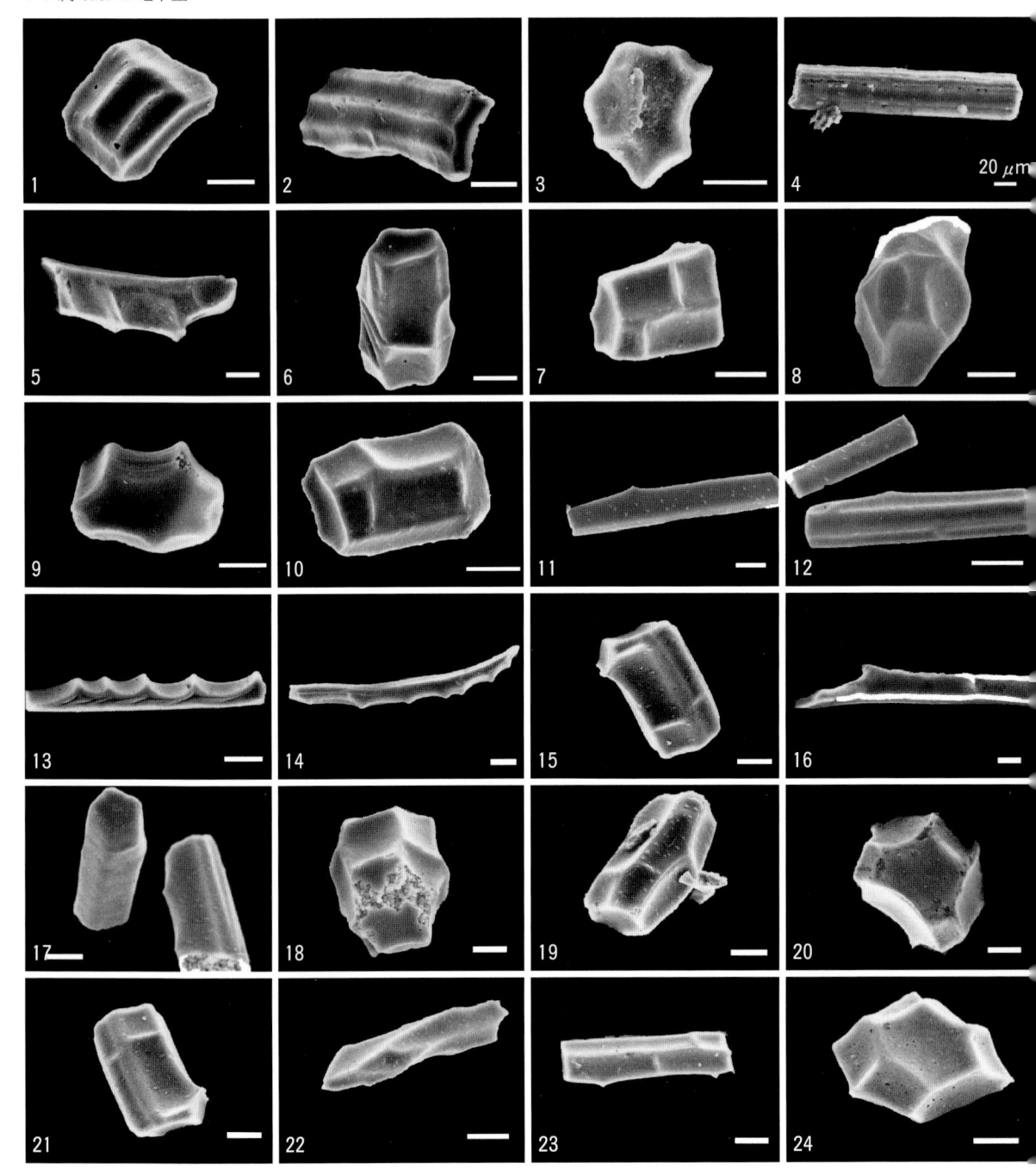

1〜5：オオクマザサ *Sasa chartacea*，6〜14, 17, 18, 22：クマザサ *Sasa veitechii*，15, 16, 19〜21, 23, 24：チシマザサ *Sasamorpha kurilensis*
1〜3,6〜10,15,17〜21,24：立方体状，塊状，あるいは多面体状ケイ酸体。表面に縦，横，あるいは両方に棟が見られる。
4,5,11〜14,16,22,23：棍棒状ケイ酸体。とくに，4,13,14 は長辺の一方が波状にえぐられた特有な形状を示す。

イネ科 Poaceae ササ属 Sasa およびスズタケ属 Sasamorphs の地下茎　95

ササ属 Sasa およびスズタケ属 Sasamorphs の地下茎

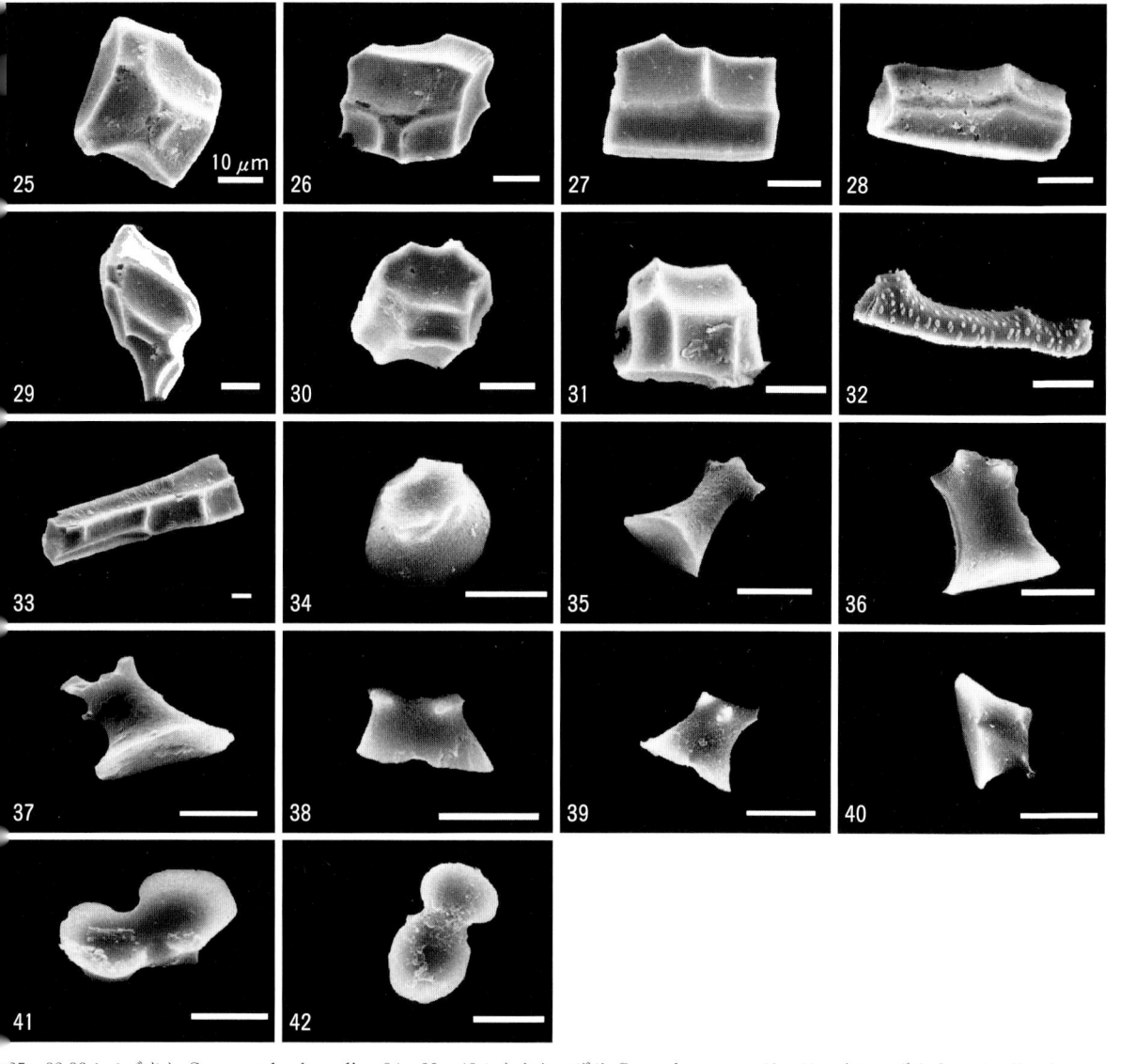

25〜32,33：スズタケ Sasamorpha borealis，34〜39，42：オオクマザサ Sasa chartacea，40，41：チシマザサ Sasa kurilensis
25〜31：立方体状，塊状，あるいは多面体状ケイ酸体。表面に縦，横，あるいは両方に棟が見られる。
32：表面に多数の突起物をもつ棒状ケイ酸体。
33：表面の縦，横両方に棟を有する棒状ケイ酸体。
34〜42：短細胞由来の円錐台形ケイ酸体(34〜40)とキビ型ケイ酸体(41,42)。

96 　イネ科 Poaceae ササ属 *Sasa* の根

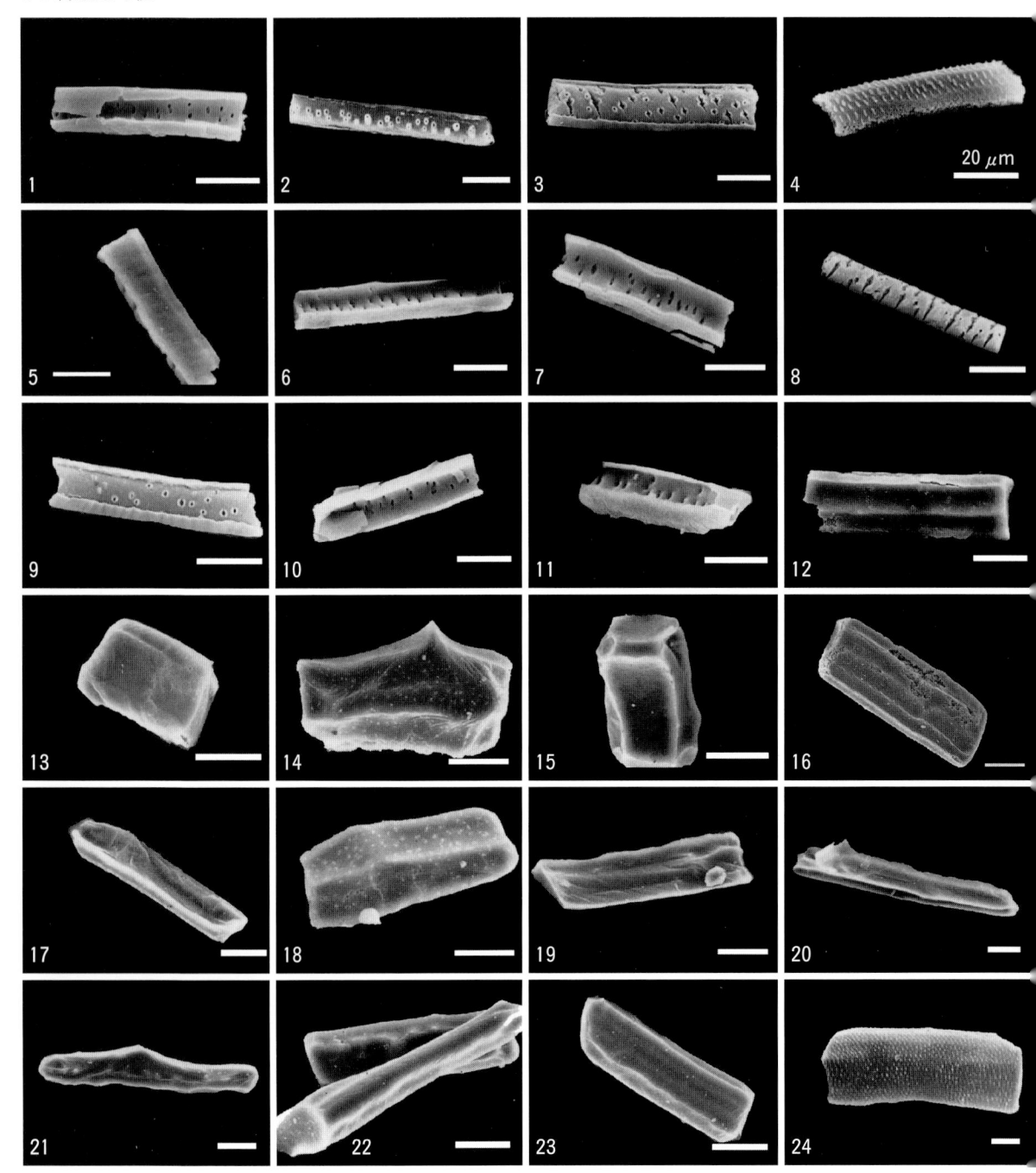

ササ属 *Sasa* の根

1〜4, 9, 12, 13, 24：オオクマザサ *Sasa chartacea*, 5〜8, 14〜19：クマザサ *Sasa veitechii*, 10, 11, 20〜23：チシマザサ *Sasa kurilensis*
1〜3,5〜12：表面に小円孔，あるいは小円孔が連なった線状孔をともなう長方形の薄板状ケイ酸体。
4,24：導管由来のヤスリ状ケイ酸体。
13〜23：立方体状，あるいは棍棒状ケイ酸体類似のケイ酸体。しかし，稜は地下茎のものより明瞭でない。

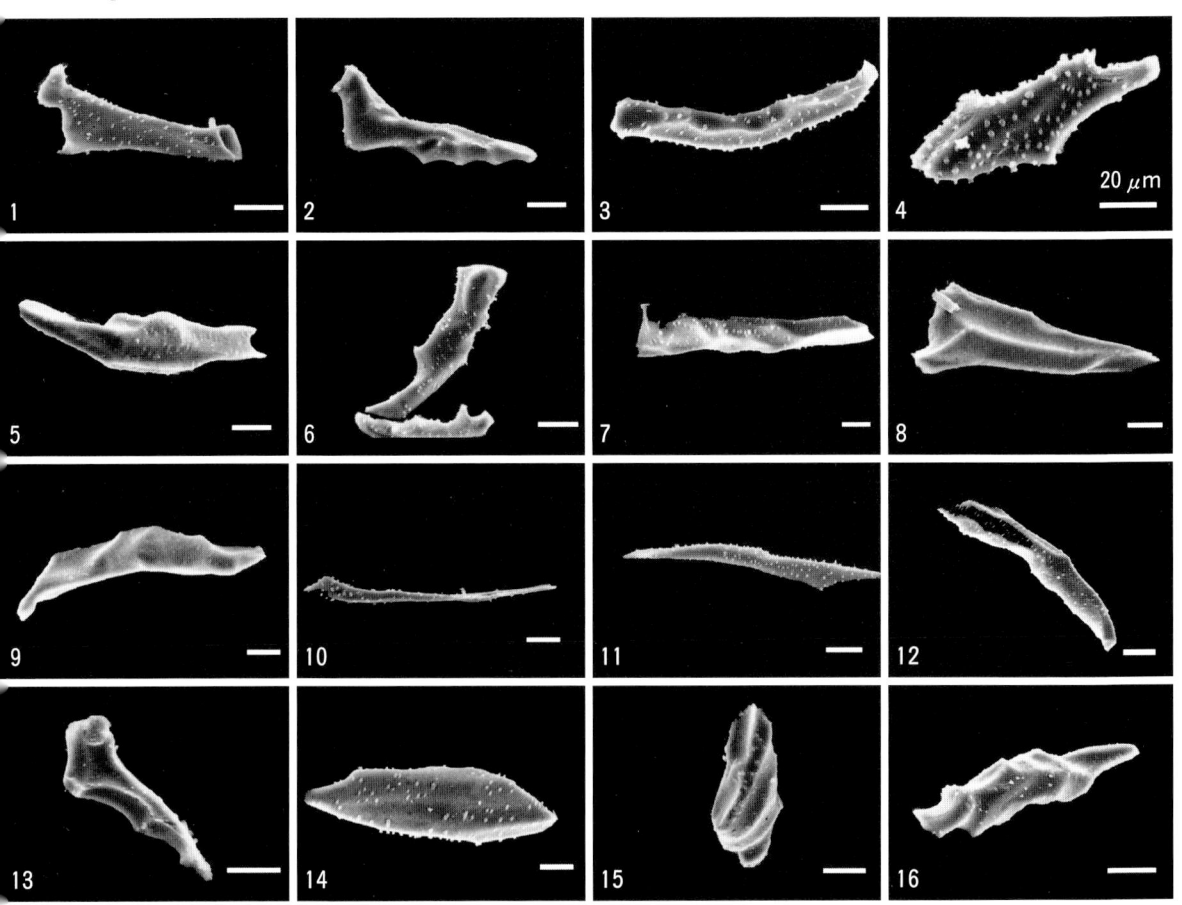

イネ科 Poaceae ヨシ属 *Phragmites* の地下茎　　97

ヨシ属 *Phragmites* の地下茎

1〜16：ヨシ *Phragmites australis*
1〜16：地下茎由来の弓状，くの字状，紡錘形状など湾曲した特有の形態をしたケイ酸体。両先端あるいは一方が鋭く尖り，表面に多数の小さい棘状突起物が見られる。また，全体がねじ曲がった棒状である。樹木起源の厚壁異型細胞や繊維由来のケイ酸体の特徴と類似する。

イネ科 Poaceae ヨシ属 *Phragmites* の根・地下茎

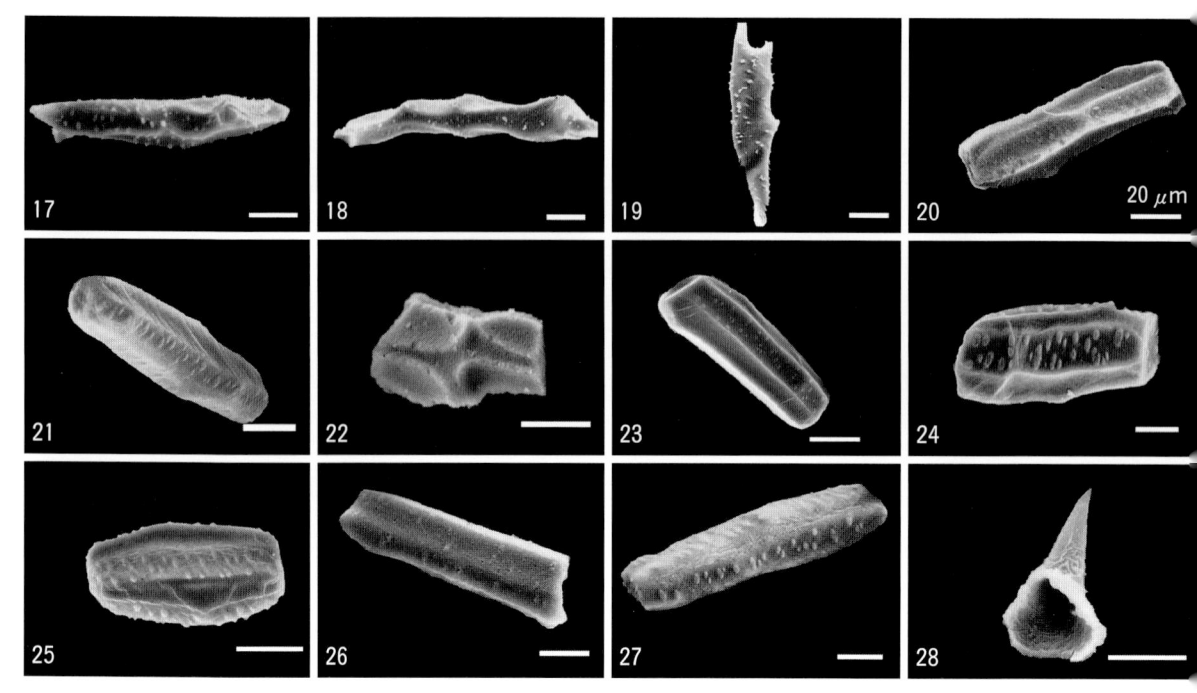

17〜19(地下茎), 20〜28(根) : ヨシ *Phragmites australis*
17〜19 : 地下茎由来の弓状, くの字状, 紡錘形状など湾曲した特有の形態をしたケイ酸体。両先端あるいは一方が鋭く尖り, 表面に多数の小さい棘状突起物が見られる。また, 全体がねじ曲がった棒状のものもある。樹木起源の厚壁異型細胞や繊維由来のケイ酸体の特徴と類似する。
20〜27 : 根由来の細長い直方体状のケイ酸体。表面に小さい楕円状の突起物が多数見られる。
28 : 毛由来のケイ酸体。

イネ科 Poaceae 非タケ類の地下茎・塊茎　99

非タケ類の地下茎・塊茎

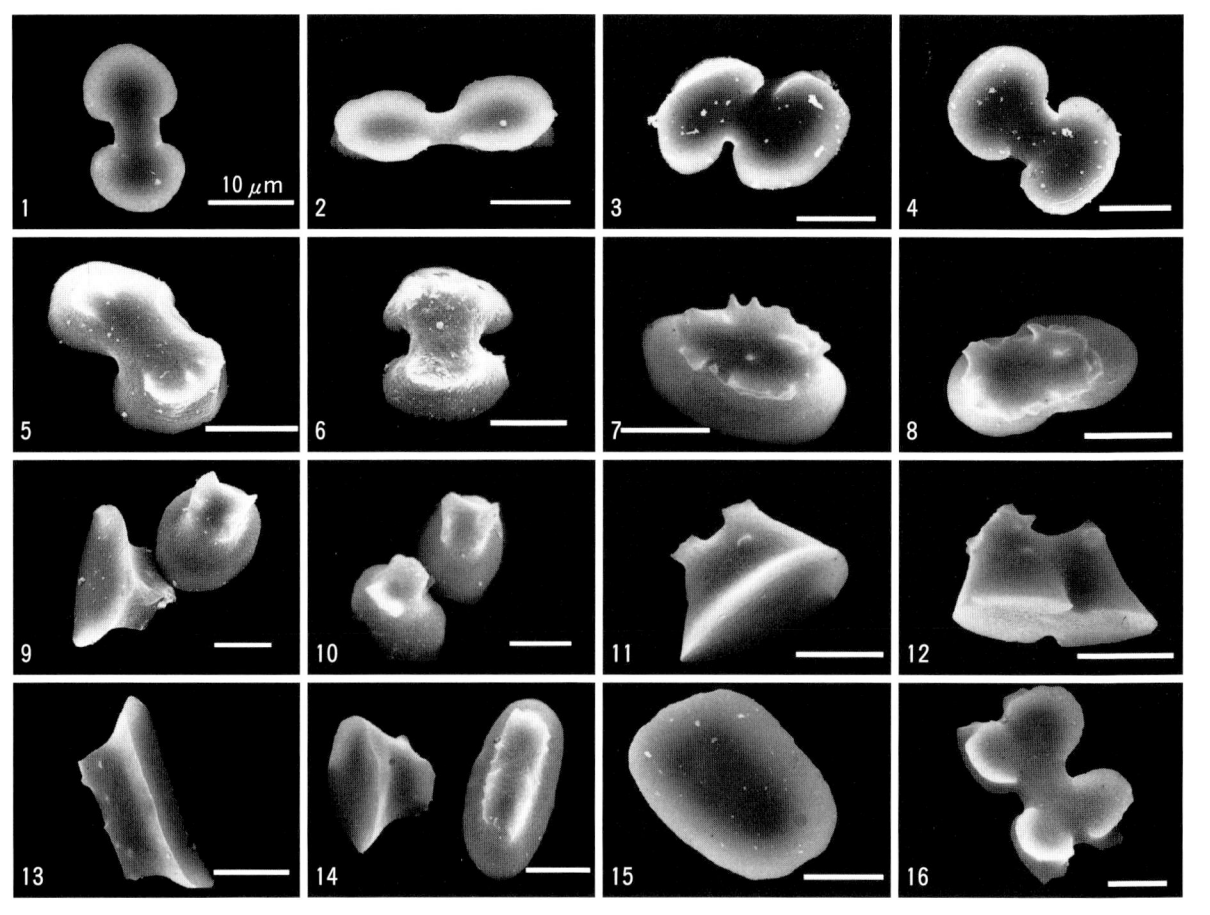

1, 2：ススキ *Miscanthus sinensis*（地下茎），3〜6：オギ *Miscanthus sacchariflorus*（地下茎），7, 8, 11〜13：オギ *Miscanthus sacchariflorus*（塊茎），9, 10, 14, 15：ヌマガヤ *Molina Japonica*（地下茎），16：ヒエ *Ecinochloa utilis*（地下茎）
1〜16：地下茎・塊茎表皮の短細胞に由来するキビ型(1〜6,16)，円錐台形(7,9〜11,13〜15)およびハネガヤ型(8,12)ケイ酸体。とくにハネガヤ型は，下面から見ると表面が亜鈴形である。

100　イネ科 Poaceae 非タケ類の根

非タケ類の根

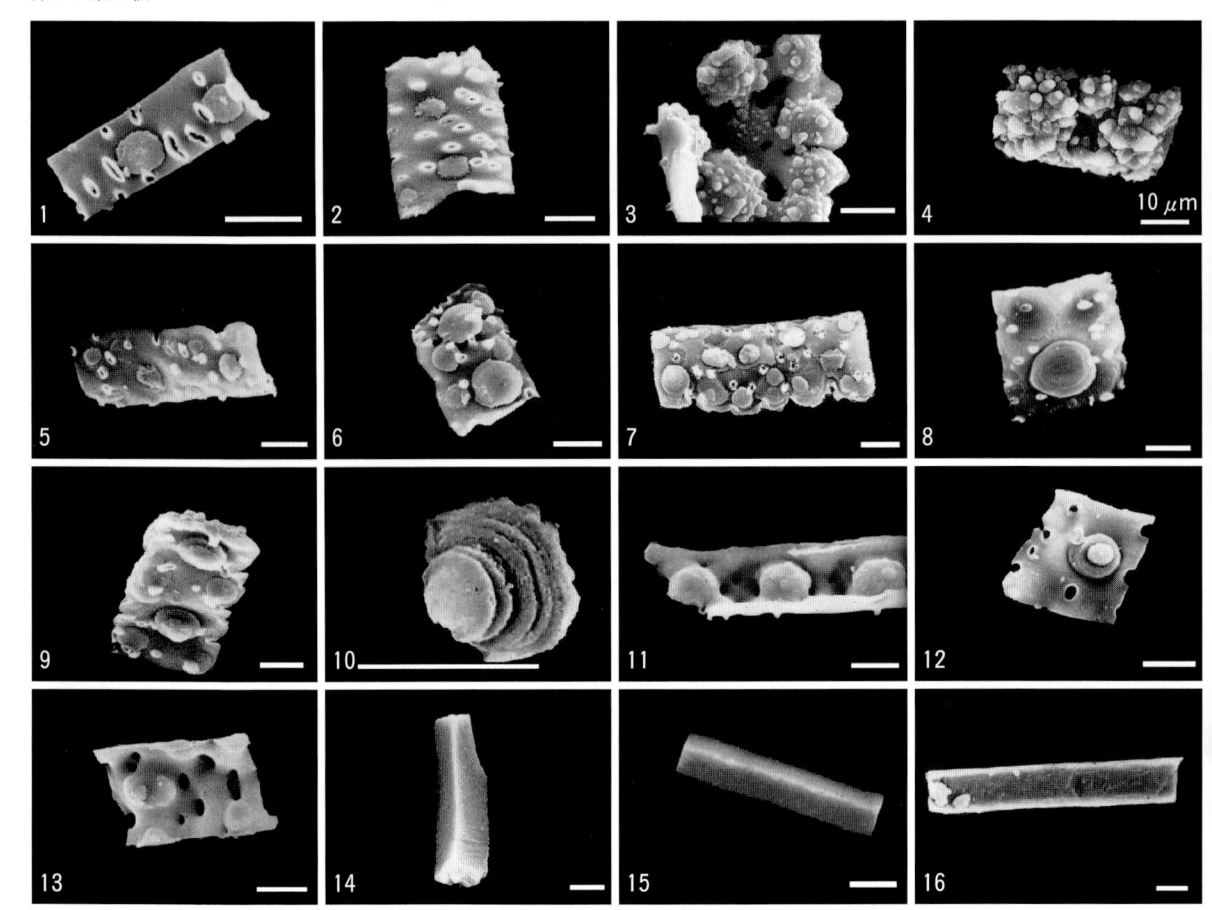

1～3：ススキ *Miscanthus sinensis*，4～9：オギ *Miscanthus sacchariflorus*，10～13：モロコシ *Sorghum vulgare*，14～16：ヒエ *Echinochloa utilis*

1～13,16：表面が僅か外側に曲った長方形，正方形の薄板状ケイ酸体で，表面にやや大きな球状突起物とその周りに小円孔，あるいは小突起物をもつ。11,13,16 は，上記の薄板状ケイ酸体の裏面に相当し，表面が窪んでおり，中央部に球状粒子，そしてその周辺部を囲んで小円孔が散在する。10 は 12 の薄板ケイ酸体の球状突起が離脱したもの。6～9 は，一見カヤツリグサ科に特有なカヤツリグサ型ケイ酸体に似ている。

14,15：表面が滑らかな棒状ケイ酸体。

イネ科 Poaceae 穀類の種子

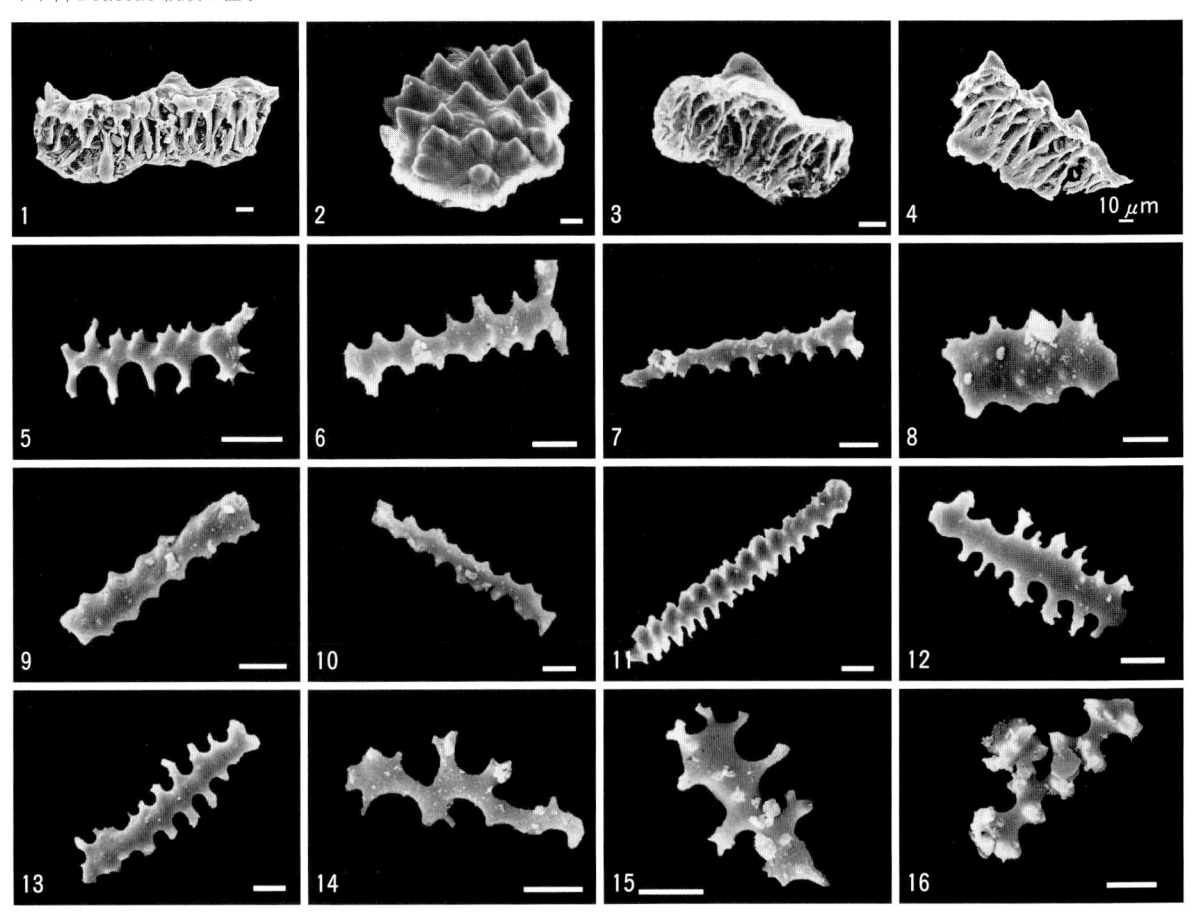

1〜4：イネ *Oryza sativa*，5〜8：コムギ *Triticum aestivum*，9〜13：エンバク *Avena sativa*，14, 15：ライムギ *Secale cereale*，16：モロコシ *Sorghum bicolor*

1〜4：イネ穎の上表皮の組織片に由来するケイ酸体。1, 3, 4は側面，2は表面から見た乳頭突起物。ふたつの円錐が対をなす山形（乳頭双突）に見える。

5〜16：イチゴツナギ亜科に見られる長細胞由来のケイ酸体。これらの長細胞ケイ酸体は直線および曲線的な棒状で，周辺が波状の輪郭か，あるいは棘状突起物をもち，コムギ，オオムギおよびライムギの間で多少の違いが見られる。

イネ科 Poaceae 穀類の種子

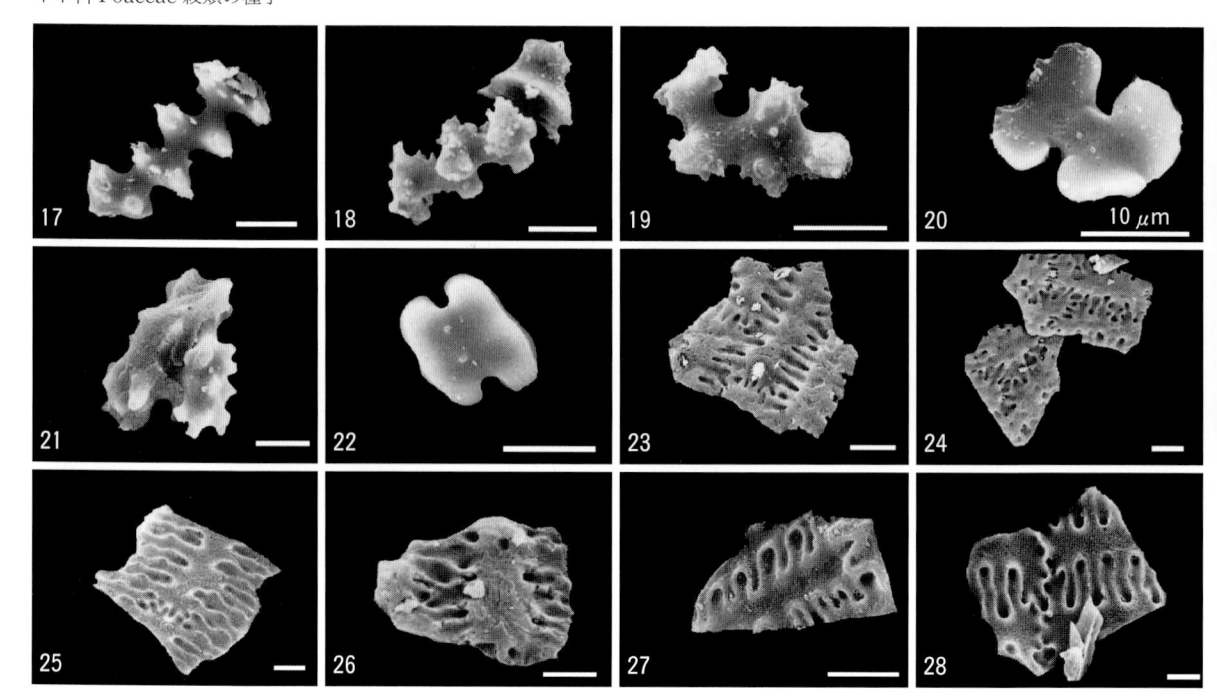

17〜19：モロコシ Sorghum bicolor, 20, 25, 26：ヒエ Echinochloa utilis, 21, 22：ジュズダマ Coix lacryma-jobi, 23, 24：キビ Panicum miliaceum, 27, 28：アワ Setaria italica

17〜19,21：イチゴツナギ亜科に見られる長細胞由来のケイ酸体。これらの長細胞ケイ酸体は直線および曲線的な棒状で，周辺が波状の輪郭か，あるいは棘状突起物をもつ。

20,22：短細胞由来のキビ型ケイ酸体(20,22：上面)。上面形状は亜鈴形(20)と十字形(22)である。

23〜28：キビ，ヒエおよびアワの頴に見られる長細胞由来の組織片。25,26 はヒエ由来の組織片で，側枝が極めて長く，軸幅の半分程度の太さである。また，側枝はひとつの細胞に 3〜6 本対でもち，不規則な波状の輪郭を示している。23,24 はキビ由来の組織片で，側枝が軸と同程度の長さをもち先細りである。全体の形状はヒエより細長く，側枝は数本とヒエに比べて短く，縦方向にも分枝している。27,28 はアワ由来の組織片で，側枝が滑らかな弱い波状を示し軸幅より細く，先端が丸味を帯びている。

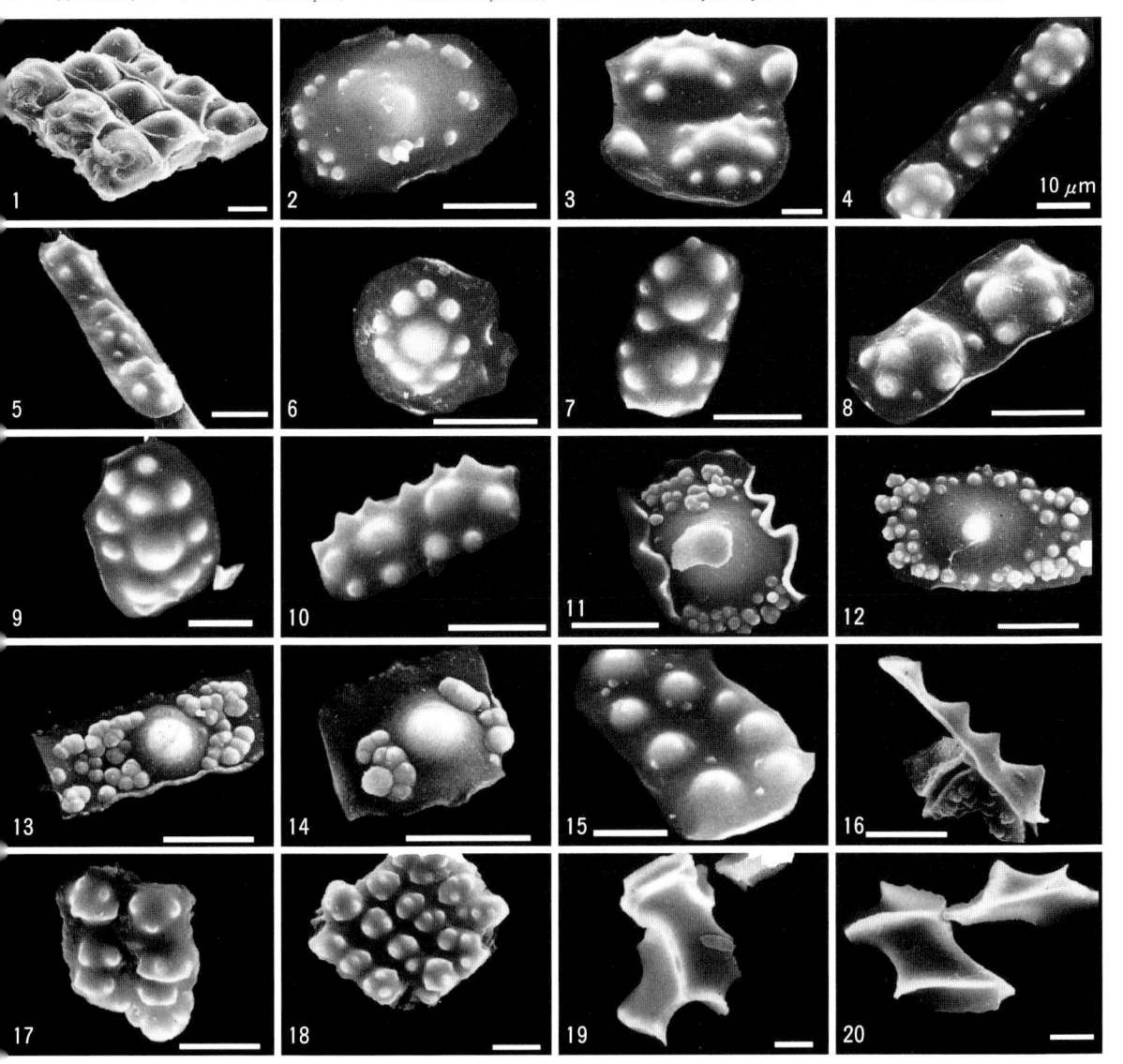

カヤツリグサ科 Cyperaceae ガニア属 *Gahnia*, クロアブラガヤ属 *Scirpus*, フトイ属 *Schoenoplectus*, ミカヅキグサ属 *Rhynchospora*, ヒメモトススキ属 *Cladium*

ガニア属 *Gahnia*, クロアブラガヤ属 *Scirpus*, フトイ属 *Schoenoplectus*, ミカヅキグサ属 *Rhynchospora*, ヒメモトススキ属 *Cladium*

1[*1]：ガニア *Gahnia setifolia*, 2〜5：アブラガヤ *Scirpus wichurae*, 6〜10：エゾアブラガヤ *Scirpus asiaticus*, 11〜13：ホタルイ *Schoenoplectus hotarui*, 17, 18, 20：フトイ *Schoenoplectus tabernaemontani*, 14, 19：オオイヌノハナヒゲ *Rhynchospora fauriei*, 15, 16：ヒトモトススキ *Cladium chinense*
1：表皮細胞中のカヤツリグサ型ケイ酸体。基本形の集合体。
2〜18：表皮細胞中のカヤツリグサ型ケイ酸体(2,6,9,11〜14：基本形, 3〜5,7,8,10：長鎖形, 15〜18：並列形)。基本形は、上面から見たプレートの形状がほぼ楕円形から円形で、中央突起を囲んで小突起が分布。また、11〜13で見られるようにプレートが波状および長方形で、中央突起を囲むように多数の小突起の塊が分布しているタイプもある。長鎖形は、個々の基本形が長く連なった長方形、あるいは長楕円形。並列形は、プレートの形状が倒卵形で、多数の中央突起が対をなして分布。16は側面から見た並列形。
19,20：給源細胞不明なガラス破片状ケイ酸体。
[*1]ニュージーランド産

104 　カヤツリグサ科 Cyperaceae スゲ属 Carex，フトイ属 Schoenoplectus，ワタスゲ属 Eriophorum

スゲ属 Carex，フトイ属 Schoenoplectus，ワタスゲ属 Eriophorum

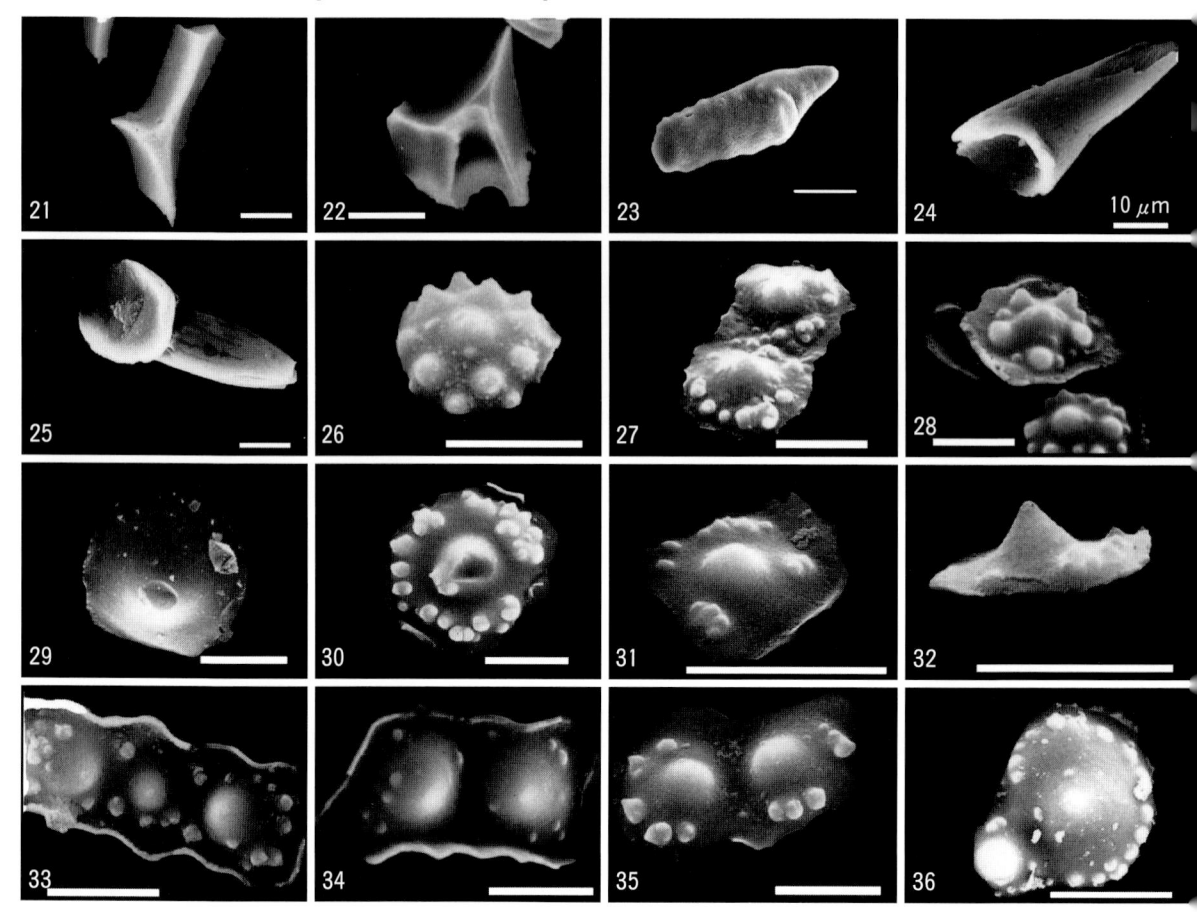

21, 23〜25, 33, 34：オクノカンスゲ Carex foliosissima var. foliosissima, 22：フトイ Schoenoplectus tabernaemontani, 26〜28：ワタスゲ Eriophorum vaginatum, 29：ナキリスゲ Carex lenta, 30：オニナルコスゲ Carex vesicaria, 31, 32：ホロムイスゲ Carex middendorfii, 35：カサスゲ Carex dispalata, 36：ヒロバスゲ Carex insaniae
21,22：給源細胞不明なガラス破片状ケイ酸体。
23〜25：表皮毛由来のポイント型(23)および中空嘴状ケイ酸体(24,25)。
26〜36：表皮細胞中のカヤツリグサ型ケイ酸体(26,28〜32,36：基本形, 27,33〜35：長鎖形)。基本形は，上面から見たプレートの形状がほぼ円形で中央突起のみしかない単純なタイプ(29)，円形で中央突起とプレート先端周辺に小突起が分布しているタイプ(26,30,36)，正方形で中央突起とプレート先端周辺に小突起が分布しているタイプ(31)が見られる。長鎖形は，プレート周辺が波状で，しかも小突起が中央突起を囲んで散在するタイプ(33,34)，基本形が連なったタイプ(27,35)が見られる。

カヤツリグサ科 Cyperaceae スゲ属 Carex，ガニア属 Gahnia　　105

スゲ属 Carex，ガニア属 Gahnia

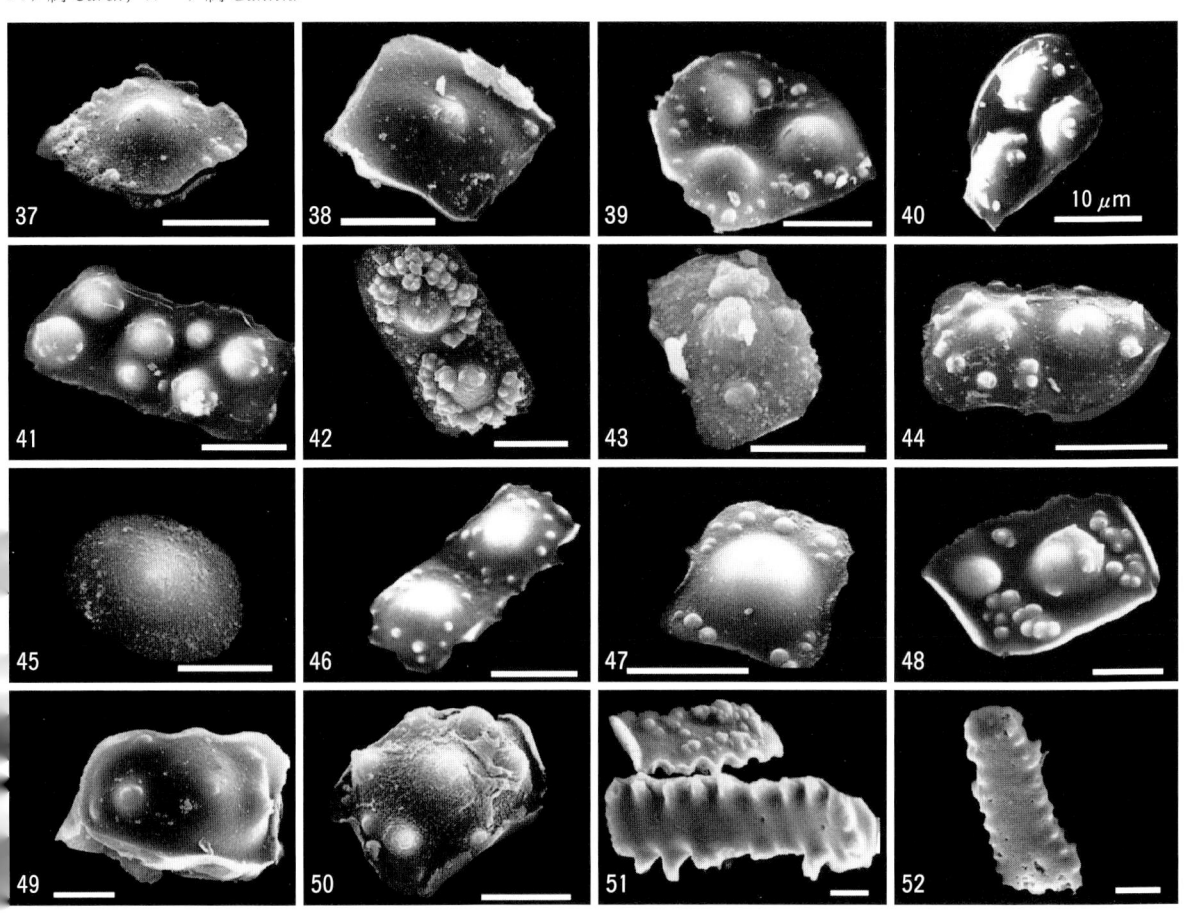

37：ヒロバスゲ Carex insaniae，38，39：エゾコウボウムギ Carex macrocephala，40，41：タガネソウ Carex siderosticta，42〜45：タヌキラン Carex podogyna，46〜48：ムジナスゲ Carex lasiocarpa var. occultanus，49，50[*1]：ガニア Gahnia procera，51：カサスゲ Carex dispalata，52：ホロムイスゲ Carex middendorfii

37〜50：表皮細胞中のカヤツリグサ型ケイ酸体(37,38,43,45,47〜50：基本形，39〜41：並列形，42,44,46：長鎖形)。基本形は，上面から見たプレートの形状がほぼ正方形で中央突起のみしかない単純なタイプ(45)，正方形，あるいは長方形で中央突起とプレート先端周辺に小突起が分布しているタイプ(37,38,43,47〜50)が見られる。49,50 は，1 の基本形の集合体が分離したものと思われる。長鎖形は，プレートの形状が長方形，あるいは長楕円形で，ふたつの中央突起の縁を多数の小突起で囲われている。並列形は，プレートに三つ以上の中央突起と僅かな小突起物が周辺に散在する。

51,52：長細胞由来の棒状，あるいは板状ケイ酸体。

[*1]ニュージーランド産

106 カヤツリグサ科 Cyperaceae スゲ属 Carex，クロアブラガヤ属 Scripus，ミカヅキグサ属 Rhynchospora，ガニア属 Gahnia

スゲ属 Carex，クロアブラガヤ属 Scripus，ミカヅキグサ属 Rhynchospora，ガニア属 Gahnia

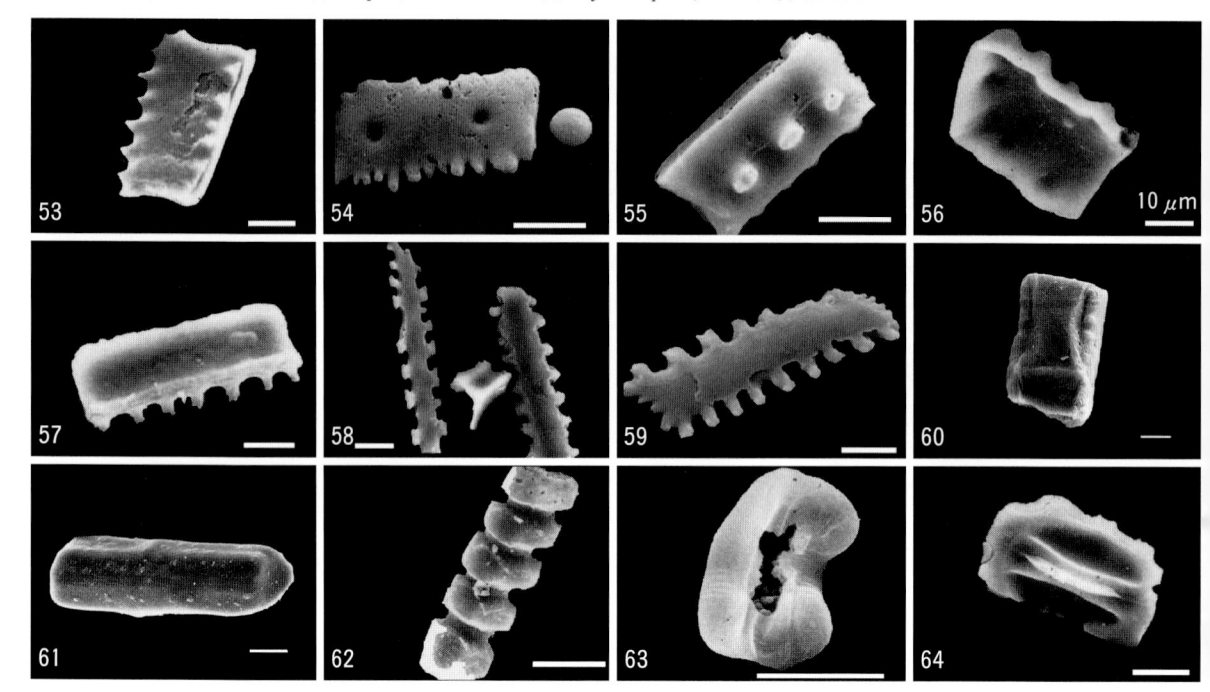

53：エゾアブラガヤ Scirpus asiaticus，54：ホロムイスゲ Carex middendorfii，55，58：オクノカンスゲ Carex foliosissima var. foliosissima，56，59：カサスゲ Carex dispalata，60，64：オオイヌノハナヒゲ Rhynchospora fauriei，61，62：ガニア Gahnia setifolia，57，63：種名不明 Carex spp.

53〜59：表皮細胞由来の棒状，あるいは板状ケイ酸体。イネ科の棒状ケイ酸体に比べ横幅が広く，薄い板状。とくに，側面に特有な突起物を有す。

60〜62：給源細胞不明なケイ酸体。60,61 は立方体状で，イネ科の泡状細胞由来のファン型ケイ酸体に似ている。63 は一見イネ科の柵状細胞類似のケイ酸体に類似した串団子状ケイ酸体。

63：気孔由来のケイ酸体。

64：給源細胞不明なホック状ケイ酸体。カヤツリグサ科種子の表皮に見られるケイ酸体に類似。

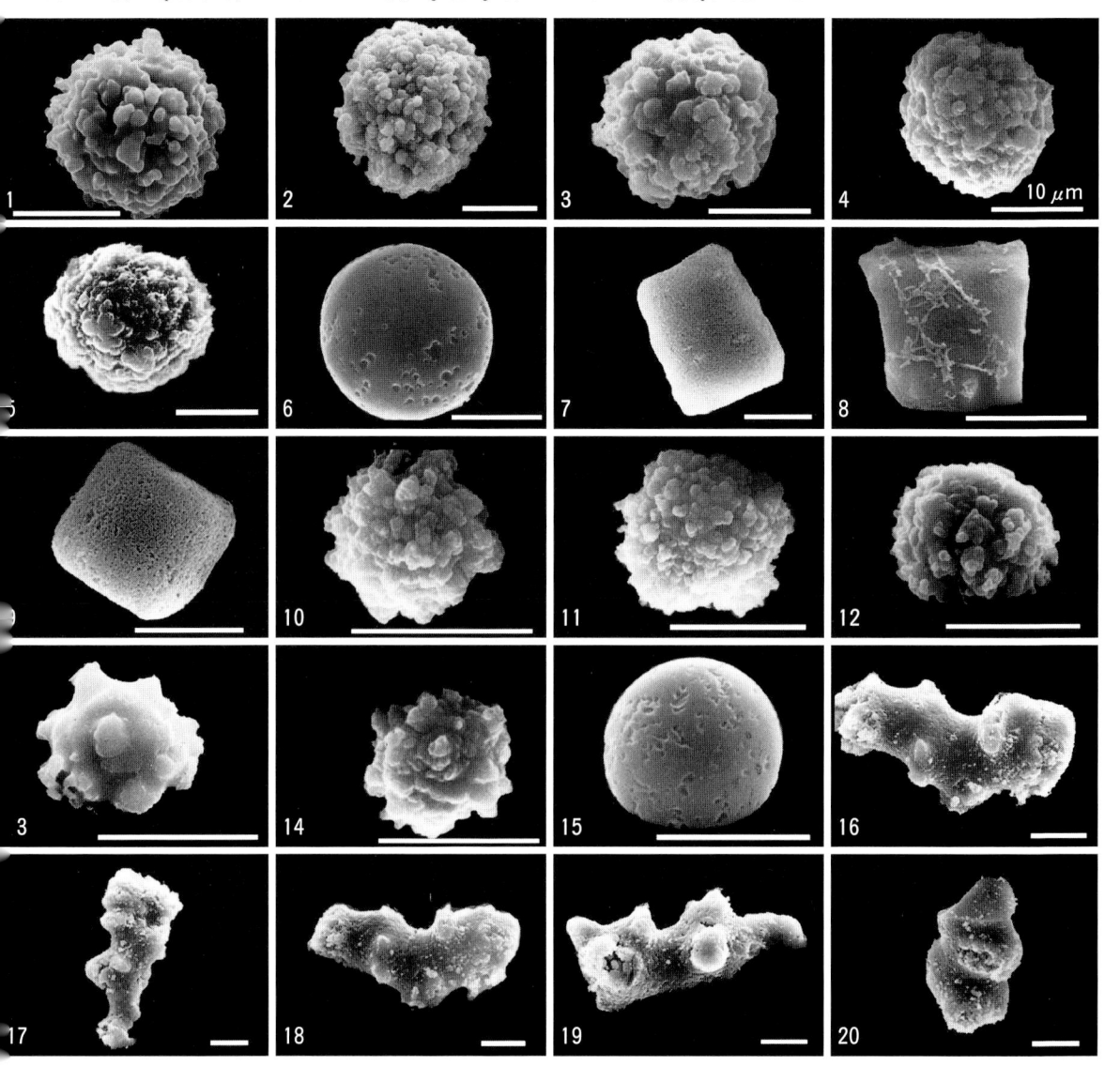

サンアソウ科 Restionaceae エンポデスマ属 *Empodisma*, レプトカルプス属 *Leptocarpus*, スポラダンツス属 *Sporadanthus* 107

エンポデスマ属 *Empodisma*, レプトカルプス属 *Leptocarpus*, スポラダンツス属 *Sporadanthus*

1～9*[1]：ワイヤラッシュ *Empodisma minus*, 10～15*[1]：オイオイ *Leptocarpus similis*, 16～20*[1]：*Sporadanthus traversii*
1～9：稈の柔組織鞘由来の球状ケイ酸体。大小のこぶで表面が覆われ凸凹である。6は表面が滑らかな球状ケイ酸体。7～9は給源細胞不明の正方形状ケイ酸体。
10～15：稈の柔組織鞘か，あるいは厚壁組織由来の球状ケイ酸体。ワイヤラッシュよりやや小型で，大小のこぶで表面が覆われ凸凹である。正方形状ケイ酸体は存在しない。
16～20：稈の表皮細胞(?)由来のショウガの根茎状のケイ酸体。オイオイやワイヤラッシュに存在する球状ケイ酸体は見られない。
[1] ニュージーランド産

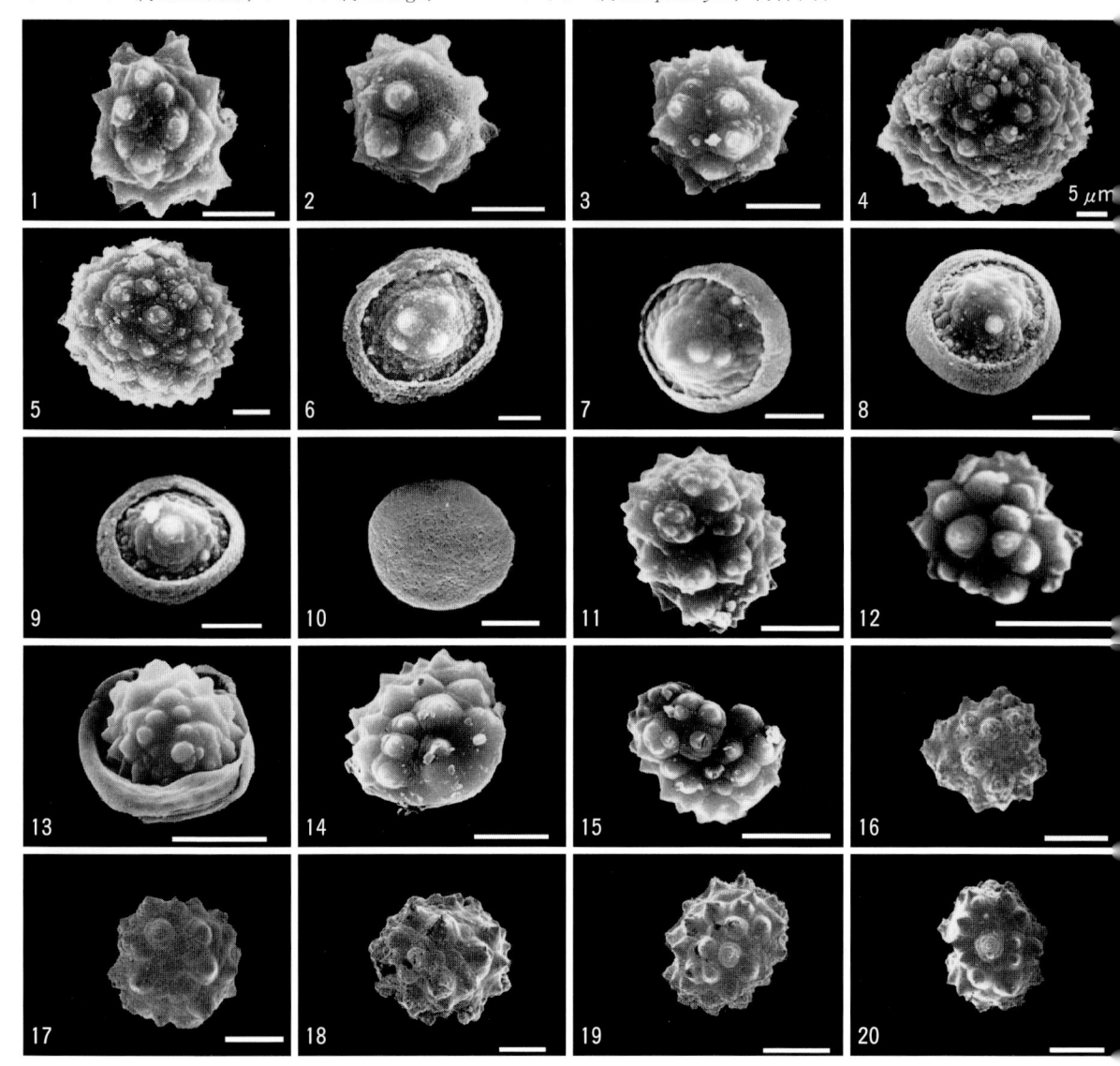

108　ヤシ科 Palmae ヤエヤマヤシ属 *Satakentia*，クロツグ属 *Arenga*，ロパロスティリス属 *Rhopalostylis*，属名不明

ヤエヤマヤシ属 *Satakentia*，クロツグ属 *Arenga*，ロパロスティリス属 *Rhopalostylis*，属名不明

1～5：ヤエヤマヤシ *Satakentia liukiuensis*，6～10：クロツグ *Arenga engleri*，11～15[*1]：ニカウ *Rhopalostylis sapida*，16～20[*2]：種名不明 A

1～5：葉の繊維および維管束鞘上に分布し，表面に円錐状の刺(1～3)あるいは，こぶ(4,5)をもつ球状ケイ酸体。とくに，棘状の球状ケイ酸体はコンペイ糖に似ているのでコンペイ糖状ケイ酸体と命名されている。

6～10：葉の繊維および維管束鞘上に分布する帽子(ハット)状，あるいは円錐形状ケイ酸体。疣状突起で覆われた円錐は，まるでドングリの殻斗(総包)に似たもので包まれているようである。やや大きい数個の疣状突起が頂部で見られる。裏面は円形で，かつ平滑である。

11～15：繊維および維管束鞘上に分布し，表面に棘あるいは疣をもつ球状，あるいは倒卵形状ケイ酸体。

16～20：繊維および維管束鞘上に分布し，表面に棘をもつ球状ケイ酸体。

[*1]ニュージーランド産，[*2]フィリピン産

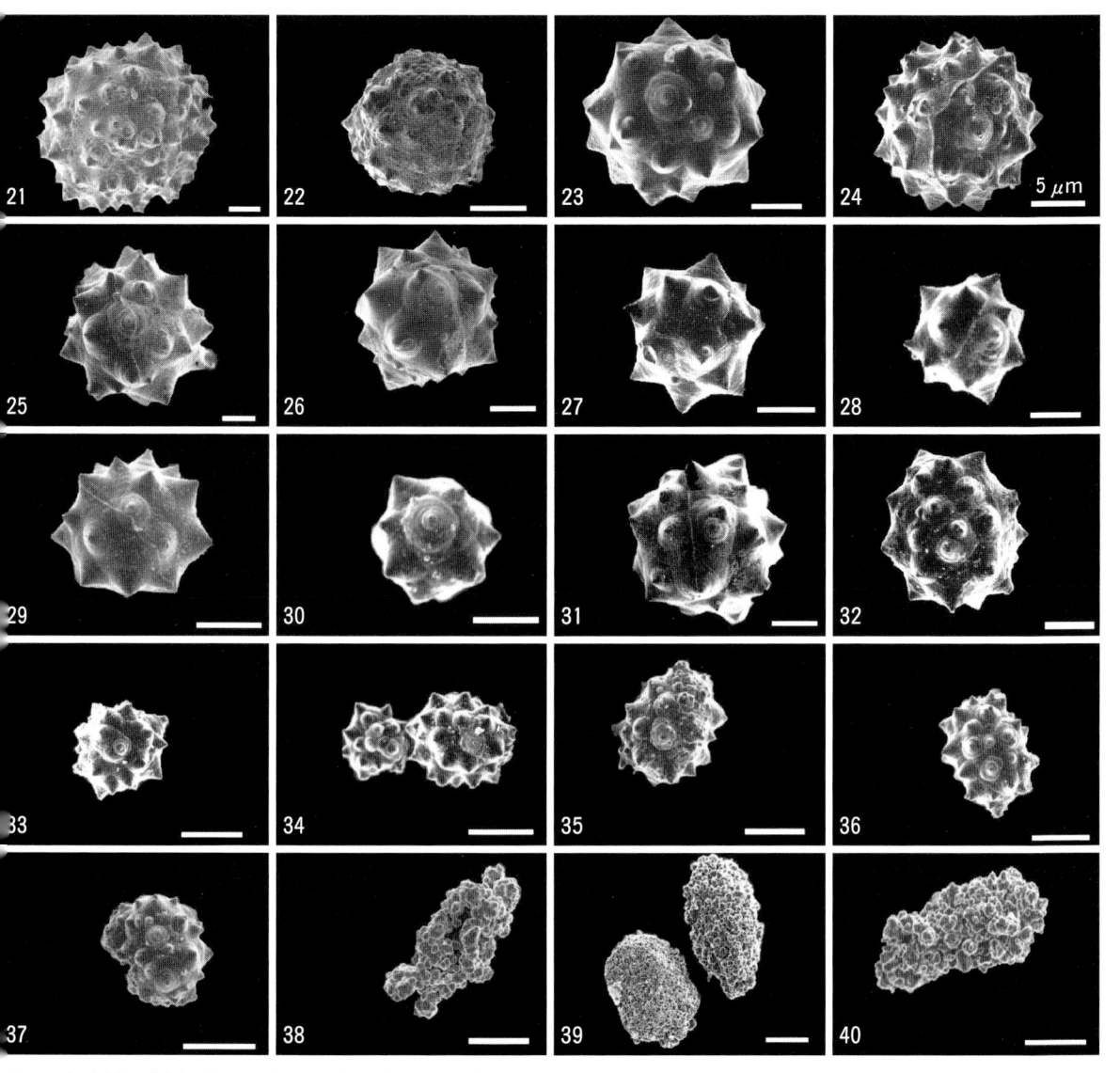

ヤシ科 Palmae 属名不明，ヤシ属 *Cocos*

1〜30*¹：種名不明 B, 31〜40*¹：ココヤシ *Cocos nucifera*

1〜30：葉の繊維および維管束鞘上に分布し，表面に棘をもつ球状ケイ酸体。ふたつの大きさの違うタイプ(大型：21〜26，小型：27〜30)が共存している。小型が圧倒的に多い。

1〜40：葉の繊維および維管束鞘上に分布し，表面に棘をもつ球状ケイ酸体(31〜37)と，微細な小球および凝集体からなる楕円形および不定形ケイ酸体(38〜40)。

¹フィリピン産

110　ヤシ科 Palmae 属名不明

属名不明

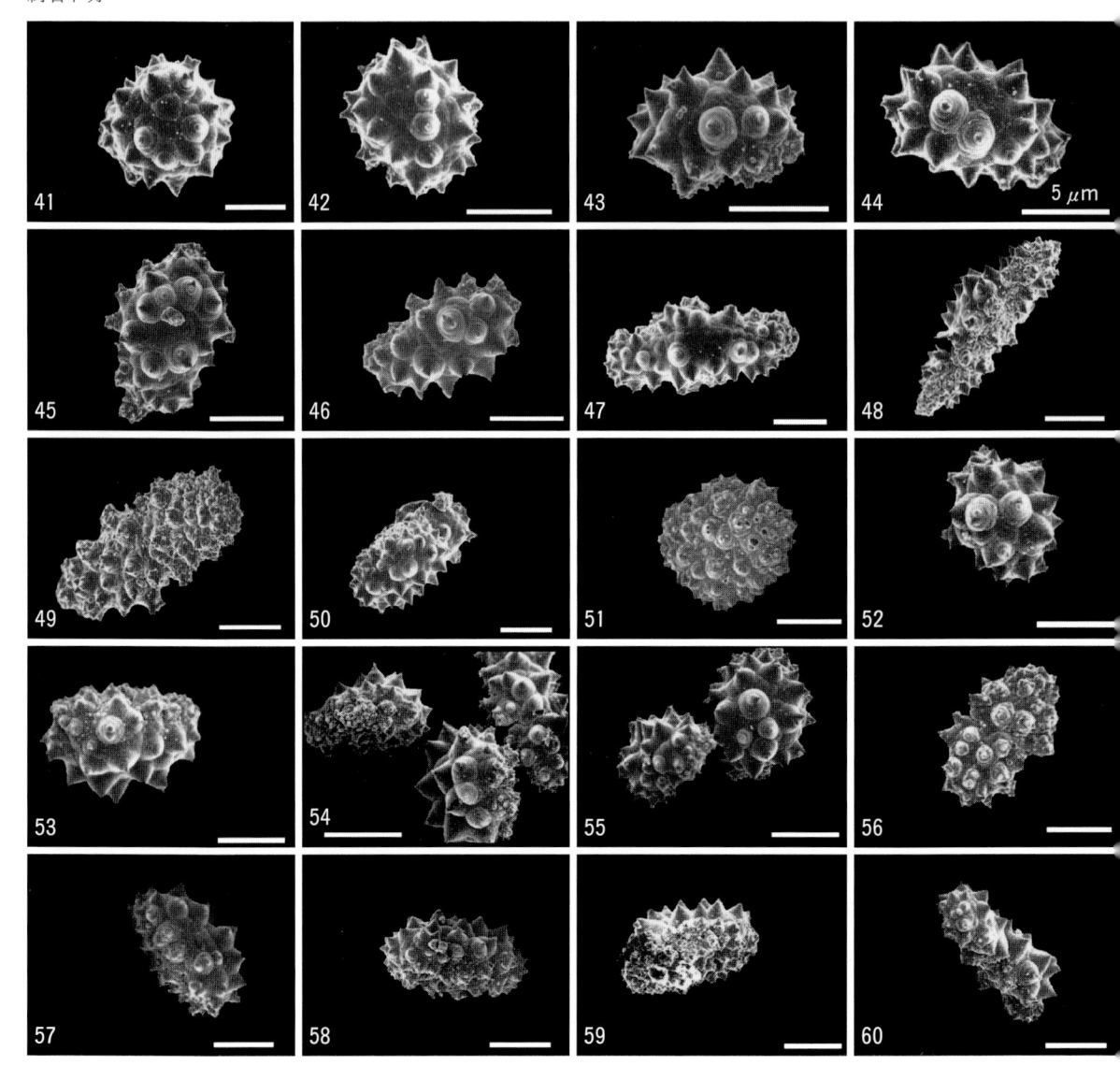

41〜50[*1]：種名不明 C，51〜60[*1]：種名不明 D
41〜60：葉の繊維および維管束鞘上に分布し，表面に棘をもつ球状，楕円状，紡錘状，円盤状などのケイ酸体。とくに，表面に棘をもつ円盤状や楕円形状のケイ酸体はこの種に特有である。種名不明 C と D は同じ仲間（属）と思われる。
[*1]フィリピン産

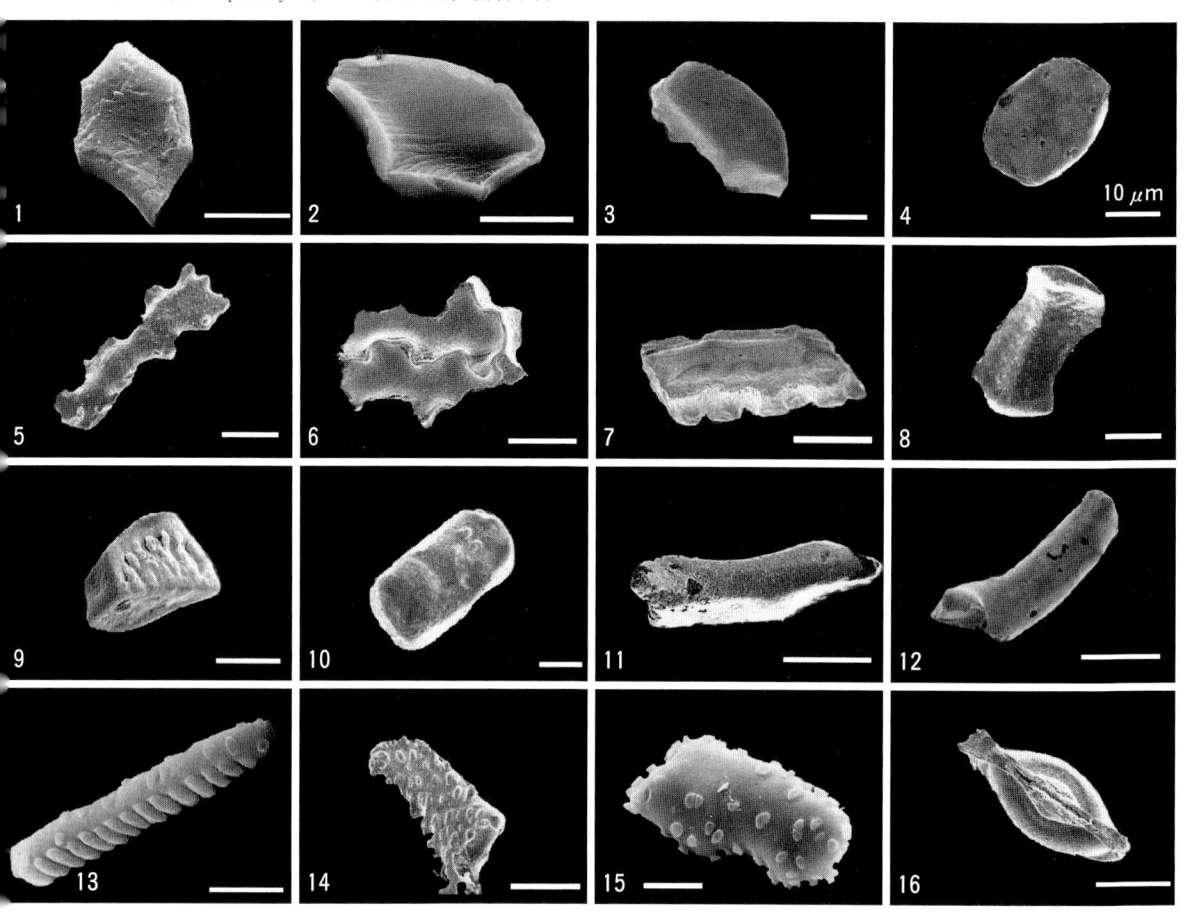

ヤシ科 Palmae ロパロスティリス属 *Rhopalostylis*，ヤシ属 *Cocos*，属名不明　111

ロパロスティリス属 *Rhopalostylis*，ヤシ属 *Cocos*，属名不明

1，2，13，15*[1]：ニカウ *Rhopalostylis sapida*，4，11，12*[1]：ココヤシ *Cocos nucifera*，3，5〜10，14，16*[1]：種名不明
1〜3：表皮細胞由来の多角形状ケイ酸体。
4,8〜15：給源細胞不明ないろいろな形態(円盤状，立方体状，棒状など)のケイ酸体。とくに9の側面模様に特徴が見られる。
5,7：表皮細胞由来の棒状，板状ケイ酸体。
6：表皮細胞由来のはめ絵パズル状ケイ酸体。
16：気孔由来のケイ酸体。
*[1]フィリピン産

ラン科 Orchidaceae シンピジュウム属 *Cymbidium*，コチョウラン属 *Phalaenopsis*

シンピジュウム属 *Cymbidium*

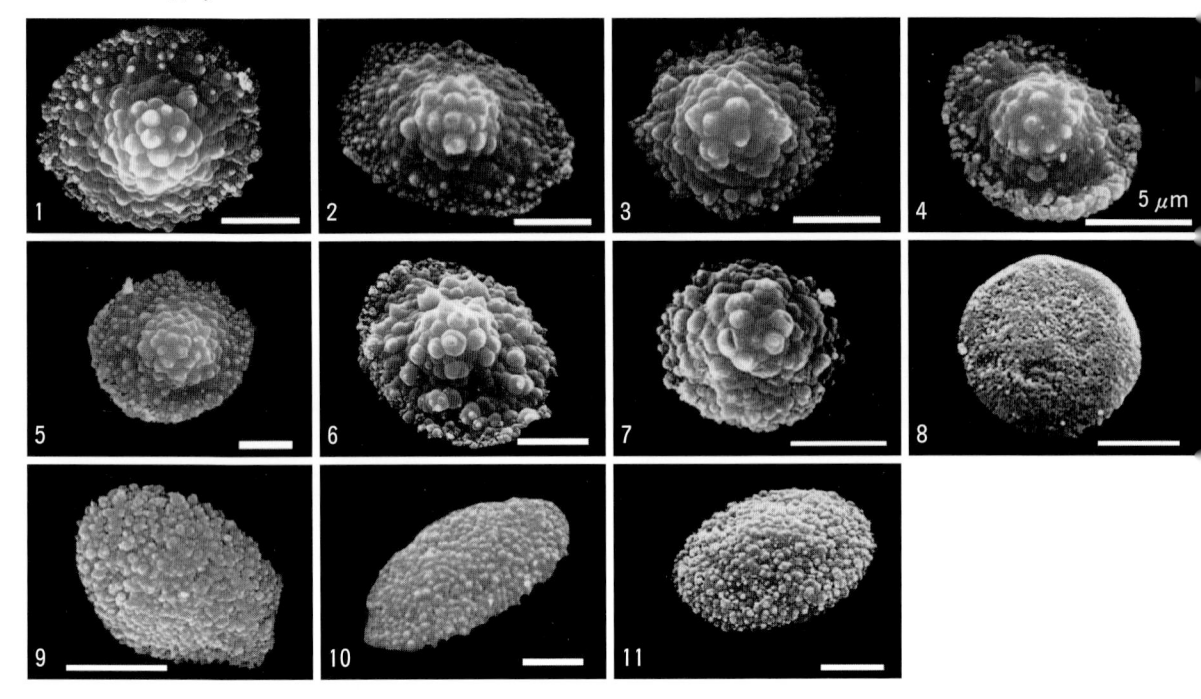

1～11：シンピジュウム *Cymbidium* sp.
1～11：篩部細胞(?)の近くに分布するハット状，あるいは円錐状ケイ酸体。表面全体が疣状突起物で覆われている。円錐底面の周辺は小さいこぶ，頂部はやや大きなこぶが密集している。ヤシのクロツグの円錐ケイ酸体に類似するが，クロツグの低面部に見られるドングリの殻斗(総包)状のものはない。裏面は全面極めて小さい球状粒子で密集した円形。

コチョウラン属 *Phalaenopsis*

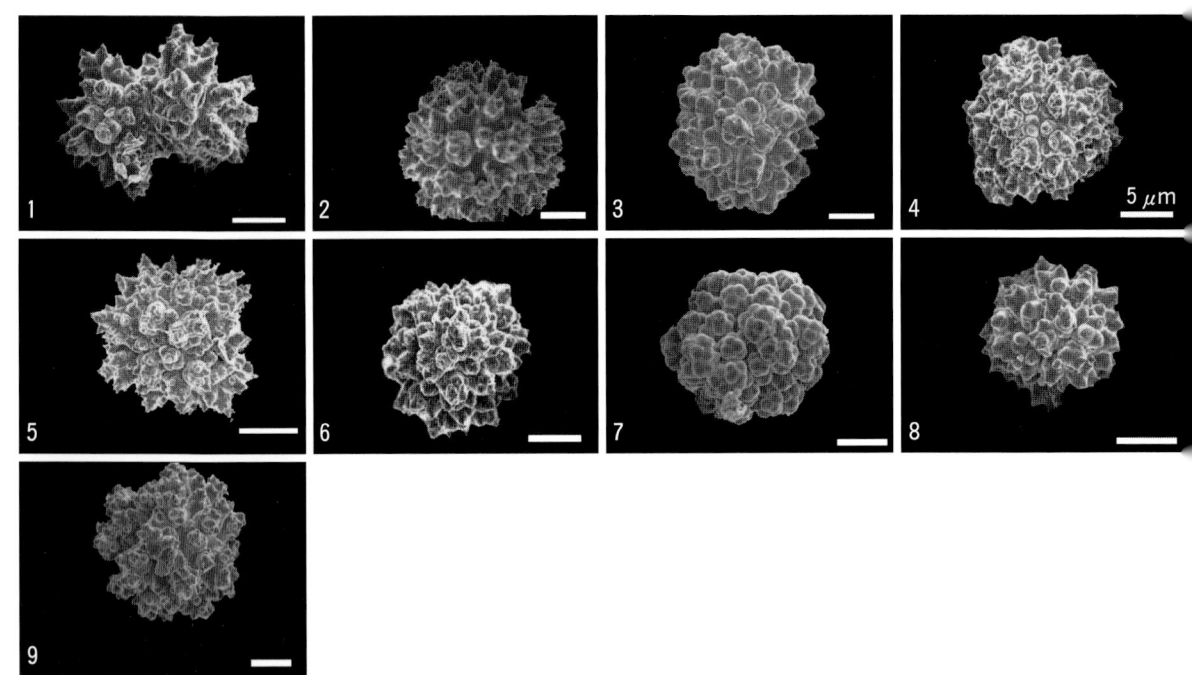

1～9：コチョウラン *Phalaenopsis* sp.
1～9：厚壁維管束細胞鞘上および維管束鞘細胞の中に分布する「棘」あるいは「疣」をもつ球状ケイ酸体。ヤシ科やパイナップルのコンペイ糖ケイ酸体に類似するが，棘状突起がヤシ科に比べ，高密度であり，全体的形状がやや異なる。

パイナップル科 Bromeliaceae アナナス属 *Ananas* / カンナ科 Cannaceae ハナカンナ属 *Canna*　113

アナナス属 *Ananas*

1〜5：パイナップル *Ananas comosus*
1〜5：葉身表皮の厚壁組織上に分布し，表面全体が円錐状の棘で覆われた球状ケイ酸体。ヤシ科のコンペイ糖状ケイ酸体に酷似する。ヤシ科より突起物の密度高く，太目。

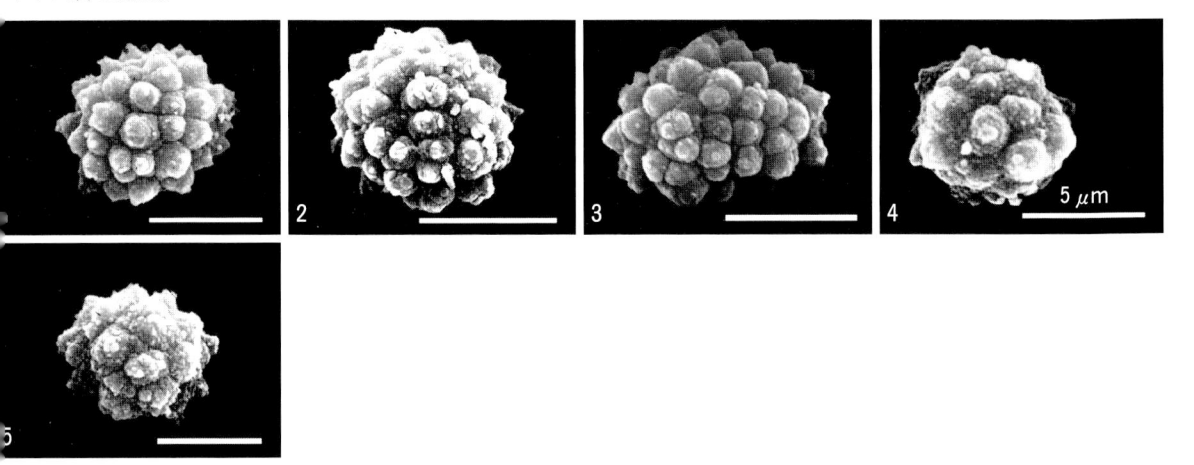

ハナカンナ属 *Canna*

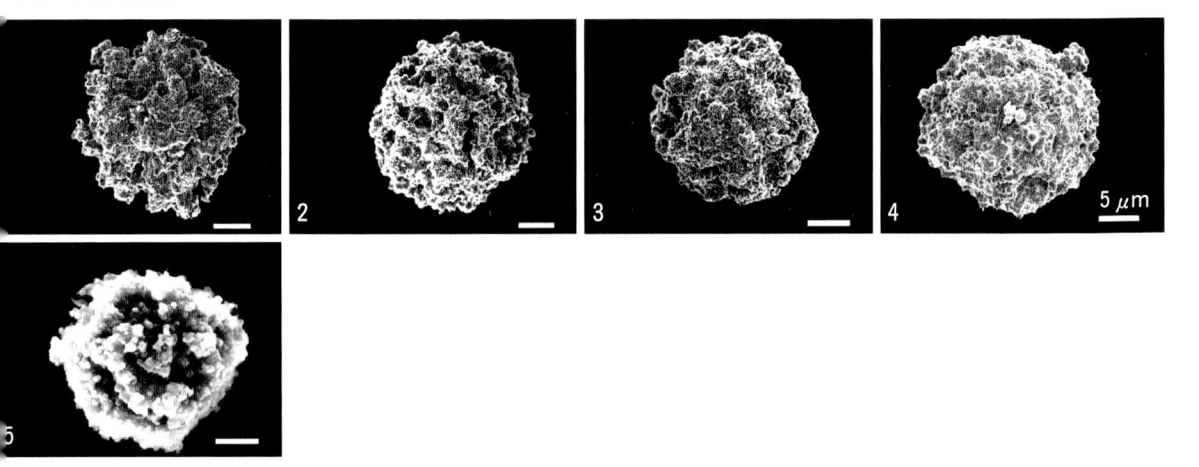

1〜5：フレンチカンナ *Canna × generalis*
1〜5：葉の維管束鞘および下皮上に分布する表面が粗い疣状の球状ケイ酸体。疣状の突起物が角張っているものも見られる。ここには載せていないが，コンペイ糖状ケイ酸体も存在する。

114　ショウガ科 Zingiberaceae ホザキアヤメ属 Costus

ホザキアヤメ属 Costus

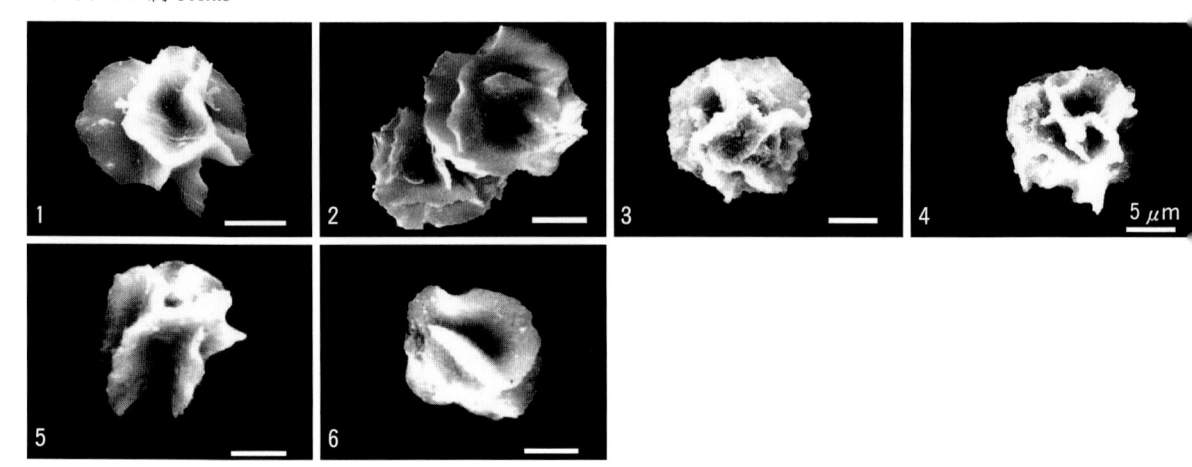

1～6：ホザキアヤメ Costus malortieanus
1～6：葉の維管束鞘の上に分布する不規則な球状ケイ酸体。表面の形状は極めて複雑，花びら状にも見える。

バショウ科 Musaceae バショウ属 *Musa*　115

バショウ属 *Musa*

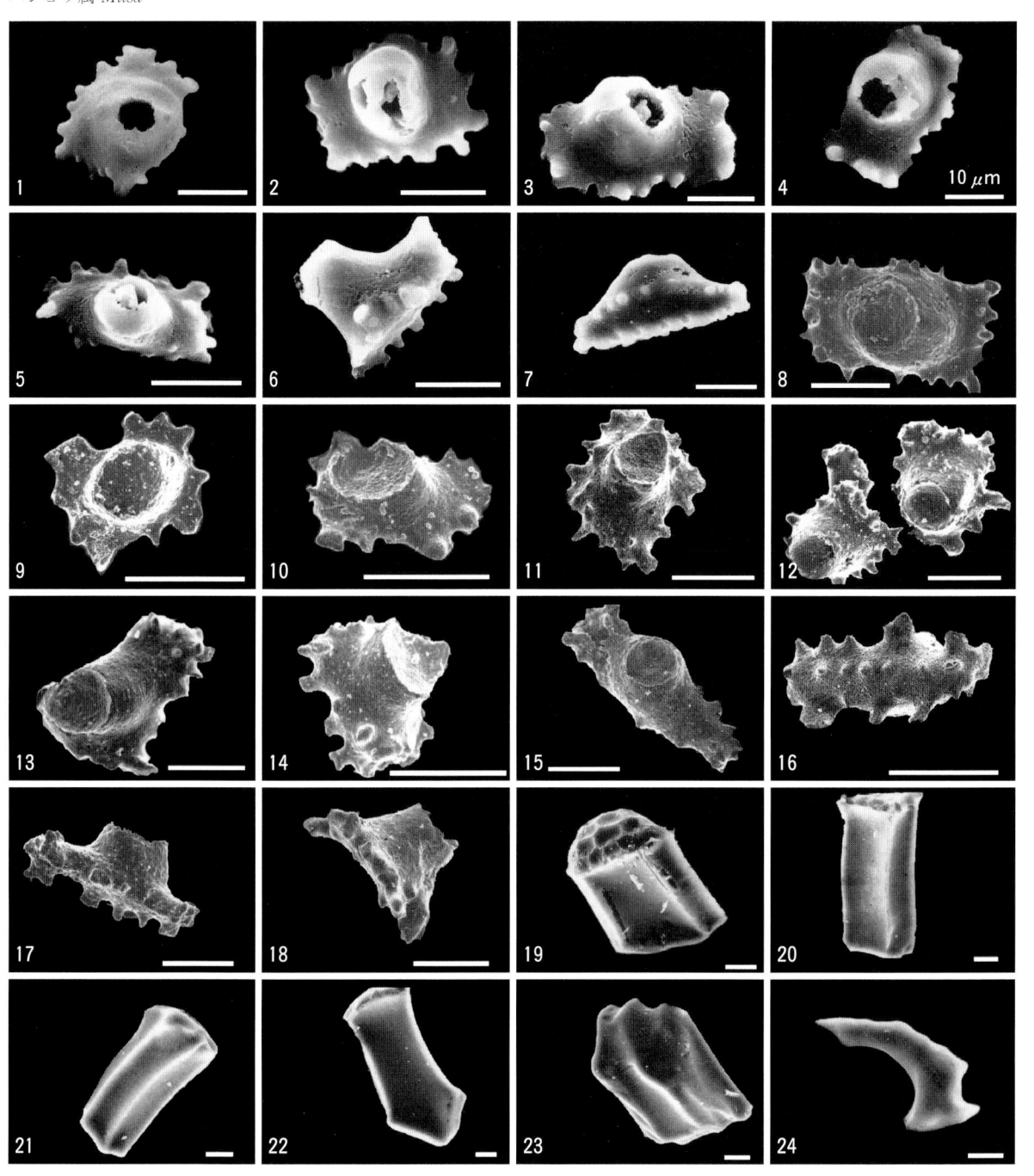

1〜7, 19〜24：マニラアサ *Musa textilis*，8〜18：バナナ *Musa saplentum*
1〜18：葉の維管束の上に横たえて分布するかいば桶状ケイ酸体(1〜5,8〜15：上面，16：下面　6,7,14,17：側面，18：端面)。
19〜24：給源細胞不明なケイ酸体。19〜21 はイネ科の泡状細胞に由来するファン型ケイ酸体に類似。

116　バショウ科 Musaceae オウムバナ属 Heliconia

オウムバナ属 Heliconia

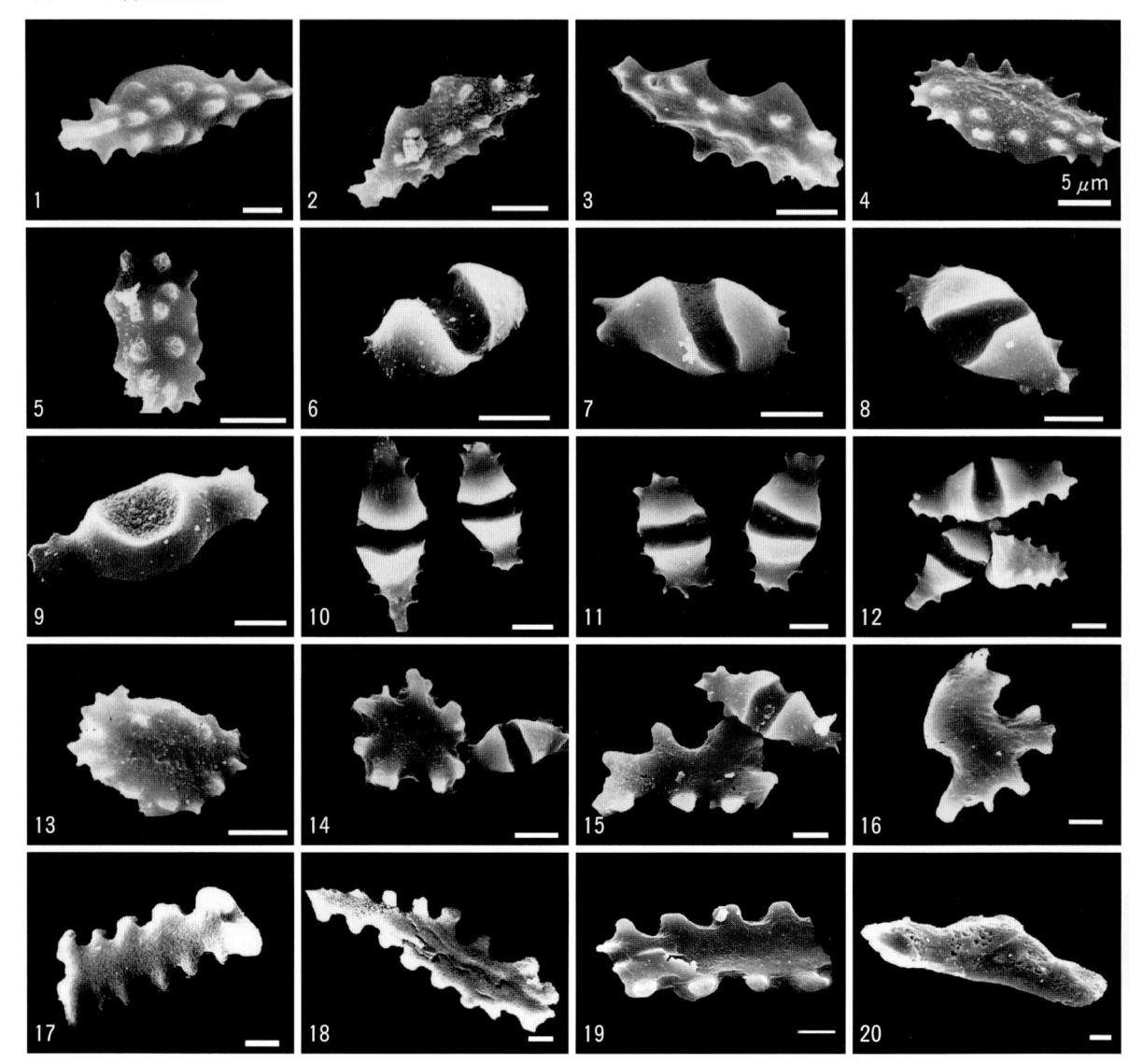

1～20：オウムバナの一属 Heliconia sp.
1～13：葉の維管束鞘繊維および厚壁繊維上に分布するかいば桶状ケイ酸体(1～5,13：下面，6～12：上面)。バショウ属のかいば桶状ケイ酸体(Phytoliths with trough, Piperno, 1988)との共通点は上面の中央部が窪んでいること。とくに下面の全面に棘状突起物が見られる。
14,16,20：給源細胞不明なケイ酸体。
15,17～19：表皮細胞由来の波状辺棒状ケイ酸体。イネ科の棒状ケイ酸体とやや異なる。

カラチア属 *Calathea*

クズウコン科 Malantaceae カラチア属 *Calathea*　117

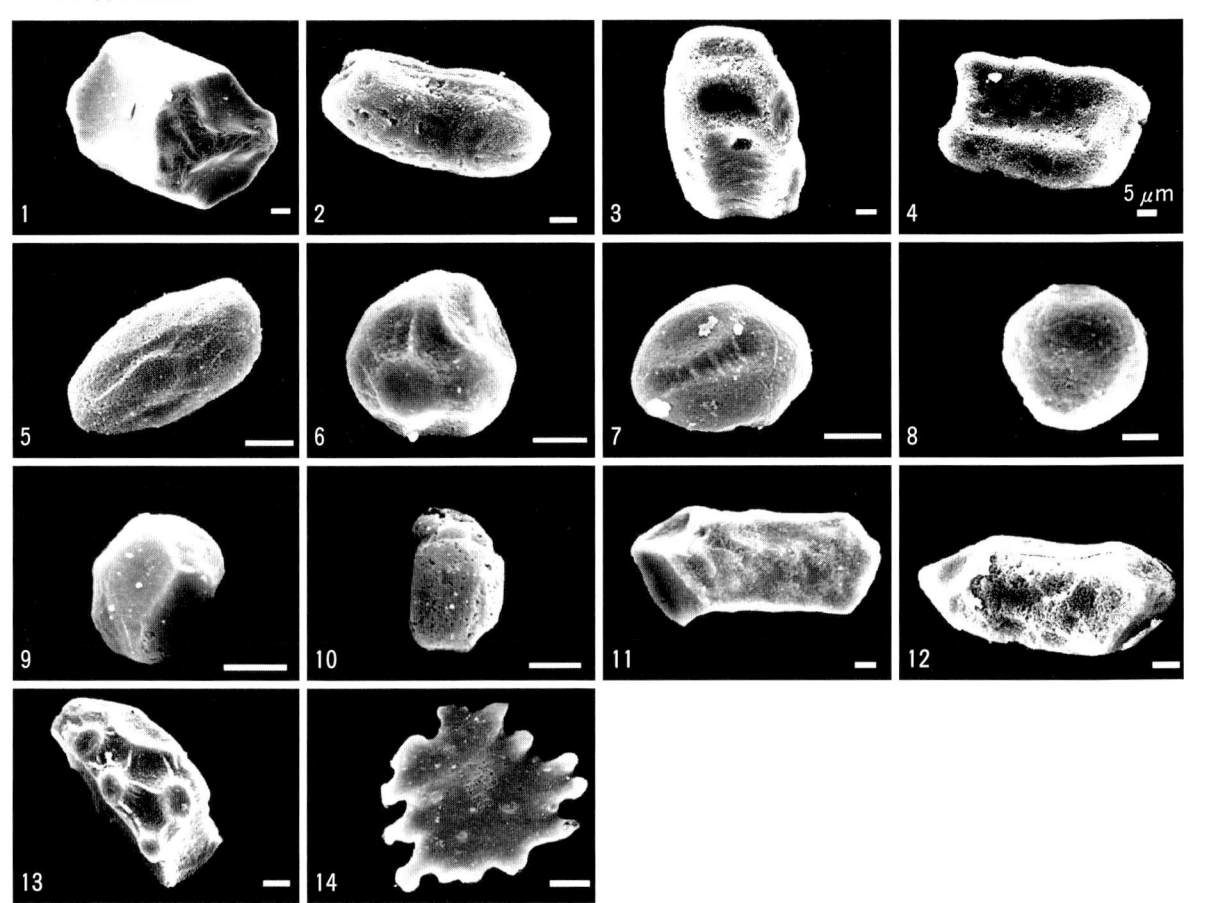

1～14：トラフヒメバショウ *Calathea zebrina*
1,3,4,11～13：給源細胞不明なケイ酸体。11,12 は表皮細胞由来(？)の長六角形状ケイ酸体。
2,5～10：葉の維管束鞘上に分布する球状，ラグビーボール状ケイ酸体。表面の特殊な窪み(5～7)が見られる。13 の表面に散在する火口状の突起は 5,6 にも見られる。
14：はめ絵パズル状ケイ酸体(？)。

118　モクレン科 Magnoliaceae モクレン属 *Magnolia*

モクレン属 *Magnolia*

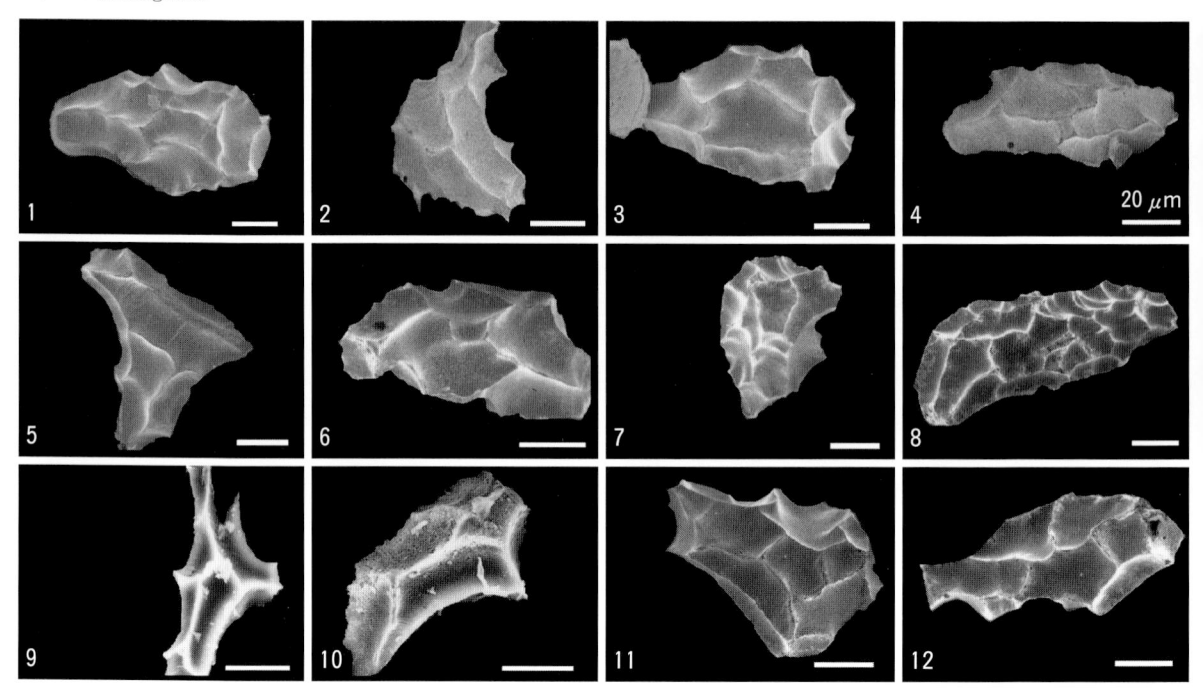

1〜5：キタコブシ *Magnolia kobus* var. *borealis*，6〜12：ハクモクレン *Magnolia heptapeta*
1〜12：給源細胞が不明な不規則，塊状，紡錘形などの多面体状ケイ酸体。剝離面が明瞭な石器（スクレーパー）のようである。葉肉中の異形細胞由来のケイ酸体かもしれない。

マンサク科 Hamamelidaceae イスノキ属 *Distylium*　119

イスノキ属 *Distylium*

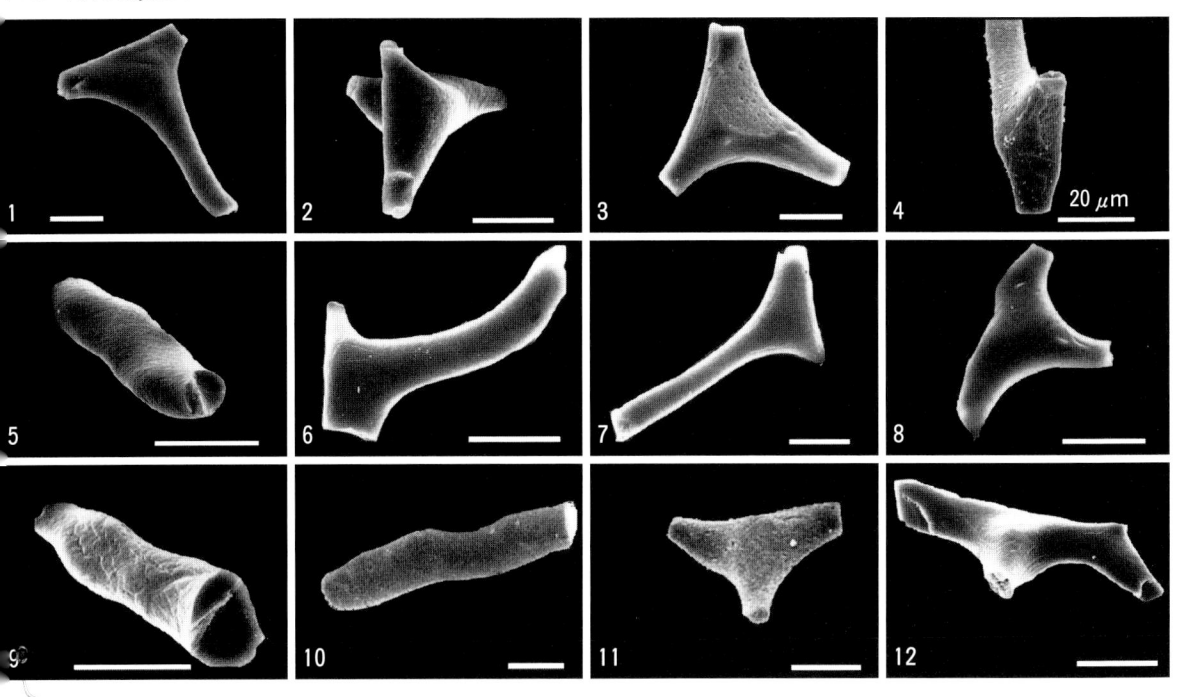

1〜12：イスノキ *Distylium racemosum*
1〜12：葉身表皮の厚壁異形細胞由来の表面が平滑なくの字状，Yの字状，分枝状ケイ酸体およびねじ飴状ケイ酸体。表面全体に突起物がなく，極めて平滑である。多くは破片として出現。

120　クワ科 Moraceae イチジク属 Ficus

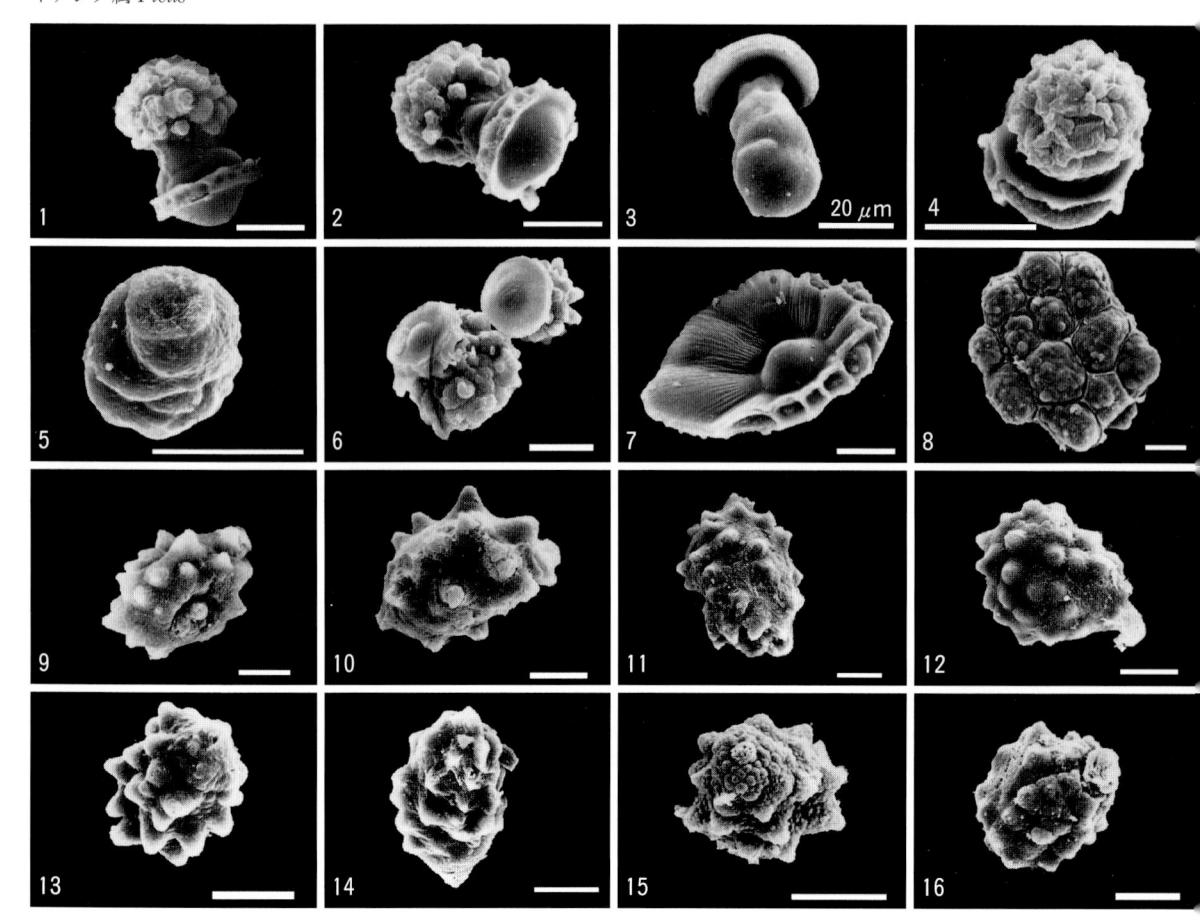

イチジク属 Ficus

1〜8：イヌビワ Ficus eracta，9〜16：ガジュマル Ficus microcarpa
1〜6：葉身基本組織中の鐘乳体(Cystolith)由来の独特な形態のケイ酸体。それらは対をなすふたつの球が連結している。一方の球は表面が疣で覆われ，反対側の滑らかな球はその中央部をつばで囲まれている。3は傘と柄の明瞭なキノコ状形態。
7,8：給源細胞不明なケイ酸体。8は毛基部由来のケイ酸体かも知れない。
9〜16：葉身基本組織中に見られる鐘乳体(Cystolith)由来の円錐状の棘をもつ倒卵形，楕円形および球形状ケイ酸体，あるいはコンペイ糖状ケイ酸体。結節の穴が頂部に見られる(9,11,13)。コンペイ糖というよりクワの果実に形が似ている。

クワ科 Moraceae パンノキ属 *Artocarpus* / ニレ科 Ulmaceae ケヤキ属 *Zelkova*, ニレ属 *Ulmus* 　　121

パンノキ属 *Artocarpus*

1～12*[1]：アンチポロ *Artocarpus sericarpus*

1～5：表皮毛基部(?)由来の円錐形状,または帽子状ケイ酸体(上面：1～3,下面：4,5)。上面から見ると長楕円状頂部から底面に緩く裾野に広がる孤立した火山のような形である。底面の周りはひだで囲われたフリル状である。下面(4,5)から見ると頂部に向けて中空状であることが窪みからわかる。
6,7：給源細胞不明な特有な形態のケイ酸体。
8：表皮細胞由来の五角形ケイ酸体。3個の表皮細胞ケイ酸体が互いに結合している。
9：螺旋紋をもつ仮導管由来のケイ酸体。
10～12：表皮毛由来の細長い嘴状ケイ酸体。表面に比較的大きい棘状突起物が多数散在する。一見,海綿骨針の一部に類似する。
*[1]フィリピン産

ケヤキ属 *Zelkova*, ニレ属 *Ulmus*

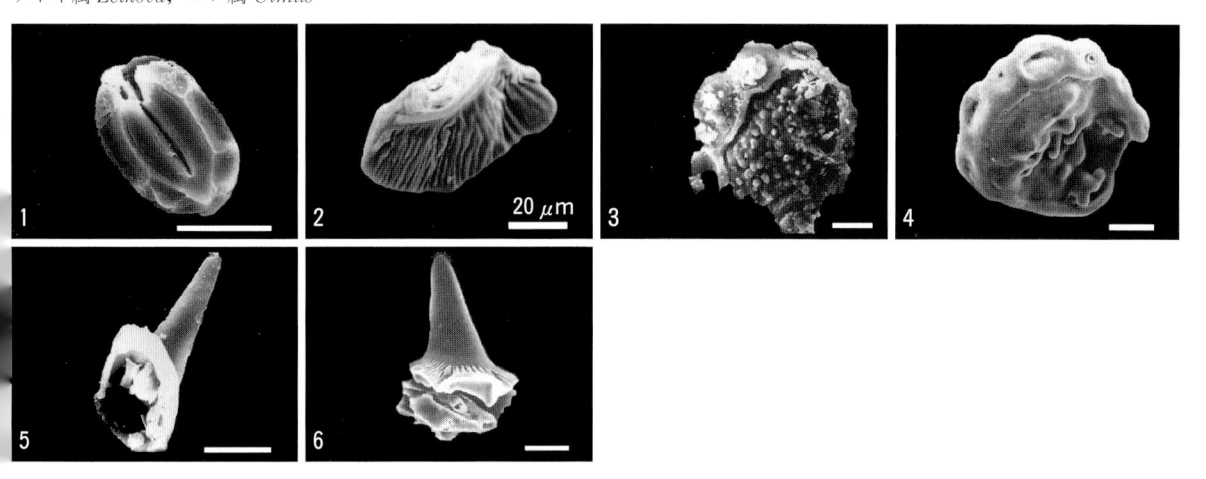

1～5：ケヤキ *Zelkova serrata*, 6：オヒョウ *Ulmus laciniata*

1：不等副細胞気孔由来のケイ酸体。
2：給源細胞不明なケイ酸体。円錐台形状で側面に向かって縦方向に多数の皺が見られる。
3,4：毛基部由来なケイ酸体。
5,6：毛由来の嘴状ケイ酸体。ここには載せなかったが,ハルニレには細長く曲がりくねった嘴状ケイ酸体が多数見られる。

122　ブナ科 Fagaceae ブナ属 *Fagus*，コナラ属 *Quercus*

ブナ属 *Fagus*

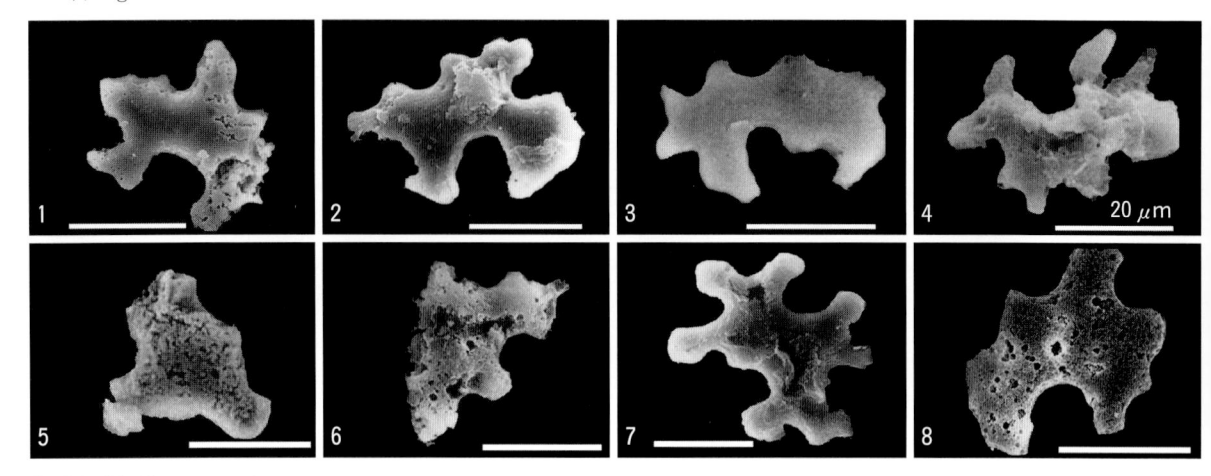

1～8：ブナ *Fagus crenata*
1～8：葉身の表皮細胞由来のハメ絵パズル状ケイ酸体。表面は受食を受けたような大小の穴が多数見られる。

コナラ属 *Quercus*

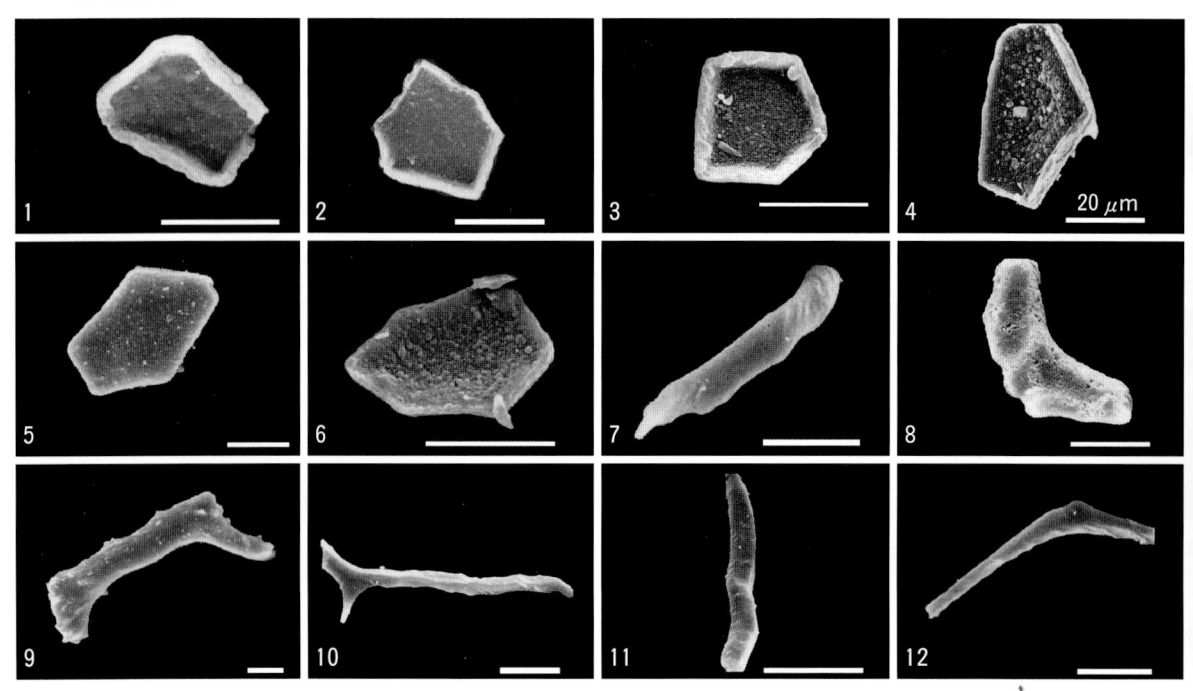

1～12：カシワ *Quercus dentata*
1～6：葉身の表皮細胞由来の四～六角形ケイ酸体。上面からの形状は細胞壁に囲まれた浅いカップ状で，底は3,4,6のように小球が不規則に配列したモザイク様。一方，裏面(5)は全体が滑らかである。
7～12：厚壁異形細胞由来のへの字状，Yの字状，分枝状などの特有なケイ酸体。表面に小さい突起物をもつタイプ，ねじ飴状や分枝状の先端に向かって尖るタイプなど多種多様である。

ブナ科 Fagaceae コナラ属 *Quercus*　123

コナラ属 *Quercus*

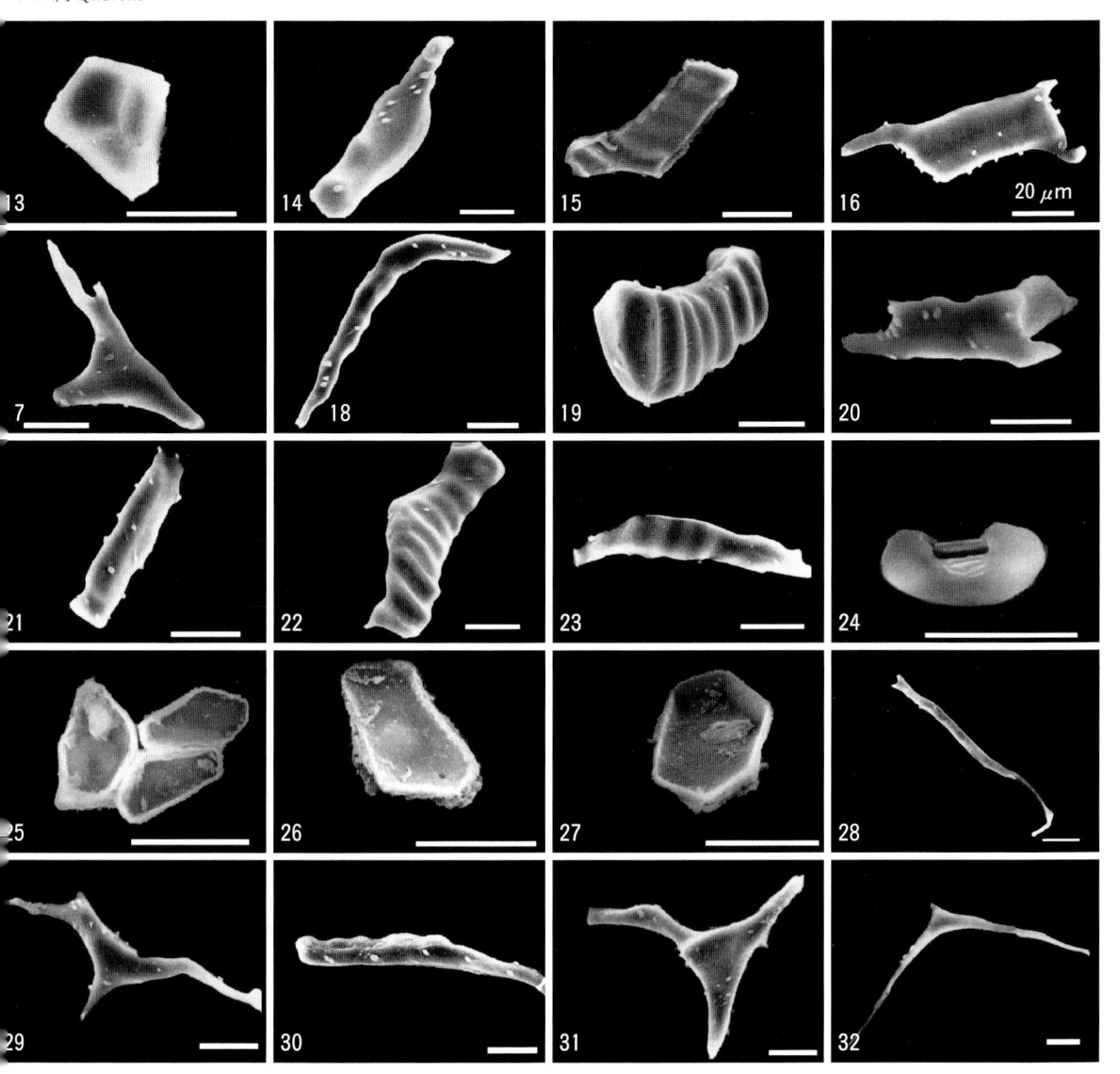

3〜24：アカガシ *Quercus acuta*，25〜32：ウラジロガシ *Quercus salicina*
3,25〜27：葉身の表皮細胞由来の四〜六角形ケイ酸体。上面からの形状は細胞壁に囲まれた浅いカップ状で，底は小球が不規則に配列したモザイク状。一方，裏面(13)は全体が滑らかである。
4〜23,28〜32：厚壁異形細胞由来のへの字状，Y の字状，分枝状などの特有なケイ酸体。表面に小さい突起物をもつタイプ，洗濯板のような凹凸をもつタイプ(15,19,22,23)，ねじ飴状や分枝状の先端に向かって尖るタイプなど多種多様である。
4：気孔由来のカシューナッツ状のケイ酸体。

124　ブナ科 Fagaceae コナラ属 *Quercus*

コナラ属 *Quercus*

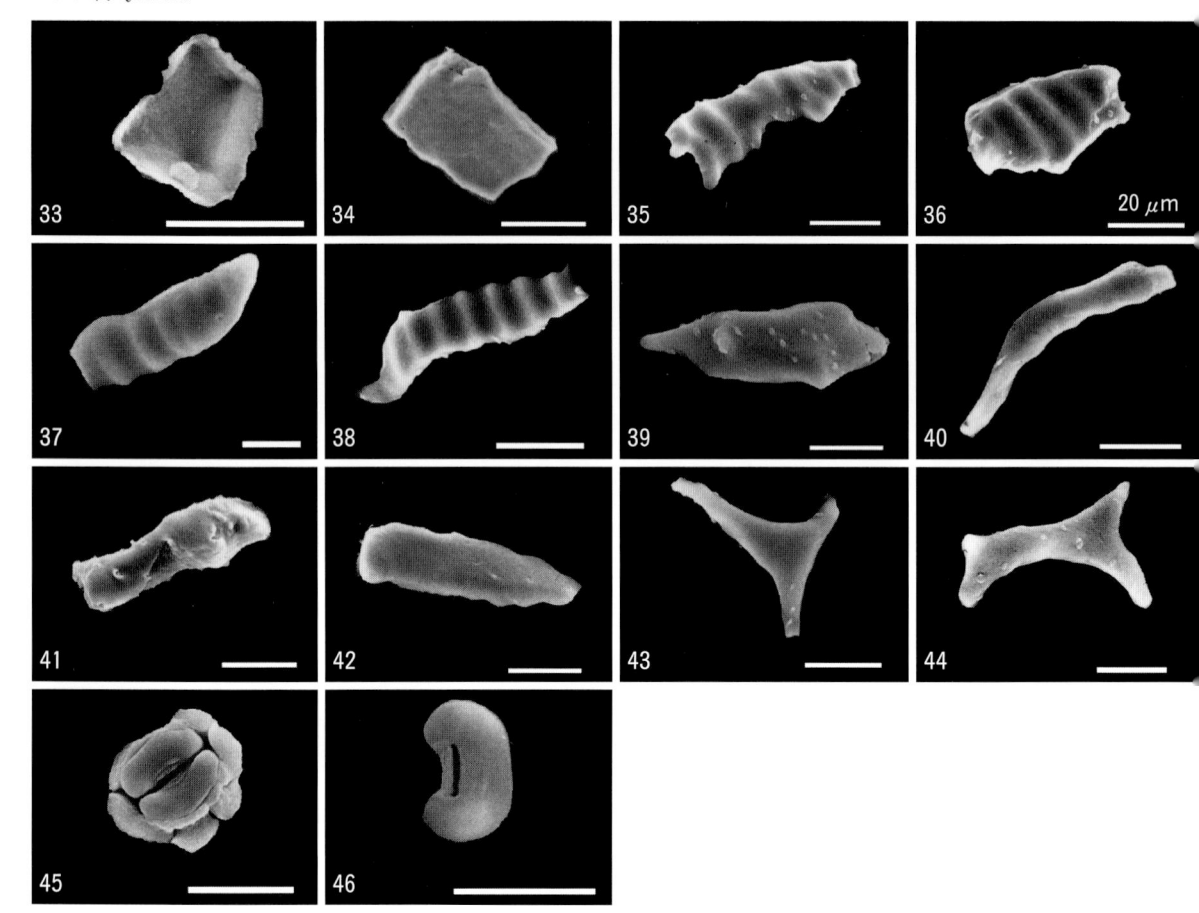

33〜46：ツクバネガシ *Quercus sessilifolia*
33,34：葉身の表皮細胞由来の四〜六角形ケイ酸体。上面からの形状は細胞壁に囲まれた浅いカップ状で，底は小球が不規則に配列したモザイク状。一方，裏面(33,34)は全体が滑らかである。
35〜44：厚壁異形細胞由来のへの字状，Yの字状，分枝状などの特有なケイ酸体。表面に小さい突起物をもつタイプ，洗濯板のような凹凸をもつタイプ(35〜38)，ねじ飴状や分枝状の先端に向かって尖るタイプなど多種多様である。
45,46：気孔由来のカシューナッツ状ケイ酸体。45は副細胞間気孔(?)由来のケイ酸体。

ブナ科 Fagaceae シイノキ属 *Castanopsis*　125

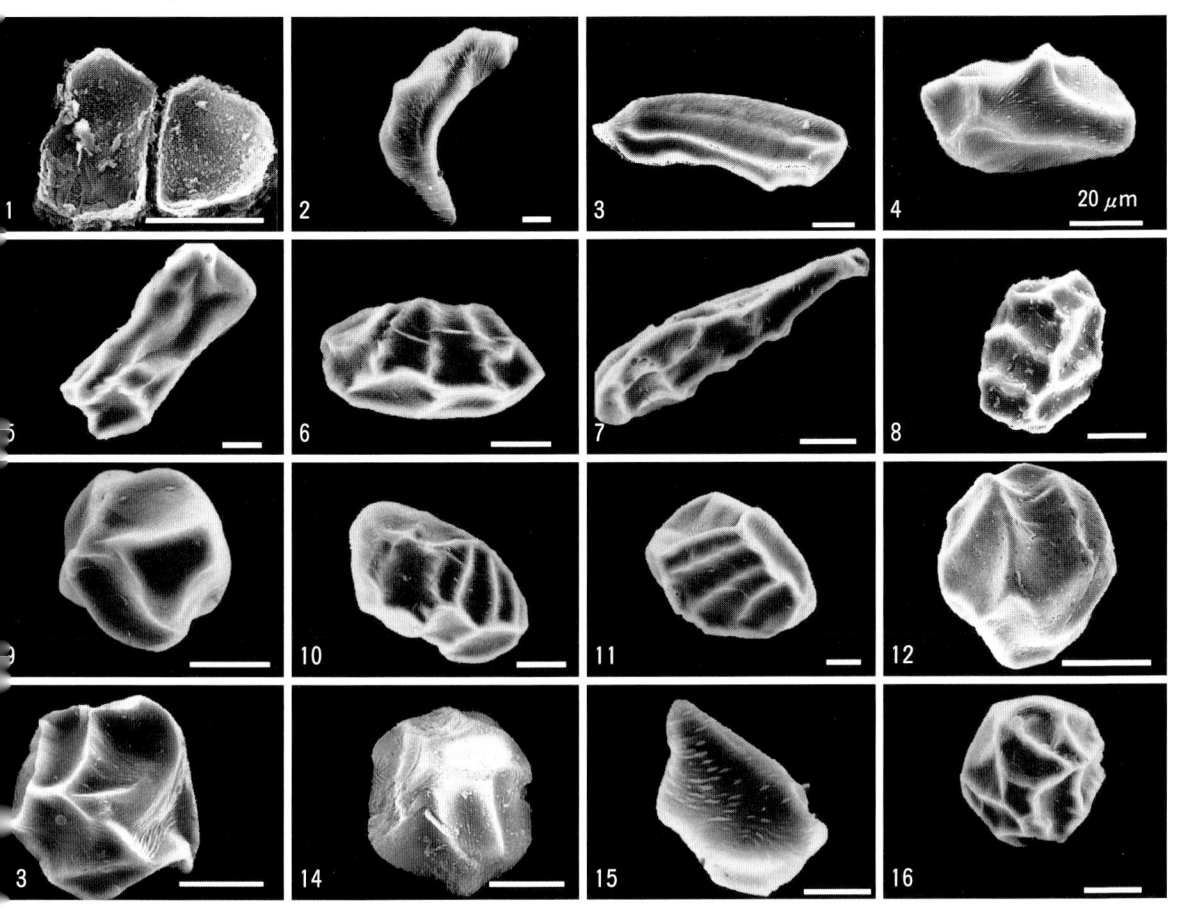

1〜16：スダジイ *Castanopsis sieboldii*
　：表皮細胞由来の六角形状ケイ酸体。
　：厚壁異形細胞由来のくの字状のケイ酸体。
〜14,16：給源細胞不明(葉肉中の異形細胞？)な紡錘形，球形，塊状などの多面体ケイ酸体。表面に極めて微細な皺模様が見られる。
5：仮導管由来のケイ酸体(？)。

126　ブナ科 Fagaceae シイノキ属 *Castanopsis*

シイノキ属 *Castanopsis*

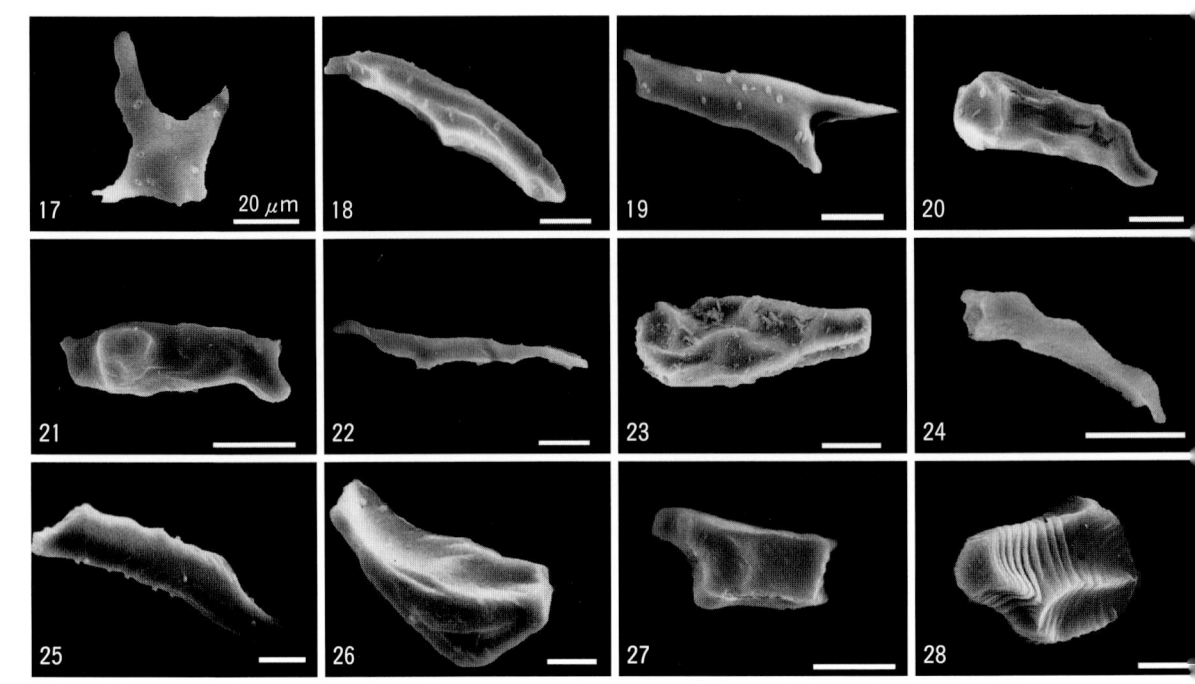

17〜28：ツブラジイ *Castanopsis cuspidata*
17〜27：厚壁異形細胞由来のへの字状，Yの字状，分枝状および不定形ケイ酸体。
28：螺旋紋を表面に有する仮導管由来のケイ酸体。

ブナ科 Fagaceae マテバシイ属 *Lithocarpus* 127

マテバシイ属 *Lithocarpus*

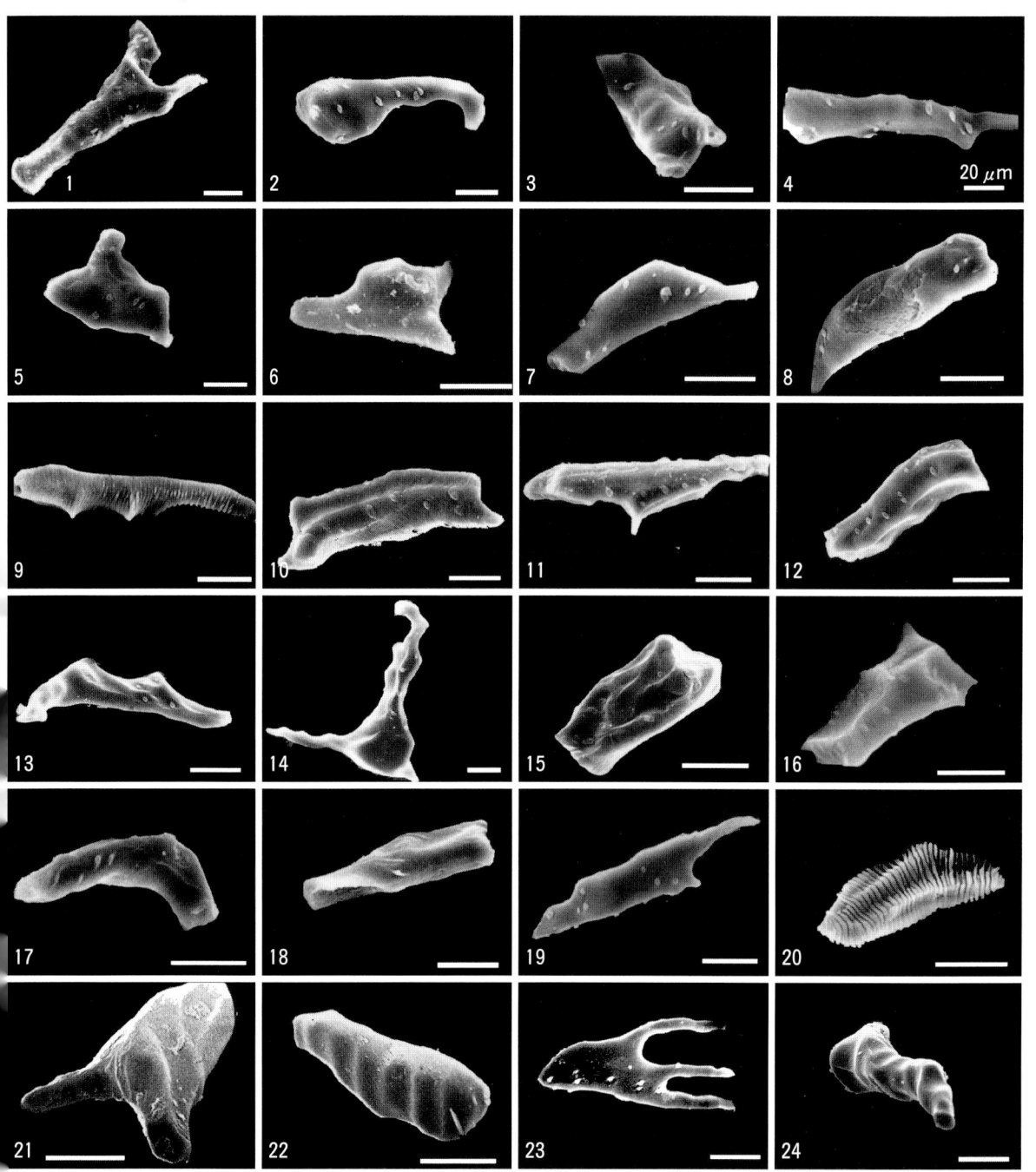

1〜8，9〜20：マテバシイ *Pasania*(*Lithocarpus*) *edulis*，21〜24：シリブカガシ *Pasania*(*Lithocarpus*) *glabra*
1〜8,10〜19,21〜24：厚壁異形細胞由来のへの字状，Y字状，ねじ曲がった棒状，分枝状などのケイ酸体である。これらの大多数は表面に小さい突起物が散在する。
9,20：仮導管由来の螺旋紋を表面にもつ紡錘形状，あるいはへの字状ケイ酸体。

128 　ブナ科 Fagaceae ナンキョクブナ属 Nothofagu

ナンキョクブナ属 Nothofagu

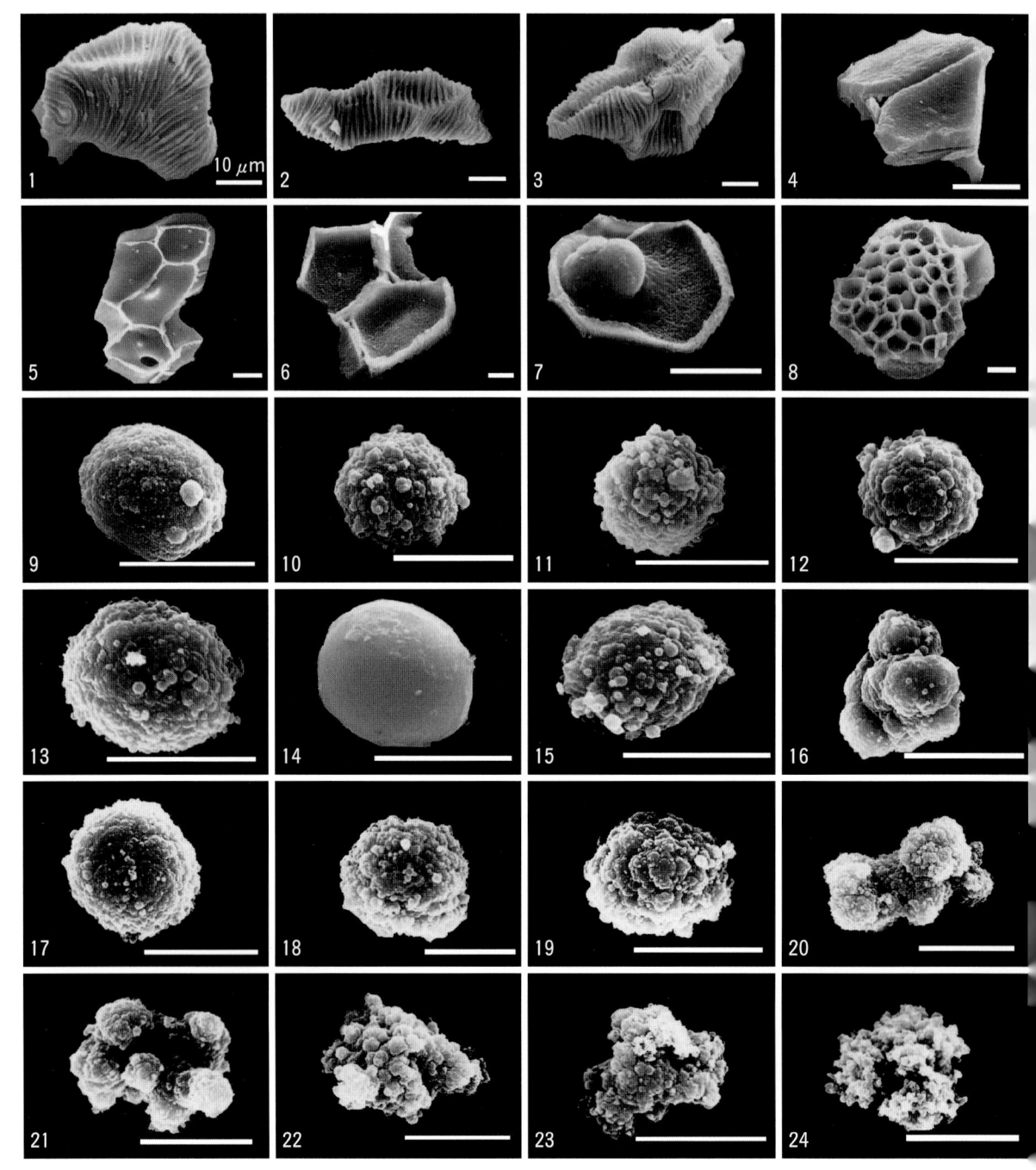

1～3*1：レッドビーチ Nothofagus fusca，4～9*1：ハードビーチ Nothofagus truncata，10～24*1：ブラックビーチ Nothofagus solandri

1～3：仮導管由来のケイ酸体。表面に指紋様の縞目模様(螺旋紋)をもつ塊状およびブレード状。

4～7,14：表皮細胞由来の五～六角形ケイ酸体。4～6 は細胞壁で互いに接しあった状態(4のみ裏面)。14 は 7 のように平滑な球状突起物が表皮細胞の底に付着し、それが離脱した状態の球状ケイ酸体である。

8：海面状組織由来の蜂の巣状ケイ酸体。

9～13,15～24：材部(材，枝)の放射柔細胞の細胞内容物に由来する表面が多数の疣状，あるいはこぶ状突起物で覆われた球状ケイ酸体および凝集体状ケイ酸体。

*1 ニュージーランド産

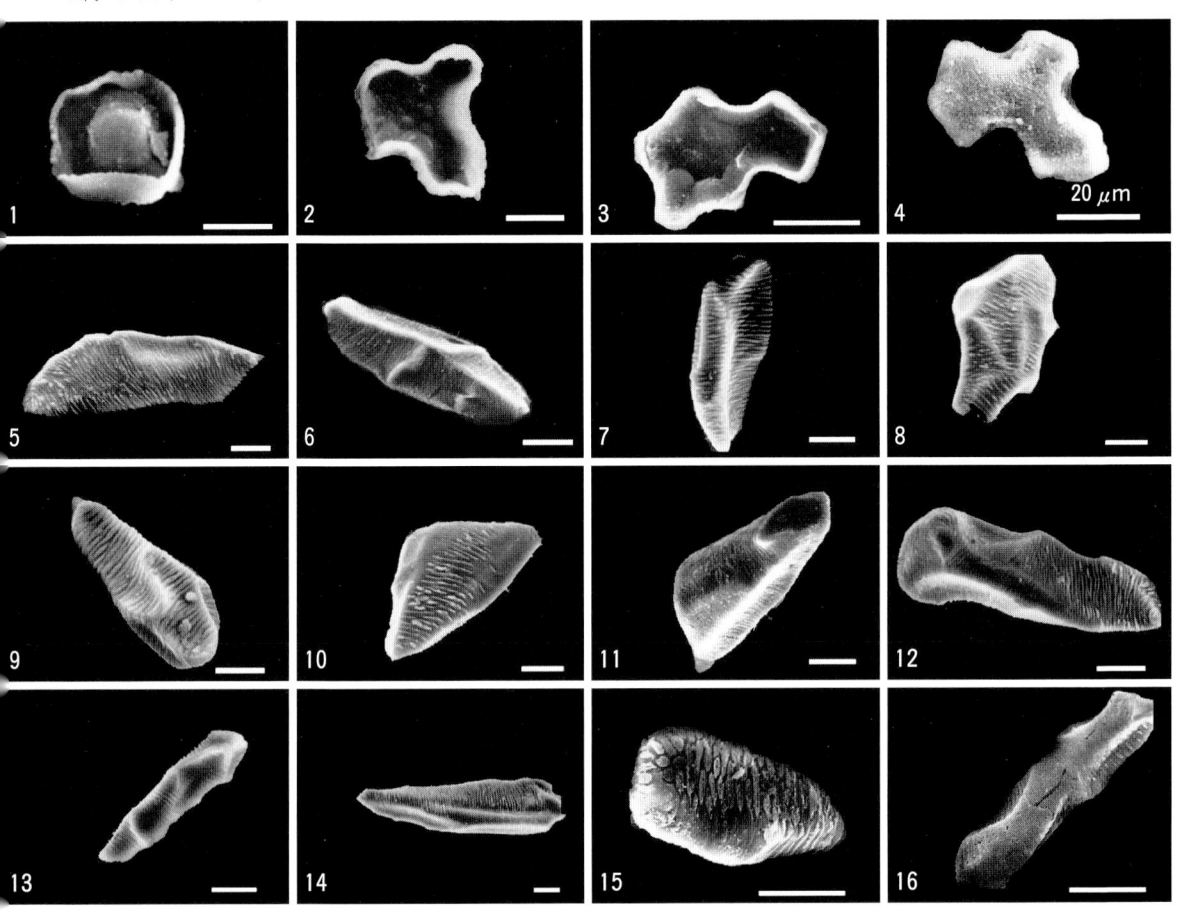

クスノキ科 Lauraceae タブノキ属 *Persea*(*Machilus*)　　129

タブノキ属 *Persea*(*Machilus*)

1～16：タブノキ *Persea*(*Machilus*) *thunbergii*
1～4：葉身の表皮細胞由来の五角形およびはめ絵パズル状ケイ酸体。上面からの形状は細胞壁に囲まれた浅いカップ状で，底はざらざらしている。ときおり，1に見られるような球状物が付着する。4は裏面からの形状で，比較的滑らかである。
5～16：仮導管あるいはその隣接細胞由来の紡錘形，ブレード状，塊状，倒卵形状および多面体状ケイ酸体である。通常，細い縞目模様（螺旋紋）はケイ酸体の表面全体に表れるが，部分的に存在するタイプ(12,16)も見られる。

130 クスノキ科 Lauraceae タブノキ属 Persea(Machilus)

タブノキ属 Persea(Machilus)

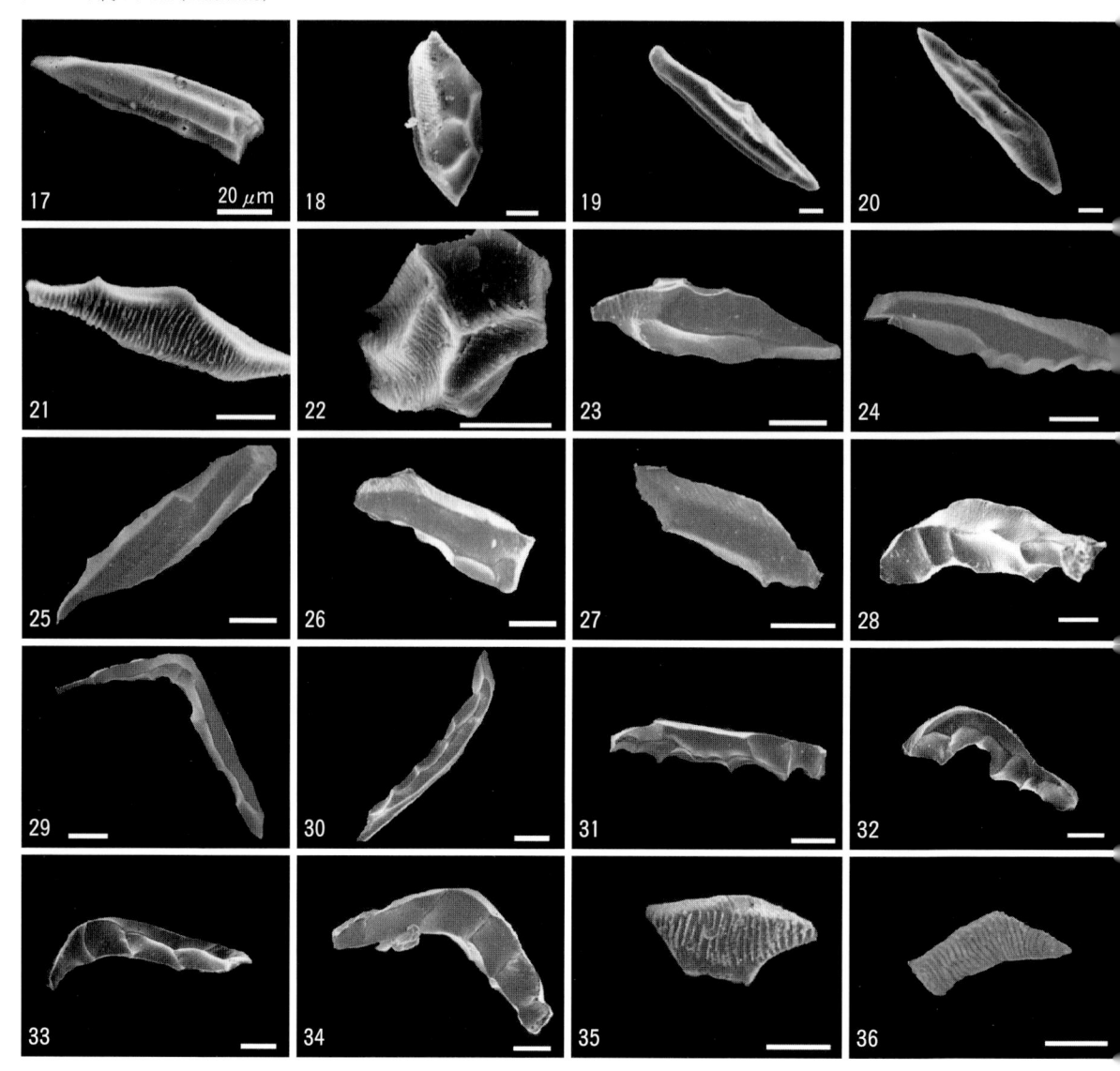

17〜22：タブノキ Persea(Machilus) thunbergii，23〜36：ホソバタブ Persea(Machilus) japonica
17〜28,35,36：仮導管あるいはその隣接細胞由来の紡錘形，ブレード状，塊状および多面体状ケイ酸体である。通常，細い縞目模様（螺旋紋）はケイ酸体の表面全体に表れるが，部分的に存在するタイプ（18〜20,23〜28）も見られる。
29〜34：厚壁異形細胞由来のへの字状ケイ酸体。内側だけが彫刻刀により剝離されたような形状を示す。ハマビワの特徴に類似する。

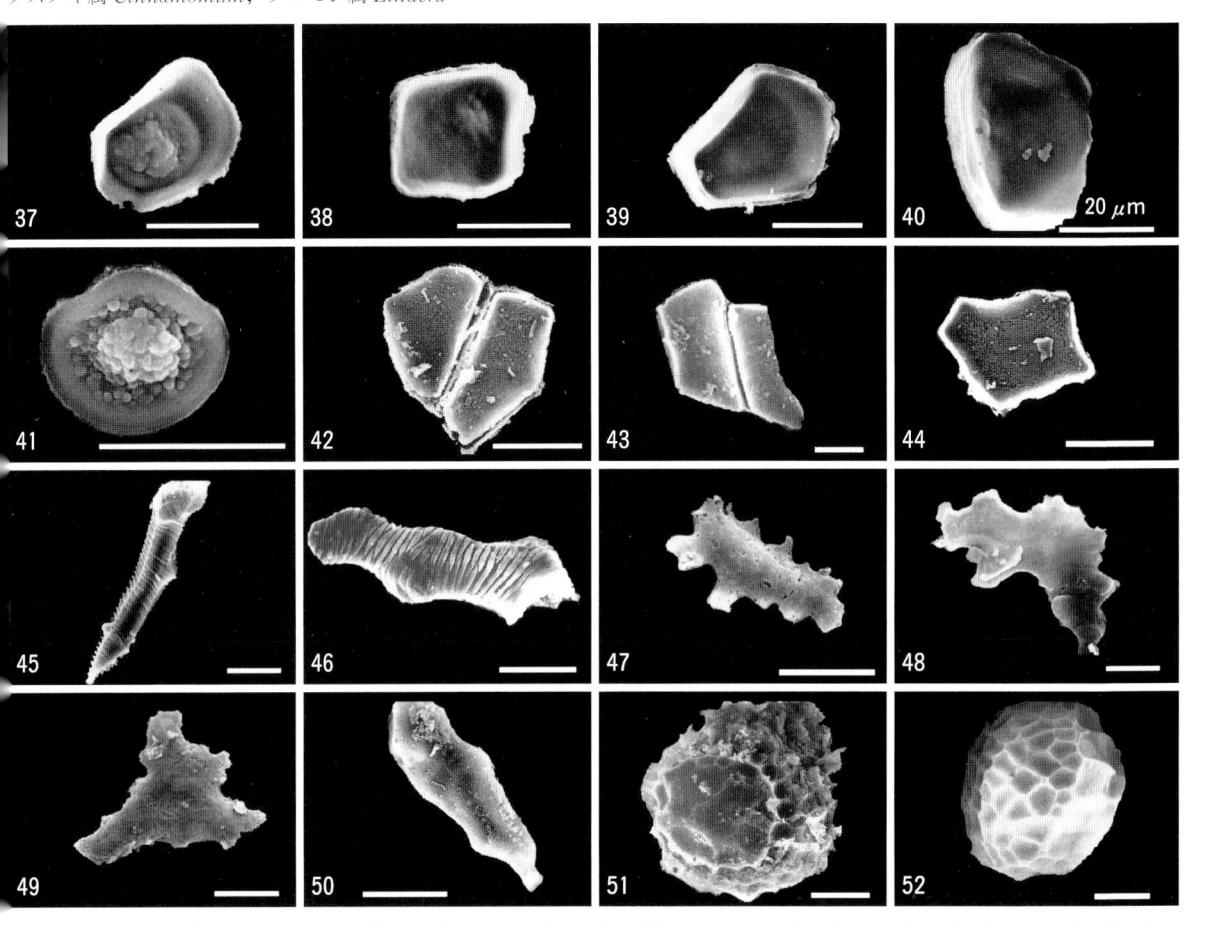

クスノキ科 Lauraceae クスノキ属 *Cinnamomum*，クロモジ属 *Lindera*

クスノキ属 *Cinnamomum*，クロモジ属 *Lindera*

37～41：クスノキ *Cinnamomum camphora*，42～44：ヤブニッケイ *Cinnamomum japonicum*，45～52：ヤマコウバシ *Lindera glauca*

37～44：表皮細胞由来の四〜六角形状ケイ酸体。クスノキには，ときおりタブノキと似た底面に疣状粒子からなる球状物(37,38,41)が付着する。38では球状粒子の出現しはじめのようすがうかがえる。

45,46：仮導管由来の表面に螺旋紋をもつ曲がりくねった棒状ケイ酸体。

47～49：表皮細胞由来のはめ絵パズル状ケイ酸体である。

50：厚壁異形細胞由来の紡錘形ケイ酸体。

51,52：ヤマコウバシの葉に特有な葉肉中の異形細胞(？)由来の球状ケイ酸体。表面全体が「ゴルフ球の表面模様」，あるいは Piperno *et al.*(2002) の「スカルプ模様」に似ている。細胞自体は他のクスノキ科にも見られるが，ほとんどケイ化が弱くケイ酸体を形成しない。

132　クスノキ科 Lauraceae ハマビワ属 *Litsea*

ハマビワ属 *Litsea*

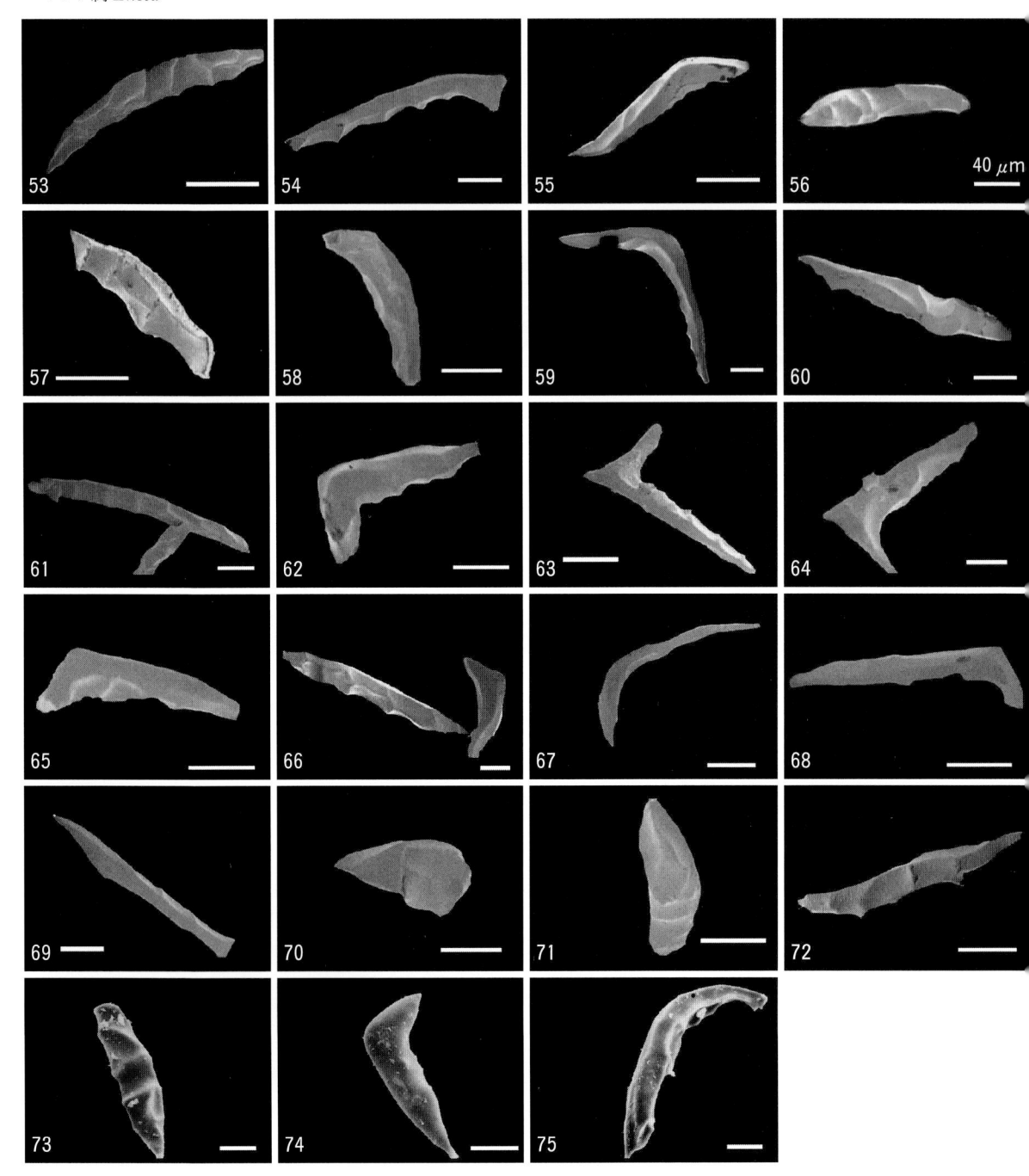

53〜72：ハマビワ *Litsea japonica*，73〜75：バリバリノキ *Litsea acuminata*
53〜75：厚壁異形細胞由来のへの字状，くの字状およびブレード状ケイ酸体。とくにハマビワにおいて検出頻度が高く，バリバリノキ(73〜75)に比べて大きい。この種のケイ酸体の特徴はケイ酸体の片面のみが彫刻刀で剥離されたような特有な形態を示す。

クスノキ科 Lauraceae ハマビワ属 *Litsea*

ハマビワ属 *Litsea*

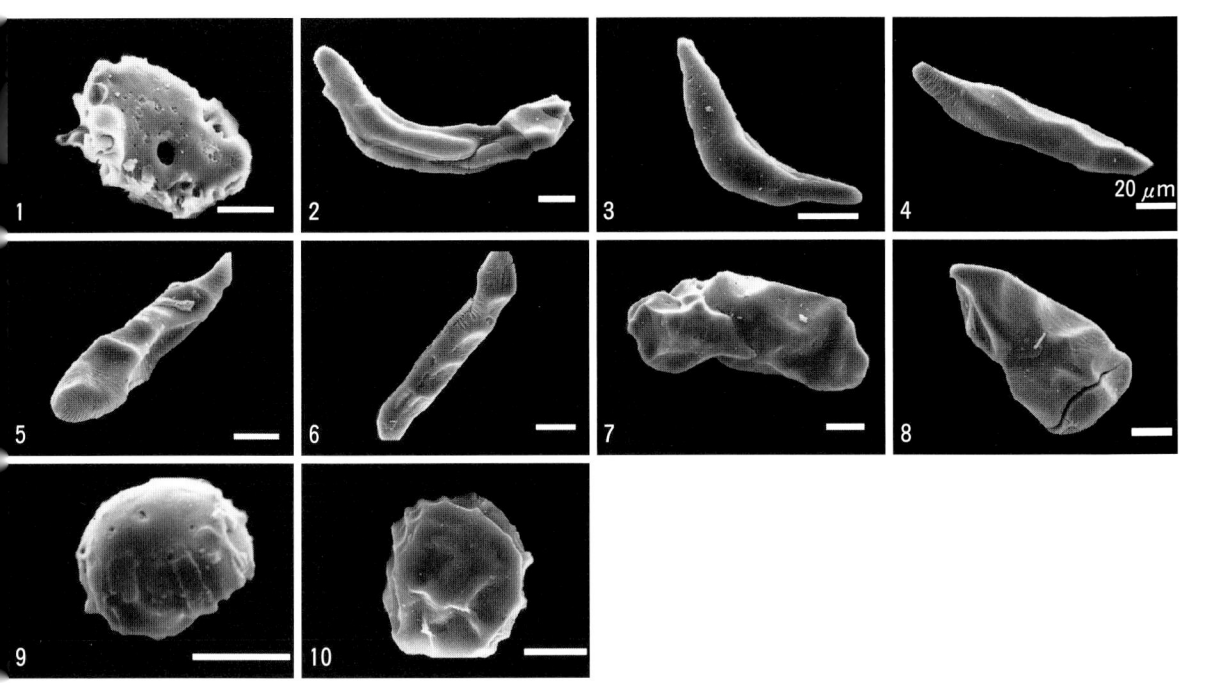

1〜10*¹：マンゲアオ *Litsea calicaris*
1：表皮細胞由来の六角形ケイ酸体(?)。
2〜8：厚壁異形細胞由来のへの字状，ブレード状および塊状のケイ酸体。表面が彫刻刃で剥離されたような凹凸が見られ，わが国のバリバリノキに類似する。
9,10：葉肉中の異形細胞(?)由来の球状ケイ酸体。
*¹ニュージーランド産

クスノキ科 Lauraceae シロダモ属 *Neolitsea*

シロダモ属 *Neolitsea*

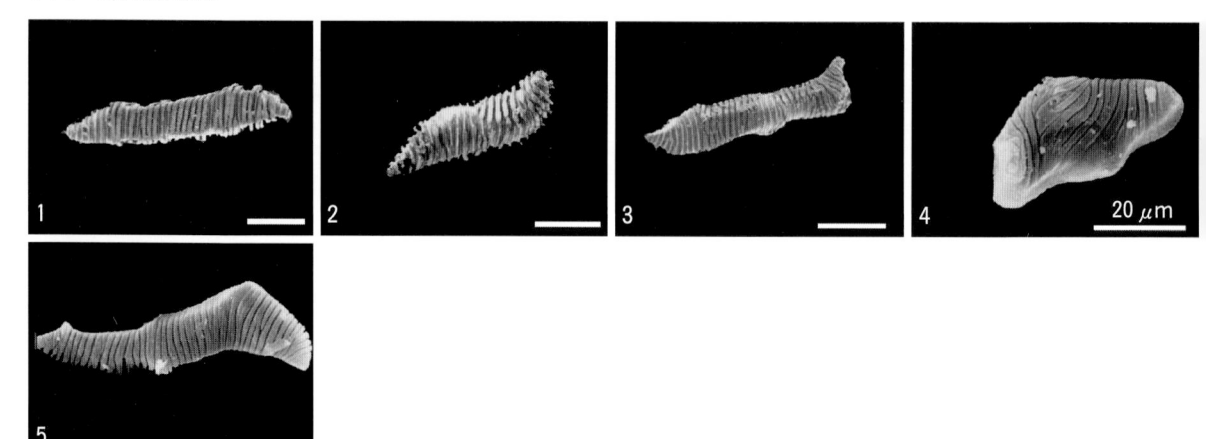

1～3：イヌガシ *Neolitsea aciculata*，4，5：シロダモ *Neolitsea sericea*
1～5：仮導管由来の表面に螺旋紋か，あるいは指紋様の縞目模様をもつ紡錘状ケイ酸体。とくにシロダモで検出頻度が高い。

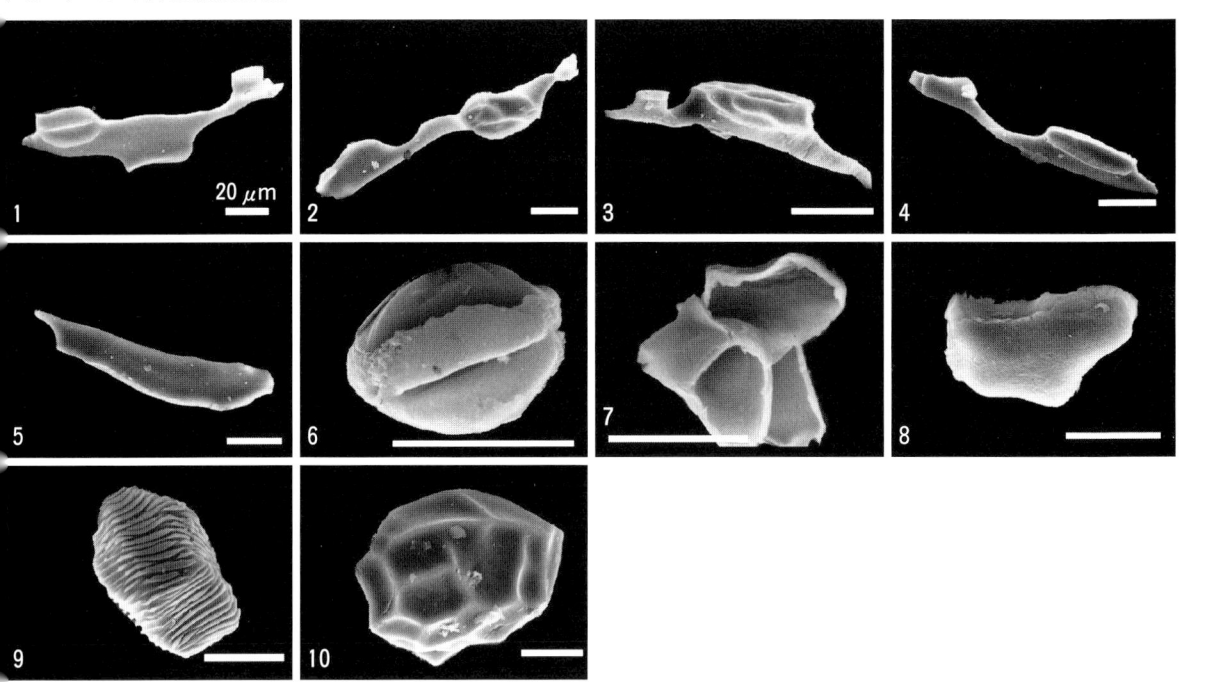

クスノキ科 Lauraceae アカバクスノキ属 *Beilshmiedia* 135

アカバクスノキ属 *Beilshmiedia*

1〜6[*1]：タライリ *Beilshmiedia tarairi*，7〜10[*1]：タワ *Beilshmiedia tawa*
1〜4：タライリにのみ検出される独特の形状のケイ酸体。給源細胞は葉肉中の異形細胞と思われるが，定かでない。
5：厚壁異形細胞由来のへの字状ケイ酸体。
6：気孔の孔辺細胞(？)由来の球状体。
7,8：表皮細胞由来の六角形ケイ酸体。7は4つのケイ酸体の細胞壁が互いに連結している状態。8は裏面からの単独の形状。
9：仮導管由来の縞目模様が明瞭な(螺旋紋？)卵形状ケイ酸体。
10：葉肉中の異形細胞(？)由来の多面体塊状ケイ酸体。
[*1]ニュージーランド産

136　キク科 Compositae オレアリア属 *Olearia*，ブラキグロッテス属 *Brachyglottis*

オレアリア属 *Olearia*

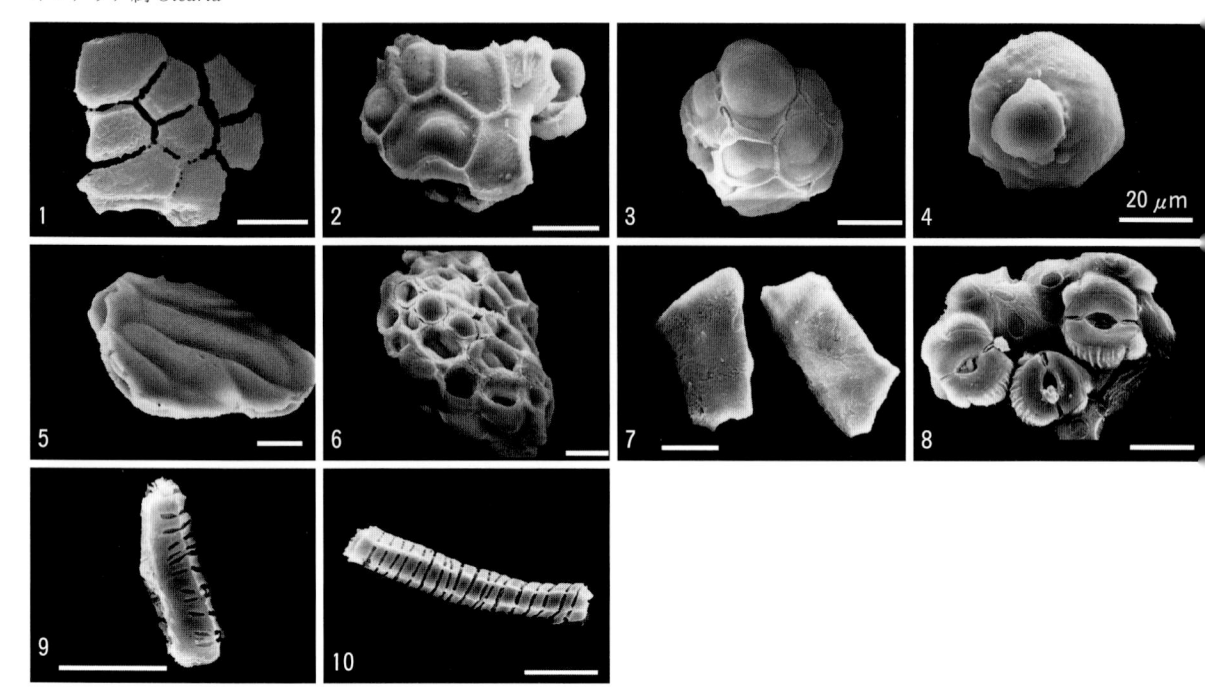

1〜6[*1]：ヘケタラ *Olearia rani*，7〜10[*1]：アケピロ *Olearia furfuracea*
1,2,7：表皮細胞由来の五〜六角形ケイ酸体。1は裏面の形状で，個々のケイ酸体の集合体。2は上面から見た細胞組織片の形状。
　　　半円の盛り上がりが細胞底面に見られる。
3〜5：給源細胞不明なケイ酸体。
6：海綿状組織由来の蜂の巣状ケイ酸体。
8：気孔由来のケイ酸体の集合体。
9,10：仮導管由来の環紋を有する棒状ケイ酸体。
[*1]ニュージーランド産

ブラキグロッテス属 *Brachyglottis*

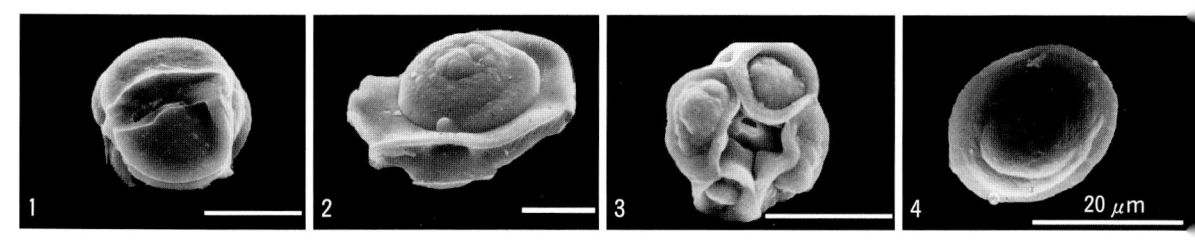

1〜4[*1]：ランギオラ *Brachyglottis repanda*
1〜4：給源細胞不明な球状，あるいはお供え餅状のケイ酸体。類似のケイ酸体はオレアリア属のヘケタラ(3,4)にも見られる。
[*1]ニュージーランド産

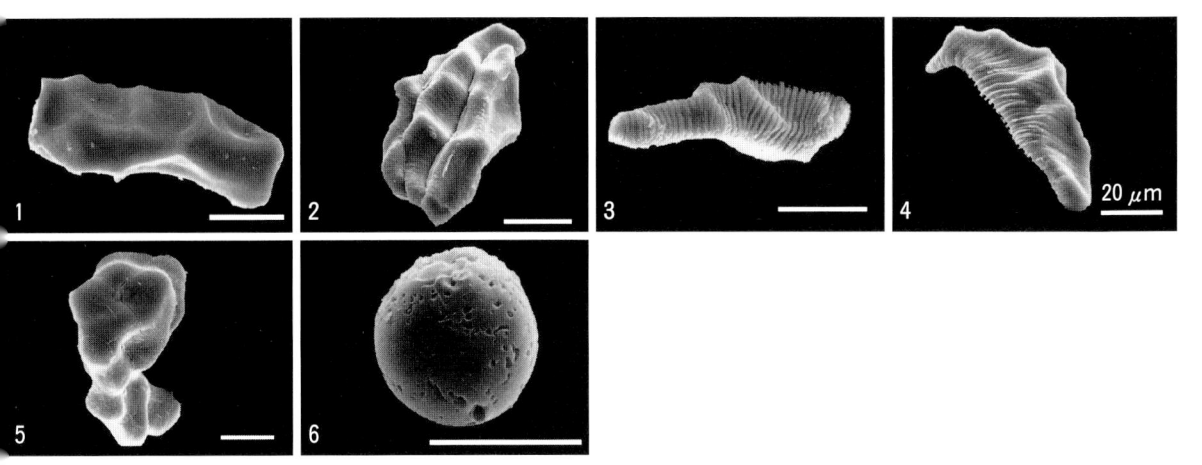

クノニア科Cunoniaceae ウエインマニア属 *Weinmannia*   137

ウエインマニア属 *Weinmannia*

1～6*[1]：カマヒ *Weinmannia racemosa*
1,2：厚壁異形細胞由来の表面に凹凸のある立方体状およびへの字状ケイ酸体。2 はその集合体。
3,4：仮導管由来の螺旋紋をもち，表面に凹凸のある紡錘状ケイ酸体。
5,6：給源細胞不明なケイ酸体。6 は表皮細胞上に付着していた球状突起が離脱したもの。離脱部に円孔が見られる。
*[1]ニュージーランド産

138 　ムクロジ科 Sapindeaceae アレクトリオン属 *Alectryon*

アレクトリオン属 *Alectryon*

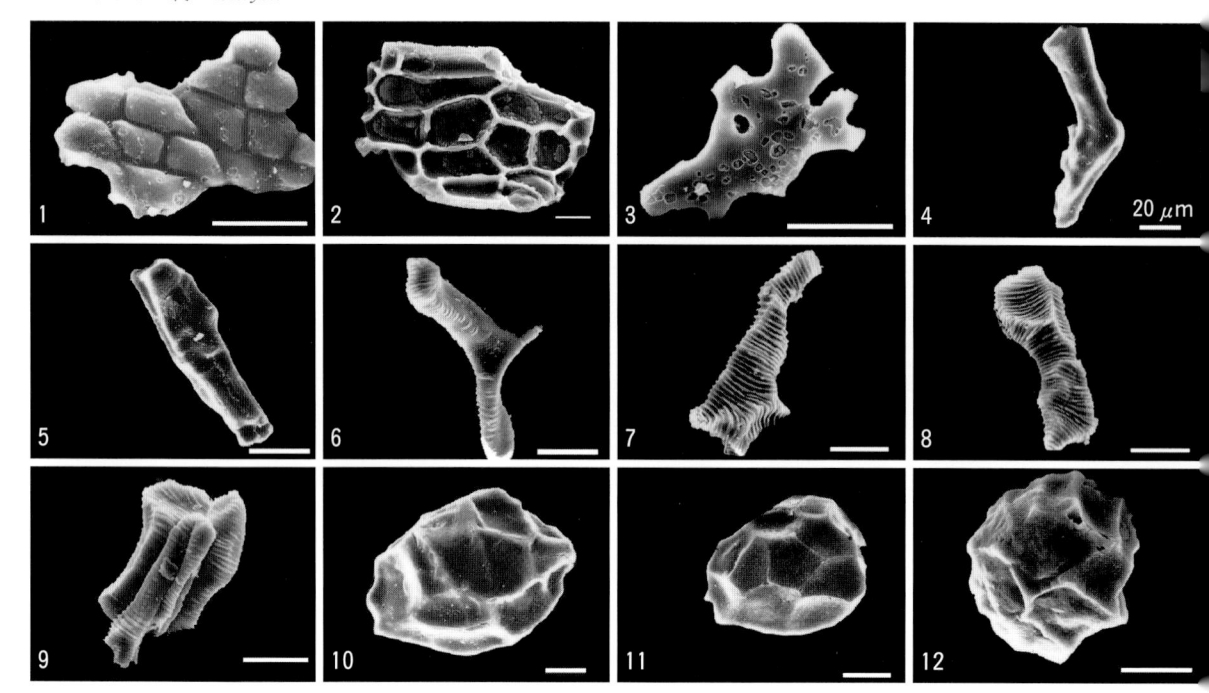

1～12*¹：チトキ *Alectryon excelsus*
1,2：表皮細胞由来の四～六角形ケイ酸体。細胞壁が互いに接しあった集合体。
3：給源細胞不明なケイ酸体。
4～5：厚壁異形細胞由来のくの字状ケイ酸体。
6～9：仮導管由来の縞目模様(螺旋紋)を有するケイ酸体。
10～12：葉肉中の異形細胞(?)由来の多面体塊状ケイ酸体。
*¹ニュージーランド産

エスカロニア科 Escalloniacea カルポデッス属 Carpodetus / ヤマモガシ科 Proteaceae ニグティア属 Knightia

カルポデッス属 Carpodetus

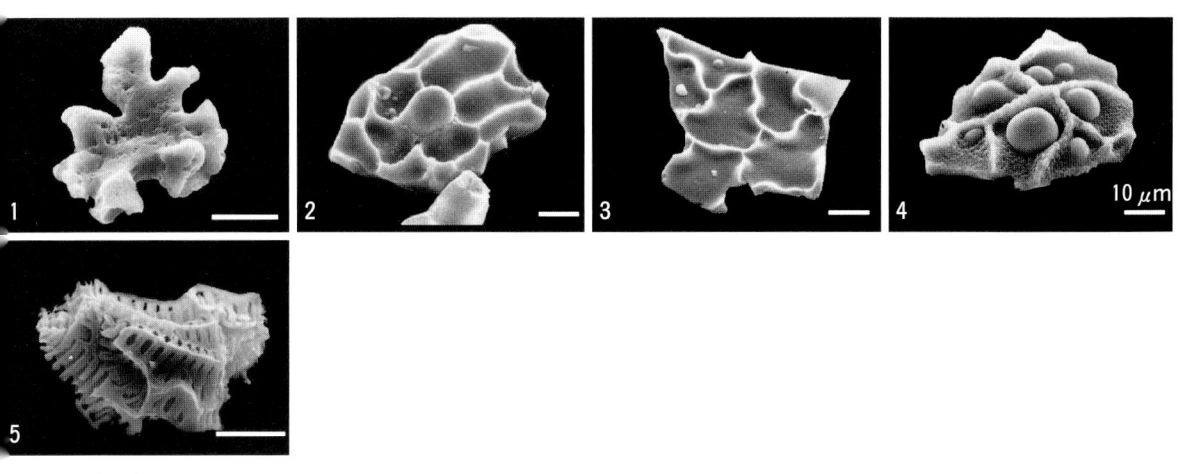

1～5[*1]：プタプタウエタ Carpodetus serratus
1：表皮細胞由来のはめ絵パズル状ケイ酸体。
2～4：表皮細胞由来のはめ絵パズル(2,3)と六角形状ケイ酸体が互いに強く結合している組織片。
5：仮導管由来の螺旋紋をもつ不定形ケイ酸体。
[*1]ニュージーランド産

ニグティア属 Knightia

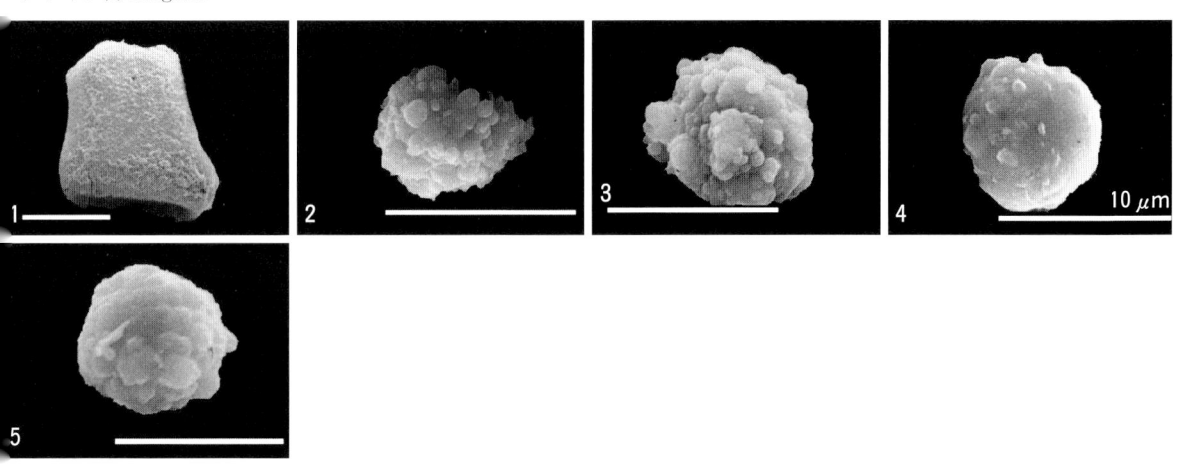

1～5[*1]：レワレワ Knightia excelsa
1：表皮細胞由来の六角形状ケイ酸体。
2～5：レワレワに見られる疣状突起物を表面にもつ副表皮由来の球状ケイ酸体。ナンキョクブナ材部中の球状ケイ酸体に類似。
[*1]ニュージーランド産

140　フトモモ科 Myrtaceae メテロシデロス属 *Metrosideros* / トベラ科 Pittosporace トベラ属 *Pittosporum*

メテロシデロス属 *Metrosideros*

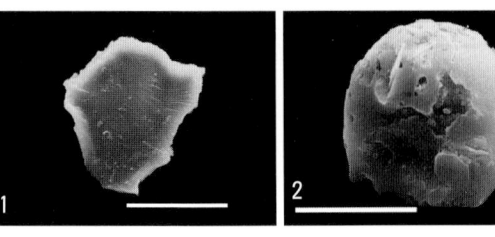

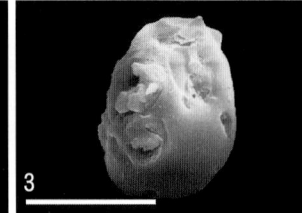

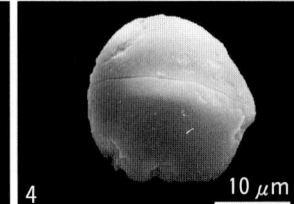

1〜4[*1]：ラタ *Metrosideros robusta*
1：表皮細胞由来の六角形状ケイ酸体。
2〜4：表面が滑らかな球状ケイ酸体。
[*1]ニュージーランド産

トベラ属 *Pittosporum*

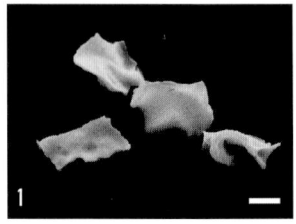

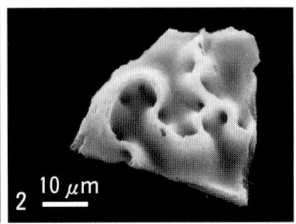

1, 2[*1]：カロ *Pittosporum crassifolium*
1：表皮細胞由来の四角形状ケイ酸体。
2：表皮細胞由来のはめ絵パズル状組織片。
[*1]ニュージーランド産

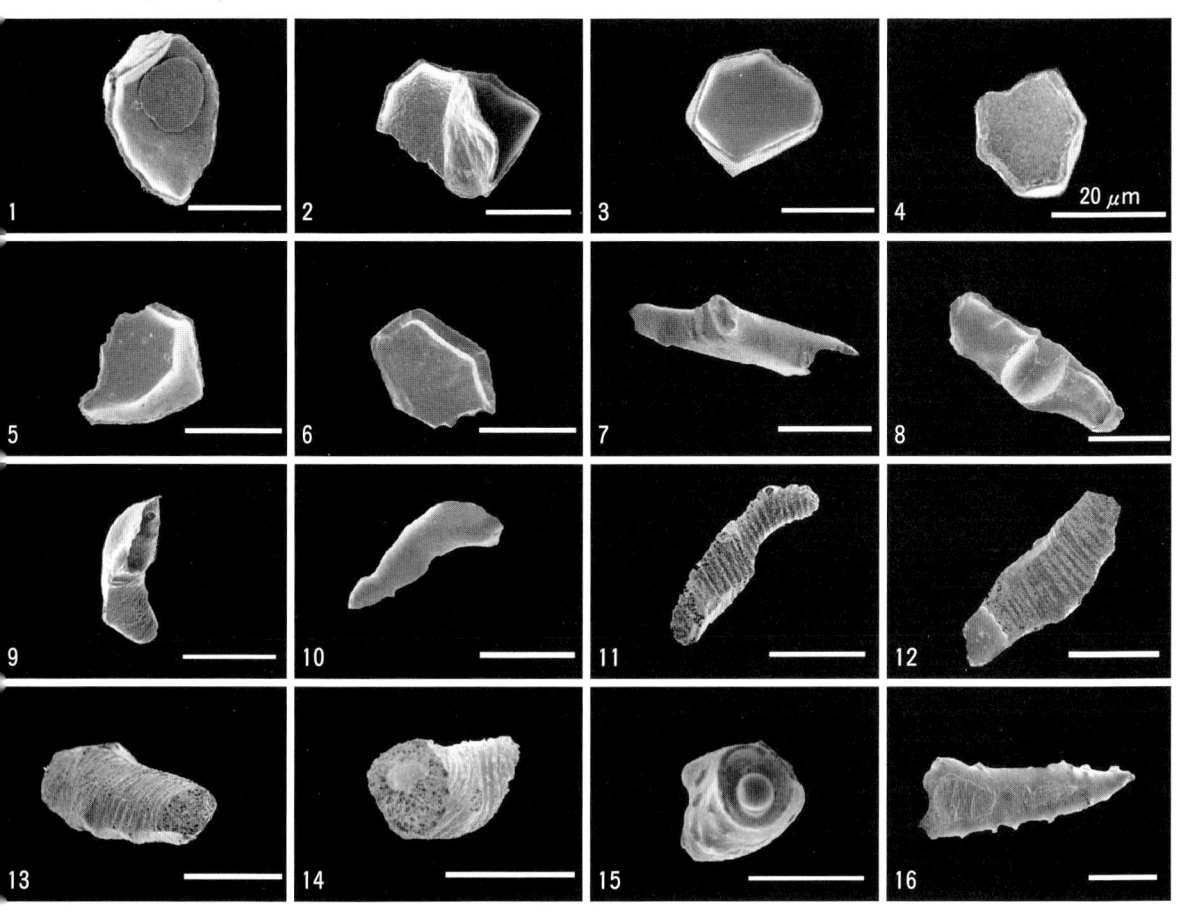

フタバガキ科 Dispterocarpaceae フタバガキ属 *Dipterocarpus*　141

フタバガキ属 *Dipterocarpus*

1〜16*¹：アピトン *Dipterocarpus grandiflorus*
1〜6：表皮細胞由来の六角形状ケイ酸体。薄い細胞壁で囲われた浅いカップ状ケイ酸体。
7〜10：厚壁異型細胞由来のくの字状ケイ酸体。
11〜14：仮導管由来の螺旋紋をもつ紡錘形状ケイ酸体。
15,16：表皮毛由来の小突起物をもつ嘴状ケイ酸体。15は表皮毛の横断面。ケイ酸が周囲から同心円状に内部に向けて充填したようすがわかる。
*¹ フィリピン産

142　アオギリ科 Sterculiaceae シロギリ属 Pterospermum

シロギリ属 Pterospermum

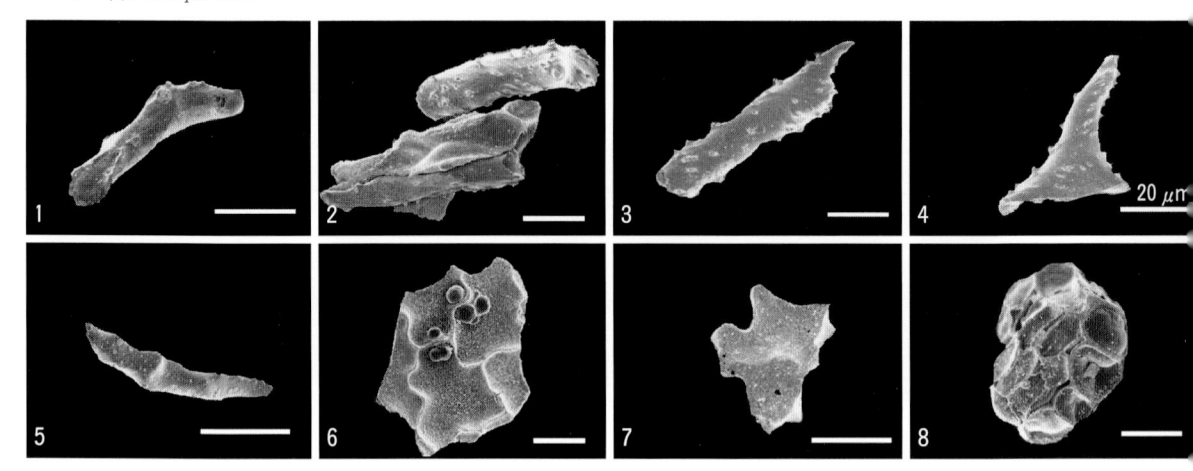

1～8[*1]：クラチンガン Pterospermum obliquum
1～5：厚壁異形細胞由来のくの字，あるいは分枝状ケイ酸体。表面に小さい棘状突起物が散在する。
6,7：表皮細胞由来のはめ絵パズル状ケイ酸体の集合体。
8：給源細胞不明なケイ酸体。海綿状柵状細胞の破片に由来するケイ酸体(?)かもしれない。
[*1]フィリピン産

クマツヅラ科 Verbenaceae ハマゴウ属 *Vitex*　143

ハマゴウ属 *Vitex*

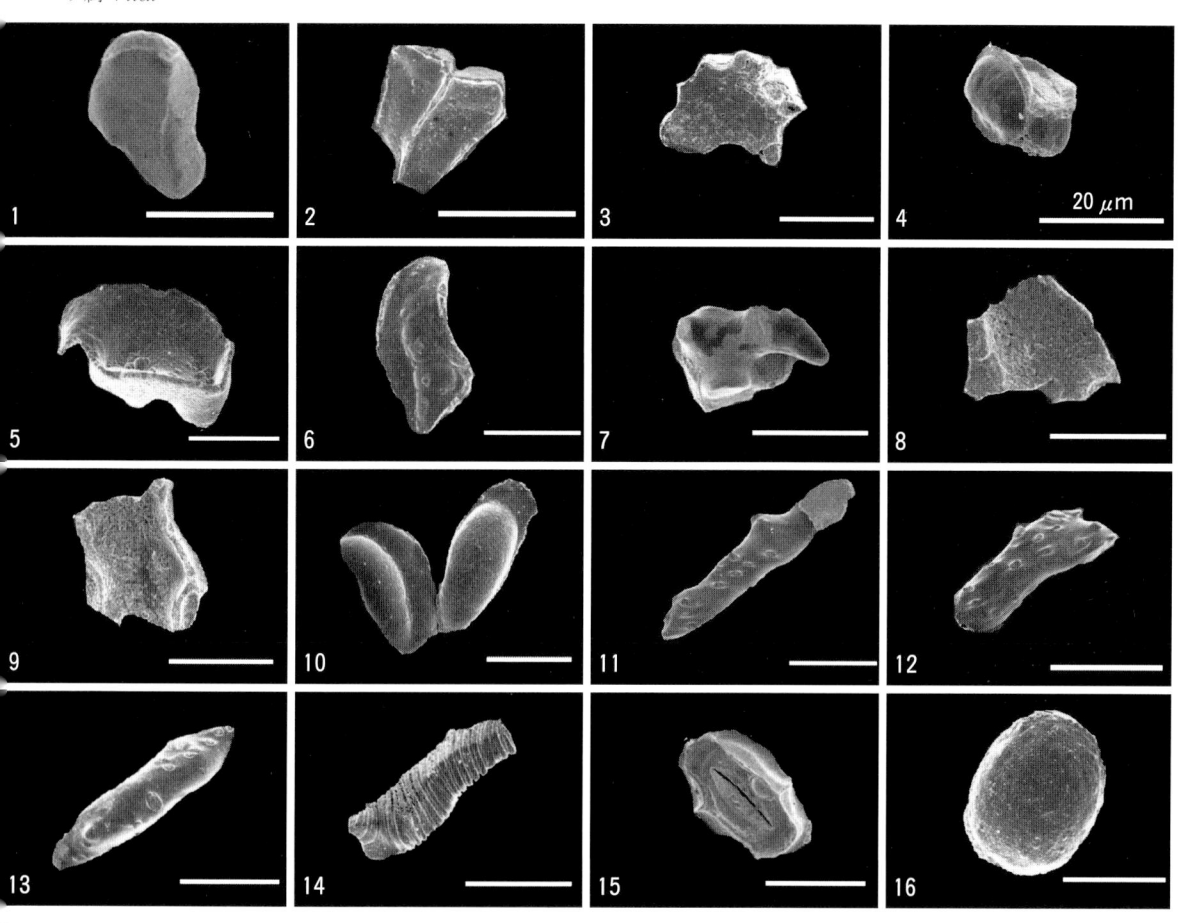

1〜16*1：マオラベ *Vitex parviflora*
1,4,5〜10,16：給源細胞不明なケイ酸体。
2,3：表皮細胞由来の五角形状とはめ絵パズル状ケイ酸体。
11〜13：厚壁異形細胞由来の紡錘形状ケイ酸体。表面全体に棘状突起物をもつ。
14：螺旋紋をもつ仮導管由来の紡錘形ケイ酸体。
15：気孔由来のケイ酸体。
*1 フィリピン産

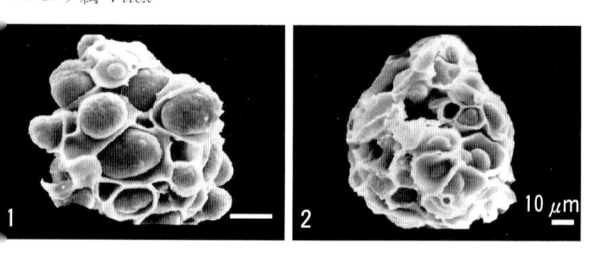

ハマゴウ属 *Vitex*

1,2*1：プリリ *Vitex lucens*
1,2：海綿状柵状細胞由来の蜂の巣状ケイ酸体(?)。細胞壁に囲まれた六角形の穴に多数の球状ケイ酸体が充填している。
*1 ニュージーランド産

144　ナンヨウスギ科 Araucariaceae アガチス属 Agathis

アガチス属 Agathis

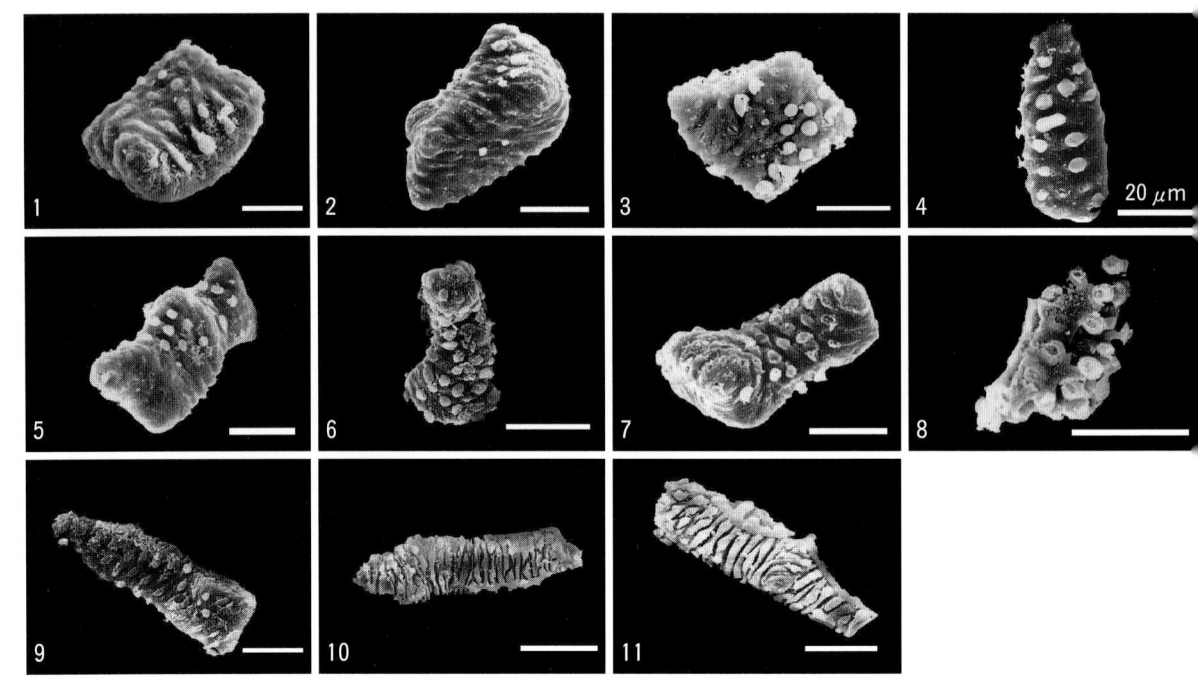

1〜11*¹：カウリ Agathis australis

1〜11：仮導管由来の倒卵形，楕円形，および紡錘形ケイ酸体。表面に指紋様の皺や多数の縞が見られる。1〜9は小さい球状，あるいは卵形状の突起物(側面の形状は釘の頭部様)が交互に配列。他方，10,11に見られるように横軸に垂直な溝，あるいは交斜する溝からなる縞目模様形状は草鞋に似ている。

*¹ニュージーランド産

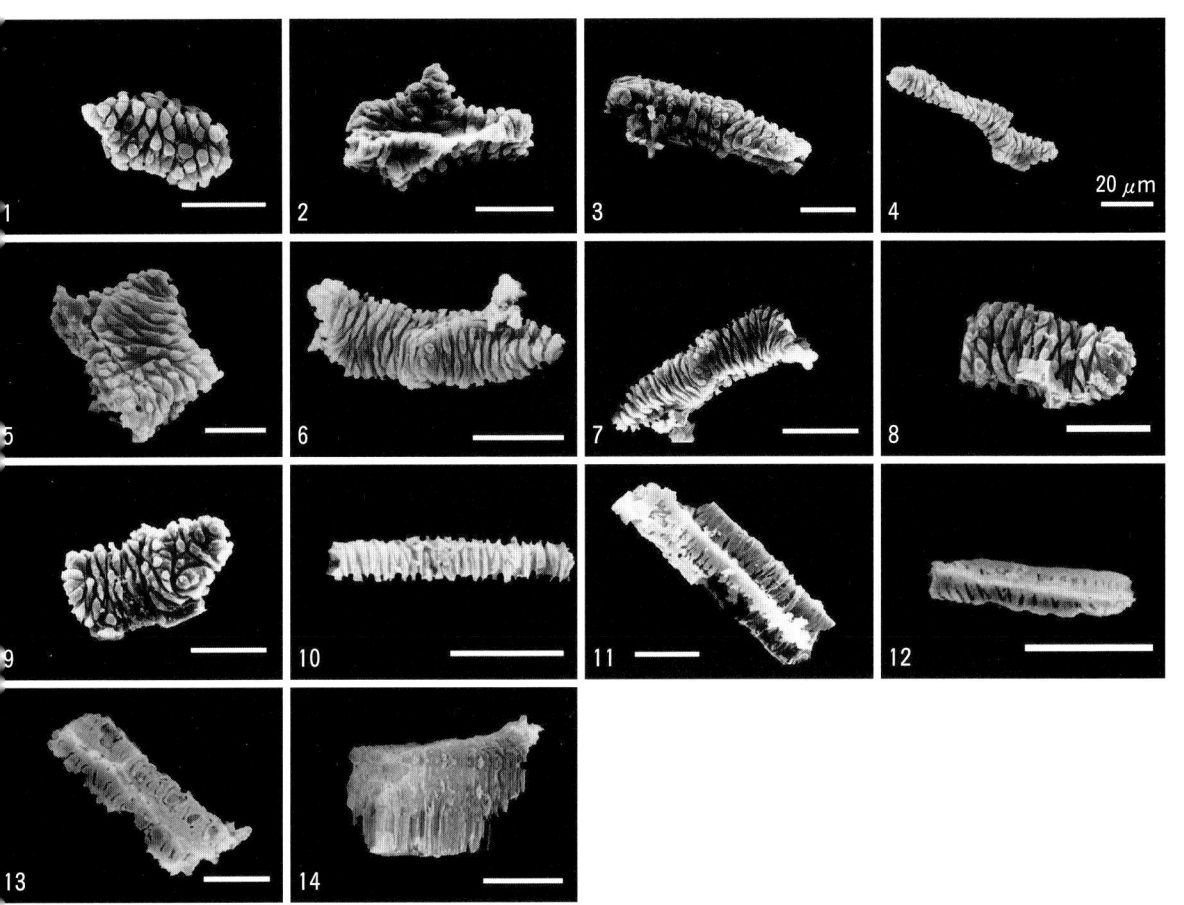

イチイ科 Taxaceae イチイ属 *Taxus* 145

~7, 9, 10：イチイ *Taxus cuspidata*, 8, 11~14：ヨーロッパイチイ *Taxus baccata*
~14：仮導管由来の楕円形，紡錘形，長方形，および不定形ケイ酸体。1~4,6~9は，カウリの草鞋状仮導管ケイ酸(10,11)と表面模様が類似している。5は指紋様の皺の上に小さい卵形状突起物が散在する。カウリの紡錘形ケイ酸体にむしろ似ている。10, 11はリングが密に連なったように見える棒状のケイ酸体。

146   ヒノキ科 Cupressaceae ヒノキ属 Chamaecyparis，クロベ属 Thuja

ヒノキ属 Chamaecyparis

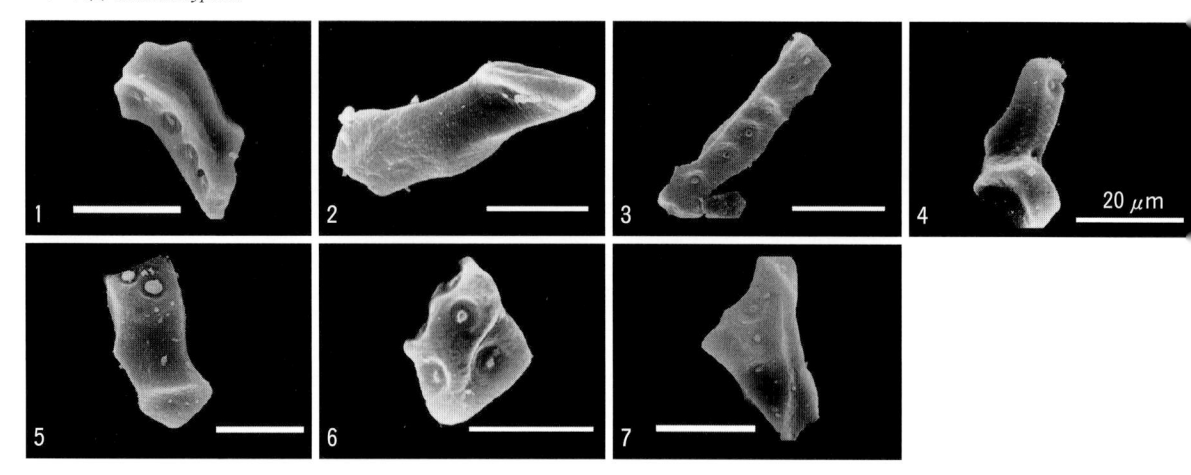

1～7：サワラ Chamaecyparis prisfera
1～7：有縁壁孔(花粉の発芽孔に似た形)をもつ移入仮導管由来の棒状，あるいは不定形板状ケイ酸体。マツ科に見られる直方体や
　　　立方体状の移入仮導管ケイ酸体は検出されない。

クロベ属 Thuja

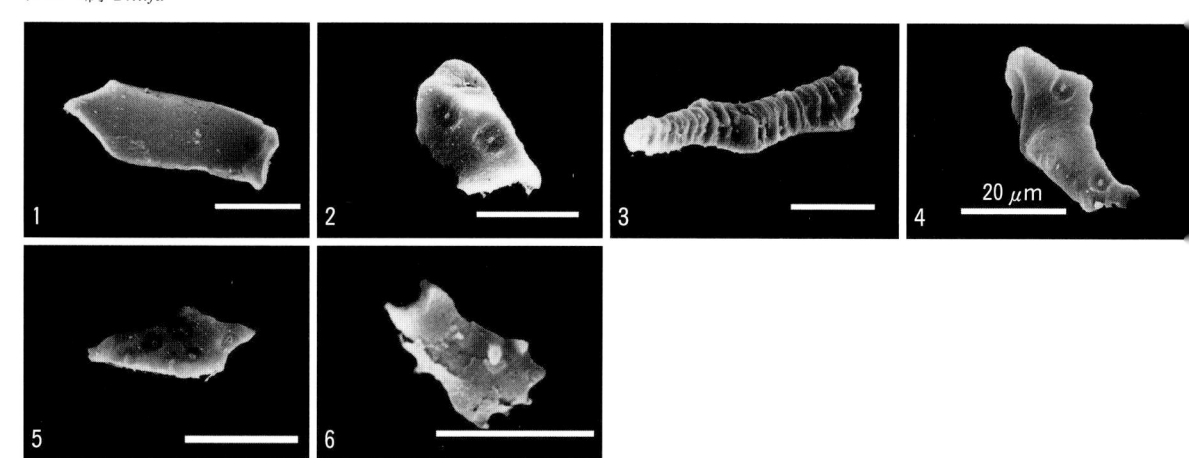

1～6：アメリカネズコ Thuja plicata
1,6：給源細胞不明なケイ酸体。
2～5：有縁壁孔をもつ移入仮導管由来の不定形ケイ酸体。3はみみず状であり，ひだ状の窪みに有縁壁孔が見られる。

ヒノキ科 Cupressaceae ビャクシン属 *Juniperus* 147

ビャクシン属 *Juniperus*

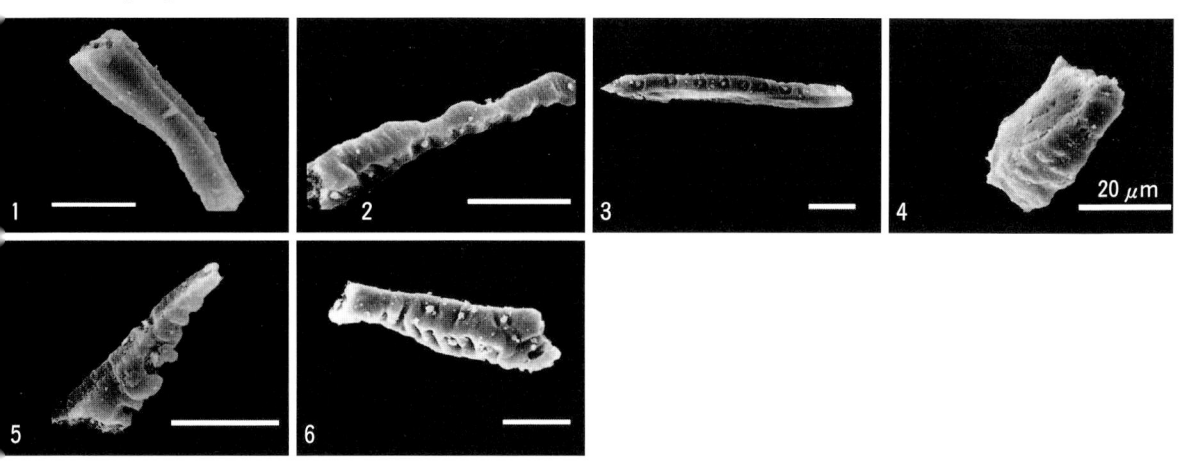

1〜6：トショウ(ネズミサシ)*Juniperus rigida*
1,4：給源細胞不明な板状ケイ酸体。
2,3,5,6：有縁壁孔をもつ移入仮導管由来の不定形な板状ケイ酸体。有縁壁孔は側面に密に配列し，窪みが深く，大きい。

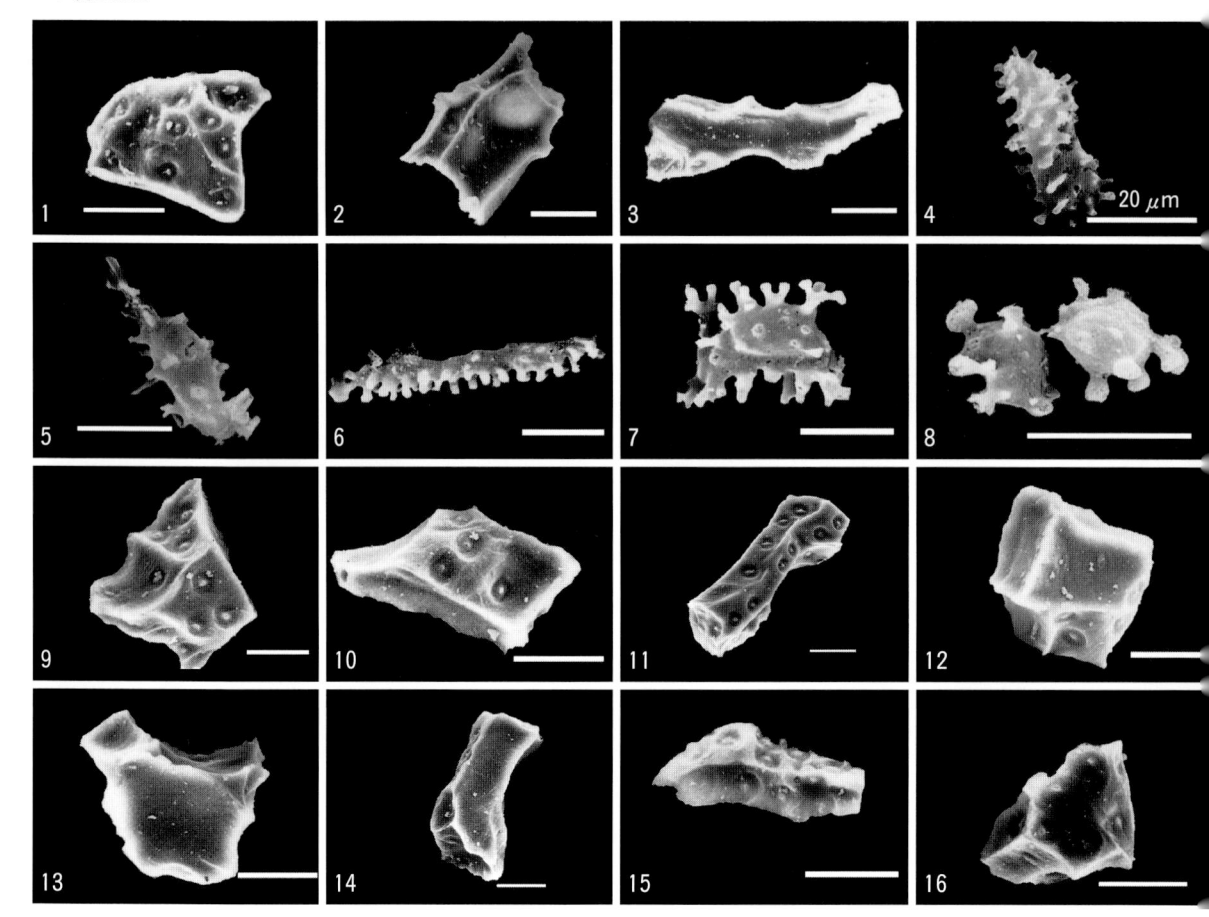

148　マツ科 Pinaceae マツ属 *Pinus*

マツ属 *Pinus*

1～8：バンクスマツ *Pinus banksiana*，9～16：ブンゲンスマツ（シロマツ）*Pinus bungeana*
1～3,9～16：移入仮導管由来の立方体，直方体および不規則な多面体状ケイ酸体である。表面に2～10個の有縁壁孔が散在する。
4～6：給源細胞不明な棒状，あるいはヤスデ状ケイ酸体。これらは，棍棒，あるいは二股の棍棒状突起物で周辺が覆われており，とくに細長い棒状ケイ酸体(6)はヤスデや芋虫の形状に似ている。また，一部に，葉肉由来の楕円状ケイ酸体に類似するものも見られる。
7,8：葉肉由来の球状，楕円状ケイ酸体。表面に丸味を帯びた球あるいは二股の棍棒状突起物が見られる。イネ科イチゴツナギ亜科の毛基部由来のケイ酸体に類似する。

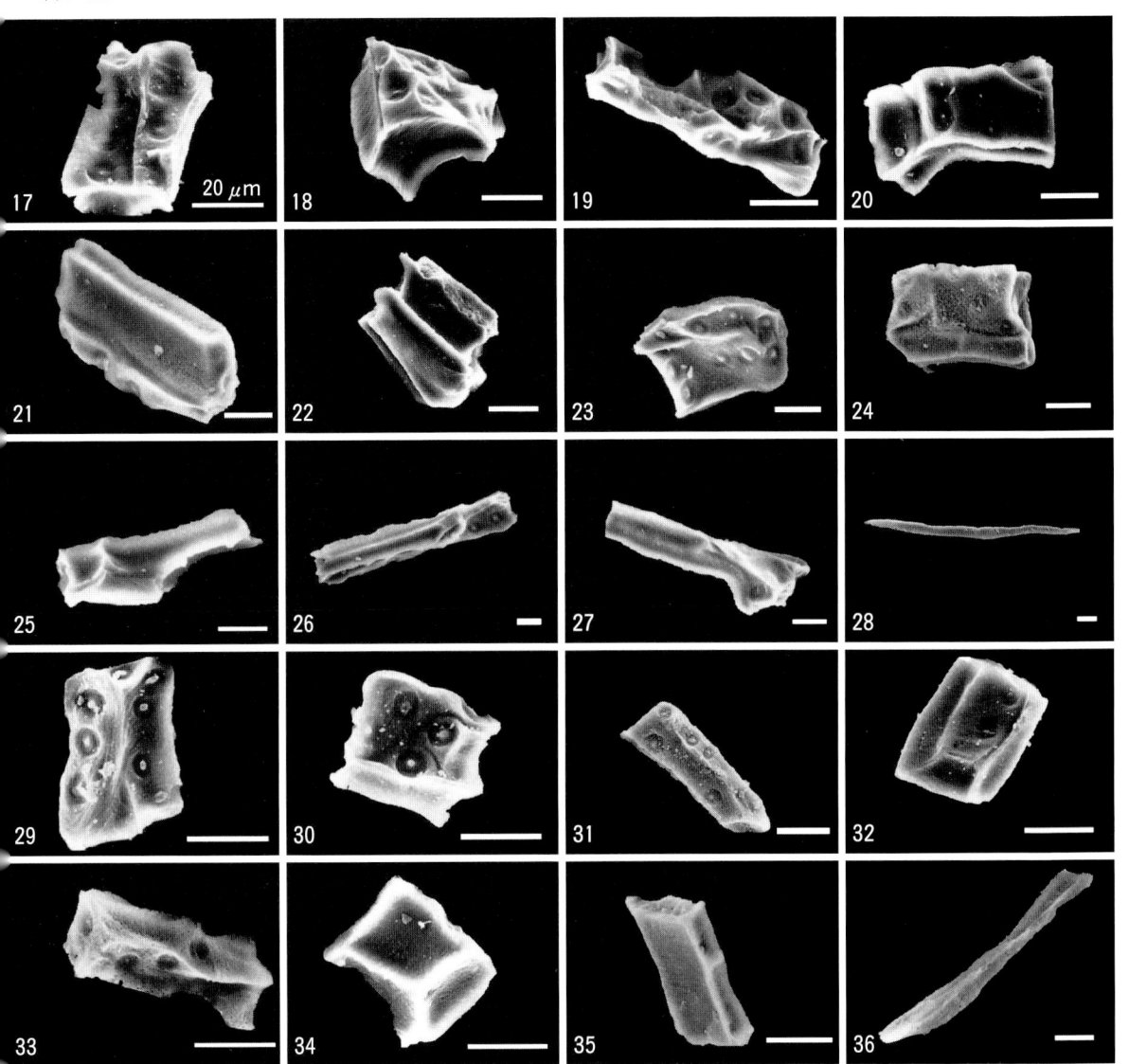

マツ科 Pinaceae マツ属 *Pinus*　149

マツ属 *Pinus*

17〜22：アカマツ *Pinus densiflora*，23〜28：ヨーロッパアカマツ（シベリアアカマツ）*Pinus sylvestris*，29〜31：コントラマツ *Pinus contorta*，32, 33：キタゴヨウ *Pinus parviflora* var. *pentaphylla*，34〜36：モンチコラマツ *Pinus monticola*
17〜27, 29〜36：移入仮導管由来の立方体，直方体，不規則な多面体および棒状ケイ酸体である。表面に 2〜10 個の有縁壁孔が散在する。
28：両先端が針状に尖った繊維由来の棒状ケイ酸体。

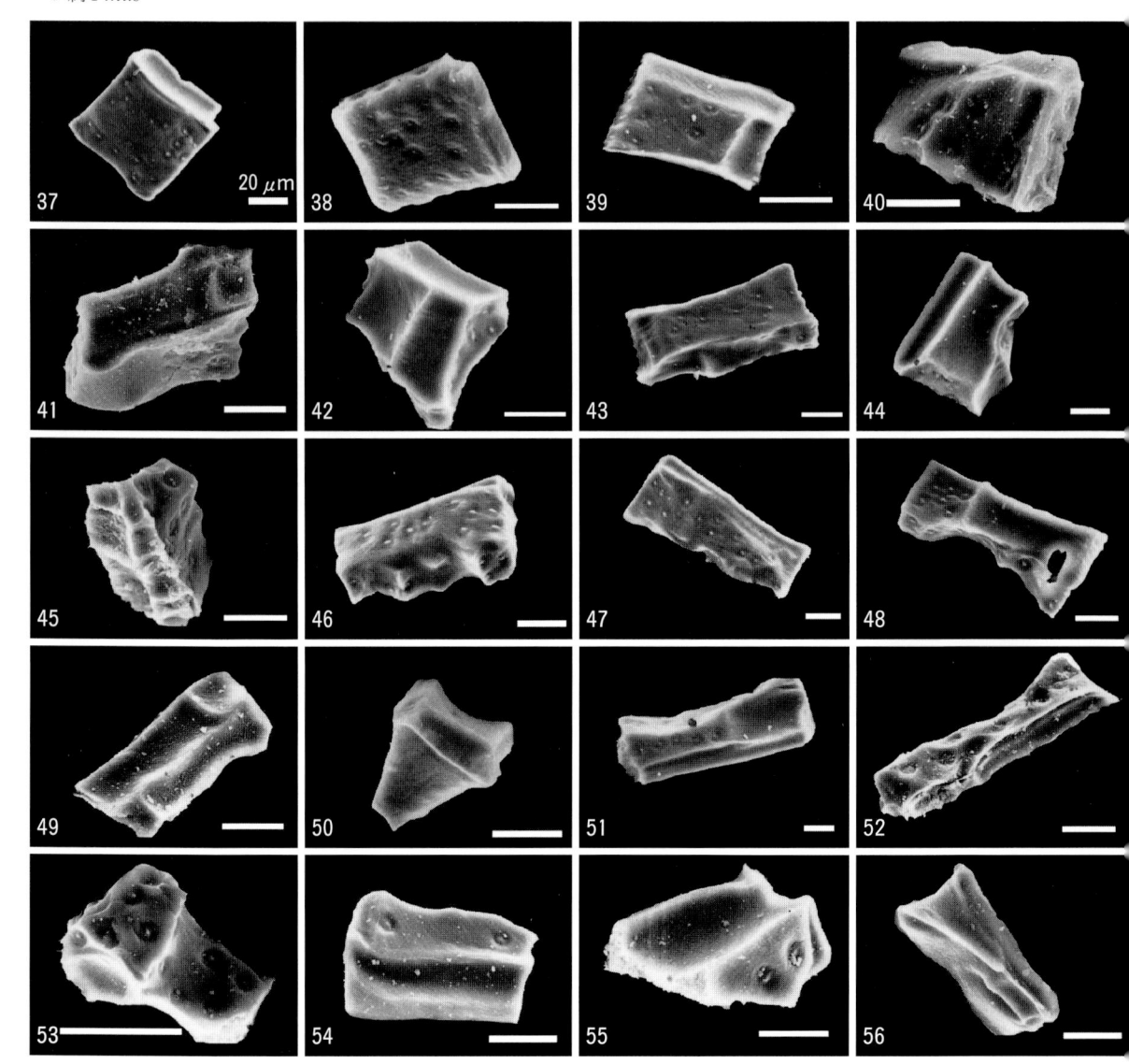

マツ科 Pinaceae マツ属 *Pinus*

マツ属 *Pinus*

37〜52：ヨーロッパクロマツ *Pinus nigra*，53〜56：マンシュウクロマツ *Pinus tabulaeformis*
37〜48,50〜55：移入仮導管由来の立方体，直方体および不規則な多面体状ケイ酸体である。表面に2〜10個の有縁壁孔が散在する。
49,56：内皮由来の不規則な直方体状ケイ酸体。仮導管ケイ酸体に似ているが，有縁壁孔は存在しない。

マツ科 Pinaceae マツ属 *Pinus*

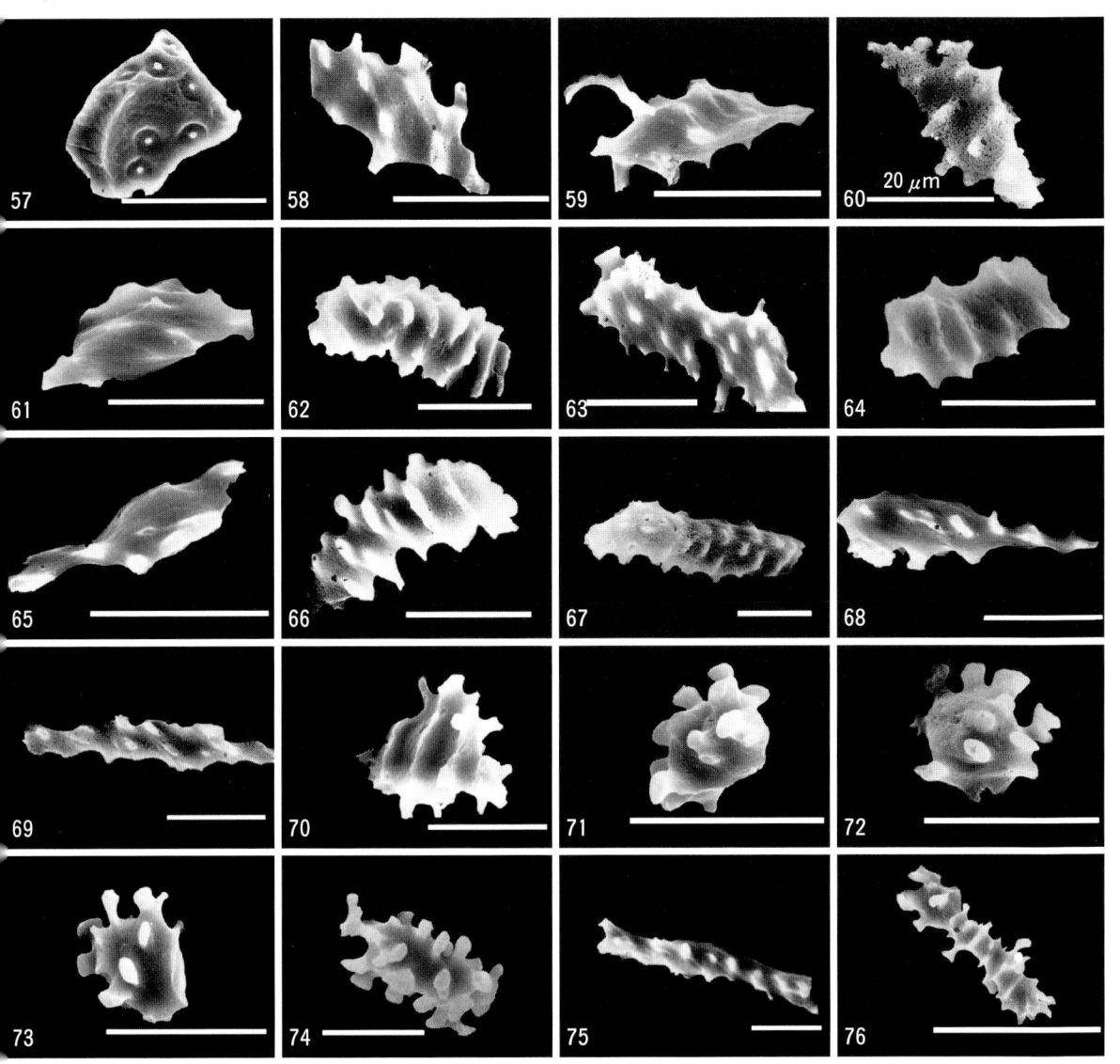

マツ属 *Pinus*

57〜76：ポンデローサマツ *Pinus ponderosa*

57：移入仮導管由来の不規則な直方体状ケイ酸体である。表面に2〜10個の有縁壁孔が散在する。

58〜70：副表皮由来の特有な形状のケイ酸体。形を言葉で表現するのは大変難しいが，全体的形状は楕円形，菱形，あるいは紡錘形で，表面が凹凸の繰り返しと突起物の複合からなり，あるものは先端が尖ったドリル状に見える。ポンデローサマツにのみ検出される特有な形態である。

71〜74：葉肉由来の球状，楕円状ケイ酸体。表面に丸味を帯びた球あるいは二股の棍棒状突起物が見られる。イネ科イチゴツナギ亜科の毛基部由来のケイ酸体に類似する。

75,76：給源細胞不明な棒状，あるいはヤスデ状ケイ酸体。これらは，棍棒，あるいは二股の棍棒状突起物で周辺が覆われており，とくに細長い棒状ケイ酸体はヤスデや芋虫の形状に似ている。また，一部に，葉肉由来の楕円形ケイ酸体に類似するものも見られる。

152 マツ科 Pinaceae マツ属 *Pinus*

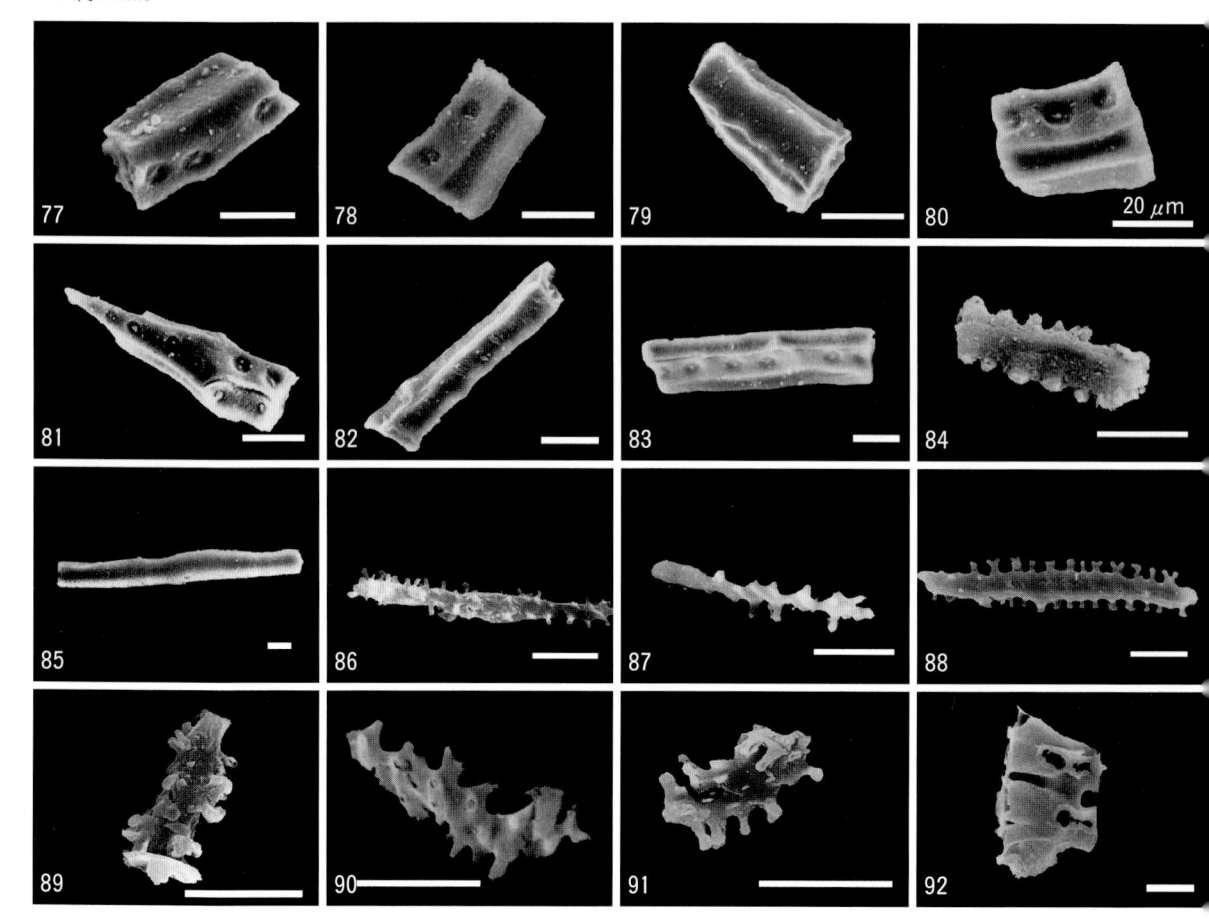

マツ属 *Pinus*

77～92：ストローブマツ Pinus strobus
77～83：移入仮導管由来の立方体，直方体，不規則な多面体および板状ケイ酸体である。表面に 2～10 個の有縁壁孔が散在する。
84,85：表皮細胞由来の棒状ケイ酸体。85 はイネ科の平滑辺棒状ケイ酸体に類似。
86～91：給源細胞不明な棒状，あるいはヤスデ状ケイ酸体。これらは，棍棒，あるいは二股の棍棒状突起物で周辺が覆われており とくに細長い棒状ケイ酸体(86,88)はヤスデや芋虫の形状に似ている。
92：給源細胞不明なケイ酸体。

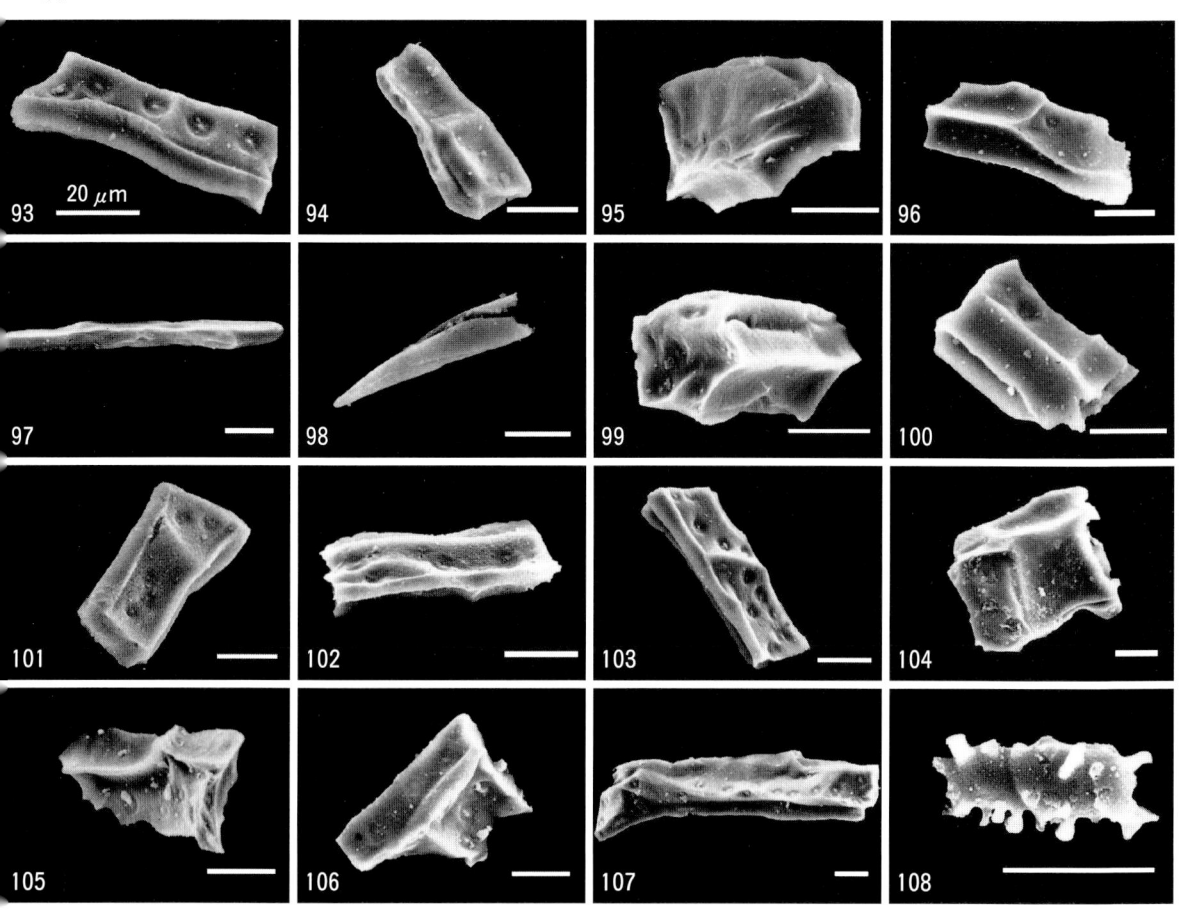

マツ科 Pinaceae マツ属 *Pinus*　153

マツ属 *Pinus*

93〜98：マケドニアマツ *Pinus peuce*，99〜103：ハイマツ *Pinus pumila*，104〜108：リキダマツ *Pinus rigida*
93〜97,99〜107：移入仮導管由来の立方体，直方体，不規則な多面体および棒状ケイ酸体である。表面に 2〜10 個の有縁壁孔が散在する。
98：表皮毛由来の嘴状ケイ酸体。
108：葉肉由来の球状，楕円状ケイ酸体。表面に丸味を帯びた球あるいは二股の棍棒状突起物が見られる。イネ科イチゴツナギ亜科の毛基部由来のケイ酸体に類似する。

154　マツ科 Pinaceae マツ属 *Pinus*

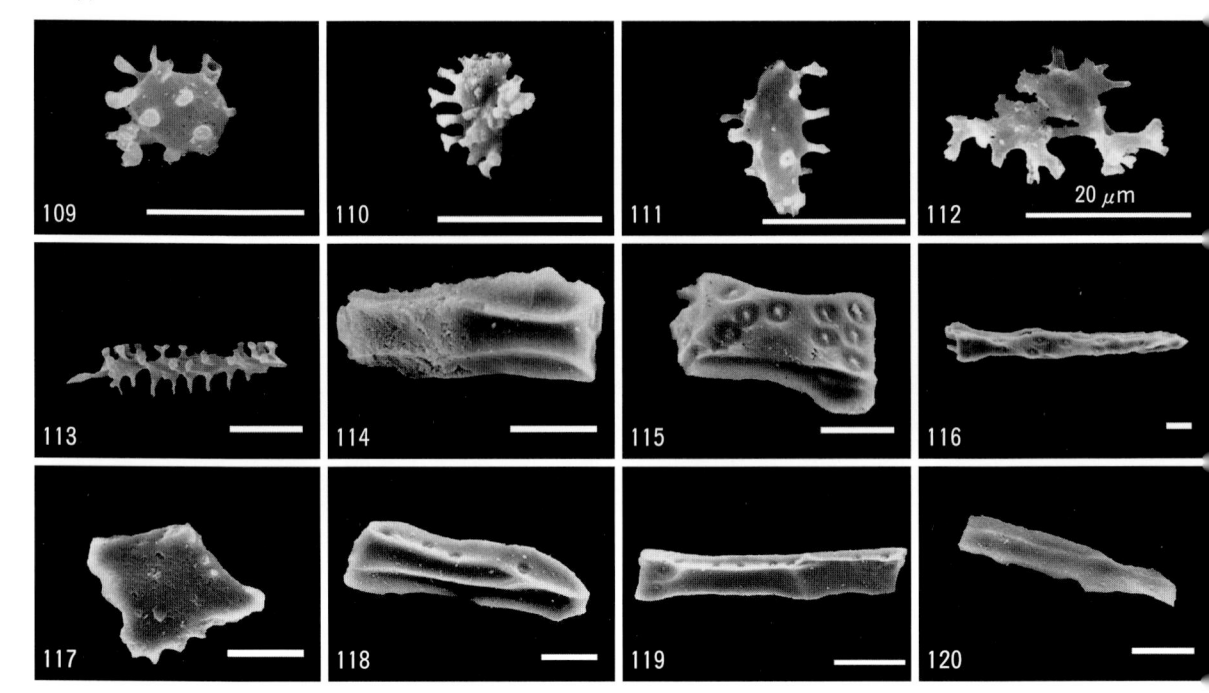

マツ属 *Pinus*

109〜113：リキダマツ *Pinus rigida*，114〜117：レジノサマツ *Pinus resinosa*，118〜120：センブラマツ *Pinus cembra*

109〜112：葉肉由来の球状，楕円状ケイ酸体。表面に丸味を帯びた球あるいは二股の棍棒状突起物が見られる。イネ科イチゴツナギ亜科の毛基部由来のケイ酸体に類似する。

113：給源細胞不明な棒状，あるいはヤスデ状ケイ酸体。これらは，棍棒，あるいは二股の棍棒状突起物で周辺が覆われており，とくに細長い棒状ケイ酸体はヤスデや芋虫の形状に似ている。

114,117,120：内皮由来の不規則な直方体，板状，あるいは棒状ケイ酸体。仮導管ケイ酸体に似ているが，有縁壁孔は存在しない。

115,116,118,119：葉身の移入仮導管由来の直方体および棒状ケイ酸体である。表面に2〜10個の有縁壁孔が散在する。

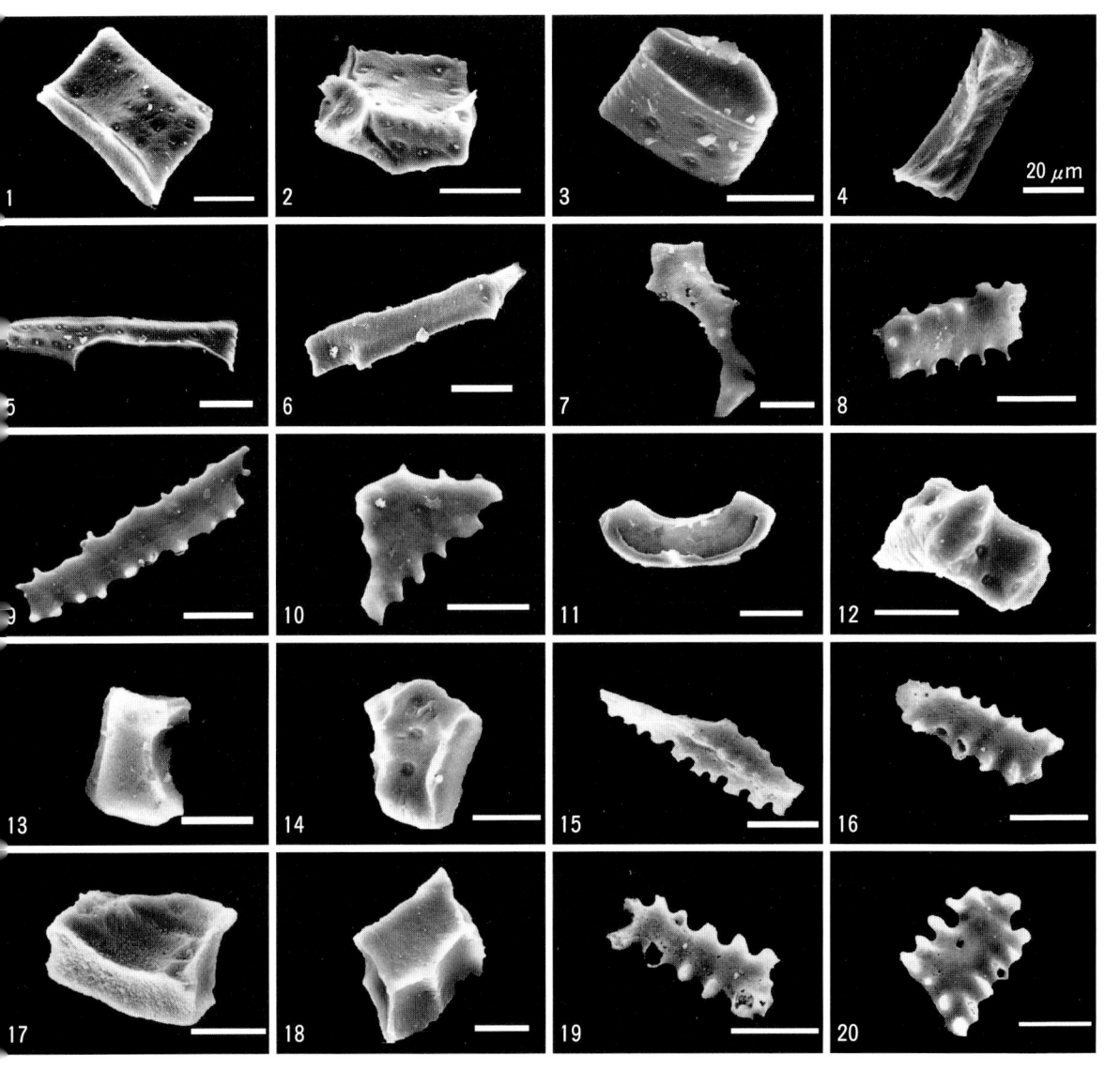

マツ科 Pinaceae トウヒ属 *Picea* 155

1~11：オウシュウトウヒ(ヨーロッパトウヒ) *Picea abies*，12~17：イラモミ *Picea bicolor*，18~20：アカエゾマツ *Picea glehnii*
1~6,12~14,17：表面に有縁壁孔をもつ移入仮導管由来の立方体，直方体，不規則な多面体および棒状ケイ酸体。
7：給源細胞不明なケイ酸体。
8~10,15,16,19,20：表皮細胞由来の刺状辺および鋸歯状辺棒状ケイ酸体。イネ科の棒状ケイ酸体に類似するが，側面の突起物の出現状態が異なる。10,20 は横幅が広く，棒状より板状に近い。
11：気孔由来のカシューナッツ状ケイ酸体。
18：内皮由来の立方体状ケイ酸体。

156　マツ科 Pinaceae トウヒ属 Picea

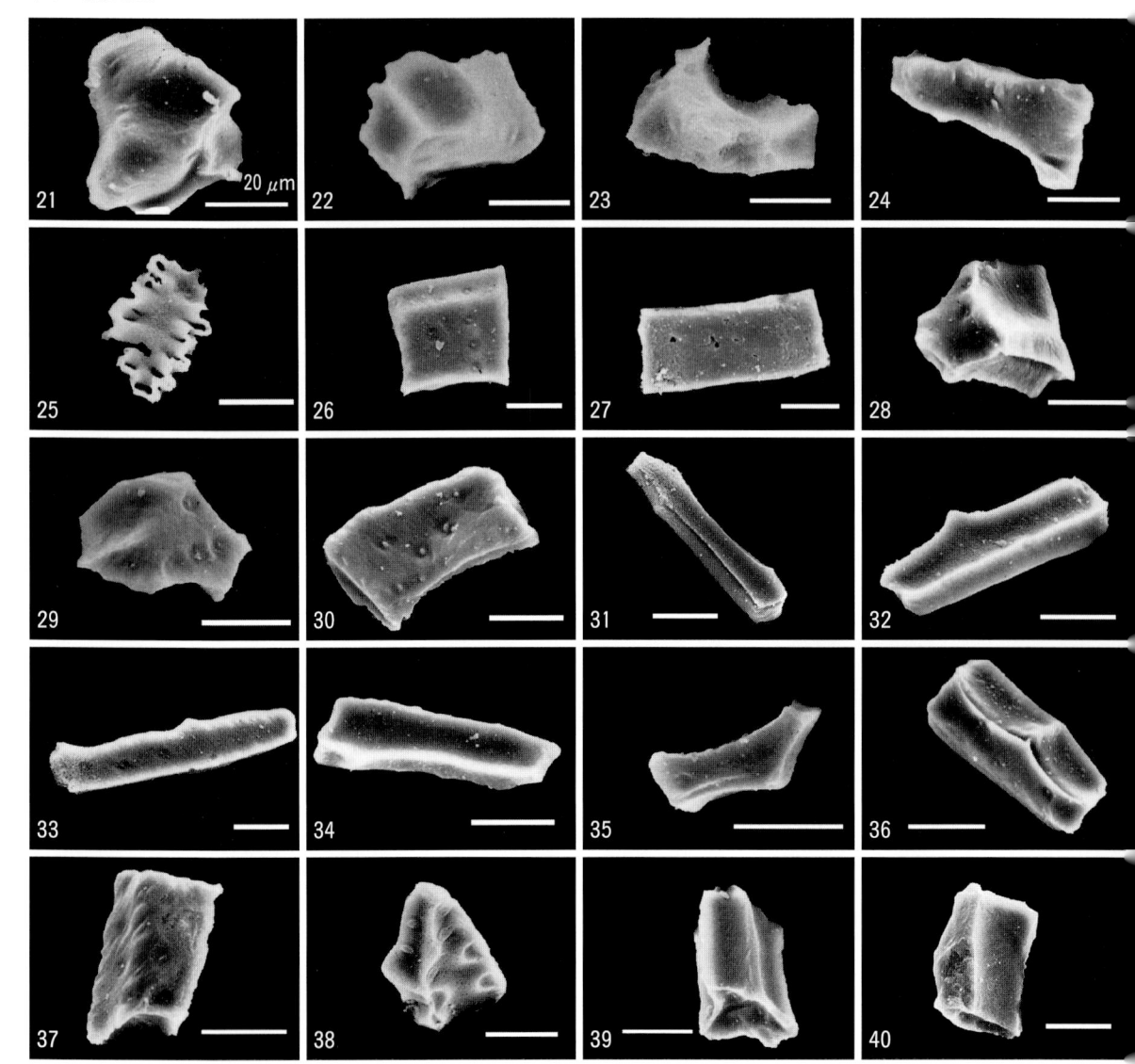

トウヒ属 Picea

21〜25,29〜37：カナダトウヒ（シロトウヒ）Picea glauca，26〜28：コロラドトウヒ Picea pungens，38〜40：アカトウヒ（ルベン
トトウヒ）Picea rubens
21〜23,26,28〜30,33〜40：表面に有縁壁孔をもつ移入仮導管由来の立方体，直方体，不規則な多面体および棒状ケイ酸体。
25：給源細胞不明なケイ酸体。
24,27,31,32：内皮由来の直方体および棒状ケイ酸体。

マツ科 Pinaceae トウヒ属 *Picea*   157

トウヒ属 *Picea*

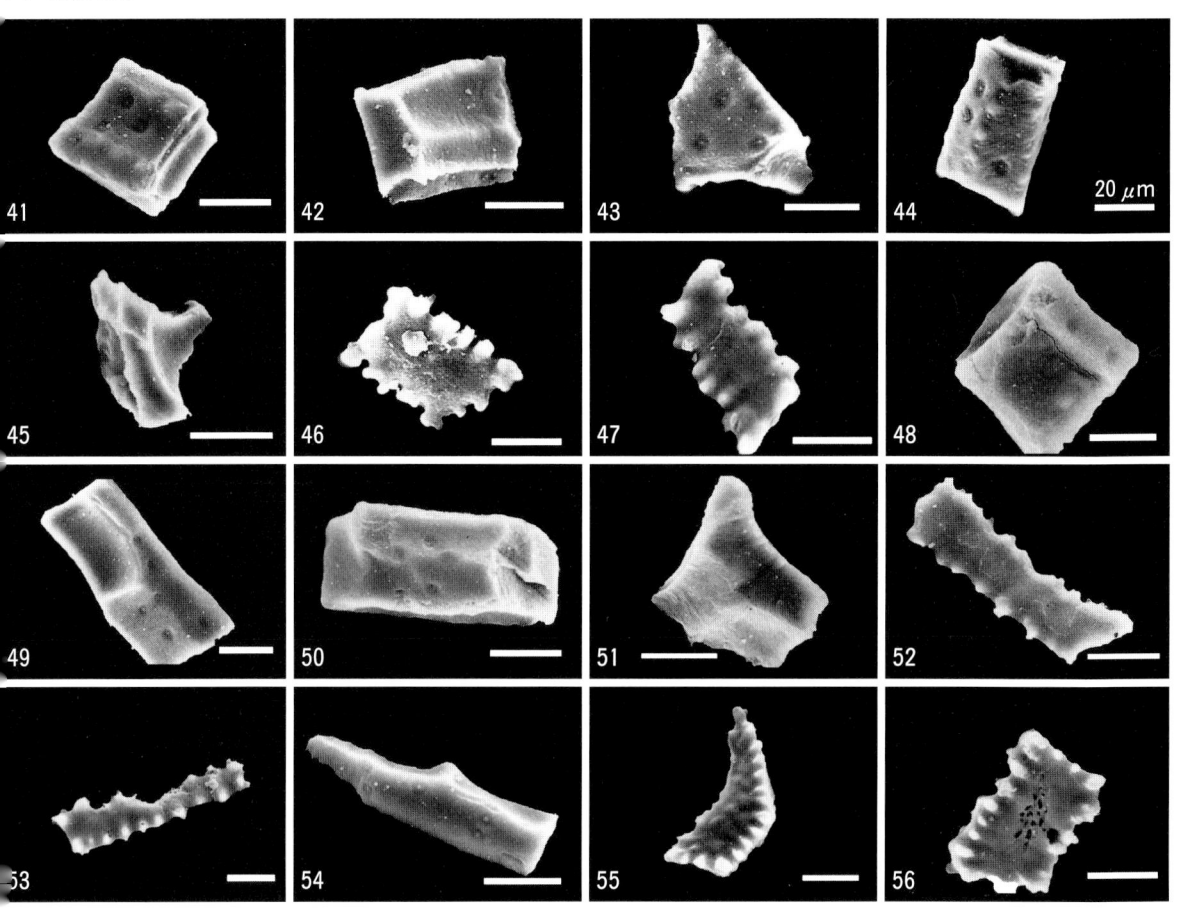

41〜47：チョウセンハリモミ *Picea koraiensis*，48〜53：ヤツガタケトウヒ *Picea koyamae*，54〜56：シベリアトウヒ *Picea obovata*

41〜44,48〜51,54：表面に有縁壁孔をもつ移入仮導管由来の立方体，直方体，不規則な多面体および棒状ケイ酸体。
45：給源細胞不明なケイ酸体。
46,47,52,53,55,56：表皮細胞由来の鋸歯辺棒状ケイ酸体。イネ科の棒状ケイ酸体に類似するが，側面の突起物の出現状態が異なる。
46,47,56で見られるように，イネ科の棒状ケイ酸体より横幅が広い。

158　マツ科 Pinaceae トウヒ属 *Picea*

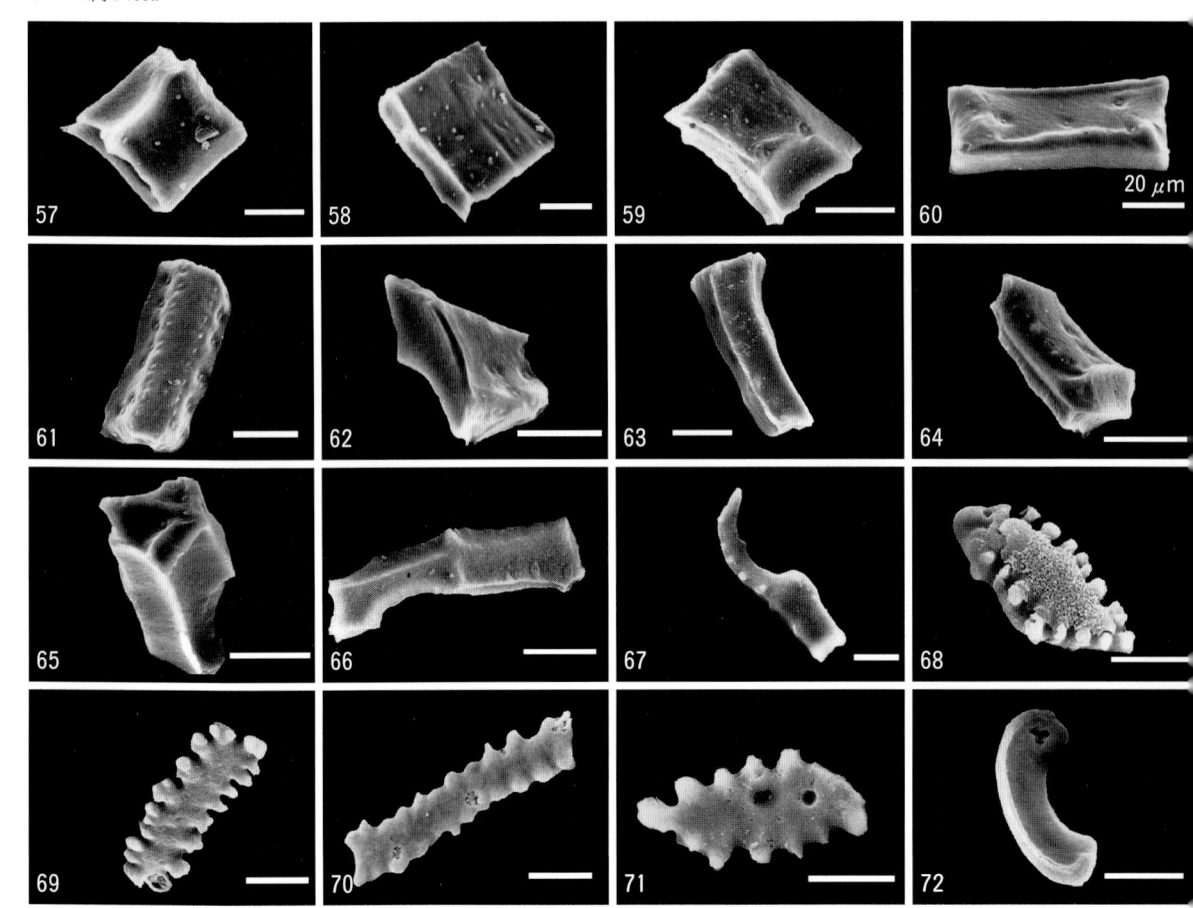

トウヒ属 *Picea*

57〜72：エゾマツ *Picea jezoensis*
57〜65：表面に有縁壁孔をもつ移入仮導管由来の立方体，直方体および不規則な多面体ケイ酸体。
66：内皮由来の不規則な多面体ケイ酸体。
67：給源細胞不明なケイ酸体。
68〜71：表皮細胞由来の鋸歯辺棒状ケイ酸体。イネ科の棒状ケイ酸体に類似するが，側面の突起物の形態や出現状態が異なる。68, 71 で見られるように，イネ科の棒状ケイ酸体より横幅が広い。
72：気孔由来のカシューナッツ状ケイ酸体。

マツ科 Pinaceae モミ属 *Abies*　159

モミ属 *Abies*

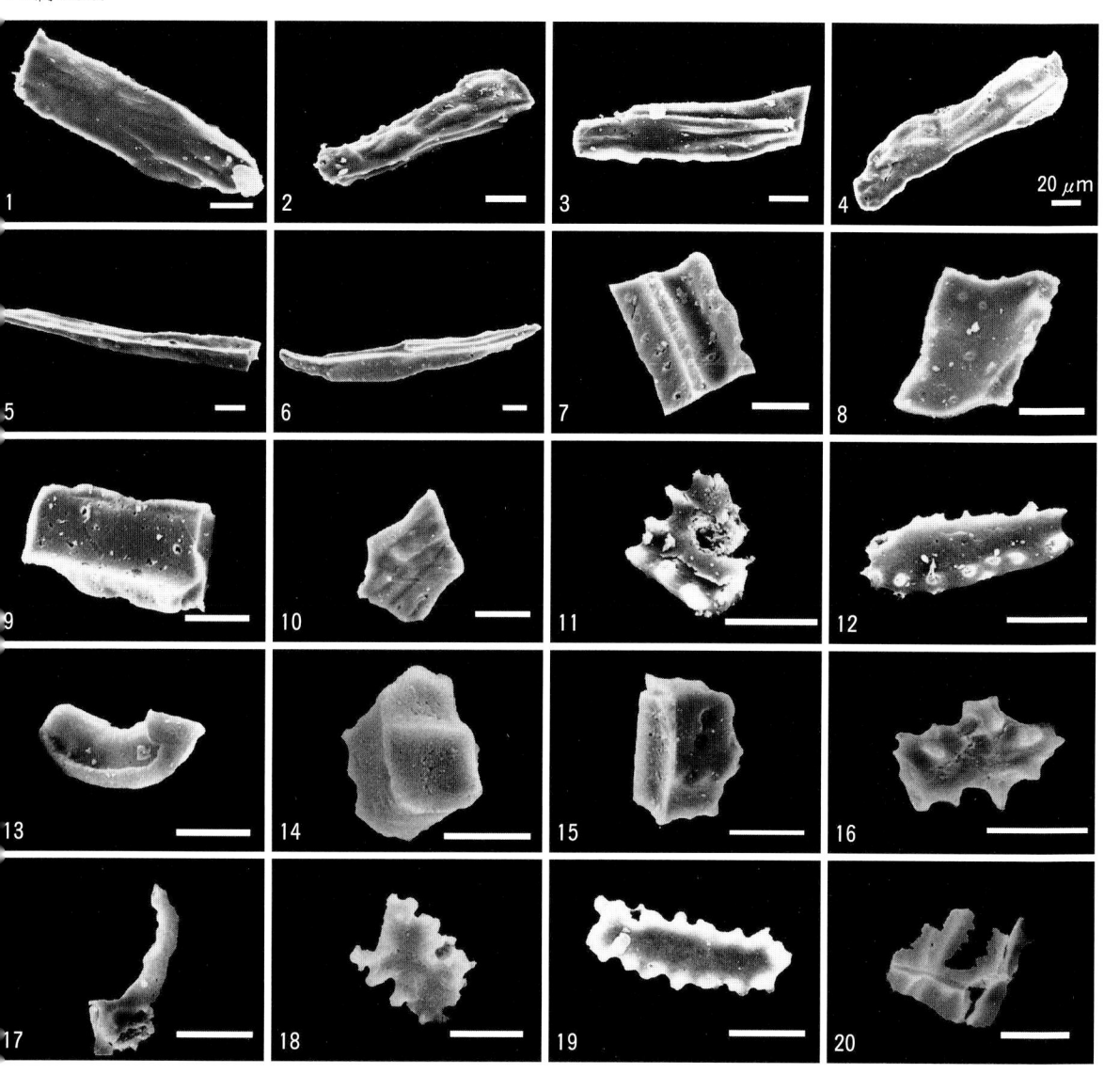

~13：バルサムモミ *Abies balsamea*，14~20：チョウセンモミ *Abies koreana*
,3,5,6,10,14：内皮由来の直方体，不規則な多面体および棒状ケイ酸体。バルサムモミの移入仮導管および内皮由来の両ケイ酸体は大型で，他のマツ科のそれらと異なる特有な形状のものが多い。
,4,7~9,15：表面に有縁壁孔をもつ移入仮導管由来の直方体，不規則な多面体および棒状ケイ酸体。
1,12,16,18,19：表皮細胞由来の鋸歯辺棒状，あるいは板状ケイ酸体。
3：気孔由来のカシューナッツ状ケイ酸体。
7,20：給源細胞不明なケイ酸体。

160 マツ科 Pinaceae モミ属 Abies

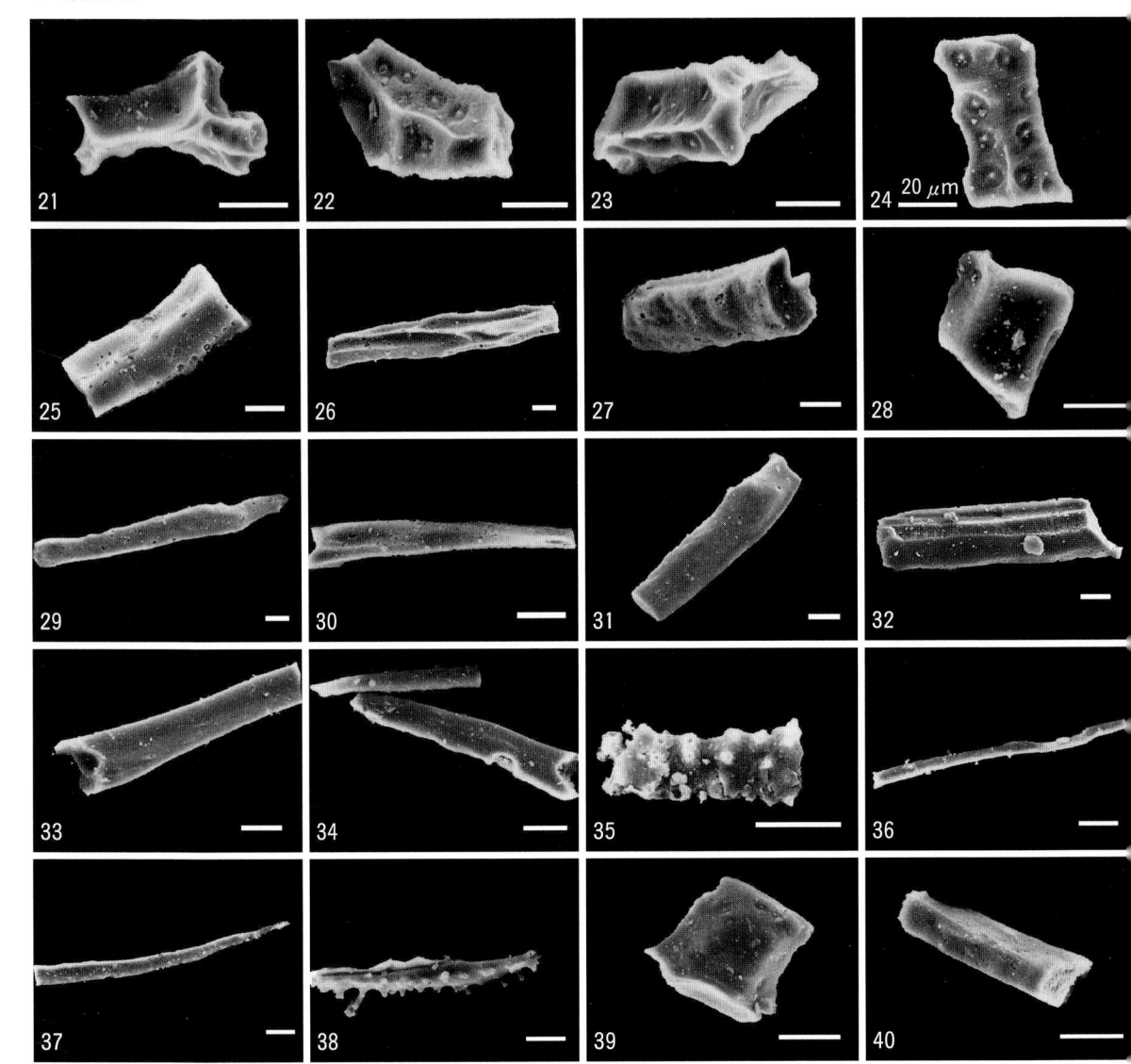

モミ属 Abies

21〜24：グランディスモミ Abies grandis，25〜27：ラシオカルパモミ（アルプスモミ）Abies lasiocarpa，28〜38：トウシラベ Abies nephrolepis，39，40：シラビソ Abies veitchii
21〜24,28,39：表面に有縁壁孔をもつ移入仮導管由来の直方体，不規則な多面体および棒状ケイ酸体。
25〜27,31,32,40：内皮由来の直方体および棒状ケイ酸体。
29,37：繊維由来の両先端が尖った棒状ケイ酸体。
30,33,34,38：給源細胞不明なケイ酸体。
35,36：表皮細胞由来の鋸歯辺および平滑辺ケイ酸体。

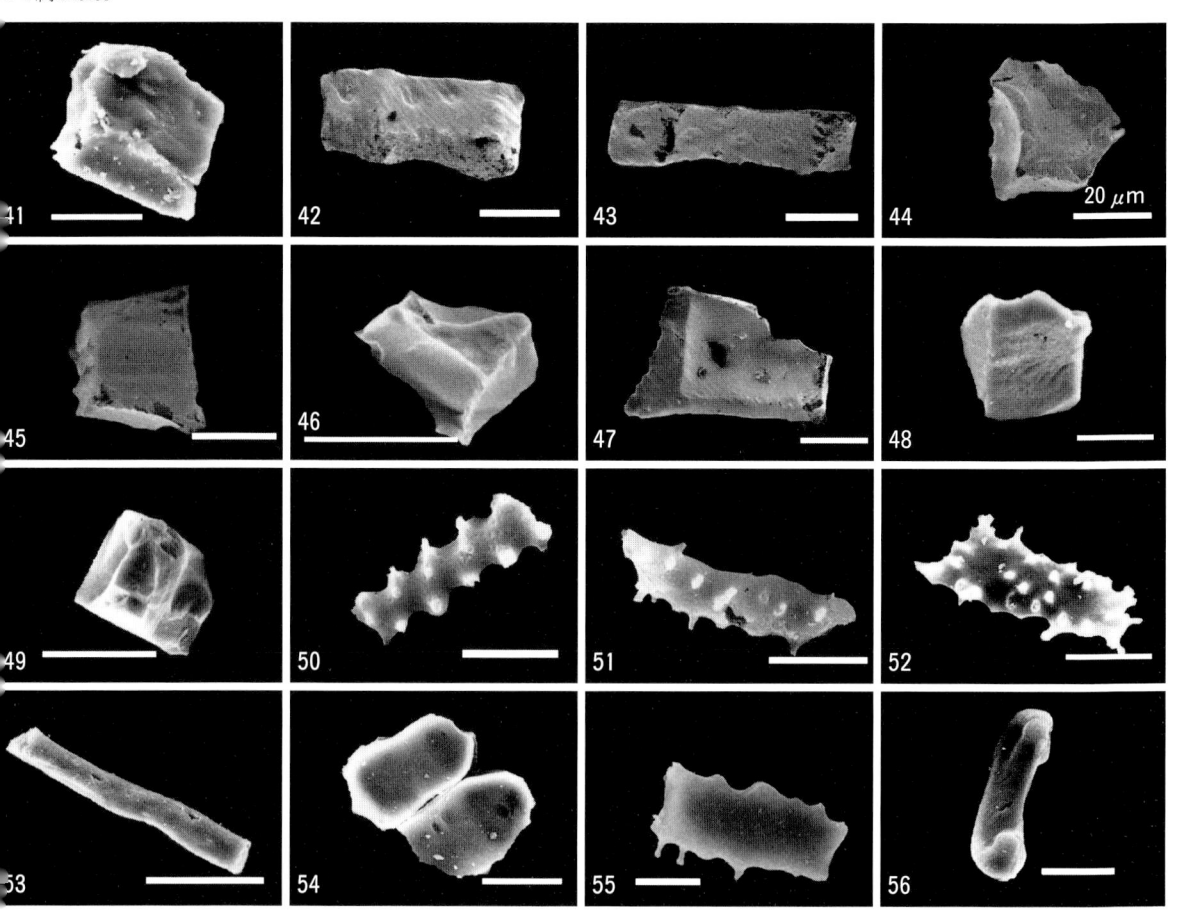

マツ科 Pinaceae モミ属 *Abies* 161

41〜56：トドマツ *Abies sachlinensis*
41〜44,47：表面に有縁壁孔をもつ移入仮導管由来の直方体，不規則な多面体および棒状ケイ酸体。
45,46,48,49：内皮由来の直方体および不規則な多面体ケイ酸体。
50〜53,55：表皮細胞由来の鋸歯辺および平滑辺棒状ケイ酸体。
54：給源細胞不明なケイ酸体。
56：気孔由来のカシューナッツ状ケイ酸体。

マツ科 Pinaceae カラマツ属 *Larix*

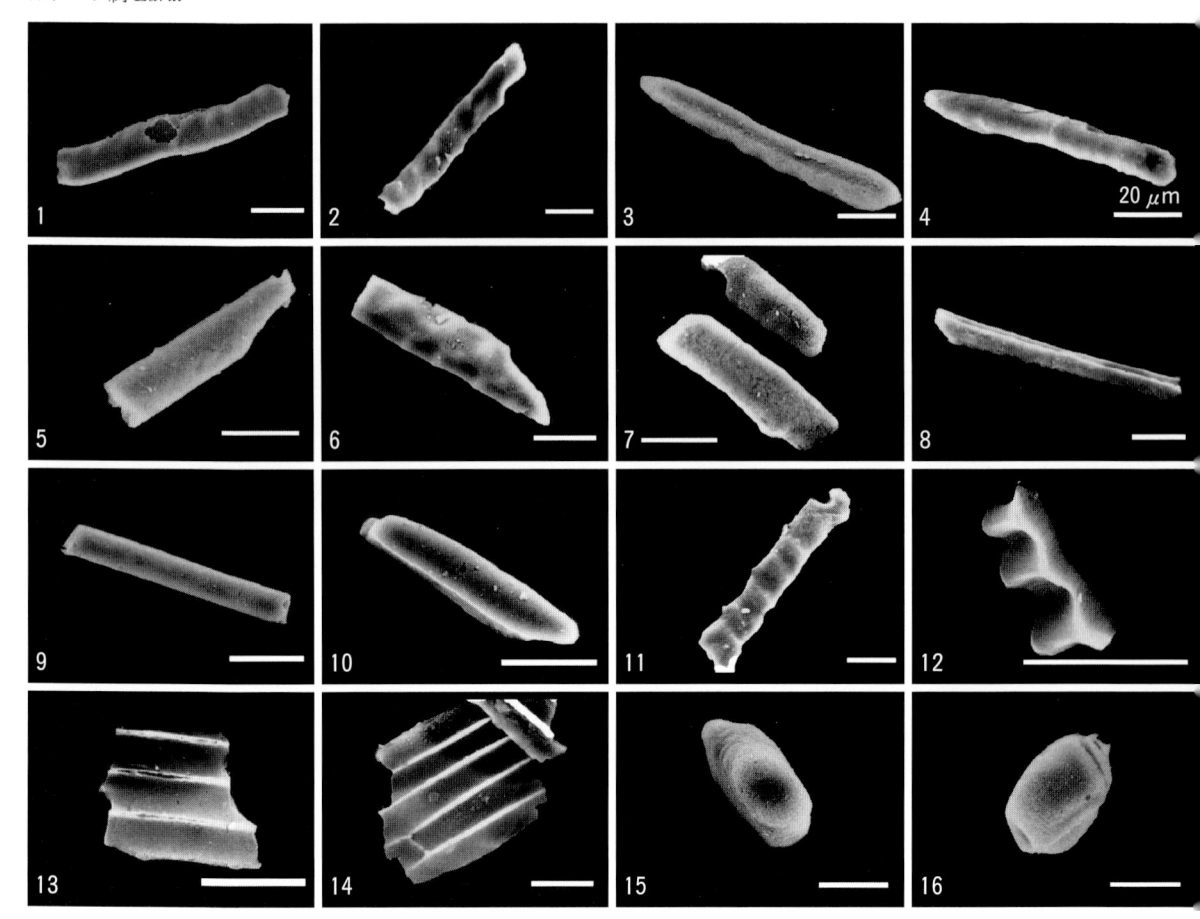

カラマツ属 *Larix*

1〜16：カラマツ *Larix kaempferi*
1〜11：表皮細胞由来の棒状，あるいは板状ケイ酸体。これらのケイ酸体は，表面が僅かに凸凹しているものもあるが，多くは滑らかである。棒状の先端部が角張るもの，丸味のあるもの，ナイフ状のものなどさまざまである。
12：給源細胞不明なケイ酸体。
13,14：表皮由来の組織片。
15,16：毛状突起由来のポイント型ケイ酸体(？)。

マツ科 Pinaceae カラマツ属 *Larix* 163

カラマツ属 *Larix*

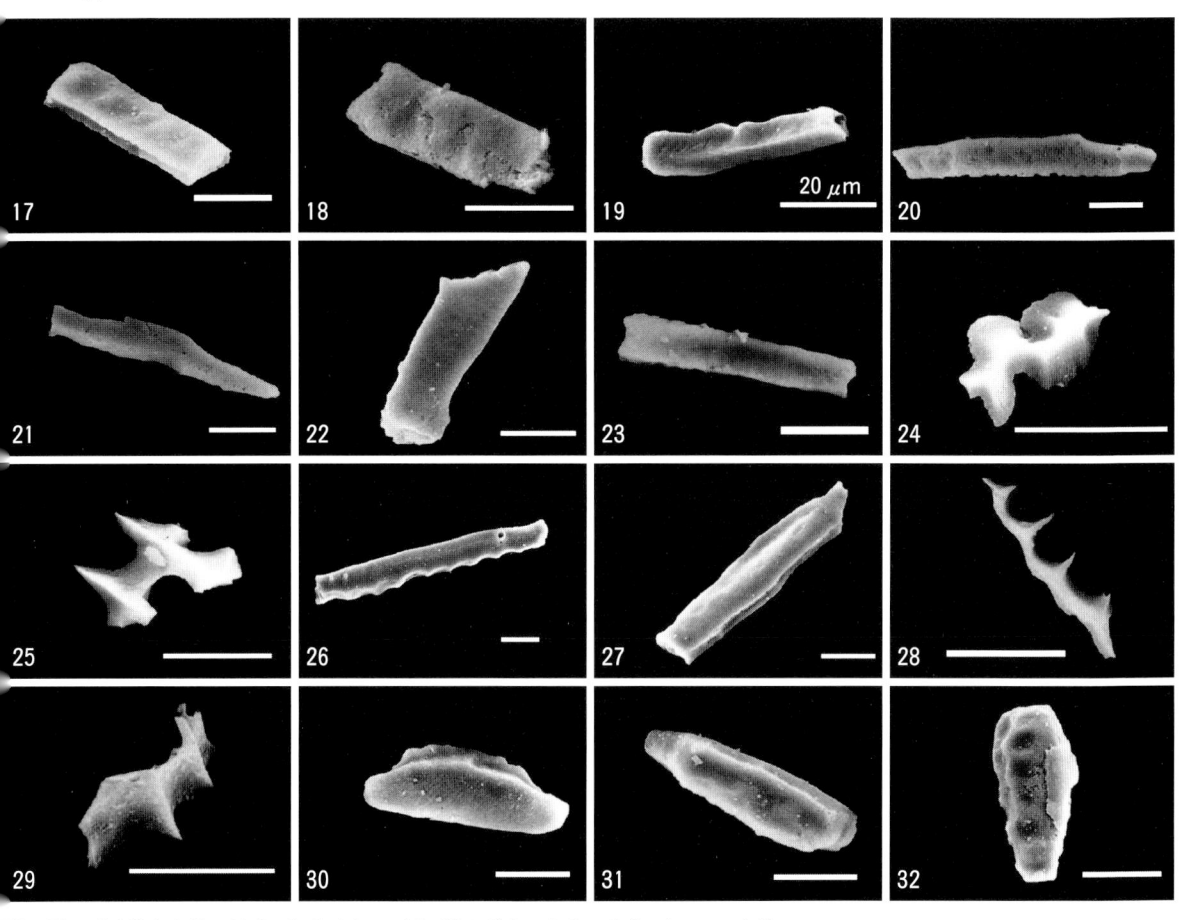

17~25：アメリカカラマツ *Larix laricina*，26~32：ポタニカラマツ *Larix potaninii*
17~23,26,27：表皮細胞由来の棒状，あるいは板状ケイ酸体。これらのケイ酸体は，表面が僅かに凸凹しているものもあるが，多くは滑らかである。棒状の先端部が角張るもの，丸味のあるもの，ナイフ状のものなどさまざまである。
24,25,28,29：厚角組織に関連する細胞(？)由来と思われる楔文字状ケイ酸体。
30：給源細胞不明なケイ酸体。
31,32：毛状突起由来のポイント型ケイ酸体。

164　マツ科 Pinaceae カラマツ属 *Larix*

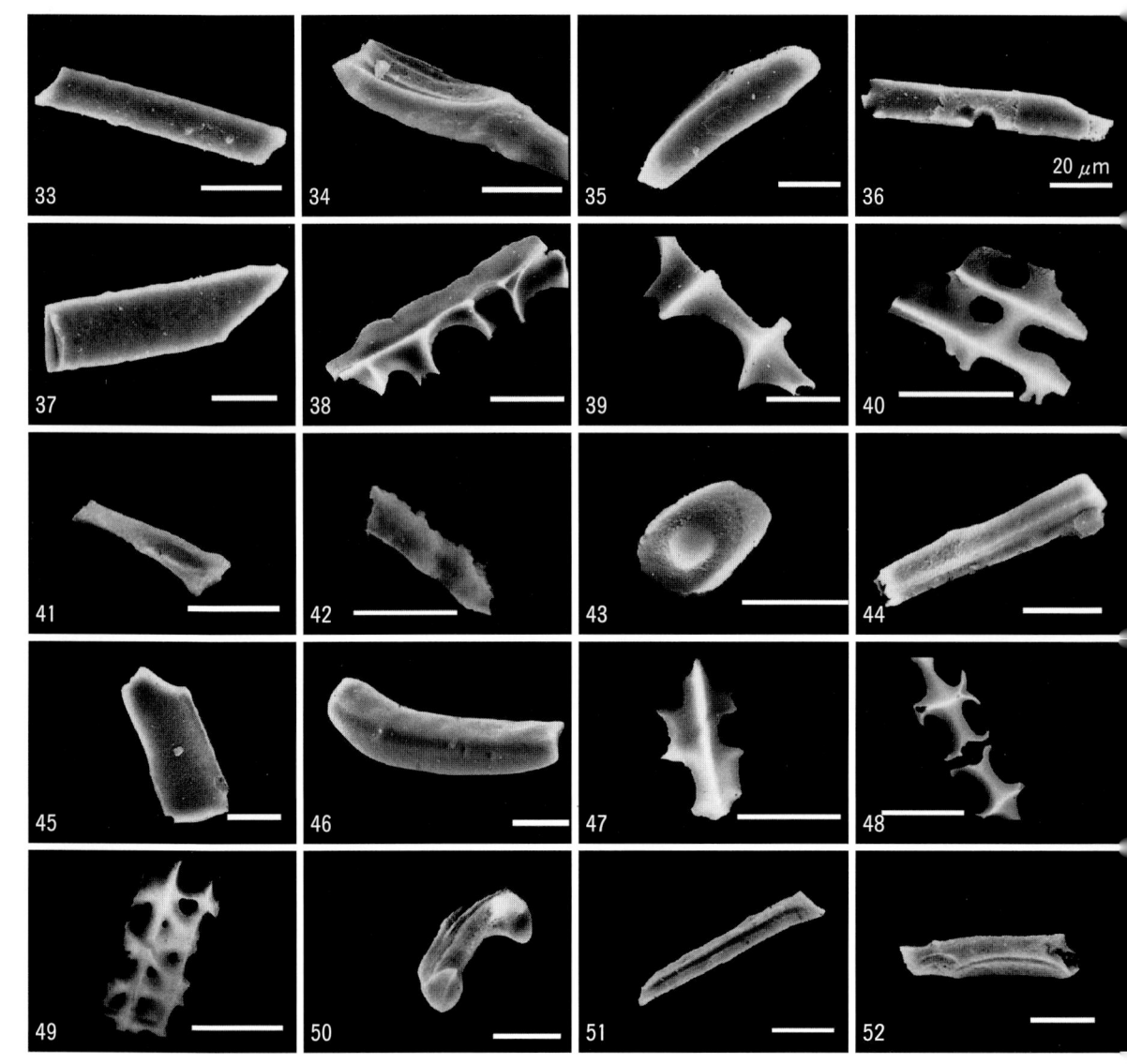

カラマツ属 *Larix*

33〜43：ヨーロッパカラマツ *Larix decidua*，44〜50：マンシュウカラマツ *Larix olgensis*，51, 52：チョウセンカラマツ *Larix olgensis* var. *koreana*

33〜37,41,42,44〜46,51,52：表皮細胞由来の棒状，あるいは板状ケイ酸体。これらのケイ酸体は，表面が僅かに凸凹しているものもあるが，多くは滑らかである。棒状の先端部が角張るもの，丸味のあるもの，ナイフ状のものなどさまざまである。ときおり長辺の一方のみが内側に半円でえぐられているものもある。
38〜40,47〜49：厚角組織に関連する細胞(？)，あるいは細胞間隙由来と思われる楔文字状ケイ酸体。
43：給源細胞不明なケイ酸体。
50：気孔由来のカシューナッツ状ケイ酸体。

マツ科 Pinaceae カラマツ属 *Larix* 165

カラマツ属 *Larix*

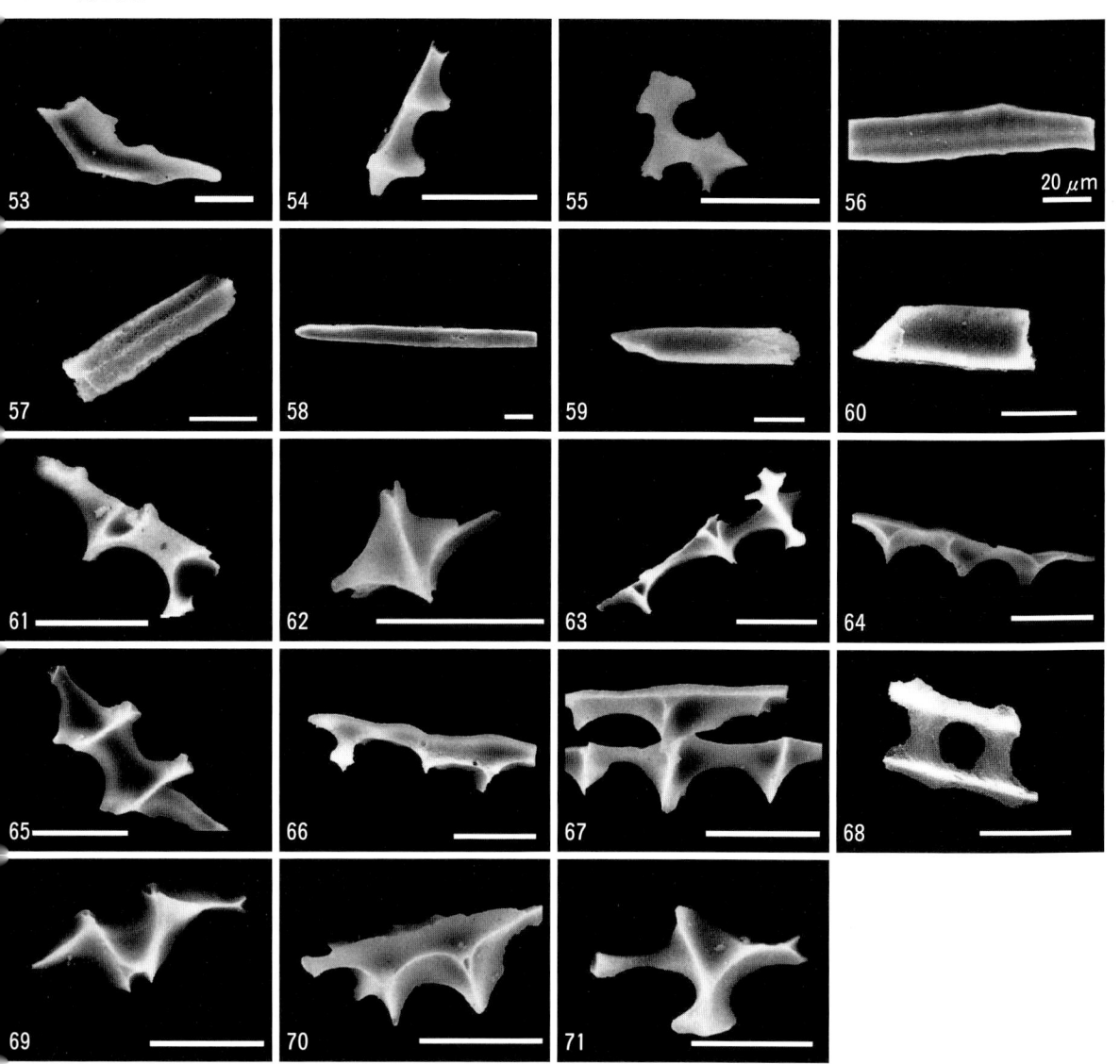

53〜55：チョウセンカラマツ *Larix olgensis* var. *koreana*, 56〜64：グイマツ（ダフヒアカラマツ）*Larix gmelinii*, 65〜71：グイマツ（樺太系）*Larix gmelinii* var. *japonica* ex. *saghalin*

53,55：給源細胞不明なケイ酸体。
54,61〜71：厚角組織に関連する細胞（？），あるいは細胞間隙由来と思われる楔文字状ケイ酸体。
56〜60：表皮細胞由来の棒状，あるいは板状ケイ酸体。これらのケイ酸体の多くは，表面が滑らかである。また，棒状の先端部が角張るもの，丸味のあるもの，ナイフ状のものなどさまざまである。

166　マツ科 Pinaceae ツガ属 Tsuga，トガサワラ属 Pseudotsuga

ツガ属 Tsuga

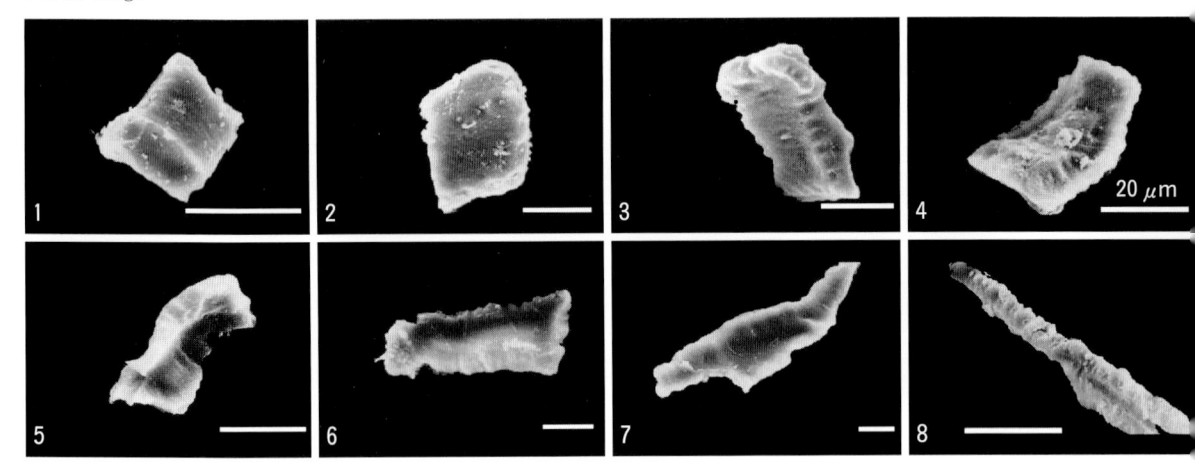

1〜8：コメツガ Tsuga diversifolia
1〜8：葉身の移入仮導管由来の直方体，棒状および不定形状ケイ酸体。3,4 のように側面に有縁壁孔が密に連なり，その凹凸が皺状に見える。

トガサワラ属 Pseudotsuga

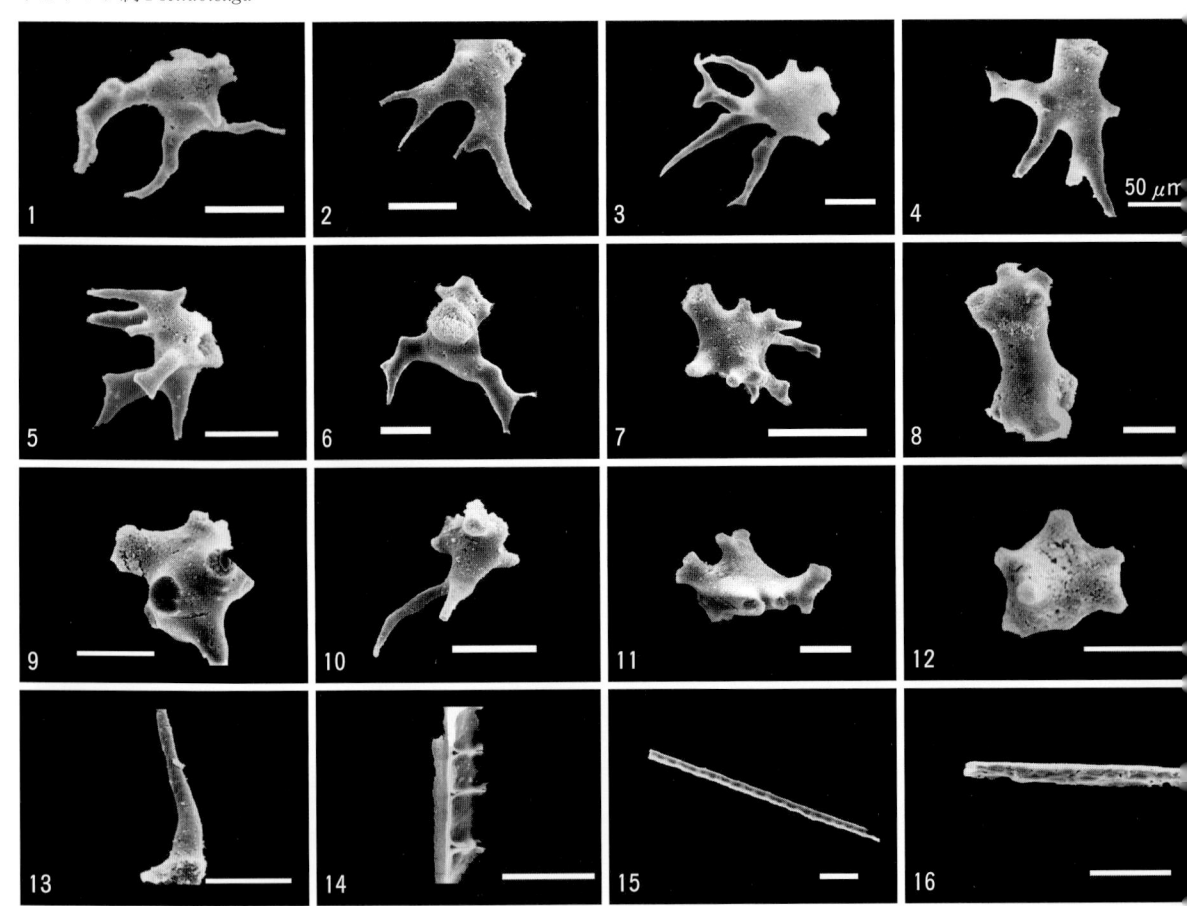

1〜16：ダグラスモミ Pseudotsuga menziesii
1〜13：星状厚壁異形細胞由来の樹木の切株状ケイ酸体である。本来の形態(星状)を留めておらず，多くは部分的形状(破片)として出現。
14〜16：表皮由来の棒状ケイ酸体。

草本性シダ類：コバノイシカグマ科 Dennstaedtiaceae ワラビ属，フモトシダ属／オシダ科 Dryopteridaceae イノデ属，シシガシラ科 Blechnaceae ブレキナム属／ヒメシダ科 Thelypteridaceae ヒメシダ属　　167

フラビ属 Pteridium，フモトシダ属 Microlepia ／ イノデ属 Polystichum，ブレキナム属 Blechnum ／ ヒメシダ属 Thelypteris

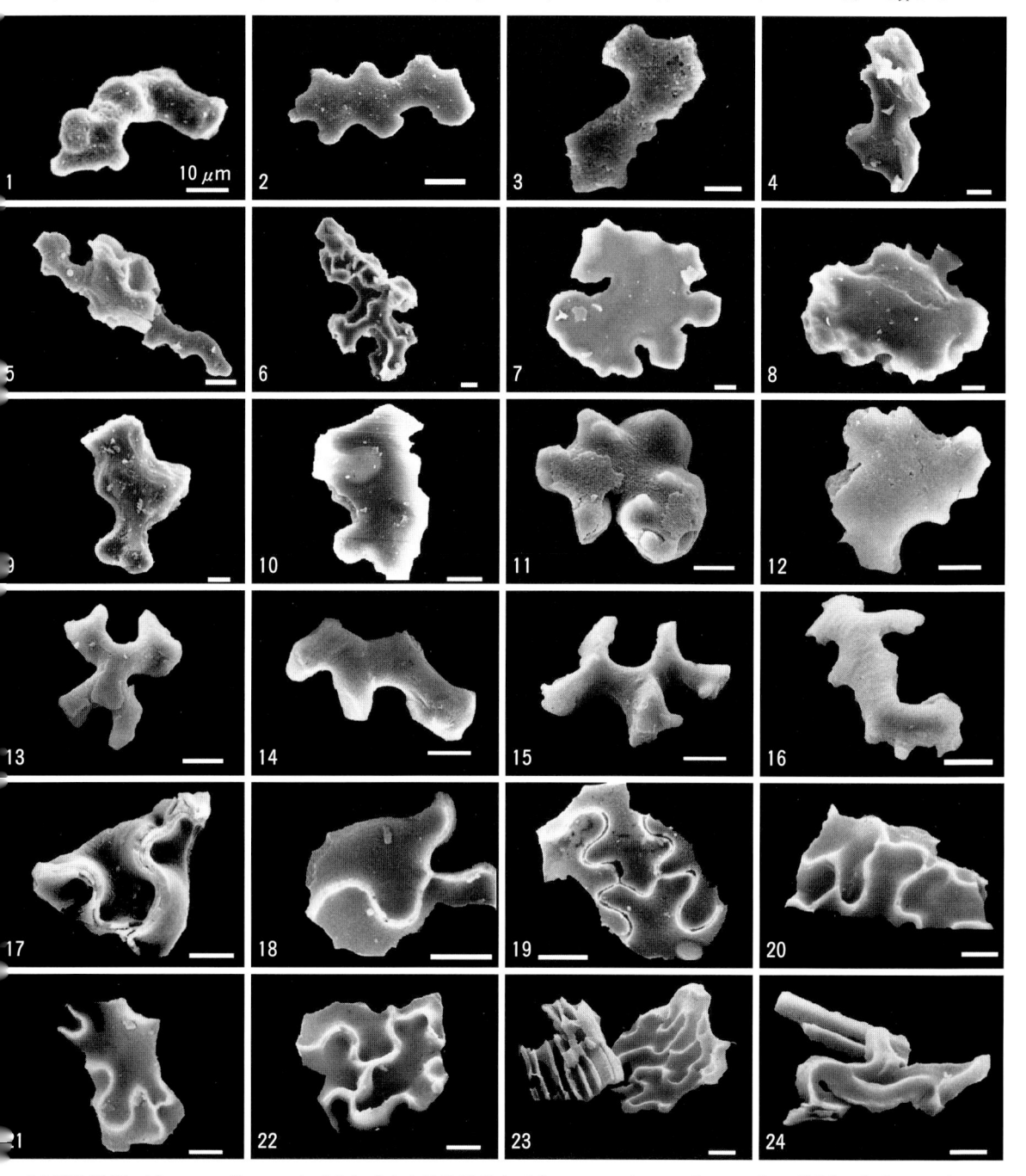

〜3：ワラビ Pteridium aquilinum，4〜8：ヒメカナワラビ Polystichum tsus-sinense，9：フモトシダ Microlepia marginata，
0：テツホシダ Thelypteris interrupta，11，12，17*1：ピイウピイウ Blechnum discolor，13〜16，20，22〜24*1：ラフラフ
Pteridium esculentum，18，19，21：ホシダ Thelypteris acuminata
〜16：さまざまな形の表皮細胞由来のはめ絵パズル状ケイ酸体。
7〜24：表皮細胞由来のはめ絵パズル状組織片。
[1]ニュージーランド産

168　草本性シダ類：ヒメシダ科Thelypteridaceaeヒメシダ属／コバノイシカグマ科Dennstaedtiaceaeワラビ属，フモトシダ属／シシガシラ科Blechnaceaeブレキナム属／イワヒバ科Selaginellaceaeイワヒバ属／リュウビンタイ科Marattiaceaeリュウビンタイ属

ヒメシダ属 Thelypteris ／ ワラビ属 Pteridium，フモトシダ属 Microlepia ／ ブレキナム属 Blechnum ／ イワヒバ属 Selaginella ／ リュウビンタイ属 Angiopteris

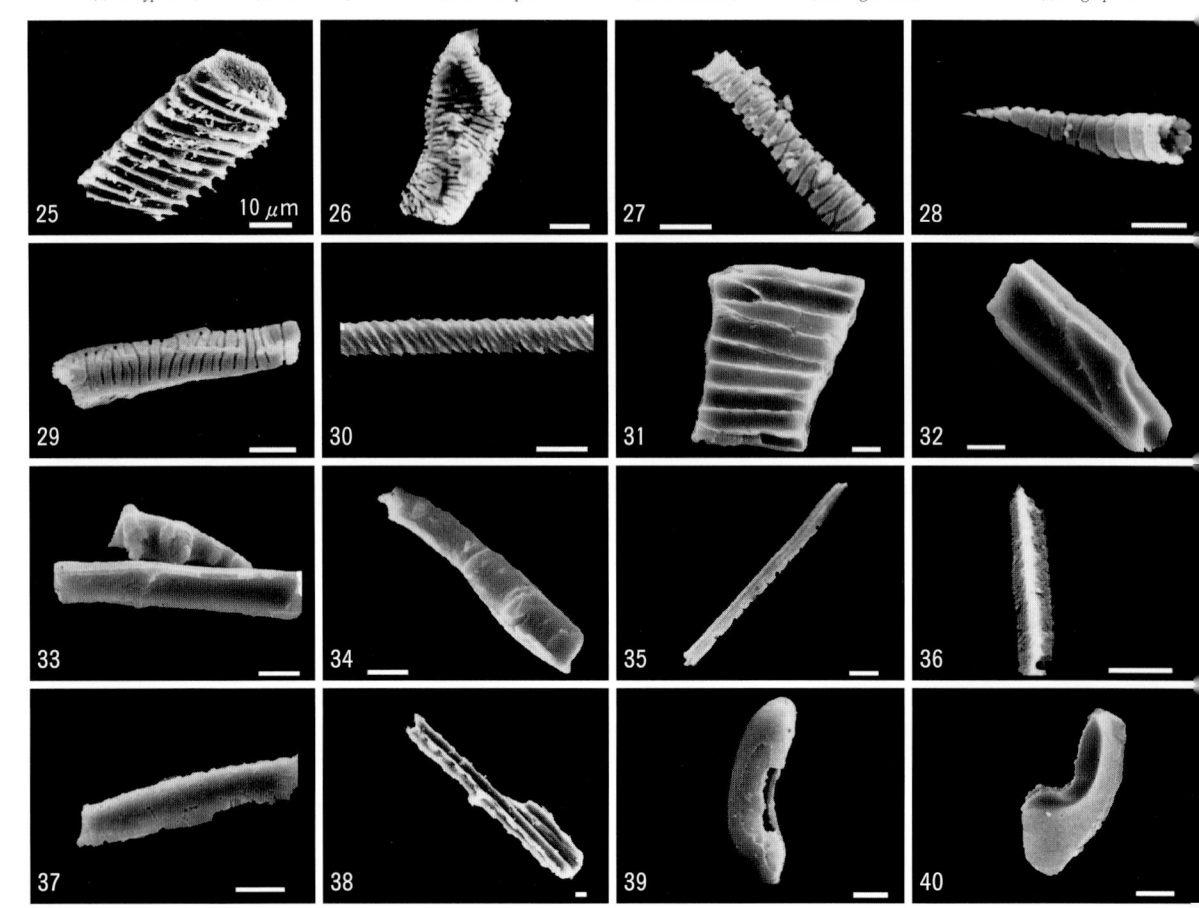

25，27：クジャクフモトシダ Microlepia marginata var. bipinnata，26：フモトシダ Microlepia marginata，28：リュウビンタイ Angiopteris lygodiifolia，29：ホシダ Thelypteris acuminata，30[*1]：ピイウピイウ Blechnum discolor，31〜34[*1]：ラフラフ Pteridium esculentum，35，39：ワラビ Pteridium aquilinum，36：コンテリクラマゴケ Selaginella unicinata，37：種名不明，38，40：テツホシダ Thelypteris interrupta

25〜30：仮導管由来の表面に螺旋紋を有する板状，棒状，あるいはヤスリ状ケイ酸体。26は草鞋状である。
31〜38：給源細胞不明のケイ酸体。35，36の側面に特有な切れ込みが見られる。この種のケイ酸体はシダ類全般に見られる。
39，40：気孔由来のカシューナッツ状ケイ酸体。
[*1]ニュージーランド産

草本性シダ類：リュウビンタイ科 Marattiaceae リュウビンタイ属 Angiopteris / コバノイシカグマ科 Dennstaedtiaceae ワラビ属，フモトシダ属 / トクサ科 Equisetaceae トクサ属 Equisetum　　169

リュウビンタイ属 Angiopteris / ワラビ属 Pteridium，フモトシダ属 Microlepia

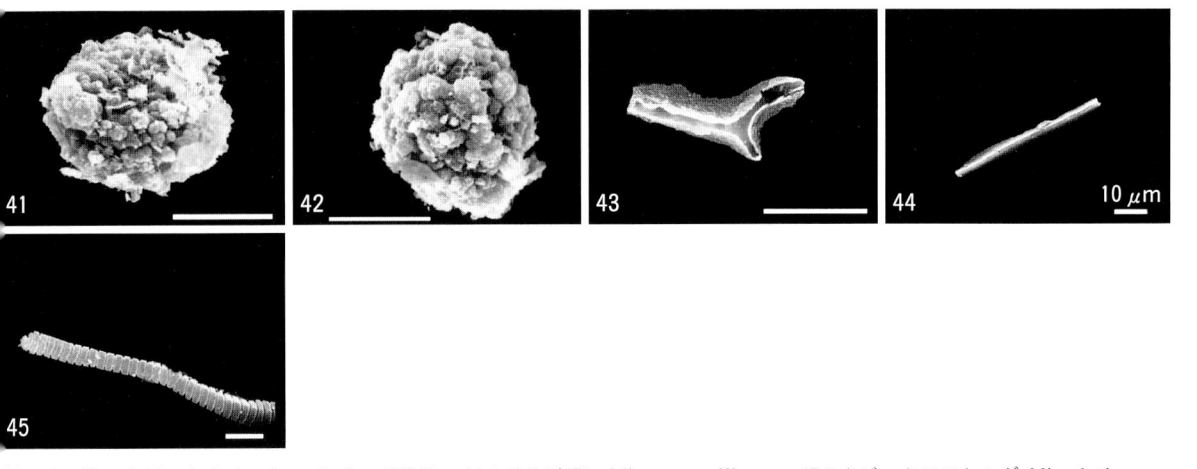

41～43：リュウビンタイ Angiopteris lygodiifolia, 44：ワラビ Pteridium aquuilinum, 45：クジャクフモトシダ Microlepia marginata var. bipinnata
41～44：給源細胞不明な表面が疣，あるいはこぶ状の突起物で覆われた球状，内部が中空のY字状および棒状ケイ酸である。
　44の側面に特有な切れ込みが見られる。
45：仮導管由来の螺旋紋を有する棒状および草鞋状ケイ酸体。

トクサ属 Equisetum

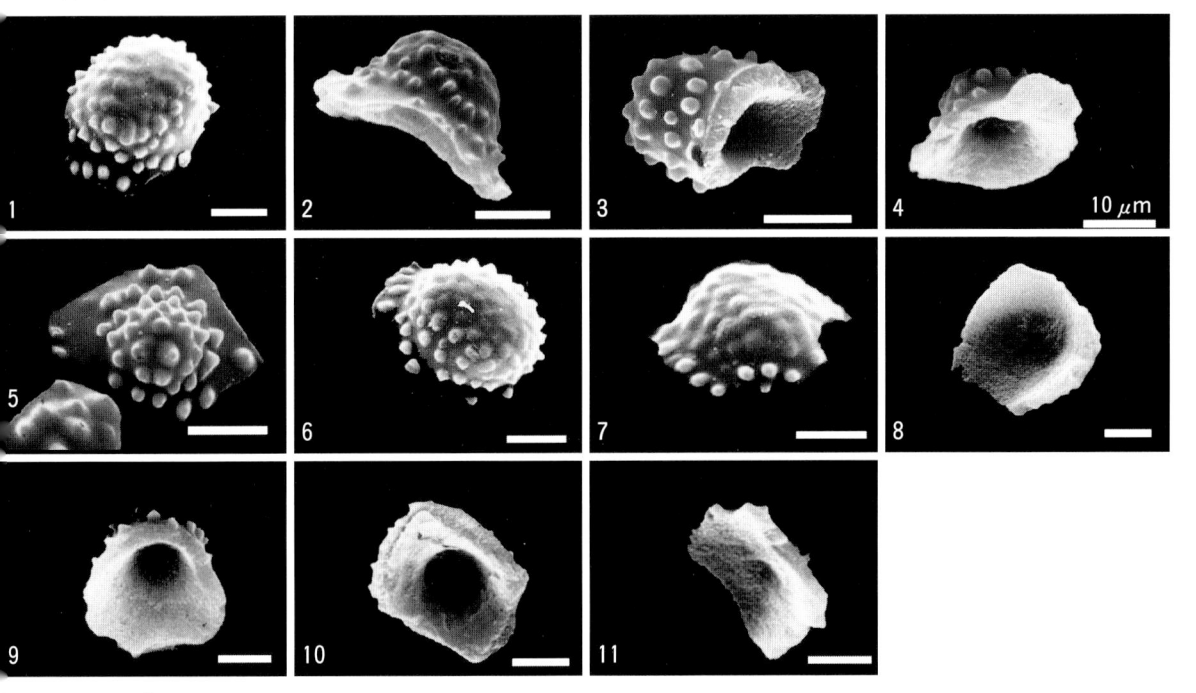

1～11：イヌスギナ Equisetum palustre
1～4,6～11：給源細胞不明な疣状突起物をもつ半円球，あるいはヘルメット状ケイ酸体（1,6,7：上面，8～11：下面，2～4：側面）。
　半円球状に分布する疣状突起物は下から頂部に向かい渦巻き状に配列しており，裏側は中空状である。
5：プレート中央にコンペイ糖様突起物とその周囲に小突起物が散在するケイ酸体。

170　木性シダ類：ヘゴ科 Cyatheaceae ヘゴ属 Cyathea / タカワラビ科 Dicksoniaceae タカワラビ属 Dicksonia

ヘゴ属 Cyathea / タカワラビ属 Dicksonia

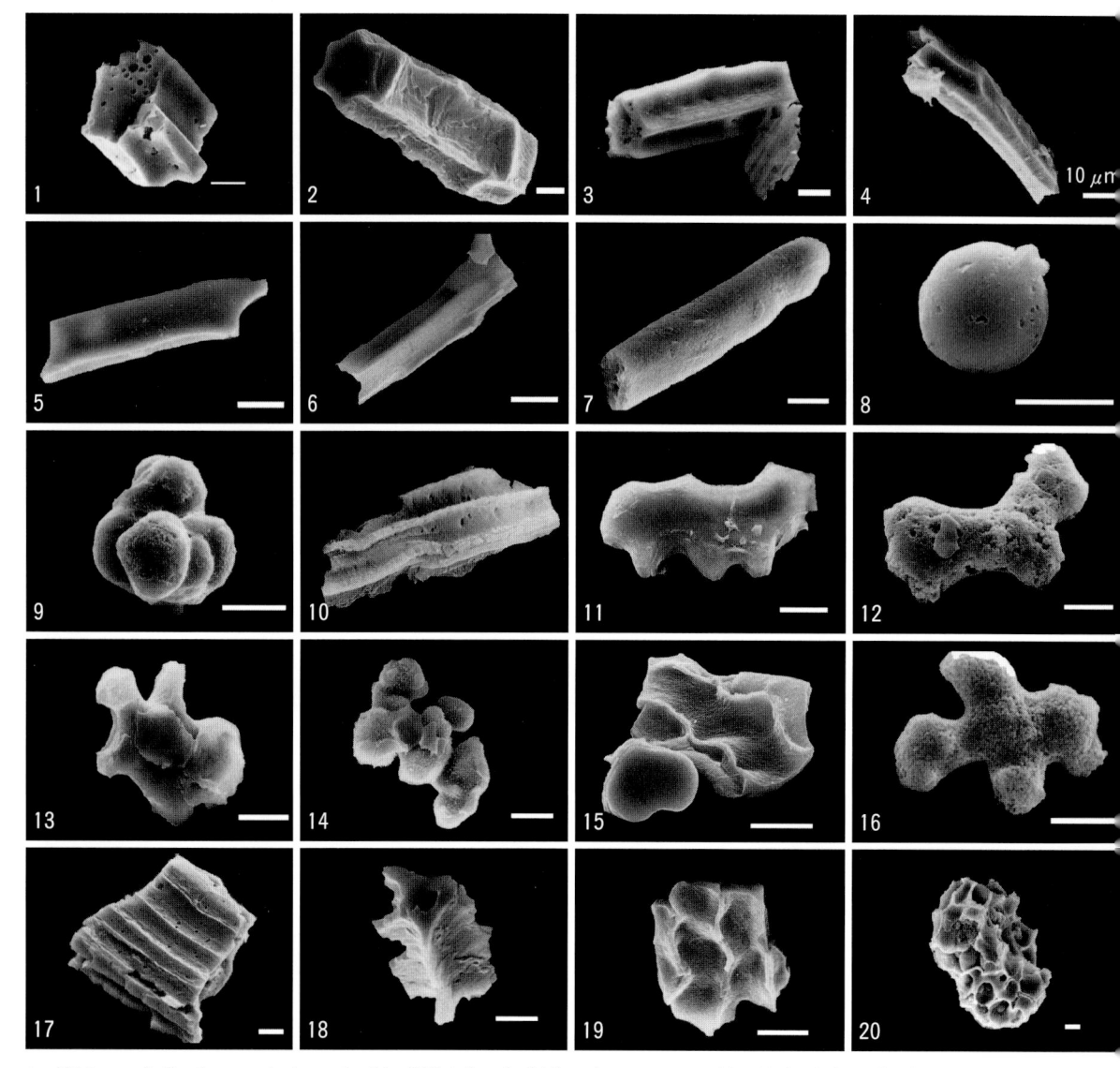

1〜8[*1]：ママク Cyathea medusium，9，16〜20[*1]：ウエキ Dicksonia squarrosa，10，11[*1]：カトエ Cyathea smithii，12〜15[*1]：ポンゴ Cyathea dealbata
1〜7：給源細胞不明な棒状，あるいは板状の多面体ケイ酸体。とくに，1,3 はオクラの鞘断面の一部に形状が似ている。また，その断面には受食によって生じたものと異なる小孔(Pits)が散在し，それらが内部に中空状に連なって存在する。
8：球状ケイ酸体は，表皮細胞の上に成長した球状突起物が細胞から離脱したもの。また，その名残りとしての結節が見られる。
9,14,18：給源細胞不明のケイ酸体。9,14 は蜂の巣状の穴に連結して見られる球状ケイ酸体に類似。
10,15,17,19：表皮細胞由来の組織片。
11〜13,16：表皮細胞由来のはめ絵パズル状ケイ酸体。
20：海綿状柵状細胞由来の蜂の巣状ケイ酸体。
[*1]ニュージーランド産

第 II 部

解 説 篇

第1章
植物ケイ酸体研究

1. 植物ケイ酸体の発見とその背景

「植物ケイ酸体(Opal Phytolith, または Plant Opal)」、この聞き慣れない用語は植物学を専攻する一部の研究者を除くと、18世紀後半までほとんどその存在は知れわたっていなかった。それが注目されるようになったのは、"The Origin of Species"の著者、C. Darwinがビーグル号の航海中にアフリカ大西洋上で遭遇した空に漂う"赤い塵"の正体に興味を抱いたことに端を発する(Darwin, 1846)。この奇妙な風成塵を当時ヨーロッパで著名であった気中浮遊物学者(博物学者)のC. G. Ehrenbergに分析依頼したところ、Darwinの予想と反して、その正体はアフリカ大陸産のものではなく大西洋をはさんだ南アメリカ大陸産の植物細胞片やプランクトであることがわかった。Ehrenbergが発見した67種の微小生物のうち34種はファイトリス目として記載された。1854年に公表された彼の著書"Microgeologie"には、河川および沖積層堆積物から分離した微化石が銅版画として詳細に記載・分類されている。Ehrenbergは、ほかにも堆積物、土壌および風成塵中から数多くの微小生物を見出している。そのなかには白亜紀の堆積物や石炭から分離したトウヒの花粉や植物ケイ酸体も含まれていた。このように、土壌や堆積物から微小生物を見出し、そしてそれらの履歴を究明し、過去の植生の生態変化を知る手がかりを得ようとする手法は、現在の花粉分析や植物ケイ酸体分析に通ずるものがある。

植物ケイ酸体の発見は、ドイツの植物学者G. A. Struve(1835)によりベルリン大学の学位論文中に記載されたのが最初である。植物ケイ酸体の発見者としての栄誉に浴さなかったが、Ehrenbergは上記のような経緯からA. H. Power(1992)が指摘しているように「植物ケイ酸体研究の父」と呼ばれるにふさわしい。

Ehrenbergより記載された'phytolitharia'は有孔虫類、原生動物、くう腸類および植物を包含する微小生物の総称であって、厳密には植物ケイ酸(Opal phytolith)と異なる用語として使われていた。今日、考古学者や生態学者が定義しているPhytolithsは、ギリシャ語の'phyto(植物)'と'lithos(石)'から派生した「植物由来の石」を意味する合成語であり、シュウ酸石灰質とケイ酸質のふたつを指している。

17世紀初頭から18世紀にかけては複式顕微鏡の著しい発達により次々と生物の先駆的な研究がなされた。M. Malpighi(毛細血管・赤血球の発見者)、R. Hooke(細胞の発見者)およびA. Von Leeuwenhoek(微生物の発見者)は、ミクロの世界に生きる生物の存在を我々に教えてくれた著名な生物学者である。とくに、Hookeは、手づくりの複式顕微鏡で多くの動植物を観察し、それらのスケッチを"Micrographia or some physiological description of minute bodies by magnifying glasses with observation and inquiries thereupon"とし出版した。彼は、植物コルク層の薄片の観察から、コルク層が網目のように配列した箱型の空所でできていることを発見し、それをCell(細胞)と命名したのである(桧山, 1992)。

このようなミクロの世界の飽くなき探索のなかで、花粉とファイトリス(石灰質)の存在は認識された。植物ケイ酸体の存在はCalcium oxalate phytolithsの発見(R. Hookeが観察)よりさらに遅れ、Struveの研究が最初であった。1836年にEhrenbergにより植物および堆積物における植物ケイ酸体の分類・記

載法が始められた(Baker, 1960)。以後，植物ケイ酸体の基礎および応用研究は19世紀半ばまでごく限られた専門分野の研究対象にすぎず，花粉研究に比べると報告もさほど多くなかった。この間の研究史の詳細については次節で述べる。また，植物ケイ酸体研究の詳細については D. R. Piperno(1988)の優れた著書 "Phytolith Analysis, An Archaeological and Geological Perspective" に植物学，生態学，考古学などの面から紹介されている。より深く植物ケイ酸体について知りたい読者は是非読まれること薦めたい。

2. 研究史

植物ケイ酸体研究は，1830年代に萌芽したが，1910年代まではEhrenbergと若干の植物学者による植物体中のケイ酸体の分布，形態などについて解剖学的見地から検討された。そのなかで，ドイツのStruve(1835)は最も早い時期に植物体(タケ稈tabaschir)中のケイ酸体の存在を指摘した一人である。

Crüger(1857)は，シュルツ溶液(飽和塩素酸カリウム，あるいは塩素酸ナトリウムと硝酸の1：3混合液)と重クロム酸の両方を用いてCauto樹皮(クリソバラヌス科の仲間，熱帯アフリカ・アメリカ産)およびヤシ科トウ属からケイ酸体を分離し，それらのケイ酸体は常に死細胞中に沈積するものと考えた。Von Mohl(1861)は多数の植物中から細胞全部を満たしているケイ酸体を分離・抽出しCrügerの観察を確証した。しかし，死細胞中にのみケイ酸体が沈積するという仮説に疑問を投じた。このように，植物体の各種細胞からケイ酸体を薬品，あるいは灰化処理により分離・抽出する手法やケイ酸体をフェノール処理により赤色，あるいは褐色に染色(Küster, 1897)することがわかってきた。

Grob(1896)は，イネ科植物葉部表皮細胞を解剖学見地から長細胞，泡状細胞および短細胞(ケイ酸短細胞，コルク細胞，4つの異なる毛状細胞)に分け，それらについて詳細に記載した。ドイツの植物学者によって報告されたイネ科植物の細胞組織におけるケイ酸体の存在，ケイ化状態および形態に関する研究(Wieler, 1893, 1897；Wiesner, 1867)は今日の植物ケイ酸体研究の基礎となっている。

ドイツの研究者，GuntzとGrobの初期の仕事は19世紀末から20世紀初頭にかけて植物学者および考古学者に引き継がれ，多くの穀類およびイネ科植物のケイ化について取り扱った研究が報告された(Formank, 1899；Neubauer, 1905；Möbius, 1908；Frohnmeyer, 1914；Netolizky, 1929；Frey-Wyssling, 1930a, 1930b)。

その発展過程において，ドイツにおいて植物を加熱灰化後に残るケイ酸形骸(Silica Skelton)，あるいは顕微鏡観察で植物の灰を観察する手法(灰像分析法)がMolisch(1920)により体系化され，多くの植物を対象に検討された。日本においてもタケ類，マコモ属，ダンチク属，イラクサ群植物，大麦，小麦，カラス麦などの葉部，ならびにヒエ・キビ・アワとその近縁種の穎における灰像分析が盛んに行われた。この灰像分析法は植物分類と考古学において利用価値があった。すなわち，遺跡から出土する植物，とくに穀類(ヒエ，キビ，アワ，コムギ，オオムギ，イネ)の有無と識別は栽培作物の起源・伝播，ならびに文明を知る上で極めて重要である。この時期におけるSchellenberg(1908)，Netolitzky(1900, 1912a, 1912b, 1929)などの興味深い研究内容は，松谷(2001)の『灰像と炭化像による先史時代の利用植物の探求』のなかで詳しく紹介されている。

環境復元法として植物ケイ酸体が注目され，その研究が飛躍的に進展したのは1950年半ばにイギリスのSmithson(1956a, 1956b, 1958)の報告が公表されてからである。彼は，イギリス土壌で最初に植物ケイ酸体を取り扱ったばかりでなく，植物ケイ酸体の形態，海綿骨針と植物ケイ酸体の区別，方法論，堆積物や動物の糞から植物ケイ酸体を分離し，供給源植物を確認するなど，後の植物ケイ酸体研究の進展に大きな足跡を残した。そして，土壌から検出される植物ケイ酸体がその生成した場所の過去の植生や土壌環境について何らかの手がかりをもたらすであろうことを示唆した。このような観察は，第二次世界大戦からその終わりにかけて，土壌有機物研究で著名なTyurin(1937)をはじめ多くのロシアの研究者(Parfenova & Yarilova, 1956, 1962；Usov, 1943；Yarilova, 1956)によって各種の土壌で取り扱われた。

この時期に日本における植物ケイ酸体研究の先駆者である菅野・有村(1958)，Kanno & Arimura(1958)および加藤(1958)は若干のイネ科植物と土壌から植物ケイ酸体を検出し，その意義について論じ

ている。1950〜1975年にかけて各国の土壌学者，植物学者，農学者，および地質学者による多様な研究が報告された。

1970年代までの植物ケイ酸体研究は，大まかに以下の5つに分かれる。ひとつ目は，植物学見地からケイ化細胞の分布・形態・分類，ケイ酸，あるいはケイ酸体の集積・発達過程についての研究である (Baker, 1959b, 1960b；Blackman, 1971；Blackman & Parry, 1968；藤原, 1976b，藤原・佐々木, 1978；Geis, 1973；近藤・隅田, 1978；Parry & Smithson, 1958a, 1958b, 1958c, 1964, 1966；Sangster & Parry, 1969, 1971；高橋・三宅, 1976a, 1976b, 1976cなど)。ふたつ目は植物ケイ酸体の物理・化学的特性，植物体内におけるケイ酸の機能，植物ケイ酸体の生成・溶解時の性質とそのタイミングについての研究である (Blackman, 1968, 1969；Jones & Hendreck, 1963；Jones & Bavers, 1963b；Lanning, 1960；Wilding, 1967；Wilding et al., 1979)。3つ目は植物，土壌，堆積岩，テフラ・レス，深海コア，大気塵などから分離した植物ケイ酸体の形態・同定・分類についての研究である (Arimura & Kanno, 1965；Baker, 1960a, 1960c, 1969d；Jones & Beavers, 1964a, 1964b；Jones et al., 1963b；Geis, 1978；Gill, 1967；菅野・有村, 1958, 1965；Kanno & Arimura, 1958；加藤, 1958, 1960, 1963, 1979；近藤, 1974, 1975；Kondo, 1977；Raeside, 1964, 1970；Riquier, 1960；Scurfield et al., 1974a)。4つ目は環境復元の指標としての植物ケイ酸体の応用についての研究 (Brydon et al., 1963；Geis & Jones, 1973；加藤, 1977；Rovner, 1971, 1975；佐瀬・近藤, 1974；Twiss et al., 1969；Wilding & Dree, 1968a, 1971)，そして5つ目は古代人の生活の証である暖炉やかまど，ごみ溜めなどの堆積物，炭化物由来の植物遺体についての考古学への応用，とくに栽培作物の探索に関連する研究 (Armitage, 1975；Carbone, 1977a, 1977b；Dimbleby, 1968；藤原, 1976a, 1976b, 1976c, 1976d, 1979, 1983；Pearcell, 1978；Rovner, 1971；Watanabe, 1968, 1970)である。

このような研究のなかで，後の植物解剖学や植物ケイ酸体研究に重要な指針を与えた著書にMetacalfe(1960)の"Anatomy of the monocotyledons I. Gramineacea"がある。そのなかには，イネ科植物全般にわたる詳しい解剖学的構造が記載され，植物ケイ酸体をイネ科植物で見られる多くの解剖学的特徴のひとつとして取り扱っている。また，植物ケイ酸体の葉中における形態，位置や向きについても記載し，表皮細胞に見られる各種細胞由来のケイ酸体を20の細胞タイプにまとめて表にあらわした。

Metacalfeは，著書のなかで植物解剖学における定義や記載のこれまでのあいまいさを改善した。このMetacalfの研究をふまえ，Ellis(1976, 1979)は，イネ科植物葉身の解剖学的記載の用語を標準化させるためにイネ科植物葉身の向軸，背軸および横断面の構造について詳細に解説した。このなかには植物ケイ酸体の母細胞タイプの簡潔な記載，用語，図版などが載せられており，植物ケイ酸体の形態や同定に大変有益である。

イネ科植物における解剖学的知識の集積にもとづき，Twiss et al (1969)は形態にもとづくイネ科植物ケイ酸体の分類を提案した。それらは北アメリカ中央平野に自生するイネ科植物の17種の調査にもとづいて，階層配列の中で4クラス(Chloridoid, Panicoid, Festucoid, Elongate)と26タイプに区別した。この基本的な識別は北アメリカのイネ科植物の研究(Blackman, 1971；Bonnet, 1972；Lewis, 1978；Rovner, 1971)においてその有用性が確かめられ，また，日本の植物と土壌中の植物ケイ酸体研究にも適用された(佐瀬・加藤, 1976a, 1976b；佐瀬・近藤, 1974)。ただし，日本のイネ科植生に適応するようにTwssほかの4クラスにササ型(後にタケ型と改名)，ポイント型およびファン型が追加された。

図1は，1830年から今日までの植物ケイ酸体研究に関わる著書，レビュー，報告などについて，著者の知りえる範囲内で収集した文献数を10年単位で示したものである。

植物ケイ酸研究は1950年後半より飛躍的に伸び，1980年代が最も活発(約190編以上)な時期である。しかし，最近8年間の研究の発展はさらに大きく，2010年代は最終的に250編をゆうに超すであろう。

表1は，1980年以降の植物ケイ酸体研究の推移を，大まかな項目別に論文数で纏めたものである。そこで，以下では主要な文献について簡潔に紹介する。

1960, 1970年代に引き続き植物のケイ細胞の形態，分布，そしてケイ酸の集積機構や機能についての研究が1980年代にも行われた。しかし，初期の

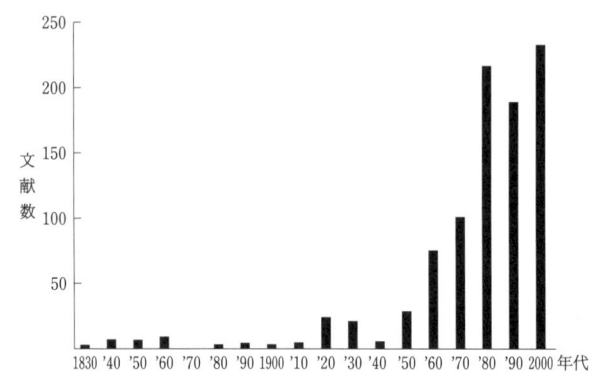

図1 植物ケイ酸体研究における文献数の推移(近藤錬三原図)

表1 1980年代から2000年代の植物ケイ酸体研究に関わる項目の文献数

項　　目	1980年代	1990年代	2000年代
植物の微細構造	10	2	2
集積・分布・機能	21	7	13
解剖・細胞タイプ	16	3	0
形態・同定・分類	32	33	18
理化学性，安定性，年代	11	8	12
運搬・移動	6	3	2
古環境，古生態，植生履歴	34	54	69
同位体	1	9	13
栽培作物・農業の起源	37	36	39
考古学遺物	15	8	35
ダイエット	5	15	14
サンプリング，分析法，手法	7	2	7
著書，総説	21	8	14
そのほか	8	5	3
総　計	224	193	241

　光学顕微鏡によるケイ化細胞に関する研究と異なり，走査型電子顕微鏡，電子プローブミクロ分光電子顕微鏡，エネルギーロス分光電子顕微鏡などの新しい分析機器により，より詳細な細胞壁におけるケイ酸の集積機構，ケイ細胞の微細構造的特徴や機能が明らかにされた(Bennet & Parry, 1981；Bennet & Sangster, 1982；Dayanandan & Kaufman, 1983a；Hayward, & Parry, 1980；Kaufman, et al., 1985；大越・宮村，2004，Takeoka et al., 1983 Watteau et al., 2001など)。とくに，注目されるのはイネ科植物のケイ化細胞と食道癌との関連についての研究である。O'Neill et al. (1980, 1982, 1986)は，北東イランや北部中国に食道癌の多発地帯が局地的に分布しており，それらがその地帯の食べ物と関係あることを見出した。その食べ物は小麦やミレットで，そのなかに含まれるミクロヘア，マクロヘア，ふすまなどのケイ化細胞が食道癌の誘因物質に大きく関わっていることを証明したのである。また，Dobbie & Smith(1982a, 1982b)はケイ酸を含む加工食品，薬剤の多用が腎臓病と何らかの影響を及ぼすことを示唆した。繊維食品を多く含む食餌は恐らくケイ酸摂取の主要な供給源であるようだ。このように人間の健康と植物中に含まれるケイ酸，あるいはケイ化細胞との関わりを問題視した報告(Lanning & Eleuterius, 1985；Parry et al., 1984, 1986)が見られるのも1980年代の特徴である。

　イネ植物葉身の向軸，背軸および横断面における解剖学的調査がClayton & Renvoize(1986)の分類に従い，すべての連(族)について調べた一連の研究 (Renvoize, 1982a, 1982b, 1982c, 1983, 1985a, 1985b, 1985c, 1986a, 1986b, 1987a, 1987b)がある。このなかには葉身表皮細胞における植物ケイ酸の分布，配列，ならびに横断面の泡状細胞や葉肉細胞由来のケイ酸体の形

態を示す図版が記載されており，この記載は世界のイネ科植物ケイ酸体の同定や分類に重宝である。

各種植物のケイ酸の集積，分布について，葉身・葉鞘以外の根(Bennet, 1982b；Hodson, 1986)，花状部(Hodson, et al., 1982)，材部(Patel, 1986, 1991；Richer, 1980)について調べられた。Sangster(1985)は，オギ*Miscanthus Saccharflorus*の地下茎の主要なケイ酸集積が表皮にあることを見出した。Sangster & Hodson(1992)は，根と地下茎のケイ酸についてのこれまでの研究を紹介し，それらのケイ酸の位置，集積機構および機能についてなお不明な点が多く，この分野の課題と体系だった研究の必要性を指摘した。また，日本の若干のイネ科植物(ササ，ススキ，ヨシ，ヌマガヤなど)の根および地下茎由来の植物ケイ酸体の形態的特徴が明らかにされた(近藤，1996)。

高橋ほか(1981a, 1981b, 1981c)は，植物界における『ケイ酸植物』の分布について，イネ科植物，ツユクサ目，カヤツリグサ目，ウリ科，イラクサ科に系統樹の関連から研究がなされた。この詳しいデータは日本におけるケイ酸研究を紹介したMa & Takahasi(2002)の著書に記載されている。このような植物界にみられるケイ酸集積の性質について，高橋(2007)は植物の系統樹の上にケイ酸植物の継承をたどり，ケイ酸ほど集積植物の分布が系統分類と符合しているものはないと述懐している。このような植物の系統樹におけるケイ酸の出現は，白亜紀末に現れたイネ科草本類の進化と密接な関係にあるようだ。すなわち，McNaugton et al.(1983, 1985)は，東アフリカのセレンゲティ大草原に生育するイネ科草本類のケイ酸含量と草食動物の解剖学および行動的特徴との間に進化の関係があることを示唆した。それらの間には被捕食者と捕食者との関係があり，その長い進化のなかでイネ科牧草がケイ酸を自己防衛のために獲得したものであると述べている。

1970年前に頻繁に行われていたイネ科植物ケイ酸体の形態，同定および分類についての研究は1980年以降，ますます多様化し，多くの興味ある研究が各国から報告されるようになった。北アメリカのハネガヤ属，ダンチク・ヨシ，日本のタケ亜科，ニュージーランドのダンチク亜科などの野生種，ならびにトウモロコシ，コムギ，イネなどの栽培種，そしてそれらの葉身，花序部および地下茎に出現するケイ酸体の形態とその同定，変異などが論じられた(Ball & Brotherson, 1992；Ball et al., 1993, 1996, 2001；Barkworth & Everett, 1987；Iriarte, 2003；近藤 1996；近藤・堀，1994；近藤・大滝，1992；Krishman et al., 2000；Lu & Liu, 2003a, 2003b；本村・近藤，1995；Ollendorf et al., 1987；Piperno et al., 2002など)。同時に，分類の重要性や各種の分類案が異なる視点から多数提案された(Brown, 1984, 1986a；Mulholland, 1986a, 1986b；Mulholland & Rapp, 1992a；Pearsall & Dinan, 1992；Piperno, 1985a, 1986；Rapp, 1986；Rovner & Russ, 1992；Twiss, 1992など)。

Brown(1984)は，Twiss et al.の分類をさらに発展させた詳細な分類案を提示した。この分類は中央アメリカに自生するイネ科植物112種のデータにもとづき，8つのクラス(4クラスはTwiss et al.と同じ，ほかのクラスは再構築)に大別し，さらに各クラスは階層構造別に細分類されている。この分類の利点は，新しい形態のケイ酸体が発見されれば，それらの分類群に直ちに加えられ，容易に拡張されることである。Piperno(1983, 1984)の分類案は，Pearsall(1978, 1979)と同様にTwiss et al.,とMetacalfeの分類群を併用したものであり，主にトウモロコシの同定のためのものであった。彼女はトウモロコシとイネ科野生種ケイ酸体の形態が光学および走査型電子顕微鏡で3次元的に形態を観察し，高頻度の大十字形，十字形体の3次元形態，および低亜鈴形/十字形ケイ酸体比の3つの特徴により確実に同定されることを示した(Piperno, 1984)。Twiss(1992)は，C_3およびC_4イネ科植物のケイ酸体について，その世界の地理的分布を論議したなかで，初期の彼らの分類に修正を加えた7クラス(Pooid, Chloridoid, Panicoid, Elongate, Fan-shaped, Point-shaped, Unidentified)にイネ科植物ケイ酸体を再分類した。Mulholland & Rapp(1992a)は，3次元観察による標準的方向づけと規則を組み入れた短細胞ケイ酸体の分類案を提案した。このほかにも，植物ケイ酸体のサイズ，形などの測定を用いたステレオロジカルな手法による分類(Rovner & Russ, 1992；Russ & Rovner, 1989)，そのほかの分類(Bowdery, 1996；Hart, 1992；近藤，1995a；杉山，2001b)が提示されている。

わが国においてタケ亜科13属58種の泡状細胞(以下，ファン型)ケイ酸体の形態が詳細に検討され，メダケ属を除くササ類とメダケ属・タケ類の2群に大別された。すなわち，ササ類のファン型ケイ酸体

は不規則な扇形を呈し，大型である。反面，タケ類とササ類のメダケ属は杓子形を呈し，側面が分厚く，概して小型である。ファン型ケイ酸体の側長を除くパラメータのクラスター分析はタケ亜科植物の分類（属・節）とほぼ一致した（近藤・山北，1987）。タケ亜科植物の多くは属・節レベルで識別可能であり，属・節ごとに異なる形態的特徴を有していた（杉山，1987a；杉山・藤原，1986）。このようにファン型ケイ酸体の形態は植物により特有であり，ダンチク亜科（本村・近藤，1995），キビ連（杉山ほか，1988）などで同定の適用性が確認されている。藤原ほか（1990b）はイネ機動細胞ケイ酸体の形状をパターン・アナライザーで計測し，それらのデータを統計手法，亜種の判別が可能であることを示した。このような統計手法による japonica と indica 由来のイネ機動細胞ケイ酸体の識別が佐藤ほか（1990）によっても報告されている。

イネ科植物に比べ，樹木をはじめとする非イネ科植物起源のケイ酸体の形態・同定・分類についての研究は全般的に極めて乏しかった。しかし，1980年以降，各国からのまとまった研究が顕在化するようになった。

近藤・ピアスン（1981）は，わが国の自生する46科164種について樹木葉部のケイ化状態と形態的特徴を探査した。ケイ化が最も強く，かつ明瞭な形態を示すケイ酸体はモクレン科，ブナ科，クスノキ科，クワ科，ニレ科などに見出された。そして樹木起源ケイ酸体は，形態的に8グループに大別された。同様に，北アメリカのグレートプレインズに自生する双子葉植物（樹木20種，草本類63種）の形態的特徴が検討され，その分類の有用性が指摘された（Bozarth, 1992）。北西オーストラリアでは非イネ科植物53科177種の葉部由来ケイ酸体の生産量と植物ケイ酸体タイプが探査され，約半数に植物ケイ酸体が検出された。これらの植物ケイ酸体は，北オーストラリアの熱帯地域の古植生，古気候および植物と人間の相互関係を復元するための有益な微化石的役割を担うことが推論された（Wallis, 2003）。また，中南米に生育する非イネ科植物55科372種（17の栽培種を含む）の植物ケイ酸体の生産量および細胞タイプ別形態が探索され，古代農業，野生植物の利用および植生の復元に対する植物ケイ酸分類の密接な関係が詳しく論じられた（Piperno, 1985a）。

中央アフリカの表層土壌と土壌断面から分離した植物ケイ酸体の量，形態，分類，および形態組成が調べられ，中央アフリカにおける植物ケイ酸体の目録が示された（Runge, 1999）。さらに，裸子と双子葉植物や樹木材部（クスノキ科など）のケイ酸の細胞内容物や結晶の形態，分類学上の関わりあいが記載された（Jiang & Zhou, 1989；Nanko & Côté, 1980；Richter, 1980）。この応用として，古代の貯蔵壺からオリーブ油やワインの存在を実証する化学分析の代替法として石灰質ファイトリス（シュウ酸石灰の結晶）の形態による同定法が試みられ，オリーブ油がワインと識別できることが示された（Tyree, 1994）。

日本に自生，あるいは栽植されているマツ科6属53種の葉身由来のケイ酸体量，サイズおよび形態的特徴が検討され，各属に特有なケイ酸体が見出された（近藤ほか，2003）。移入仮導管ケイ酸体は，ほかの植物のそれとマツ科起源ケイ酸体を識別する最良の指示者である。また，移入仮導管に存在する有縁円孔の粒径はマツ属，トウヒ属，モミ属間で有意差が認められ，属レベルでの同定の可能性が示唆された（Kondo et al., 2002）。このほかにも，カボチャ属，ヒマワリ属などの栽培種，カヤツリグサ科，ヤシ科，ラン科，バナナ科，オウムバナ科などの野生種に見出されるケイ酸体の分布，形態，同定などが明らかにされている（Bozarth, 1987a, 1987b；Piperno, 1985a；Prychid et al., 2004 など）。最近，植物ケイ酸体の名称や記載を規格統一しようとする機運が高まり，若干の研究グループ（Bowdery et al., 2001；ICPN working group, 2005）により試案が提示されている。

このような植物ケイ酸体の形態，同定，分類の情報の蓄積をもとに，1980年代には遺跡，遺物，土壌，堆積物などの考古学や古環境，古生態および古気候の面での応用研究が増加した。また，アメリカ，ヨーロッパ，日本に偏りがちな植物ケイ酸体研究もアフリカ，中東，東南アジア，南アメリカおよびオセアニアに広がった（Bamford et al., 2006；Bamboni et al., 1999；Borrelli et al., 2008；Borba-Roschel et al., 2006；Bozarth & Guderjan, 2004；東・馬場，1995；東・鈴木，1996a；Kajale & Eksambekar, 2001a, 2001b；Kealhofer & Penny, 1988；Lentfer & Boyd, 2001；Lejju et al., 2006；Madella, 2001；Rosen, 1989；Shanack-Gross et al., 2003；Wilson, 1985 など）。

考古学での植物ケイ酸体の応用は，農業や栽培植

物に関わる研究が圧倒的に多い。次に遺跡周辺の古環境，古植生の復元や遺跡，あるいは遺構に見られる衣食住に関わる研究，そして，人間や動物の化石（歯の歯石，微細摩擦模様），あるいは生痕化石（糞石）についての研究である。

わが国における水田稲作農耕，畑作農耕の探査，中南アメリカのトウモロコシ栽培の探査，中東の乾燥農業における灌漑技術，熱帯における盛り土や畔たて技術などの多くの成果が報告されている（Bowdery, 2001；Denham et al., 2003；藤原，1983，1984a，1984b, 1987，藤原ほか，1986, 1988, 1990a；Lentfer et al., 1997；MacNeish et al., 1998；Miller, 1980；能登・杉山，2002；能登ほか，1989；Pearsall, 1980；Pearsall & Trimble, 1984；Piperno, 1985b, 2009；Piperno et al., 2000；杉山ほか，1988；Turner & Harison, 1981 など）。

藤原（1983, 1989）は，機動（泡状）細胞ケイ酸体分析の1980年代の進展状況について，日本の遺跡を中心に紹介，わが国における稲作起源が従来の通説を覆す新しい事実（①縄文時代晩期に西日本で水田が開始されていたこと，②東北地方の水田稲作が少なくとも弥生時代中期に開始されていたこと，③いずれの時代も水田区画は極めて小さな規模であったこと）を明らかにした。その後，各地の遺跡から検出された縄文土器からもイネ機動細胞ケイ酸体が見出され，今日では縄文中期から後期に稲作農耕があったと推測されている。この水田跡調査法は，中国・蘇州の草鞋遺跡をはじめ，各地で実施された（Cailin et al., 1994；宇田津，2008；宇田津ほか，1995, 2002；王才林ほか，1994, 1998a, 1998b；Zhao, 1988 など）。

各種の遺跡堆積物の灰層，あるいは焼土から植物ケイ酸が検出され，その役割や意義について論じられた。イスラエルの新石器時代の Tel Yin'am 遺跡（鉄精錬所）から厚さ2～3cmの植物ケイ酸体からなる灰層が見出された。それは工業用燃料として用いた小麦の藁由来のケイ酸体であるとされた（Liebowitz & Folk, 1980）。わが国においても縄文時代の住居址から灰層や焼土が検出されている。それらは暖炉やかまどの燃料で，遺跡周辺に繁茂していたササ類を用いていたことが植物ケイ酸体分析から明らかにされている（加藤，1975；大越，1982a；佐瀬，1989b）。

土器，陶磁器，煉瓦などの人工物などからも植物ケイ酸が検出され，それらは原料（粘土や土壌）にもともと含まれていたものがそれらの製造中に取り込まれたものか，あるいは何らかの目的で混ぜられたと考えられている。インドの Mahagama 遺跡（新石器時代）では，陶器にイネのモミ殻のみがテンパーとして混ぜられていた（Havey & Fuller, 2005）。

考古学堆積物から抽出した植物ケイ酸集が燃焼されたものかどうか植物ケイ酸体の屈折率（RI）の違いにより判定する方法が提案され，RI 1.440 より大きい場合は高い確率で燃焼されたことが植物ケイ酸体の燃焼と非燃焼の比較実験から明示された。（Elbaum et al., 2003）。ただし，短時間の低温における燃焼はこの限りではない。

2000年代になり洞窟遺跡中の堆積物や遺物に関わる多くの研究が報告されている（Arbert, 2000；Albert & Weiner, 2001；Albert. et al., 1999, 2000, 2003, 2006, 2008, 2009；Karkanas et al., 2000；Madella et al., 2002 など）。例えば，炉床の堆積物の植物ケイ酸体分析から，ネアンデルタール人は樹木，灌木および樹皮を燃料として主に用いたが，イネ科植物類もそれらと一緒に利用していたようである。

遺跡，あるいは堆積物から発見される人間を含めた動物の歯の化石や糞石は，当時どのような物を食べていたかということを知る情報源である（Pearsall, 1989；Piperno, 1988）。Armitage（1975）は，有蹄類の歯石から植物ケイ酸体を初めて抽出し，それらは食餌の際に歯石の中に組み入れられたものであることを示した。その後，この種の研究はしばらく途絶えていたが，1990年前後，有蹄類，後期更新世の草食動物，絶滅した類人猿，バイソン，家畜（牛，羊，豚）などの歯石の植物ケイ酸体分析が行われるようになった（Bozarth & Hofman, 1998；Ciochon et al., 1990；Cumming & Maggennis, 1997；Fox et al., 1996；Middleton, 1990, Middleton & Rovner, 1994 など）。

2000年に，アメリカ・カンサス州の後期更新世堆積物から検出した3個体のマストドンの大臼歯に沈積した歯石の植物ケイ酸分析についての研究が行われ，食性との関わりあいが詳細に報告された（Gobetz & Bozarth, 2001）。また，歯石から微化石（花粉，植物ケイ酸体，澱粉粒）を効率よく抽出する新しい手法が提案された（Bayadjian et al., 2007）。同様に動物の食性を復元する目的で，歯の微細摩耗模様（dental microwear pattern）による一連の研究が報告されている（Mailand, 2003；Merceron et al., 2005；

Kaiser & Rössner, 2007；Reinhard & Danielson, 2005 など）。そもそも歯の微細摩耗は，植物ケイ酸体が歯のエナメル質より硬いという Baker et al.(1959)のヒツジの実験結果にもとづいており，その後誰もその追跡実験をしていない。Sanson et al.(2007)は，各種の哺乳動物の歯のエナメル質が植物ケイ酸より硬いことを見出し，これまで報告されてきた歯の微細摩耗に植物ケイ酸体がそれほど貢献しておらず，外来の小石や塵がそれらの原因とする新しい解釈を示した。

この時期に現生の草食動物の糞や化石の糞（糞石）についての研究も多数報告された（Cummings, 1989；Horrocks et al., 2003, 2004；松本 1997；松本・菅原, 1997；Piperno & Sues, 2005；Prasad et al., 2005；Rheinhard & Bryant, 1992；佐藤, 1981；立原・藤巻, 1987 など）。とくに，2000 年代になって，糞石から植物ケイ酸体だけを抽出するのでなく，ほかの微化石（花粉，珪藻）や澱粉粒についても一緒に分析することで，当時の食性や周辺の環境について情報を総合的にとらえようとする研究に発展した。例えば，Horrocks et al.(2003)はニュージーランド北東のプレンティ湾のコヒカにおいて，マオリ人の住居址から人間と犬の糞石を採取し，それらの花粉，植物ケイ酸体および珪藻分析を行った。それらの結果から当時の食性，周辺の環境，ならびに糞石の堆積時期（季節）を推測した。

植物ケイ酸体の古生態，古環境および古気候に関する研究は考古学の応用に劣らず 1980 年以降，各国においていろいろな視点からの研究が多様になった。わが国において，テフラ，あるいはローム層堆積物，各種の土壌における植生履歴，あるいは古環境復元に関わる研究，とくにイネ科植物由来のケイ酸体について草原の変遷，気候変動，照葉樹林の発達史，黒ボク土の生成などが多数報告された（細野・佐瀬, 1997, 2003；細野ほか, 1994, 1995a, 1995b；河室・鳥居, 1986；Kawamuro & Torii, 1986；近藤, 1988；Kondo et al., 1988；宮縁・杉山, 2006, 2008；佐瀬, 1980a, 1981, 1986b, 1986c；佐瀬ほか, 1985, 1987, 1988, 1990, 1995, 2001, 2004, 2006, 2008b；杉山, 1999, 2002a, 2002b；杉山・早田, 1994；杉山ほか, 2002；渡邊, 1993；Watanabe et al., 1994, 1996 など）。

他方，諸外国においても土壌，砂丘，泥炭，第三紀層，テフラ，深海・湖底コアなどを対象とした研究が多い。それらは各国の植生，地質，地史などの特徴をよく反映している（Alexsandre et al., 1997a, 1997b；Barboni et al., 1999；Blinnikov, 2005；Bobrov & Bobrova, 2001a；Borba-Roschel et al., 2006；Boyd, 2005；Carter, 2000；Carter & Lian, 2000；Fredlund, 1986a；Gallego & Distel, 2004；Hart, 1988a, 1990；Horrocks et al., 2000a；Kondo & Iwasa, 1981；Runge, 1995, 1996, 2001；佐瀬, 1986c；Sase et al., 2003；Sedov et al., 2003b；鈴木, 1994；Wallis 2001；Wüst et al., 2002 など）。例えば，北アメリカではコロンビア盆地における後期更新世のレス堆積物における草地の復元（Blinnikov et al., 2002），グレートプレーンズにおける第三紀堆積物（前期始新世，前期鮮新世，前期中新世）の草原の拡大と起源についての古環境（Strömberg, 2002, 2004），ニュージーランド亜極地キャンベル島における現生植物および表層土壌のケイ酸体量と植物ケイ酸体群集（Thorn, 2004b），中国レス台地における古環境の復元・気候変動（Lu et al., 2007），熱帯アフリカの連続コアから採取した植物ケイ酸体の全集積率，C_3 と C_4 植物に対する C_3 植物由来ケイ酸体の相対比（$C_3/(C_3+C_4)$）などによる 340,000 年間の植生環境および気候変動の解明（Abrantes, 2003）など，多彩な研究が報告されている。Bremond et al. (2005)は，熱帯域における森林被密度を評価する指標として植物ケイ酸を用い，南東カメルーンの森林―サバンナトランセクト沿いに，樹木起源/イネ科起源ケイ酸体比（D/P）と葉面積指数（LAI）との関係を調べ，両者の間に極めて有意な関係があることを見出すとともに，それらについて若干の問題点も指摘した。

東および南西太平洋，北大西洋，アルボラン海（西地中海）などの深海堆積物の植物ケイ酸体が上空の風向きとその強さ，ならびに海洋学の側面から検討された（Abrantes, 2001, 2003；Bárcena et al., 2001, 2004；Bukry 1980, 1987；Locker & Martini, 1986, 1989 など）。

1990 年以前に，ほとんど取り扱われなかった話題に植物ケイ酸体中の炭素と酸素の同位体に関する研究がある。植物ケイ酸体には微量ながら有機炭素が吸蔵されているが，その有機炭素の同位体を応用した古生態復元の研究は 1990 年代に初めて登場する。すなわち，Kelly et al.(1991)は，アメリカ南北ダコタ州草原地帯の植生と気候変化をモニタニング

する手法として植物ケイ酸体の^{13}C自然存在比を初めて適用し，この比が古気候や古環境の復元に有望であることを指摘した．その後，アメリカ・グレートプレーンズ地帯の完新世の土壌(Kelley et al., 1993)，南ダコタ州，南ブラックヒルズの後期更新世～完新世の土壌，あるいは堆積物の古環境(植生，気候)の立証(Fredlund & Tieszen, 1997b)，第三紀世におけるC_3とC_4イネ科草の動態(Smith, 1998, 2002)，南アフリカにおける氷期と間氷期条件下での草原の発達(Scott, 2002)などの研究が行われた．また，古植生(草地)復元の基礎的情報を得るために植物体から分離した植物ケイ酸体とその母植物の^{13}C自然存在比についても比較検討された(Kelly et al., 1991；近藤ほか，2001b；Smith & White, 2004)．その結果，植物ケイ酸体の$\sigma {}^{13}$C値はC_3植物とC_4植物との間で植物体の$\sigma {}^{13}$C値と同様に有意な差が認められた．一方，植物ケイ酸体中の酸素同位体比(${}^{18}O/{}^{16}O$)は，陸地における古気候推定の手段として有望であることが指摘された(Bombin & Muehlenbachs, 1980)．その後，植物ケイ酸体の酸素同位体比は，イネ科植物に対して制御，あるいは厳重に監視した条件のもとで検討された(Shahack-Gross et al., 1996；Webb & Longstaffe, 2000, 2002, 2003)．アメリカ・ネブラスカ州のEustis Ash Pitから採取した後期更新世のレス堆積物と古土壌の植物ケイ酸体の炭素，水素および酸素同位体が測定され，620,000年間の古環境について各種の解釈がなされた(Fredlund, 1993)．

植物ケイ酸体の結晶化学や表面特性(Bartoli, 1985)，溶解性(Bartoli & Wilding, 1980)，安定性(Bartoli et al., 1980)，生物地球化学的サイクル中での役割(Alexandre et al., 1997a；Meunier et al., 1999)などの研究が風化抵抗性や風化過程の側面から検討され，植物ケイ酸体は多くの土壌環境のもとで容易に化学変化を受けず，相対的に安定であることが明らかにされた．そして，このような植物ケイ酸体の風化に対する安定性や溶解性は，ケイ酸体の比表面積，アルミナ含量，和水度，年齢，ならびにケイ酸体を包む植物組織の分解率などの要因が複雑に関与した結果と考えられている．ごく最近では，とくに植物ケイ酸体中のDNAが注目され，多くの研究者によりその存在の有無が競い合われている．しかし，今のところ確然たる証拠はない(Elbaum et al., 2009)．

土壌，あるいはテフラ堆積物中の植物ケイ酸体の年間蓄積量や風化度に着目し，土壌年代を間接的に推定する手法(加藤ほか，1986a，1986b；近藤，1988)がわが国で試みられ，現在から6万年前まではファン型ケイ酸体の風化度と^{14}C年代の間に有意な正の相関関係があることを見出した．これらの関係は，土壌温度レジューム別にそれらの勾配(風化度/年代)の傾きが異なり，植物ケイ酸体の風化度に地域差があることが明らかにされた(近藤，1988)．また，土壌年代を直接測定する手法として，植物ケイ酸体の^{14}C年代(AMS)の測定法(Kelly et al., 1991; Mulholland & Prior, 1993; Piperno & Pearcell, 1993；宇田津ほか，2007)，熱ルミネッセンス法(Rowlett & Pearsall, 1988)および電子スピン共鳴法(Ikeya & Golson, 1985)の適用が示された．

植物体，土壌，堆積物などから植物ケイ酸体を分離，抽出する際に，さまざまな工夫や新機器による手法が紹介されている．例えば，堆積物から植物ケイ酸体，花粉，胞子などの微化石を同時に，あるいは効率的に抽出する新しい手法が提案された(Coil et al., 2003；Lentfwer & Boyd, 2000)．Parr et al. (2001)は，土壌の全分析の分解法として用いられているマイクロウエブ法を植物ケイ酸体の抽出に初めて適用した．また，この方法と重液浮遊法の比較ではマイクロウエブ法が安価で，効率のよい抽出法であることがわかった(Parr, 2002)．近年，アルミニウム高含量(平均72%)の「アルミナ質フアイトリス」が樹木の葉や材部から検出され，その古生態学研究への応用が注目されている(Carnelli et al., 2001, 2002)．

植物ケイ酸体についての本格的な著書は1980年代後半のほぼ同時期にアメリカの二人の女性考古学者(Pearsall, 1989；Piperno, 1988)により公表された．D. R. Pipernoの著書 "Phytolith Aanalysis: An Archaeological and Geological Perspective" は植物ケイ酸体の基礎(研究史，生産・集積・安定性，形態・同定・分類，抽出と分析法)と応用(植物ケイ酸体分析の理論と適用範囲，その考古学，地質学，そのほかへの適用)について極めて広範囲に記載されている．他方，Pearsallは，著書 "Paleoethonobotany: A Handbook of Procedures" の1項目のなかに植物ケイ酸体分析を記載した．とくに，野外と実験室での植物ケイ酸体の採取・調整法や分析法が詳しく記載され，同時にトウモロコシの同定と古環境復元に対する植物ケイ酸体分析の適用例も紹介されている．

このほかに Rapp & Mulholland (1992) の編集による植物ケイ酸体の分類と同定を中心とした著書 "Phytolith Systematics: Emerging Issues", Kondo et al. (1994) のニュージーランドに自生している樹木葉の植物ケイ酸体生産量とそのケイ化パターン，ならびに表層，累積テフラ・火山灰質レス堆積物などの植物ケイ酸体による植生履歴を取り扱った著書 "Opal Phytoliths of New Zealand", および Meunier & Colin (2001) の編集による第2回植物ケイ酸体研究国際会議の発表論文を中心とした内容の著書 "Phytoliths: Applications in Earth Sciences and Human History", 外山秀一(2006)の自然と人間の関わりをテーマとした著書『遺跡の環境復元，微地形分析，花粉分析，プラント・オパール分析とその応用』があげられる。とくに，藤原宏志(1998)による著書『稲作の起源を探る』はわが国の水田稲作の発祥・伝搬についてプラント・オパール分析を通してその経緯を平易に解説した啓蒙書であり，考古学のみならず，ほかの自然科学分野に与えた波及効果は大きい。

上記の著書以外に，植物ケイ酸体は，植物学，土壌学，生態学，考古学などに関わる著書，学会誌などのなかでレビュー，あるいは講座として多数紹介されている (Bowdery, 1989；Drees et al., 1989；福嶋, 1989, 1993；Hart & Humphreys, 1997a；近藤, 1993, 1995a, 2000b, 2004, 2005；近藤・佐瀬, 1986；Neethiarajan et al., 2009；Parry et al., 1984；Piperno, 2009；Powers, 1992；Prychid et al., 2004；Pterson, 1983；Rovner, 1983；佐瀬, 1989a；杉山, 1987b, 2000, 2008b；Thomson & Rapp, 1989；Thorn, 2004a；外山, 1985；塚田, 1980, Wang & Lu, 1993 など)。

以上，植物ケイ酸体が発見された当初から今日までの文献を雑駁に紹介してきた。これらの文献は，前述したように著者が持ち得た情報にすぎないが，これまで公表された主要な文献の多くを網羅しているとみてもさしつかえない。

3. わが国におけるケイ酸体研究の経緯

前節の研究史において，わが国での植物ケイ酸体研究の動向の一部についても紹介してきたので，重複を避けるためにここではほんの概要にとどめることにする。

わが国における植物ケイ酸体研究は，1920年代前半から1930年代後半に植物学者や薬学者によって植物の分類学的研究，薬用葉類の鑑識，工業用木材の種類判定などの灰像(スポドグラム)分析のなかで行われてきた。この灰像分析がわが国で一時流行したのは，灰像分析法を確立したドイツの H. Molisch が東北大学で教鞭(1922～1925年)をとったこととあながち無関係ではなかろう。その結果，タケ類，イラクサ類，コムギ，オオムギなどの灰像による分類が著しく進歩した(加藤, 1932, 1933；近藤, 1931, 1933, 1934；近藤・笠原, 1934；早田, 1929；Ohara, 1926a, 1926b；小原・近藤, 1929, 1930；大木, 1927, 1928, 1929, 1930, 1934a, 1934b, 1939；Ohki, 1932；佐竹, 1929, 1930；Satake, 1931)。しかし，その後，この種の研究は薬学の分野(Umemoto, 1973, 1975, 1976；梅本, 1974a, 1974b, 1977, 1979；Umemoto et al., 1973 など)を除きなぜか衰退した。

渡辺は Netolizky (1900, 1912a, 1912b, 1929) の一連の研究に刺激を受け，戦後まもなく弥生期の西志賀遺跡から出土した灰層からイネの籾穀と葉の灰像を見出した(渡辺, 1973)。この灰像分析は，渡辺，松谷により原始農耕を知る手段として，各地の遺跡から出土する灰，あるいは炭化種子について精力的に押し進められた(Watanabe, 1968, 1970；松谷, 2001)。

土壌中の植物ケイ酸体(図2)の存在は，1950年代後半に管野・有村(1955, 1958)によってわが国で初めて紹介された。彼らは，当初植物ケイ酸体を火山起源の火山涙(ペレーの涙)と誤認したが，後にこれを植物蛋白石(プラント・オパール)と改め，その化学的・光学的性質を報告した。彼らとほぼ同時期に加藤(1958)は東海地方に自生するイネ科植物および黒ボク土から多数の植物ケイ酸体を検出し，その意義や問題点について論じた。1970年代前半までの植物ケイ酸体研究は主に加藤ほか，土壌学者の活躍の場であった(加藤, 1960, 1963；佐瀬・近藤, 1974 など)。

1970年代に入りわが国の植物ケイ酸体研究にふたつの大きな流れが芽生えた。ひとつは，花粉分析と同様な環境復元法としての応用面の構築であり，あらゆる植物の部位を研究の対象にしている(近藤, 1975；近藤・原田, 1980；近藤・ピアソン；1981 近藤・隅田, 1978)。ほかは，イネ科植物葉部の機動細胞ケイ酸体に着目した栽培作物(とくにイネ，ヒエ，アワ)を探求のためのプラント・オパール(植物ケイ酸体)

図2 黒ボク土から分離したイネ科植物起源ケイ酸体の走査型電子顕微鏡写真(近藤錬三原図)。
試料採集地および土壌名は長野県池尻の Melanudand。
a：キビ型，b：タケ型，c：ヒゲシバ型，d：棒状型，e：ファン型，f：ポイント型

分析法の確立である(藤原 1976b；藤原・佐々木，1978)。前者の研究は，近藤(1977，1982a，1988，1989)，近藤とその共同研究者(1989，2001a，2005)，佐瀬・加藤(1976a，1976b)，佐瀬・近藤(1974)，佐瀬ほか(1987，1995，2003，2006，2008b)，細野ほか(1992，1994，1995b，2007)，河室・鳥居(1986)などによってわが国の各種の土壌について行われ，後者は藤原(1976a，1976b，1976c，1978，1979，1982，1984a，1987，1989)とその共同研究者(1984，1985，1986，1988，1989，1990a，1990b)，佐々木(1979，1984)，杉山(1987b，1992，1999，2000，2001b)，外山(1985，1994)などによって縄文・弥生時代の水田・畑作遺構土壌，土器胎土など広範囲に適用され今日に至っている。

これらの植物ケイ酸体研究を総括的に見ると，諸外国に比べ専門家が少ないのにも関わらず，わが国における研究報告は比較的多い。その内容を見ると，全般的に，遺跡，土壌および堆積物中の植物ケイ酸体群集について取り扱った応用研究が多数を占めており，各種植物のケイ酸体の探索，形態・分類，安定性，移動・分散性，それらと密接に関連するタフォノミーなどについての基礎研究は極めて乏しい。これまで植物ケイ酸体研究は，農学や土壌学を専攻する研究者が主体的に携わり，本来，最も関連ある学問分野の植物形態・解剖学，植物分類学などを専攻する研究者による成果がほとんど見受けられない。しかし，最近では植物解剖学や植物生態学を専攻する若い研究者(河野ほか，2006；Kawano *et al.*, 2007；Motomura *et al.*, 2000, 2002, 2004, 2006, 2008)の芽が育ちつつあるので大変心強い限りである。

第2章
植物ケイ酸体の誕生

　「植物ケイ酸体」という名称は1960年以前のわが国の文献で使用されていない。むしろ，「プラント・オパール」，「植物蛋白石」，「植物起源粒子」という用語が使われていた。ただし，植物解剖学では以前からシリカ細胞を「シリカボデイ(ケイ酸体)」と同じ意味で用いてきた形跡ある。わが国において植物の組織内に形成されるケイ酸質微粒子を「植物ケイ酸体」として文献に初めて明記したのは加藤(1960)である。

　一方，ファイトリスの名称は第1章でも述べたが，語源的にはEhrenbergの'Phytolitharia'から派生した用語である。植物中に沈積した顕微鏡サイズのケイ酸体を専門用語ファイトリスと定義したのはロシアのRuprecht(1866)である。今日，プラント・オパールという用語はあまり使用されておらず，もっぱら，ケイ酸質のファイトリス(Opal phytoliths)のみを植物ケイ酸体と呼称している。

　なお，ケイ酸は高等植物のみならず，下等植物，動物の体内に沈積し，生体鉱物を形成する。これらのケイ酸質生体鉱物と植物ケイ酸体を総称して「バイオゲニックシリカ(Biogenic Silica)」，あるいは「バイオリス(Bioliths)」と呼んでいる(図3)。

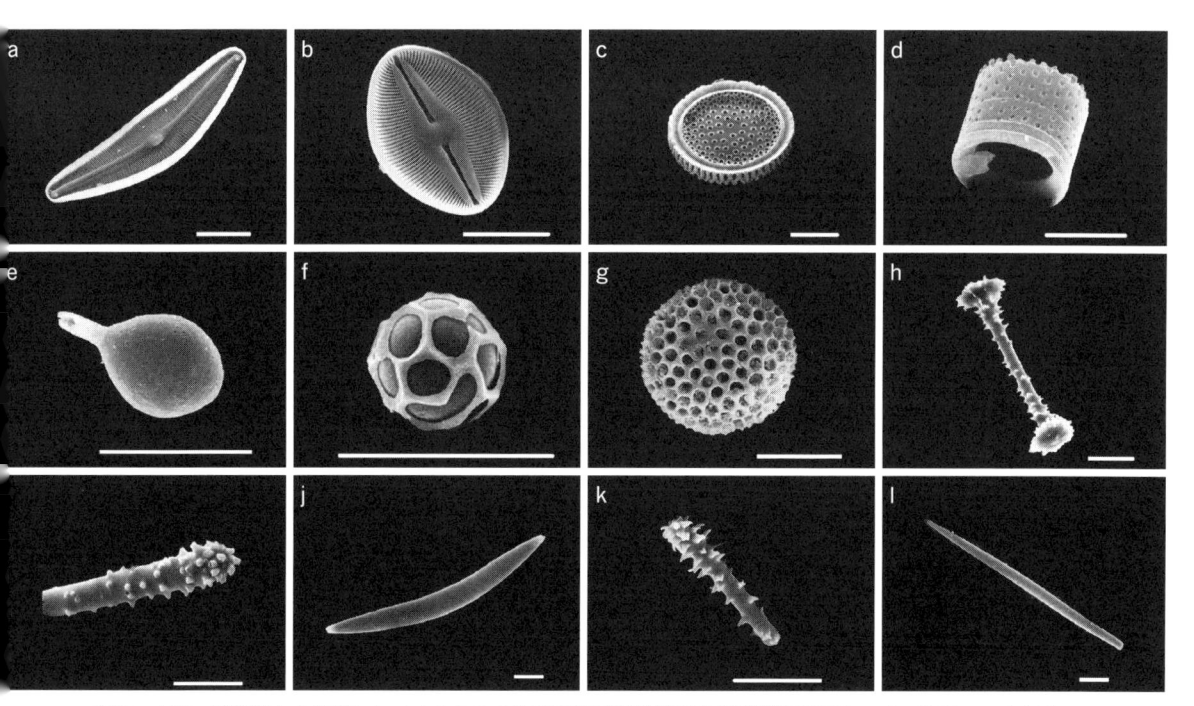

図3　土壌・堆積物から分離したバイオリスの走査型電子顕微鏡写真(近藤錬三原図)。バーは10μmを示す。
a～d：珪藻，e：古鞭毛藻類，f・g：放散虫類，h～l：海綿骨片

1. 植物ケイ酸体とは

　植物ケイ酸体は，高等植物の細胞に非晶質含水ケイ酸($SiO_2・nH_2O$)が沈積することにより形成される生体鉱物である。この鉱物は，堆積岩中で生成される宝石のオパールと光学・理化学性が似ていることから植物起源のオパールという意味で，プラント・オパール(植物蛋白石)，オパール・ファイトリス，グラス・オパール，オパーリンシリカなどとさまざまな名称で呼ばれてきた。植物ケイ酸体に対し，放散虫や海綿動物(図2f～1)の体の内外に含有される非晶質含水ケイ酸を「動物ケイ酸体(Animal Opal)」と呼んでおり，それらは示準化石として地質学で重要である(宇津川ほか，1979；松岡，2000)。とくに，海綿動物の骨針，あるいは骨片はテフラや土器胎土中に検出され，その大まかな起源(淡水性，海性)や環境(異地性，現地性)を推測することができる。

　植物ケイ酸体は，数％の水と炭素，少量の無機元素が夾雑物として含まれているけれども，主にケイ酸(SiO_2)から構成されている。このようなことで，植物ケイ酸体はほぼケイ酸の塊からできているとみても誤りではないだろう。

　ケイ素(Si)は，地殻の構成成分のなかで酸素を除くと最も多い元素(重量の26％を占める)である。自然界において石英，クリストバライト，トリデマイド，火山ガラス，オパールなどの鉱物はすべてケイ酸が構成成分の主体となっている。石英とクリストバライトは土壌中でごく普通に見られる鉱物であるが，トリデマイドは稀にしか存在しない。また，火山ガラスは，日本に広く分布している黒ボク土壌(火山灰土壌)中で一般的に見られる。一方，オパールは，堆積岩石と動植物生体内に存在する。このほかにも，ケイ酸は長石，輝石，雲母などケイ酸塩物の主成分として，火山岩，玄武岩，花崗岩，片磨などの岩石を構成している。岩石に含有するケイ酸はそれらの結晶構造の違いによって風化度，あるいは溶解性に差が生じる。そして，土壌中で植物の吸収しやすい形態に変わり，初めてケイ酸が植物体内に吸収され，各種の細胞に集積するのである。

2. 植物ケイ酸体の物理，化学的および光学的特性

　植物ケイ酸体は，結晶性の鉱物(Plant Crystals)であると言及している研究者(Lanning, 1960；Stering, 1667)もいるが，その構造上の大部分は非晶質の含水珪酸($SiO_2・nH_2O$)である。一般的に植物ケイ酸体に含有する水は4～9％の範囲で変化する。結晶質としているのは，植物体から植物ケイ酸体を分離する際の処理法(乾式灰化)による高温加熱が非晶質から物理・化学的に結晶質として転移した結果，人工物を生成するからであるといわれている(Jones & Milne, 1963)。

　有村・管野(1965)は，土壌中の植物ケイ酸体を炭酸ナトリウムで溶融(870℃，12時間)すると，トリデマイドや$α$-クリストバライトに変わることを見出し，炭酸ナトリウムが転移促進剤として作用し，非晶質ケイ酸より結晶質ケイ酸への転移を促進したことを実証した。しかしながら，湿式灰化処理により分離された植物ケイ酸体にも結晶化が確認されており，一概に結晶質でないということは否定できない。例えば，植物体および土壌中の植物ケイ酸体のなかには，赤外線分析とX線回折分析により明らかに結晶質鉱物(トリデマイド，$α$-クリストバライトなど)に変質したものが認められている(Drees et al., 1989；有村・管野，1965)。

　化学組成は，ケイ酸を主成分(80～95％)とし，そのほかに吸蔵，化学的吸着，あるいは固溶体の不純物としてAl, Fe, Mn, Mg, Ca, Na, K, Ti, P, Cu, NおよびCを少量含んでいる(表2)。このように化学組成は植物体，土壌および宝石のオパールの間でさほどの違いがない。また，微量なSc, Ni, Cu, Zn, Ge, Se, Ba, Th(ppbの範囲)などが，質量・発光分析計で測定されている(Hart, 2001)。

　上記の化学組成と異なる例がポドソル土壌上に生育する植物(ブナ，アカマツ，カルーナなど)から分離した植物ケイ酸体から見出されている。これらは，通常の植物ケイ酸体に比べSiO_2(67～80％)が少なく，Al_2O_3(3.1～8.3％)，Fe_2O_3(0.4～3.3％)，MnO(0.03～4.2％)，TiO(0.3～0.8％)などが高い(Bartoli, 1985)。しかし，最近これらの値よりさらに多量のAlを含む'ファイトリス'の存在が明らかにされた。それ

表2 土壌・植物から分離した植物ケイ酸体の無機元素，有機炭素，および水
(*¹Drees *et al*., 1989；*²Bartoli & Wilding, 1980；*³近藤，1988)。単位は%

	SiO₂	Al₂O₃	Fe₂O₃	MnO	MgO	CaO
土壌*¹	76.4〜90.5	0.84〜4.70	0.18〜1.30	ND	tr.〜1.72	<0.10〜2.04
植物*¹	82.8〜87.2	0.02〜0.70	tr.〜0.56	ND	tr.〜0.51	tr.〜1.55
ヨーロッパブナ*²	66.5	3.10	0.42	1.40	0.33	2.55
ペクチナモミ*²	74.8	5.30	3.20	1.30	0.90	0.25
ヨーロッパアカマツ*²	80.0	8.60	3.30	0.03	0.55	0.35
ギョウリュウモドキ*²	71.0	4.00	2.00	0.40	1.35	0.31
ヨーロッパウシノケグサ*²	77.0	3.50	2.10	4.20	0.52	0.15
オオクマザサ*³	91.0	0.45	tr.	0.01	0.06	0.19
ススキ*³	89.0	0.50	tr.	tr.	0.06	0.55
ヨシ*³	91.2	0.31	tr.	tr.	0.01	0.14
宝石のオパール*	85.8〜96.5	tr.〜3.20	0.08〜1.85	ND	tr.〜1.48.	0.09〜0.96

	Na₂O	K₂O	TiO₂	Org-C	(+)H₂O
土壌*¹	0.10〜3.40	0.14〜0.97	tr.〜0.30	0.86	4.26〜1.21
植物*¹	tr.〜0.50	tr.〜0.90	tr.	5.78	3.83〜7.61
ヨーロッパブナ*²	0.50	2.70	0.30	5.60	11.00
ペクチナモミ*²	0.25	2.40	0.50	4.50	3.00
ヨーロッパアカマツ*²	0.70	3.00	0.80	0.30	2.40
ギョウリュウモドキ*²	0.22	3.30	0.40	4.50	8.00
ヨーロッパウシノケグサ*²	0.15	2.30	0.40	0.40	9.30
オオクマザサ*³	0.24	0.12	0.03	2.52	4.73
ススキ*³	0.16	0.44	0.02	2.20	6.72
ヨシ*³	0.34	0.28	0.05		
宝石のオパール*	0.18	0.75	—		3.26〜9.4

は，Valasian Alps の高山植物(カルーナ，ガンコウラン，ツルコケモモ，ミネズオウなど)および森林(ビャクシン，カラマツ，トドマツ，センブラマツなど)に生育する植物の葉身および材部から分離した植物ケイ酸体で，32〜95%の Al を含有している(Carnelli *et al*., 2002)。こうなると，これらは植物ケイ酸体の範疇から除外され，シュウ酸石灰質のファイトリスと同様に，アルミナ質のファイトリスとして区別すべきである。したがって，ファイトリスには，①ケイ酸質，②石灰質，および③アルミナ質の3種類が存在することになる。

通常，植物ケイ酸体は無色から淡いピンク色をしているが，褐色や黒色のものも稀に見られる。有色の程度は吸蔵する有機炭素量に多少に関係する。土壌中では，酸化鉄の被覆により黄褐色から褐色を帯びるが，脱鉄処理により本来の無色に戻る。

植物ケイ酸体に含有する有機炭素は約 0.1〜7% で，植物が土壌からケイ素を吸収する際に一緒にもたらされたものと考えられている。この吸蔵された炭素は，その同位体である放射性炭素(¹⁴C)を測定することで年代が求められる。すなわち，Wilding *et al*.(1967)はアメリカの土壌 50 kg から植物ケイ酸体を忍耐強く分離し，それらの ¹⁴C 年代から 14,000 年 BP という結果を得ている。最近では，ごく微量の試料(炭素量数 mg)で放射性同位体の濃度を正確に測定できるタンデトロン加速器質量分析装置(AMS)を用いた吸蔵 ¹⁴C の測定が試行されている(Mulholland & Prior, 1993; Piperno & Pearcell, 1993a；宇田津ほか，2007)。しかし，植物ケイ酸体の吸蔵炭素量が極めて少ないために測定の際にバックグランド補正や汚染などになお問題が残されている。

植物ケイ酸体の光学性は，一般に等方体であるが，前述したように異方体のものも稀に見られる(加藤，1960；Wilding & Drees, 1976)。屈折率は，1.41〜1.47 と極めて低く，真比重は 1.5〜2.3 g/cc である。これらの値は，植物ケイ酸体中に含有する水分含量に左右され，例えば水分が約 4〜28% に増加すると，屈折率は 1.46〜1.40 に減少する。同様に比重も 2.3〜1.80 g/cc に減少する(Wilding & Drees, 1976)。とくに，比重は含水量のほかにも，植物ケイ酸体内部の空洞の有無や有機物の混入率，微細な非晶質ケイ酸体粒子の配列などの違いによっても変わる

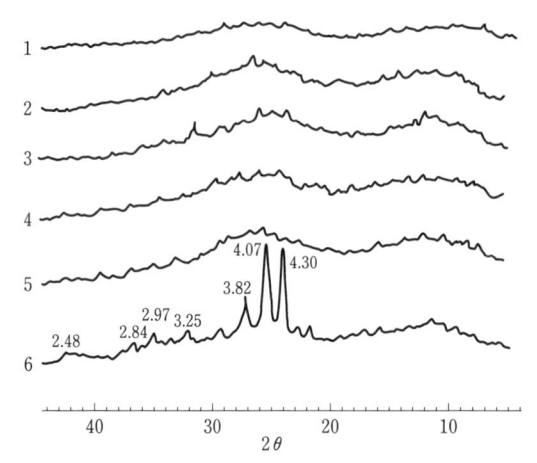

図4 植物ケイ酸体のX線回析スペクトル(有村・菅野, 1965 をもとに作成)。
1：ササから分離した植物ケイ酸体，2：鹿屋黒ボク土(0〜20 cm)から分離した植物ケイ酸体，3：鹿屋黒ボク土(107〜150 cm)から分離した植物ケイ酸体，4：都城黒ボク土(0〜20 cm)から分離した植物ケイ酸体，5：都城黒ボク土(265〜295 cm)から分離した植物ケイ酸体，6：Na$_2$CO$_3$(1：1)で融解した後の5の植物ケイ酸体

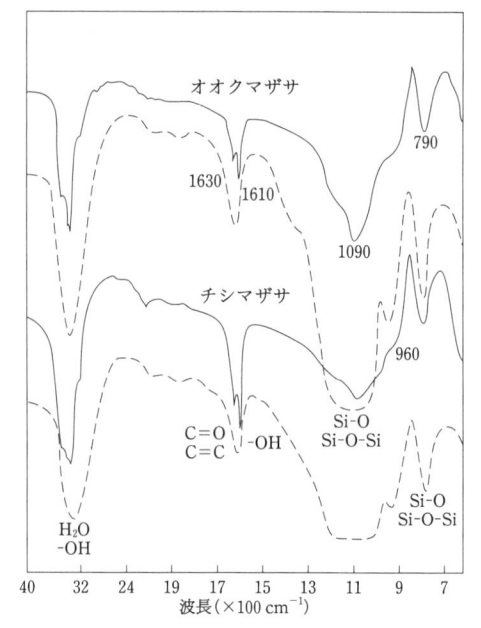

図5 ササ属葉身から分離した植物ケイ酸体の赤外吸収スペクトル(近藤錬三原図)。実線は＞10 μm，点線は＜10 μm 画分試料をそれぞれ示す。

(Wilding et al., 1977)。比表面積は，ケイ酸体の粒径と形態により異なるが，0.4〜122 m²/g とかなり大きい。

X線解析分析(図4)によると，植物ケイ酸体は 0.41 nm 付近を中心に幅広い拡散スペクトルのほかに，非常に弱い拡散スペクトルを約 0.20，0.15，および 0.12 nm に中心をもつ。このスペクトルの特徴は火山ガラス(非晶質)の X 線スペクトルと類似している(Drees et al., 1989；Wilding et al., 1977)。

植物ケイ酸体の赤外吸収スペクトル分析(図5)は，結晶鉱物に比べ 600〜3600 cm^{-1} にかけて多くの微弱，あるいは幅広い吸収帯が観察される。Si-O および Si-O-Si に帰属する 785〜800 cm^{-1} の鋭い吸収帯と 1050〜1110 cm^{-1} の深く幅広い吸収帯のほかに，約 1650 cm^{-1} に吸着水の O-H に帰属する吸収帯をもっている。また，この付近の吸収帯は吸蔵炭素の C=O(伸縮振動，あるいは芳香族)に帰属する。約 3550〜3770 cm^{-1} の深い吸収帯は吸着水，あるいは O-H に帰属するとされている(有村・管野，1965；Drees et al., 1989)。

植物ケイ酸体の示差熱分析は，95〜120°C領域にひとつないしふたつの微弱な吸熱ピークと 350〜550°C領域に幅広い単独の吸熱ピークがあるのみで，植物ケイ酸体を特徴づけるものはない。後者の吸熱ピークは吸蔵有機物の酸化に起因するものである。植物ケイ酸体の主要な水は 150°C以下で失うが，なお残存する 150〜350°Cにかけての吸熱ピークはOH基(シナノール基)の消失によるものである。

電子顕微鏡(TEM)によれば，不規則な非晶質のケイ酸粒子(0.5〜1.0 μm)によって充填された内部構造が観察される。宝石のオパールが虹のように美しく変化するのは規則的に配列したケイ酸粒子の遊色効果にある(Jones et al., 1964；Jones & Segnit, 1971)。これに対し，植物ケイ酸体はケイ酸粒子が小さく，その配列も不規則である。

[コラム1] 植物ケイ酸体中の有機炭素量および ^{13}C 自然存在比

植物ケイ酸体中には微量ながら有機炭素が含まれいる。この有機炭素は，植物ケイ酸体の形成過程で非晶質シリカゲルに捕えられながら細胞の内外に沈積し，物理的に保護され吸蔵されたものである(Kelly et al., 1991)。有機炭素量は，内外の研究によれば 10〜60 mgg^{-1}(0.1〜6.0％)とされているが，日本の植物から分離した植物ケイ酸体の有機炭素量は最小 1.2 mgg^{-1}，最大 66.9 mgg^{-1} で，

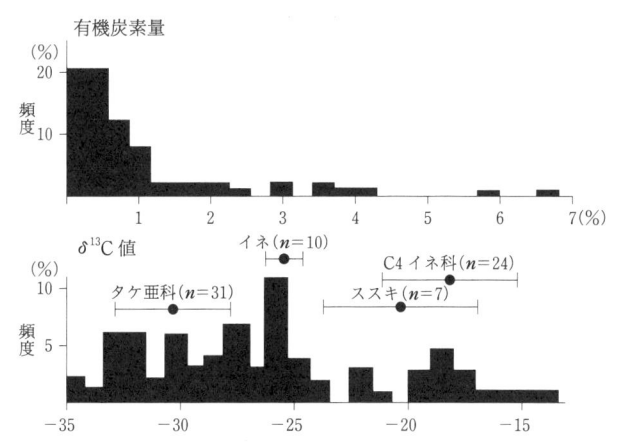

図6 イネ科植物から分離した植物ケイ酸体の有機炭素量とその ^{13}C 自然存在比の頻度分布(近藤ほか,2001b のデータをもとに作成)

大多数は 10 mgg^{-1} 以下と少ない。また，同一植物種でも採集地によりかなり幅が見られる(図6)。

高等植物の ^{13}C 自然存在比は，C_3 植物と C_4 植物の間で明瞭に異なっており，前者は-22〜-31‰(平均-27‰)，後者は-10〜-16‰(‰平均13)である(Boutton, 1996)。この差異は，主に両植物における二酸化炭素固定の生化学的経路の違い，すなわち前者がリブロースホスフェイト(RuBP)カルボオキシラーゼ，後者がホスホエノールピルビン酸(PEP)カルボオキシラーゼで二酸化炭素固定する際の $^{13}CO_2$ と $^{12}CO_2$ の固定速度が両者で違うことに起因する。そのため，両植物遺体から形成される土壌有機物の二酸化炭素を固定する際の $^{13}CO_2$ と $^{12}CO_2$ の固定速度が両者で違う。したがって，両植物遺体から形成される土壌有機物の ^{13}C 自然存在比を調べることで，理論上土壌有機物の母植物が推定できるのである。

イネ科植物ケイ酸体から分離した植物ケイ酸体の ^{13}C 自然存在比(図6)は，植物体のその比と同様に C_3 植物と C_4 植物の間で異なっている。前者は-26.0〜$-36.1(-30.3\pm3.0)$‰，後者は-15.3〜$-26.0(20.6\pm2.8)$‰である。さらに，詳しく見ると，C_3 植物ではササ類(-32.3 ± 2.5‰)とタケ類(-30.5 ± 2.2‰)が最も低く，イネはこれらよりやや低い値(-27.2 ± 1.1‰)である。他方，C_4 植物では栽培作物のミレット類，モロコシ類などが 20.0‰以上と高い値である。ほぼ類似の気候下では，土壌環境が多少異なっていても同一植物種から分離した植物ケイ酸体の ^{13}C 自然存在比にさほど違いが認められないようである。しかし，この比は，それらの母植物に比べ，C_3 植物では-1.2‰，C_4 植物では-8.3‰低い(近藤ほか，2001)。

このように植物ケイ酸体の ^{13}C 自然存在比が C_4 植物と C_3 植物の間で特異な値を示し，かつ植物体の ^{13}C 自然存在比と比例関係にあることは，^{13}C 自然存在比が黒ボク土やほかの土壌における腐植給源植物の推定，ならびに古環境復元の手法として極めて有効であることを示唆している(図7)。とくに，有機物が続成作用そのほかにより分解・消失した熱帯土壌において，植物ケイ酸体の ^{13}C 自然存在比は古植生の復元に威力を発揮することが期待される。

図8は，北海道標茶町虹別の累積黒ボク土断面の有機炭素含量，^{13}C 自然存在比および短細胞ケイ酸体割合の分布を示したものである。

植物ケイ酸体の $\delta^{13}C$ 値は，土壌有機物のそれより変動が少なく，-22〜-24‰の狭い範囲におさまっている。一方，土壌有機物の $\delta^{13}C$ 値は，-26〜-20‰と変動が大きく，下層に向かって高くなる傾向にある。土壌有機物の $\delta^{13}C$ 値から算出した C_4 植物起源炭素の比率は Ma-f テフラの腐植形成期に41％と高い。この時期は縄文海進の最も温暖な気候に相当し，C_4 植物由来のキビ型ケイ酸の比率が高く，反面，C_3 植物由来のタケ型ケイ酸体の比率が低いことと調和し

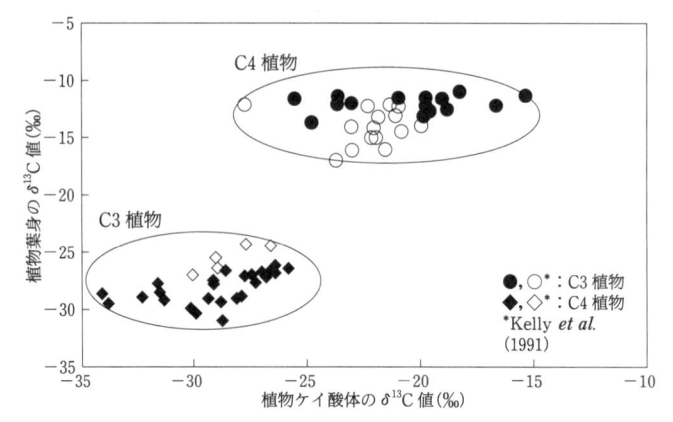

図7 イネ科植物葉身とそれらから分離した植物ケイ酸体の $\delta^{13}C$ 値との関係(近藤ほか, 2001b)

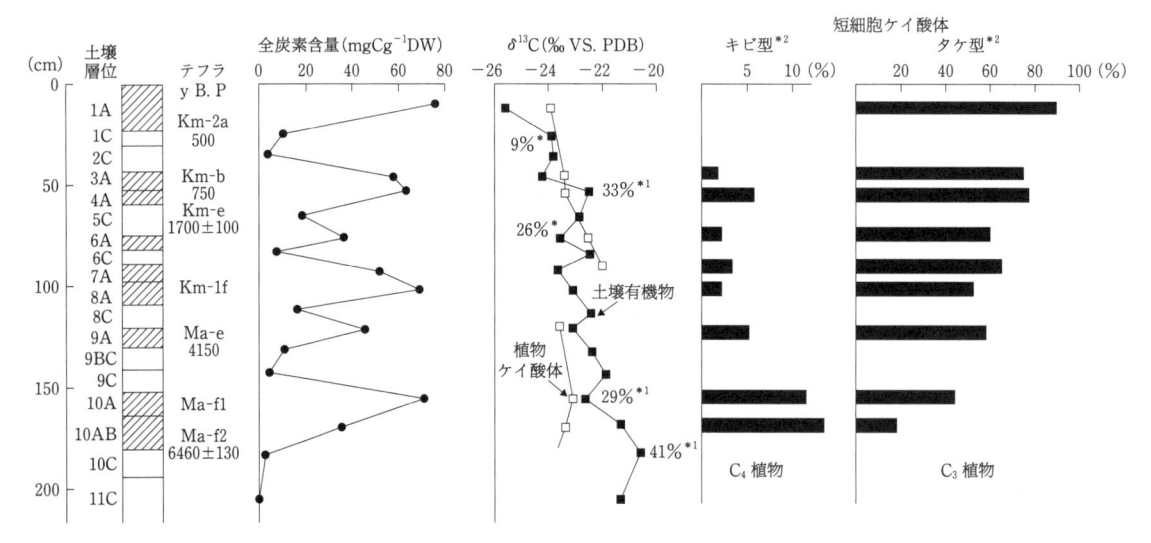

図8 累積黒ボク土断面の全炭素含量, $\delta^{13}C$ 自然存在比および短細胞ケイ酸体割合の分布(近藤錬三原図).
*1 C_4 植物起源炭素の比率 $(X\%) = (\delta - \delta_{C3}/(\delta_{C4} - \delta_{C3})) \times 100$, *2 短細胞起源ケイ酸体に占める割合.
δ(‰):土壌試料の $\delta^{13}C$ 値, δ_{C3}(‰):C3 植物起源炭素の $\delta^{13}C$ 値($=-27$‰), δ_{C4}(‰):C4 植物起源炭素の $\delta^{13}C$ 値($=-13$‰).

ている。
　なお,吸蔵された有機炭素の組成については,リグニン,脂質,炭水化物などであろうと推定されていたが,最近,Krull et al.(2003)による Py-GCMS や ^{13}C-NMR 分析の結果,n-アルカン,O-アルキルカーボン,脂質などであることが明らかにされた。

3. 植物体内へのケイ酸の吸収と集積

　第1節で述べたように,土壌や堆積物中には多量のケイ酸が含まれているが,植物が生育するに必要なケイ酸はごく少量にすぎない。作物栄養学者は,植物が直接吸収するケイ酸を可給態,または有効態ケイ酸(pH 4 酢酸ソーダ緩衝液可溶性の SiO_2)と呼んでいる。可給態ケイ酸(分子状ケイ酸)は,主に上述したケイ酸塩鉱物の風化により土壌に徐々に放出され

る。ケイ酸塩鉱物の風化程度は，気候，地形，基岩の特性，土壌・堆積物中に流入する水の量などの諸因子に左右される(Drees et al., 1989)。そして，これら可給態ケイ酸の一部が土壌や地下水に残り，植物がそれらを吸収するのである。

わが国に広く分布する火山灰由来の黒ボク土は，非黒ボク土に比べて著しく可給態ケイ酸量が高いのが特徴である。また，酸性岩を母材とする土壌は，全ケイ酸含量が高いにも関わらず，可給態ケイ酸量が意外と低い。このように，土壌の種類により可給態ケイ酸量にも違いがある。土壌と同様に，河川水のケイ酸濃度は，異なる流域の地質(中生代の水成岩：11.0 ppm，古生代の水成岩：12.5 ppm，花崗岩：13.9 ppm，火山噴出物：47.5 ppm)によっても違いが認められている(小林, 1971)。

植物中のケイ酸濃縮は，一義的にまず土壌中の可給態ケイ酸量の多少に影響され，その量が多いほど植物体のケイ酸含量も高くなる。このようにして根に吸収されたケイ酸は維管束を経て各部位に送られ，細胞組織に沈積固化し植物ケイ酸体となるのである。

ケイ酸の植物体内での分布は一様ではなく，一般に根圧や蒸散作用に依存する。したがって，普通は地下部より地上部の葉身および花序部(種子)のケイ酸含量が高い傾向にある。例えば，ケイ酸を溶かした水耕実験において，イネは，籾殻(20.3%)＞葉身(18.0%)＞茎＋葉鞘(14.5%)＞根(3.4%)の順にケイ酸含量が高い。イネにおいて葉身と籾殻でケイ酸含量が高いことは，これらが蒸散流の末端部に相当するためで，ケイ酸が根から蒸散流によって運ばれ濃縮された証拠である(高橋, 1987)。

一般的に，植物体内で最もケイ酸が集積する部位は葉身であり，イネ科植物ではその表皮細胞，樹木類では維管束細胞と表皮細胞で著しい。

表3は，ササ類について部位別に植物ケイ酸体量を示したものである。葉身で植物ケイ酸体の集積が多く，地下茎や根で少ないことがわかる。しかし，タンザニア・セレンゲティ大草原の永年性イネ科では，地下茎や根でケイ酸の集積が多いというまったく逆の例も報告されている(McNaughton et al., 1985)。なお，植物体内に沈積したケイ酸体は，植物の種類ばかりでなく，同一植物内でも細胞の種類，位置，生育段階などによっても変わる。

植物のなかには，ケイ酸を好む植物種があり，そ

表3 各部位におけるケイ酸体量の分布(近藤, 1982a)。下段は全ケイ酸体に占める 10 μm 以上の画分ケイ酸体の割合。単位は%

試料	葉身	稈	稈鞘	葉鞘	地下茎	根
オオクマザサ[*1]	11.10	3.50	9.0	7.1	1.9	2.2
	18.0		9.9	10.1		
スズタケ	12.8	3.8	4.3		3.5	1.9
	35.2					

[*1] ミヤコザサ節

れらの細胞組織には多量のケイ酸，あるいは植物ケイ酸体が集積する。とくに，トクサ Equisetum arvens，イネ Oryza sativa，タケ亜科などのケイ酸集積は著しく，乾物で20〜40%以上を占めていることも稀でない。そして，それらの作用が強いほど多量のケイ酸集積をまねくのである(Baba, 1956)。このことは，成熟した植物および生育期間の長い植物が若い植物に比べて多くのケイ酸量を含有し，また，熱帯および亜熱帯の樹木は温帯の樹木に比べるとケイ酸量が高い事実とよく符合している。

すでに述べたように，植物のケイ酸集積は植物種によりかなり幅がみられ，単子葉植物のケイ酸含量は双子葉植物の10〜20倍といわれている。ケイ酸は，どの土壌中にもたくさん含有されており，植物が望めば過剰に吸収することこそあれ，不足することはない。したがって，生育土壌の特異性が植物のケイ酸集積に差をもたらしたとは考えにくいのである。しかし，実際には体内にケイ酸含量の著しく高いトクサ類やイネ科植物，ケイ酸含量の低いキク科，ユリ科，ナス科などが存在する。

高橋(1987)は，ケイ酸植物の目安をケイ素含量0.5%とし，それ以上含有する場合はケイ酸に対して積極吸収を示す「ケイ酸植物」と呼んだ。ただし，ケイ素含量が高いことだけでなく，ケイ素とカルシウムのモル比が高く，ホウ素含量が低いことも「ケイ酸植物」の特徴である。

上記の目安を基に同一土壌環境下で栽培した179種についてケイ素量を検索した結果，「ケイ酸植物」に帰属する植物は44種であった。それらのケイ素含量の平均値は1.76%であり，ほかの133種の約9倍と高い値であった。また，「ケイ酸植物」のケイ素含量を詳細に見ると，シダ類，イネ科およびカヤツリグサ科が突出している。ただし，シダ類はケイ酸植物と非ケイ酸植物が共存していた。このように，

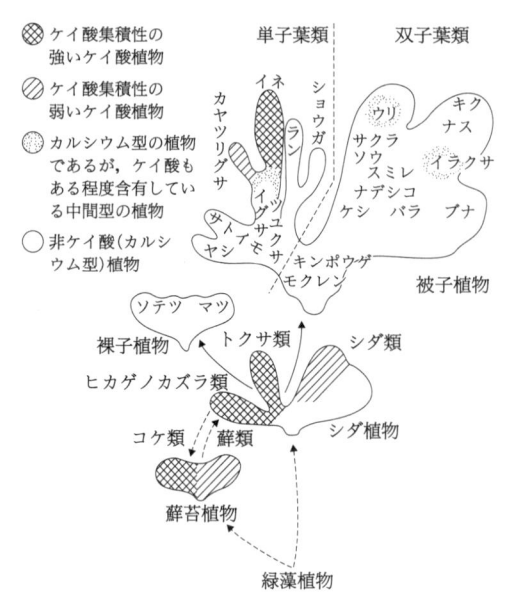

図9 系統樹におけるケイ酸植物の分布(高橋, 2007)

ケイ酸の集積は植物分類群ごとに一定の傾向が見られる。このことは，「ケイ酸植物」が陸上植物の進化の過程で，ケイ酸集積の形質を何らかの形で獲得したことを示唆している(図9)。

イネ科植物は亜科の違いでケイ酸集積に違いが見られ，系統樹のなかで原始的なタケ亜科(タケ連，イネ連)が最もケイ酸集積が多く，イチゴツナギ亜科，キビ亜科，スズメガヤ亜科がそれに続いている(高橋，1987)。また，サバンナ気候のアフリカ・セレンゲティ大草原に生育するイネ科植物はその体内にケイ素を地上部に蓄積することで野生動物の食餌から防御して進化したと考えられている(McNaughton et al., 1985)。これは，イネ科植物の進化に動物が関与した顕著な例であろう。

4. 植物におけるケイ酸の機能

土壌中には全ケイ酸が通常50%以上含有されている。一方，土壌溶液中のケイ酸濃度はオルトケイ酸(H_4SiO_4)の形態としてほぼ3.5〜40 mg SiL^{-1}の間にある(Marschner, 1995)。このように土壌中にはケイ酸が多量に存在するが，植物が根圏土壌から吸収できる可溶性のケイ酸はそれらのごく一部にすぎない。

植物にはケイ酸を吸収および集積する能力に違いがあり，ケイ酸を好む植物とそうでない植物があることは前節の通りである。これらの両植物は植物体中のケイ酸含量により便宜的に「ケイ酸植物」と「非ケイ酸植物」に区分されている(高橋, 1987, 2007)。ケイ酸は「ケイ酸植物」にとって有用元素であるが，イネに対する役割からみると必須元素とみなしても差し支えないとの見解もある。

ケイ酸の作物生育における従来の研究によると，作物はケイ酸なしでライフサイクルをまっとうできないという立証がなく，また，植物代謝におけるケイ酸の関わりあいについてもまだ立証されているわけではない。実際，イネを水耕栽培でケイ酸のみを欠除させても，一応生育することは知られている。しかし，イネは，不良環境によるいろいろなストレスに遭遇すると外観的形態，光合成，根の活力，生育収量などに影響を及ぼす(高橋, 2007)。

このようなことから，最近では，これまでケイ酸の必要性が否定的であったイネ以外の作物でも，その役割が見直されてきた。

これまでの多くの作物栄養学的なイネのケイ酸研究において，ケイ酸の働きは，図10のようにまとめられる。

ケイ酸は，光の遮断，光の透過および蒸散の低下を改善することにより光合成能が促進されるとされている。葉身に沈積するケイ酸は葉を直立型に保って群落内部での光の遮断を防ぎ，葉身内部への光の透過率を高め，結果的に光合成効率を高める。このことは，とくに，相互遮蔽を最小にすべき多窒素密植栽培において重要である。また，葉身の表皮細胞にケイ酸が沈積して形成されるケイ化細胞(植物ケイ酸体)がレンズの役割をし，葉肉組織中への光の透過率を促進させ，光合成を増加させるという Kaufman et al.(1979a, 1979b)の「天窓説」がある。しかし，この仮説は，葉の透過率，吸収スペクトルなどの光学的特性がケイ酸添加と非ケイ酸添加のイネの葉身においてほとんど同じであることから支持されていない(Agarie et al., 1996)。さらに，葉身に不活性な形で沈積したケイ酸は，蒸散を抑制し，葉身内部の水ストレスを防ぎ，気孔開度の低下をもたらす。この結果，炭酸ガスの取り込みにも影響し，炭酸同化作用を低下させる。

ケイ酸は，植物に対して温度，光，風，水，乾燥，放射線，紫外線などの物理的ストレスを緩和する働

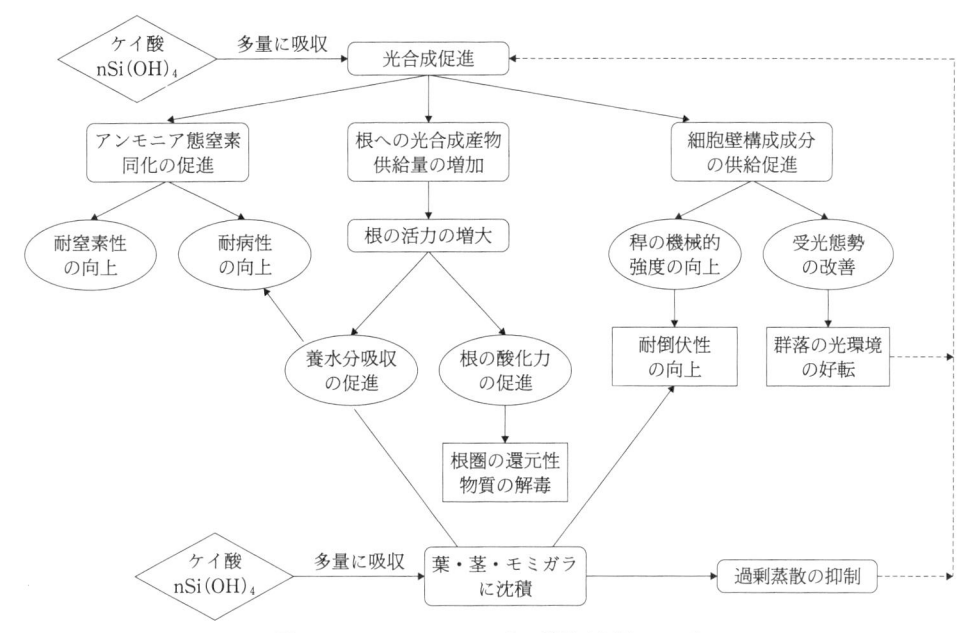

図10 イネにおけるケイ酸の機能(高橋, 1987)

きがあるとされている。また，養分の欠乏・過剰，土壌pHの高低，金属毒性，農薬，除草剤などの化学的ストレスに対する抵抗性の改善に重要な役割を担っている。病虫害耐性の向上，単に物理的に病原菌の侵入を防除するだけでなく，病原菌の侵入に対して全身獲得抵抗性(SAR)に類似した抵抗性をケイ酸が誘導することが多くの最近の研究で明らかになった(前川ほか，2002)。またMa et al.(2006, 2007)は，イネのケイ酸吸収を制御する吸収型トランスポーターLsi1遺伝子と排出型トランスポーターLsi1遺伝子を相次いで同定した。この知見は，植物種の違いによるケイ酸集積と輸送機構の解明に貢献するのみならず，上述した各種のストレスに対する制御への道を開くこととなり，ひいてはイネ生産の増収に結びつくであろう。

5. 植物界における植物ケイ酸体の生産量と分布

先に述べたように，単子葉植物は，一般に双子葉植物の10〜20倍のケイ酸を含んでいる。とくに，イネ科植物では20％以上のケイ酸を含む種もあるが，通常乾物あたり5〜15％である。他方，多くの樹木類は1％以下で，とくに針葉樹のそれは少ない。しかし，モクレン科，クワ科，ニレ科，ブナ科などの一部の樹木はイネ科植物に匹敵するほど高いケイ酸含量を示す場合もある(近藤・佐瀬，1986；Piperno, 1988)。

代表的な各種植物の植物ケイ酸体量のデータを表4に示した。

ケイ酸の集積性を細胞レベルで見ると，集積する細胞とそうでない細胞がある。イネ科植物葉部表皮細胞のなかで，とくにケイ酸が集積する細胞は短細胞(ケイ酸細胞)であり，比較的生育の初期段階からほとんどの細胞にケイ酸が沈積し，植物ケイ酸体となる。クマザサの例では，当年生で細胞の約98％がケイ化し，脱葉前の2年生ではほぼすべてケイ化する(Motomura et al., 2004)。反面，長細胞，泡状(機動)細胞，孔辺細胞，毛状突起など，非短細胞のケイ酸集積性は，植物種，気候，土壌などの環境条件によって変わりやすく，極めて気まぐれである。したがって，それらの細胞にケイ酸が沈着せず，植物ケイ酸体を形成しないこともある。例えば，タケ・ササ類，イネ属，ススキ属，ダンチク属，ヨシ属などは泡状細胞にケイ酸体が比較的沈積しやすく，植物ケイ酸体を形成する。反面，ヌカボ，オオアワガエリ，コムギ属，ノガリヤス属などのイチゴツナギ亜科の泡状細胞にはケイ酸が沈積せず，ほとんど

表4 植物葉身に含有する植物ケイ酸体量(*¹近藤ほか，2003；*²Geis, 1973；*³Wilding & Drees, 1971)。単位は%

植物名	植物ケイ酸体	植物名	植物ケイ酸体
イネ科		ブナ科	
イネ	5〜6	カシワ	1.1〜3.10
マコモ	2	コナラ	0.17
ササ類	1.5〜7	シラカシ	0.05
タケ類	4〜8	アラカシ	0.534〜4.1
コムギ属	1.7〜6.3	アカガシ	1.34
オオムギ	5.0	ウラジロガシ	0.38
トウモロコシ	5.4	スダジイ	0.94〜4.4
イヌビエ属	5〜7	ツクバネガシ	1.54
ヨシ属	5〜12	マテバジイ	1.34
ヌマガヤ	1.0〜2.6	クスノキ科	
ダンチク	4.8	クスノキ	0.02
チモシー	0.7	シロダモ	0.058〜0.40
オーチャードグラス	1.1	クロモジ	0.02
イタリアンライグラス	2.2	ヤブニッケイ	0.039〜0.30
コウボウ	2.9	ヤマコウバシ	0.20
スズメノチャヒキ	2.5	タブノキ	0.4〜1.45
カゼクサ	2.86	ニレ科	
ススキ	3.4〜9.2	アメリカニレ	3.3*²
オギ	3.5〜5.43	ケヤキ	4.3
ハチジョウススキ	3.34	エノキ	3.44*², 8.8*³
ハマガヤ	3.21	カエデ科	
オキナワミチシバ	3.60	サトウカエデ	2.6, 5.8*², 4.8*³
ソナレシバ	4.50〜7.61	ネグンドカエデ	0.34
シマヒゲシバ	4.19	クワ科	
ハイキビ	2.12	アメリカハリグワ	1.2*²
ミヤマノガリヤス	5.75	アカミグワ	3.79*²
タカネノガリヤス	3.03	ヤシ科	
イワノガリヤス	4.00	ヤエヤマヤシ	1.84
マツ科		クロツグ	6.87
マツ属	0.053〜0.604*¹	カヤツリグサ科	
トウヒ属	0.086〜1.098*¹	コウボウムギ	0.6
モミ属	0.030〜0.097*¹	ヤラメスゲ	0.8
カラマツ属	0.241〜1.759*¹	ムジナスゲ	0.8
ツガ属	0.058〜0.085*¹	オクノカンスゲ	2.1
ダグラスモミ	0.101	シラスゲ	1.3
モクレン科		ヒラギシスゲ	1.5
タイサンボク	5.40	カサスゲ	2.0
モクレン	5.30	オニナルコスゲ	1.9
ハクモクレン	7.00	オオカワズスゲ	1.2
ホウノキ	7.50	ホロムイスゲ	0.3
オガタマノキ	3.80	ワタスゲ	0.9
カバノキ科		オオイヌノハナヒゲ	3.0
シデ	0.62	イトイヌノハナヒゲ	2.1
アサダ	0.31	ホタルイ	1.7
ヤチハンノキ	0.20	シカクイ	3.0
		エゾアブラガヤ	1.4
		トクサ科	
		トクサ	3.8

植物ケイ酸体量は，Geis(1973)，Wilding & Drees(1971)以外は5μm，あるいは10μm以上のケイ酸体量を示す。ただし，イネ科のカゼクサからイワノガリヤスまでとマツ科は5μm以上，そのほかは10μm以上のケイ酸体量。

植物ケイ酸体を形成しない。泡状細胞にケイ酸集積の著しいイネ Oryza sativa でさえ，特殊な環境に生育する浮きイネなどでは植物ケイ酸体を形成しない(Kaufman et al., 1985)。また，乾燥地に生育するイネ科草本類には泡状細胞ケイ酸体の形成が少ない傾向にある(Parry & Smithson, 1964)。ケイ酸集積性の高い植物は各部位での植物ケイ酸体含量も通常多いが，5μm 以下で形をなさない微細な粒子の集合体のみのものもあるので一概にはそうとはいいきれないのである。

これまで，多くの研究者により植物界における植物ケイ酸体の探索が行われてきた。Piperno(1988)は，植物界，とくに高等植物におけるケイ酸体の生産量の有無を自分自身のデータを加え，被子植物類(I)と裸子植物類(II)について以下のようにまとめた。それによると，(I)の被子植物類では，植物ケイ酸体の生産が，①まったくない単子葉類(オモダカ科，ヒガンバナ科，サトイモ科，カンラン科，ハナイ科，トチカガミ科，トウエンソウ科，ヒナノシャクジョウ科，パナマソウ科，ヤマノイモ科，ホシクサ科，ユリ科，マヤカ科，タコノキ科，キシリス科)，②稀，あるいは欠如している単子葉類(ツユクサ科，イグサ科，ホテイアオイ科，サルトリイバラ科)，③普通～富んでいる単子葉類(パイナップル科，カンナ科，カヤツリグサ科，イネ科，オウムバナ科，クズウコン科，バショウ科，ヤシ科，ラン科，ショウガ科)，④稀か欠如している双子葉類(ヒユ科，キョウチクトウ科，ベニノキ科，パパイヤ科，アカザ科，シクンシ科，ヒルガオ科，イイギリ科，シソ科，クスノキ科，アオイ科，キントラノオ科，ボタン科，ニクズク科，フトモモ科，スイレン科，タテ科，アカネ科，ムクロジ科，ナス科，シナノキ科など)，⑤普通～富んでいる双子葉類(キク科，キツネノゴマ科，バンレイシ科，センリョウ科，ウリ科，ビワモドキ科，トウダイグサ科，ヤドギリ科，コショウ科，カワゴケソウ科，アオギリ科，クマツヅラ科，クワ科，ニレ科，イラクサ科，バラ科)に区別できる。一方，(II)の裸子植物類では，植物ケイ酸体の生産量がマツ科のように稀であったり，(III)のシダ植物類(トクサ科，コケシノブ科，イワヒバ科など)のように植物ケイ酸体の生産が普通～富んでいるものまでさまざまある。

上記に例示した植物ケイ酸体の生産が普通～富んでいる科は，乾物あたり 2～5% 以上，また稀～欠如の科は，乾物あたり 0.5% 以下の植物ケイ酸体を含有するものとされている。

また，アメリカ・ミズーリー大学の植物ケイ酸体研究に関するホームページによると，シダ植物・裸子植物の 11 科 27 属，単子葉植物の 28 科 115 属および双子葉植物の 108 科 475 属に植物ケイ酸体が多少とも検出されていると公表されている。これらの植物のうち，植物ケイ酸体の存在が確認されている代表的な植物と，これまで文献で公表されている植物のリストを加えて表 5 に示した。

表5 植物ケイ酸体が多少とも確認される代表的な植物のリスト(University of Missouri Phytolith Homepage(http://www.missouri.edu/~hyto./, 2002；近藤・ピアスン, 1981；Kondo et al., 1994；Runge, 1999 をもとに作成)

シダ植物：
　ヘゴ科，コバノイシカグマ科，タカワラビ科，トクサ科，リュウビンタイ科
裸子植物：
　ナンヨウスギ科，ヒノキ科，マツ科，イヌマキ科，イチイ科，スギ科
単子葉被子植物：
　パイナップル科，カンナ科，カヤツリグサ科，イネ科，イグサ科，ヤマノイモ科，オウムバナ科，クズウコン科，バナナ科，ラン科，ヤシ科，サンアソウ科，ショウガ科
双子葉被子植物：
　キツネノゴマ科，カエデ科，リュウゼツラン科，ウルシ科，バンレイシ科，ウコギ科，ウマノスズクサ科，ツリフネソウ科，メギ科，カバノキ科，ノウゼンカズラ科，ムラサキ科，ブルセラ科，ジャケツイバラ科，アサダ科，フチョウソウ科，スイカズラ科，モクマオウ科，ニシキギ科，センリョウ科，キク科，シクンシ科，ドクウツギ科，クリソバラヌス科，ウリ科，ビワモドキ科，フタバガキ科，カキノキ科，ツツジ科，トウダイグサ科，ブナ科，イワタバコ科，オトギリソウ科，マンサク科，クルミ科，シソ科，クスノキ科，サガリバナ科，マメ科，オモダカ科，ヤドギリ科，ミソハギ科，モクレン科，アオイ科，センダン科，ツヅラフジ科，ネムノキ科，クワ科，モリンガ科，ヤブコウジ科，ニクズク科，フトモモ科，ボロボロノキ科，スズカケノキ科，コショウ科，トベラ科，ヤマモガシ科，キンポウゲ科，バラ科，ヒルギ科，ヤナギ科，ムクロジ科，アカテツ科，ゴマノハグサ科，ニガキ科，アオギリ科，ニレ科，イラクサ科，クマツヅラ科，ハマビシ科

6. 土壌中の植物ケイ酸体とその量

前節では植物界における植物ケイ酸体の分布とその量についてみてきたので、以下では、それらの植物を支えている土壌中の植物ケイ酸体の分布とその量を土壌の種類、深さなどの面から見ていこう。

植物ケイ酸体は、土壌の主要構成分ではないが、どのような土壌にも少なからず含まれている。とくに、表層でごく普通に見出される(図11)。

ロシアの土壌研究者Ruprecht(1866)によってチェルノーゼムの植物ケイ酸体が注目されて以来、その存在と意義がロシアの研究者(Tyurin, 1937；Usov, 1943；Yarilva, 1952など)により報告されてきた。イギリスのSmithson(1956b, 1958)は、Ruprechtをはじめヨーロッパの研究者の成果を総括的に紹介するとともに、イギリスの草地土壌から抽出した植物ケイ酸体を、土壌表面に生育するイネ科牧草のケイ酸体と関連づけ、また家畜糞中にも植物ケイ酸体が含有されていることを認め、草地土壌の植物ケイ酸体の一部は家畜の移動と堆厩肥の施用によりもたらしたものと考えた。Baker(1959a)は、オーストラリアのビクトリア土壌から多数の形態の異なる植物ケイ酸体を分離・記載し、それらの多くは地表面で枯死・腐朽、あるいは燃焼後に、植物体から放出されたもので、ほかのごく一部は動物の糞として持ち込まれたこと、さらに、雨、風、雪などとともにほかの地域から運搬されたことを述べている。アメリカではBeaver & Stephen(1958)によりイリノイ州のレス土壌から分離した植物ケイ酸体の特性と分布が報告され、古土壌の指示者として植物ケイ酸体の有用性が指摘された。上述した各国の研究者とほぼ同時期に、日本の土壌、とくに火山灰土壌から分離した植物ケイ酸体の分布、形態、特性などがKanno & Arimura(1958)、加藤(1958, 1960)、有村・菅野(1965)およびArimura & Kanno(1965)により報告された。

土壌中の植物ケイ酸体量は、ある地域からほかの地域にかけてはもちろん、同一地域内でも変異が見られる。この変異は、地理的要因より植物種、土壌条件、気候、地形、植物ケイ酸体の安定性など、多くの要因が相互に関係している(Jones & Hendreck, 1967；Wilding & Drees, 1968a)。

一般に、土壌中の植物ケイ酸体量は乾土あたり<0.1〜3%(平均2.5%)の範囲(Geis & Jones, 1973)にあるとされているが、極めて高含量な土壌がある。例えば、Riquier(1960)は、インド洋上のフランス領レ・ユニオン島のアカシア、バンブー、コケ、シダなどの植生下に発達するポドソル様土壌の漂白層(A_2層)のほとんどすべてが植物ケイ酸体であることを見出した。同様に、日本の火山灰土表層も植物ケイ酸体量が極めて高い。すなわち、北海道から九州に分布する火山灰土(黒ボク土)腐植層の植物ケイ酸体含量は各地域によって違いがあるが、0.3〜17%(181試料の平均は3.8%)の範囲におさまる(近藤、

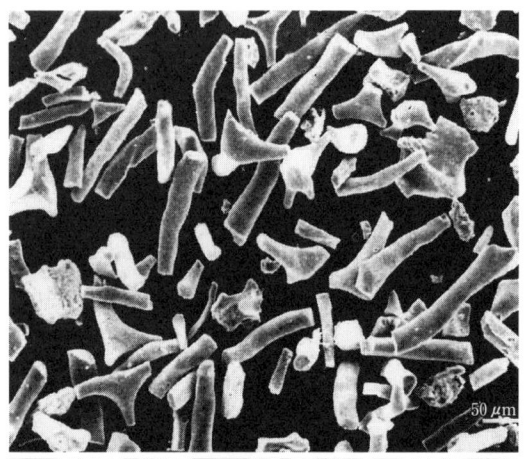

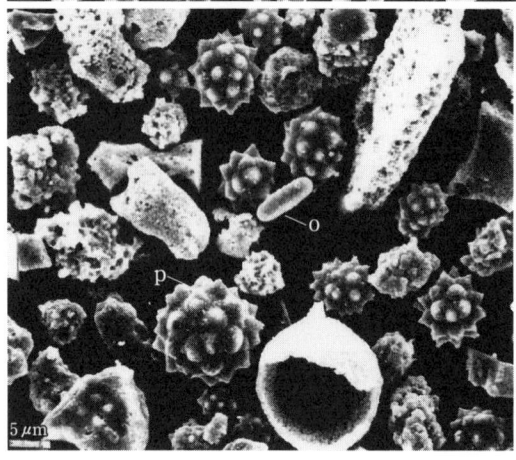

図11 非火山灰土壌から分離した植物ケイ酸体の走査型電子顕微鏡写真(近藤錬三原図)。
上：褐色森林土(日本)から分離した植物ケイ酸体。
　　ほとんどがイスノキ由来のケイ酸体。
下：赤色土(ブラジル)から分離した植物ケイ酸体。
　　ほとんどがヤシ科由来のケイ酸体。
　　p：コンペイ糖状ケイ酸体, o：オパーリンシリカ

1983a, 1983b；佐瀬・加藤, 1976b；佐瀬・近藤, 1974)。これらの値は, ある限られた粒径(例えば, 20～50 μm, 10～100 μm)にもとづいて算出されているので, 土壌中に還元された植物ケイ酸体の正味の量は, 少なく見積もってもその2倍以上と推測される(Verma & Rust, 1969)。この概算は植物体中のケイ酸量のほぼ70%以上が10 μm以下のシルト, 粘土サイズとして存在することから予測される。仮に, この10 μm以下の植物ケイ酸体のすべてが, 溶解されずに毎年土壌に蓄積されるならば莫大な量になる。例えば, リターが1年間に持ち込む植物ケイ酸体総量は, イネ科草原では100～850 kg/ha/年, 針葉樹林では4～15 kg/ha/年, 広葉樹林では10～160 kg/ha/年と推定される(近藤, 1988)。しかし, 上述した10 μm以下の画分の多くは比較的短期間で溶解し, 土壌のケイ酸サイクルに組み入れられたり, ふたたび植物に吸収されたりする。また, 一部は粘土の生成に関与すると思われる。なお, 前述したレ・ユニオン島に発達するポドソル(M horizon Andsols)A2層のケイ酸(SiO_2)の0.97～1.38 t/ha/yrがバンブー林を通して生物化学的にリサイクルされていることがMeunier et al.(1999)の研究から明らかにされた。

表6に, 主要な土壌についてこれまで公表された植物ケイ酸体量のデータをまとめたものである。この表からも明らかなようにイネ科植物相を優占する草原土壌やAndisols(火山灰土)の表層および埋没表層では10%を超す例もまれではない。

土壌断面において, 植物ケイ酸体量は一般に表層で高く, 下層に向かって漸減する。植物ケイ酸体が確認される深さの下限は埋没層を除くと, ほぼ50～100 cmである(Jones & Beavers, 1964a；Witty & Knox, 1964；Wilding & Drees, 1968a)。植物ケイ酸体の深度分布は, 植物被によって異なり, 森林土壌に比べ草原土壌でより下層まで達している。

累積テフラやレス堆積物を母材とする土壌断面では下層で植物ケイ酸体量の極大値が得られることがある(図12)。それらの層準は有機炭素量もそこで極大値を示すことが多いので, テフラおよびレスの堆積静止期, あるいは静緩期の古土壌の表層と推測されている(加藤, 1963, 1977；Norgren, 1973；Verma & Rust, 1969；Wilding et al., 1977)。また, 土壌中の植物ケイ酸体量はその土壌の肥沃度を反映するものとみなされる。例えば, アメリカ・イリノイ州のブルニゼム土壌域に発達するカテナ土壌の植物ケイ酸体量は, 排水中程度の土壌が最も高く, ウシクサ Andropogon greardi の生産量の高い地域とよく符号している(Jones & Beavers, 1964a)。

表6 土壌中の植物ケイ酸体含量(近藤, 1988)。単位は%

土壌型	植物ケイ体含量(%)	出典
ハプルユードル	0.03～3.65[1),*1]	Verma & Rust (1969)
カスタノーゼム	0.10～2.89[2),*1]	Witty & Knox (1964)
ソロド	0.10～7.70[3),*2]	Anderson et al. (1974)
ラトソル	0.14～0.91[4),*1]	Kondo & Iwasa (1981)
ブルニゼム	0.04～0.60[3),*1]	Wilding & Drees (1968a)
ブルニゼム	0.49～0.96[3),*1]	Jones & Beavers (1964a)
灰褐色ポドソル土	0.28～0.38[3),*1]	Jones & Beavers (1964a)
草地土	20[*1]	Norgren (1973)
黒ボク土	1.0～16[4),*1]	加藤 (1960)
アンデイソル	0.2～4.8[5),*1]	佐瀬・近藤 (1974)
アンデイソル	0.1～12[5),*1]	佐瀬・加藤 (1976a, 1976b)
アンデイソル	0.3～16[4),*1]	近藤 (1982a)

[1)] 5～50 μm, [2)] 15～100 μm, [3)] 20～50 μm, [4)] 10～200 μm, [5)] 10～100 μm, [*1] 乾土あたり, [*2] 粒数%

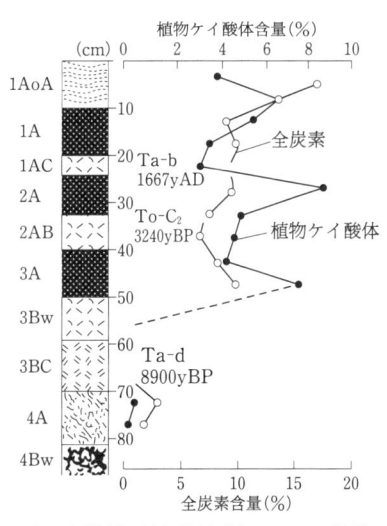

図12 黒ボク土壌断面(十勝清水)における植物ケイ酸体含量と全炭素含量の分布(近藤, 1983a)

第3章
植物ケイ酸体の識別と観察法

　植物体内の生体鉱物，すなわち'ファイトリス'には，非晶質ケイ酸と結晶質のシュウ酸カルシウムのふたつがあることはすでに述べた。
　ケイ酸主体の'ファイトリス'は，植物ケイ酸体と呼び，シュウ酸石灰主体の'ファイトリス'(鉱物名：フーウェライト)と厳密に区別される。すなわち，植物ケイ酸体は主に細胞にケイ酸が沈積して形成され，細胞そのもの形を示す，いわば細胞を鋳型として誕生する鋳物といえよう。一方，シュウ酸石灰質の'ファイトリス'は主として個々の結晶，晶洞，針状結晶などの形をした，植物解剖学的には結晶砂と呼ばれる生成物である(図13)。これらのふたつの生体鉱物は，植物体のあらゆる細胞組織に共存して広く分布しいる。どちらかといえば，シュウ酸石灰質の方がケイ酸質の'ファイトリス'より多くの植物に見出される。しかしながら，土壌や堆積物中では逆で，ケイ酸質の'ファイトリス'が多く検出され，長期間保存されるのである。ここに植物ケイ酸体の環境復元のインジケーターとしての意義がある。しかし，シュウ酸石灰質の'ファイトリス'も糞石(Coprolite)や食餌の研究にとって有益である(Cummings, 1989)。

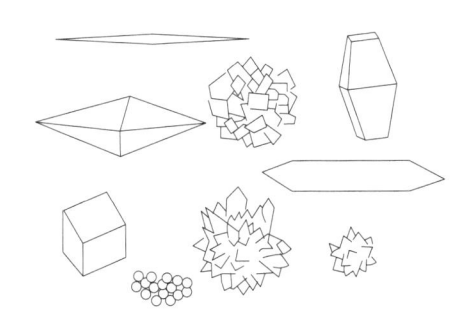

図13　植物生体中に見られる結晶(近藤錬三原図)

1. 植物ケイ酸体の識別

　植物中に存在するケイ酸体が化学的に非晶質の含水ケイ酸(オパール)で構成されていることはすでに述べた。しかし，この含水ケイ酸なるものをどのように植物ケイ酸体として認知するかについて何も触れなかった。そこで，ここでは植物ケイ酸体の識別法について説明しておこう。
　植物中のケイ酸体の識別は，通常，植物体を前処理した後，ワックス包埋および薄片(または皮剝離)に調整し，光学，または偏光顕微鏡で調べる伝統的な植物解剖学的手法で行われてきた。すなわち，植物ケイ酸体は複屈折[*1]を示さない。また，フェノール飽和液で処理するとピンク色に変わることが多い。もし，高い複屈折のある長方形，針状，球顆状の形であれば，それらはシュウ酸石灰質の'ファイトリス'である。
　一方，植物，土壌，堆積物および考古学遺物中の植物ケイ酸体については，乾式灰化(500～700℃で加熱)あるいは湿式灰化(薬品による加熱)処理後，比重約2.3の重液を用いて植物ケイ酸体を抽出し，それらを偏光顕微鏡で調べる鉱物学手法を用いて識別してきた。
　なお，乾式灰化処理試料には，植物ケイ酸体およびシュウ酸石灰質の'ファイトリス'のいずれも含まれているので，灰化試料を稀塩酸で浸し，シュウ酸石灰を除去する必要がある。
　鉱物学者は，オパール(または植物ケイ酸体)の同定を光学的性質にもとづき偏光顕微鏡下で判定してい

[*1] 光学的異方体で同一方向のふたつの偏光の屈折率が異なる現象を指す。

る。すなわち，オパールはガラスと同様に非晶質であるので，直交ニコル下で暗黒になる(このような性質を異方性と呼ぶ)。これに対し，シュウ酸石灰質の'ファイトリス'は等方性であるので，直交ニコル下では暗黒にならない。また，オパールは，火山ガラスに比べると1.43と屈折率が小さいために，屈折率の大きいカナダバルサムのような封入剤の下で顕微鏡観察をすると浮き出て観察される。このような光学的特性を応用し，植物中のケイ酸体をほかの細胞や鉱物と識別するのである。

屈折率の違いによる識別のほかに，ケイ酸体を構成する表面粒子のシラノール基(Si-OH)との反応(染色剤がSiOH基の吸着)を応用した着色による組織化学的方法がある。Dayanandan et al.(1983)は，銀アミン亜塩素酸塩，メチルレッド($C_{15}H_{15}N_3O_2$)およびクリスタルバイオレットラクトン($C_{26}H_{29}N_3O_2$)を用いてイネの泡状細胞とケイ酸細胞(ケイ酸体)を赤褐色，赤色および青色にそれぞれ着色し，それらをほかの細胞と識別することも可能であることを示した。また，フエノールも古くからケイ酸細胞を着色するために植物形態学で使用されてきた。

先に述べたように，植物ケイ酸体はケイ酸を主成分としているので，ケイ酸量を直接分光度計(モリブデンブリュー法)により測定することでも識別できる。蛍光X線分析は，化学分析のような複雑な前処理なしに，非破壊で多数のケイ酸をすばやく測定できるので，いっそう有効な方法である。

近年，光学機器の発達により植物ケイ酸体の識別がより容易になり，それにともないケイ酸体の超微細構造(細胞内でのケイ酸の分布，配置)が解明されつつある。透過型電子顕微鏡(TEM)，走査型電子顕微鏡(SEM)，電子プローブミクロ分光顕微鏡，エネルギーロス分光電子顕微鏡(EELS)，電子分光影像顕微鏡(ESI)，エネルギーフィルター電子分光顕微鏡(EF-TEM)などが代表的な機器であり，研究目的によりいろいろと使い分けられている(Dayanandan et al., 1983；Kaufman et al., 1985；大越・宮村，2004；Prychid et al., 2004；Sangster, 1968, 1977b)。

2. 植物体からの植物ケイ酸体の分離・抽出

植物体の各器官からどのような処理過程を経て，各々の植物ケイ酸体を分離・抽出するかについて，その手法を以下に記す(図14)。

器官別の植物試料は，植物体中にケイ酸が最も集積する生育後期，あるいは落葉直後に採取することが望ましい。生育初期や中期は多くの細胞組織内にケイ酸が十分沈積していないので，固化した植物ケイ酸体が得られないことが多い。採集量は研究目的により異なるが，最低でも乾物で数gは必要である。

野外から採取してきた植物試料は，まず植物体に付着している無機物(泥・砂など)を除去するために，希塩酸に約10時間浸す(超音波洗浄と併用するとより効果的である)。その後，水で数度洗浄し，熱風乾燥機で60〜70℃に乾燥させ保存する。さらに，保存試料を1片1cm²ほどにハサミで切断し，以下の前処理を行う。

前処理には，通常，①電気炉を用いる乾式灰化と，②化学薬品を用いる湿式灰化のふたつの方法がある(Bowdwery, 1989；近藤，1993, 2000b；Pearsall, 1989；Piperno, 1988)。

①は，磁性坩堝に数gの試料を入れ，500〜800℃の電気炉で約6時間灰化する。加熱は急激な上昇を避け，約200℃まで徐々に行うことが肝要である。また，多量の試料を処理したい場合は，試料をアルミホイルに包み，約700℃で4時間以上加熱

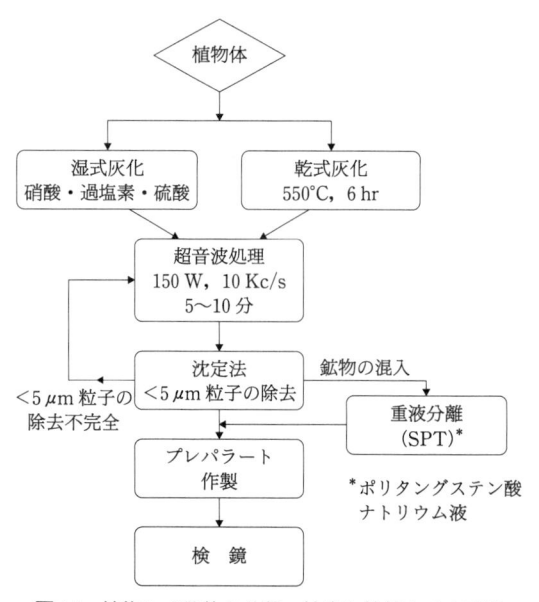

図14 植物ケイ酸体の分離・抽出と検鏡までの手順(近藤錬三原図)

する。灰化の際，温度を急激に上昇しないように，200℃まではゆっくり上昇させることが大切である。なお，低温酸素プラズマ灰化装置は高価であるが，200℃以下で灰化できるので，溶融や収縮の危険がないばかりでなく，灰像分析用の試料作成にも便利である。②は，作物体の灰化処理(作物分析法委員会，1976)に用いられているもので，過塩素酸を主体とし，それに各種の酸を混合させたものである。各種の薬品処理(表7)が各国で使用されている。すべて危険な薬品を使用しているのでドラフト施設が必要である。

最近，Parr(2002)は，濃塩酸と濃硝酸を用いマイクロウェイブ(Parkin-Elmer Multiwave Microwave)法により，堆積物中の植物ケイ酸体の分離・抽出を検討した。この方法は，重液処理が省略できる上に，安価で，すばやく植物ケイ酸体を分離・抽出できると指摘した。しかし，マイクロウェイブ自体高価な機器である上に，少量の試料(0.25g)では，堆積物中の植物ケイ酸体群集を正しく評価できるか検討の余地が残されている。

湿式灰化法による植物ケイ酸体の分離抽出法の手順は以下の通りである(近藤，1993, 2000b)。

①試料1〜5gを300mlトールビーカに入れ，10〜60mlの混酸(硝酸・過塩素酸・硫酸)を加える。試料全体を混液とまんべんなく湿らせた後，ビーカに時計皿をのせホットプレート上で静かに加温(あるいは一夜放置)する。有機物の分解がおさまったら(褐色のガスが消失)ホットプレートからおろし放冷する。

②ビーカと時計皿の付着物を少量の蒸留水(以下，水と略記)で洗い込み，再びホットプレート上で加熱する。さらに，180〜200℃で分解を続け，分解液が無色または透明になるまで加熱蒸発させる(この間，炭化物が出現したら，ホットプレートの加熱をいったん停止し，ビーカを冷却させる。その後，再び混酸を少量加え同様な操作を繰り返す)。

③放冷後，蒸発残渣を水で遠心分離管に移し(または，5μmのメンブランフィルターで吸引濾過し，その残渣を500mlビーカに移す)，1,500rpmで約10分間遠心分離する。

この操作を約3回以上繰り返した後，遠心分離管の沈殿部，またはメンブランフィルターで吸引濾過，あるいは遠心分離で洗浄した残渣をそれぞれ500mlのトールビーカ移し，超音波処理を行う。この処理により，灰像中の個々のケイ酸体がバラバラに分離される。水をほぼ500mlになるまで加え，静置させる。なお，任意の粒径が水面から10cmの深さに沈降するに要する時間(表8)をストークス公式から計算する(水温，比重の違いによる各粒径ごとの沈降時間を求めた表がある；渡辺，1971)。上澄み液が透明になるまでこの操作を繰り返す。

④透明になったら，上澄み液を傾斜法により静かに捨て，残渣を秤量管に移動させる。残渣が完全に秤量管の底に沈殿したら，上澄み液を捨て，秤量管を105℃で約12時間乾燥させる。乾燥後，デシケータで放冷させ，秤量管の重量を測定する(任意

表7 有機物分解に使用される各種試薬(Bowdery, 1989に加筆)

試薬	出典
クロム酸 (硫酸・重クロム酸カリウム)	Parry & Smithson(1957), 佐瀬・近藤(1974), Kaplan & Smith(1980), Parry & Hodson(1982), Pearsall & Trimble(1984)
クロム酸・過酸化水素	Armitage(1975)
クロム酸・硝酸	Smithson(1958), Parry & Smithson(1958), Sangster(1968), Blackman(1971)
塩酸・過酸化水素	Bukry(1980)
塩酸・水酸化カリウム	Parry & Smithson(1957)
硝酸・過塩素酸	Rovner(1971), Mulholland et al.(1982)
硝酸・塩素酸・流酸	Klein & Geis(1978), Marumo & Yanai(1986), 近藤(2000)
シュルツ溶液(硝酸・塩素酸カリウム)	Rovner(1972), Geis(1978), Mulholland(1984), Wilson(1982)
硫酸	Wilding & Drees(1971), Geis(1973), Dayanandan et al.(1983)
硫酸・硝酸	Raeside(1970)
硫酸・無水酢酸	Huber(1987)
硫酸・三酸化クロム	Hart(1988)
硫酸・過酸化水素	Kulkkert(1987), 近藤(2000)

表8 直径を異にする球径粒子(比重2.3)の水中における沈降時間[*1](渡辺，1971)

直径	温度(°C)	10 cmの沈降時間	
10 μm	15	26 分	50 秒
	20	23	45
	25	20	55
	30	18	45
5 μm	15	1 時間	47 分
	20	1	35
	25	1	24
	30	1	15

[*1] ストークスの公式より算出

の粒径画分のケイ酸体量)。

なお，時折②の終了時に，茎状のワックス様物質が浮遊するが，それらはピンセットですばやく除く。また，⑤の段階までに，肉眼で有機物の存在が確認できるなら，30%過酸化水素水で再度有機物を分解するとよい。

以上の操作で得られた5μm以上の画分試料を乾燥させて，光学顕微鏡および走査型電子顕微鏡の試料とする。とくに，試料作成時の超音波処理は，植物ケイ酸体表面に付着する微小なゴミが除去でき，鮮明な写真を撮ることができる。なお，これらの処理によって得られた5μm以上の画分試料は植物ケイ酸体とみなされるが，不純物や塵が混入していることもあるので，比重2.3の重液で植物ケイ酸体のみを分離することを勧めたい。

[コラム2] 重液

重液は，水より比重の大きい液体の呼称である。鉱物の比重測定や単体分離に用いられ，ツーレ(Thoulet)液，臭化亜鉛(ZnB_{r2})，ヨウ化メチル(CH_3I)，ヨウ化カドミウム(CdI_2)，ブロモホルム($CHBr_3$)，ポリタングステン酸ナトリウム液などが代表的なものである。ツーレ液はヨウ化第二水銀(HgI_2：ヨウ化カリ(KI)：水を7：6：2の重量比で蒸発皿に入れて湯煎上で溶かすことで得られる(比重3.15))。極めて毒性が高いので，とくに取り扱いに注意を要する。

ブロモホルムはアルコール，あるいはアセトン(C_3H_6O)を混ぜ比重を約2.9にする。しかし，ブロモホルムは揮発性で刺激臭がある有機溶媒であるので，ドラフト施設での使用が望まれる。一方，ポリタグステン酸ナトリウム($Na_6(H_2W_{12}O_{40})$・H_2)液は毒性がなく，水溶性であるので，多くの重液のなかで最も取り扱いやすい。この試薬は単価が3万円/kgと高額であるが，廃液を蒸発することで約3の比重まで濃縮できるので，繰り返し利用できる(Hart, 1988b)。

ポリビーカに市販のポリタグステン酸ナトリウム(SPT)840gを秤量し，純水840mlで攪拌しながら溶解すると比重2.94(20°C)の重液になる。この重液を目的とする比重にするには，それらの重液を次式(Parfenova & Yarinova, 1962)により水，あるいはアルコール，アセトンなどの有機溶媒で希釈する。

$$V_2 = V_1 \times (d_1 - D)/(D - d_2)$$

ただし，V_2は添加されるべき容積，V_1は元の溶液の容積，d_1はもとの溶液の比重，d_2は添加されるべき溶媒の比重をそれぞれ示す。調整された溶液の比重はピクノメーター，または液体比重計で確認する。微量天秤があるなら，重量既知の10～20mlのビーカに，5～10mlのピペットで採取した重液をビーカに移し，重量を測定すれば簡単に比重(10mlの重液が23gであれば，比重は2.3である)が確認できる。

3. 顕微鏡調整資料(プレパラート)の作成と観察法

通常，光学，あるいは偏光顕微鏡下で鉱物や植物ケイ酸体のプレパラート作成には同定する鉱物の屈折率に近いカナダバルサム(屈折率1.54)，カデックス(1.55)，グリセリン(1.47)，オイキット(1.50)を封入剤として用い，5μm以上の画分試料の数mgをスライドグラス上にのせカバーグラスで覆い固定する。しかし，これらの封入剤は粘性が高いのでカバーグラスで覆った後，個々の植物ケイ酸体を封入剤の内部で自由に移動・回転させることは難しい。

3次元(立体)形態観察には，多少の流動性をもつほうが好ましいので，カナダバルサムをキシレン(C_8H_{10})で薄めるか，あるいは粘性の低いクローブ(丁子)油を用いるとよい。クローブ油(屈折率1.53)はカナダバルサムに比べ取り扱いが容易であり，市販のクローブ油を希釈することなしに，直接植物ケ

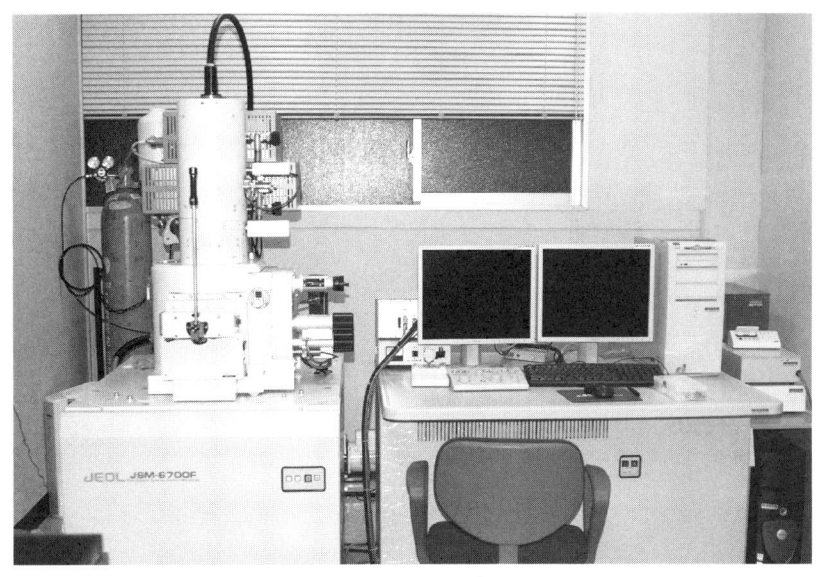

図15 走査型電子顕微鏡(JEOL JSM-6700F, 明治大学農学部ハイテク・リサーチ・センター設置)

イ酸体とよく混ぜ，その形態を回転させながら同定できる利点がある。

なお，植物ケイ酸が封入剤のなかでいろいろな方向で散在するなど，カバーグラスとパラレル(平行)でない場合には，カバーグラスを針で軽く押し，パラレルにさせながら観察する。ファン型ケイ酸体のように側面がかなり分厚い場合はパラレルになりにくく，端面形態を観察することは容易ではない。また，側面が薄い場合にも上面および側面形態を観察することは極めて難しい。このように，光学顕微鏡で立体形態の観察が難しい場合には，デジタル顕微鏡および走査型電子顕微鏡(図15)を併用するとよい。

走査型電子顕微鏡(SEM)観察時には，前述した乾燥粉末試料をそのまま使用することはできない。

SEM試料の作成は，以下のような前処理を行う。まず，カーボン製導電両面接着テープを5mm角に切りSEM試料台に貼付する。次に，粉末乾燥試料の数mmを試料台の両面接着テープ上に注意深く散布する。その後，粉末試料をイオンスパッタリング装置(図16)で約200Åの厚さに金蒸着する。この金蒸着した試料台をSEMに装着し，初めて観察用試料となる。

図16 イオンスパッタリング装置
(EICO IB-3, 帯広畜産大学環境土壌学研究室設置)

写真撮影および観察は，可能な限り本人，あるいは技術指導者の立ち会いのもとで行うことが望ましい。最近のSEMは自動化され，操作も以前に較べるとそれほど煩雑でなく，数日で操作法が習得できる。自ら操作・観察し，写真撮影を行うことで納得いく写真が得られる。

第4章
植物ケイ酸体の形態と細胞タイプ

　植物ケイ酸体は，細胞を鋳型としてつくられるので，植物ケイ酸体を知るには各植物の細胞について植物解剖学的な予備知識をもつことが近道である。そこで，主にイネ科植物と樹木類葉身の細胞組織に的を絞り，それらの細胞タイプと植物ケイ酸体の対応関係について以下に解説する。

1. イネ科植物の葉身に見られる植物ケイ酸体

　図17は，イネ科植物のササ，マコモおよびエノコログサ属における葉の向軸側(Adaxial)と背軸側(Abaxial)表皮組織の解剖学的特徴を上面から見たものである。また，図18はイネ科植物葉身表皮に見られる各種細胞タイプのケイ酸体の走査型電子顕微鏡写真である。

　イネ科植物葉身の表皮細胞(Epidermal cell)は，基本的にGrob(1896)が記載した，①長細胞，②短細胞(または，ケイ酸細胞)と特殊細胞(コルク，気孔，毛)，ならびに③泡状細胞(機動細胞)の3グループに区別される。長細胞(Long cell)は，葉身の長軸方向に先端に向って平行に伸びる長方形の細胞である。

　長細胞(図17b)は棒状形を基本に，その周辺が平滑状，波状，棘状，鋸歯状など多様な形をしている。したがって，これらの細胞タイプに由来するケイ酸体はすべて棒状ケイ酸体(図18a)に包含される。棒状ケイ酸体は，前記したようにその周辺や表面の付属物の形によりいろいろな名称で呼ばれている。

　表皮の長細胞と長細胞の間には気孔(Stomata)，コルク(Cork)，毛(Trichome)などの各細胞がほぼ規則的に配列している。気孔(図17f)はガス交換をする表皮に開いた穴である。向軸(表)と背軸(裏)の両側にあるもの，背軸側のみにあるもの，向軸側にのみ稀にあるものなど多様である。一般に背軸側で多

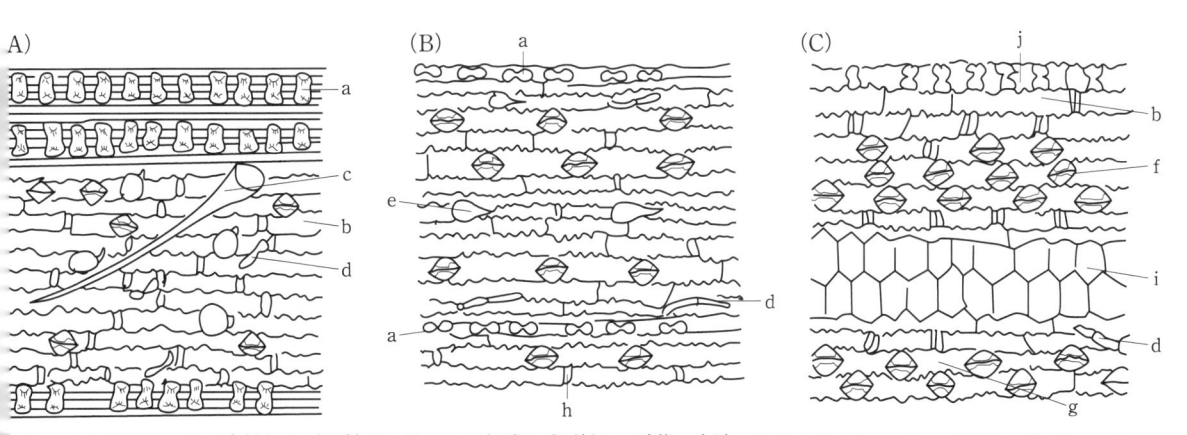

図17　イネ科植物葉身の向軸および背軸面に見られる細胞の配列(A：近藤・大滝，1992；B：Renvoize，1987b；C：Renvoize，1985a)。
A：オオクマザサ(*Sasa chartacea*)，B：Broad Leaved Bristle Grass(*Setaria megaphylla*)，C：マコモ(*Zizania latifolia*)。Aは背軸面(裏)，B，C：向軸面(表)，a：短細胞，b：長細胞，c：マクロヘア，d：ミクロヘア，e：プリッチルヘア，f：気孔，g：気間長細胞，h：コルク細胞，i：泡状細胞，j：亜鈴間短細胞

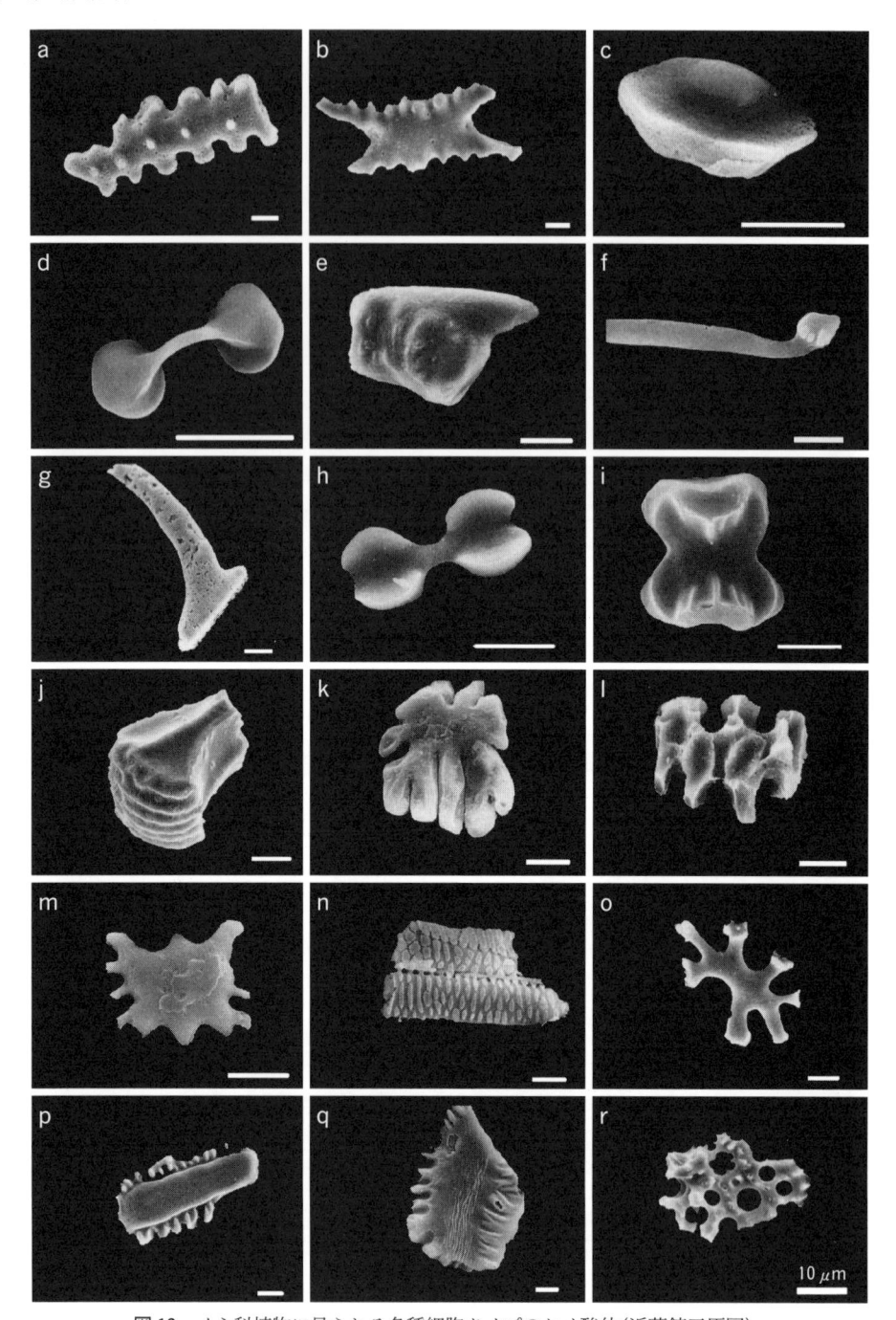

図18 イネ科植物に見られる各種細胞タイプのケイ酸体(近藤錬三原図)。
a：長細胞，b：気孔間長細胞，c：コルク細胞，d：気孔，e：プリッケルヘア，f：ミクロヘア，g：マクロヘア，h・i：短細胞，j：泡状細胞，k・l：柵状細胞，m：亜鈴間短細胞，n：仮導管，o：通気組織，p〜r：給源細胞不明

く見られ，葉脈上より緑色組織(Chlorenchym)の葉肉部分に多く出現する．開孔部を囲んだ両側には対の亜鈴形，あるいは骨様形態をした孔辺細胞(Guard cell)が存在する．この細胞の外側を三角形，ドーム形などの各種形態の補助細胞(Subsidiary cell)が分布する．また，気孔と気孔の間には長軸の両端，あるいは一方のみが凹状を呈する長細胞が見られ，それを長細胞と区別するために気孔間長細胞(図17g)と呼んでいる．

ミクロヘア(Micro Hair)は，短細胞から派生し，緑色組織域を覆う表皮上に分布し，基部と末端細胞のふたつの細胞から構成されている．ミクロヘア(図17d)は向軸，背軸両側のどちらかに存在するが，多くの植物は一般的に向軸側で欠如している．また，すべてのイチゴツナギ亜科はミクロヘアをもたないとされている(Metcalfe, 1960; Watson&Clifford, 1976)．これらは，フラスコ，パイプ，あるいは煙管の形に似ているのでパイプ状ケイ酸体(図18f)と呼んでいる．プリッケルヘア(Prickle Hair)は，膨らんだ長楕円形の基部と先端部が鋭く尖った形の毛状突起である(図17e)．向軸，背軸両側の葉脈上に見られるが，多くの植物において向軸側でその出現頻度は高い．これらは，球状，鉤状，楕円状，紡錘状などの形をしているが，基本的には先端が尖った矢尻形を示すので，ポイント型ケイ酸体(図18e)と呼んでいる．マクロヘア(Macro Hair)は，プリッケルヘアおよびミクロヘアのいずれにも帰属しない短細胞から多細胞の細長い毛状突起で，葉脈を覆う表皮上に見出される．マクロヘア(図17c)は，向軸側にめったに存在せず，出現頻度も各種の環境条件に影響されやすいといわれている．また，マクロヘアは，プリッケルヘアと類似している形のもあるので，その区別が難しい．これらはゴルフクラブやケルダールフラスコに似ているので，ゴルフクラブ状ケイ酸体(図18g)と呼んでいる．

短細胞(図17a)は，葉脈および緑色組織域を覆う表皮上に分布し，亜鈴形，鞍形，長方形，円形，楕円形(上面からの形)など，非常に変化に富んでいる．葉脈および緑色組織域，あるいは向軸，背軸両側において，短細胞の形および大きさに変異が見られる．短細胞は，細胞にケイ酸がほぼすべて集積していることから，植物解剖学者により別名ケイ酸細胞(Silica Cell)，あるいはケイ酸体(Silica Body)とも呼ばれている．Metcalfe(1960)をはじめ多くの植物解剖学者は，短細胞の形態がイネ科植物の分類基準として極めて重要であることを指摘した．短細胞はその形により，亜鈴形(図18h)，まゆ形，鞍形(図18i)，円形，楕円形，長楕円形，円錐台形，ボート形，角錐形，糸巻き形，星形ケイ酸体などとさまざまな名称で呼ばれている．なお，イネおよびマコモには亜鈴細胞と亜鈴細胞の間に亜鈴細胞間短細胞(図18m)が存在し，それらがケイ酸体となることもある．

泡状細胞(Bulliform Cell)[*2]は，葉の巻き込み(展開運動)に関係していることから機動細胞(図17i)とも呼ばれ，主に葉身の向軸側に観察される．上面や側面からの形態は矩形，あるいは多面体形であるが，横断面からの形態(図19 B.C.)は逆扇形をした5～8列(平面からの形態は，多角形，または長方形で，1～9列)の細胞から構成されている．泡状細胞に由来するケイ酸体は，葉身の横断面から見た逆の形が扇や杓子状であるので，ファン型ケイ酸体(図18j)と呼んでいる．

表皮の上下には数層の葉肉細胞(Mesophyll)とそのなかに広がる維管束が包まれている．タケ亜科には，泡状細胞の下にひだのある腕細胞(Arm Cell)や紡錘状細胞(Fusoid Cell)がよく見られる．この腕細胞類似のものは，イネ属やヨシ属にも存在する．これら腕細胞(図19 A.C.)は，とくに，タケ亜科において和櫛やグローブの形に似ていることから，グローブ状ケイ酸体(図18k)と呼んでいる．反面，キビ亜科，ヒゲシバ亜科，イチゴツナギ亜科などには縦伸長型有腕柵状細胞(Longitudinally elongated arm-palisade cell)や，背柱状有腕細胞(Rachymorphous arm-cell)が観察される．これらの細胞タイプに由来するケイ酸体は背骨に似ていることから椎骨状ケイ酸体(図18l)と呼んでいる．なお，マコモで代表される水生植物には空気の入った間隙をもつ星形の連結した通気組織(Aerenchyma)が見られ，それらもケイ酸体(図18o)を形成する．

給源細胞タイプ名はわからないが，図18のp～rのような特徴的なケイ酸体がタケ亜科，トウモロコ

[*2] 研究者によっては，泡状細胞と透明細胞を一括して機動細胞(岩田, 1963)と呼んだり，透明細胞を機動細胞と呼ぶこともある．また，泡状細胞は葉の向軸側だけでなく，背軸側にも稀に分布しており，カヤツリグサ科にも存在する(Metcalfe, 1960, 1971; Ellis, 1979)．

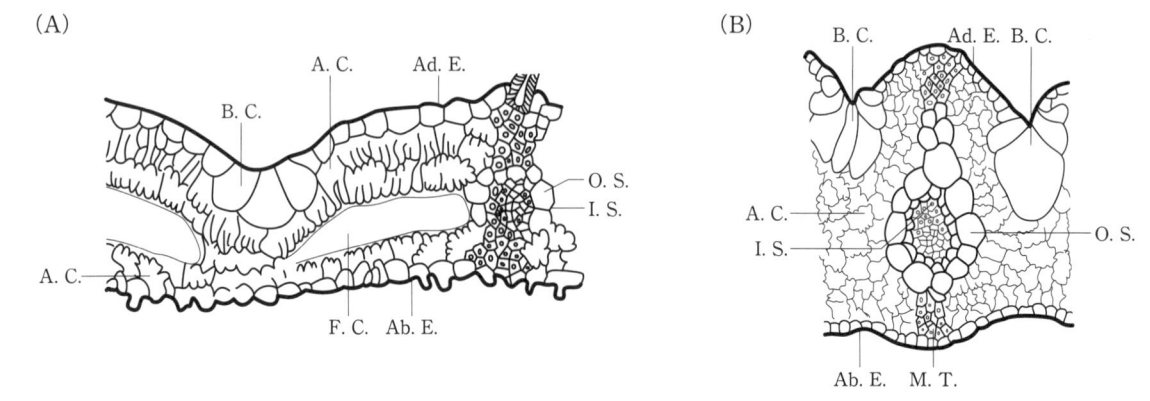

図19 イネ科植物葉身の横断面（A：Metacalfe, 1956 を部分的に転写；B：Decker, 1964 を転写）。
A：タケ亜科（*Arundinaria auricma*），B：ヨシ（*Phragmites commmunies*），Ad. E.：表面表皮，Ab. E.：裏面表皮，B. C.：泡状細胞，A. C.：腕細胞，F. C.：紡錘状細胞，O. C.：内部維管束鞘，I. C.：外部維管束鞘，M. T.：器械細胞

表9 イネ科植物葉身の細胞タイプとその形態名。
各細胞タイプは，Metacalfe(1960) と Eills(1976, 1979) によりイネ科植物葉身の解剖学的記載として使用。形態名は，それらに対応したケイ酸体の名称。

細胞タイプ	形　態
(1) 主脈間長細胞(Intercostal long cell)	平滑辺棒状形，鋸歯辺棒状形，波状辺棒状形
(2) 気孔間長細胞(Interzonal stomata long cell)	両端が凹んだ棒状形
(3) コルク細胞(Cork cell)	皿形
(4) 気孔(Stoma)	亜鈴形，
(5) 主脈および主脈間短細胞(シリカ細胞)	鞍形，円錐形，円錐台形，長台形
(Costal & Intercostal short cell)	立方体形，円形，亜鈴形，十字形，楕円形，星形など
(6) 亜鈴間短細胞(Interzonal dumbbell short cell)	？
(7) プリケルヘア(Prickle hair)	鉤形，長楕円形，球形，
(8) マクロヘア(Macro hair)	ケルダールフラスコ形，ゴルフクラブ形
(9) ミクロヘア(Micro hairs)	パイプ形，煙管形
(10) 乳頭突起(Papilla)	疣形
(11) 毛状突起(Trichome)	針(状)形
(12) 毛基部(Hair base)	？
(13) 泡状細胞(Bulliform cell)	扇形，ヘルメット形，バチ形，食パン形，楔形，かなめ石形
(14) 腕細胞(Arm cell)	グローブ形，和櫛形，推骨形
(15) 仮導管(Tracheid)	ヤスリ(状)形

シなどに見られる。pとrはカレイ状と海藻状ケイ酸体（近藤・佐瀬，1986；佐瀬，1986a)に，またqは塚田(1980)の箱形ケイ酸体の表面模様にそれぞれ相当する。

これまで述べてきた細胞タイプとその形態名の対応関係を表9にまとめて示した。

2. イネ科植物葉身の表皮における細胞の配列とケイ酸体

イネ科植物葉身の向軸側と背軸側では，前節の図17に示したように細胞，またはケイ酸体の形態と配列に相違が見られる。

先に述べたように，泡状細胞は葉身向軸側に主に存在するが，ケイ酸がそれらの細胞すべてを完全に満たすわけではない。例えば，イチゴツナギ亜科の大多数は泡状細胞にケイ酸を満たさないので，ケイ酸体として検出されることは稀である。泡状細胞のケイ化が顕著なタケ亜科，キビ亜科などでさえ，生育環境の違いおよび同じ葉身でも細胞にケイ酸が沈積し，ケイ酸体となるわけではない。このような傾向は，短細胞を除くほかの細胞に共通して観察され

一方，長細胞，ケイ酸(短)細胞，気孔，プリッケルヘア，およびミクロヘアは向軸・背軸両側に共通して分布しているが，それらの配列，密度などに相違が見られる。とくに，タケ亜科植物ではプリッケルヘアとケイ酸細胞の有無，配列などが注目されている(早田，1929；Ohki, 1933)。すなわち，早田(1929)は灰像分析を利用し，葉身向軸側のプリッケルヘアの有無から，①オカメザサ，スズタケ，ネマガリダケのグループと②ミヤコザサ，クマザサのグループに大別した。また，葉身背軸側に分布するケイ酸細胞の有無と向軸側の毛状突起(プリッケルヘア，マクロヘア)の有無により，①のグループの各々を識別した。

上記のような葉身向軸側の表皮細胞の存在も重要であるが，背軸側表皮のそれは向軸側より変化に富み，ケイ酸細胞の密度も極めて高い。とくに，背軸側の毛状突起の有無が種によって一定していることから，それらの有無が分類の基準になりうるとされ，今日タケ科の分類に採用されている(鈴木，1978)。

表10は，ササ属とマダケ属を例にミヤコザサ節とマダケ属の葉身背軸側表皮のケイ酸細胞と毛状突起の配列および頻度についてまとめたものである。

葉脈上に配列するケイ酸細胞由来のケイ酸体の列数は2～6列と変異が見られる。しかし，ミヤコザサ節において，ロッコウミヤコザサを除くほかの種はミヤコザサ節に特有な鞍形ケイ酸体が葉脈上に2～4列とほぼ規則的に並び，その間の小葉脈上においても1列の鞍形ケイ酸体が併行に並んでいる。ミクロヘアケイ酸体はすべての種でわずかに見られ，とくに，ロッコウミヤコザサで多い。マクロヘアケイ酸体は，ホソバザサ，ウンゼンザサ，およびオヌカザサでは見られず，ミヤコザサにおいて多く観察された。プリッケルヘアケイ酸体は種により変異が大きく，オヌカザサにおいて多数見られたほかは，極めて少ないか，あるいはまったく存在しない。一方，マダケ属は，マクロヘアケイ酸体がまったくなく，ミクロヘアおよびプリッケルヘアケイ酸体の出現頻度も極めて少ない特徴が見られた。このように，鞍形ケイ酸体を除くほかのケイ酸体の表皮における有無はそれらの種によってかなり変異が認められる。このことは，種の違いによりケイ酸の細胞内の沈積過程に違いがあることを示唆している。

これまでは，ある特定の範囲内で観察されるごく大雑把な葉身表皮の細胞タイプとその配列について述べたにすぎない。しかし，1枚の葉身のなかでも葉の先端，中肋および基部では細胞タイプが同じように分布，配列しているという保証はない。では，1枚の葉身の表皮にどのような細胞タイプが存在し，かつ，それらの細胞タイプがどの程度ケイ化しているのであろうか。この問いかけに対する回答が，ネザサ葉身の先端，中肋および基部において詳しく調

表10 ササ属ミヤコザサ節とマダケ属葉身中のケイ酸体の配列および頻度(近藤・大滝，1992)。
極少：1試料(1 cm²)に数個のケイ酸体が存在する。少：試料300 μm直径円内に数個のケイ酸体が存在する。有：試料300 μm直径円内に約10個のケイ酸体が存在する。多：試料300 μm直径円内に15～20個のケイ酸体が存在する。極多：試料300 μm直径円内に20個以上のケイ酸体が存在する。

試料	葉脈上の短細胞列 (タケ型)	小葉脈上の短細胞列 (タケ型)	ミクロヘア	マクロヘア	プリッケルヘア (ポイント型)
ミヤコザサ節					
ミヤコザサ	2～4	1	有	多	少
エゾミヤコザサ	3	1	有	有	少
カタハタミヤコザサ	3	1	少	有	少
ロッコウミヤコザサ	4～6	1～2	多	有	無
フシゲミヤコザサ	3	1	少	有	極少
ホソバザサ	3	1	少	無	極少
オヌカザサ	3～4	1	有	無	多
ウンゼンザサ	2～3	1	少	無	有
マダケ属					
ホテイチク	2～3	1	極少	無	少
ギンメイホテイ	2～3	1	極少	無	少
ムツオレダケ	2	1	少	無	極少
タイワンマダケ	4	1	極少	無	少

べられている。

Motomura et al.(2000)によると，ネザサ葉身表皮の細胞タイプは，向軸側において長細胞(30.8%)＞泡状細胞(23.3%)＞コルク(21.2%)＞プリッケルヘア(13.1%)＞ケイ酸細胞(8.6%)＞孔辺細胞(1.5%)＝副細胞(1.5%)，背軸側において長細胞(29.4%)＞孔辺細胞(25.9%)＝副細胞(25.9%)＞コルク(9.1%)＞ケイ酸細胞(7.2%)＞プリッケルヘア(1.9%)＞ミクロヘア(0.6%)の順に出現する。しかし，ケイ酸細胞の頻度は，向軸，背軸両側とも予想に反し少ない。一方，すべての細胞中，ケイ化した細胞は，向軸側で11.4%，背軸側で8.4%であった。ケイ酸細胞はそのほとんどすべてがケイ化するが，泡状細胞，マクロヘア，およびプリッケルヘアは10%前後しかケイ化していなかった。このことから，葉身表皮中におけるケイ酸細胞の数はほかの細胞タイプに比べ少ないが，そのほぼすべてがケイ化するので，ケイ酸体として出現する頻度は最も多いことがわかる。

以上のこれまでの結果をまとめると，ケイ酸細胞に由来するケイ酸体(タケ型)は葉の展開初期にケイ酸が細胞内に完全に満ちて形成されるが，泡状細胞およびそのほかの細胞由来のケイ酸体は生育後期，あるいは古葉にケイ酸がランダムに沈積し形成されることが理解される。従来からタケ型ケイ酸体をはじめとするイネ科植物のケイ酸細胞由来のケイ酸体は，イネ科植物分類の規準(亜科レベル)として Prat (1936)，Metacalfe(1960)などの多くの植物分類学者によって採用されており，上記の結果はそれらのことを如実に裏づけている。

極めて興味深い現象がイネの表皮細胞に配列する短細胞ケイ酸体(亜鈴形)において見られるので紹介しよう。

通常，イネの表皮細胞のケイ酸細胞は葉脈に垂直に配列(図20)しており，葉脈に水平に配列するキビ亜科のキビ型と著しく異なる。しかし，世界のイネ属(Oryza)17種について検討した結果によると，葉身の位置や種類の違いで部分的にキビ亜科と同様な配列[3]をしていることがある(Whang et al., 1998)。わが国のイネ Oryza sativa はそのような配列は見られず，葉脈に沿って垂直であるので，もし遺跡土壌

---

[3] Dr. Kim, K による私信

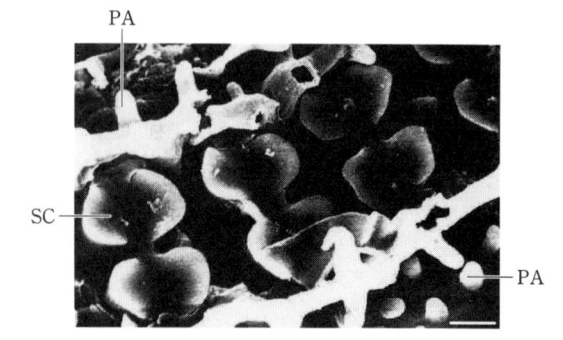

図20 イネ葉身表皮に見られる亜鈴形ケイ酸体の配列(近藤錬三原図)。
SC：ケイ酸細胞，PA：乳頭突起，バーは5μm

に組織片として泡状細胞ケイ酸体と一緒に出現すればイネ栽培の可能性がより大きくなる。

樹木をはじめそのほかの植物については，イネ科植物ほど詳しく調べられていないので，その実態については定かではない。しかしながら，イネ科植物以外でも，細胞タイプによりケイ化および植物ケイ酸体としての出現頻度が異なることは容易に予測される。

3. イネ科植物の地下茎，根および種子に見られる植物ケイ酸体

これまで，主にイネ科植物の葉身から分離した植物ケイ酸体の形態について，その給源細胞タイプとの関連から述べてきた。しかし，植物ケイ酸体は葉身以外にも花序部をはじめ，地下茎，根などあらゆる部位に多少とも含有されている。ここでは，地下茎，根および種子から検出される植物ケイ酸体について，最近の情報をもとに紹介する。

地下茎および根の包括的，あるいは広範囲にわたる研究は極めて乏しく，一部のイネ科植物について検討されているにすぎない(表11)。それらの研究は，地下茎や根におけるケイ酸の集積部位，集積機構などを主に取り扱っており，内皮(Endodermis)，細胞間隙(Intercellular space)，維管束鞘(Bundle sheath)，厚壁組織(Sclerenchyma)，木部導管(Vessel)などにケイ酸が集積することがわかっている(Sangster & Hodson, 1992)。しかしそれらの細胞に由来する植物ケイ酸体の具体的な形態についてはごく一部しか知られていない。例えばキビ亜科のある種の根茎には

表11 地下茎のケイ酸（ケイ酸体）についての研究

ケイ酸（ケイ酸体）の集積位置	出典
表皮の外接線壁	Sangster(1985)
維管束鞘，柔組織	Metacalfe(1960)
表皮	Sangster(1983b)
皮層の空気環柔組織	Sangster(1983b)
皮層維管束鞘，内皮	Sangster(1978a)
皮層維管束鞘，内皮	Sangster(1985)
皮層維管束の厚壁組織	Sangster(1985)

鞍形ケイ酸体，また根には小円孔をともなう長方形板状ケイ体が観察されている。さらにヒメアブラスキ連の若干の属の根には樹木の材部由来のケイ酸体と似た球状のケイ酸集合体が見られる。

わが国のイネ科植物の地下茎および根には植物ケイ酸体量が0.03～3.83％含有されており，地上（種子・葉身・鞘）に比べ大多数が1％以下と低い。しかし，ヨシ，ササ類はケイ酸含量も多く，全般的にケイ化程度も高いことが知られている（近藤，1996）。

根由来の植物ケイ酸体は，一般に地下茎由来のケイ酸体に比べケイ化程度が弱く，薄板状の長方形，あるいは正方形の形態を示すものが多い。他方，ササ類，ヨシの根にはケイ化の著しい直方体の棒状，あるいは板状ケイ酸体が観察される（図21）。

薄板状，あるいは薄い棒状ケイ酸体は，①ケイ酸体の中央，その周囲に大小の球状突起と多数の小円孔（図20 b）をともなうもの（ススキ，オギ，モロコシ）と，②球状突起物がなく，多数の小円孔，あるいは円孔どうしが連なった線状孔をもつもの（ササ類）に大別される（図21 a）。とくに，①の特徴をもつケイ酸体の一部はカヤツリグサ型ケイ酸体に似ている。ササ類およびヨシは，上記の薄板状ケイ酸体と異なり，強固な立方体形の板状および棒状ケイ酸体によって特徴づけられる。すなわち，ササ類のケイ酸体は表面に突起物が少なく平滑で，四隅が角張っている。反面，ヨシは表面に小さい楕円形状突起物が散在し，四縁が丸味を帯びている。

地下茎には，表皮の短細胞ケイ酸体（亜鈴形，円錐台形など），厚い棒状，立方体状，塊状，ブレード状ケイ酸体など多様な形態のケイ酸体が観察される。これらのケイ酸体は上記したササ類の根由来のケイ酸体と類似している。しかし，ケイ酸体表面に多数の突起物や節が見られる点において根由来ケイ酸体と異なる。とくに，ヨシの地下茎に由来するケイ酸体は，紡錘状，「への字」状，分枝状などの特徴ある形態を示し，その表面には多数の小突起物が散在する（図21 f）。これらは，地下茎の中でも節部で多数検出され，樹木の厚壁異形細胞ケイ酸体に酷似している（近藤，1996）。

上述してきた地下茎や根で見出される植物ケイ酸体と同様に花序部（種子）についても情報は極めて少ない。

Parry & Smithson(1966)は，イギリスの若干のイネ科草本と穀類の花序部由来のケイ酸体について検討し，葉身に見られる短細胞と長細胞と類似点の

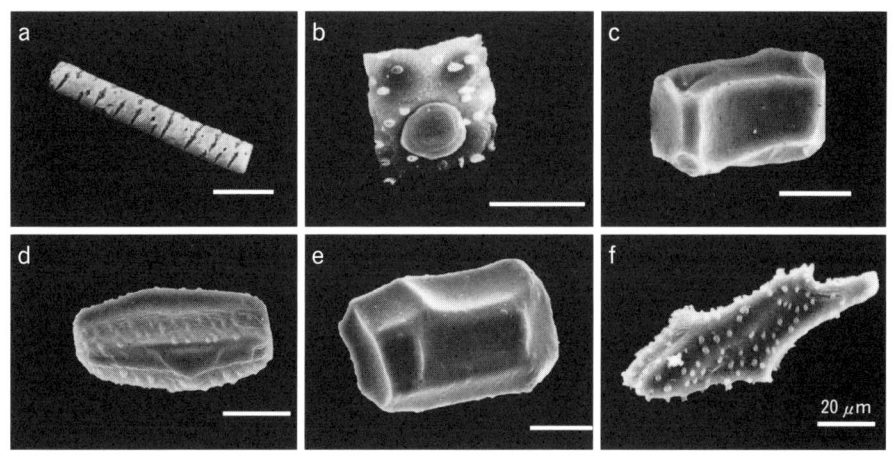

図21 根および地下茎由来のケイ酸体（近藤錬三原図）。
根　a：オオクマザサ，b：オギ，c：クマザサ，d：ヨシ
地下茎　e：クマザサ，f：ヨシ

あるケイ酸体を確認した。一方，従来からイネ，アワ，キビなどの穀類籾殻表皮についての灰像分析が考古学者により行われてきた。

灰像分析(スポドグラム)はドイツのH. Molischにより確立された植物組織の微細構造を調べる手法である。植物を灰にした際に組織が無機質の形骸として生と同じ状態で残るので，その組織像を調べることで，植物の科・属・種の形態的特徴を捉えようとするのが灰像分析の骨子である。渡辺(1973，1974)は，この方法で各種穀類の内穎・外穎の灰像を詳細に調べた。

図22 g～iは，キビ，ヒエおよびアワの穎に見られる長細胞由来のケイ酸体である。これらは，隣接する長細胞と絡みあって配列しているので，通常は組織片として出現する場合が多い。キビ亜科に属するキビ，ヒエおよびアワの長細胞ケイ酸体は，軸に対し垂直に側枝が伸長している。側枝の形状によりそれらの穀類の間に次のような特徴が見られる。①ヒエは，側枝が極めて長く，軸幅の半分程度の太さである。また，側枝はひとつの細胞に3～6本対でもち，不規則な波状の輪郭を示している。②キビは，側枝が軸と同程度の長さで，先細りである。全体の形状はヒエより細長く，側枝は数本とヒエに比べて短く，縦方向にも分枝している。③アワは，側枝が滑らかな弱い波状を示し，軸幅より細く，先端が丸味を帯びている。これらのケイ酸体は単独で出現することは極めて稀である。

一方，イチゴツナギ亜科(コムギ，オオムギ，ライムギ，エンバクなど)の穎に見られる長細胞ケイ酸体は，キビ亜科のそれと明らかに異なり，長細胞ケイ酸体が隣接する長細胞ケイ酸体とある程度の間隔をあけて配列している。そのために，しばしば単独で土壌中から検出される。それらの長細胞ケイ酸体は直線および曲線的な棒状で，周辺が波状の輪郭，あるいは棘状突起物をもつ。Parry & Smithson(1966)はこれを'Dendroform Opals'と名づけた。この棘状突起はコムギ，オオムギおよびライムギの間で多少の違いが見られる(図22 a～c，e)。すなわち，オオムギは突起が小さく嘴状なので，ケイ酸体周辺の輪郭は波状に見える。コムギは突起が鋭く，棘状であり，ときおり突起の先端が分枝する。ライムギはコムギほど突起が長くなく，むしろオオムギに似ている。なお，コムギには，アワの穎と類似のケイ酸体が出現することがあるが，突起は細く，単調である。

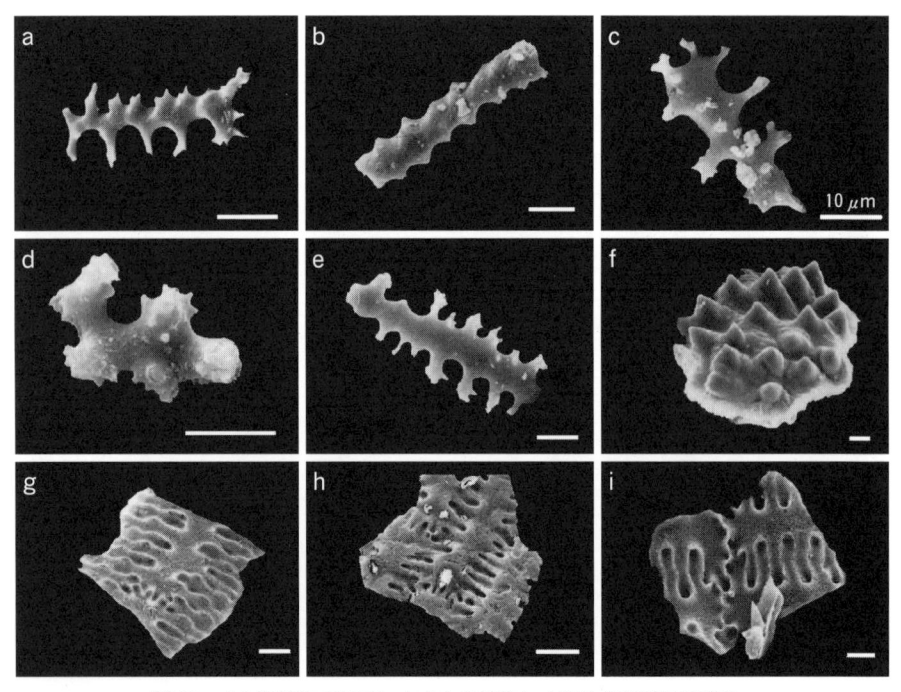

図22 イネ科植物の種子に由来する植物ケイ酸体(近藤錬三原図)。
a：コムギ，b：オオムギ，c：カラスムギ，d：ソルゴー，e：エンバク，f：イネ，g：ヒエ，h：キビ，i：アワ

エンバクの一部およびイヌムギの穎には，コムギ，オオムギなどの直線的な棒状ケイ酸体と異なり，ケイ酸体がうねり，側枝に多数の丸味の帯びた分枝が見られる。

イネの穎は，キビ亜科やイチゴツナギ亜科と異なり，細胞が規則的に縦列に並び，細胞壁が強くケイ化した多数の対の乳頭状突起物が多数見られる(図22 f)。この対をなすふたつの突起は，側面から見ると円錐が連なるふたつの山形(乳頭双突)に見える。乳頭双突の高さ，対の乳頭双突幅などのパラメーターによる判別式から，遺跡土壌中から分離したイネ籾から野生種と栽培種の識別を試みた研究がある(Zhao et al., 1998)。

上記したように，種子由来の植物ケイ酸体については栽培作物の観点から，主に穀物についての研究が多い。しかし，穀物以外にもカヤツリグサ科やウリ科の種子や果皮にも特徴あるケイ酸体が含有されているので，よりいっそうこの種のケイ酸体の探索が望まれる。

4. 樹木葉部および材部に見られる植物ケイ酸体

双子葉樹木類葉部の表皮細胞はイネ科，カヤツリグサ科などの単子葉植物と異なり，細胞の接しあう細胞壁(cell wall)が直線状のものと，曲がりくねった波状のふたつのタイプがある。前者の細胞は，四角から八角形の浅いカップ状の形態を示し，その底は凹凸のモザイク状をなしている。これらの細胞タイプに由来するケイ酸体は，多角形状ケイ酸体(図23 a)と呼ばれ，ブナ科，クスノキ科などで普遍的に見られる。他方，後者の細胞タイプは，はめ絵パズル状の形(図23 b)をしており，モクレン科，ブナ科のブナ属，シイノキ属，カエデ科，ニレ科などに検出される。植物種によっては四角～八角形のもの，はめ絵パズル形のもの，あるいはこの2タイプを共存するものなど多様である。

上記の表皮細胞の間に気孔が散在する。気孔は，ふたつの腎臓形の孔辺細胞が開孔部を囲んでできている。また，孔辺細胞の側面には配列を異にする副細胞が見られ，この配置のタイプによりある範囲まで植物が同定可能とされている(Cutler, 1978)。気孔に由来するケイ酸体はカシューナッツ状，あるいはソラマメ状ケイ酸体(図23 l)と呼んでいる。

葉肉は多くの場合，柵状組織(Palisade tissue)と海綿状組織(Spongy tissue)に区別されるが，それほどはっきり分化していない。前者は上面表皮の直下に1～数層の細胞層をつくっている。その下に細胞間隙を挟んで後者がある。海綿状組織はスポンジ状で，全体が蜂の巣状の形をしている。それらの細胞タイプに由来するケイ酸体は蜂の巣状ケイ酸体(図23 c)と呼んでいる。細胞間隙は，空気間隙ともいわれ，一酸化炭素，酸素および水の通路となり，気孔を通して外界と連絡している。

厚壁組織(Sclerenchyma)は葉肉中に集合して存在し，葉に機械的強度をもたらす機能をもつとされている。また，厚壁組織は葉縁と葉脈部分に顕著に見られ，繊維(Fiber)と厚壁異形細胞(Sclrereid)からなっている。繊維は細長く両先端が尖っており，反面，厚壁異形細胞はくの字状，枝状をした曲りくねった棒状など，多様な形をしている。これらの形態は葉脈の脈系の位置に関係がある。厚壁異形細胞タイプに由来するケイ酸体はくの字状，Yの字状，枝状ケイ酸体(図23 d, e)などと呼ばれ，ブナ科，クスノキ科，モクレン科，マンサク科のイスノキ属など，多くの広葉樹で観察される。また，厚壁異形細胞の特殊化したものとして枝分かれした星状厚壁異形細胞(Astro-sclereid)と両端が膨らみ骨様の骨状厚壁異形細胞(Osteo-sclereid)がある。このほかにも多層表皮の異形細胞(Idioblast)が特殊化した鐘乳体(Cystolith)(図23 f, g)がクワ科，イラクサ科などに検出される。鍾乳体には普通の鍾乳体(Independent cystolith)と有毛鍾乳体(Hair cystolith)の2種がある。前者はヤマクワ(*Morus bombycis*)，後者はガジュマル(*Ficus microcarpa*)に見られる。鍾乳体は，主に蓚酸石灰の結晶であるが，ときには非晶質のケイ酸体として存在する。

双子葉植物の葉脈(維管束)の脈系はイネ科植物の平行脈系(Parallel venation)と異なり，網状脈系(Reticulate venation)であり，葉の中央に位置する中肋(Midrib)の先端部に向かい枝分れし，二又脈系(Dichotomous venation)，さらに細い脈に分枝し葉縁まで達する。この細い枝分かれした脈に沿って紡錘状の仮導管(Tracheid)が分布する。仮導管の表面は螺旋紋，あるいは階紋模様をもつ場合が多い。仮導管細胞タイプに由来するケイ酸体は螺旋紋をもつ

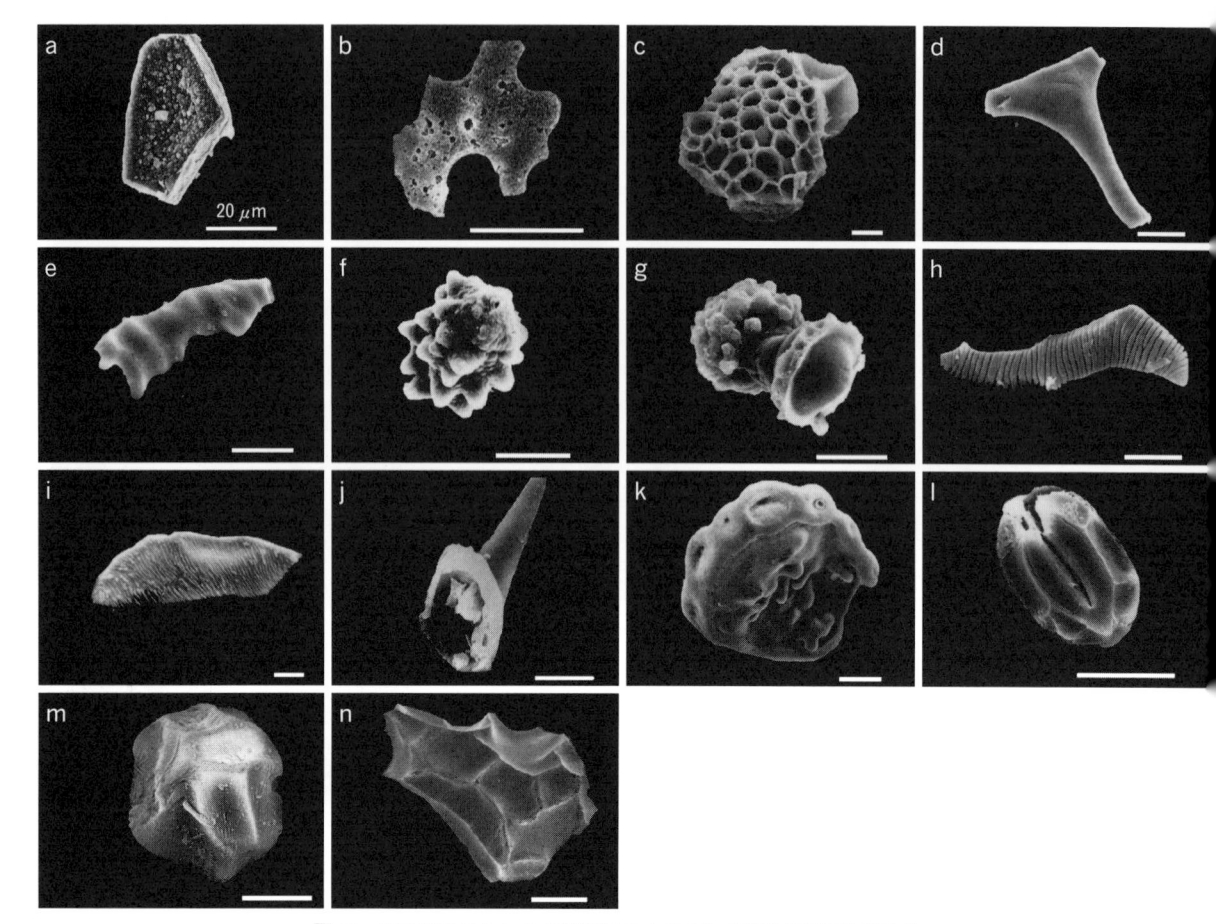

図23 広葉樹に見られる各種細胞タイプのケイ酸体（近藤錬三原図）。
a・b：表皮細胞，c：海綿状細胞，d・e：厚壁異形細胞，f・g：鐘乳体，h・i：仮導管，j：毛，k：表皮毛基部，l：気孔，m・n：給源細胞不明

紡錘状ケイ酸体（図23 h, i）と呼んでいる。

毛状突起（図23 j）は，イネ科植物と異なり，三角形，あるいは内部が空洞の嘴状形態を示し，節や突起物があるものとそうでないものがある。

針葉樹は，広葉樹に見られない特有な内皮（Endodermis）と移入仮導管細胞（図24 a）が観察される。内皮（図24 b）は水分の皮層（Cotex）から維管束への移動調整を司っている細胞で，立方体，あるいは不規則な多面体の形状を有している。他方，移入仮導管は，内皮と形態が類似するが，その表面および側面（Transfusion tracheid）に「ヘソ」状の有縁壁孔（Pit, bordered）が配列している。マツ科，ヒノキ科など多くの針葉樹はこの移入仮導管をすべて所有するので，これらの細胞タイプを給源とする植物ケイ酸体はイネ科植物や広葉樹起源ケイ酸体と区別する際に極めて有効である。また，表皮細胞（図24 c, d）には，イネ科植物と類似の棒状，または長方形板状の細胞が見られる。これらに由来する植物ケイ酸体はカラマツ属で高頻度に検出され，その多くは平滑辺長方形，あるいは波状辺長方形である。棒ケイ酸体はカラマツ属以外のマツ科にも稀に検出され，とくに，イネ科植物に極めて類似の波状辺棒状ケイ酸体がトウヒ属とモミ属に見出される。グイマツ属には，厚角組織（Collenchyma）の一部と思われる不規則なガラス破片状，または楔形文字状（図24 e, f）の特有なケイ酸体が比較的多く見られる。

気孔は，双子葉樹木と同様にふたつの腎臓形の孔辺細胞が開孔部を囲んでできており，その一方が単独で出現する場合，ソラマメ，あるいはカシューナッツ状形態のケイ酸体（図24 g）として観察される。

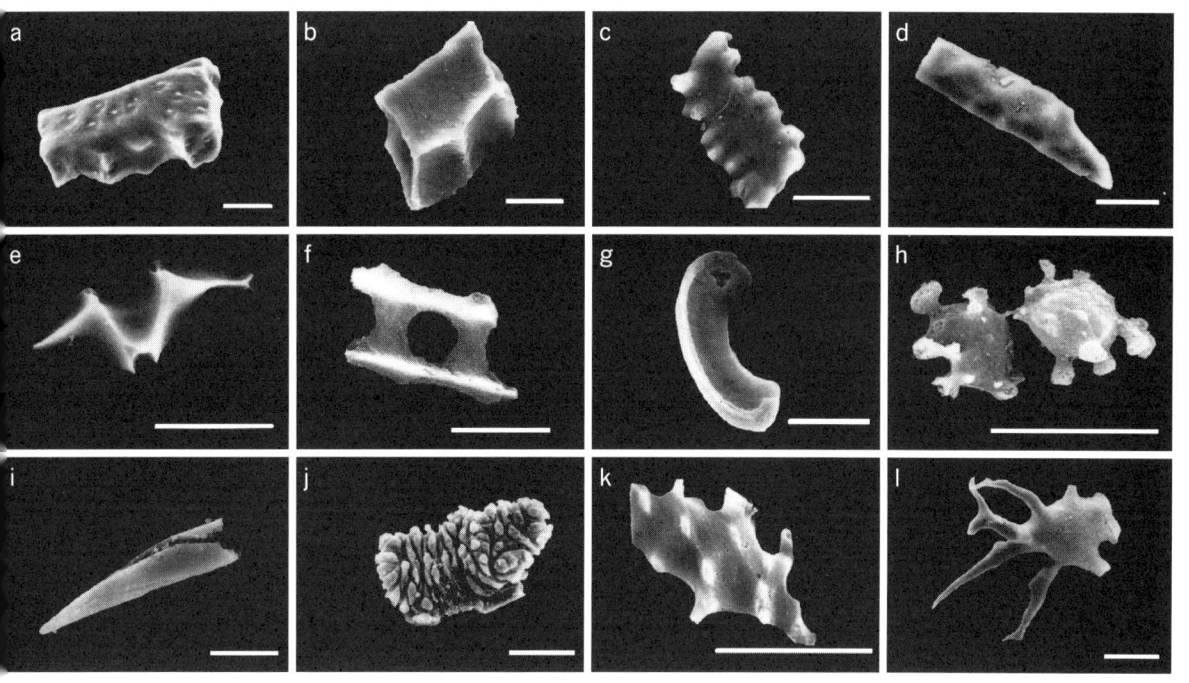

図24 針葉樹に見られる各種細胞タイプのケイ酸体(近藤錬三原図)。
a：移入仮導管, b：内皮, c・d：表皮細胞, e・f：厚角細胞(?), g：気孔, h：葉肉, i：毛, j：仮導管, k：副表皮, l：星状厚壁異形細胞
バーは，lを除きすべて20 μm。lは50 μm

　葉肉には，枝状に分かれた小突起物をもつ球状，あるいは長楕円状の異形細胞からなるケイ酸体(図24 h)が稀に見出される。
　このほかにもポンデローサマツの副表皮(図24 k)，ダグラス・ファーの星状厚壁異形細胞(図24 l)などに由来する特有な形態のケイ酸体が見出される。
　以上，樹木葉身の細胞タイプとケイ酸体の対応関係(表12)について述べてきたが，材部にもケイ酸が集積する組織がある。とくに，南方材(フタバガキ科，ウルシ科，カンラン科，トウダイグサ科，アカテツ科など)やニュージーランド産のナンキョクブナ属，メトロシデロス(ムニンフトモモ)属の木部や枝の放射柔組織(Ray parenchyma)，軸方向柔組織(Axial parenchyma)，木部繊維(Xylem fiber)などの細胞内容物

表12 広葉樹および針葉樹における葉身表皮の細胞タイプとその形態名

細胞タイプ	形　態
(1) 厚壁異形細胞(Sclereid)	Y字形，T字形，くの字形，枝状
(2) 鐘乳体(Cytolith)	コンペイ糖状，クワの実状
(3) 星状厚壁異形細胞(Astro-sclereid)	根株形，星形
(4) 気孔(Stomata)	腎臓形，カシューナッツ状
(5) 仮導管(Tracheid)	螺旋紋を伴う紡錘形，あるいは長楕円形
(6) 副表皮(Subepidermis)	?
(7) 内皮(Enodermis)	立方体，直方体，多面体
(8) 移入仮導管(Transfusion tracheid)	表面に小円孔を伴う立方体，直方体，面体
(9) 葉肉(Mesophyll)	?
(10) 海綿状組織(Spongy tissue)	蜂の巣形
(11) 繊維(Fiber)	先端の尖った細い棒状
(12) 厚角組織(Collenchyma)	楔形文字状，ガラス破片状

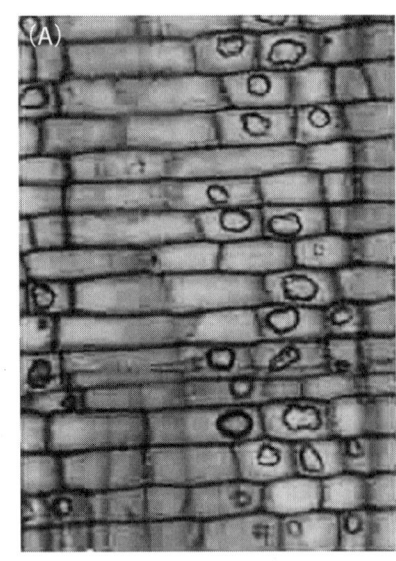

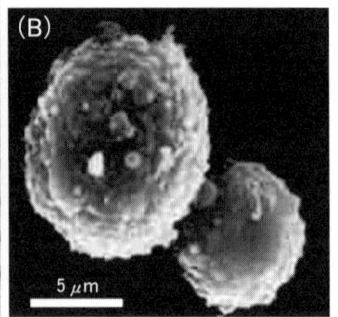

図25 ナンキョクブナ属（マウンティンビーチ）材部放射柔細胞中の球状ケイ酸体。
A：光学顕微鏡写真（R. Patel 氏撮影），B：走査型電子顕微鏡写真（近藤撮影）

(inclusion)としてケイ酸体が検出される(Kondo et al., 1994；Patel, 1974, 1986, 1991)。これらの形態には，球状，凝集状およびガラス状の3タイプがある。このケイ酸体の有無や存在している細胞の種類などは樹種識別のために木材科学において大いに役立つとされている(古野・澤辺，1994)。

図25は，ナンキョクブナ木部の放射柔細胞内に見られる球状，あるいは凝集状のケイ酸である。放射柔細胞内でこれらケイ酸の凝集体の成長は，岩脈や岩石の空洞で形成される鉱物の小さい結晶の集合体と似ており，イネ科や樹木類の表皮細胞にケイ酸が沈積して形成されるようすと明らかに異なる。したがって，これらの球状ケイ酸体は，イネ科の表皮細胞で見られる細胞の鋳物としての植物ケイ酸体と異なり，非細胞タイプ(細胞内容物)依存の植物ケイ酸体といえよう。

5. そのほかの植物に見られる植物ケイ酸体

シダ植物の表皮細胞は，イネ科植物のような細胞壁が直線的なものはほとんどなく，曲がりくねった波状のはめ絵パズル状形態(図26a)として観察される。このはめ絵パズル状形態は非常に変化に富んでおり，属，種の間ばかりでなく，向軸，背軸両側で

も違いが認められる。この細胞は，一般的にケイ化が弱く，ケイ酸体としてよりも組織片として出現する。そして，双子葉樹木のはめ絵パズル形細胞より概して大型(約100 μm)である。

シダ植物には給源細胞の所在が定かでない特有な植物ケイ酸体がいくつか検出される(図26 b, c)。そのひとつは，表面に多数の小円孔をもつゴーダーチーズ状，棟をもつ細い棒状などのケイ酸体である(Kondo et al., 1994)。この種のケイ酸体はニュージーランド産のシダ類，とくに木性シダで多く検出される。それらの給源細胞は維管束に関連する導管要素(Vessel element)に由来すると推測されるが，定かでない。ミゾトクサの表皮は，側面から見るとヘルメット状形態を示し，表面が疣状突起物で覆われている。

カヤツリグサ科の表皮細胞には，イネ科の長細胞に相当する棒状，あるいは板状と円錐状ケイ酸体が共通的に見られる。とくに，後者の円錐状ケイ酸体(図26 d)は，カヤツリグサ科に特有なことからMehra & Sharma(1965)によってカヤツリグサ型と命名された。その後，このケイ酸体は，円錐形(Cone, Conical-shaped)，帽子形(Hat-shaped)，スゲ円錐形ケイ酸体などのいろいろな名称で呼ばれている(Metacalfe, 1960；Ollendorf, 1992；Piperno, 1988)。Ollendorf(1992)は，カヤツリグサ科に見られる円

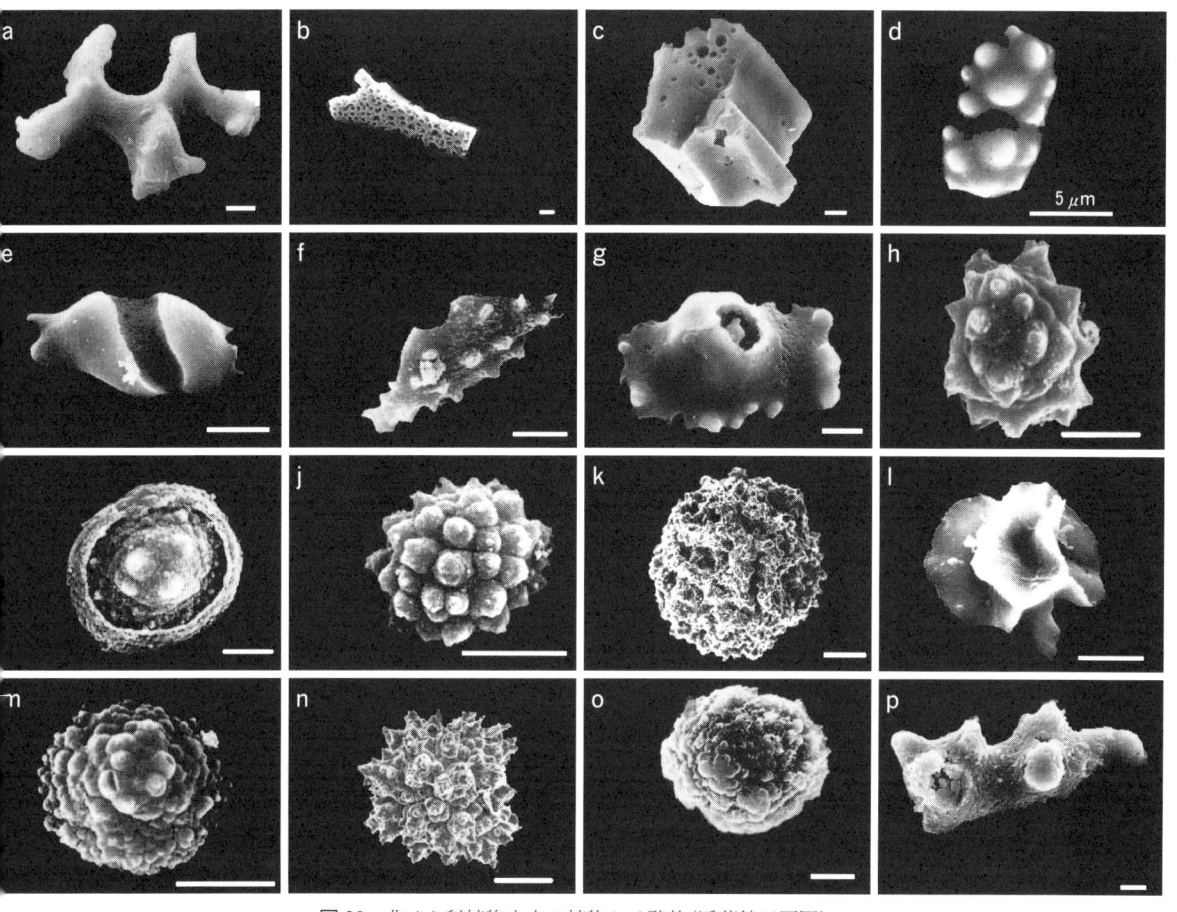

第4章　植物ケイ酸体の形態と細胞タイプ　217

図26　非イネ科植物由来の植物ケイ酸体(近藤錬三原図)。
o・p以外は葉身の表皮，導管要素，あるいはステグマタ細胞上に分布．a〜c：シダ類，d：スゲ属，e・f：オウムバナ属，g：バショウ属，h・i：ヤシ科，j：パイナップル属，k：ハナカンナ属，l：ホザキアヤメ属，m・n：ラン科，o・p：サンアソウ科，バーは5μm

錐形ケイ酸体を円錐の外形，頂部の形状，表面の刻み具合，周辺部に見られる小突起の形状などの特徴にもとづいて示性式化し，円錐形ケイ酸体の分類案を提示している．この点については，第7章第2節において詳しく述べる．

ヤシ科植物には，維管束および繊維上にあるステグマタ細胞(Mettenius, 1864)中に円錐(帽子形)と表面が多数の粗い疣，あるいは棘のある球状コンペイ糖状形態のケイ酸体が検出される(図26 h)．後者は，Piperno(1988)の'Spherical Spinulose Phytolith'に相当するが，パイナップル科(図26 j)，クズウコン科，カンナ科にも類似の球状ケイ酸体が観察されている．前者は円錐形であるが，イネ科植物に検出される円錐形ケイ酸体と明らかに異なり，底部周辺(ドングリの殻斗に相当)の一部を除き，表面全体が小球状粒子で覆われている(図26 i)．この種のケイ酸体と極めて類似のケイ酸体はラン科のシンピジュウム属(図26 m)でも観察される．しかし，シンピジュウム属には円錐の低部周辺の殻斗相当部は見られない．

バショウ科のバショウ属とオウムバナ属には維管束細胞，維管束鞘(Bundle sheath)および繊維の上にかいば桶(Troughs)状ケイ酸体(図26 e〜g)が並んで列をなしている．しかし，両属のかいば桶状ケイ酸体は形態が明らかに異なっている．

ラン科に生ずる植物ケイ酸体は，主に葉身の厚壁組織性維管束細胞上に重なるステグマタ細胞中に観察されるが，繊維細胞の上や師部(Phloem)に隣接した位置にも存在する．それらの形態は表面に棘のある球状(コンペイ糖状)と疣で覆われた円錐形(帽子状)

の2タイプがある(図26 m, n)。

　ニュージーランドにはイグサに似たサンアソウ科 Restionaceae が3属確認されている。そのうちのオイオイ Leptocarpus similis とワイヤラッシュ Empodisma minus には表面が疣状突起物で凸凹した球状ケイ酸体(図26 o)が茎の厚壁組織性維管束鞘の上で観察されるが，ニュージーランドの固有種である Sporadanthus traversii にはない。それらの表皮には球状ケイ酸体に変わる特有なショウガの根茎(図26 p)に似た形状のケイ酸体が見出される。

　以上，これまで記載してきた各種のケイ酸体は日本および世界に分布する植物から分離したごく一部にすぎない。それにも関わらず，このような形態の多様性には驚かされる。

6. 類似の形態を備えている植物ケイ酸体

　植物は，科，亜科，連，属など植物分類群により細胞組織の構造が植物解剖学的に異なるので，通常，多くの植物に含有する植物ケイ酸体はその植物に固有な形態を備えているといえよう。しかし，一部の植物では，科，属レベルなどを超えて類似の植物ケイ酸体が観察される。光学顕微鏡下のプレパラートを覗くと，キビ亜科に普遍的な亜鈴形ケイ酸体はタケ亜科，ダンチク亜科およびイチゴツナギ亜科の一部の連(Meliceae, Brachyetreae, Stipeae)においても見出される。また，ヒゲシバ亜科に特徴的な短座鞍形ケイ酸体(ヒゲシバ型)はダンチク亜科，キビ亜科のトダシバ，タケ類などにも検出される。さらに，イチゴツナギ亜科の一部の属(Poa, Festuca など)に特徴的な円形(Rondel)，あるいは円錐台形のケイ酸体は多く亜科に広く分布する。これらは，イネ科植物分類群内において形態に類似性をもつ例であるが，異なる植物分類群の間でも似かよった形態の植物ケイ酸体と遭遇することがある。

　イネ科，カヤツリグサ科などの単子葉植物表皮に観察される長細胞ケイ酸体(図27 A)は，棒状，あるいは板状形態を示し，その両辺が平滑，波状，鋸歯辺状などの各種のタイプとして出現する。しかし，これらと類似のケイ酸体は，科がまったく異なる針葉樹の仲間にも検出されるのである。それらは，マツ科のトウヒ属，モミ属(図27 a)およびカラマツ属で見られ，イネ科の棒状型ケイ酸体と見間違えるほどである。これらの棒状ケイ酸体は，給源細胞が同じ表皮細胞である点において異なる植物分類群の間で類似性が認められる。

　一方，給源細胞がまったく違うにも関わらず，異種の植物間においてケイ酸体に類似性が見られることも度々ある。イネ科のファン型ケイ酸体(図27 B)とマツ科の内皮・移入仮導管ケイ酸体(図27 b')やササ類の地下茎由来のケイ酸体(図27 b)は光学顕微鏡下で立方体形として観察されるので，よく見間違えられる。また，ヨシ属の地下茎には給源細胞の不明なケイ酸体(図27 C)が多数検出されるが，それらの形態は，広葉樹葉身に出現する厚壁異形細胞ケイ酸体(図27 c)の特徴(全体像が曲線的で，かつ先端部が尖る)に酷似する。さらに，ササ属の地下茎に見出される多面体，あるいは立方体状ケイ酸体(図27 d)はスダジイ属の塊状ケイ酸体(図27 D)やイネ科のファン型ケイ酸体に類似する。

　熱帯や亜熱帯の植物を特徴づけるヤシ科の葉身表皮には，コンペイ糖に似た形態の表面に多数の棘状突起物をもつ球状ケイ酸体が存在する。これらと似たコンペイ糖状ケイ酸体(図27 E)はパイナップル科(図27 e)，ラン科(図27 e')，ショウガ科などの葉身中にも見られるのである。植物分類群の間だけでなく，部位(器官)や細胞タイプが異なっていても，それらの間で類似性をもつ形態のケイ酸体がしばしば出現する。例えば，南方材やニュージーランド産のナンキョクブナ属の材部や小枝の放射組織に存在する細胞内容物には，表面が疣，あるいは顆粒状の球状ケイ酸体(図27 F)が見られるが，類似のケイ酸体はイグサに似たサンアソウ科(図27 f)の茎やニュージーランド産樹木葉の副表皮(図27 f')にも検出されている。

　Hart(1990)は，カヤツリグサ科に特有な円錐形(または，カヤツリグサ型)ケイ酸体と類似のものが，オーストラリア・シドニー近郊の湿潤沿岸域に生育する双子葉植物(モクマオウ科，ネムノキ亜科，ヤマモガシ科)の葉中にも出現することを見出した。この事実から，ネムノキ亜科のアカシア属が広範囲に分布するオーストリアにおいて土壌や堆積物から分離されるカヤツリグサ型ケイ酸体の取り扱いに留意することを警告した。

　Piperno et al.(2002)は，カボチャ属 Cucurbita の果実外皮表面にスカルプ模様をもつ特有な球状ケイ

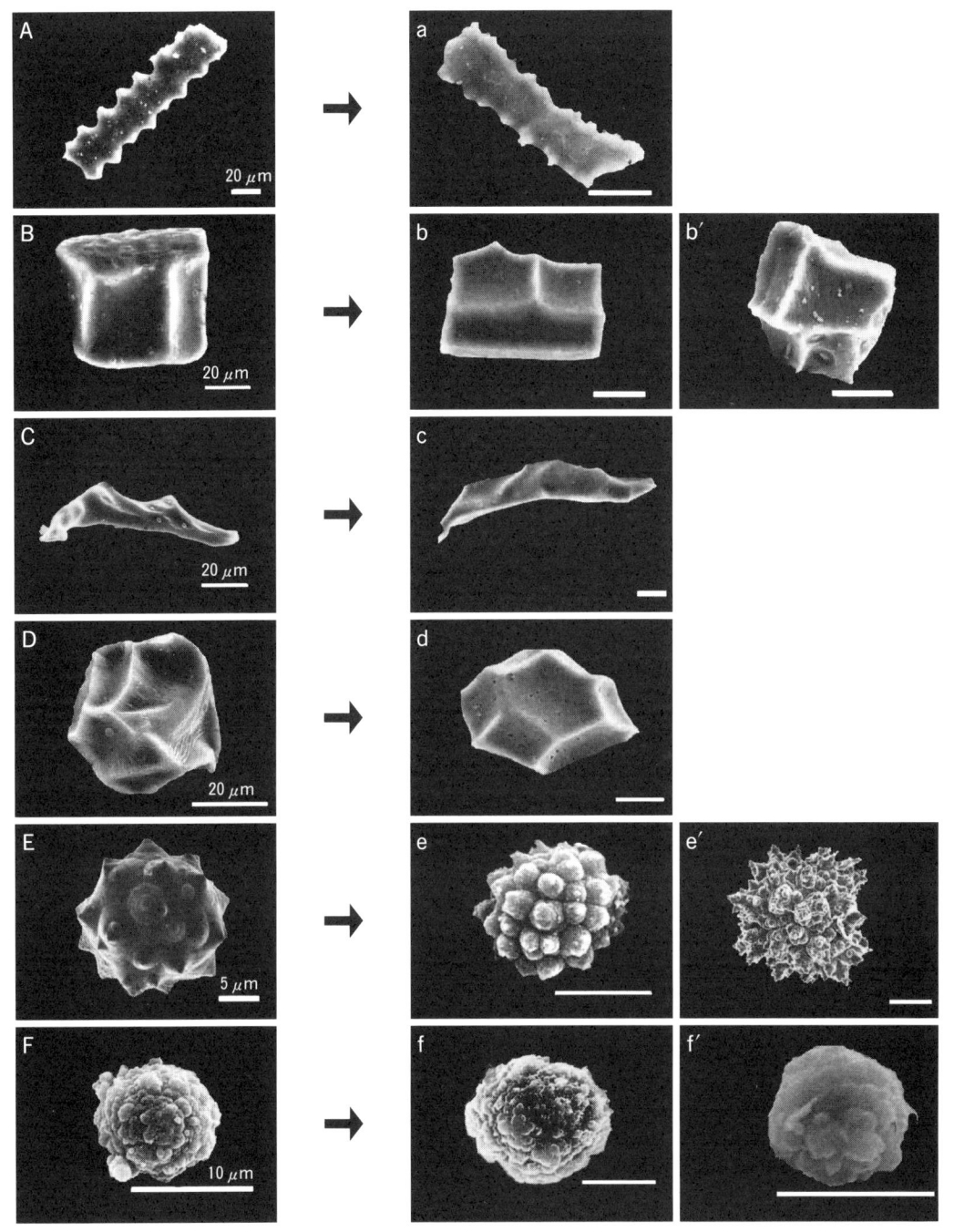

図 27 類似の形態をもつ植物ケイ酸体(近藤錬三原図)。
A：イネ科メガルヤ属の葉身(表皮細胞)*1，a：マツ科トウヒ属の葉身(表皮細胞)，B：イネ科ヌマガヤ属の葉身(泡状細胞)，b：イネ科スズタケ属の地下茎(給源細胞不明)，b′：マツ科マツ属の葉身(移入仮導管)，C：イネ科ヨシ属の地下茎(給源細胞不明)，c：ブナ科マテバジイ属の葉身(厚壁異形細胞)，D：ブナ科スダジイ属の葉身(給源細胞不明)，d：イネ科ササ属の地下茎(給源細胞不明)，E：ヤシ科の葉身(繊維，維管束の上)，e：パイナップル科パイナップル属の葉身(主脈と主脈間表皮)，e′：ラン科コチョウラン属の葉身(厚壁組織性維管束鞘に横たわるステグマタのなか)，F：ブナ科ナンキョクブナ属の材部(放射柔細胞)，f：サンアソウ科エンポディスマ属の茎(柔組織鞘，基本組織)，f′：ヤマモガシ科ニグティア属の葉身(副表皮)
*1 植物ケイ酸体の形成位置，あるいは細胞

酸体(Spherical Scalloped Phytoliths)を検出した。しかし，これらと，大きさ，形態のいずれも類似するケイ酸体がわが国に自生するクスノキ科のヤマコウバシの葉身にも見られるのである（近藤・ピアスン，1981)。

以上の例のように，類似の形態をもつ植物ケイ酸体は，植物分類群の科や属，あるいは器官や細胞の間において観察される。一般的には，同じ植物分類群に属する同一細胞タイプ由来のケイ酸体は多少の変異があれ，同じ形態をともなうものである。しかし，これまで述べてきた例のように，植物分類群や細胞タイプの違いを超えて，類似のケイ酸体として検出される事実は自然の驚異としかいいようがない。

光学顕微鏡観察では，極めて似たケイ酸体として取り扱われる場合でも，3次元的観察や解像力のよい走査型電子顕微鏡を用いることでまったく別個のケイ酸体と同定されることもある。前述したように，イネ科のファン型ケイ酸体はその典型的な例で，植物ケイ酸体についての情報が乏しい最近までは，針葉樹の内皮や移入仮導管由来のケイ酸体と誤認されて同定されていた。解像度の低い光学顕微鏡では，移入仮導管ケイ酸体に特有な有縁膜孔の存在を見落としたり，確認できなかったりしたためである。

今後，多くの植物について植物ケイ酸体の探索が進めば，類似のケイ酸体に遭遇する機会もますます高まるであろう。

第5章
植物ケイ酸体の3次元形態

　前章では細胞のタイプと植物ケイ酸体の形態との対応関係についてイネ科植物，樹木類およびそのほかの植物について紹介した。しかし，実際に光学顕微鏡下で植物ケイ酸体を観察すると，プレパラート中にはさまざまな方向に配置している多数の植物ケイ酸体が散在する。したがって，同じ植物ケイ酸体でも観察方向により円形であったり，円錐形であったり，別々の形として観察されることがある。このことは，初心者にとって植物ケイ酸体を同定する際，著しい弊害となる。その点，3次元形態観察は同定の混乱を避け，かつ客観性をもたせ，より確実な同定をもたらすので非常に有益である。

1. 各部位の名称とその定義

　図28～30は，短細胞，プリッケルヘアおよび泡状細胞由来のケイ酸体の模式図，ならびに3次元形態を観察する際に，知っておくべきケイ酸体の各部位の名称とその定義を示した。

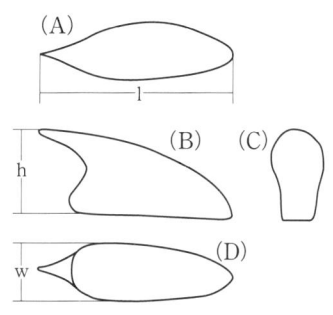

図29 プリッケルヘアケイ酸体(ポイント型ケイ酸体)の各部位の名称(本村，1996)。
A：上面，B：側面，C：端面，D：下面，h：高さ，w：幅，l：全長

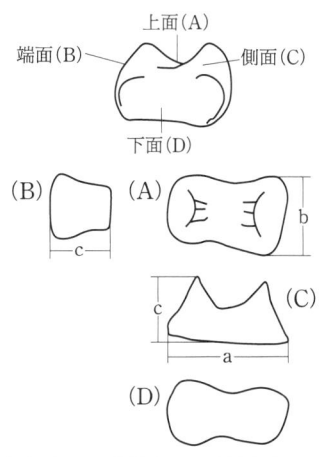

図28 短細胞ケイ酸体(タケ亜科由来のタケ型ケイ酸体)における各部位の名称(近藤錬三原図)。
a：縦長，b：横長，c：高さ(厚み)

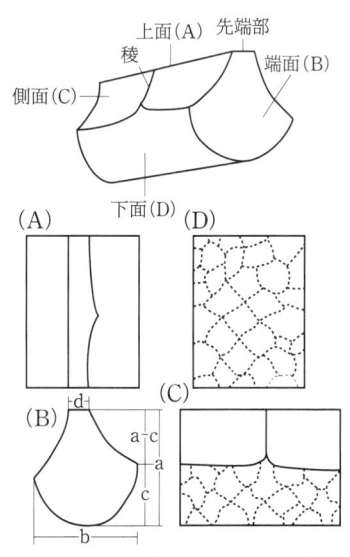

図30 泡状細胞ケイ酸体(ファン型ケイ酸体)における各部位の名称(本村，1996に一部加筆)および端面の粒径測定部位。
a：縦長，b：横長，c：下部縦長，a−c：上部縦長，d：先端幅

本書では，Mulholland & Rapp(1992b)に従い，光学顕微鏡下のプレパラート上で見られる短細胞，プリッケルヘアおよびファン型ケイ酸体を観察方向の違いにより上面(Top View，または Planar View)，下面(Bottom View)，側面(Side View)，および端面(End View)と呼ぶことにする。

ただし，短細胞ケイ酸体の上面は，葉身の向軸・背軸表皮に配列する細胞の表面側，下面はその裏側をそれぞれ指す。上面から見た平面において，軸の長い面と上面に垂直をなす面を側面，軸の短い面と上面に垂直をなす面を端面とそれぞれ定義する。したがって，葉脈に沿って横に配列しているキビ型(亜鈴形)，ウシノケグサ型(イチゴツナギ型)および円錐台形型ケイ酸体は，葉身の縦断面から見た面が側面，横断面から見た面が端面となり，縦に配列するタケ型やヒゲシバ型(短座鞍形)ケイ酸体と異なる。イネ属の短細胞ケイ酸体(亜鈴形)は例外で，キビ型，ウシノケグサ型(または，イチゴツナギ型)など同じに扱うことにする。また，上面と下面のなかで幅が長い面を便宜的に台座(または基部)と定義する。

プリックルヘアケイ酸体の上面は，短細胞ケイ酸体と同様に葉身の向軸・背軸表皮に配列する細胞の表面側，下面はその裏側をそれぞれ指す。縦断面方向から見た面を側面，横断面から観察される面のうち葉身先端を向く面を前面，葉身基脚に向く面を後面とした(図29)。

ファン型ケイ酸体は葉身の向軸側表皮に主に分布するが，稀に背軸側表皮にも分布する。上面は，短細胞やプリックルヘアケイ酸体と同様に，葉身の向軸に配列する細胞の表面側，下面はその裏側を指す。この上面と下面は，藤原(1976b)の定義した「機動細胞ケイ酸体」の表面と裏面に相当する。また，端面の下部は泡状細胞の下面部，上部は上面部(先端)をそれぞれ指し，側面側の隆起は稜，側面と下面を分割する部分を境界面と呼ぶことにする(図30 A〜D)。

2. 3次元的形態の特徴

植物ケイ酸体の各部における名称とその定義にもとづき，代表的な短細胞，プリッケルヘアおよび泡状細胞ケイ酸体の3次元形態について以下に解説する。

2.1 短細胞由来のケイ酸体

タケ型ケイ酸体(以下タケ型)は，タケ連の多くの属および一部のダンチク亜科に検出される。端面は四隅がやや丸味のある台形，あるいは食パン形である。近藤・大滝(1992)は，鞍形の座部(台座)がヒゲシバ型より長いことからタケ型を長座鞍形ケイ酸体(Long Saddle)と命名した。これらのタケ型は，上面から見ると長方形あるいは楕円形で，両端が丸味のもの，角ばるもの，なかほどのくびれが目立つものなどと多様である。最も特徴的な点は多くのタケ連で上面に「皺」があることである(図31の2b，4b)。また，上面に見られる先端部の窪みと胴部のくびれ程度にも特徴が見られる。とくに，ホウオウチクのタケ型は上面，下面のいずれにも「皺」がなく，ほかのタケ類やササ類よりなかほどのくびれが深い。両先端部が丸味のあるものは亜鈴形(Bilobate)に似ている。また，側面の形態がほかのタケ型に比べやや分厚く，中央部の窪みが浅い(図31の1c)。

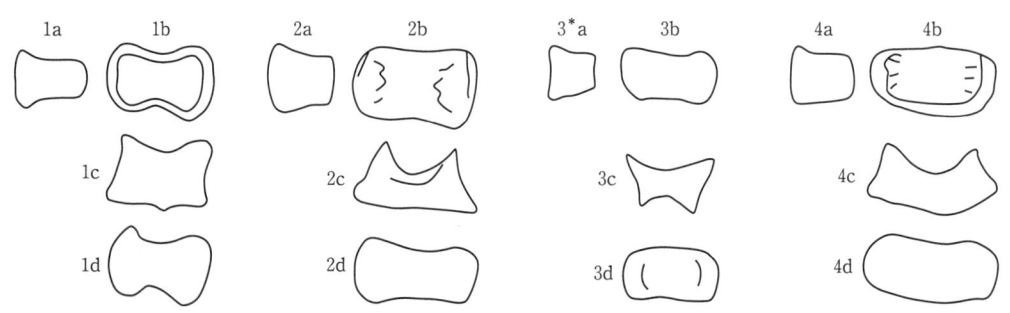

図31 短細胞ケイ酸体の3次元形態1(堀，1993に一部加筆)。
1：ホウオウチク，2：オオクマザサ，3：ヌマガヤ，4：チシマザサ，a：端面，b：上面，c：側面，d：下面，*ヌマガヤ(長座鞍形b)以外は長座鞍形a

Metacalfe(1960)をはじめ，多くの植物学者がタケ亜科に亜鈴形の存在を指摘しているが，一部は上記のような形態を指していると思われる。

ヒゲシバ型ケイ酸体(以下，ヒゲシバ型)は，ヒゲシバ亜科，ダンチク亜科およびタケ連に見られ，タケ型と同様に鞍形である。しかしながら，この型はタケ型と異なり，上面から見るとケイ酸体の表面に「皺」がなく，横長と縦長がほぼ等しいか，あるいは横長が縦長より大きい(図32)。このことからヒゲシバ型は，長座鞍形に対して，短座鞍形(Short Saddle)と命名された所以である(近藤・大滝，1992)。ヒゲシバ型が縦に長いものは前述のホウライチクに酷似する。また，側面の厚さはタケ型に比べて薄く，表と裏の両面で凹んでいる。端面は上面形態の縦長を圧縮したような形をしている(図32の3a)。また，なかほどのくびれが深い場合は，凸状の両先端が戦闘斧のように見えるので，Prat(1948)はヒゲシバ型を「両刃の戦闘斧」と表現した(図32の1b，2b，3b)。

タケ型とヒゲシバ型は基本的に鞍形であるが，これらと極めて類似のタイプがダンチク亜科やほかのイネ科にも見出される。このタイプは，タケ型やヒゲシバ型よりやや小型で，タケ型のように上面に皺がない長座鞍形(Takachi, 2000)である。これをタケ型(長座鞍形a)と区別するため長座鞍形bと呼ぶことにする。また，Takachi(2000)は，湿原植生のなかでヌマガヤに特有であることから，この長座鞍形bを暫定的にヌマガヤ型(図31の3a～3d)と呼んだ。

キビ型ケイ酸体は，上面から観察すると，亜鈴形(Dumbbel)，十字形(Cross)および複合亜鈴形(Complex Dumbbel)とかなり変化に富んでおり，キビ亜科，タケ亜科のイネ連，ダンチク亜科および一部のヒゲシバ亜科に見られる。下面も上面と同様に亜鈴形，十字形および複合亜鈴形であるが，必ずしも同形ではない。むしろ，上面と下面は異なることが多い。

図33の2と図33の3は，イヌビエとコブナグサの亜鈴形ケイ酸体を上面，下面，側面および端面か

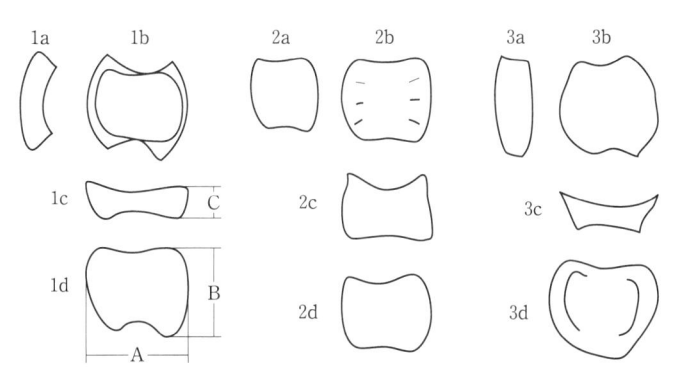

図32 短細胞ケイ酸体の3次元形態2(近藤錬三原図)。
1：オヒシバ，2：マダケ，3：ヨシ，A：横長，B：縦長，C：厚み，a：端面，b：上面，c：側面，d：下面

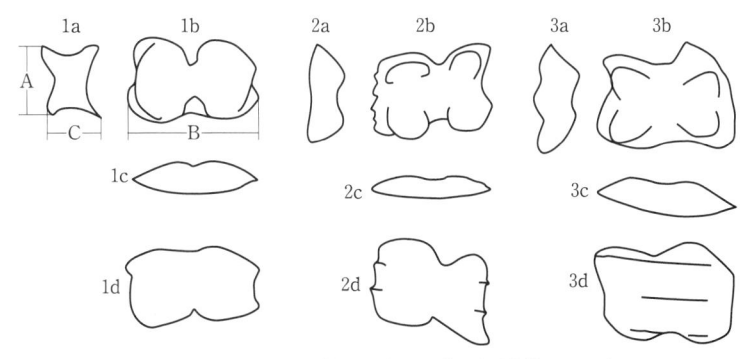

図33 短細胞ケイ酸体の3次元形態3(近藤錬三原図)。
1：イネ，2：メヒシバ，3：コブナグサ，A：縦長，B：横長，C：高さ，a：端面，b：上面，c：側面，d：下面

らそれぞれ観察したものである。イヌビエ，コブナグサの両方とも上面と下面で特徴が見られ，比較的同定は容易である。イヌビエでは亜鈴形の両先端側がフリル状になっている。他方，コブナグサは端面の下部がイヌビエと異なりふたつの窪みをもつ。図にあるように下面においてそのようすが明瞭である。一般的なキビ型は側面から観察すると，上部の中央部が凹状の形態を示す。同様にイネ属は側面と端面の形態に特徴が見られる。また，この亜鈴形タイプは後ほど述べるが，粒径がほかの亜鈴形タイプに比べると極端に小さい（図33，1a～1d）。

ウシノケグサ型（または，イチゴツナギ型）ケイ酸体（図34）は，側面から観察すると，Smithson(1958)のボート形，あるいは Brown(1984)の台形(Tranpezoid)のどちらにもとれる。他方，上面から見ると，全体は正方形，長方形，あるいは長楕円形を示し，台座の両側に丸い突出物(Mulholland のLobe に相当)が多数対で付着している。突出物間の窪みは，浅いものからやや深いものまで多様である。窪みが深く，2ないし3個の対をもつ長楕円状の形態は亜鈴形，あるいは複合亜鈴形ケイ酸体ともみなせる。しかし，イチゴツナギ亜科の多くは窪みが浅いか，ほとんど窪みが確認されない。また，端面は，三角形から六角形と幅広く見られ，三角形，あるいは五角形の場合は，上面に1ないし2本の線が横方向に配列するようすがうかがえる。このような形態は，イチゴツナギ亜科に特有で，Fredlund & Tieszen(1994)の'Srenate'，Mullholand(1989)の'Sinuate'，Piperno(1988)の'Elongate Sinuous'，および Brown(1984)の'Sinuous Tranpezoid'などの名称で使用されている。

ハネガヤは，イチゴツナギ亜科に分類されるが，上面および下面からの輪郭は亜鈴形（両横方向の突出物の窪みがほかのイチゴツナギ亜科よりやや深い）である。しかし，側面と端面の形態はボート形（台形）を示し，キビ亜科由来の亜鈴形ケイ酸体と明らかに異なる。しかも，台形の上面と下面は平坦である(図34の3b～3d)。光学顕微鏡で上面から下面にピントを合わせると，下面の亜鈴形が明瞭になるが，その内部にはぼんやりと楕円形，あるいは亜鈴形の輪郭が観察される。この種のタイプはハネガヤのみならず，ほかのイネ科植物においても稀に検出されることがある。Fredlund & Tieszen(1994)はこの種のケイ酸体(図34の4a～4d)をハネガヤ型(Stipa Type)と記載した。しかし，このタイプは，Mulholland(1989)が指摘したハネガヤ型と若干異なる。どちらも，平面的には亜鈴形であるが，後者は前者に比べ丈（高さ）が低い傾向にある。

円錐台形型ケイ酸体(図35)は，ダンチク亜科，イチゴツナギ亜科，タケ連などに見られる。この形態は側面および端面から見たときの名称を指している。しかし，上面から見ると小円形(Rondel)であり，その中央部に小さい円形，三日月形，あるいは曲線の輪郭が観察される。近藤・堀(1994)は，円錐台形の高さが台座の1.2倍以上のタイプを長円錐台形型ケイ酸体とし，高さが台座（横長）より低いタイプを短円錐台形型ケイ酸体(Short Truncated Cone)とそれぞれ命名した。長円錐台形は Pearsall(1989)の糸巻き形（スプール），短円錐台形は Mulholland & Rapp(1992b)のコニカル形，あるいは切頭状円錐形ケイ酸体に相当する。円錐台形型ケイ酸体は，円錐頭部の一部が平面，あるいは斜めに切りとられた形態もので，円錐形型ケイ酸体の変形ともみなされる。円錐台形型ケイ酸体は，円錐台形先端部の微妙な違い（球状，鶏冠状など）により各種の名称('Flat Towers'，'Horned Tower'，'Two Howned Towers')で呼ばれている。

円柱（またはシリンダー）状ケイ酸体は，基本的には

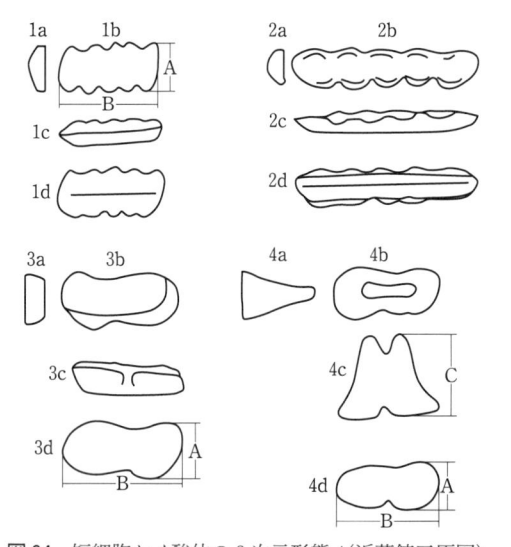

図34 短細胞ケイ酸体の3次元形態4（近藤錬三原図）。
1：ウシノケグサ，2：コスズメノチャヒキ，3：ハネガヤ，4：不明，A：縦長，B：横長，C：高さ，a：端面，b：上面，c：側面，d：下面

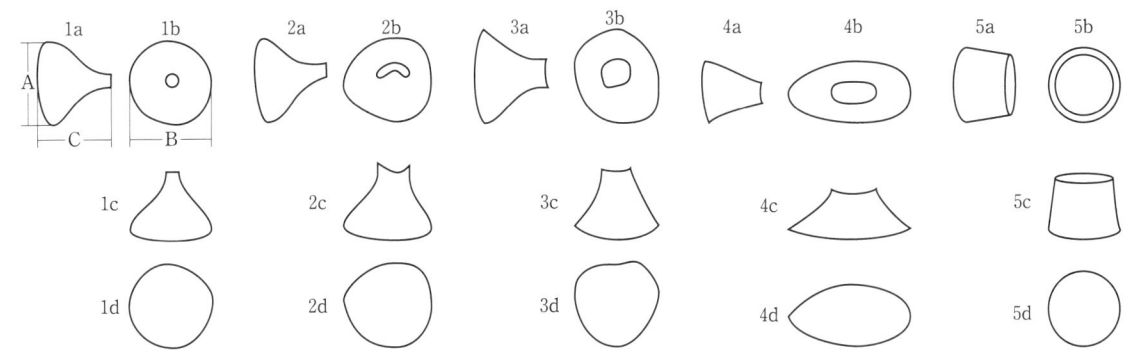

図35 短細胞ケイ酸体の3次元形態5（近藤錬三原図）。
1～5：イチゴツナギ亜科，A：縦長，B：横長，C：高さ，a：端面，b：上面，c：側面，d：下面

円形の上面と下面のサイズが等しいものを指す。下面より上面がやや小さく，丈も低い形態のケイ酸体がイチゴツナギ亜科で検出される。これは，側面と端面方向からの形は台形であるので，円錐台形型ケイ酸体の一変形ともみなせよう。

2.2 プリックルヘア由来のケイ酸体

プリックルヘア（または，ポイント型）ケイ酸体は，葉身中で大きさや形状に変異が大きい（図36）。すなわち，側面から見て，先端部から底部あるいは後部にかけての形状，先端部の突き出し方などの違いにより形態が異なって観察される。また，ケイ化が不十分なもののなかには，先端部の一部が破壊，欠如することもある。通常，上面あるいは下面の形状は，円形，楕円形，長楕円形，卵形など多種多様である。下面および側面には小突起物が散在する。

ポイント型ケイ酸体は，短細胞およびファン型由来のケイ酸体に比べ，植物分類群での違いはさほど認められない。しかし，一部の植物分類群，タケ連，キビ亜科のチゴザサ属およびトウモロコシ属において特徴的な形態が観察された。タケ連のポイント型ケイ酸体は丸味を帯びた特有な外観である。通常，ポイント型ケイ酸体は側面から見ると，全部が突き出ているが，タケ連のそれは後部も突き出し，基部は丸くて小さい。他方，チゴザサとトウモロコシのポイント型ケイ酸体は先端が斜め前に突き出した特有な形状を示し，ほかのキビ亜科のそれと明らかに異なっている。

2.3 泡状細胞由来のケイ酸体

泡状細胞由来のケイ酸体（または，ファン型ケイ酸体）は，短細胞ケイ酸体と異なり，端面の形態に属，あるいは種レベルで特徴が見られるとされている（藤原，1978；近藤・佐瀬，1986；近藤，1995a；杉山，2001b）。しかし，側面が長い（分厚い）キビ属，ヒエ属などのファン型ケイ酸体はプレパラート中でパラレルになることは難しく，端面形態の観察は容易でない。反面，多くのササ属およびヨシ属は側面が薄いために，通常，観察できるのは端面のみである（本村，1996；杉山ほか，1988）。

イネのファン型ケイ酸体（図37の1a～1d）の下面と上面は，長方形から正方形と変異が見られる。下面には表面全体に凹凸があり，その起伏部分と凹部分が明瞭な場合，網目模様として観察される。この模様は，藤原・佐々木（1978）の裏面紋様（亀甲紋様）に相当し，イネ属の特徴を表す基準とされている。側面も下面と同様に側長の幅により異なり，正方形から長方形と幅がある。側面に見られる稜は下面と側面の境界部に突起物として観察され，藤原・佐々木（1978）はこれをイネのファン型ケイ酸体端面の縁において特徴的であると指摘した。しかし，下面の亀甲紋様および端面の突起物はイネ以外にも観察される（図38）。

下面模様は，網目模様のほかに，ササ類のメダケ属とカンチク属，タケ類のマダケ属，シホウチク属などに観察される縞目模様（図39, 40）がある。この模様はササ類のササ属とメダケ属（とくにネザサ節）を区別する指標となる（杉山・藤原，1986；本村，1996）。このように，縞目模様からタケ連（メダケ属・カンチク属のササ類，タケ類），網目模様から非ササ類起源のファン型ケイ酸体が大まかに区別される。端面の形態は，ファン型ケイ酸体を同定する最も有

226 第II部 解説篇

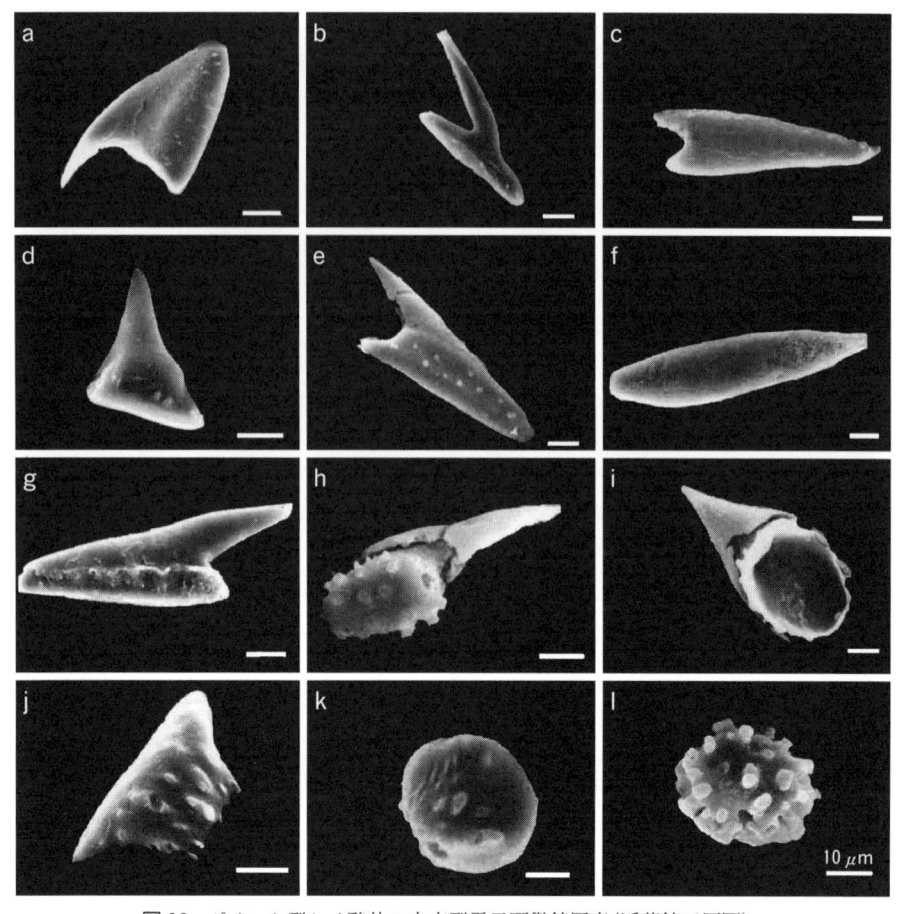

図36 ポイント型ケイ酸体の走査型電子顕微鏡写真(近藤錬三原図)。
a：エノコログサ，b：イタリアンライグラス，c：オーチャードグラス，d：コシノネズミガヤ，e：ダンチク，f：ヌマガヤ，g：ケチヂミザサ，h：コムギ，i：ヤダケ，j：チマキザサ，k：ナンブスズ，l：コムギ

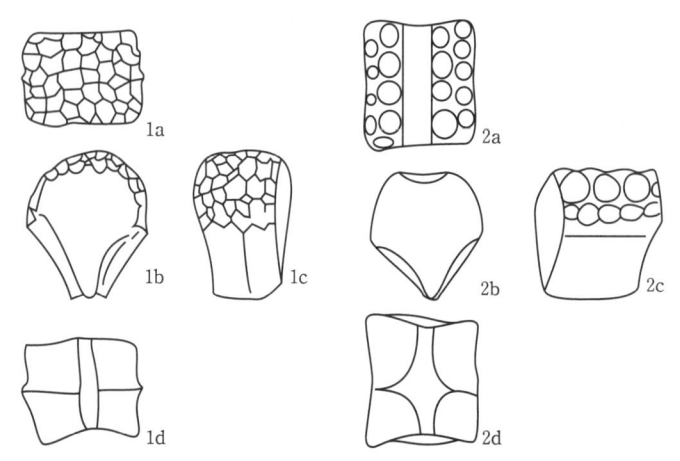

図37 ファン型ケイ酸体の3次元形態1(本村，1996を改変)。
1：イネ，2：アフリカヒゲシバ，a：下面，b：端面，c：側面，d：上面

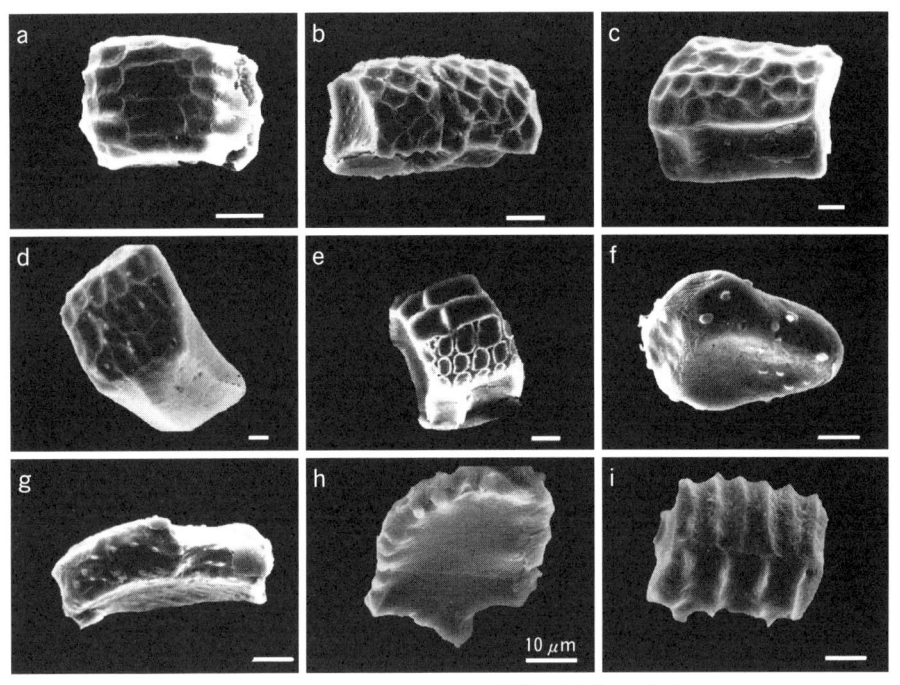

図38 ファン型ケイ酸体の下面模様(近藤錬三原図)。
a：イネ，b：ウラハグサ，c：キビ，d：トタシバ，e：ダンチク，f：ハチジョウススキ，g：ヨシ，h：チシマザサ，i：ハコネダケ

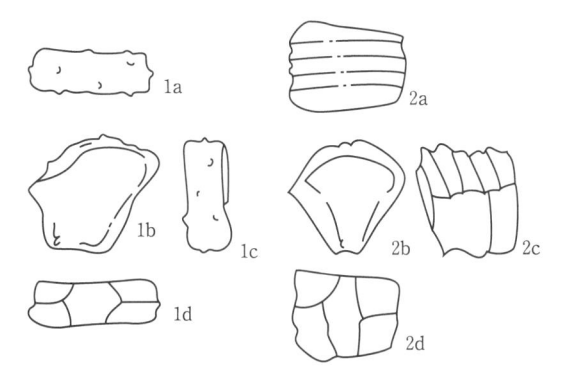

図39 ファン型ケイ酸体の3次元形態2(本村，1996を改変)。
1：チュウゴクザサ，2：チゴザサ，a：下面，b：端面，c：側面，d：上面

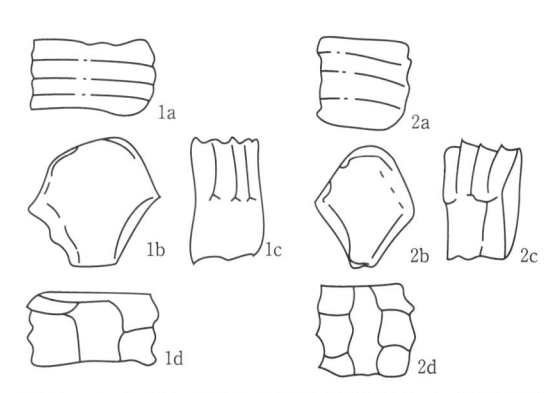

図40 ファン型ケイ酸体の3次元形態3(本村，1996を改変)。
1：アズマザサ，2：タイワンマダケ，a：下面，b：端面，c：側面，d：上面

効な指標(近藤，1995a)であるが，上述したように下面模様もタケ類を非タケ類から区別する重要な役割を担っている。ファン型ケイ酸体に見られる端面下面部の凹凸形状や下面模様は，泡状細胞と接する透明細胞(Colorless cell)や葉肉細胞組織と何らかの関係がありそうである。ササ類の泡状細胞は下面模様が明瞭でないが，走査型電子顕微鏡観察では多少の凹凸が認められる。

タケ連に由来するファン型ケイ酸体の形状は，端面上面部(先端部)の太さ，縦長における下部縦長の割合，横長/縦長比などの違いにより異なり，多種多様な形態を示す(本村，1996)。この形は，一般のイネ科植物ではほぼ左右対称であるが，タケ連のササ属の多くは非対称形をしており，形態が不規則である(図39の1b)。

ファン型ケイ酸体の端面下面部に見られる中央部

の形状は丸味を帯びた凸状，凹状およびやや平坦に大別される。タケ類，一部のササ類，イネなどのファン型ケイ酸体は丸味を帯びた凸状であるが，ヒゲシバ亜科のオヒゲシバ属，シバ属，ダンチク亜科のダンチク属などは凹状，あるいはやや平坦である（図37の2b）。

オヒシバは端面の形態に特徴が見られ，全体が丸く，下面模様が網目で，側面の幅も長い（図41の1a〜1d）。イヌビエは端面が食パン形で，側面の幅が長く，下面模様が網目模様である。とくに，キビ亜科のなかでエノコログサ属とともに側面幅が長い（図41の2a〜2d）。

以上のように，ファン型ケイ酸体の3次元観察は，平面的な観察法に比べ形状の相違がより明瞭となり，形態的特徴を把握する上で極めて有効である。なお，ファン型ケイ酸体の分類学的位置づけについては後節で詳しく述べる。

これまで，ファン型ケイ酸体の3次元形態について実例をあげて見てきたが，同一植物のファン型ケイ酸体すべてが同じ形態として検出されるわけではない。なぜなら，泡状細胞の端面（葉身の横断面に見られる形状）は，その細胞列内の位置により大きさおよび形状が異なって配列しているからである（Metacalfe, 1960；Ellis, 1979；Renvoize, 1982a〜1987b）。通常，泡状細胞群（1〜9列）の中央部は大きく，外側の細胞ほど不規則な形状を示す。また，同一葉身の

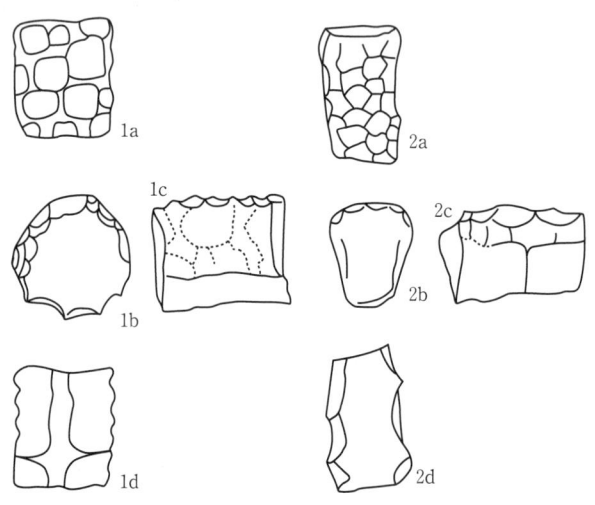

図41 ファン型ケイ酸体の3次元形態4（本村，1996を改変）。
1：オヒシバ，2：イヌビエ，a：下面，b：端面，c：側面，d：上面

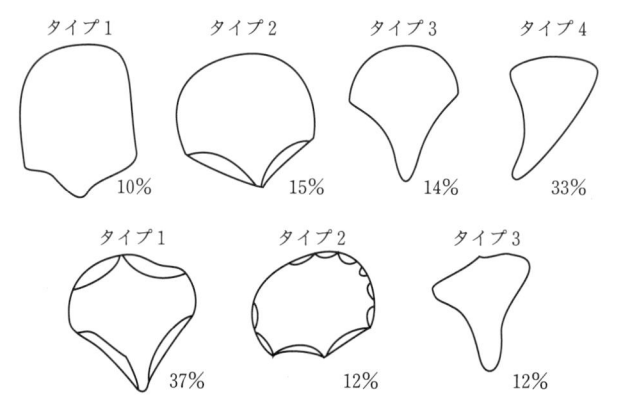

図42 ダンチク連におけるファン型ケイ酸体の主要タイプ（本村，1996）。
上段：ヨシ，下段：ダンチク

泡状細胞列において，どの位置の細胞がケイ化するか不確定である。しかし，形状から判断すると，多くは中央部の左右対称のケイ酸体を典型的なものと呼ぶべきであろう。

図42は端面から観察したダンチク連(ダンチク，ヨシ)のファン型ケイ酸体の各タイプ割合(%)を示した。ヨシは典型的タイプ(タイプ1，2)が25%，ダンチクは典型的タイプ(タイプ1)が37%であり，むしろ非典型的ファン型ケイ酸体が多く分布していた(本村，1996)。例えば，泡状細胞群が5つの細胞列として配列する場合，すべての細胞がケイ化したと仮定すると，典型的タイプは20%となる。しかし，現実には泡状細胞のすべてがケイ化するわけではなく，また細胞列のなかでもケイ化するものとそうでないものがある。ササ類は不定形状のケイ酸体が多く出現するが，これは泡状細胞群の中央部より両端に位置する細胞列のファン型ケイ酸体の出現頻度が高いからであろう。

走査型電子顕微鏡(SEM)による観察は，植物ケイ酸体の立体像と微細構造を的確に捉えることができるので，同定するために最も有効である。しかし，SEMは高価な精密機器であるので保守管理にそれなりの施設を必要とする。このような理由から，個人の研究者がSEMを常備することはまずありえない。植物ケイ酸体の同定は，光学，あるいは偏光顕微鏡下で行うのが一般的である。光学，あるいは偏光顕微鏡であっても，3次元的形態による観察は植物ケイ酸体の立体像を把握する上で極めて有益である。

第6章
植物ケイ酸体の粒径サイズ

　植物ケイ酸体の粒径は，普通，細胞タイプの大きさに依存し，5～200 μmとかなり幅が見られる。しかし，細胞タイプと無関係な細胞内容物，細胞破片などには5 μm以下の極めて小さい凝集状，あるいは球状の植物ケイ酸体が存在することもある。ただし，粒径は，植物分類群，同一植物，部位および細胞体タイプの間でも多少の変動が見られることに留意してほしい。

　イネ科植物ケイ酸体の粒径は，葉身表皮中の細胞タイプによって大きくふたつに区別される。すなわち，それらは，①泡状細胞，長細胞，プリッケルヘアなどに由来する大型ケイ酸体と，②短細胞，ミクロヘア，コルクなどに由来する小型ケイ酸体である。①に帰属する植物ケイ酸体群は多くのファン型，棒状型，一部のポイント型ケイ酸体などで，粒径は30～50 μm，あるいはそれ以上のものもある。②に帰属する植物ケイ酸体群は多くのタケ型，キビ型，ヒゲシバ型，円錐台形型，一部のイチゴツナギ型およびパイプ型ケイ酸体で，その粒径は10～30 μmである。ただし，ここでの大型および小型ケイ酸体の呼称はあくまでも便宜的なものにすぎず，ファン型ケイ酸や短細胞ケイ酸体のなかにも大きさが例外的なものもある。

　植物ケイ酸体の粒径は，それらの部位よって変わるので，厳密にはどの部位を指すのか表示しなければならない。しかし，本書ではとくに断りがない限り，粒径は植物ケイ酸体の最大径を指すことにする。

1. イネ科植物における代表的植物ケイ酸体の粒径

　タケ型ケイ酸体(長座鞍形a)の形態は，前述したように鞍形であり，その縦長が最大の粒径である。縦長は，タケ亜科の属および節レベルの間で多少の違いが見られる(図43)。一般にオカメザサ属を除くタケ類およびササ類のメダケ属，カンチク属は，21 μm以下と小さく，ササ属，ヤダケ属，アズマザサ属およびスズタケ属のササ類は23 μ以上と大きい傾向にある(近藤・大滝, 1992)。とくに，スズタケ属で平均26 μmと際立って大きい。これらの相違は，タケ亜科植物の分類よりもむしろ葉身の大きさ・外形と関係があるように思える。例えば，メダケ属はササ類のなかでもこの値がタケ類に近似するが，これは，狭皮針形，あるいは線形状の葉身の形態が両者の間で似ていることと関係しているのであろう。同様なことは，ファン型ケイ酸体についても指摘されている(杉山, 1987a)。また，メダケ属由来のタケ

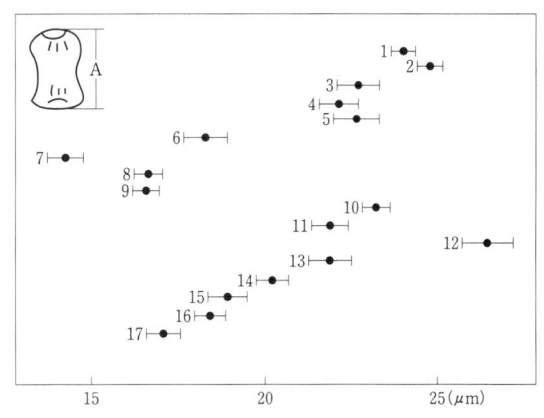

図43　タケ型ケイ酸体縦長(A)の粒径(近藤・大滝, 1992を改変)。
1：ミヤコザサ節, 2：チマキザサ節, 3：チシマザサ節, 4：ナンブザサ節, 5：アマギシザサ節, 6：リュウキュウチク節, 7：メダケ節, 8：ネザサ節, 9：カンチク属, 10：アズマザサ属, 11：ヤダケ属, 12：スズタケ属, 13：オカメザサ属, 14：トウチク属, 15：ナリヒラダケ属, 16：シホウチク属, 17：マダケ　黒丸：平均値，バー：95%信頼区間，個々の種につき，30～40個を測定

型は，リュウキュウチク節(平均14.4μm)，メダケ節(平均16.7μm)，およびネザサ節(平均18.5μm)の間で有意な差が認められる。

キビ型ケイ酸体は，上面からの形態から亜鈴形，複合亜鈴形および十字形の3タイプにおおまかに分けられるが，ここでは，主にキビ亜科とダンチク亜科に高頻度で検出される亜鈴形ケイ酸体に的を絞って述べる。

亜鈴形ケイ酸体の横長は，8〜38μmと幅広い範囲に分布している(堀，1993)。しかし，大多数の種は平均19〜26μmと比較的狭い範囲に偏っている(図44)。とくにイネ連(イネ，マコモ，エゾサヤヌカグサなど)とアシアイは粒径が最小で(12〜17μm)，ほかの亜鈴形ケイ酸体と粒径から区別が比較的容易である。他方，コブナグサ，カモノハシ，メガルカヤ，メヒシバ，キンエノコログサおよびダンチクは粒径が平均25μm前後とやや大きい傾向にある。

ヒゲシバ型ケイ酸体(図45)は，横長の粒径が6〜21μmとタケ亜科の鞍形タイプに比べると全般的に小さい。大多数は平均11〜14μmであり，植物種によりさほど粒径に違いが見られない。しかし，ヨシ属は15μm前後とほかの属より大きく，ヒゲシバは約9μmと小さい。一般的にヒゲシバ型は，横長が縦長と同程度の粒径であるが，横長が縦長より大きい(長い)タイプがカゼグサ属で検出される。とくに，オオニワホコリの横長は縦長の2倍以上と

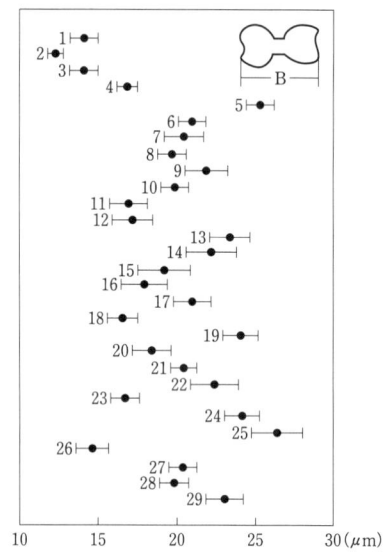

図44　キビ型(亜鈴形)ケイ酸体横長(B)の粒径(堀，1993を改変)。
1：イネ，2：エゾサヤヌカグサ，3：アシカキ，4：マコモ，5：ダンチク，6：ヌマガヤ，7：*Cortaderia richardii*，8：*Chionochloa cheesemanii*，9：*Chionochloa conspicua*，10：*Rytidosperma gracile*，11：オヒシバ，12：コシノネズミガヤ，13：ケチヂミザサ，14：ケイヌビエ，15：ヒエ，16：キビ，17：オオエノコログサ，18：アワ，19：キンエノコログサ，20：チカラシバ，21：オオアブラススキ，22：ススキ，23：アシボソ，24：コブナグサ，25：カモノハシ，26：アシアイ，27：ハトムギ，28：ジュズダマ，29：トウモロコシ　黒丸：平均値(n：30)，バー：95％信頼区間

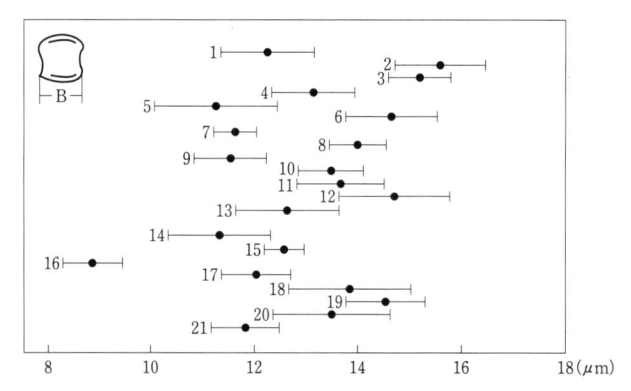

図45　ヒゲシバ型(短座鞍形)ケイ酸体横長(B)の粒径(堀，1993を改変)。
1：ヌマガヤ，2：ツルヨシ，3：ヨシ，4：*Cortaderia richardii*，5：*Cortaderia toetoe*，6：*Chionochloa beddiei*，7[*1]：*Chionochloa conspicua*，8：*Chionochloa conspicua*，9：*Chionochloa rigida*，10：*Chionochloa flavescens*，11：*Chionochloa pallens*，12：*Chionochloa spiralis*，13：*Chionochloa acicularis*，14：*Rytidosperma gracile*，15：スズメガヤ，16：ヒゲシバ，17：オヒシバ，18：ネズミガヤ，19：オオネズミガヤ，20：コシノネズミガヤ，21：シバ　黒丸：平均値(n：30)，バー：95％信頼区間，[*1]は葉鞘，ほかはすべて葉身

大きく特有な形状をしている(堀, 1993)。

ウシノケグサ型(または，イチゴツナギ型)ケイ酸体はボート状，円錐形，円錐台形，円形，楕円形など多様な形態のケイ酸体を含んでいる．とくに，長台形(またはボート状)型ケイ酸体はイチゴツナギ亜科にのみの特有な形態であるので，ここでは長台形ケイ酸体の粒径(図46)についてのみ述べる．

このタイプのケイ酸体は，短細胞ケイ酸体のなかでも粒径が平均17～80 μm と最も大きく，また変動も大きい．大多数の種は，25～50 μm の範囲内にあるが，イチゴツナギ属とウシノケグサ属は平均17～29 μm と最も小さい．他方，ホソムギ，オオムギ，カニツリグサおよびオオアワガエリは平均69～80 μm と最も大きい．

円錐台形型ケイ酸体は，ダンチク亜科，イチゴツナギ亜科，タケ亜科などで検出される．上面から見ると，中央に小円形(Rondel)，あるいは三日月形の輪郭をもつ円形ケイ酸体で，いろいろな名で呼ばれている．これらのケイ酸体は，ニュージーランドに産するシロガネヨシ属 Cortaderia およびキオノクロア属 Chionochloa の葉身および葉鞘に多数見出される．ここでは，円錐台形の下低の幅(横長)と高さの粒径について述べる．

横長の粒径(図47)は8～19 μm の範囲に分布しているが，平均値で見ると14 μm 前後のものが多い傾向にある．ニュージーランド産のトエトエ Cortadereia toetoe は11 μm と最も小さいが，キオノクロア属の Chionochloa beddiei および Chionochloa defracta は15 μm 以上と大きく，それらのなかには19 μm 以上を示すものもある．しかし，ほかのキオノクロア属の間でこの値に明瞭な違いは認められない．高さは(図48)，6～31 μm と種のみならず，同じ植物内でも変動が見られる．キオノクロア属の高さは平均11～15 μm であるが，とくに，Chionochloa defracta は平均約22 μm と長く，このなかには30 μm を示すものも稀ではない．他方，Rytidosperma gracile 由来の円錐台形型ケイ酸体は平均値8.4 μm とほかの種に比べ著しく短い．とく

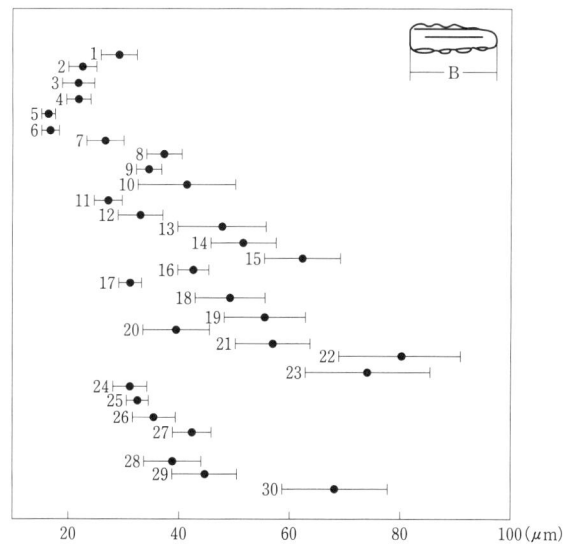

図46 ウシノケグサ型(長台形)横長(B)の粒径(堀, 1993を改変)．
1：ウシノケグサ，2：*Festuca coxii*，3：イチゴツナギ，4：シルバータソック，5：*Poa citica*，6：*Poa calendnii*，7：スズメノチャヒキ，8：コスズメノチャヒキ，9：クシロチャヒキ，10：ウマノチャヒキ，11：ヤマアワ，12：イワノガリヤス，13：コヌカグサ，14：ネズミムギ，15：ホソムギ，16：イヌムギ，17：クサヨシ，18：ヒメカナリーグラス，19：カモガヤ，20：コウボウ，21：ヒロハナドジョウツナギ，22：カニツリグサ，23：オオアワガエリ，24：プレリーグラス，25：テンキグサ，26：リップグッドブロム，27：コムギ(ABD5)，28：コムギ(タクネ)，29：コムギ(ホロシリ)，30：オオムギ　黒丸：平均値(n：30)，バー：95%信頼区間

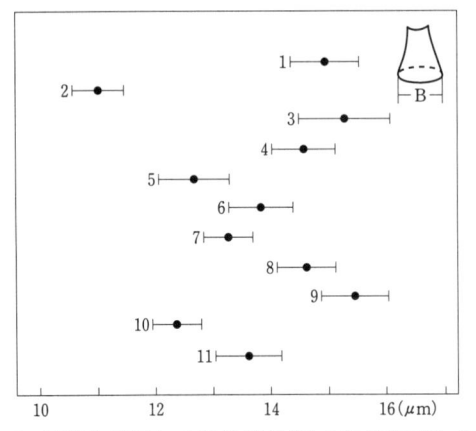

図47 円錐台形型ケイ酸体横長(B)の粒径(近藤・堀, 1994を改変)。
1：*Cortaderia richardii*, 2：*Cortaderia toetoe*, 3：*Chionochloa beddiei*, 4：*Chionochloa rubra*, 5：*Chionochloa rigida*, 6：*Chionochloa flavensens*, 7：*Chionochloa pallens*, 8：*Chionochloa acicularis*, 9：*Chionochloa defracta*, 10：*Chionochloa S. I. flav*, 11：*Rytidosperma gracll*　黒丸：平均値(*n*：30〜40)，バー：95%信頼区間

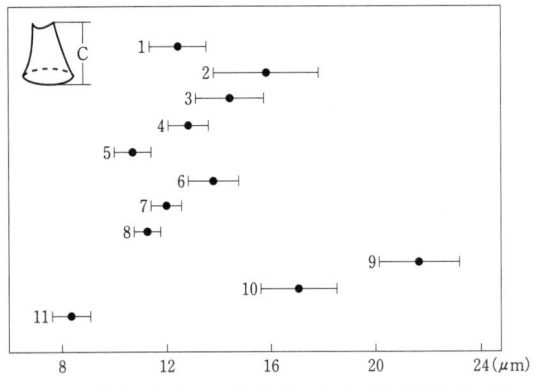

図48 円錐台形型ケイ酸体高さ(C)の粒径(近藤・堀, 1994を改変)。
1：*Cortaderia richardii*, 2：*Cortaderia toetoe*, 3：*Chionochloa beddiei*, 4：*Chionochloa rubra*, 5：*Chionochloa rigida*, 6：*Chionochloa flavescens*, 7：*Chionochloa pallens*, 8：*Chionochloa acicularis*, 9：*Chionochloa defracta*, 10：*Chionochloa S. I. flav*, 11：*Rytidosperma gracile*　黒丸：平均値(*n*：30〜40)，バー：95%信頼区間

に，高さがあるタイプは，Pearsall(1989)によってスプール(Spool)と名づけられている。

　ポイント型ケイ酸体は矢尻形を基本とするが，観察方向によって上面，あるいは下面の形状は円形，楕円形，長楕円形，倒卵形などさまざまに変わる(本村，1996)。

　ポイント型の全長は8〜166μmとかなり幅があるが，多くは10〜70μmである。タケ連(図49)はほかのイネ科に比べ10〜30μmと小さく，とくに，モウソウチク，メダケ，アケボノザサおよびアズマザサは平均18μm以下と小さい傾向にある。タケ連以外(図50)ではヨシの全長が平均15μm以下と小さく，反面，ヌマガヤとオヒシバは平均60μm以上と大きい特徴が見られる。幅の粒径は，全長の2/3〜1/5で10〜20μmの範囲の種が多いが，チゴザサ，トウモロコシ，ジュズダマおよびイネは20μmと小さい傾向にある。高さは，大多数が平均15〜25μmに集中している。モウソウチク，ハコネダケ，ハネガヤ，ヨシ，ネズミガヤおよびチカラシバの高さは15μm以下と低く，反面，イネ，チゴザサ，ジュズダマおよびトウモロコシは27μm以上と高い(本村，1996)。なお，佐瀬・細野(1999)は，

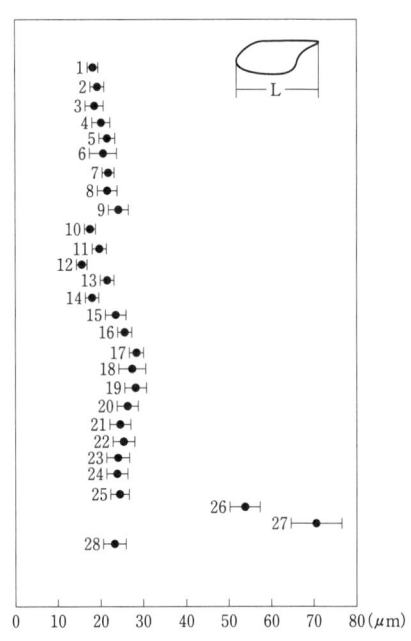

図49 ポイント型ケイ酸体全長(L)の粒径1(本村，1996を改変)。
1：モウソウチク，2：マダケ，3：トウチク，4：ホソバトウチク，5：スズコナリヒラ，6：ヤダケ，7：ラッキョウヤダケ，8：リュウキュウチク，9：タイミンチク，10：メダケ，11：ハガワリメダケ，12：アケボノザサ，13：シブヤザサ，14：アズマザサ，15：スエコザサ，16：スズタケ，17：チシマザサ，18：オクヤマザサ，19：チシマザサ，20：チュウゴクザサ，21：ミヤコザサ，22：ウンゼンザサ，23：イブキザサ，24：ツクバナンブスズ，25：ハコネナンブスズ，26：イネ(キララ397)，27：イネ(信交420)，28：エゾノサヤヌカグサ　黒丸：平均値(*n*：30〜50)，バー：95%信頼区間

第6章 植物ケイ酸体の粒径サイズ　235

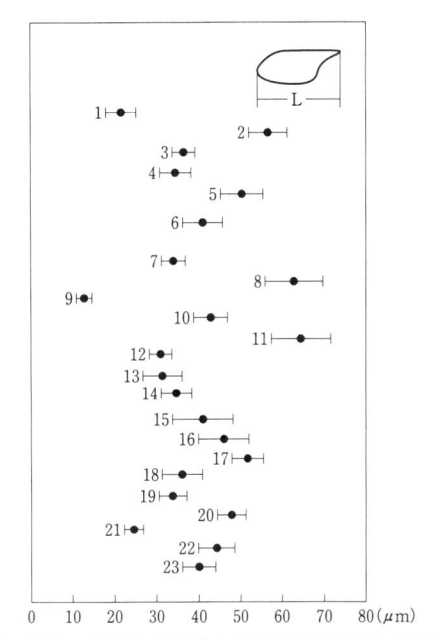

図50 ポイント型ケイ酸体全長の粒径2(本村，1996を改変)．
1：ハネガヤ，2：カラスムギ，3：クサヨシ，4：ヤマアワ，5：イワノガリヤス，6：オオムギ，7：ダンチク，8：ヌマガヤ，9：ヨシ，10：セイタカヨシ，11：オヒシバ，12：ネズミガヤ，13：シマヒゲシバ，14：シバ，15：ケチヂミザサ，16：イヌビエ，17：キンエノコログサ，18：メヒシバ，19：チカラシバ，20：チゴザサ，21：トウモロコシ，22：ジュズダマ，23：ハトムギ　黒丸：平均値($n:30\sim50$)，バー：95%信頼区間

ポイント型をその全長の違いで，長いポイント型と短いポイント型のふたつに区分している．

ファン型ケイ酸体は前述したように端面形状に特徴が見られる．したがって，扇状端面の縦長，横長および先端幅の粒径について述べる．

縦長，横長両粒径はほぼ類似しており，15～160 μm とかなり幅が見られる．しかし，多くの種は両粒径とも30～50 μm に集中している．

タケ亜科の縦長(図51，52)はほかのイネ科に比べ変動が比較的少なく，平均32～58 μm の範囲内に多くの種が分布している．ただし，ウンゼンザサとカンチクはそれらの値よりやや小さく，ラッキョウヤダケは大きい．

タケ類・ササ類以外のイネ科植物を見ると，ウラハグサ，カゼグサ，オヒシバ，コシノネズミガヤおよびケチヂミザサの縦長は平均30 μm 前後か，それよりやや小さい．反面，ダンチク属，ヨシ属およびトウモロコシの縦長は全般的に大きく，とくにダ

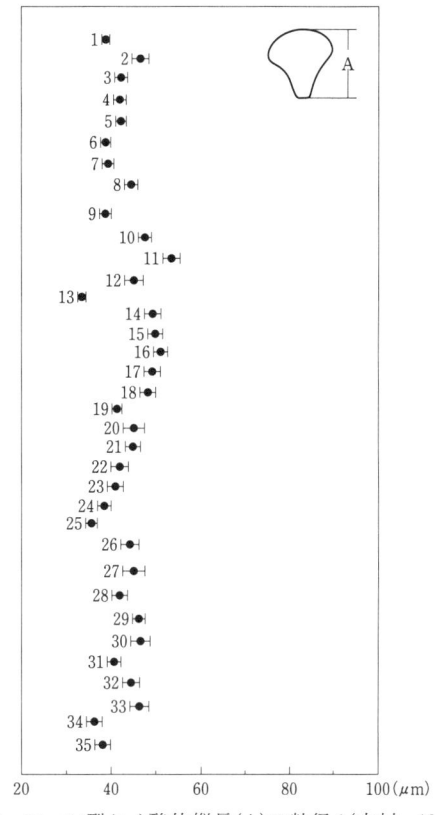

図51 ファン型ケイ酸体縦長(A)の粒径1(本村，1996を改変)．
1：モウソウチク，2：マダケ，3：ナリヒラダケ，4：アオナリヒラダケ，5：トウチク，6：ホソバトウチク，7：シホウチク，8：オカメザサ，9：ホウライチク，10：インヨウチク，11：ラッキョウヤダケ，12：スズタケ，13：カンチク，14：リュウキュウチク，15：タイミンチク，16：メダケ，17：ハガワリメダケ，18：アケボノザサ，19：シブザサ，20：オクヤマザサ，21：シャコタンチク，22：クマザサ，23：チュウゴクザサ，24：ミヤコザサ，25：ウンゼンザサ，26：イブキザサ，27：ツクバナンブスズ，28：ハコネナンブスズ，29：アズマザサ，30：スエコザサ，31：イネ(IR25)，32：イネ(キララ397)，33：イネ(信交420)，34：エゾサヤヌカグサ，35：マコモ　黒丸：平均値($n:30\sim50$)，バー：95%信頼区間

ンチク属とヨシ属で平均75 μm と著しく大きい．

先端幅の粒径(図53，54)は平均約10～25 μm の範囲内に大多数が集中しているが，ヒゲシバ亜科とセイタカヨシは平均10 μm 以下と小さい傾向にある．一方，ケチヂミザサ，チゴザサ，サトウキビ，ススキ属，ジュズダマ属および一部ササ類で25 μm 以上を示し，とくにジュズダマ属が平均38 μm と著しく大きい．これらの粒径は，亜科別で見ると，キビ亜科が平均24.2 μm と最も広く，タケ亜科，ダ

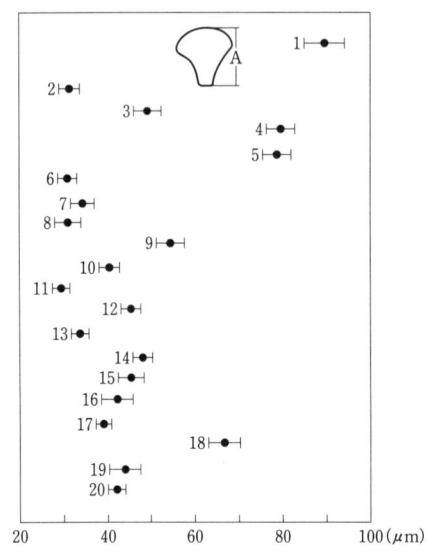

図52 ファン型ケイ酸体縦長(A)の粒径2(本村, 1996を改変)。
1：ダンチク, 2：ウラハグサ, 3：ヌマガヤ, 4：ヨシ, 5：セイタカヨシ, 6：カゼクサ, 7：オヒシバ, 8：コシノネズミガヤ, 9：シマヒゲシバ, 10：シバ, 11：ケチヂミザサ, 12：イヌビエ, 13：キンエノコログサ, 14：サトウキビ, 15：ススキ, 16：オギ, 17：チガヤ, 18：トウモロコシ, 19：ジュズダマ, 20：ハトムギ　黒丸：平均値(n：30～50), バー：95%信頼区間

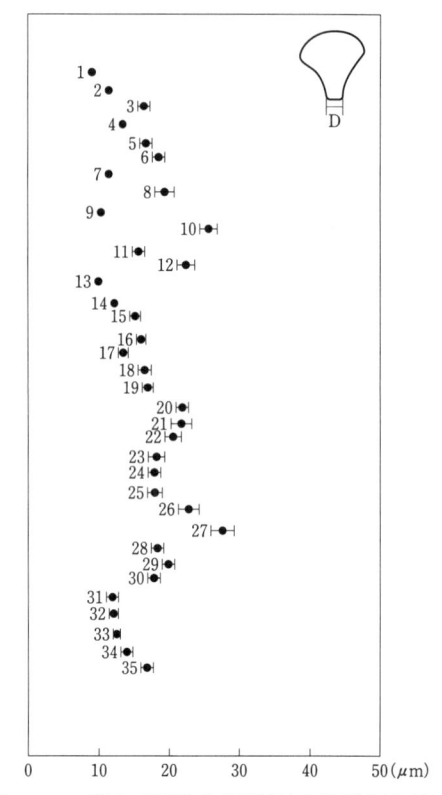

図53 ファン型ケイ酸体先端幅(D)の粒径1(本村, 1996を改変)。
1：モウソウチク, 2：マダケ, 3：ナリヒラダケ, 4：アオナリヒラダケ, 5：トウチク, 6：ホソバトウチク, 7：シホウチク, 8：オカメザサ, 9：ホウライチク, 10：インヨウチク, 11：ラッキョウヤダケ, 12：スズタケ, 13：カンチク, 14：リュウキュウチク, 15：タイミンチク, 16：メダケ, 17：ハガワリメダケ, 18：アケボノザサ, 19：シブヤザサ, 20：オクヤマザサ, 21：シャコタンチク, 22：クマザサ, 23：チュウゴクザサ, 24：ミヤコザサ, 25：ウンゼンザサ, 26：イブキザサ, 27：ツクバナンブスズ, 28：ハコネナンブスズ, 29：アズマザサ, 30：スエコザサ, 31：イネ(IR25), 32：イネ(キララ397), 33：イネ(信交420), 34：エゾノサヤヌカグサ, 35：マコモ　黒丸：平均値(n：30～50), バー：95%信頼区間

ンチク亜科と続き，ヒゲシバ亜科が平均7.6 μmと最も狭い傾向にある。

以上，ファン型ケイ酸体の端面各部位の粒径を亜科別に表13にまとめた。ただし，タケ亜科のなかにはイネ連も含まれている。

これまで，端面形状の粒径について述べてきたが，側面の粒径は，同一種の中でも幅が認められるばかりでなく，属や種によりかなり異なるものがある。例えば，タケ亜科のなかで，ササ属は側面の厚さ(幅)がタケ類やメダケ属のネザサ節に比べ薄い。また，キビ亜科のヒエ属，キビ属，エノコログサ属，ヒゲシバ亜科のネズミガヤ属，ハマガヤ属などは

表13 イネ科植物のファン型ケイ酸体の粒径(本村, 1996)

分類群(試料数)	縦長	横長	上部縦長	下部縦長	先端幅*
イネ科(92)	44.2± 2.2 μm	41.4± 1.9 μm	24.0± 1.3 μm	20.2± 1.6 μm	16.7± 1.3 μm
タケ亜科(62)	42.9± 1.1	41.2± 1.0	23.7± 1.0	19.2± 0.5	16.9± 1.1
ダンチク亜科(7)	70.4±15.7	59.5±15.5	31.3± 6.0	39.1±14.1	12.1± 2.1
ヒゲシバ亜科(9)	35.8± 5.5	32.6± 3.6	15.6± 2.8	20.2± 3.7	7.6± 1.2
キビ亜科(14)	42.6± 4.4	39.3± 3.6	27.6± 5.1	15.0± 1.8	24.2± 4.0

*端面上面部

第6章 植物ケイ酸体の粒径サイズ　237

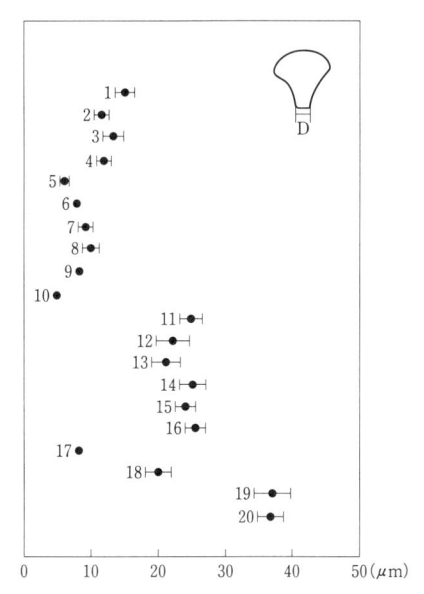

図54 ファン型ケイ酸体先端幅(D)の粒径2(本村，1996を改変)。
1：ダンチク，2：ウラハグサ，3：ヌマガヤ，4：ヨシ，5：セイタカヨシ，6：カゼクサ，7：オヒシバ，8：コシノネズミガヤ，9：シマヒゲシバ，10：シバ，11：ケチヂミザサ，12：イヌビエ，13：キンエノコログサ，14：サトウキビ，15：ススキ，16：オギ，17：チガヤ，18：トウモロコシ，19：ジュズダマ，20：ハトムギ，黒丸：平均値 (n：30〜50)，バー：95%信頼区間

表14 ブナ科とクスノキ科の葉身から分離した多角形状ケイ酸体の粒径(μm)(横山純一原表)

植物名	平均値[*2]±標準偏差	最小値	最大値
ブナ科			
クヌギ	16.34±1.69	15.74	16.95
コナラ	21.99±1.06	21.42	22.56
ミズナラ	20.03±3.24	18.86	21.20
アラカシ	28.86±2.93	27.81	29.91
シラカシ	28.00±1.70	27.39	28.61
イチイガシ	19.76±1.70	19.15	20.37
ウバメガシ	22.51±1.62	21.94	23.09
チリメンガシ[*1]	24.93±3.67	23.62	26.25
ウラジロガシ	26.89±2.98	25.82	27.96
アカガシ	22.98±1.54	22.43	29.91
ツクバネガシ	21.44±2.19	20.66	22.23
スダジイ	18.99±1.86	18.34	19.66
ツブラジイ	26.75±2.05	25.65	27.84
マテバジイ	24.48±1.97	23.73	25.18
シリブカガシ	23.73±2.28	22.92	24.55
クスノキ科			
クスノキ	20.10±2.04	19.37	20.83
ヤブニッケイ	28.45±2.48	27.43	29.46
ゲッケイジュ	28.53±4.07	27.08	29.99
カナクギノキ	10.68±1.43	10.17	11.19
クロモジ	18.71±2.17	19.37	20.83
タブノキ	23.08±1.73	22.46	23.70
シロダモ	25.52±2.48	24.63	26.41

[*1]ウバメガシの園芸種，[*2]n：30〜40

60〜90 μm(または側長/縦長比が1.0以上)と極めて厚い。

2. 樹木起源ケイ酸体の粒径

一般的に，樹木起源のケイ酸体はイネ科起源の植物ケイ酸体に比べ50 μm以上と大型である。これは，厚壁異形細胞，仮導管などに由来するケイ酸体が樹木で多く検出されるからである。

ブナ科のハマビワ，モクレン科のタイサンボク，マンサク科のイスノキで多く観察される厚壁異形細胞ケイ酸体には100 μm以上の大きさのものも稀でない。導管由来のブレード状ケイ酸も30〜100 μmと厚壁異形細胞ケイ酸体と同様に大きい。反面，表皮細胞に由来するはめ絵パズル状と多角形状ケイ酸体は20〜90 μmと厚壁異形細胞酸体の1/2〜1/5と小さく，かつモクレン科，ブナ科など多くの樹木で検出される。とくに，ブナ科のはめ絵パズル状ケイ酸体は，多角形状ケイ酸体に比べ大きく，多くは50 μm以上である。ブナ科とクスノキ科の多角形状ケイ酸体は10〜30 μmの範囲内におさまる(表14)。ブナ科は，平均22 μm以下と約24 μm以上のふたつのグループに分かれる。とくに，クヌギは16 μmと小さく，アラカシとシラカシは29 μmと大きい。一方，クスノキ科ではカナクギノキが11 μmとクヌギよりさらに小さいが，ゲッケイジュとヤブニッケイはアラカシとほぼ同程度の大きさである。

厚壁異形細胞ケイ酸体は部分的に破損されて生ずるものがあるので，その長さは任意である。

マツ科起源ケイ酸体の粒径は，細胞タイプの違いによりかなり変動がある(近藤ほか，2003)。とくに，移入仮導管と内皮由来の両ケイ酸体は最大100〜170 μmと突出して大きい。両ケイ酸体は，平均23〜104 μmの範囲内にあって，さほど粒径に違いが認められない。ただ，それらの形態の違いにより粒径に幅が見られ，棒状，直方体状，立方体状形態の順に粒径は大きい傾向にある(図55〜57)。また，マツ属，トウヒ属，モミ属の順に上記の形態の粒径が大きい傾向にあった。とくに，マツ属のヨーロッパクロマツ，ヨーロッパアカマツおよびリキダマツは

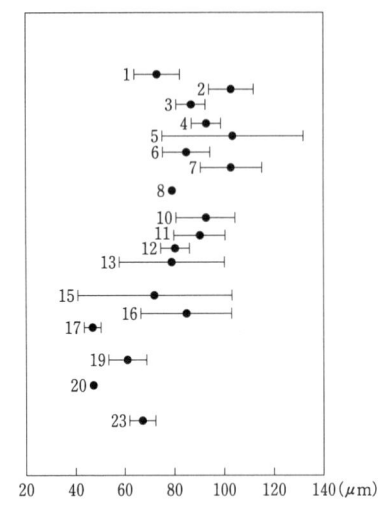

図55 棒状移入仮導管ケイ酸体の粒径(近藤ほか，2003)。
1：バンクスマツ，2：リキダマツ，3：ストローブマツ，4：キタゴヨウ，5：ヨーロッパクロマツ，6：アカマツ，7：ヨーロッパトウヒ，8：アカエゾマツ，10：ヤツガタケトウヒ，11：シベリアトウヒ，12：エゾマツ，13：ウラジロモミ，15：トウシラベ，16：バルサムモミ，17：ヨーロッパモミ，19：コメツガ，20：カナダツガ，23：サワラ，黒丸：平均値(n：30～40)，バー：95%信頼区間

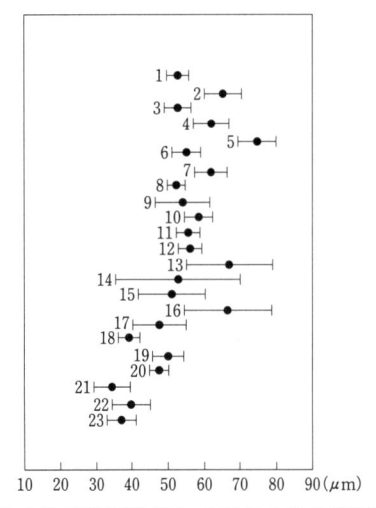

図56 直方体状移仮導管ケイ酸体の粒径(近藤ほか，2003)。
1：バンクスマツ，2：リキダマツ，3：ストローブマツ，4：キタゴヨウ，5：ヨーロッパクロマツ，6：アカマツ，7：ヨーロッパトウヒ，8：アカエゾマツ，9：グラウカトウヒ，10：ヤツガタケトウヒ，11：シベリアトウヒ，12：エゾマツ，13：ウラジロモミ，14：アオモリトドマツ，15：トウシラベ，16：バルサムモミ，17：ヨーロッパモミ，18：グランデスモミ，19：コメツガ，20：カナダツガ，21：ニオイヒバ，22：アメリカヒバ，23：サワラ，黒丸：平均値(n：30～40)，バー：95%信頼区間

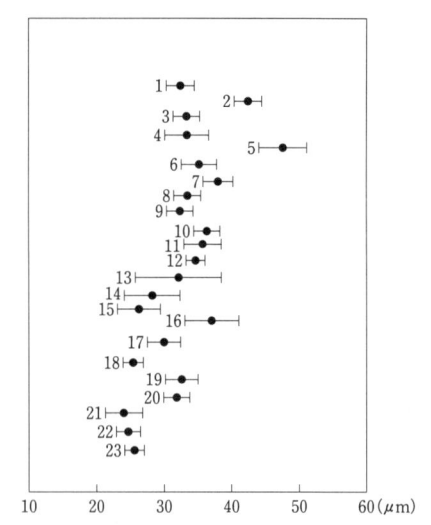

図57 立方体状移入仮導管ケイ酸体の粒径(近藤ほか，2003)。
1：バンクスマツ，2：リキダマツ，3：ストローブマツ，4：キタゴヨウ，5：ヨーロッパクロマツ，6：アカマツ，7：ヨーロッパトウヒ，8：アカエゾマツ，9：グラウカトウヒ，10：ヤツガタケトウヒ，11：シベリアトウヒ，12：エゾマツ，13：ウラジロモミ，14：アオモリトドマツ，15：トウシラベ，16：バルサムモミ，17：ヨーロッパモミ，18：グランデスモミ，19：コメツガ，20：カナダツガ，21：ニオイヒバ，22：アメリカヒバ，23：サワラ，黒丸：平均値(n：30～40)，バー：95%信頼区間

移入仮導管および内皮ケイ酸体の粒径が大きい。カラマツ属の表皮には，正方形，矩形，台形および長楕円形の形態が異なる平滑辺棒状ケイ酸体が見られ，各形態で粒径に多少の違いがある。正方形が平均21～26 μmと小さいが，ほかは平均60～80 μmの範囲内におさまっている。マツ属，モミ属，トウヒ属などの表皮にも平滑辺(50～80 μm)と波状辺(30～80 μm)の棒状ケイ酸体が検出される。

グイマツ(ダフヒアカラマツ)に特有の楔文字状ケイ酸体は平均43 μm前後の粒径である。この種のケイ酸体はカラマツにも稀に検出されるが，その粒径は平均33～41 μmとグイマツよりやや小さい。

3. 植物ケイ酸体の粒径と粒径比の意義

植物ケイ酸体の粒径は，各々のケイ酸体の定められた測定部位(例えば縦長，横長，高さなど)によって異なる。しかし，各部位の粒径およびそれらの比は，植物ケイ酸体の形態を補足し，かつ統計的手法に多くの有益な情報をもたらす。

ファン型ケイ酸体の端面下部縦長/上部縦長(藤原・佐々木，1978 の b/a)比をイネの亜種であるジャポニカとインデカを区分する基準とすることも，縦長/側長比をタケ連やキビ連の属レベルまでの識別に役立たせようとすることも，また，各粒径や粒径比をパラメーターとした判別分析がイネ属やキビ連(エノコログサ属，ヒエ属，キビ属)の野生種と栽培種で行われていることも，それらの代表的な例であろう(藤原ほか，1990b；本村，1996；Piperno，1988；佐藤ほか，1990；杉山ほか，1988)。

植物分類群のなかで各植物ケイ酸体の形態が明瞭に異なれば，それらを同定することで母植物が容易に推測可能となる。例えば，イネ科植物の短細胞由来のケイ酸体は，カヤツリグサ科，サンアソウ科などの単子葉植物，シダ類および樹木をはじめとする双子葉植物由来のケイ酸体と容易に区別できる。また，イネ科植物のなかでもタケ類由来のタケ型ケイ酸体は，キビ亜科，イチゴツナギ亜科などに由来の亜鈴形やボート形ケイ酸体と明らかに形態が異なるので，それらの母植物についての情報が容易に知りえる。

上述したようなことは，科，亜科などの高次の分類レベルにおける形態上の相違であって，形態が似たものどうしを属や種レベルで区別することは甚だ難しい。一見，類似しているようでも，植物ケイ酸体をどのような表現で呼称すればほかと明確な識別がなされるか思い悩むところである。この点，粒径や粒径比は植物ケイ酸体の形状パラメーターを表す測定データとして便利であり，また，客観的に評価できる利点がある。

以下に，粒径および粒径比を適用した具体例について紹介しよう。

同じ形態の植物ケイ酸体であっても，その粒径の違いによって母植物が容易に推定できることもある。前述したように，暖地型のササ類のメダケ属と寒地型のササ属は鞍形ケイ酸体の最大幅(縦長)の違いから明確に区別される(近藤・大滝，1992)。前者は平均 $21\,\mu m$ 以下と小さく，後者は平均 $23\,\mu m$ 以上と大きい。また，イネ属の亜鈴形ケイ酸体は，キビ亜科のそれに比べ，最大幅(横長)が $12\,\mu m$ 前後と小さく，形態もほかのキビ亜科の亜鈴形ケイ酸体とも異なるので比較的同定は容易である。

図 58 は，ニュージーランドに生育する植物に見出される球状ケイ酸体の粒径について平均値と 95%信頼区間を示したものである。これらの植物は，樹木のナンキョクブナ，レワレワおよびサンアソウ科である。サンアソウ科は主に湿原に群生しており，丘陵地や山岳に分布するナンキョクブナやレワレワとまったく異なる環境に生育している。これらの植物から検出されるケイ酸体は，類似の球状形態であるが，それらを抱える器官や細胞タイプは各々異なっている。

ナンキョクブナの球状ケイ酸体は小枝や材部の放射柔細胞，レワレワの球状ケイ酸体は葉身の副表皮細胞，そしてサンアソウ科のそれは茎の柔組織鞘，あるいは基本組織で見られる。レワレワとオイオイ

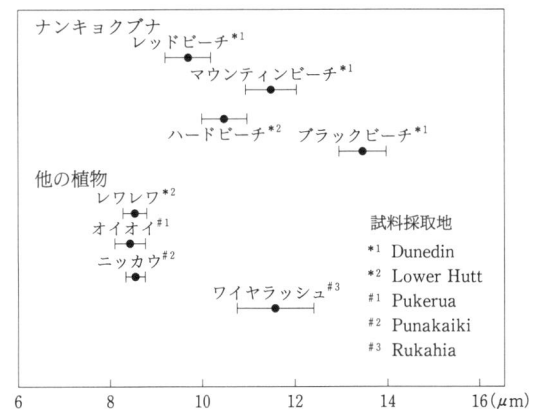

図 58 植物中に見出される球状ケイ酸体の粒径(近藤錬三原図)。
ナンキョクブナ：小枝(落木)，レワレワ・ニッカウ：葉部(落葉)，オイオイ・ワイヤラッシュ：茎葉，黒丸：平均値(n：30〜40)，バー：95%信頼区間

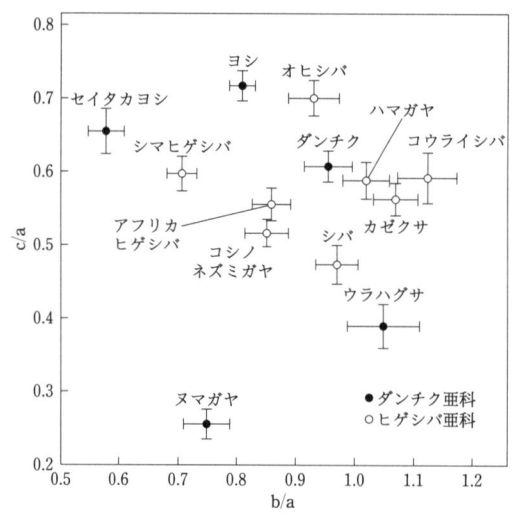

図 59 ファン型ケイ酸体の端面下部縦長/縦長(c/a)比と横長/縦長(b/a)比の関係（本村，1996 をもとに作成）。
黒，白丸：平均値，バー：95％信頼区間

の球状ケイ酸体は大きさがほぼ同じであるので区別は困難であるが，生育環境が異なるので土壌中に共存して出現することはない。レワレワは，ナンキョクブナに比べ全般的に小さい球状ケイ酸体であるのでそれらと区別は比較的容易である。マウンティンビーチとワイヤラッシュは粒径がほぼ重なるので区別は難しい。しかし，両者の球状ケイ酸体が土壌に共存することは前記した理由によりまずありえない。ナンキョクブナの間では，ハードビーチがレッドビーチと一部粒径が重なるが，レッド，ハード，マウンティンおよびブラックビーチの間で有意差は認められる。ただし，ここでの例はごく限られた少ない試料での比較であるので，今後は広域的に多くの試料を採取し，比較検討することが望まれる。

次章でも触れるが，ファン型ケイ酸体は，端面形状によって属レベルまで識別できるものがかなりある。そのことは，ファン型ケイ酸体の粒径の端面下部縦長/縦長比と横長/縦長比との関係によく表れている（図59）。下部縦長/縦長比は大略の形状を表す指標で，この比が1に近づくほど楕円形，あるいは円形になり，0に近づくと扇形や短柄杓子形の端面形状に近づく。一方，横長/縦長比は端面が横に長いか，縦に長いかを表す指標であり，この比が小さいほど縦に細長くすらりとしており，大きいと横に幅広く，ずんぐりしていることを表している。セイタカヨシ，ヨシ，ダンチク，オヒシバおよびシマヒゲシバは，下部縦長/縦長比がいずれも 0.6 以上で，端面形状が楕円形，あるいは円形である。反面ヌマガヤ，ウラハグサおよびシバは，下部縦長/縦長比がいずれも 0.6 以下で，端面形状が短柄杓子形である。図には示していないが，トウモロコシは，横長/縦長比がほかの植物に比べて 0.5 以下と極めて小さく，端面形状が縦に細長い扇形，あるいはバチ形である。セイタカヨシの端面形状はシマヒゲシバと類似するが，横長/縦長比がほぼ0.6であるので，シマヒゲシバよりも縦に細長い形状であることがわかる。このように粒径比により大まかな形状が予測できるのである。

第7章
植物ケイ酸体の同定と分類

　第Ⅰ部の図版篇に見られるように，各種植物中には多様な形態のケイ酸体が多数見られる。当然ながら，土壌および堆積物からも形態の異なる多数のケイ酸体が検出される。したがって，これらの同定は，前述してきた現生の植物体の細胞タイプと植物ケイ酸体の形態との対応関係を十分把握すれば比較的容易にできる。

　これまで述べてきたように，植物ケイ酸体はその特性上，花粉粒子と植物分類群との間で見られる1対1の対応関係はさほど明確でない。それは，同一植物でも器官，部位などの違いによってケイ酸体の量や種類が多様で，しかも異なる植物間においても類似するケイ酸体が多数見られるからである。Rovner(1983)は，このような植物ケイ酸体のもつ性質を多様性(Multiplicity)と重複性(Redundacy)と呼んだ。植物ケイ酸体の多様性と重複性にともなう種々の問題は，同定に各種の混乱をきたしている。それらを解決するためには，同定するための明確な基準と3次元的形態観察が不可欠である。また，多くの現生植物から分離した植物ケイ酸体を対比試料と保存することも必要である。

　研究者によって命名，分類法に多少の認識の隔たりがあるが，形態名および給源細胞名を分類の見出しとしてほかのケイ酸体と識別する同定法が一般的である。例えば，Piperno(1988)および近藤(2004)は，植物ケイ酸体の形態および給源細胞と対応する植物分類グループのリストを作成し，それらを鍵として同定記載している。多くの植物および概略の分類レベルについては，植物ケイ酸体の形態と分類との間に対応関係があるので，同定はそれほど困難ではない。イネ，ヤシ，ラン，イラクサ，クズウコン，カヤツリグサなどの多くの科は特有なケイ酸体を生産する。また，一部の植物(クスノキ科の仲間，イスノキ属，カボチャ属，バショウ属，オウムバナ属，カンラン科の仲間)についてはすでに属レベルでの同定が行われている(近藤・佐瀬，1986；Piperno, 1988)。

　イネ科植物については，Twiss *et al.*(1969)の分類を基本にした同定が各国で定着している(表15)。しかし，形態についての情報が集積するにつれて彼らの分類に修正が加えられた(近藤，1995a；Pearsall & Timble, 1984；佐瀬・近藤，1974；Twiss, 1992)。

　以上のように，今日，植物ケイ酸体の同定はそれらの特有な形態を手がかりに異なった分類レベル(科，亜科，属，種)で行われている。しかし花粉の分類と異なり，多くの植物において属レベルまで同定がなされていない。

　すべての植物を網羅した植物ケイ酸体の分類はまだない。イネ科植物，双子葉植物など特定の植物分類群由来のケイ酸体，ならびに特定の植物ケイ酸体(カヤツリグサ型ケイ酸体，イネ科のファン型ケイ酸体など)についての分類案が若干の研究者により提案されている(近藤，1995a；本村，1996；Ollendof, 1992；佐瀬，1990；杉山・藤原，1986)。

　最近，ICPN Working Group(Madella *et al.*, 2005)は，これまで多くの植物ケイ酸体研究者により各種の名称で呼ばれてきた植物体ケイ酸体を国際的に標準化するために新しい命名法を提案した。それによると，命名のための規準は，①3次元，あるいは2次元的形態，②表面構造と付属物，および③植物ケイ酸体の給源細胞である。しかし，個々の植物ケイ酸体の定義が曖昧中での命名であるので，まだ改善される余地が多く残されている。国際的に植物ケイ酸の名称を標準化するには特定の国のデータだけでなく，多くの国から情報を持ち寄り，論議を深めながらまとめなければならない。この意味でICPN Working Groupの提案は今後の命名のたたき台と

表15 Twiss et al.(1969)のイネ科植物ケイ酸体の名称とその対比。
(1)〜(3)・(6)：近藤(1995a)，佐瀬・近藤(1974)，(4)：近藤(1995a)，佐瀬・近藤(1974)，(7)・(8)：近藤(1995a)，佐瀬・近藤(1974)，Twiss(1992)の分類による。

---

(1)ウシノケグサ型(または，イチゴツナギ型)(Pooid class)[*1]：主にイチゴツナギ亜科に見られる。
　Festucoid (circular, rectangular, elliptical, crenate & oblong): Twiss et al. (1969), Pooid: Twiss (1992), Tranpezoid: Brown (1984), Rondels: Mulholland & Rapp (1989), ICPN (2005), Boat shaped: Smithson (1958), Trapeziform polylobate (Trapeziform sinate, Trapeziform short cell): ICPN (2005)

(2)ヒゲシバ型(Chloridoid class)[*1]：ヒゲシバ亜科，ダンチク亜科およびタケ亜科に見られる。
　Nomal and thin chloridoids: Twiss et al. (1969), Saddles: Brown (1984), Mulholland & Rapp (1989), ICPN (2005)，短座鞍形：近藤・大滝(1992)

(3)キビ型(Panicid class)[*1]：主にキビ亜科に見られるが，ダンチク亜科やタケ亜科の一部でも見られる。
　Dumbble (Complex dumbble, Crosses): Twiss et al. (1969), Bilobates (Polylobates): Brown (1984), Sylindrical polylobate (Bilobate short cell): ICPN (2005)

(4)タケ型(Bambusoid class)[*3]：主にタケ亜科に見られるが，ダンチク亜科の一部にも見られる。
　Saddles: Metacalfe (1956, 1960)，鞍形：佐瀬・近藤(1974)，長座鞍形：近藤・大滝(1992)

(5)円錐台形(Truncated cone class)[*4]：主にタケ亜科，ダンチク亜科，イチゴツナギ亜科に見られる。
　Hats: Parry & Smithson (1964)，円錐台：近藤・堀(1994)，Honed towers (Flat towers reggular spoos, Iurregular spools: Pearsall & Trimble (1984), Chinochloids: Kondo et al. (1994), Rondels: Mulholland & Rapp (1989); ICPN (2005)

(6)棒状型(Elongate class)[*1]：すべてのイネ科に見られる。
　Elongate: Twiss et al. (1969), Elongate plates: Brown (1984), Elongate echinate long cell ICPN (2005)

(7)ファン型(fan shaped class)[*2]：イチゴツナギ亜科にはあまり見られないが，ほかのイネ亜科に見られる。
　Fan-shaped: Smithson (1956b); Twiss (1992)，機動細胞：藤原(1976b)，泡状細胞：本村(1996)，扇形：佐瀬・近藤(1974)，Uneiform bullifom cell, Parallelpipedal bulliform cell: ICPN (2005)

(8)ポイント型(Point shaped class)[*2]：すべてのイネ科に見られる。
　矢尻形：佐瀬・近藤(1974)，Point shaped: Twiss (1992), Tichomes: Brown (1984), Acicular hair cell: ICPN (2005)

[*1]Twiss et al.(1969)，[*2]佐瀬・近藤(1974)，[*3]近藤(1983a)，[*4]近藤・堀(1994)による命名

なり，研究の発展に大いに寄与するであろう。
　以下では，最も研究が進んでいるイネ科植物および最近注目されてきた樹木類起源ケイ酸体の分類を中心に解説する。

1. イネ科植物ケイ酸体の分類

　イネ科植物ケイ酸体の分類は，これまで主に植物解剖・形態学的観点から行われてきた。これらの植物学者による提案は，植物解剖学にもとづく表皮やほかの組織の特徴を分類に組み込んでいる。すなわち，Metacalfe(1960)およびEllis(1979)は，葉身の表皮組織内にあるケイ酸細胞(ケイ酸体)について，細胞の配列，平面的な形およびサイズを含む分類を提示した。この分類の基礎となるものはあくまでも表皮組織に見られる細胞タイプである(表9)。それは，この分類の目的がイネ科植物の分類・同定の補助のために，葉身を組織解剖学的に同一の記載・観察法で調べ，各種の特徴を記録・比較することにあるからである。他方，Twiss et al.(1969)は，細胞タイプと無関係に植物ケイ酸体個別の形態にもとづいた分類を提案した。この分類では4つのクラス(Festucoid, Chloridoid, Panicoid, Elongate)に大別される。そのうち3つのクラスはそれらの植物ケイ酸体の給源植物，あるいは植物分類群と密接な関係にあるとされている。ほかのひとつの棒状型クラスはすべての植物に共通的に見出される。しかし，この分類のなかで短細胞由来の3つのクラスは亜科名を用いているため，ややもすると亜科を代表するようにとられやすい。それらのクラスには形態が同じでも複数の亜科のケイ酸体が含まれている。この矛盾点をどのように対処すべきかが，今後この分類の残された課題である。
　佐瀬・近藤(1974)は，日本に自生しているイネ科植物から分離した植物ケイ酸体の形態的特徴にもとづき，タケ型，ファン型，およびポイント型クラスをTwiss et al.(1969)の分類に追加・修正し，イネ科植物ケイ酸体を7つのクラスに大別した。この分類は，タケ型クラスを除きTwiss(1992)の最新の分類に取り入れられている。
　Pearsall(1978)およびPiperno(1984)は，Metacalfe(1960)とTwiss et al.(1969)を併用した分

類を提示した。とくに十字形ケイ酸体に着目，その3次元形態にもとづき中南アメリカのパナマ，エクアドルにおけるトウモロコシ栽培の起源を探究した。Brown(1984)は，中央アメリカに生育する112種のイネ科植物から分離した植物ケイ酸体の形態にもとづき8クラス(Ⅰ：Plates，Ⅱ：Trichomes，Ⅲ：Doubleoutlines，Ⅳ：Saddles，Ⅴ：Trapezoids，Ⅵ：Biloates，Ⅶ：Polylobates，Ⅷ：Crosses)に分類した。この分類はTwiss et al.(1969)の分類を踏襲しながら，一部を再構築している。例えば，ヒゲシバ型やウシノケグ型は詳細に区別した。とくに，ウシノケグサ型のうち側面が細長い台形，あるいはボート状を有し，台座の両辺が波状の切れ込みのあるケイ酸体を台形(Trapezoid)と新たに命名し，それらを波状の有無，サイズ(長い，短い)，先端の形状(角張った端，丸味の端など)，および上面の形状(平ら，波状，棟，あるいは丸味など)から細別した(表16)。

近藤(1995a)は，佐瀬・近藤(1974)の分類法を修正し，新たに7クラスを追加して合計15クラスに大別した(表17)。この分類は，基本的にはMetacalfe(1960)およびTwiss et al.(1969)の分類を取り入れ，さらに発展させたものである。そして，これらのクラスは細胞タイプと形態を対応させ，かつ個々のケイ酸体クラスについての定義づけを明確に表示した。従来の亜科名を表すタケ型，キビ型，ヒゲシバ型およびイチゴツナギ型は，他分野の研究者の誤解を招きやすいので，すべて形態名で統一して亜科名を表す名称はカッコ内に併記した。

この分類のなかで，Ⅰ～Ⅵのクラスは短細胞ケイ酸体，Ⅶのクラスは長細胞ケイ酸体，Ⅷ～Ⅹのクラスは毛状突起ケイ酸体，ⅩⅠのクラスは泡状細胞ケイ酸体，ⅩⅡのクラスは柵状細胞ケイ酸体，ⅩⅢのクラスはそのほかのケイ酸体(気孔，繊維，仮導管，柔組織，通気組織，植物組織片など)に由来する各細胞タイプのケイ酸体である。短細胞ケイ酸体のうち，Ⅰ～Ⅴクラスに帰属しないものは，Ⅵクラスにすべてまとめた。

なお，Ⅰクラスに属するイネ属由来の亜鈴形ケイ酸体は考古学遺跡土壌中にケイ化組織片(図19)としてよく出現する。この組織片は亜鈴形ケイ酸体の配列がほかのキビ亜科，ダンチク亜科などのそれと明らかに異なる。

1.1 短細胞ケイ酸体の分類

これまで述べてきた多くの分類は，植物ケイ酸体の観察時における基準および定義が曖昧模糊としており，上面，あるいは側面から見たときの平面的な形態名が短細胞ケイ酸体の分類単位とされてきた。例えば，円錐形，あるいは円錐台形状のケイ酸体は側面および端面のいずれの形態も分類単位としており，実際には同じ形状の植物ケイ酸体でも別個(例えばRondelとHoned Towers, Flat Towers)に取り扱われてきた。また，長方形状のケイ酸体が棒状なのか板状なのか，鞍形ケイ酸体がヒゲシバ型なのかタケ型なのか，亜鈴形と十字形の境界はどこにあるのか，イチゴツナギ亜科のウシノケグサ型(または，イチゴツナギ型)がキビ型の亜鈴形・複合亜鈴形とどこが違うのか，キビ型，ヒゲシバ型クラスに複数の亜科に共通なタイプが見られるが，その扱いをどのようにするのか等々，多くの問題点がある。しかし最近では，かなり改善され，明確な定義づけが試みられている。

表16 Brown(1984)による台形(Trapezoid)ケイ酸体の分類

A. 波状(sinuous)	B. 非波状(nonsinuous)
1. 長波状(幅の3倍以上)	1. 長非波状
a. 端が角張っているか，平坦	a. 端が角張っているか，平坦
b. 端が丸い	b. 端が丸い
c. 端がaとbの中間	c. 端がaとbの中間
d. 端が混合，あるいは不規則	d. 端が混合，あるいは不規則
2. 短波状	2. 短非波状
a. 端が角張っているか，平坦	a. 端が角張っているか，平坦
b. 端が丸い	b. 端が丸い
c. 端がaとbの中間	c. 端がaとbの中間
d. 端が混合，あるいは不規則	d. 端が混合，あるいは不規則

表17 イネ科植物起源ケイ酸体の分類(近藤,1995a を一部加筆・修正)

Ⅰ. 亜鈴形(キビ型)クラス：キビ亜科，一部のダンチク亜科，スズメガヤ亜科，イチゴツナギ亜科，タケ亜科に出現。
  1. 亜鈴形：
    a. 長軸：軸の長さがケイ酸体の横長の2/3以上，b. 短軸：軸がケイ酸体の横長の1/8以下，c. 正常：軸がケイ酸体の横長の1/3～2/3，d. こぶつき，e. フリルつき
  2. 複合亜鈴形：
    a. 規則，b. 不規則
  3. 十字形：
    a. 正常，b. 厚みのない，c. 不規則：付属物をもつ
Ⅱ. 長座鞍形a(タケ型)クラス：タケ亜科タケ連，一部のダンチク亜科に出現。横長は縦長より長く，上面から見た表面には皺があったり，あるいはなかったりする。*Sasa*, *Pleioblustus*, *Bambusa*, *Phyllostachys* など概略6タイプ。
Ⅲ. 長座鞍形b(ヌマガヤ型)クラス：ダンチク亜科，一部タケ亜科，そのほか亜科に出現。横長は縦長より長く，上面から見た表面には皺がない。Ⅱより全体的に小さい。ⅡとⅣの中間の形態。
Ⅳ. 短座鞍形(ヒゲシバ型)クラス：スズメガヤ亜科，ダンチク亜科，タケ亜科に出現。横長と縦長はほぼ同じか，あるいは縦長は横長より長く，上面から見た表面には皺がない。*Zoysia*, *Eragrostis pilota*, *Eleusine*, *Phragmites*, *Chionochloa* など概略5タイプ。
Ⅴ. 長台形(ウシノケグサ型またはイチゴツナギ型)クラス：イチゴツナギ亜科に出現。上面からの輪郭で2タイプに分けられる。
  1. 波状：台座に丸い突出物あり
    a. 短波状，b. 長波状，
  2. 非波状：台座と丸い突出なし，あるいは不明瞭
    a. 短非波状，b. 長非波状
Ⅵ. 星形(ホガエリガヤ型)クラス：イチゴツナギ亜科のホガエリガヤ属に出現
  1. 正常(星形)，
  2. 不規則：星形の突起物の一部を欠く
Ⅶ. 円錐台形クラス：イチゴツナギ亜科，一部のダンチク亜科，キビ亜科，ヒゲシバ亜科およびタケ亜科タケ連に出現。
  1. 長円錐台形：高さが台座の長さの1.2倍以上
    a. 上面からの輪郭は小円，b. 上面からの輪郭は三日月あるいは弓形，c. そのほか
  2. 短円錐台形：高さが台座とほぼ同じか，低い
    a. 上面からの輪郭は小円，b. 上面からの輪郭は三日月あるいは弓形，c. そのほか
Ⅷ. ほかの短細胞由来のケイ酸体：イネ科，とくにイチゴツナギ亜科，タケ亜科の一部，ダンチク亜科に出現。
  1. 浅い皿形：
    a. 上面からの輪郭は滑らか，b. 上面からの輪郭は円柱形(台座と上面の長さがほぼ同じ)
  2. ⅢとⅣクラスの中間
Ⅸ. 棒状型クラス：イネ科すべてに出現
  1. 細長い棒状形：長さは幅のほぼ3倍かそれ以上，高さは幅とほぼ同じか，それ以上。ケイ酸体周辺の輪郭が平滑，波状，棘状など変異に富む。
  2. 板状形：長さは幅のほぼ3倍かそれ以上，高さは幅のほぼ1/3以下。ケイ酸体周辺の輪郭が平滑，波状，棘状など変異に富む。
Ⅹ. ポイント型クラス：すべてのイネ科に出現。とくに，タケ亜科およびイチゴツナギ亜科に多い。
  1. 長円形および長い棘形：棘が基部より長い
  2. 円形および短い棘形：棘が基部より短い
  3. 非矢尻形，あるいは棘のない形
Ⅺ. ファン型クラス：タケ亜科，ダンチク亜科でとくに多く，イチゴツナギ亜科は稀に出現。端面および一部側面の形態により属レベルで特徴が見られる，*Arundo*, *Chloris*, *Coix*, *Echinochloa*, *Miscanthus*, *Molinia*, *Oplismenus*, *Oryza*, *Pheioblustus*, *Phragmites*, *Panicum*, *Zea*, *Sasa*, *Spodiopogon*, *Sporobolus*, *Zizania*, *Zoysia* などの各タイプがある。
Ⅻ. パイプ状型クラス：イチゴツナギ亜科以外のイネ科に出現。細胞基部の長さと基部の形状により区分。
  1. 短パイプ形：長さは概略幅と同じ
  2. 長パイプ形：長さは幅の4倍以上
  3. 中間形
ⅩⅢ. ゴルフクラブ状型クラス：すべてのイネ科に出現。この出現頻度は環境条件に影響されやすい。マクロヘアー基部の特性により3タイプに区分される。
  1. 基部膨張
  2. 基部収縮
  3. 基部と基部以外が識別不能
ⅩⅣ. 背柱状型クラス：すべてのイネ科植物に出現。タケ連で比較的多く観察される。縦伸長型有腕柵状細胞，横伸長型有腕柵状細胞および脊柱状有腕細胞由来の3タイプ。
ⅩⅤ. ほかのクラス：気孔，副表皮，繊維，通気組織，細胞起源不明のケイ酸体

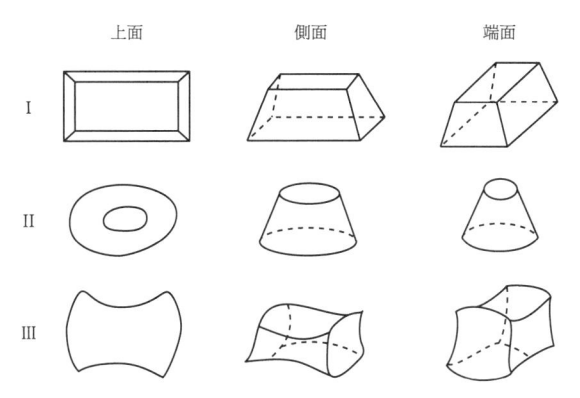

図60 代表的短細胞ケイ酸体の立体形態(Mulholland & Rapp, 1992)。
Ⅰ：ケイ酸体の全体像が長方形上の箱型～切頭，あるいはバベル状角錐形。
Ⅱ：ケイ酸体の全体像が短円筒形～切頭，あるいはバベル状円錐形。Ⅲ：ケイ酸体の全体像が鞍形様

(1)Mulholland & Rapp による分類

Mulholland & Rapp(1992a)は，3次元観察による標準的方向づけと規則を組み入れた短細胞ケイ酸体の分類案を提案した。この分類は，植物ケイ酸体を立体的に捉え，観察方向からの面を上面，側面，および端面と定義し，その3次元形態にもとづき3つの大まかな幾何学的ケイ酸体クラスに分けた(図60)。すなわち，クラスⅠのケイ酸体は長方形状の箱形であり，上面から見た形は概略正方形から長方形，あるいは多角形の輪郭をもち，上部は平坦からやや凹状，あるいは凸状から高棟状である。クラスⅡのケイ酸体は円筒形から切頭状円錐(円錐台)形であり，上面から見た形は概略楕円形から円形，上部は平坦からやや凹状，あるいは凸状から高棟状である。クラスⅢのケイ酸体は鞍形であり，上面，あるいは上面と台座から見た輪郭は，Prat(1948)の「両刃の戦闘斧(両先端が凸状の刃をもつ)」状である。これらの定義にもとづく3つのクラスは，さらに，Ⅰクラスでは上面の輪郭にもとづき，台座の両端にある丸い突出物(Lobeと呼称)の有無と軸/突出物比，クラスⅡでは上面の輪郭の違い，クラスⅢでは凹状刃の出現位置などにより細分し，その各々に定義づけを行った。最終的に，上面からの観察から，三角形(Triangle)，四辺形(Rectangle)，五辺形(Pentagon)，十字形(Cross)，亜鈴形(Dumbbell, Regular, Complex)，深波形(Sinuate, Bilobate, Polylobate)，小円球形(Rondel)および鞍形(Saddle)の8つのケイ酸体タイプを提示した。三角形，四辺形，五辺形，十字形，亜鈴形，および深波形ケイ酸体はクラスⅠ，小円形はクラスⅡ，鞍形はクラスⅢに帰属する。さらに，詳細な台座の輪郭，飾りおよび3次元構造などの主要な特徴をこの分類に取り入れた。この分類は，従来の分類の欠点である曖昧さを，用語の統一と明確な定義づけにより個々の短細胞ケイ酸体クラスを標準化した点において優れているといえる。

(2)近藤による分類

近藤(1995a)は，前記のイネ科植物ケイ酸体を形態と細胞タイプにもとづき15クラスに分類した(表15)。そのうちⅠ～Ⅷのクラスは基本的にTwiss(1992)やBrown(1984)と同じ短細胞由来のケイ酸体である。これらの短細胞ケイ酸体と非短細胞ケイ酸体の形態を図61と図62にまとめた。

(3)堀による分類

堀(1993)は，上記のⅠ～Ⅵクラスに相当する短細胞ケイ酸体の各部位に名称をつけ，それらの特徴から以下のような細分類を試みた。

Ⅰのキビ型(亜鈴形)クラスのうち，軸が横長の1/3～1/8からなる正常タイプは軸の窪みの特徴により，まず図63に示したように①双曲線状と②直線状に大別し，さらに，双曲線状の正常キビ型クラスを先端部の形から⓵ₐ平坦，⓵ᵦ凸状，⓵ᵪ凹状，および⓵ᵨ先割れ状ケイ酸体の4つに細別した。

Ⅱの長座鞍形a(タケ型)クラス(図64)は，縦長と横長の長さ，上面に生ずる皺の有無により，①縦

246　第II部　解説篇

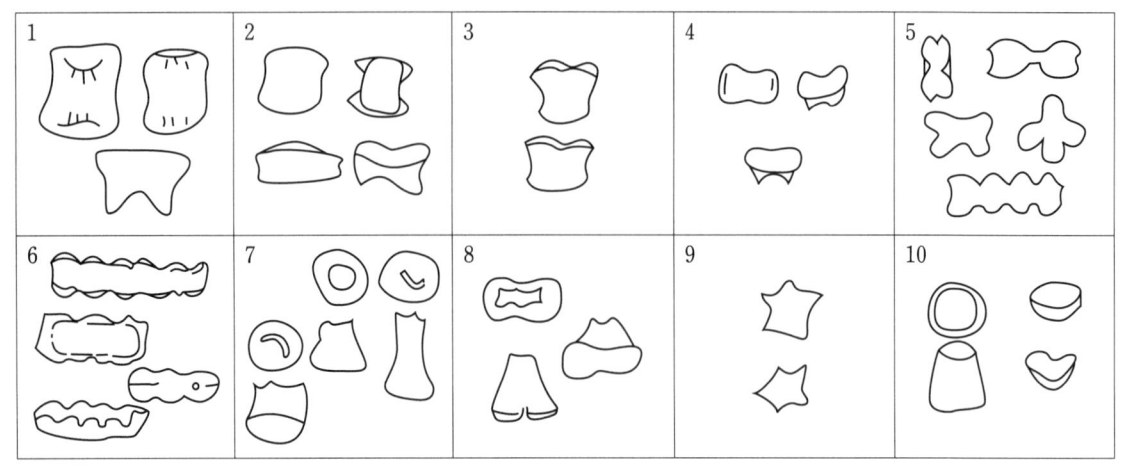

図61　イネ科植物ケイ酸体の形態1(近藤錬三原図)。

1：長座鞍形a(タケ型)，2・3：短座鞍形(ヒゲシバ型)，4：長座鞍形b(ヌマガヤ型)，5：亜鈴形(キビ型)，6：長台形(ウシノケグサ型，またはイチゴツナギ型)，7：円錐台形，8：ハネガヤ型，9：星形，10：その他(円筒形，皿型)

図62　イネ科植物ケイ酸体の形態2(近藤錬三原図)。

11：ファン型，12：棒状型，13：ポイント型，14：パイプ状型，15：亜鈴(大腿骨)状型，16：背柱(または，椎骨)状型，17：ヤスリ状型，18：ゴルフクラブ状型，19：亜鈴間短細胞由来のケイ酸体，20：表皮毛基部由来のケイ酸体，21：タケ・ササ類の表皮細胞由来のケイ酸体，22：マコモの通気組織由来のケイ酸体

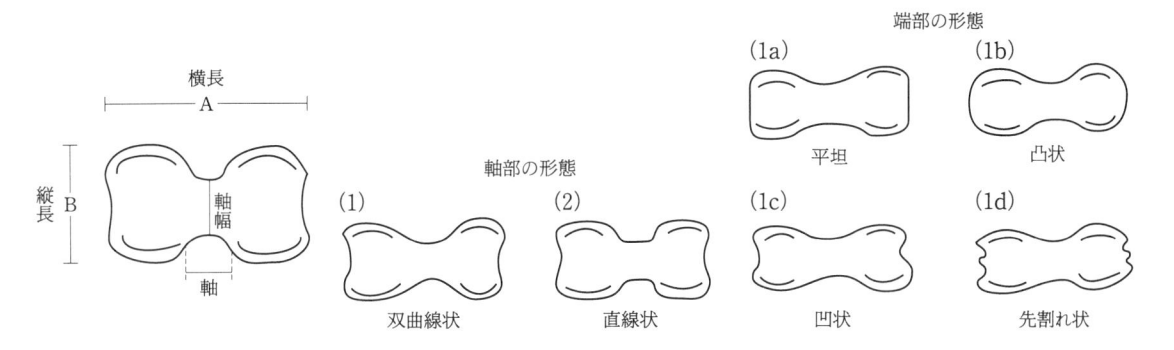

図63 亜鈴形(キビ型)ケイ酸体における各部位の名称とその細分(堀,1993)

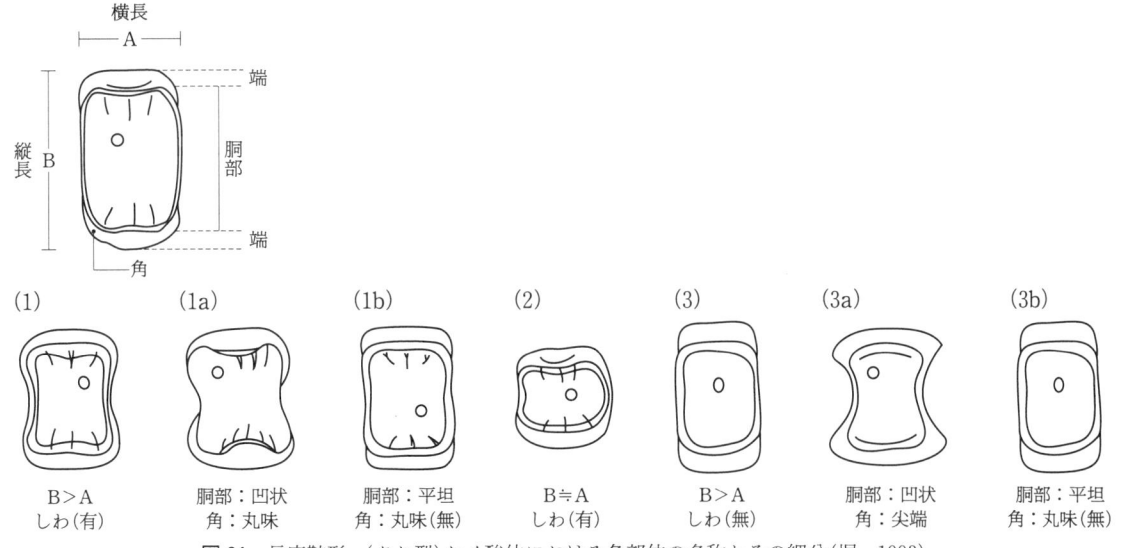

図64 長座鞍形a(タケ型)ケイ酸体における各部位の名称とその細分(堀,1993)

長＞横長，皺あり，②縦長≒横長，皺あり，および③縦長＞横長，皺なしに大別し，さらに，縦長＞横長，皺ありタケ型クラスを胴部の形と端面角の形により⓵ₐ胴部凹状，丸味を帯びた角あり，⓵ᵦ胴部平坦，丸味のないケイ酸体に細別した。同様に縦長＞横長，皺なしタケ型クラスを③ₐ胴部凹状，尖った角あり③ᵦ胴部平坦，丸味のあるケイ酸体に細別した。

Ⅲの短座鞍形(ヒゲシバ型)クラス(図65)は胴部が窪んでいるか否かにより，①胴部凹状，②胴部平坦に大別し，さらに角の状態により，それらを⓵ₐ胴部凹状，尖った角あり，⓵ᵦ胴部凹状，丸味の角あり，②ₐ胴部平坦，尖った角あり，②ᵦ胴部平坦，丸味の角ありにそれぞれ細別した。なお，⓵ₐ-1，⓵ᵦ-1および②ᵦ-1は，横長の一方が2段の凸状を呈し，

ふたつのヒゲシバ型があたかも結合したようにも見える。

Ⅳの長台形(ウシノケグサ型，またはイチゴツナギ型)クラス(図66)は，台座上に付着する葉状の裂け目(lobeに相当)の大きさとその有無(波高の形態)により，①裂け目が中波状，②裂け目が小波状，および③非波状に大別し，さらに先端部の形状から②ₐ両端が平坦(長方形)，②ᵦ両端が凸状(長楕円形)，および②ᴄ両端がそれぞれ平坦と凸状(混合形)に細別した。

Ⅴの円錐台形クラス(図67)は，上面から見たとき，上部の輪郭と台座面の形との違いから，①上部円形，台座球形，あるいは楕円形，②上部三日月形，台座球形，あるいは楕円形，③上部三日月形，台座に切れ込みがある球形，あるいは楕円形に細別した。さらに，上部が三日月形の輪郭をもつものは，側面か

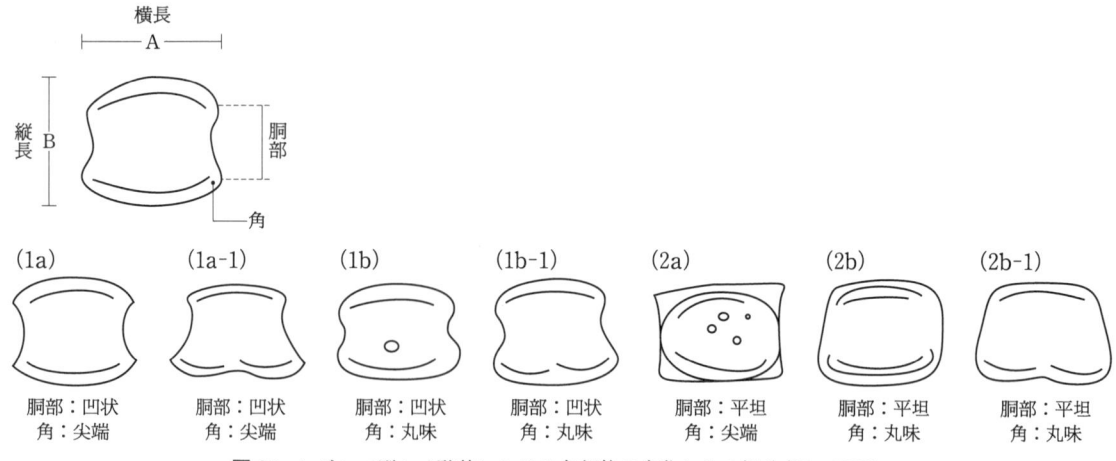

図65 ヒゲシバ型ケイ酸体における各部位の名称とその細分(堀，1993)。
(1a), (1b), (2a), (2b)は正常型, (1a-1), (1b-1), (2b-1)は複合型

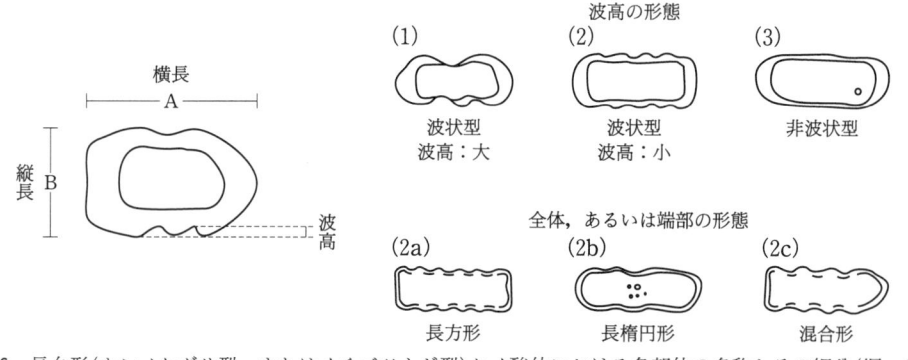

図66 長台形(ウシノケグサ型，またはイチゴツナギ型)ケイ酸体における各部位の名称とその細分(堀，1993)

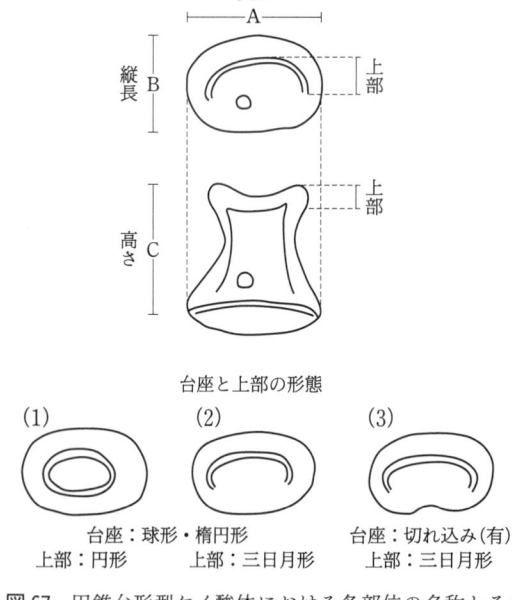

図67 円錐台形型ケイ酸体における各部位の名称とその細分(堀，1993)

ら見た上部の形が鶏冠状，烏帽子状などにより細分できよう。

このように短細胞ケイ酸体を形態にもとづき細別したが，今のところ亜科，一部の属，種レベルまでしか区別できない。しかしながら，植物ケイ酸体各々の形態をはじめ，多くの情報が集積してきたので，国際的な標準化が近々なされるであろう。

1.2 泡状細胞(ファン型)ケイ酸体の分類

泡状細胞由来のケイ酸体は，ササ類のように不規則な形を示すものもあるが，端面形状が扇形，あるいはその変形であることから，別名「ファン型ケイ酸体」と呼ばれている。

以下では，形態名にもとづく「ファン型ケイ酸体」を分類名として用いる。

今のところ，イネ科植物すべてを網羅したファン型ケイ酸体の分類はないが，個々の連および属につ

いて検討された報告がある。

(1) イネ連の分類

藤原(1976b)および藤原・佐々木(1978)は，多くのイネ連についてファン型ケイ酸体の形態を詳細に検討し，それらが属，あるいは一部種レベルで同定可能であることを指摘している。すなわち，イネ属11種とイネ *Oryza sativa* の23亜種について形態と粒径を検討し，ジャポニカとインデカの端面下部縦長/上部縦長(藤原・佐々木，1978のb/a)比が異なることを見出した。それらの比が1.0以上のファン型ケイ酸体を α 型，1.0以下を β 型と名づけ，前者の多くがジャポニカ，後者がインデカに対応することを明らかにした。

(2) タケ連の分類

また，タケ連のファン型ケイ酸体については，近藤・山北(1987)，杉山(1987a)，杉山・藤原(1986)および本村(1996)によって属，あるいは節レベルで識別可能であることが示されている。

杉山(1987a)は，縦長/側長比から以下の2タイプに区分している。すなわち，側長が長く，立体的なファン型ケイ酸体(縦長/側長比，2.0以下)に帰属するタケ連にはマダケ属，シホウチク属，トウチク属などのタケ類とカンチク属，ネザサ節などのササ類がある。一方，側面が薄く，平面的なファン型ケイ酸体(縦長/側長比，2.0以上)に帰属するタケ連には大多数のササ属，メダケ節，リュウキュウチク節などのササ類がある。

(3) ミレット類(エノコログサ属，ヒエ属，キビ属)の分類

エノコログサ属，ヒエ属およびキビ属の由来のファン型ケイ酸体は互いに形態が類似していることから，識別することは難しいとされてきた。そこで，杉山ほか(1988)はエノコログサ属，キビ属およびヒエ属におけるファン型ケイ酸体の縦長，横長，側長および側長/縦長比を測定し，それらの値にもとづき判別分析を行った。その結果，エノコログサ属由来のファン型ケイ酸体(平均1.84～2.62)の多くは，ヒエ属(平均1.65～1.82)およびキビ属(平均1.86)由来のファン型と識別されるが，ヒエ属とキビ属由来のファン型ケイ酸体は典型的な形態を除き区別は難しいことを明らかにした。また，ヒエ属およびエノコログサ属由来のファン型は，それらの野生種と形態が似ていることから，栽培種との識別は容易でないことを示した。

(4) ヨシ属，ススキ属そのほかの分類

このほかに，杉山・藤原(1987)は，ヨシ属，ススキ属，ヒメアブラススキ連(族)A，ヒメアブラススキ連(族)B，モロコシ属，シバ属，イネ科Bなどの各タイプに分類しているが，上記のタケ亜科，ヒエ属，イネ連などのそれに比べ，属間での検討や設定基準が厳密になされているとはいえない。例えば，ヨシ属のヨシとセイタカヨシは後で触るが，明らかに形態が異なる。このような傾向はほかの属においても見られるので，暫定的に用いるのは止むを得ないとしても混乱を避けるためになるべく用いない方がよいと考える。

(5) 端面の形状による大まかな分類

以上のように，ファン型ケイ酸体は植物種により多様であるが，大まかにみると，端面の形状により①扇形とその変形，②食パン形，③短柄杓子(または，短柄団扇形)，および④不規則形の4タイプに大別される。なお，③の短柄杓子形のファン型ケイ酸体は，通常の杓子形と異なり柄がかなり短いか，ほとんどないものに限定する。

扇形タイプはササ属を除くタケ亜科(イネ連・タケ連)，ダンチク亜科(ダンチク属，ウラハグサ属など)およびヒゲシバ亜科(ネズミガヤ属，シバ属など)，食パン形タイプはキビ亜科(トウモロコシ属，ヒエ属など)，短柄杓子形はヨシ属と一部のヒゲシバ亜科(オヒシバ，タツノツメガヤ，シマヒオゲシバなど)，および不規則形タイプはササ属でそれぞれ観察される。

(6) 3次元形態の各種特徴にもとづく分類

ファン型ケイ酸体の端面上面部(以下，先端部と記す)は，イネ科植物の亜科と比較的対応していることがその形状から大まかにわかる。すなわち，先端部(幅)の細いタイプはダンチク亜科とヒゲシバ亜科，先端部の太いタイプはキビ亜科，そして先端部の中間的なタイプは一部のササ類を除くタケ連でそれぞれ見られる。

図38に示したように，ファン型ケイ酸体の下面

模様は，①網目状（菱形，四角形，六角形など），②縞目状（3～6本の稜線），および③不明瞭，あるいは皺模様の3つに分けられる。しかし，同じ属において①と③の両特徴をもつものもある。

端面の先端部，下面模様などのほかに，側面の厚さもファン型ケイ酸体を識別する重要な指標である。例えば，メダケ属のネザサ節とカンチク属を除くササ類，ヨシ属，トウモロコシ属などは，側面が全体的に薄く（側長/縦長比が0.5以下），反面，タケ類，ササ類の一部，キビ亜科およびヒゲシバ亜科は全体的に厚い（側長/縦長比が1.0～3.0以上）。タケ亜科の一部，イネ連，ダンチク属，ススキ属，サトウキビ属などは，側面が両者の中間的な厚さ（側長/縦長比が0.5～1.0）である。しかし，ヒゲシバ亜科でもシマヒゲシバ属の間で多少の変動が見られる。

寒地型ササ類のササ属と暖地型ササ類のメダケ属（とくに，ネザサ節）との識別に，側面の厚さと下面模様は有効な指標となる。またダンチク亜科やヒゲシバ亜科における端面下面部の凹状形状はほかの亜科，あるいは同一亜科内での識別に役立つ特徴のひとつでもある。さらに端面や側面の表面に見られる突起物の有無もほかと識別する際に重要である。ヤダケ属やネザサ節を除くメダケ属には，端面下面部の縁に大きな突起物，または火焔状突起物が見られる。

イネ連のファン型ケイ酸体は，下面の模様が明瞭な網目模様と縞目模様，あるいは皺模様のものに大別される。イネ，サヤヌカグサ属およびアシカキ属由来のファン型は，多少の変異ある網目模様を有するが，マコモは明瞭な模様は見られない。イネ属，アシカキ属およびマコモ属由来のファン型は，側面突起があるが，サヤヌカグサ属のそれにはほとんど見られない。マコモ由来のファン型の端面形態は，ヨシ属のそれに類似するが，イネ，サヤヌカグサ属およびアシカキ属由来のファン型は扇形あるいはその変形である。なおイネ属の野生種には，イネ由来のファン型に見られる下面模様の亀甲紋様の出現や側面突起物が未発達なものもあり，一部タケ連に類似の縞目模様が認められている（藤原・佐々木，1978）。

タケ連のファン型ケイ酸体は，その下面の縞目模様，および端面形状が亜科内で互いに類似しており，それらの特徴の違いからほかの亜科由来のファン型と明瞭に区別される。すなわち，①縞目模様が明瞭で，かつ側面がほぼ20～35 μm以上と比較的厚いファン型は，一部のササ類（ネザサ節，カンチク属）とタケ類にのみ見られる。②模様が不明瞭で，かつ側面がほぼ10～20 μm以下と中程度，あるいは薄いファン型は，多くのササ類に共通して見られる。

前者に属するファン型ケイ酸体は，端面形態がタケ類と一部のササ類に見られるように扇状であるが，①マダケ属，ホウライチク属由来のファン型はやや細長く，端面下面部が尖り気味である。②シホウチク属とササ類のカンチク属由来のファン型は先端部が細く，端面下面部が平坦もしくはやや窪んでおり，突起物は細粒で，少ない。とくに，シホウチク属は下面の縞目模様が明瞭で，その間隔は10 μm前後。③トウチク属，オカメザサ属，ナリヒラ属およびササ類のネザサ節に由来するファン型の外観は②に似るが，先端部がやや太い。

一方，後者に属するササ類のファン型ケイ酸体は端面形態が扇状，あるいは不規則であるが，①ヤダケ属，メダケ属のリュウキュウチク節および多くのメダケ節由来のファン型は細長い扇形で，表面全体に突起物が多く，とくに端面下面部の縁に火焔状あるいは大きな突起物をもつ。リュウキュウチク節の側面はササ属に近似し，14 μm前後と薄い。②ササ属およびスズタケ属由来のファン型は表面全体に多くの小突起物をもつ特異な形状である。とくに，スズタケ属は形状に変異が大きい。③インヨウチク属，アズマザサ属由来のファン型はタケ類とササ属の両方の特徴を備えている。これは，両属がタケ類とササ類の雑種とされていることからも理解できる。

ダンチク亜科のファン型ケイ酸体は端面先端部が全般的に細い。また，下面模様が明瞭な網目状か，全面または部分的に網目模様をもち，端面下面部が丸味の帯びたものと凹状のものがある。前者はウラハグサ属，後者はダンチ由来のファン型に特有である。

一方，網目模様が不明瞭，あるいは皺模様で端面下面部がやや平坦なものと丸味の帯びたものがある。前者はヌマガヤ属の楔形，後者はヨシ属由来の短柄杓子形（ヘルメット形）を有し，それぞれ特有である。また，ヨシ属のヨシとセイタカヨシ由来のファン型は形状が互いにやや異なり，セイタカヨシ由来のファン型は端面の縦長が約70 μmと同程度であるが，横長はヨシ由来のファン型の約65 μmに比べ約45 μmと狭く細長い。すなわち，横長/縦長比が

ヨシ由来のファン型で0.81,セイタカヨシ由来のファン型で0.58と両者でかなり異なることからも理解できる。

ヒゲシバ亜科のファン型ケイ酸体はダンチク属由来のファン型に類似した形態であるが,全体的に小型($35.8±5.5\,\mu m$)である。下面模様が網目状であるものと部分的に網目状,あるいは不明瞭なものに大別され,前者に属するファン型ケイ酸体は,端面下面部が丸味を帯びた凸状であり,オヒシバ,タツノツメガヤ,およびコシノネズミガヤ由来のファン型において見られる。とくに,オヒシバ由来のファン型は,柄がほとんどない杓子形(または,「ラケット形」)の特有な端面形状を示す。他方,コシノネズミガヤのファン型は,側面が縦長の2～3倍と厚い扇形である。また,タツノツメガヤ由来のファン型は細長い杓子形である。後者に属するファン型ケイ酸体は,端面下面部が共通して凹状,あるいはやや平坦な形状のスズメガヤ属,オヒゲシバ属,ハマガヤ属およびシバ属由来のファン型に見られる。さらに,これらの仲間は,端面の大きさ,端面下面部の窪みの程度,先端部の太さおよび側面の厚み程度により多少の違いがある。とくに,シマヒゲシバ由来のファン型ケイ酸体は約$55\,\mu m$と縦に長い特有な端面形状(セイタカヨシに類似)により特徴づけられ,ほかと明瞭に区別される。

キビ亜科のファン型ケイ酸体は端面先端部が概して太く,下面に網目模様をもつものと網目模様が不明瞭,あるいは皺模様のものに大別される。多くのキビ亜科は下面に明確な網目模様をもっているが,トウモロコシ属,ワセオバナ属,ススキ属およびチガヤ属由来のファン型は不明瞭である。前者のファン型ケイ酸体のうち,ヒエ属,エノコログサ属由来のファン型は,側面が約40～90$\,\mu m$(平均)と長く,分厚い特徴が見られる。キビ属由来のファン型は,エノコログサ属やヒエ属由来のファン型ほど側面は長くないが,丸味を帯びたやや細長い食パン状の形態をしている。ジュズダマ属由来のファン型は,端面の先端部が幅広く,ヒエ属のそれよりさらに太く,縦長がやや短いずんぐりした食パン状の特有な形態をしている。そのうえ,下面の網目模様は深く明瞭で,先端部の両側に突起物がある。ケチヂミザサ属とチゴザサ属由来のファン型は,ジュズダマ属のそれに類似した端面形態であるが,端面下面部がやや角張った凸状である。とくにケチヂミザサ属由来のファン型は,ジュズダマ属およびチゴザサ属のそれに比べ小型である。後者に属するファン型ケイ酸体は端面下面部が平坦,あるいはやや凹み気味である。一方,トウモロコシ属由来のファン型は,縦に細長く左右の一方に緩く湾曲した特有な形状を示し,ほかのキビ亜科由来のファン型と明瞭に識別される。ススキ属とサトウキビ由来のファン型は,端面の先端部がやや丸味を帯び,太く,ずんぐりした扇形をしている。チガヤ由来のファン型は,端面が左右非対称の細長い扇形をしており,厚みは中程度あるいは薄い。ただし,この種のファン型ケイ酸体はススキ属においても見られる。

以上のように,ファン型ケイ酸体の多くは亜科,属,あるいは一部種レベルで特徴が見られる。しかし,ファン型ケイ酸は,同じ種のなかでも比較的変異があるので,土壌や堆積物中において図68に示した典型的なタイプとして必ずしも検出されるとは限らない。ただし,端面の典型的なタイプのササ属,ネザサ節,イネ,マコモ,セイタカヨシ,ヨシ,ヌマガヤ,ダンチク属,シバ属,オヒシバ属,ヒエ属,エノコログサ属,ジュズダマ属,チヂミザサ属,トウモロコシ,ススキ属(?)などのファン型は互いに識別可能である。

このように,ファン型ケイ酸体は,短細胞由来のケイ酸体と同様にイネ科植物の識別に重要な役割を担っているといえよう。したがって,両者を併用することで植生復元の指標としての植物ケイ酸体の威力がより発揮されるであろう。

2. カヤツリグサ型ケイ酸体の分類

カヤツリグサ科の葉身表皮に見られるケイ酸体の各タイプ(表18)は基本的に長細胞に由来する棒状型,表皮毛に由来するポイント型,気孔に由来する亜鈴型,ステグマタ細胞上のカヤツリグサ型が主なものである。このほかにも泡状細胞由来のファン型様ケイ酸体,ガラスの破片状のケイ酸体が僅かに見られる。

とくに,葉身表皮のステグマタ細胞上にカヤツリグサ科に特有な円錐形のケイ酸体が普遍的に含まれている。コウボウムギではこのタイプのケイ酸体が全ケイ酸体の57%を占めるが,平均すると約19%

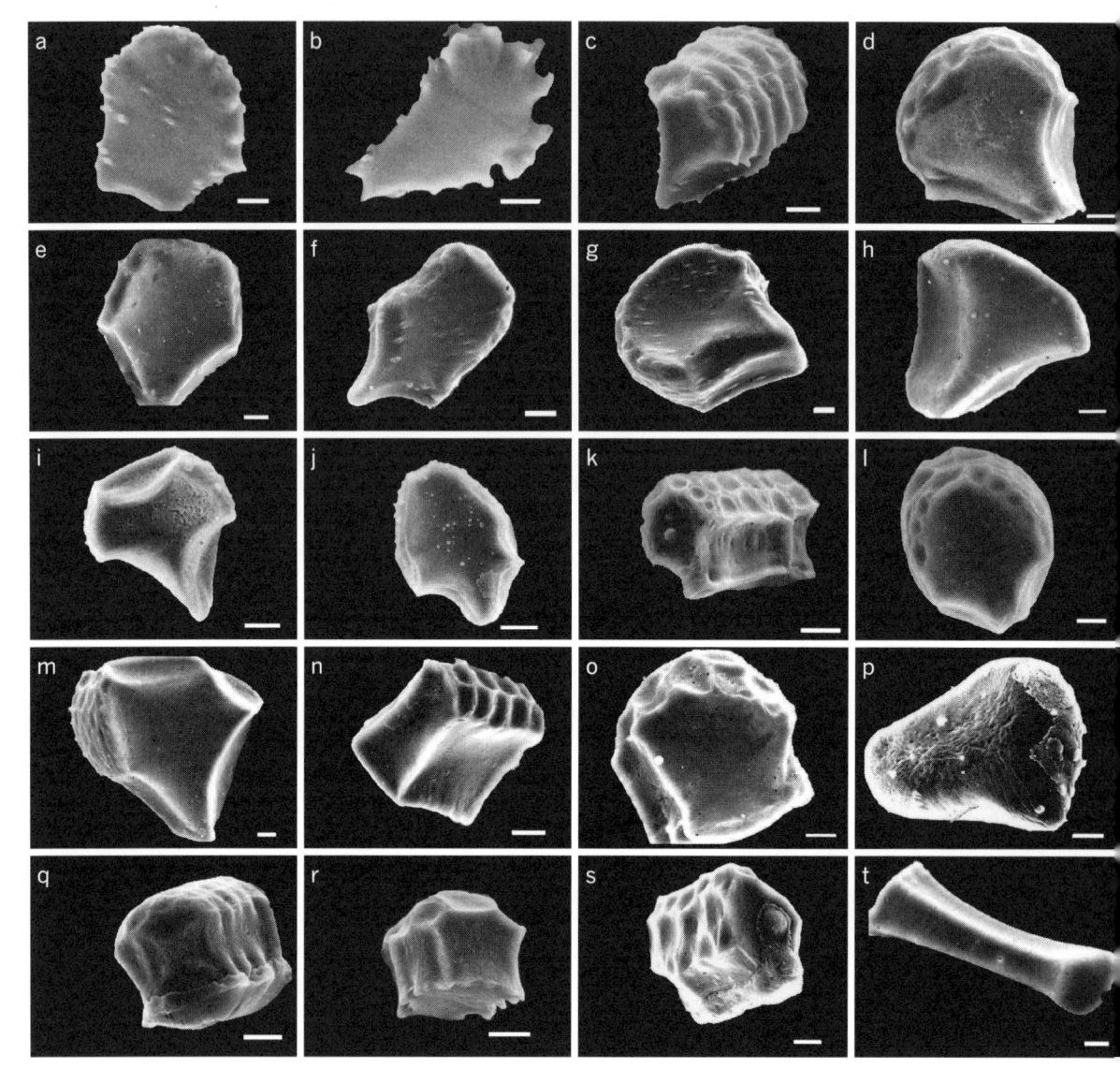

図68 ファン型ケイ酸体の走査型電子顕微鏡写真（近藤錬三原図）。
a：チマキザサ，b：ヤダケ，c：ネザサ，d：イネ，e：マコモ，f：セイタカヨシ，g：ヨシ，h：マコモ，i：シバ，j：シマヒゲシバ，k：コシノネズミガヤ，l：オヒシバ，m：セイヨウダンチク，n：ヒエ，o：ジュズダマ，p：ハチジョウススキ，q：オオアブラススキ，r：ケチヂミザサ，s：キビ，t：トウモロコシ，バーはすべて10μm

　である。これらのケイ酸体は，多くの研究者によりさまざまな名称（Cones, Conical Shaped, Hat-shaped, Cyperaceous Type）で呼ばれてきた。本書では，これらのタイプをMehra & Sharma(1965)の命名に従い，カヤツリグサ型ケイ酸体と呼ぶ。
　カヤツリグサ型ケイ酸体は，薄い板状基部上の円錐を基本形とし，円錐周辺部の突起物の有無や表面形状から区別される。粒径は4～19μmであるが，大部分は9～17μmの範囲に分布している。

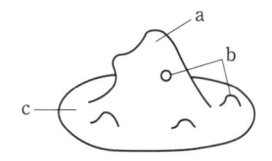

図69 カヤツリグサ型ケイ酸体の各部名称（村石　靖原図）。
a：中央突起，b：小突起，c：プレート

表18 カヤツリグサ科葉部から分離したケイ酸体の形態別組成(%)(近藤, 1982a)

植物名	カヤツリグサ型	棒状型	ポイント型	気孔由来の亜鈴型	その他
ホタルイ	30.8	45		3.7	20.5
フトイ	10.1	8.7			64.8
シカクイ	6.4	52.9		0.8	13.3
エゾアブラガヤ	10.5	53.7			35.8
コウボウムギ	57.2	34.9		0.2	7.7
ヤラメスゲ	17.9	47.4		2.4	32.3
ムジナスゲ	19.4	54.8			25.8
オクノカンスゲ	7.0	46.7	5.4		40.9
シラスゲ	5.9	53.3	0.8	6.3	33.7
ヒラギシスゲ	21.2	29.9	0.8	17.6	30.1
カサスゲ	15.3	53		0.2	31.5
オニナルコスゲ	27.8	33.4		0.8	37.9
オオカワズスゲ	24.9	42.9		9.3	22.9
ホロムイスゲ	9.6	57.2	0.8		32.4
ワタスゲ	26.0	51.9		0.8	21.3
オオイヌノハナヒゲ	16.4	45.7	0.8	23	14.5
イトイヌノハナヒゲ	18.3	52.3		15.4	14.3

カブスゲ, シラスゲ, ヤチスゲおよびヤブスゲは9 μm以下と最も小さいグループに属する。他方, ミノボロスゲ, エゾノコウボウムギ, ムジナスゲ, シカクイ, およびホタルイは17〜19 μmと最も大きいグループに属する。

カヤツリグサ型ケイ酸体の各部位の名称は以下の通りである(図69)。

Ollendorf(1992)は図69のように, 中央部の最も大きい円錐を中央突起(Apex), 周辺または中央突起に付随する小さな突起を小突起(Satellites), 円錐基底の薄い板状体をプレート(Platelet)と定義した。また, ひとつのプレート上にひとつの円錐を乗せた形をカヤツリグサ型の基本形とし, この基本形が直列に並んだタイプを直鎖形, 並列に並んだタイプを並列形と呼ぶ。

基本形と直鎖形は大多数のカヤツリグサ科に検出されるが, 並列形はエゾコウボウムギ, タカネソウ, ヒトモトススキ, フトイなどの特定の種でのみ認め

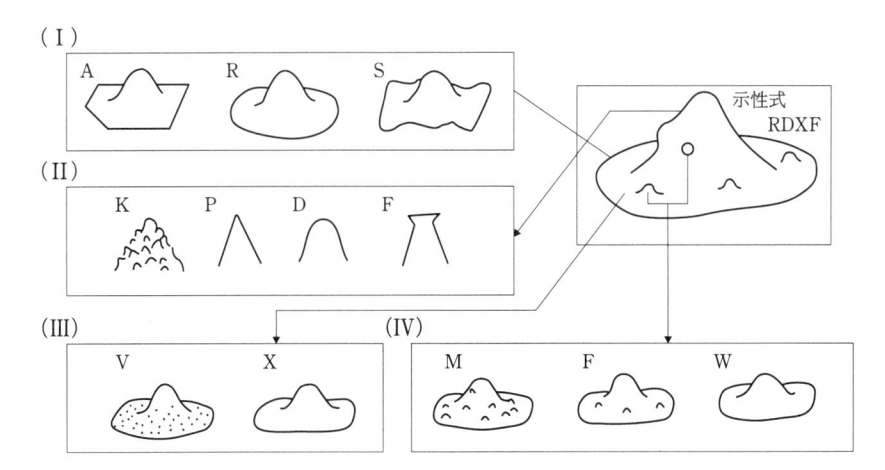

図70 カヤツリグサ型ケイ酸体の特徴とその示性式(村石　靖原図を改変)。
I：プレートの形 A：長方形, 多角形, R：円形, 楕円形, S：A＆R, 周囲波状, II：中央突起物の形 K：こぶ状, B：ポイント状, D：半円形状, F：平坦状, III：表面の粗雑状態 V：粗雑, X：平滑, IV：小突起物の有無と多少 M：多, F：少, W：なし

られるにすぎない。

基本形，直鎖形および並列形は，プレート上の中央突起の配列のみが互いに異なるだけでほかの特徴は共通している。したがって，基本形についてその特徴を十分把握できれば，直鎖形および並列形についても容易に理解される。以下では，基本形についてのみ述べる。

カヤツリグサ型ケイ酸体は，図70のように，（Ⅰ）プレートの形，（Ⅱ）中央突起の形，（Ⅲ）表面の粗雑状態，および（Ⅳ）プレートと中央突起の周辺に散在する小突起の有無と多少により互いに区別される。さらにそれらは特徴により以下のように細分される。（Ⅰ）は（A）長方形，多角形など周辺が角張った形状のもの，（R）円形，楕円形など周辺が丸味のある形状のもの，そして（S）楕円形あるいは長方形など周辺が波状形の3タイプに分けられる。（Ⅱ）は，（K）こぶ状（小突起物の存在），（P）ポイント状，（D）半円形状，（F）平坦状の4つのタイプである。（Ⅲ）は（V）粗雑と（X）平滑の2タイプ。（Ⅳ）は小突起が（M）多い，（F）少ない，（W）ないの3タイプである。ただし，（Ⅲ）と（Ⅳ）はOllendorf（1992）の記載法と若干異なる。すなわち，（Ⅳ）は，小突起物の有無の違いだけでなく，小突起物の分布状態により，上記の3通りに区別した。また，小突起物が多い場合は，表面が疣状に見え，（Ⅲ）の（V）と重複するので，（Ⅲ）は疣の存在を除く表面の粗雑さの状態により区別した。

上記の記載法に従うと，まず，プレートの形は円形なのでA，中央突起の形は半円形状なのでD，表面は滑らかなのでX，そして，小突起物が周辺に散在する程度であるのでMとなり，このカヤツリグサ型の示性式はADXFと表される。

これらの示性式で区分されたカヤツリグサ型は以下の特徴をもつ5グループに大別される（図71）。

（Ⅰ）のグループは，プレートと中央突起上のいずれにもに小突起をもたない。プレートは，円形，楕円形，あるいはそれらの変形で，その周囲は丸味を帯びている。示性式はRPXW, RDXW, APXWで表せる。このグループに帰属する種は，オクノカンスゲとテキリスゲである。

（Ⅱ）のグループは，プレート上の小突起物が2〜6個と極めて少なく，かつ中央突起上に小突起物がほとんどない。プレートは，長方形，正方形，円形，楕円形などさまざまであり，その周囲は丸味を帯びることや角張ることがある。示性式は，APXF, RPXF, ADXFで表せる。このグループに帰属する種は，コゴメスゲ，カブスゲ，ホソバヒカゲスゲ，ハガクレスゲ，ヒゴクサ，テキリスゲ，ヒカゲスゲ，ヤチスゲ，ヒエスゲ，グレーンスゲ，コウボウシバ，ヤブスゲ，イッポンスゲおよびアゼスゲである。

（Ⅲ）のグループは，プレート上に小突起が多数散在し，かつ中央突起上に小突起がない。プレートは長方形，あるいは楕円形であるが，その周囲は丸味を帯びることや角張ることがある。示性式は，APXM, RPXM, ADXMで表せる。このグループに帰属する種は，クロカワズスゲ，ヒメカワズスゲ，ハクサンスゲ，ヒロバスゲ，ヒメカンスゲ，ナルコスゲ，シラスゲ，ホソスゲ，イトスゲ，イトキンスゲ，ヤマアゼスゲ，カワラスゲ，ヒロバスゲ，ヤラメスゲ，エゾノコウボウムギ，ビロードスゲ，ヒメシラスゲ，ヤチカワズスゲ，ヒメスゲ，ウスイロスゲ，アオゴウソ（ヒメゴウソ），ツルスゲ（ツルカワスゲ），カミカワスゲ，ゴンゲンスゲ，サドスゲ，シュミットスゲ，リシリスゲ，アゼスゲ，ヒロバオゼヌマスゲ，モエギスゲ，オオハリスゲ（エゾハリスゲ），ヒトモトススキ，シカクイ，ワタスゲ，フト

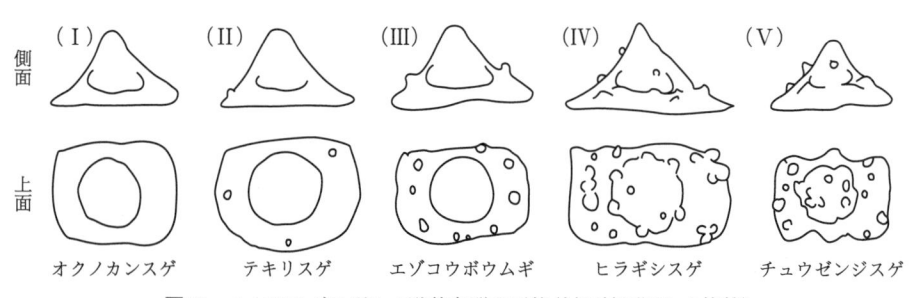

図71 カヤツリグサ型ケイ酸体各群の形態（村石靖原図から抜粋）

イおよびアブラガヤである。

(Ⅳ)のグループは，プレート上に小突起が多数散在し，かつ中央突起上にも小突起が比較的多い。プレートは長方形，あるいは楕円形であるが，その周囲は丸味を帯びることや角張ることがある。示性式は，APXM, RKXF, ADXF, AKXM で表せる。このグループに帰属する種は，ミノボロスゲ，オオイトスゲ，ヒラギシスゲ，ミヤマジュズスゲ，ヒロバスゲ，ヒカゲスゲ，ゴウソ，ヒメスゲ，エゾツリスゲ，ハナマガリスゲ(サッポロスゲ)，タヌキラン，オオカサスゲ，ゴンゲンスゲ(コイトスゲ)，アゼスゲ，ケヤリスゲ(サヤスゲ)，エゾサワスゲ，シカクイ，ワタスゲ，フトイおよびアブラガヤである。

(Ⅴ)のグループは，プレート上に小突起が多数散在し，かつ中央突起上には小突起があったり，なかったりする。プレートは正方形，長方形で，周囲が波状である。示性式は NKXM, NFXM, NPXM で表せる。このグループに帰属する種は，アカンカサスゲ，キタノカワズスゲ，ミヤマクロスゲ，ハタベスゲ，チュウゼンジスゲ，イワキスゲ(キンチャクスゲ)，ヒメスゲ，オニナルコスゲ，フトイ，およびホタルイである。

以上のように，カヤツリグサ型は5つのグループに区別される。しかし，ヒロバスゲ，ヒメスゲ，フトイなどのようにグループを重複する種もある。

この示性式による区分はカヤツリグサ型の大まかな識別に便利であるが，属レベルまでの細部の識別にそれほど有効でない。例えば，プレート上の小突起物の有無，多少だけでは，全体的な配列，あるいは散らばり具合などがわからない。また，中央突起物上の小突起物の状態も凹凸状だけではどの程度の突起物があるのか不明瞭である。さらに，同じ種のなかで異なるグループに属するものが稀に見られる。より詳細にカヤツリグサ型を観察すると，それぞれかなり特徴が見られるので，さらにいっそうの検討の余地が残されている。

3．樹木由来の植物ケイ酸体の分類

イネ科植物起源ケイ酸体については，前述したように多くの分類が各国の研究者により提示され，堆積物，土壌および遺跡土壌から分離された植物ケイ酸体の同定に貢献している(近藤, 1995a；近藤・佐瀬, 1986；Meunier & Colin, 2001；Pearsall, 1989, 1990；Piperno, 1988；杉山, 2001b など)。しかしながら，樹木を含む双子葉植物，シダ植物などの植物ケイ酸体の分類については，一部の研究者により断片的に報告されているにすぎない。

Piperno(1988)は，双子葉植物由来のケイ酸体を植物組織および細胞のタイプにもとづき，次の7つの主要なクラスに区分した。(Ⅰ)表皮細胞ケイ酸体，(Ⅱ)毛細胞ケイ酸体，(Ⅲ)表皮毛基部ケイ酸体，(Ⅳ)厚壁異形細胞ケイ酸体，(Ⅴ)鐘乳体ケイ酸体，(Ⅵ)仮導管ケイ酸体，(Ⅶ)球状ケイ酸体，(Ⅷ)植物組織の不明なケイ酸体。

このうち，(Ⅶ)の球状ケイ酸体は，細胞タイプと異なり，表皮細胞およびほかの細胞の付属物，あるいは葉肉中で生じる特殊化した異形細胞に帰属するものと推測される。上記の主要クラスは，形態とその特徴によりさらに細分され，それらを生産する母植物名との関わりについて言及している。例えば，(Ⅰ)の表皮細胞ケイ酸体クラスは，多面体とはめ絵パズル形ケイ酸体のふたつに大別される。多面体ケイ酸体は浅いカップ状形態をしており，カシワ属，カエデ属，ニレ属などの広葉樹に検出されるほかに，多くの双子葉草本に見られる。他方，はめ絵パズル形ケイ酸体は，樹木類，双子葉草本類およびシダ類にも出現する。とくに中生広葉樹は乾生樹木よりパズル形ケイ酸体を多く生産するとされている。

(Ⅱ)の毛細胞ケイ酸体クラスは，分節の有無により，大まかにふたつに区分される。クワ科，ニレ科など多くの日本の広葉樹および針葉樹には分節のない嘴状，あるいはV字形ケイ酸体が観察される。他方，分節のあるケイ酸体は，形と表面装飾物によりかなり変異が見られる。キク科の仲間はこの種のケイ酸体を多く含むとされている(Piperno, 1988)。

双子葉植物の分類については，イネ科植物に比べて情報が限られている。上述したPiperno(1988)のほかに，近藤・隅田(1978)の針葉樹，近藤・ピアソン(1981)の広葉樹およびBozarth(1992)のアメリカ大草原地帯に分布する双子葉植物由来のケイ酸体を取り扱った分類があるにすぎない。

近藤・隅田(1978)および近藤・ピアソン(1981)の分類は，主に日本に自生している樹木55科196種(一部，外国種を含む)について検索した樹木起源ケイ酸体の特徴的形態にもとづき分類したものである。

256　第II部　解説篇

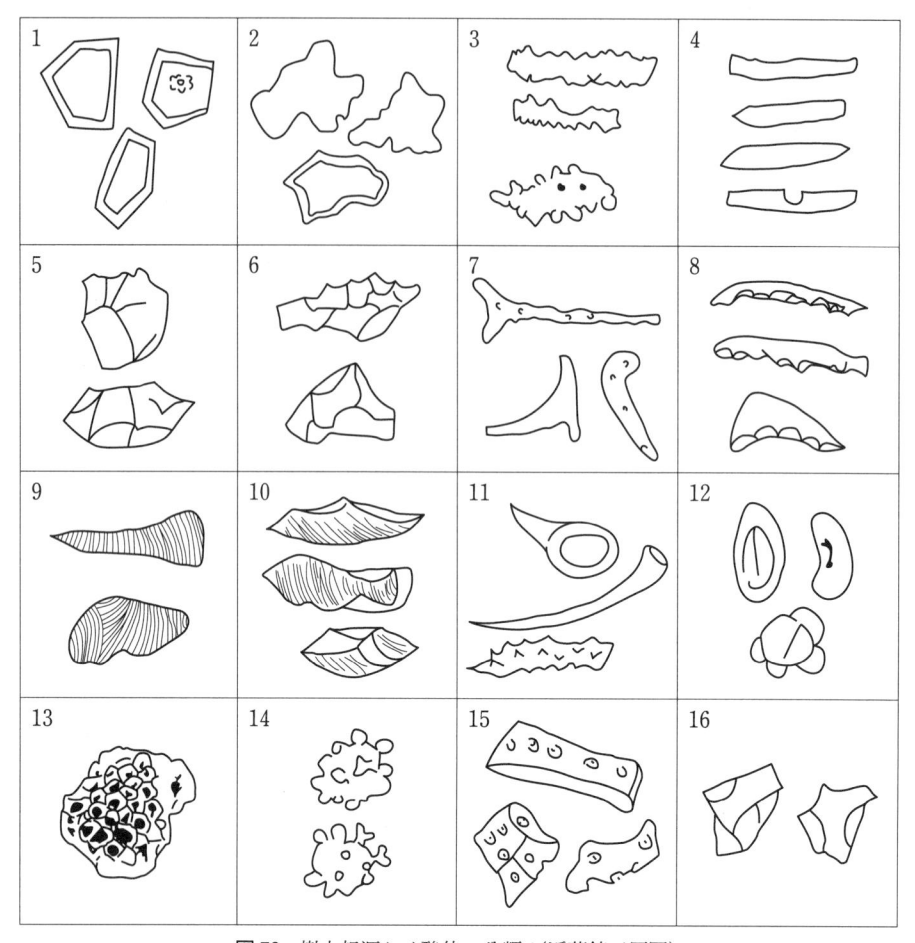

図72　樹木起源ケイ酸体の分類1（近藤錬三原図）

　ここでは，最近の知見にもとづき，近藤・ピアソン(1981)の分類をさらに発展させた細胞タイプと植物ケイ酸体の形態的特徴を組み合わせた針葉樹，広葉樹およびそのほかの樹木を包括する樹木起源ケイ酸体の分類について紹介する（図72，73）。

①多角形状ケイ酸体（図72の1）

　表皮細胞由来の4～6角形の浅いカップ状ケイ酸体。多くの広葉樹の表皮細胞に検出されるが，全般的にケイ化は弱い。カップの底は全体がザラザラしており，ときおり，滑らか，あるいは多数の小疣状突起物からなる球状の付着物が存在する。ブナ属を除くブナ科，クスノキ科などで多く検出される。

②はめ絵パズル状ケイ酸体（図72の2）

　表皮細胞由来のはめ絵パズル形ケイ酸体。多くの広葉樹の表皮細胞に検出されるが，多角形ケイ酸体と同様に全般的にケイ化は弱い。シダ類および双子葉草木類でも見られる。

③両側辺が波状～鋸歯状辺の板状あるいは棒形状ケイ酸体A（図72の3）

　表皮細胞由来のケイ酸体。広葉および針葉両樹に検出される。針葉樹，とくにモミ属とトウヒ属で多く検出される。イネ科植物の長細胞ケイ酸体に類似する。

④両側辺が平滑な板状あるいは棒形状ケイ酸体B（図72の4）

　表皮細胞由来のケイ酸体。広葉および針葉両樹に検出される。とくに，カラマツ属で多く検出される。

⑤不定形な多面体ケイ酸体A（図72の5）

　給源細胞は不明であるが，全体的にがっしりした棒状，紡錘状，あるいは塊状形態の多面体ケイ酸体で，表皮細胞あるいは葉肉中の異形細胞(?)由来のケイ酸体と思われる。⑥に類似するが全体的外観

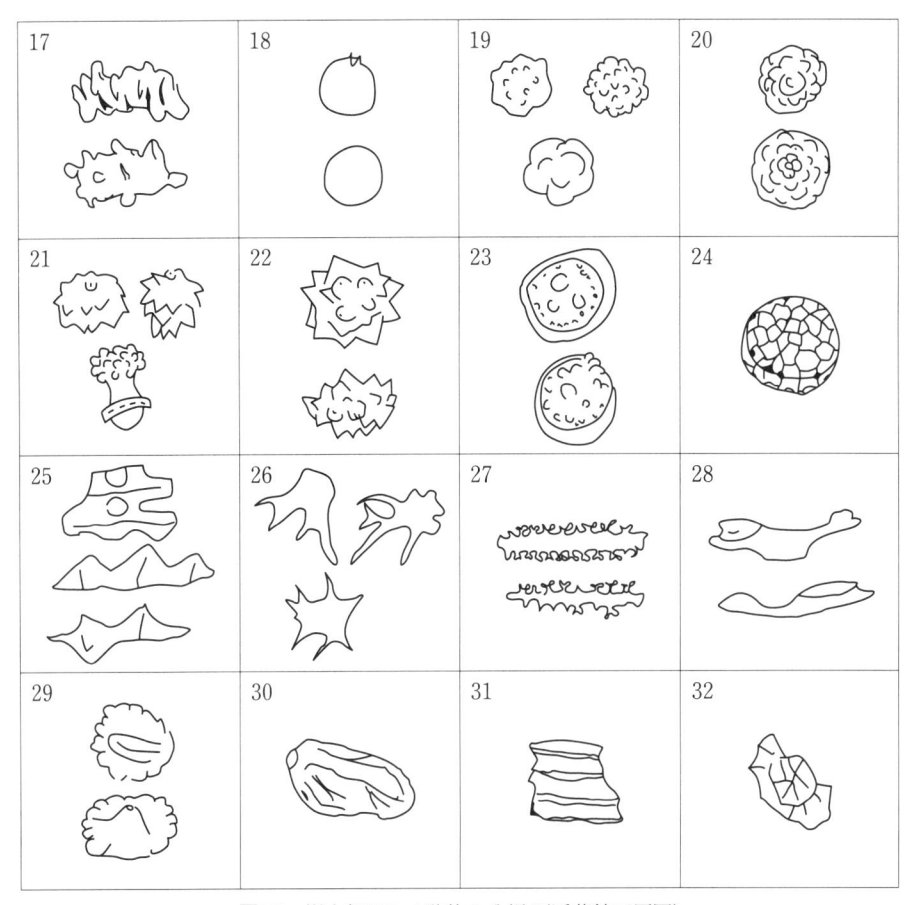

図73 樹木起源ケイ酸体の分類2（近藤錬三原図）

が丸味を帯びている。ブナ科ではシイノキ属のみに検出され，とくに表面に毛状の微細な皺が見られる。

⑥不定形な多面体ケイ酸体B（図72の6）

給源細胞は不明であるが，全体的にがっしりした不定形な多面体ケイ酸体で，表皮細胞，あるいは葉肉中の異形細胞（？）由来のケイ酸体と思われる。モクレン属に見られ，表面が石器の剝離面様模様で特徴づけられる。全体が角張っている。この種のケイ酸体は，モクレン科のモクレン属で多く検出されるが，同属のタイサンボクとヒメタイサンボクには検出されない。

⑦への字状あるいはYの字状ケイ酸体A
（図72の7）

広葉樹の厚壁異形細胞由来のケイ酸体。Y字，T字，への字などの多様な形態の棒状ケイ酸体。ねじれの有無，表面上の突起物の有無とその形など，極めて変化に富んでいる。多くの広葉樹に検出されるが，ブナ科，クスノキ科，モクレン科のタイサンボク，マンサク科のイスノキで多数観察される。イスノキは表面に突起物がなく極めて平滑である。

⑧への字状あるいはYの字状ケイ酸体B
（図72の8）

前述(7)と同様で，への字状，紡錘状および棒状のケイ酸体。ケイ酸体の片面が剝離面を有する。クスノキ科のハマビア属（ハマビア，バリバリノキなど）に特有である。

⑨表面に各種の紋様をともなうケイ酸体
（図72の9）

主に螺旋紋，階紋などをともなう仮導管由来のケイ酸体。多くの樹木で検出されるが，クスノキ科，スイカズラ科で明瞭な形態を示す。針葉樹のイチイ属，ナンキョクブナ属などにも検出され，一部表面が草鞋状模様である。

⑩ブレード状ケイ酸体(図72の10)

仮導管周辺の細胞に由来するケイ酸体。厚壁異形細胞と仮導管両細胞ケイ酸体の中間的な特徴をもつ。とくにクスノキ科のタブノキ属で検出される。

⑪嘴状ケイ酸体(図72の11)

毛細胞由来のケイ酸体。節の有無、外見的形態によりさらに細分される。ニレ科、クワ科、スイカズラカ科の一部で多く検出される。

⑫カシューナッツ状ケイ酸体(図72の12)

対をなす孔辺細胞由来の腎臓形状ケイ酸体。単独では、カシューナッツ状、あるいはソラマメ状ケイ酸体として観察される。針葉樹・広葉樹のどちらにも検出される。

⑬蜂の巣状ケイ酸体(図72の13)

海綿状組織由来のケイ酸体で、全体的概観は塊状である。広葉樹で稀に検出される。

⑭表面に二股の枝、あるいは鋲状の突起を有する球状ケイ酸体(図72の14)

針葉樹の葉肉細胞由来のケイ酸体とされている。

⑮ヘソ状円孔をともなう立方体、直方体および不規則な多面体状ケイ酸体(図72の15)

マツ科、ヒノキ科の移入仮導管由来のケイ酸体。ヒノキ科には立方体や直方体状ケイ酸体は見られない。マツ科は有縁壁孔の大きさの違いにより細別が可能である。

⑯立方体、直方体および不規則な多面体状ケイ酸体(図72の16)

マツ科、ヒノキ科の内皮由来のケイ酸体。前述⑮と似るが、有縁壁孔はない。一部、イネ科植物のファン型ケイ酸体と類似する。

⑰表面が凹凸状で突起物をもつ長菱形状ケイ酸体(図73の17)

形を表現するのは難しい。ポンデローサマツに特有な副表皮由来のケイ酸体。

⑱表面が平滑な球状ケイ酸体(図73の18)

表皮細胞あるいはほかの細胞の付着物と見られる。したがって、球状ケイ酸体の表面は極めて滑らかである。滑らかな面に結節の小さい穴が見られ、ほかの細胞から剥がれたようすがわかる。

⑲疣あるいはこぶをもつ球状ケイ酸体(図73の19)

樹木の小枝・材部の放射組織内で形成され、表面と全体形状にかなり変異が見られる。例えば、表面が大小のこぶ、小粒子の集合などで覆われており、カリフラワー状、ロゼット状ケイ酸体とも呼ばれている。また、樹木葉の副表皮にも類似の球状ケイ酸体が見られる。

⑳凹凸のこぶ状粒子をもつ球状ケイ酸体(図73の20)

球状ケイ酸体の中央を中心に数珠玉様に小粒子が表面を覆っている。クワ科、クルミ科、ウコギ科の表皮毛基部由来のケイ酸体。

㉑クワの果実状ケイ酸体(図73の21)

ヤシ科のコンペイ糖状ケイ酸体に類似するが、やや異なる倒卵形状ケイ酸体。クワ科葉身葉肉中の異形細胞の一種である鐘乳体由来のケイ酸体である。

㉒コンペイ糖状ケイ酸体(図73の22)

多くのヤシ科に一般的に見られる棘状突起物をもつ球状、紡錘形状および楕円状ケイ酸体。

㉓表面全体が小球状粒子で覆われた円錐状ケイ酸体(図73の23)

上面から見ると円形を呈し、全体が小さな球状(疣状)粒子で覆われている。側面から見ると円錐形をしており、疣状突起で覆われた円錐がまるでドングリの殻斗(総包)に似たもので包まれている。一部のヤシ科に見られる。

㉔表面にスカラップ模様(ゴルフボールの表模様に類似)をもつ球形、あるいは卵形ケイ酸体(図73の24)

葉の網状脈の間に存在する異形細胞(?)由来の球形、あるいは卵形状ケイ酸体。菱形から五角形の明瞭な網目模様が特徴。とくにクスノキ科のヤマコウバシで多く検出される。

㉕「楔文字」状またはガラス破片状ケイ酸体(図73の25)

給源細胞不明(厚角細胞あるいは細胞間隙(?)由来)のケイ酸体。カラマツ属グイマツで多く検出される。稀にカラマツ属以外の針葉樹にも検出される。

㉖星状ケイ酸体(図73の26)

マツ科のトガサワラ属およびシキミ科のシキミ属に観察される星状厚壁異形細胞由来の根株状ケイ酸体。

㉗そのほかのケイ酸体(図73の27〜32)

繊維ならびに細胞タイプの不明なケイ酸体。形態は多様である。

以上のように樹木植物ケイ酸体分類群はその形態的特徴により26タイプに区分したが、このうち、

土壌，堆積物中で検出される主要な樹木起源ケイ酸体は，①～⑪，⑭，⑮の13タイプである。主に関東以南に分布する照葉樹林下の土壌には，⑥，⑦および⑨の分類群がとくに多く検出される。⑱の表面が疣あるいはこぶ状突起物をもつ球状ケイ酸体はわが国の土壌中からまったく検出されないわけではないが，一部の土壌から稀にしか見出されない。しかし，亜熱帯・熱帯の土壌やニュージーランドの土壌にはごく普通に見出される。㉒のコンペイ糖状ケイ酸体は，沖縄本島の土壌ではほとんど検出されていないが，石垣島や小笠原諸島の赤黄色土壌で見出されている。

樹木起源ケイ酸体の分類は緒についたばかりで，イネ科植物ほど情報が多くない。今後は，ケイ酸体の詳細な形態的特徴，例えばケイ酸体表面の状態(ねじれ，うねり，へこみなど)，模様の形(網目，皺など)，突起物の有無と形(こぶ，果粒，疣，棘状など)，大きさなどを詳細に観察し，細分することが課題である。

なお，これまで解説してきた植物ケイ酸体は，主にイネ科をはじめとする多くの植物の葉部(葉・葉鞘)から採取したものである。しかし，先に述べたように葉部以外の茎，材部，枝，幹，花状部，根茎などにも特徴的形態のケイ酸体が含有されている。それら形態は，イネ科および樹木類の両起源ケイ酸体と類似するものもある。そのため誤って同定されることもあるので十分留意してほしい。

第8章
植物ケイ酸体分析の実際

　植物ケイ酸体はすべての植物に形成されるわけではないが，イネ科，カヤツリグサ科などの草本類，樹木類の葉身，茎，地下茎，葉序部や樹木の枝・材部似も多少とも含有されている。それらは植物の枯死後，毎年土壌に堆積し，腐朽，分解を繰り返し，土壌あるいは堆積物の構成分となる。そして，一部はオルトケイ酸として溶解し，土壌のケイ酸サイクルのなかに組み入れられ，再び植物に吸収される。しかし，植物ケイ酸体の多くは数万〜数十万年まで風化に耐え，土壌中で原形のまま長期間保存される。時には，数千万年後までその姿を留めるのである。

1. 植物ケイ酸体の分析法

　植物ケイ酸体分析は，土壌，堆積物，考古学遺物などから分離・抽出した植物ケイ酸体の量とその形態分析によって花粉分析と同様に過去の植物生産量，植生の構成内容などを推測し，古代の植物種とその生態環境を復元する方法である。

　土壌あるいは堆積物から分離した植物ケイ酸体は，形態の異なる各種ケイ酸体の集合体であるので，本書ではこれを植物ケイ酸体群集と呼ぶ。植物ケイ酸体群集は，それらの履歴に秘められた各種情報についての解釈および分析のための構成単位である。

　植物ケイ酸体分析の結果は，顕微鏡観察によって植物ケイ酸体の総数，形態別組成と比を一覧表にまとめて示す。また，植物ケイ酸体の量と個数はバイオマスの推定に役立つ。これらの作業には同定，読み取り（計数），ダイアグラム作成などのプロセスを経なければならない。

1.1 試料採取法

　試料採集は，土壌断面，堆積層断面，遺跡のピット・トレンチの壁面から目的の厚さにしたがい，同一容積で連続，あるいは層位別に土壌を採取する。例えば，5 cmの厚さを連続的に採取する場合は，100 mlの採土管を用いると便利である。試料の仮比重により異なるが，このときの土の重さは約50〜180 gである。もし，さらに細かく，2 cm間隔で採取するには，10 mlの山中式採土管を用いるとよい。

　土壌断面からの試料採集は，植生の影響の及んだ表層，過去の表層を示すA層，あるいは埋没A層から採取する。ただし，A層試料の上限と下限では時間的にかなり幅がある。この幅は土壌型，および土壌生成時の環境条件に左右される。したがって，土壌からの採取は目的により，さらにA層を細分（2あるいは5 cm間隔）して採取することが望ましい。とくに2 cm以下の土壌採集は，上下層からの異物の混入が常にともなうことを念頭に最善の注意が必要である。

　植物ケイ酸体量（あるいは密度）は，土壌および堆積物中の有機物含量にほぼ比例しているので，植物遺体を多く含む試料，あるいは腐植物質を多く含む試料を選ぶとよい。特殊な試料については以下の点に留意しながら採取する。

①礫層あるいは礫を含む堆積物試料は篩で礫を除き，2 mm以下の細土を採取する。

②焼土・かまどの灰およびそれらと類似の試料は，対比試料として周辺土壌の数点も同時に採取する。

③堆積岩および土器，壁などの固結した遺物は表面付着物を紙ヤスリ，超音波洗浄などで除去した後，薬品処理や圧縮処理（高圧釜など）およびその両方を併用し，試料を軟化させた後に試料とする。

　なお，試料採取は研究目的に応じて，平面あるいは垂直方向にある一定の間隔で採取する。ある地域

の時代的な植物ケイ酸体の変遷を追跡するためには花粉分析と同様に5〜10 cm間隔（ときには2 cm間隔）で連続的に試料を採取するのが普通である（近藤，1993，2000b）。

テフラやレス堆積物では，過去の地表面の証である腐植層を採取すればよいが，肉眼的にそれらが確認されない場合は同一層下部の採取を避け，最上部2〜5 cm（例えば，上部を覆うテフラ層直下）を採取した方が植物ケイ酸体を分離・抽出する上で有効である。

1.2 植物ケイ酸体の土壌・堆積物からの分離・抽出と分析法

土壌および堆積物からの植物ケイ酸体の分離・抽出法は，基本的に植物体（第3章第2節）からのそれと変わらない（図74）。ただし，乾式法による加熱は，土壌中の鉄やアルミニウムと植物ケイ酸体の凝集を促進し，植物ケイ酸体の土壌からの分離・抽出を困難にするので，薬品や超音波処理で分散する必要がある。

植物ケイ酸分析を行うにあたり準備するものは，設備（ドラフト・実験台）と実験器具類，試薬類，分析の対象となる土壌，堆積物，考古学遺物試料，ならびに既知植物から分離した対比用ケイ酸体試料が挙げられる。上記の設備は，土壌分析，化学分析に多少とも関わっている実験室においてはごく一般的なものであり，大型遺体および花粉分析に必要な設備と共通的なものが多い。

採集した試料は，以下の手順に沿って植物ケイ酸体量および個数を求める。

(1)重量法（近藤，1993，2000b）

①約5〜10 gの試料を500 mlのトールビーカに取り，水と30%過酸化水素水を加え有機物を分解する。この際，過酸化水素の添加は腐植量により適宜変える。②有機物の分解が終了したら，分解物を遠心分離管，あるいは500 mlのトールビーカに移し，遠心分離，あるいは沈底法により2〜4回ほど洗浄する。③洗浄後の残渣を再び元のトールビーカに移し，約6 N熱塩酸を100〜200 ml加え，ホットプレート上で1〜2時間加熱（約100℃）させる（残渣が灰色〜灰褐色に変化）。④脱鉄処理終了後の残渣は有機物除去と同様に洗浄した後，水を加え，超音波処理を行う。超音波処理で分散ができないときは，1NNaOH，あるいは1NHClのどちらかで調節する。⑤さらに篩と沈降法により目的の粒径（5〜200 μm）画分試料を得る。この粒径画分試料を秤量管に移し，105℃で乾燥させた後，デシケータに移し，重量を測定する。次いで，この画分試料の0.5〜1.0 gを鉱物分離用遠心分離管（マルトー・クイックセパレータ）に取り，さらに比重2.3のポリタングステイトナトリュウム重液（コラム2を参照）を加え，よく攪拌後，1,500〜2,000 rpmで約5〜10分間遠心分離する。⑥遠心管上部の浮遊物を濾紙（またはメンブランフィルター）に移す。この操作を約3〜4度繰り返した後，濾紙上の残渣（主に，植物ケイ酸体）を水で十分洗浄する。⑦この残渣を秤量管に移し，105℃で乾燥させた後に，デシケータに入れ，その重量を測定する。なお，分離操作は可能な限り酸性状態で行うことが望ましい。

(2)容量法（近藤，1993，2000b）

①重量法と同じ粒径画分試料，または分離・抽出した植物ケイ酸体試料約10〜20 mg（0.1 mg精度で秤量）を10〜20 mlメスフラスコに取り，水あるいはほかの溶媒（70%グリセリン）で一定容にする。②メスフラスコをよく攪拌（超音波洗浄を用いるとよい）した後，直ちに懸濁液の一部を20〜50 μmマイクロ・ピペットで採取し，格子つき（0.1 mm格子）プレ

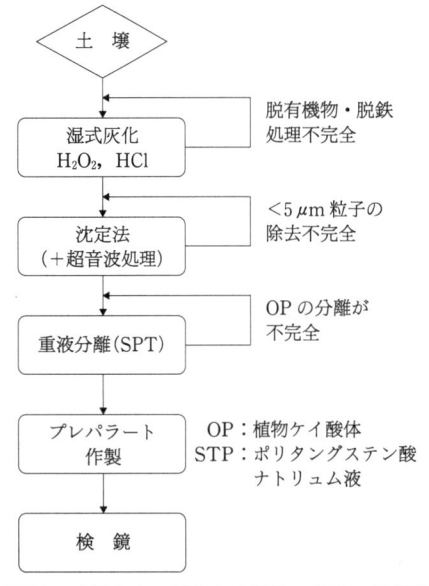

図74 土壌からの植物ケイ酸体の分離・抽出法
（近藤錬三原図）

パラートに静かに滴下し，ホットプレート上の懸濁液を乾燥させる。③プレパラート上の乾燥試料にごく少量のクローブ油を滴下し，静かにカバー・グラスで覆い，400～600倍の光学顕微鏡を用いて，すべての個数あるいは目的の植物ケイ酸体の個数を直接数える。この際，クローブ油と試料を混ぜると誤差が生ずるので注意すること。④この計測した個数から1gあたりの個数(ケイ酸体密度)を以下のように換算する。例えば，5～200μm画分量，または目的の植物ケイ酸体含量が5%で，その10.0 mgを20 mlのメスフラスコに取り，よく混合した後，メスフラスコから40 μlをミクロピペットで取る。プレパート上の全個数を数えたところ400個あったとすると，土壌1g中の植物ケイ酸体個数は，400×(1.000/0.010 g)×(20.000/0.040)×0.05と計算され，$1.0×10^6$個/土1gとなる。

なお，植物体の個数も任意の粒径画分試料をについて上記の土壌と同様な操作で個数を求める。

(3) **グラスビーズ法**(藤原，1976b；杉山，2000)

①坩堝，あるいはガラス試料瓶に土壌試料約1g(0.1 mg精度で秤量)と直径約40 μmのグラスビーズを15～30 mg(約17～30万個に相当)添加する。その後，坩堝を550°Cの電気炉で6時間加熱し，有機物を分解する。②坩堝中の試料を300 mlのトールビーカに移し，水を加えた後，超音波処理(42 kHz・10分以上)により分散させる。③ついで，ビーカ内の懸濁液を沈降法により20 μm以下の粒子をサイホンで除く。この操作を5～6回繰り返したのち，ビーカ底部の残渣試料を乾燥させる。④この試料の一部をプレパラートに取り，オイキットで封入する。グラスビーズと植物ケイ酸体の個数を400～600倍の光学顕微鏡あるいは偏光顕微鏡で数える。グラスビーズの個数が400個以上になったら計測を終え，以下の式から試料1gあたりの植物ケイ酸体個数を求める。ただし，正確を記すため使用するグラスビーズ個数は前もって計数する必要がある。

この方法は，上記の重量法および容量法のように直接植物ケイ酸体量を計測せずにグラスビーズを同定率確定用としているので，前者の直接法に対し間接法といえよう。

$$Sp = (a × Gw)/Sw × β/α$$

ただし，Swは試料の乾燥重量，Gwは添加グラスビーズ重量，aはグラスビーズ1g中の個数，$α$，$β$はそれぞれ数えたグラスビーズおよび植物ケイ酸体を表している。

なお，この方法は，重量法で得られた不純物を含む植物ケイ酸体試料にも適用できるが，グラスビーズと植物ケイ酸体の混合が適当でないと誤差を生じやすい。いったん，混合試料を水あるいはアセトン中で超音波処理し，よくなじませた後，乾燥させオイキットまたはクローブ油で展開する。容量法に比べ操作が簡易で，効率がよいので多量の試料を分析するのに向いている。

1.3 植物ケイ酸体の同定とその計数法

第Ⅰ部の図版篇に示したように，各種植物中には多様な形態のケイ酸体が見られる。当然ながら，過去の土壌および堆積物の植物ケイ酸体群集中においても形態の異なる多数のケイ酸体が検出される。したがって，これらの植物ケイ酸体(5～200 μm)の同定は，現生の植物体中に含有されるケイ酸体の3次元の形態的特徴とその給源細胞タイプについての基礎的な知見があれば一定の植物では比較的容易に行える。しかしながら，植物ケイ酸体は，第7章で指摘したように花粉粒子と植物分類群との間に存在するような1対1の関係はほとんど見られない。それは，多様性(Multiplicity)と重複性(Redunday)をかかえる植物ケイ酸体の宿命でもある。

植物ケイ酸体分析において，計数は分類された各ケイ酸体の割合が一定になるまで読み取る必要があるが，土壌および堆積物から分離した植物ケイ酸体について，その計数の妥当性を検討した例は極めて少ない。

Pearsall(1989)は，確立論にもとづく分析手法であるモンテカルロ・シュミレーションを用いてケイ酸体の妥当な測定数を検討し，ほぼ60視野でパーセンテージが安定になることを見出している。

通常，花粉そのほかの微化石と同様に植物ケイ酸体においても200粒子の計数が妥当とされているが，計数は植物ケイ酸体の分類数および試料調整法に依存することはもとより，必要とした情報や表示された分類の相対的割合によっても変わるので，その目的に応じた計数を採用すべきである。例えば，1枚のプレパラート中に僅かしか植物ケイ酸体が検出されなかった場合でも，生態学的にそれらが重要であ

表19 検鏡数の違いによる植物ケイ酸数の推移(%)(近藤, 2005)[*1]。小数点以下は切り捨て。

植物ケイ酸体のタイプ		検鏡数(個)									
		100	200	300	400	500	600	700	800	900	1000
イネ科起源	タケ型	1	3	3	3	3	3	4	4	4	4
	キビ型	3	3	2	2	3	3	3	3	3	3
	ウシノケグサ型	3	3	3	2	3	3	3	3	3	3
	ヒゲシバ型		2	1	1	1	1	1	1	1	1
	ファン型	28	24	24	25	26	26	25	24	23	23
	ポイント型	11	10	14	15	15	16	16	16	16	16
	棒状型	24	23	23	23	21	20	19	19	19	19
樹木起源	広葉樹型	3	2	2	2	2	2	2	2	2	2
	針葉樹型		2	1	1	1	1	1	1	1	1
その他[*2]		3	4	3	2	3	3	3	3	3	3
未知[*3]		24	25	25	23	23	23	24	25	26	26

[*1] 試料は北海道の黒ボク土表層
[*2] 表記したタイプ以外のイネ科・樹木類，シダ類，カヤツリグサ科起源などのケイ酸体
[*3] 給源植物が不明なケイ酸体，その破片・風化物など

るならば，さらに数枚のプレパラートを作成し計数を増やさなければならない。表19は，黒ボク土から分離した植物ケイ酸体を1,000個数えた際，植物ケイ酸体タイプがどのような比率で推移するか検討したものである。この結果は，少なくとも500粒子以上数えるべきであることを示している。

なお，計数された総数は統計処理などに必要であるので必ず記載することが大切である。

1.4 植物ケイ酸体ダイアグラムとその解釈

試料中の植物ケイ酸含量(%)，あるいは密度(個/g)を測定した後，植物ケイ酸体群集の各々が前節で述べた手順で同定，集計される。集計された各々の植物ケイ酸体タイプ，あるいは分類群は総数に占める出現率(%)として表示される。通常は未同定を含めるが，未同定を除いた総数の割合として表示されることもある。

ダイアグラムは，縦軸に深さ，あるいは年代を記した断面模式図を示し，横軸に植物ケイ酸体タイプあるいは分類群のパーセントを示す横棒を載せる。断面模式図には何らかの簡潔な情報を示すべきである。例えば，噴出源の明らかなテフラ名，[14]C放射年代，堆積物の種類・状態などを直接あるいは凡例のなかで示す。植物ケイ酸体タイプあるいは分類群は，大まかにイネ科植物と樹木起源ケイ酸体に区分し，最後に未同定(未記載)のケイ酸体を載せる。

個々の植物ケイ酸体については，形態名で大まかに分け，さらに亜科，属，種が特定されるならば，そのようなタイプと表記する。植物ケイ酸体タイプを表す横棒は深さ，あるいは年代別に刻々と変わるが，突然，ある深さあるいは年代で大きく変われば，ケイ酸体の給源植物に何かがあったことが読み取れる。同時に，ほかの植物ケイ酸体タイプについても同様なことを調べ，総合的に解釈するのがこのダイアグラムの役割である。通常，ダイアグラムの最も右側に植物ケイ酸体帯を載せる。植物ケイ酸体帯は，植物ケイ酸体の組成にもとづいて設定・区分されるもので，花粉帯と同様な役割を担っている。ひとつの植物ケイ酸体帯に含まれる時代は比較的類似した植生環境が安定して継続していたとみてもよい。また，ひとつの植物ケイ酸体帯から次の植物ケイ酸体帯への移行期には，何らかの植生環境の変化があったとみることができる。

群落の広がり，大きさなどの絶体量は植物ケイ酸体頻度の相対比からはわからないが，ダイアグラムに植物ケイ酸体含量や密度が併記されていればその値から解釈できる。また，出現率が高いからといって，植物ケイ酸体タイプの母植物がほかより優勢であったとは限らない。植物ケイ酸体の生産量は植物種や生育環境により異なるからである。

植物ケイ酸体は，同じ植物体に複数の形態の異なる植物ケイ酸体を含んでいるので一見複雑なように思えるが，逆にそのことが互いに捕い合い，母植物の推定をより確実なものにするのである。例えば，

イネの短細胞由来の亜鈴形ケイ酸体は，キビ亜科やダンチク亜科のそれよりサイズが小さく，形態にも特徴が見られるが，さりとてイネの亜鈴形と同定するには躊躇することがしばしばある。このような場合，イネに特有なファン型ケイ酸体やほかのケイ酸体(例えば，穎(えい)由来のケイ酸体)が同じ試料のなかに検出されれば，同定に悩んでいた亜鈴形ケイ酸体はイネ由来のものとみてもさしつかえない。同様な事例は，ダンチク亜科とヒゲシバ亜科の鞍形(ヒゲシバ型)ケイ酸体についてもいえる。また，ウシノケグサ型，キビ型およびヒゲシバ型の総数に対するウシノケグサ型の比は冷温，キビ型とヒゲシバ型の総数に対するヒゲシバ型の比は乾燥・半乾燥における概略の環境(Twiss, 1992)を読み取るのに役立つ。ただし，上記のようなの指標は夏に雨が少なく乾燥し，冬が寒い温帯地方の大陸に成立するステップやプレリーについて適応できるが，日本では必ず当てはまるとは限らない。

植物分類群とさほど関係のないポイント型や棒状ケイ酸体も，ファン型ケイ酸体を含めた総数に対する各比について詳しく検討することで，短細胞ケイ酸体の供源植物の同定をより確実なものにする。さらに，各種の短細胞ケイ酸体と非短細胞ケイ酸体(ファン型，棒状型，ポイント型など)の比の大小は，土壌，あるいは堆積物中の植物ケイ酸体群集が現地性か，異地性であるかおおよそ予測できるので，その解釈は堆積環境の推定に大いに役立つのである。

2．植物ケイ酸体の溶解性と安定性

古環境復元の指示者として植物ケイ酸体がその価値を発揮させるためには各種の環境のなかで安定的に保存されなければならない。もし，容易に植物ケイ酸が溶解するならば，土壌および堆積物中でそれらを検出することは困難であるばかりでなく，存在したとしてもその解釈に戸惑うであろう。

植物ケイ酸体の安定性は，それら含有する堆積物の堆積環境，とくに化学性に依存したり変化したりする。pHは化学性のなかで最も重要な要因であり，通常pH 9.0以上では植物ケイ酸体を急激に溶解するといわれている。しかし，植物ケイ酸体の表面に鉄(Fe)およびアルミニウム(Al)が吸着されると，溶解から保護されるらしい(Drees et al., 1989; Lewis, 1981)。地中海地域の石灰岩を母材とする土壌(Bremond et al., 2004)，貝塚中の黒ボク土壌などからも植物ケイ酸体が検出されることはそのことを如実に物語っている。また，植物ケイ酸体中には少量の有機炭素が吸蔵されており，その存在も植物ケイ酸体の溶解を遅延させる(Drees et al., 1989)。さらに，植物ケイ酸体の比表面積も溶解を左右する要因のひとつであり，通常粒径が細粒化するほど比表面積が増大し，溶解も促進する。しかし，実際，顕微鏡下で観察すると，土壌・堆積物中では必ずしも粒径の小さいケイ酸体が大型のケイ酸体に比べ受蝕をより強く受けているとは限らない。それは，植物ケイ酸体の溶解性がそれらを供給した細胞および植物種の違いなどによっても異なるからである。

植物ケイ酸体の溶解性は植物種によって異なるが，シリカ・アルミナゲルに比べるとかなり安定であるとされている(Bartoli & Wilding, 1980)。すなわち，若い(6か月)ブナから分離した広葉樹起源のケイ酸体は，水和物が高く(11%)，低Al含量(%)と高い溶解性(9 mgSi/l，冷水；50 mgSi/l，温水；3 mgSi/l，自然環境下)をもつ。一方，針葉樹起源のケイ酸体は広葉樹起源ケイ酸体と対象的に水和物が低く(2～3%)，高Al含量(3～4%)と低い溶解性(2～3 mgSi/l，冷水；20 mgSi/l，温水；0.5 mgSi/l，自然環境下)をもつことが植物遺体とそれら分離したケイ酸体の溶解実験から明らかにされている。したがって，トウヒ，マツなどの針葉樹起源ケイ酸体は，イネ科起源および広葉樹起源ケイ酸体より溶解性に対する抵抗性が強いといえよう。

植物ケイ酸体は宝石のオパールにほぼ近い溶解性をもっており，自然環境下で比較的安定である。それ故，土壌中の可溶ケイ酸の供給源にはなりえそうもない。

同じ植物であっても，植物ケイ酸体を供給する細胞の種類，ケイ化程度などにより溶解性は変わる場合もある。例えば，樹木の表皮細胞のシート状ケイ酸体や細胞壁の附属物としての球状ケイ酸体はイネ科植物の葉身表皮細胞由来のケイ酸体に比べてかなり不安定である。また，スゲ属に特有なカヤツリグサ型ケイ酸体は植物体に多量に存在するのにも関わらず，泥炭土壌中にはそれほど出現しない(近藤・原田，1980)。さらに，イネ科植物でも細胞タイプの違いにより，土壌中の保存性に差が見られ，ケイ酸細

胞(短細胞)ケイ酸体やファン型ケイ酸体はほかの細胞タイプ由来のケイ酸体に比べ極めて保存性がよい。

最も古い堆積物から発見された植物ケイ酸体は第三紀前期(暁新世)〜白亜紀後期の7,000〜6,000万年前の地層から見出されている(Gill, 1967；Jones, 1964；Strömberg, 2002, 2004)。それらのケイ酸体の大多数はケイ酸体表面に円孔,そのほかの受蝕が見られる。なかには現生の植物ケイ酸体と遜色ない明瞭な形態で出現することもある。最もよい保存状態で植物ケイ酸体が検出される堆積物は第四紀(完新世と更新世)の地層からである。とくに,テフラ中に挟在する腐植層には多種多様な形態の植物ケイ酸体が検出されており,腐植の給源植物の推定,テフラ層のイネ科植物と樹木の変遷,気候の変動などの研究に広く応用されている(近藤, 1995a；Kondo et al., 1988；佐瀬ほか, 2004, 2008b など)。

これまで各種の環境下において,多くの土壌・堆積物から植物ケイ酸体が検出されていることから,極端なアルカリ性を除く酸化的および還元的条件下において植物ケイ酸体はかなり安定であるといえよう。

3. 植物ケイ酸体のタフォノミー

生物が死後,土壌,あるいは堆積物に埋積し,その後どのような過程を経て化石と保存されるのかをあらゆる面から総合的に研究する領域をタフォノミー(Taphonomy)と呼んでいる(Efremov, 1940)。植物ケイ酸体も同様に,いわば微化石として土壌や堆積物に保存されるので,植生復元のための解釈にはこの概念を十分認識することが重要である。

植物ケイ酸体は,植物体(葉,茎,種子,枝など)が地上に落ち,朽ちた後にそれらの組織細胞から土壌中に開放され,土壌の構成分となる。しかし,一部は,風・水・動物による運搬などにより母植物の周辺および遠隔地へ散らばり,その場所で遺体の組織細胞から開放され,さらに風食,水食,野火,人間を含めた動物などの営力により水平方向に移動・運搬される。

風食による植物ケイ酸体の移動については,Darwin(1846)をはじめ多くの研究者による多数の報告がある。それらによると,アフリカ大陸から大西洋(Bukry, 1979, 1980, 1987；Folger et al., 1967),南メキシコ・中央アメリカから東太平洋(Bukry, 1980),北西オーストラリアからインド洋に移動したことが深海堆積物の植物ケイ酸体分析から実証されている。野火による植物ケイ酸体の遠隔地への移動・堆積の証拠は東アフリカの湖沼堆積物(Palmer, 1976)において見出されている。また,植物ケイ酸体は,雨や雪の乾性沈着物として地上にもたらされている(Baker, 1960d)。

このように,植物ケイ酸体は風の営力により土壌とともに,局所的(短距離)あるいは広域的(長距離)に移動する。わが国においても中国大陸からの風成塵(黄砂)が飛来するが,このなかには各種の植物ケイ酸体が含有している(佐瀬ほか, 2003)。したがって,風食・水食などにより生育地の土壌からほかの場所に移動・堆積した植物ケイ酸体群集は異地性の産物といえよう。一方,母植物下において土壌中の植物ケイ酸体群集の多くは,植物が枯死後,土壌の構成分となるために現地性の産物とみなされる。このような理由から植物ケイ酸体分析は局所的な植生復元に有効であるとされてきた。しかし,この場合でも,自然の営力による植物ケイ酸体の土壌中への移動・運搬が多少ともなうので,植物ケイ酸体分析による植生復元には上記のことを十分考慮する必要がある。

植物ケイ酸体の垂直方向への移動・運搬については,Rovner(1986b)および Piperno(1988)がその下層方向への移動について否定的な見解を示している。通常,黒ボク土,褐色森林土などの湿潤温帯の土壌では粘土の下層への機械的移動(Ilimerization)はない。したがって,細砂・シルトサイズの植物ケイ酸体は,粘土サイズより大きいので下層への機械的移動はないと考えても差しつかえない。しかし,土壌環境の違いで植物ケイ酸体が下層に移動する可能性は十分ありえる。例えば,土壌全体が粗い礫および砂質の土壌,粘土の機械移動をともなう各種の土壌,乾湿により土が反転するバーティソル,凍結撹乱作用を受ける寒冷地土壌などでは,下層あるいは上層への移動が十分考えられる。土壌動物(ミミズ,アリ,シロアリなど),植物根などを介して,また自然の土壌攪拌作用によっても,上下層への多少の移動があることは植物ケイ酸体の $\delta^{13}C$ 値と ^{14}C 年代から示されている(Kelley et al., 1991)。

以上のように,植物ケイ酸体は植物体の死後,遺

体から開放され，あるものは植物母体の周辺に留まり，またあるものは各種の営力を通して水平あるいは垂直方向に移動（運搬）・堆積する。その移動は土壌および堆積物の堆積環境によりさまざまである。

[コラム3] 植物ケイ酸体分析法の利点と欠点

　約25万種あるとされている植物のなかで，植物ケイ酸体の存在の有無が確認されているのはイネ科，カヤツリグサ科などの単子葉植物，シダ類，一部の双子葉草本類および針葉樹・広葉樹類の約100科にすぎない。しかし，人間の衣食住に密接に関係あるイネ科やカヤツリグサ科，樹木類などには特有な形態の植物ケイ酸体が多数見出されており，それらの量と形態を利用した植物ケイ酸体分析が考古学，地質学，生態学，環境学などの研究者により注目されてきた。そこで，これまで実施されてきた事柄を踏まえた植物ケイ酸体の利点と欠点を以下に述べる（近藤，1993；Pearcell, 1989）。

(1)利点

①植物ケイ酸体は，薬品，加熱および機械的衝撃に極めて強ので，試料採取，運搬および分析処理前に変質・変形することはない。

②大型遺体や花粉の保存に問題のある土壌および堆積物を対象とした場合，それらに代わる環境復元法として期待される。

③生産量が多いため少量の試料（通常1〜5g）で十分な抽出ができる。

④風塵，野火，糞として遠方まで運ばれるものもあるが，飛散の程度も低く，概して移動性に乏しい。そのため局所的な植生の復元に適している。

⑤陸成の堆積物（例えばレス，テフラ，火山灰質レス層など）の連続した植生環境を復元するうえで極めて有効である。

⑥泥炭構成植物の同定法として期待されるばかりでなく，湿原の植生変遷に役立つ。

⑦花粉分析で不十分なイネ科植物や土壌中で分解されやすいクスノキ科，イスノキ属などの樹木の同定にその力を発揮する。

⑧大型遺体，花粉およびそのほかの微化石（珪藻，海綿骨針）と併用することによって環境復元の精度がより高まる。例えば，イネ科植物が属あるいは種階級まで同定可能なら，草原と森林の分布，草原や湿原の変遷およびそれらにともなう気候の変化さえ復元できる。

⑨文明に重要な多くの栽培植物は，植物ケイ酸体分析によって同定できる。すでにイネ，コムギ，オオムギ，ミレット，トウモロコシ，カボチャ，ヒョウタン，クズウコン，バナナ，食用カンナ，ヤシなどの一部は遺跡から検出されている。

⑩生態学的に重要な植物分類群は，植物ケイ酸体分析によって同定できる。例えばイネ科は亜科，属あるいは一部種群，カヤツリグサ，ヤシ，ラン，パイナップル，キクなどは科群，オウムバナ科は属群で区別している。また，樹木類でも多くの群に特有なケイ酸体（トガサワラ，イスノキ，タブノキ，ヤマコウバシ，バリバリノキ，スダジイなど）が見られる。

⑪植物ケイ酸体中に吸蔵されている放射性有機炭素の利用（^{14}C, $^{13}C/^{12}C$比）によって，年代測定，植生および気候変化のモニタリングができる。

⑫電子スピン共鳴（ESR），熱ルミネッセンス（TL）による年代測定が可能である。

⑬植物ケイ酸体中の酸素同位体組成から連続した陸成の過去の気候変動が読み取れる。

(2)欠点

①植物ケイ酸体は，すべての植物の組織細胞に沈積するわけではない。例えば，重要な栽培植物であるジャガイモ，サツマイモ，ヤム，キャツサバなどの根菜類からは特徴的な植物ケイ酸体はまだ検出されていない。

②植物間のみならず，同一植物でも部位によって多数の異なる形態の植物ケイ酸体をもつために植物固有の特徴を把握することが初心者にとって難しい。また，類似の植物ケイ酸体が異なった分類群で見られるため同定が困難な場合もある。

③比重が近似している火山ガラスを多く含む試料の場合，植物ケイ酸体の分離は困難である。したがって重量測定の精度は低くなる。

④すべての植物ケイ酸体が土壌や堆積物中で同じように保存されているわけではない。例えば，酸性環境下で極めて安定であるが，アルカリ性（pH 9以上）環境下では不安定（溶解しやすい）である。

第9章
植物ケイ酸体分析の応用

植物ケイ酸体分析は、花粉の形態が類似しているイネ科植物、花粉がアルカリ処理、あるいは土壌中で分解されやすい植物(例えば、クスノキ科、イスノキ属など)の消長を追跡する方法として有効である。また、自然災害または人為作用による出火が原因の火災、野焼きで植物遺体(花種実・花粉など)が焼失するような場合、および乾燥地における植生復元法としても威力を発揮すると考える。とくに、イネ、コムギ、トウモロコシなどのイネ科栽培植物の伝播経路を究明する最もよい手がかりを提供してくれる。

植物ケイ酸体分析の応用は、表20に示したように多岐にわたる。

本章では、植物ケイ酸体分析の応用について、主にわが国で実施されてきた適用例を中心に解説する。

1. 植物ケイ酸体と植生分布との対応

日本は亜熱帯から寒帯にわたる南北3,000 kmに4つの主要な島よりなり、それらの植生は気候帯に対応して分布している。

これらの植生帯の土壌表層に出現するイネ科植物由来のケイ酸体群集は気候帯にほぼ対応しながら図75のように分布している。すなわち、北海道ではササ属とイチゴツナギ亜科に由来するタケ型・ウシ

表20 植物ケイ酸体分析の応用(近藤・佐瀬, 1986に一部改編)

植物学
- 草原と森林の分布
- 草原・湿原の変遷
- 照葉樹林の変遷
- 植物分類の基準
- 植物の生産量の推定
- 植生への人為の関与

動物学
- 野生動物の食性と摂取量の推定
- 動物の腎臓結石との関連
- 放牧家畜の採食草種の判定

農学
- 栽培作物の起源および伝搬経路の推定
- 光合成能との関係
- 作物栽培体系の変遷
- イネ系統(亜種)の検討
- 牧草中のイネ科/マメ科率の推定

土壌肥料学
- 土壌生成における植生の影響
- 腐植層の成因
- 過去の表層の確認
- 腐植蓄積年数の推定
- 腐植層年代の推定
- 過去に施用された稲藁堆肥量の推定

考古学
- 土器胎土の産地の推定
- 石器の機能との関連
- 炭化・灰化物、焼土の給源植物の推定
- 農耕開始時期の推定
- 水田跡の確認
- 水田跡のイネ籾生産量の推定
- 古代人の生活様式(衣食住、儀式)の推定
- 古代人集落の周辺環境の推定
- 火入れ・野火の実証

地質学
- 古植生・古環境の推定
- 古気候の推定
- 示準地層の確認
- 氷期-寒氷期サイクルの確認
- 絶滅動物の食性

その他
- 生薬の鑑定
- 漢方薬への不純物混入の照合
- 法廷における犯罪識別(微量土砂量の鑑定)
- 肺疾患、喉頭癌との関連

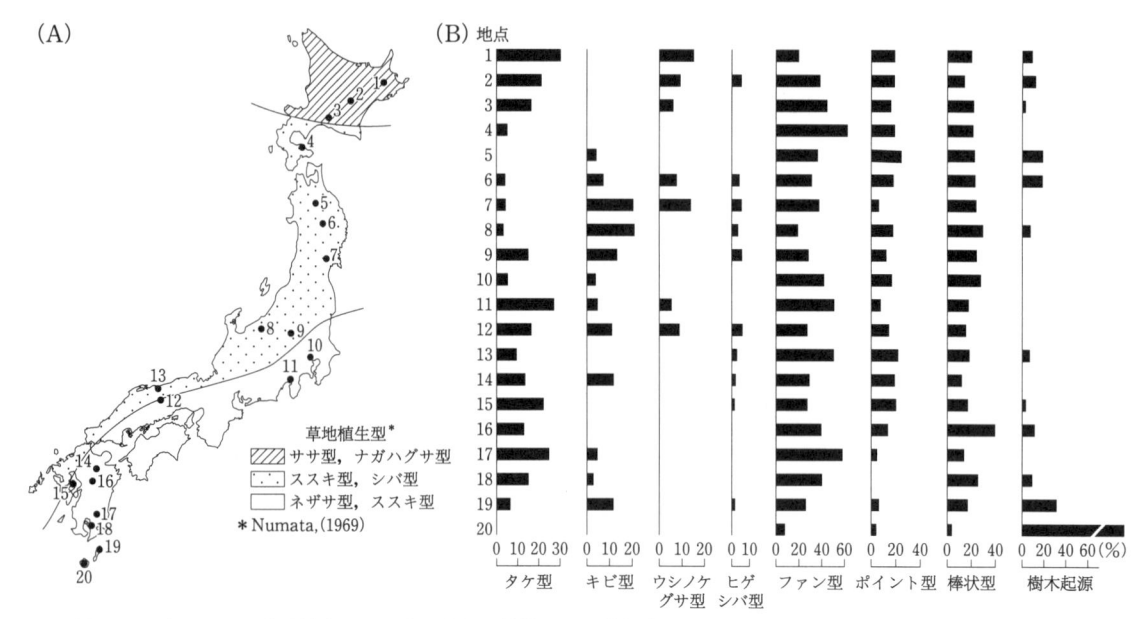

図75 日本における草地植生型の分布と表土の植物ケイ酸体組成（A：Numata, 1969；B：Kondo et al., 1988）
1：標茶町虹別，2：十勝清水町，3：早来町，4：鹿部町大岩，5：田子町，6：雫石町小岩井農場，7：大崎市川渡，8：信濃町野尻，9：大間々町，10：東京都西ヶ原，11：沼津市，12：琴浦町法万，13：真庭市花園，14：九重町，15：南高来郡有明町，16：大津町瀬田，17：都城市，18：垂水市，19：種子島，20：屋久島

ノケグサ型，東北・北関東・中部ではキビ亜科とササ属に由来するキビ型・タケ型，関東・東海・中国・九州ではメダケ属とキビ亜科に由来するタケ型・キビ型でそれぞれ特徴づけられる植物ケイ酸体組成を示す（近藤，1983a；Kondo et al., 1988；佐瀬・加藤，1976a）。これは，北海道北東部（亜寒帯）でイチゴツナギ亜科（イワノガリヤス型，ウシノケグサ型など）やササ類が優占する植生型，そして亜寒帯・冷温帯でササ属（ミヤコザサ，チマキザサなど）とススキ属，暖温帯でネザサ属（ネザサ，アズマネザサなど）とススキ属の植生型がそれぞれ優占するというNumata (1969)が指摘した現世の半自然草原（草地）の分布とよく一致する。また，緯度の低下にともないイチゴツナギ亜科の割合が低下し，キビ亜科の割合が増加するというわが国のイネ科C_3植物，C_4植物の地理的分布傾向ともよく符号する（Kawanabe, 1968；武田ほか，1985）。

佐瀬・細野(1988)は上記の結果を踏まえ，植物ケイ酸体組成における短細胞ケイ酸体の頻度とそれに対応するイネ科植物相，気候帯との関係を表21のようにまとめた。これらの対応関係は，植物ケイ酸体組成からイネ科植物の生態や当時の気候を解釈する上で大いに役立つであろう。

上述してきたようなイネ科植物ケイ酸体群集が優占する土壌は，とくに腐植含量の高い火山灰土壌（黒ボク土）に分類され，その黒色土層の成因と密接な関係がある（加藤 1960, 1977, 1979；Kondo et al., 1988；佐瀬，1989a）。この点については第5節の土壌生成との関連において述べよう。

十勝平野は更新世中期から後期に形成された河成段丘の発達がよく，それらの上にはほぼ19の新旧の示準テフラとローム層が厚く堆積しているので，第四紀後半の古環境や古気候を研究する者にとってかっこうのフイールドとなっている。これらの堆積物からなる土壌は黒ボク土と呼ばれ，多量の有機物を含む黒色とぼくぼくした柔らかい感触の表層で特徴づけられる。これらの黒ボク土上に分布する森林植生は大きくふたつに分けられる。ひとつは，多湿黒ボク土上に発達する湿地林（ヤチダモ，ハルニレ，ハンノキなど）で，ほかは黒ボク土上に発達する乾性林（カシワ，イタヤカエデなど）である。とくに，後者のカシワ林の多くは主にササ属の密集した林床を形成している。これらのカシワ林下に供給するリターがその下の腐植層の供給源であるのか，それともまったく異なる植生であるのか判断できない。そこで，十勝のふたつの代表的カシワ林下（環境庁，

第9章 植物ケイ酸体分析の応用

表21 短細胞ケイ酸体・イネ科植物相・気候帯の関係(佐瀬・細野,1988)

植物ケイ酸体組成における優勢な小型ケイ酸体	対応するイネ科植物相	気候帯
ウシノケグサ型	イチゴツナギ亜科	寒帯〜亜寒帯
ウシノケグサ型 タケⅠ型(ササ亜型)	イチゴツナギ亜科 ササ属	亜寒帯
タケⅠ型(ササ亜型)	ササ属	亜寒帯〜冷温帯
キビ型 タケⅠ型(ササ亜型)	キビ亜科 ササ属	冷温帯
キビ型	キビ亜科	冷温帯〜暖温帯
キビ型 タケⅡ型(タケ亜型)	キビ亜科 メダケ属	暖温帯
タケⅡ型(タケ亜型)	メダケ属	暖温帯

1988)においてリター層(ほぼ現植生を反映)と腐植層(約300年)の植物ケイ酸体組成に違いが見られるか,また安定した植物群落のなかで採取地点や層位間でケイ酸体組成に変動が見られるかどうかをカイ二乗(χ^2)検定により調べた(近藤・石田,1981)。

ほぼ100 m間隔で採取した表層の植物ケイ酸体の形態別組成は,A層で有意差がまったくなかったが,O層(有機物層,あるいはリター層)においてほとんどの地点で有意差が認められた。O層の各地点間で形態別組成に違いが見られたのは,試料の不均一性と調整法の不適当さによるものかもしれない。他方,O層とA層との間では,すべての地点で有意差が認められた。このことは,O層にリターを供給した植物がA層の腐植給源植物ではなかったか,あるいはA層の腐植給源植物がO層のリターを供給した植物と元来同じであったけれど,O層からA層に分化する過程で一部のケイ酸体(例えば,カシワ由来の多角形ケイ酸体)が分解,消失したために植物ケイ酸体組成に相違が生じたかのいずれかの理由と思われる。

つまり,この研究ではリター層の採取・調整法に多少の問題があるが,平坦な同一地形面において同一腐植層から分離した植物ケイ酸体組成は採取地点の違いでさほど変わらないこと,現植生が最表層(A層)のケイ酸体の供給源とは限らないことを明らかにした。このような研究には植物ケイ酸体の安定性,移動・運搬特性など併用しながら進めることが大切である。

わが国の極相林,あるいは比較的自然植生が維持されてきた樹木林(途中相)については,これまで多くの生態学者による著書,報告などの蓄積があるので,それらを参考に代表的な森林下の表層(O,A層)土壌を採取し,土壌中の植物ケイ酸体群集と森林植生の対応関係を調べた(近藤,1989)。

それによると,土壌中の植物ケイ酸体群集と森林植生との間には比較的良好な対応関係が認められた。とくに,照葉樹林下の表層土壌では,①常緑ガシ類・イスノキ・スダジイ・タブノキ起源ケイ酸体群集,②イスノキ・常緑ガシ類・スダジイ・タブノキ起源ケイ酸体群集,③スダジイ・タブノキ・常緑ガシ類起源ケイ酸体群集で特徴づけらるケイ酸体組成を示した。このことは,照葉樹林の構成種およびそれらの分布拡大の様相について上記の樹木ケイ酸体群集が寄与することを示唆している。同様な結果は,宮崎南部の照葉樹林における樹種構成と表層土壌中の樹木起源ケイ酸体との関係について調査した河野ほか(2006)によっても確認されている。とくに,イ

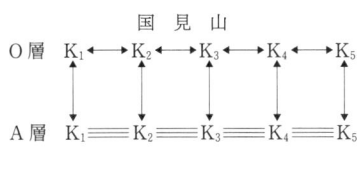

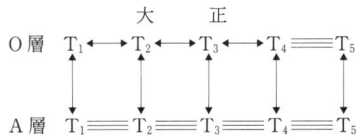

図76 採取地点および層位間における植物ケイ酸体の形態別組成(χ^2検定)(石田正人原図)。
≡:有意差なし,⟷:有意差あり,K_1,T_1:採取地点番号

スノキ由来のケイ酸体は現在イスノキの生育していない林分でも高い出現率で検出され，ほかの照葉樹林のケイ酸体に比べかなり多量に検出される傾向がある。このことは，過去の植生復元を行う際に過大評価される可能性があることを示唆している。これは，イスノキ由来のケイ酸体生産量(または，ケイ酸体密度[*4])がほかの照葉樹林の構成種のそれに比べて約3〜10倍高いことからも理解できよう。

図77に示したように，北海道から九州に広く分布する黒ボク土中の植物ケイ酸体群集には5〜10%以下(大部分5%以下)と樹木起源ケイ酸体の出現率が概して少ないが，九州の大隅半島以南では30%以上と高い出現率である。一方，非火山灰土壌の褐色森林土，赤色土および黄色土の多くは樹木起源ケイ酸体の出現率が30%以上と高く，植物ケイ酸体群集の80%を占める例も稀ではない。Kondo & Sase (1990)は，植物ケイ酸体群集に占めるイネ科と樹木起源ケイ酸体の頻度比に着目し，この比が5以下で樹木起源ケイ酸体頻度が少なくても10%以上の土壌は，比較的長期間にわたって森林植生下にあり，この比が1以下で，樹木起ケイ酸体が30〜40%以上の土壌はかなり長期間森林植生の影響下にあったことを極相林と表層(O, A層)の植物ケイ酸体組成との関係，ならびに植物葉混合によるモデル実験(近藤, 1989)から明らかにした。

図78は，わが国の非火山灰土壌表層の樹木起源ケイ酸体群集を詳細に検討したものである。

それによると，北海道のポドソル性土壌から分離した樹木ケイ酸体群集の多くはトウヒ・モミ属葉身表皮の移入仮導管や内皮由来の多面体ケイ酸体(図78の1, 2地点)，十和田の褐色森林土壌はブナ属葉身表皮由来のはめ絵パズル状ケイ酸体(図78の3地点)であった。一方，西南諸島や沖縄地域に分布する赤色・黄色土壌(図78の12〜17地点)からは，タブノキ，スダジイ，イスノキ，常緑ガシ(カシ亜属)などの照葉樹起源ケイ酸体の出現頻度が高い。近畿・四国の赤黄色土(図78の4, 5, 7地点)からは，常緑ガシ，タブ，スダジイ，イスノキ由来の樹木ケイ酸体が検出される。しかし，それらの2次林下の赤黄色土(図78の6地点)にはマツ科葉身表皮由来の多面体状ケイ酸体や落葉ガシ葉身表皮由来のY字状やへの字状ケイ酸体がよく見い出される。ヤシ科葉身表皮由来のコンペイ糖状ケイ酸体は小笠原諸島の赤色土(図78の12, 19地点)において高頻度で検出されるが，石垣島・西表島などの沖縄諸島では僅かに検出されるすぎない。

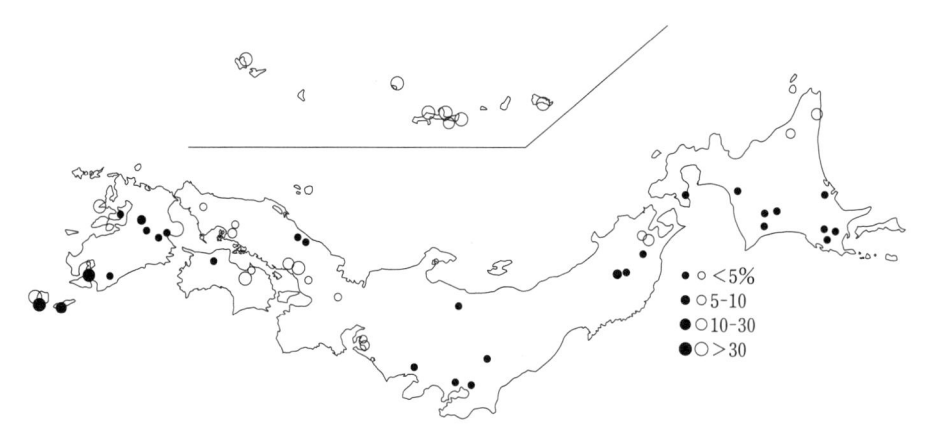

図77　土壌中の植物ケイ酸体群集[*1]に占める樹木起源ケイ酸体の割合(Kondo & Sase, 1990)。
黒丸：黒ボク土，白丸：非クロボク土　[*1]未同定ケイ酸体は除く。

[*4] 主な照葉樹林の植物ケイ酸体密度は杉山(2001)によると以下の通りである。
アカガシ：40,000個/g，イチイガシ：41,000個/g，シラカシ：71,000個/g，スダジイ：23,000個/g，マテバジイ：28,000個/g，ツブラジイ：41,000個/g，バリバリノキ：58,000個/g，クスノキ：58,000個/g，イスノキ：199,000個/g。

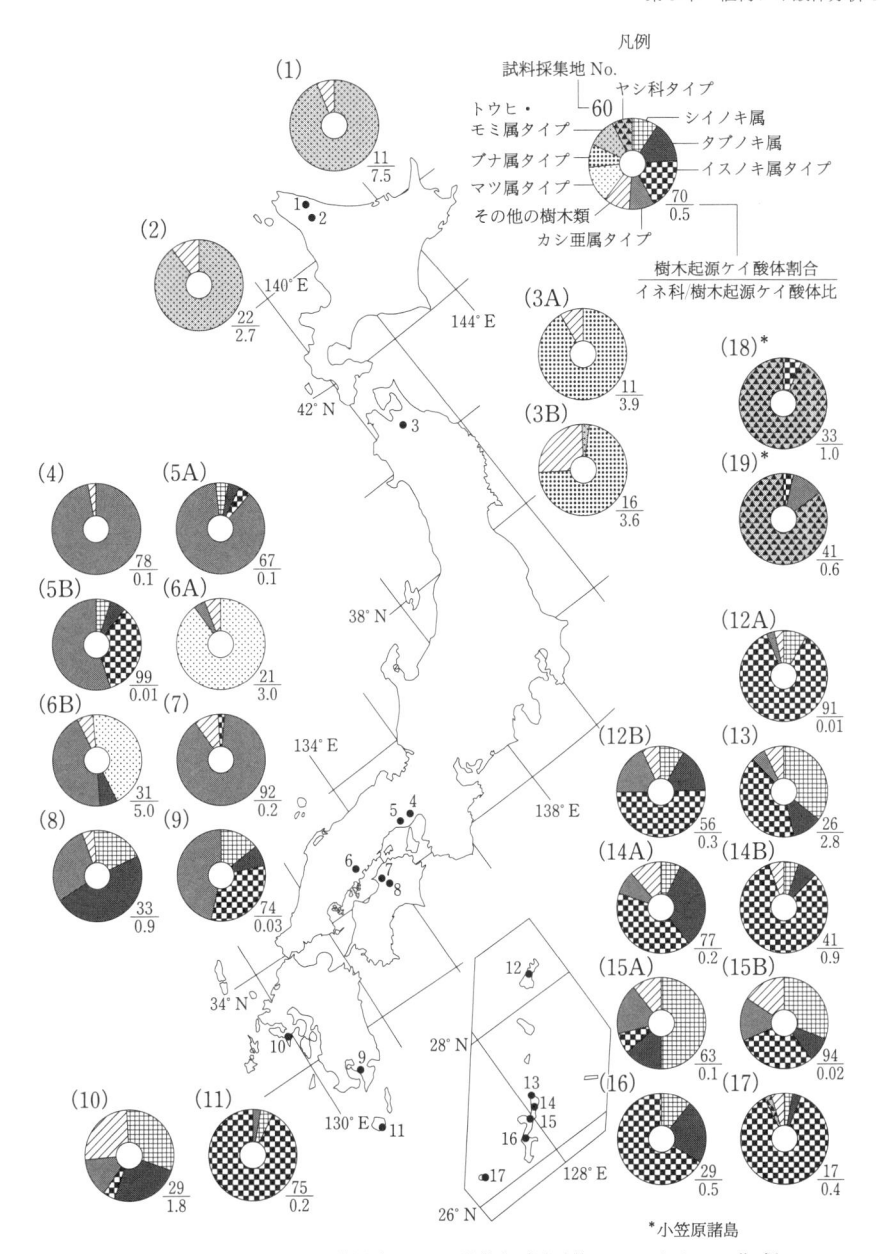

図 78 非火山灰土壌表層の樹木起源ケイ酸体組成（近藤，1989 をもとに作成）。
黒丸は試料採集地，数字は採取地番号，A, B は異なる地点を示す。
1：浜頓別，2：問寒別，3：十和田，4：摩耶山，5：伊川谷，6：福山，7：善通寺，8：琴平山，9：猿が城林道，10：諫早，11：屋久島，12：名瀬，13：辺戸，14：与那覇岳，15：名護岳，16：喜名，17：久米島，18：母島，19：父島

上記した照葉樹起源樹木ケイ酸体は，鬼界アカホヤテフラ（約 6,300 年前）降下以降（町田・新井，1993）の埋没腐植層においても普遍的に観察される。とくに，大隅半島以南の黒ボク土にはそれらが高い出現率を示している。同様な結果は，杉山・早田（1994, 1997b）によって，九州南部の累積テフラ断面試料の植物ケイ酸体分析において明らかにされた。すなわち，照葉樹林の成立時期はそれらの調査地域の各種環境条件により異なっていたが，少なくとも鬼界アカホヤテフラ直下層から現地表面までは照葉樹林が存在していた。これらの地域の太平洋沿岸にはシイノキ属起源ケイ酸体が，内陸部では暖温帯常緑性の

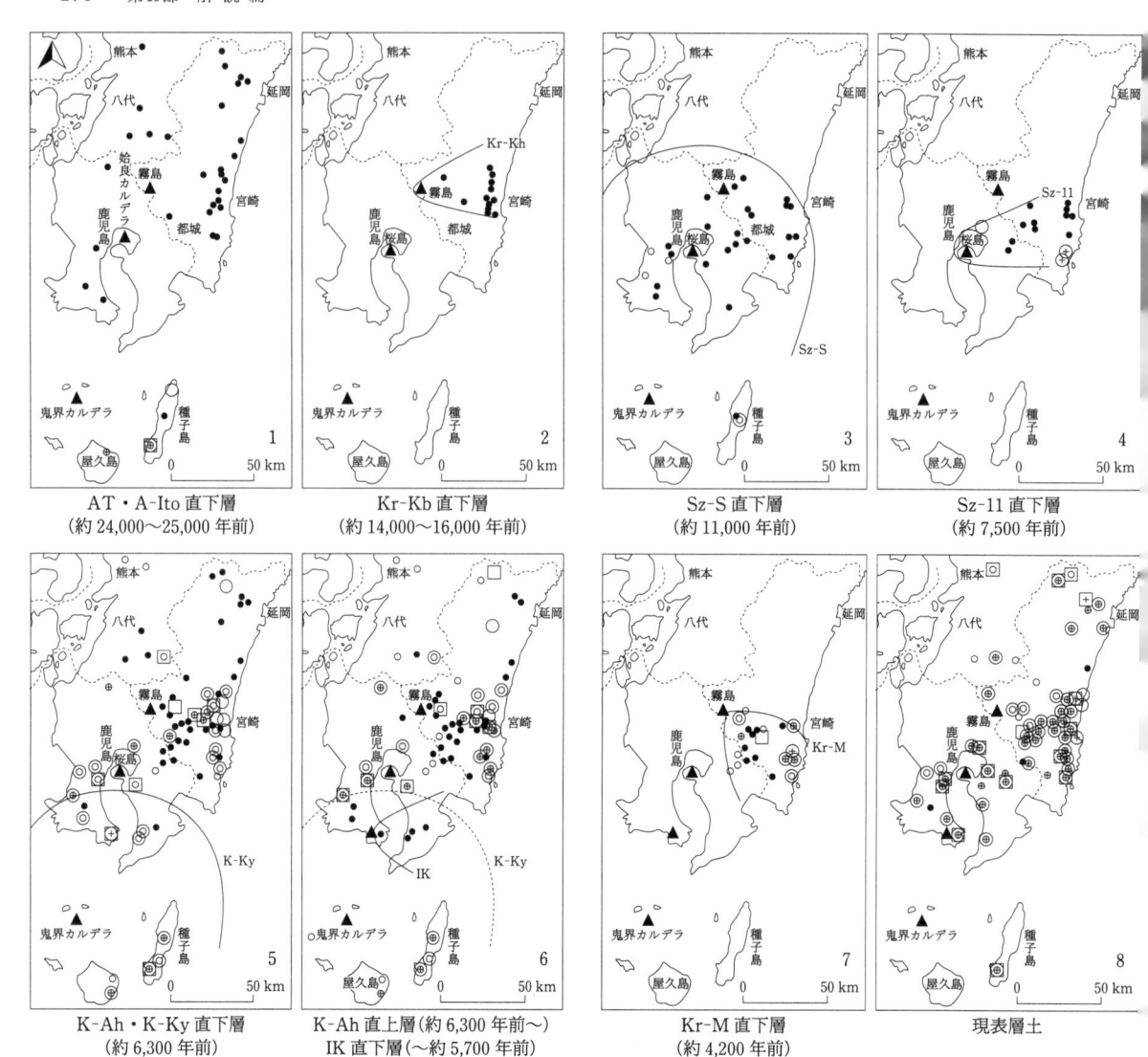

図79 九州南部における照葉樹起源ケイ酸体の出現分布(杉山, 1999)。
○シイ属，□アカガシ属，◎クスノキ科，+イスノキ属，●照葉樹林未検定

カシ亜属起源ケイ酸体が比較的多く検出された。また，イスノキ属起源ケイ酸体は霧島―御池軽石(約3,000年前)より上層で出現し，その分布は沿岸寄りに限られていた(図79)。

以上のように，植物ケイ酸体組成はイネ科植物や照葉樹林の発達過程，地理的分布などを知る上で有益な情報をもたらしてくれる。とくに，照葉樹林の代表的な樹種であるクスノキ科(タブノキ，バリバリノキなど)やイスノキ属の消長は花粉分析では追跡できない植物ケイ酸体分析の利点である。

2. 累積テフラ・ローム層の植生履歴

植物ケイ酸体の古植生復元への貢献は，過去に何度も植生が変化した場所でより発揮される。テフラ・ローム層累積断面は，火山活動による降灰，風送塵(大陸からのレス，ローカルな火山灰質レスなどを含む)および土壌生成の繰り返しによって多数の腐植層や古土壌を累重しているが，それらの腐植層や古土壌の植物ケイ酸体分析によって，植生の履歴とくにイネ科草本類の変遷が究明できる。

広域テフラの分布調査(町田・新井, 1993)の進展にともない,テフラ層や古土壌の^{14}C年代がかなり明らかになり,それと同時にテフラ間に挟在するローム層の起源などに関わる問題提起が多くなされている(早川, 1994;山縣, 1994).

張ほか(1994)は,洞爺火山灰降灰(約13万年BP)以降の岩手火山テフラ層中の広域風成塵について詳細に検討し,最終氷期後半の約4〜2万年前および前半の約7〜5万年前の各寒冷期に広域テフラの集積が行われ,とくに前半でその傾向が著しかったことを土壌の物理的・化学的・粘土鉱物学的特性および石英の酸素同位体比より明らかにした.したがって,従来からテフラ断面とされてきた堆積物中には大陸からの広域風成塵,ローカルな風成塵,それらとテフラの混合堆積物,テフラおよびテフラの2次堆積物が錯綜することになる.いずれにしても,これら堆積物の堆積環境と年代が明かになれば,それらの連続試料の植物ケイ酸体分析は当時の古植生や環境復元の解釈に大変好都合である.

以下に,北海道から九州地域に見られる累積テフラおよびローム層断面における植生の履歴に関する事例について紹介しよう.

北海道から九州に分布する31テフラ断面の腐植層,あるいはテフラ層直下の腐植相当層の植物ケイ酸体含量と形態別組成を調べたところ,その含量は0.14〜16.7%(乾土あたり)と幅広い範囲に分布しており,大多数が6%以下であった.高い植物ケイ酸体量は約6,000年前の腐植層で見られ,一方,低い含量は約9,000年前より古い埋没腐植層で一般的であった.また,植物ケイ酸体含量は同一地域内や断面内においてもかなり変異が見られた.これは,植物ケイ酸体の供給源である植物種や環境が異なっていたことを示唆している.実際,樹木起源ケイ酸体を多く含む腐植層は一般に植物ケイ酸体含量も少なく,また,ササ属の影響下の少ない東北地域や北海道渡島半島では,植物ケイ酸体含量も4%以下と比較的少ない.

全般的にみると,表層および約9,000年前までの埋没腐植層に寄与した植物は,植物ケイ酸体組成から現在の半自然草原における優占種の地理的分布と類似している.他方,約2万〜9,000年前の埋没層では草地植生が今日のそれと異質であった.すなわち,北海道東部地域の植物ケイ酸体組成にはタケ型が検出されず,イチゴツナギ亜科由来のウシノケグサ型が優勢であった(近藤, 1982a;佐瀬・加藤, 1976a;佐瀬・近藤, 1974;Kondo et al., 1988).

十勝地域の居辺遺跡の植物ケイ酸体ダイアグラムの例(図80)では,完新世と更新世初頭とでは植物ケイ酸体組成に明らかな相違が見られた.地表面から縄文中期(5,000〜4,000年前)包含層までは,現在の植生と似たササ属主体のイネ科植物相であり,それ以前では寒地型のイチゴツナギ亜科が優占し,ササ属はほとんど繁茂していなかった.このことは,タケ型とウシノケグサ型ケイ酸体の消長,それにともなうファン型とポイント型ケイ酸体出現率の相対比に表れている.前章において述べたように,イチゴ

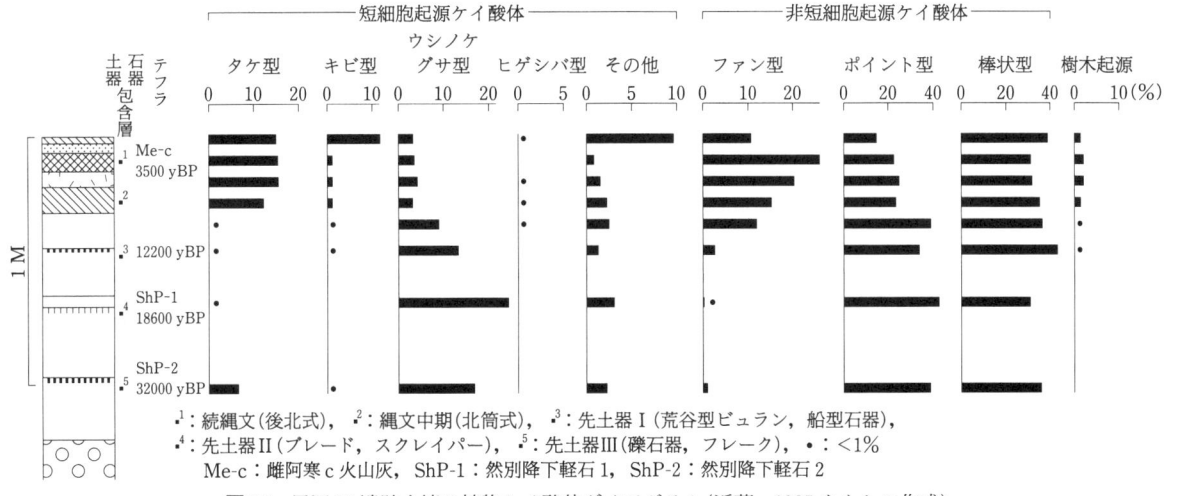

図80 居辺16遺跡土壌の植物ケイ酸体ダイアグラム(近藤, 1985をもとに作成)

ツナギ亜科はその葉身中でファン型ケイ酸体の生産がほとんどなく，ポイント型が比較的多く生産される特徴を有する。一方，ウシノケグサ型はすべての試料で出現するが，縄文中期の約3,500年以前でその出現率が下層に向かい増加し，然別降下軽石1(俗称，タンガラ)層直下の旧石器包含層Ⅱにおいてピークに達していた。そして，旧石器包含層Ⅲにおいてタケ型の出現にともなってその頻度が低下した。この時期の植生は，イチゴツナギ亜科にササ属がともなっていたと思われ，ウルム氷期前のやや暖かい環境が想定される。また，旧石器包含層Ⅱは ^{14}C 年代からウルム氷期の最寒期(2万年前後)に相当するので，ウシノケグサ型ケイ酸体の出現率のピークとよく調和する。十勝地域においてタケ型ケイ酸体は，樽前dテフラ以降の腐植層(約5,000年前)に普遍的に出現するが，根釧地域では摩周fテフラ(Ma-f)直上の腐植層生成期においても見出されれず，ウシノケグサ型の出現率が高い。このように北海道においても地域によってイネ科植物相に違いが見られ，現在より過去の時期においてその傾向がより大きかったと思われる。

このような完新世と後期更新世における植物ケイ酸体組成の相違は，岩手県の湯舟沢遺跡テフラ断面の植物ケイ酸体ダイアグラムにおいても確認される(図81)。すなわち，早坂浮石層上部(約8,000年前)では，全般的にキビ亜科を主要構成種とするイネ科植物が継続していた。この間，早坂浮石層堆積直後ヨシ(ヒゲシバ型)が勢力を拡大し，少し遅れてキビ亜科(キビ型)の優勢なイネ科植物相が成立した。図には示していないが，ヒゲシバ型がヨシ起源であることは，ヒゲシバ亜科由来のファン型ケイ酸体(シバ属タイプ)がまったくなく，ヨシ由来のファン型ケイ酸体(ヨシタイプ)が多く検出されることと矛盾しない。この植生変動は，ヒプシサーマル期の高温湿潤気候と，それを背景とした縄文人の生業活動と密接に関係している。他方，早坂浮石層より下位ではササ属(タケ型)とイチゴツナギ亜科(ウシノケグサ型)の優勢なイネ科植物相で特徴づけられ，早坂浮石層以降の植生環境と著しく異なっていた。現在，この地域は冷温帯に属しているが，1万年以前はササ属，イチゴツナギ亜科が優占していた寒冷な気候条件にあったことが推定される。ササ属が早坂浮石層以前で優勢であったことはササ属起源のファン型ケイ酸体の消長と対応する。他方，最下層でタケ型＞ウシノケグサ型の関係が見られるが，ササ属由来のファン型ケイ酸体の出現率は極めて低く，ファン型と上記の関係は対応しない。タケ型がウシノケグサ型と同程度かやや多い出現率の場合は，ファン型，ポイント型などの非短細胞ケイ酸体の消長とよく対応させ，総合的に判断すべきである。ここでは，ササ属

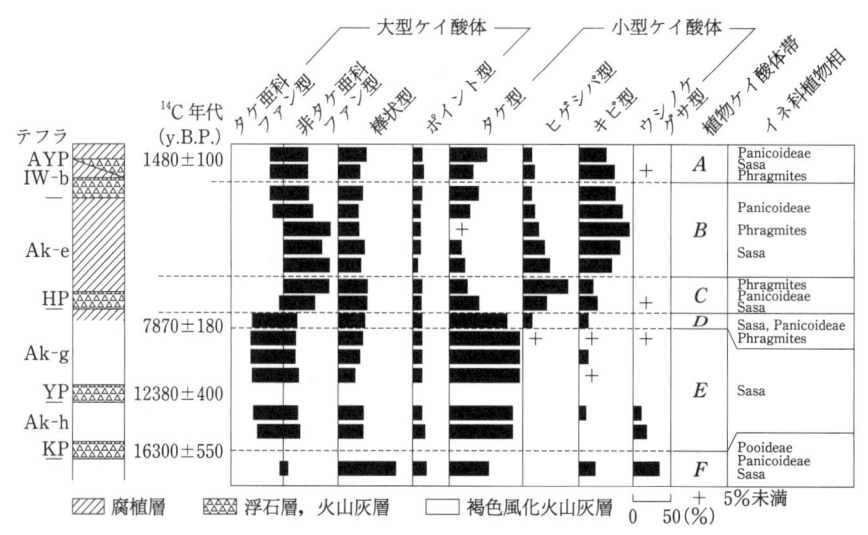

図81 湯舟沢遺跡における累積テフラ層の植物ケイ酸体ダイアグラム(佐瀬ほか，1984)。
AYP：秋田焼山火山灰(十和田a降下火山灰)，IW-b：岩手b火山灰，Ak-e：秋田駒ケ岳e火山灰，HP：早城浮石，Ak-g：秋田駒ケ岳g火山灰，YP：柳川浮石，Ak-h：秋田駒ケ岳h火山灰，KP：小岩井浮石

よりイチゴツナギ亜科が優勢であったと推測するのが妥当であろう。ポイント型，棒状型などの非短細胞ケイ酸体はこのことを裏づける結果として貢献している。

上述したテフラ断面の植物ケイ酸体ダイアグラムと似た傾向は東北北部の八戸や岩手山麓に分布する分火山灰層断面の過去 1 万 3,000 年間の植物ケイ酸体組成においても見られる(佐瀬ほか，1990，1993b)。すなわち，東北地方においてウシノケグサ型が優勢で，タケ型の検出がない試料は十和田火山東方の台地上に分布する八戸浮石層(1 万 4,000 年前)直下の埋没 A 層に見られる。この層には，ファン型が少なく，ウシノケグサ型とともにポイント型と棒状型が多く出現し，かつ針葉樹起源のケイ酸体もともなっている。したがって，この時期の植生は，イチゴツナギ亜科を主要構成種とするイネ科草本と針葉樹林の疎林であったと推定される。

図 82 は，東京成増路頭における関東ローム層の植物ケイ酸体ダイアグラムを示したものである。この路頭は最下層に緊密な泥層からなる東京層があり，その上に段丘構成層である成増礫層が約 4 m の厚さで堆積している。そして，この礫層を御岳第一軽石層準以上の下末吉ローム層，武蔵野ローム層，立川ローム層が順次覆い，最上部には層厚 38 cm の黒ボク土が生成している(佐瀬ほか，1987)。

この路頭の植物ケイ酸体ダイアグラムは，メダケ属(タケ型II)，ササ属(タケ型 I)およびキビ亜科(キビ型)を主要構成種とするイネ科植物相で特徴づけられている。更新世初頭の立川ローム層では全層通じてタケ型 I (ササ属)が優勢である。その上部はキビ型とごく僅かなウシノケグサ型をともなうが，下部はキビ型がまったく見出されていない。したがって，ササ属とキビ亜科を主体としたイネ科植物相とササ属が極めて優勢なイネ科植物相の両方が混在していたと推測され，現在より冷涼な気候環境であったと思われる。一方，武蔵ローム層の上部ではメダケ属(タケII型)とササ属(タケ I 型)が優勢なイネ科植物相で特徴づけられ，温帯から冷温帯の中間的な気候であった。しかし，東京軽石層降下前後の武蔵ローム層では，ササ属(タケ I 型)が優勢で，かつ，イチゴ

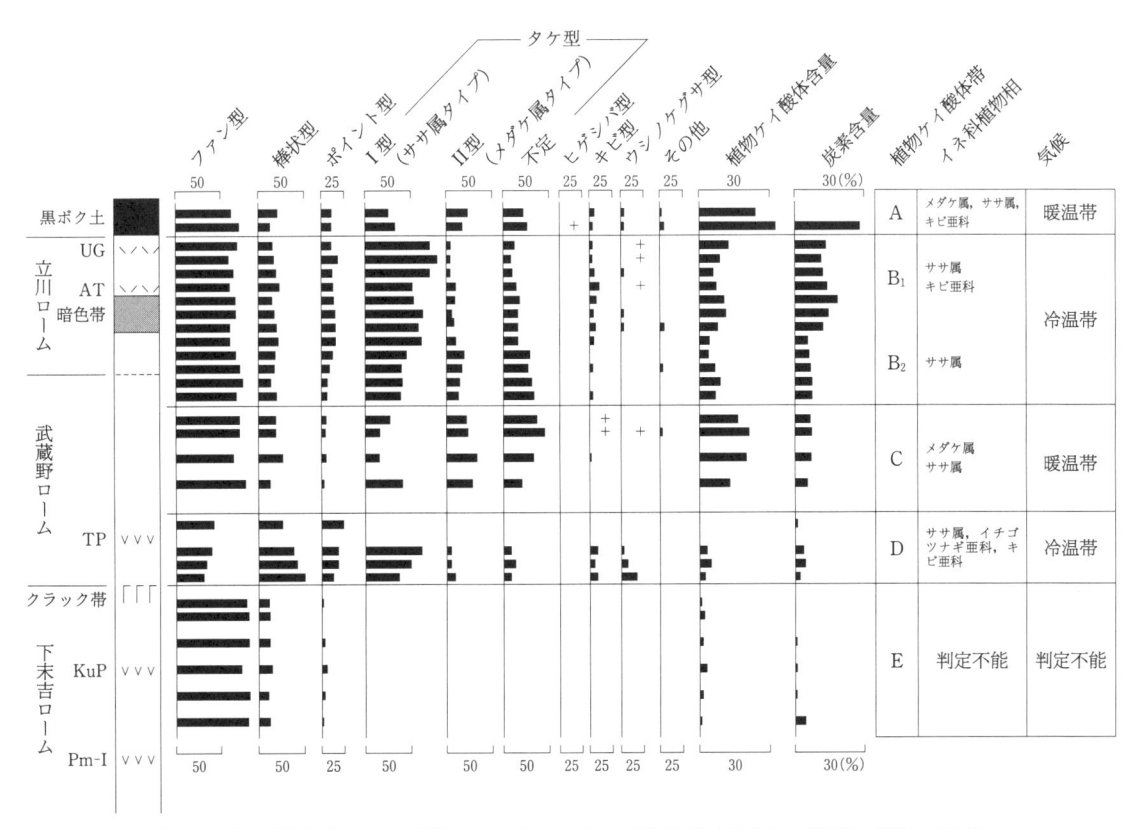

図 82 東京成増路頭における関東ローム層の植物ケイ酸体ダイアグラム(佐瀬・細野，2007)

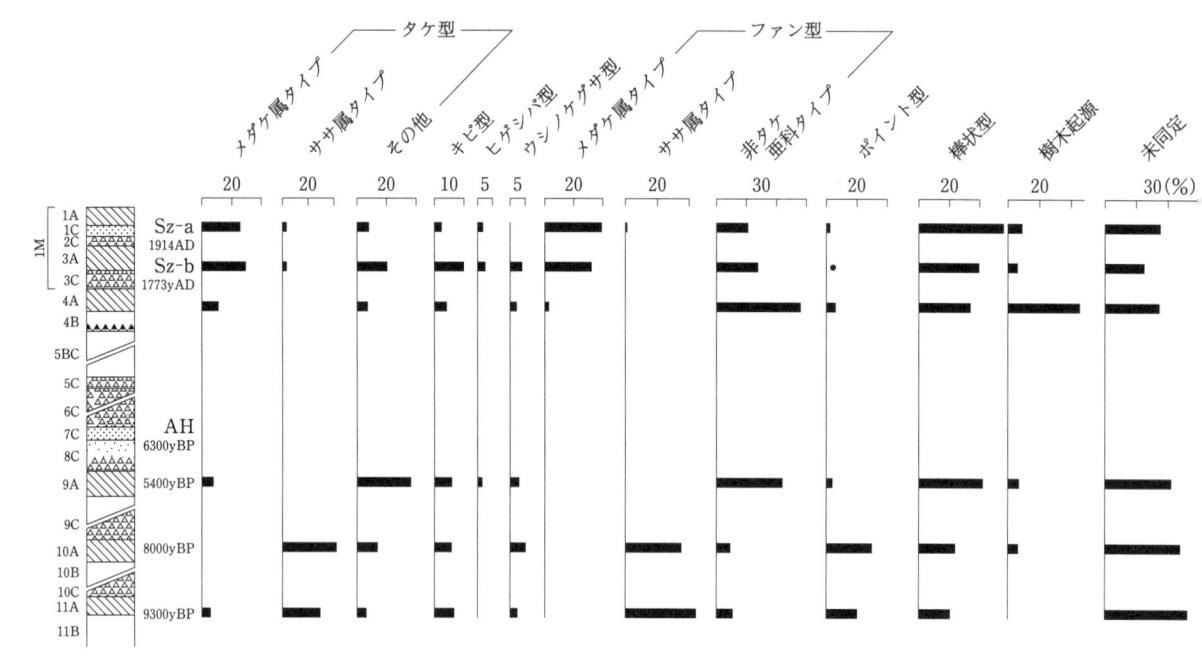

図83 垂水市大野原における累積黒ボク土腐植層の植物ケイ酸体ダイアグラム(近藤錬三原図)。
Sz-a：桜島aテフラ，Sz-b：桜島bテフラ，AH：アカホヤテフラ

ツナギ亜科の出現で特徴づけられる冷温帯の気候であったことが読み取れる。

最近，関東西南部において，堆積年代の分解能の高い立川—武蔵野ローム層について植物ケイ酸体分析が行われ，酸素同位体ステージ[*5] 5.1以降の詳細な気候・植生環境が明らかにされた。とくに，酸素同位体ステージ5.1時期以降の気候変化を示唆する顕著なササ属/メダケ属比の変動があり，この変動はグローバルな同位体変化に対比できることが明らかにされている(佐瀬ほか，2008b)。

図83は，暖温帯に位置する九州大隅半島に分布する累積テフラ断面腐植層の植物ケイ酸ダイアグラムを示したものである。

それによると，桜島bテフラ以降における数百年前の腐植層の植物ケイ酸体組成は現在とさほど変わらないタケ型(メダケ属タイプ)・キビ型とメダケ属・非タケ亜科タイプファン型で特徴づけられる

[*5] 酸素の同位体比による過去の気温にもとづいた区分。完新世の温暖期を第1ステージ，最終氷期の最寒冷期を第2，続いて第3，第4，第5ステージというように新しい方から順に番号を付けた。奇数が温暖期，偶数が寒冷期に相当する。さらに，最終間氷期はステージを5a，5b，5c……5eのように細分して区別した。

るメダケ属(主にネザサ)とキビ亜科が優勢なイネ科植物相とそれにともなう照葉樹林からなる植生であった。しかし，桜島bテフラ直下の腐植層(OH-6)にはイスノキ，スダジイなどに由来する樹木起源ケイ酸体が20％以上であることから，比較的長い間照葉樹林が発達していたと思われる。そして，ここで検出されるタケ型(メダケ属タイプ)，キビ型などのイネ科植物起源ケイ酸体は照葉樹林の先駆植物としてイネ科植物と位置づけられよう。アカホヤテフラ下層(6,300年前)の腐植層(OH-18)にはタケ型がさほど検出されず，非タケ亜科ファン型とメダケ属，ササ属タイプ以外の長座鞍形bタイプによって特徴づけられる。おそらく，タケ亜科(ササ類)以外のキビ亜科イネ科植物相(ヒメアブラススキ連など)が優勢であったと思われる。

OH-18以前でさほど検出されなかったタケ型(ササタイプ)は8,000年前と9,300年前の腐植層(OH-25，-30)でウシノケグサ型やポイント型ともに見出される。この時期は，メダケ属タイプファン型の頻度が極少のことから桜島bテフラ上部の腐植層生成時よりやや寒い冷温帯から暖温帯の気候環境であったであろう。

なお，照葉樹林由来の樹木起源ケイ酸体も僅かな

がら出現することから九州南部においてすでにこの時期に照葉樹林が成立していた可能性が考えられる。

事実，九州南部台地上の累積テフラ層断面の植物ケイ酸体分析によると，鬼界アカホヤテフラ(6,500年前)の下層では，平野部，山間部など広範囲に照葉樹林起源のケイ酸体が見出されている。それ故，南九州地域の多くは晩氷期において照葉樹林が維持されていたのであろう。他方，内陸部の黒ボク土分布域では，霧島御池軽石(約4,200年前)の下位層から照葉樹林起源のケイ酸体が検出されず，メダケ属やススキ属由来のファン型ケイ酸体が多数検出されている。これらの地域では，照葉樹林の分布拡大が火入れによる人間活動によって妨げられ，その結果，黒ボク土が成立したと考えられている(杉山，1999)。

これまで例示してきた累積テフラ層の植物ケイ酸体ダイアグラムに見られるように，北海道はもとより，東北，関東および九州においても後期更新世にはイチゴツナギ亜科由来のウシノケグサ型ケイ酸体が少なからず出現している。イチゴツナギ亜科が優占するイネ科植物相は寒帯から亜寒帯に多く生育し，このよな気候環境では植物の生産量も極端に低い。そのためイネ科植物と関連ある明瞭な黒色腐植層の出現は後期更新世の寒冷期の東北や北海道地域ではほとんど見出されていない。しかし，関東や九州地域では北海道や東北地域と事情が異なり，テフラの堆積速度や粒度の変化が黒色腐植層(あるいは暗色帯)生成の主要因と推測されている(町田ほか，1971；井上ほか，2006；宮縁・杉山，2006，2008)。

十勝地域の後期洪積世テフラ(En-a, Spfal-1, Kt-6)直下における古土壌最上部中の植物ケイ酸体密度は現世の約1/10〜1/100(10^4個/g)と極めて少なく，イチゴツナギ亜科草本類の繁茂も疎らであったと推定される(近藤・筒木，1996)。しかしながら，九州地域の一部では2万年前より古い黒色腐植層も見られ，それらの植物ケイ酸体密度は約10^5〜10^6個/gと，現世の表層土のそれとあまり変わらない(近藤，1982b)。

これらの腐植層はササ類由来のファン型とタケ型ケイ酸体が優勢で，約1万年前より新しい腐植層のメダケ属由来のタケ型ケイ酸体とやや異なっていた。上記の植物ケイ酸体密度と形態組成から類推すると，九州地域の一部ではウルム氷期最寒期といえども黒色腐植層の生成に十分なバイオマスや気候環境が残されていたといえよう。

これまで述べてきた植物ケイ酸体組成は，各植物ケイ酸体タイプをその頻度相対比として表すため絶対量ではないので，正確な母植物の生産量や群落の広がりはわからない。しかし，植物ケイ酸体量，または密度と植物ケイ酸体組成の内容を調べることで，おおよその予測は可能である。

絶体量は，各々の植物ケイ酸体タイプが土壌や堆積物1g中にどのぐらいの個数含まれているか数えることで知ることができる。藤原(1979)は，これをケイ酸体密度と称し，水田遺跡土壌のイネ・ヨシ・タケ類の機動細胞ケイ酸体(ファン型)密度からそれらの生産量を推定している。この具体的な算出法の詳細についてはコラム4に述べているので参照してほしい。

以下では，このケイ酸体密度によって植物ケイ酸体分析を行った事例について紹介する。

図84は，南九州の都城盆地における累積テフラ断面の植物ケイ酸体ダイアグラムを示した(井上ほか，2000)。

ここでの植物ケイ酸体は，イネ科植物の葉身表皮に見られるファン型ケイ酸体を対象として分析したものであり，近藤や佐瀬のすべての植物ケイ酸体を対象とした分析法と異なる。したがって，表記法もパーセントではなく，土壌1g中に含有するファン型ケイ酸体の個数(密度)として示されている。ファン型ケイ酸体は第7章で述べたように，端面形状，下面の形状と模様，側面の厚さなどの特徴によって分類されている。

植物ケイ酸体の各タイプは，種名，連(族)および属名レベルの植物分類群と関連づけて設定されており，とくにササ属とメダケ属については節名レベルまで詳しく分けている。これは杉山・藤原(1987)に準じた彼ら独自の分類法であり，わが国以外の適用例は見られない。さて，この分類法の是非はさておき，ファン型ケイ酸体による累積テフラ断面内でのイネ科植物変遷の解釈(井上ほか，2000)を以下にまとめた。

①最下層(10 C)と褐色ローム層下部(8Bb, 8B2)

ファン型ケイ酸体の特徴から湿地環境を好むイネ科B(最大58,000個/g)やヨシ属，それにササ属(ミヤコザサ節タイプ)，ススキ属，ヒメアブラススキ連Aをともなうイネ科植物相で特徴づけられる。

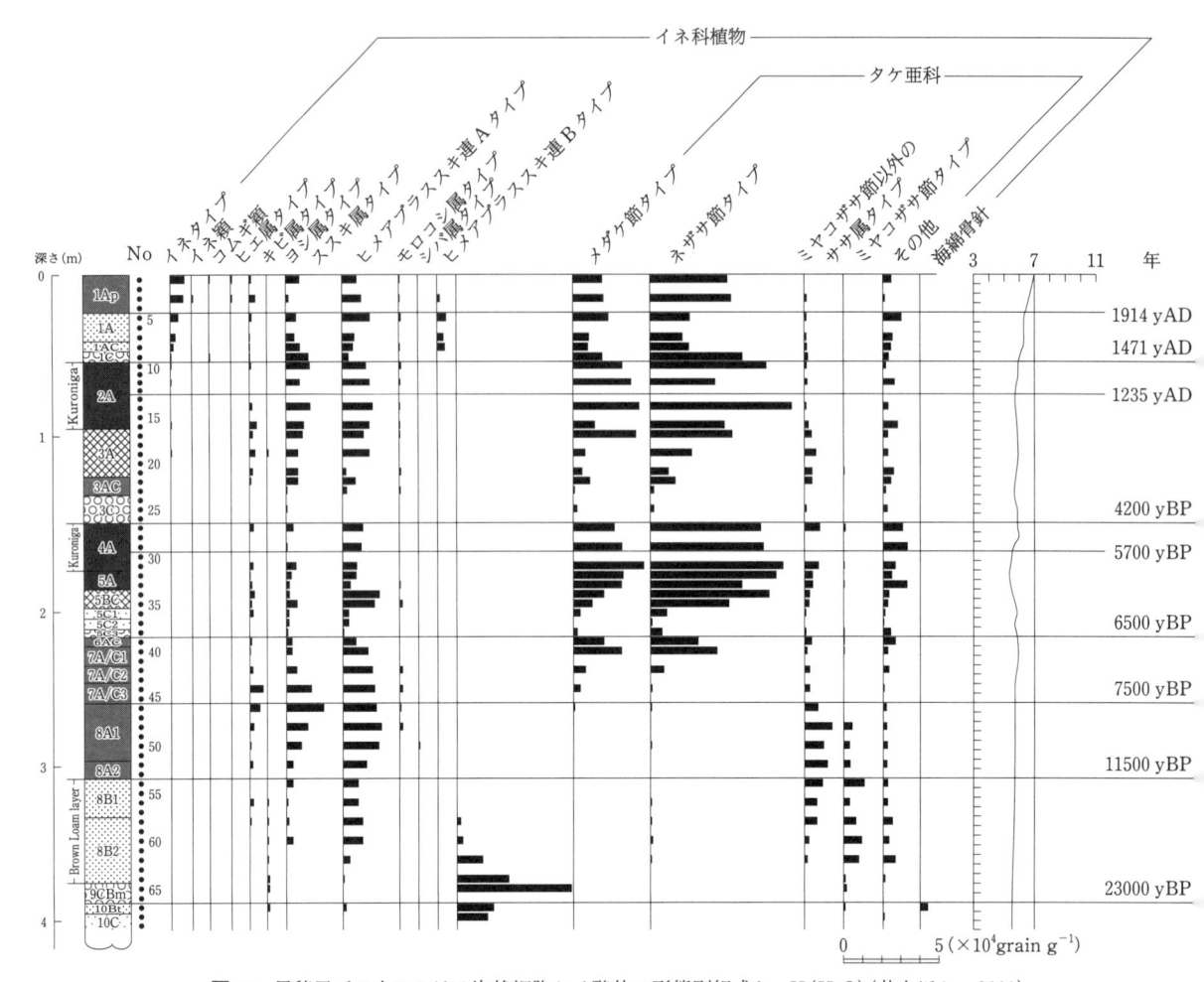

図84 累積黒ボク土における泡状細胞ケイ酸体の形態別組成とpH(H₂O)(井上ほか，2000)

②褐色ローム上部〜直上に位置する薩摩テフラ層準の腐植層(8A1, 8A2)

ヒメアブラススキ連(または，族)A，ササ属，ススキ属，キビ属タイプなどは増加(ススキ属，ヒメアブラススキ連Aタイプ：約20,000個/g，ササ属タイプ：約10,000個/g)するが，イネ科Bやヨシ属タイプは消失する。イネ科Bタイプは，この層準より表層に向けてまったく検出されない。

③7A/C3層〜7A/C1層，6AC層

ヒメアブラススキ連A，ススキ属，キビ連タイプは漸減する。代ってメダケ属(ネザサ節・メダケ節タイプ)が増加する。また，ミサコザサ節とそれ以外のササ属タイプは急激に減少する。すなわち，7A/C1層の時期にはヒメアブラススキ連A，ススキ属などをともなうメダケ属(メダケ節・ネザサ節)に移行し，再び6AC層で漸減する。

④5C層〜5A，4A層

大規模なアカホヤの降灰により，植生は一時的に破壊する。しかし比較的回復は早く，5C〜5A，4A層にかけてネザサ節とメダケ節タイプが大幅に増加する。4A層下部ではネザサ節タイプが69,000個/g，メダケ節タイプが37,000個/gに達する広大なメダケ属(ネザサの仲間)草原が発達したと思われる。

⑤3C層〜3A層，2A層

御池テフラ降灰により草原の規模は縮小する。ヒメアブラススキ連Aは消失するが，メダケ属やササ属はなお残存する。すなわち，3C〜3A層にかけて，ススキ属，ヒメアブラススキ連Aタイプなどをともなうメダケ属タイプが漸増し，2A層下部でメダケ属(ネザサ節・メダケ節)タイプが最大となる。

2A層上部では4A層や3A層とほぼ同様なメダケ属草原が再び拡大する。また，この時期に僅かながら初めてイネタイプが出現する。

⑥1C〜1Ap層

⑤とほぼ同じメダケ属が優勢な植生で，イネ属タイプが増加傾向にある。同時にヒエ属，オオムギ連，シバ属タイプも出現する。

ササ属とメダケ属由来のファン型ケイ酸体の堆積物中での出現傾向は一般に相反することが知られており，さきに述べたように前者は寒冷・冷涼，後者は温暖の指標とされている。それ故，8B2層上部〜薩摩テフラ層準の8A1層下部にかけてはササ属が繁茂する比較的冷涼な乾燥環境が推測される。また，2A，4Aおよび5A層の両クロニガ層はメダケ属(ネザサ)草原が最も発達した温暖な時期と推測される。文明テフラ直上の1AC層〜現表土にかけても，おおむね上記と同様な植生環境にあったと思われるが，この時期にはイネ，ヒエなどを栽培する農業活動が行われていた。それはイネに特有な泡状細胞・頴由来のケイ酸体，ヒエ属，キビ属由来のファン型ケイ酸体が僅かながら見出されているからである。

このようにファン型ケイ酸体による植生復元は，それらを生産するイネ科植物において極めて有効である。しかしながら，ファン型ケイ酸体の生産の少ないイチゴツナギ亜科の復元は難しい。さらに，ファン型ケイ酸体を生産するほかのイネ科植物でも生育環境によって出現率に変異が見られるので，植生を復元する際には取り扱いを慎重にしなければならない。他方，ファン型ケイ酸体による分析法は，植物ケイ酸体密度に層厚(cm)，仮比重と換算係数(ファン型ケイ酸体1個あたり植物乾重，単位：10^{-5}g)をかけることで単位面積あたりの推定植物生産量(絶対量)が求められる利点がある。

なお，ファン型ケイ酸体のような特定の植物ケイ酸体とすべての植物ケイ酸体群集を対象とした植物ケイ酸体分析について同一試料で比較した例が仙台市の『富沢遺跡の植物ケイ酸体分析』で実施されている(杉山・佐瀬，1992)。前者は杉山，後者は佐瀬による分析法であり，分類の設定のされ方が互いに異なる。したがって，同一視することはできないが，ファン型ケイ酸体，棒状ケイ酸体およびポイント型については両者の分析法の間でいずれもほぼ対応している。しかし，杉山の方法は短細胞ケイ酸体を分析対象としていないので，それらを比較できない。そのほかのイネ科由来のケイ酸体，樹木起源およびカヤツリグサ科起源ケイ酸体については両者の間で分類の設定に違いがあることと，検出頻度が乏しいことから整合性は認められないと述べられている。

上記の比較検討の結果から，今後の植物ケイ酸体分析の方向性がうかがえよう。それは，ふたつの異なる分析法の利点を最大限に生かし，統一した分類基準のもとですべての植物ケイ酸体群集を対象とした分析法が確立されることである。ある地域の植生を復元するには，特定の植物ケイ酸体のみを対象にするのではなく，土壌および堆積物中に存在する植物ケイ酸体群集のすべてを同定し，多くの情報を収集しながら客観的に評価する必要がある。

[コラム4] 植物ケイ酸体量および密度による植物ケイ酸体年生産量と植物葉部生産量の推定

植物ケイ酸体量(Pw)は，第8章(第1.2節)のなかで重量％として求められている。重量％がわかれば，次式により土壌中の単位面積あたりの植物ケイ酸量(Pw)が求められる(加藤，1977)。

$$Pw = w' \times s \times d \times \delta \times 0.1 \, (\text{mg/cm}^2)$$

ただし，sは粒径画分(10〜100μm，または5〜200μm)の重量％，dは層厚(cm)，$δ$は土壌の仮比重，w'は植物ケイ酸体の重量％である。

^{14}C年代資料が判明しているテフラ起源の黒ボク土中の植物ケイ酸体量から年平均植物ケイ酸体生産量を求めた結果を表22に示した。これら値は代表的イネ科草本の植物ケイ酸体生産量(ススキ：約3.3 g/m²y⁻¹，ミヤコザサ：7.4 g/m²y⁻¹，チシマザサ：5.6 g/m²y⁻¹，ネザサ：15.0 g/m²y⁻¹)に比べ，全体的に小さい。加藤(1977)は上記の式から求めた数値が，イネ科草本の実測値より低かった理由として，ひとつは，植物ケイ酸体をあまり残さない植物を混じえていること小型のケイ酸体の溶解にあるとした。また，九州においてこの値が最大であったのは，気温が高いこととササ型ケイ酸体が多いことによると考えた。そして，東北が最小で北海道南部で再び増加するのも，前者がススキ型，後者がササ型の植生帯に属するためと推測した。北海道でも十勝地域では1 g/m²y⁻¹前後で再び小さくなるのである。

表22 土壌の植物ケイ酸含量より求めた年間植物ケイ酸体生産量(加藤ほか, 1986a)

試料採取地	植物ケイ酸体含量 (mg/cm²)	A層の形成*1期間 (年)	年間生産量 (g/m²/y)
北海道茅部郡鹿部町大岩	670	3,000	2.2
青森県三戸郡三戸町田子	407	7,600	0.54
静岡県富士宮市田貫湖	2,850	8,000	3.6
大分県玖珠郡九重町長者原	826	9,000	0.92
大分県北諸県郡高崎町高埼新田	2,580	5,520	4.7
宮崎県都城市庄内町日向庄内	2,090	7,000	3.0
宮崎県都城市	3,335	3,300	10.0

*1 埋没A層上下の年代のわかった火山層の差

土壌中における単位面積あたりの個々の植物ケイ酸体個数(P_n)は次式により求められる。

$$P_n = n \times d \times \delta (個/cm^2 \cdot d)$$

nは土1gあたりの植物ケイ酸体個数，dは土壌の厚さ(cm)，σは仮比重をそれぞれ示す。

例えば，泥炭(土)の仮比重が0.19(g/cm³)，泥炭の厚さが5cm，泥炭土1gにヒゲシバ型ケイ酸体が1.6×10^5個含まれていたとすると，その泥炭の単位面積あたりヒゲシバ型ケイ酸体は，$0.19 \times 5 \times 1.6 \times 10^5 = 152,000$個/cm²·d となる。この値からヨシ葉身の1m²あたりのヨシ葉身生産量を求めるには，この値をヨシ葉身1gあたりのヒゲシバ型ケイ酸体個数($B_n = 4.3 \times 10^5$個/葉1g)で除すか，ヒゲシバ型ケイ酸体1個のヨシ葉身重(4.3×10^{-5}g/ヒゲシバ1個)で乗じ10,000倍すると，泥炭のヨシ葉部生産量($P_p = 3,535$ g/m²·5cm)が算出される。

$$P_p (g/m^2 \cdot d) = (n \times d \times \delta) \times 10,000 \div B_n$$

ただし，この値は1年間の生産量でなく，泥炭が5cm堆積した期間の総個数である。年間の生産量を求めるには5cmの集積期間(例えば，78年とすると)で割らなければならない。したがって，葉部生産量は45.3 g/m²y⁻¹と計算される。ある泥炭断面の蓄積年数は降下年代の明らかなテフラ層や¹⁴C放射年代がわかれば容易に求められる。

図85は，釧路湿原における泥炭堆積物中のヨシの葉部乾物生産量をヨシ由来のヒゲシバ型(短座鞍形)密度より求めたものである。ただし，この数値はあくまでも泥炭蓄積年の平均(ここでは年1mmとして算出)を表している。この図で明らかのように，釧路湿原の低位泥炭堆積物のヨシ葉部生産量は最下層(約170cm)の約1,700年前から現在まで刻々と変化しているようすがわかる。

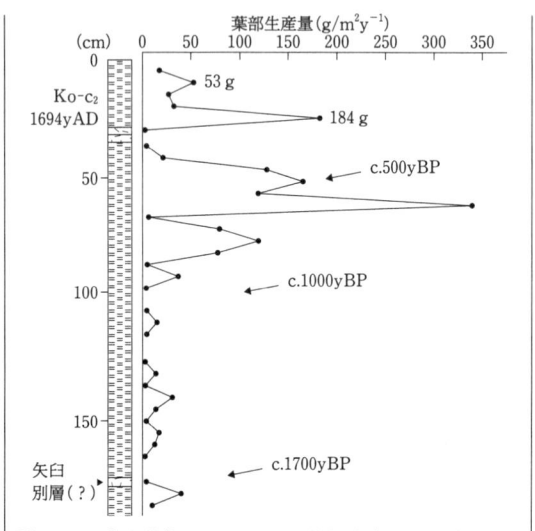

図85 泥炭堆積物におけるヨシ葉部生産量の分布(近藤錬三原図)。
葉部生産量は，泥炭の集積率を1mm/年として算出した。

1,000年以前は約30 g/m²y⁻¹と低い生産量で推移している。一方，700年前ごろから上層に向けて200 g/m²y⁻¹前後の高い生産量を示すピークが見られるが，再び200年前ごろから低下し現在にいたっている。

上記のようにヨシの葉部生産量はヨシに特有なヒゲシバ型ケイ酸体密度により算出したが，ケイ酸体密度はそれぞれ植物によって違うので，前もって密度を求める必要がある。表23に代表的な植物のケイ酸体密度(個/1g)を示した。なお，これらの密度の逆数はケイ酸体1個の葉身重量に相当し，これを杉山・藤原(1986)は換算係数と称している。これらの値は，個体間や土壌環境により多少の変動が生ずるので，可能な限り土壌採集地周辺で採取した複数の個体の平均値を使う。また，供する植物ケイ酸体はその植物に特有なもの，

表23 葉中の植物ケイ酸体密度

植物名	ケイ酸体の種類	葉中の植物ケイ酸体密度(個/1g)	出典
イネ	ファン型	$2.65×10^6$	藤原(1979)
ヒエ	ファン型	$5.60×10^5$	
ヨシ	ファン型	$1.27×10^5$	
ススキ	ファン型	$1.36×10^5$	
ゴキダケ	ファン型	$2.43×10^6$	
イネ	ファン型	$0.51×10^5$	杉山(1987b)
ヒエ属	ファン型	$1.34×10^5$	
ヨシ属	ファン型	$1.33×10^5$	
ススキ属	ファン型	$0.38×10^5$	
メダケ節	ファン型	$1.16×10^5$	
ネザサ節	ファン型	$0.24×10^5$	
チマキザサ節	ファン型	$0.17×10^5$	
ミヤコザサ節	ファン型	$0.30×10^5$	
ヨシ属(6点の平均)	ヒゲシバ型	$1.02×10^6$	近藤ほか(2005)
ヨシ(釧路湿原)	ヒゲシバ型	$4.31×10^5$	
ヨシ(帯広札内川)	ヒゲシバ型	$1.42×10^6$	
オオクマザサ[*1]	タケ型	$1.47×10^6$	近藤ほか(2007)
オオクマザサ[*2]	タケ型	$2.15×10^6$	

[*1]ササ密度の低い林分，[*2]ササ密度の高い林分

例えばイネ科の短細胞，泡状細胞ケイ酸体，マツ科の移入仮導管ケイ酸体，ヤシ科のコンペイ糖状ケイ酸体などを用いるとよい。

3. 湿原における泥炭堆積物の植生履歴

湿原，あるいは泥炭地には異なる多数の植物群落が見られるが，それらの群落は湿原の環境，栄養状態などに適応しながらすみわけている。そして，わが国においては山地の平坦部を除けば，湿原は，主に北海道および東北地方に分布している(近藤，2000a)。

湿原における泥炭(泥炭堆積物)は，還元状態下で湿性植物が未分解のまま蓄積する，いわゆる泥炭生成作用により形成され，その場所に記録の保存庫として長期間とどまる。したがって，泥炭を連続的(例えば，シンウォール・サンプラーで採取)に詳細に調べることで湿原群落の変遷(または，泥炭地の形成過程)が解明され，ひいては気候変化も推測できるのである。

上述したように泥炭は，その生成過程のなかで泥炭自身の履歴を具有する点において優れているといえよう。この特性は，泥炭生態系に興味を抱く研究者にとって極めて魅力的である。

泥炭の履歴を紐解くには，今日2通りの方法で行われている。ひとつは，植物遺体(大型植物化石)を肉眼観察および顕微鏡観察で現生の植物と対比しながら丹念に調べる手法(Walker & Walker, 1961)であり，もうひとつは，花粉，珪藻，細胞片，植物ケイ酸体などの微化石を顕微鏡で調べる手法(Moore & Bellamy, 1974)である。

前者の手法をさらに簡略化した肉眼観察から，泥炭構成植物(泥炭中で残存する主要植物)の種類によりミズゴケ泥炭，ヨシ泥炭などのように泥炭が分類されている(浦上ほか，1937)。例えば，構成植物が2種類以上のものでは，より主要な植物名を後につけ，ツルコケモモ・ミズゴケ泥炭，イワノガリヤス・ヨシ泥炭と呼んでいる。この同定による分類は，植物学的知識と熟練を必要とするばかりでなく，分解の進んだ泥炭に適用することは難しい。また，例え泥炭中の植物遺体が同定されたとしても，泥炭を構成していた主要植物であるという保証はない。そこで，泥炭を灰化あるいは湿式分解により残存する灰像と植物ケイ酸体の形態組成を調べることで，肉眼観察で欠落した植物がよみがえるのである(近藤，2000a)。

図86は泥炭構成植物が比較的明瞭な泥炭試料の植物ケイ酸体組成を示しており，泥炭堆積物から湿

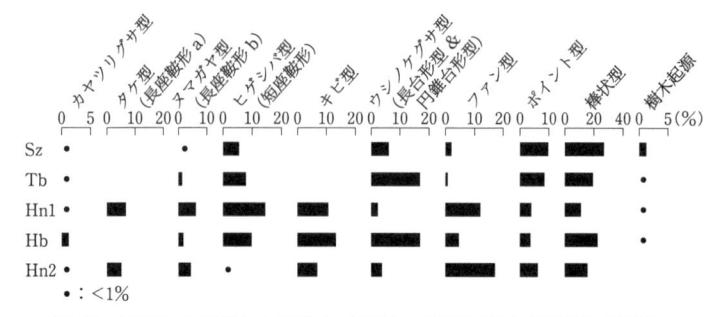

図86 泥炭から分離した植物ケイ酸体の形態別組成(近藤錬三原図)。
Sz：静内湿原(ハンノキーヨシ泥炭；18～45 cm)，Tb：長節湿原(スゲーヨシ泥炭；77～87 cm)，Hn1：幌延湿原(スゲーヌマガヤ泥炭；0～10 cm)，Hn2：幌延湿原(ヌマガヤーホロムイスゲーミズゴケ泥炭；0～16 cm)，Hb：浜別海湿原(ミズゴケーヤチヤナギーワタスゲ泥炭；0～7 cm)

原植生の変遷を読み取るための基礎調査とみなせる。

SzとTb試料は低位泥炭で，肉眼的観察によると前者はハンノキとヨシ，後者はスゲ類とヨシがそれぞれ構成植物である。両泥炭の植物ケイ酸体組成はヨシ由来のヒゲシバ型とイチゴツナギ亜科由来のウシノケグサ型ケイ酸体により特徴づけられる。ファン型ケイ酸体の出現率が少ないが，ほとんどがヨシ由来のファン型ケイ酸体である。肉眼観察では不明なイチゴツナギ亜科由来のウシノケグサ型がTb試料で比較的高出現率(17%)で検出される。これは泥炭がある時期に乾燥化し，イワノガリヤスが進入したことを物語っているのかもしれない。棒状型とポイント型の高い出現率もイチゴツナギ亜科の存在を裏づけている。両泥炭はヨシ主体でありながら，ヒゲシバ型の出現率はそれほど多くないのは，40%以上の未同定ケイ体のなかにヨシの稈や茎由来のケイ酸体がかなりの比率で占めているからであろう。Hn1とHb試料は中間泥炭で，前者はヌマガヤ，スゲ，後者はミズゴケ，ヤチヤナギ，ワタスゲをそれぞれ構成植物としている。両泥炭の植物ケイ酸体組成は，ヌマガヤ由来のキビ型で特徴づけられる。Hn1試料にはササ属由来のタケ型(長座鞍形a)，ヌマガヤ型(長座鞍形b)，そしてHb試料にはヨシ由来のヒゲシバ型とイチゴツナギ亜科由来のウシノケグサ型がそれぞれ検出される。ファン型ケイ酸体は，主にササ属とヌマガヤ属由来のものであり，とくにHn1試料ではササ属由来の不定形ファン型が多く検出されるのがめだつ。Hn2試料は高位泥炭で，主にホロムイスゲとミズゴケを構成植物とする。この泥炭の植物ケイ酸体組成はヌマガヤ由来のキビ型，イチゴツナギ亜科由来のウシノケグサ型，そしてササ属由来のタケ型で特徴づけられる。ミズゴケには植物ケイ酸体が存在しないので，ここに出現する植物ケイ酸体は構成植物の主要なものでない。この泥炭にはワタスゲ由来のカヤツリグサ型が検出されて当然であるのだが，1%以下と極めて少ない。タケ型は高位泥炭地の乾燥化による侵入で，地表面にササの繁茂が見られる。本来，高位泥炭にはイチゴツナギ亜科が生育しておらず，また肉眼的にも観察されなかったが，植物ケイ酸体組成では5%も検出された。このことをどう解釈するのか甚だ難しいが，湿原周辺に牧草地が散在するので野火や焼却の上昇気流による植物ケイ酸体を含む組織片の飛散や融雪時における大量の流去水による混入も十分考えられる。

全体を通じてササ型が比較的多く出現す試料でファン型ケイ酸体の出現率が高い傾向にあった。カヤツリグサ型はHb試料で3%検出されたが，ほかの試料は1%以下である。スゲ類は，泥炭構成植物として肉眼的に確認されるのであるが，植物ケイ酸体組成のなかでは出現率が極めて低い。これは，カヤツリグサ型ケイ酸体がほかのものに比べ風化抵抗が弱いことに起因するらしい。このことは，カヤツリグサ科植物の酸・アルカリ溶解実験により，カヤツリグサ型が酸処理では僅かの減少であるが，アルカリ処理では96%以上が減少し，反面棒状ケイ酸体の割合が増加することからも実証される(表24)。

このように肉眼で観察した泥炭構成植物と植物ケイ酸体組成から推測される泥炭の植物と比較的よい対応関係が見られるばかりでなく，肉眼で同定でき

表24 酸およびアルカリ溶解処理後のカヤツリグサ科植物起源ケイ酸体の形態別組成(%)(近藤・原田, 1980のデータをもとに作成)

植物名	処理法	形態別組成(%)			
		カヤツリグサ型	棒状型	気孔由来の亜鈴型	その他
オニナルコスゲ	未処理	27.8	33.4	0.8	37.9
	HCl*1	23.3	45.7	2.1	28.9
	Na₂CO₃*2	1.2	71.4	1.2	28.9
コウボウムギ	未処理	57.2	34.9	0.2	7.7
	HCl	51.9	40.4	tr.	7.7
	Na₂CO₃	1.6	92.2	0.2	6.0
ホタルイ	未処理	30.8	46.0	3.7	19.5
	HCl	28.0	48.0	1.3	22.7
	Na₂CO₃	1.2	73.2	0.8	24.8

*1 0.6 塩酸(試料：溶媒＝1：100), 40℃, 5時間加温処理
*2 1%炭酸ナトリウム(試料：溶媒＝1：100), 60℃, 1時間加温処理(佐瀬・加藤, 1976)

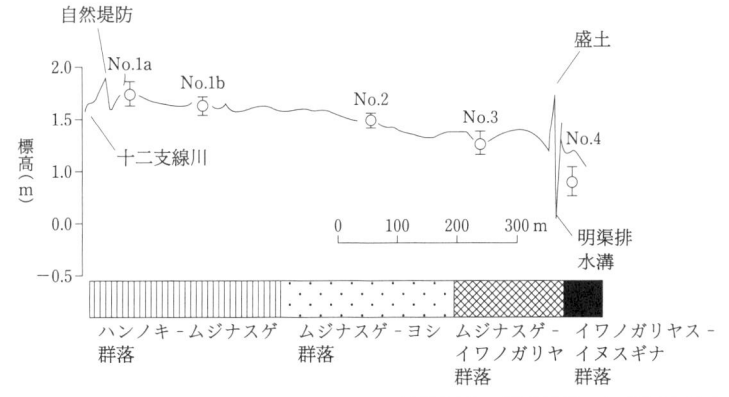

図87 釧路湿原のトランセクトライン上における地盤標高, 標高数位, 泥炭採取地点および植物群落分布(内田泰三原図をもとに作成).
－：地盤標高, ○：平均標高水位, I：標準偏差, No.：ボーリング地点

ない植物の存在も確認できるので, 植物ケイ酸体分析は湿原植生の復元に有益な情報をもたらすといえよう.

図87は, 釧路湿原広里地域の十二号千川と雪裡川の約900 mのトランセクトライン上における地盤標高, 標高水位および植物群落分布を示したものである. この4つの群落の5地点からシンウォール・サンプラーで約2 mの深さまで連続的に泥炭を採取した.

まず, 現植生が最表層の泥炭の構成植物を反映しているかどうかを検討するために最表層(0～5 cm)の植物ケイ酸体分析を試みた. その結果, 最表層の泥炭の植物ケイ酸体組成(図88, 89)は大まかな植生調査の結果とほぼ一致している(近藤ほか, 2005).

すなわち, ササ属に由来するタケ型ケイ酸体はNo.1とNo.2地点でごく僅か検出されるが, ほかの地点ではまったく見られない. このタケ型は泥炭地元来のものでなく, ほかから河川水により混入したものらしい. キビ型はNo.5地点で14%と出現率が比較的高いが, C_4植物の典型的なキビ型と異なる. むしろ, イチゴツナギ亜科のハネガヤ属のハネガヤタイプに似ている. しかし, ハネガヤ属は本地域の湿原に存在しないので, このキビ型の帰属は不明である. 湿原のなかでキビ型を含むイネ科植物は, 前に述べたように中層湿原に群落をなすヌマガヤであるが, それらに由来するキビ型やファン型細胞ケイ酸体は本群落の泥炭中に見出されていない. ヒゲシバ型(短座鞍形)はヒゲシバ亜科やタケ亜科, ダンチク亜科の一部に含有するが, 本群落の各地点で検出されるヒゲシバ型はヨシ由来のものである. すべ

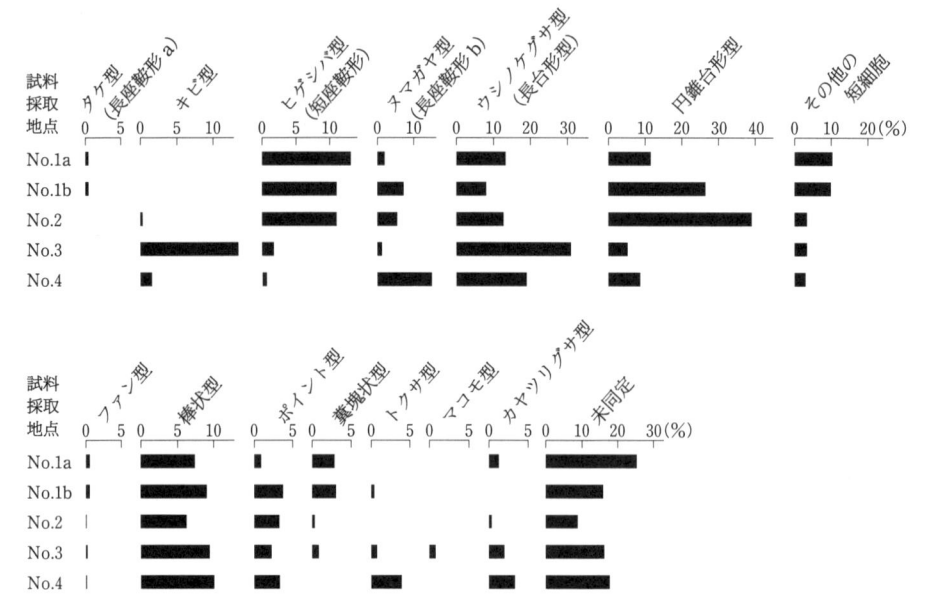

図88 泥炭表層(0〜5 cm)における植物ケイ酸体の形態別組成(近藤ほか，2005のデータをもとに作成)。
No.1a，1b：ハンノキ-ムジナスゲ群落，No.2：ムジナスゲ-ヨシ群落，No.3：ムジナスゲ-イワノガリヤス群落，No.4：イワノガリヤス-イヌスギナ

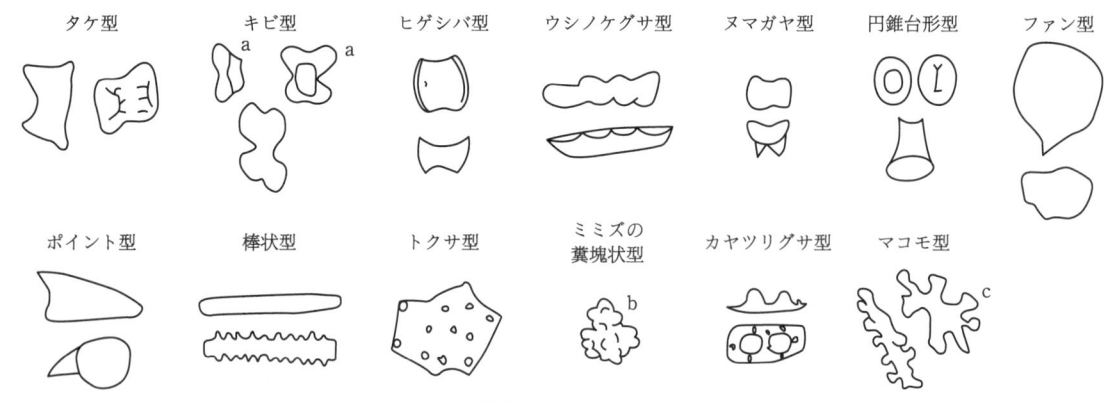

図89 泥炭から分離した植物ケイ酸体の主要タイプ(近藤錬三原図)。
a：Stipaタイプ，b：ハンノキ材部由来(?)，c：通気組織由来

ての地点でヒゲシバ型は検出されるが，とくにNo.1とNo.2地点で11％前後と比較的出現率が高い。ヨシ葉身中のヒゲシバ型出現率を考慮すると，上記の値は決して少ないとはいえない。それ故，これらの群落にはヨシがかなり繁茂していたと推測される。ウシノケグサ型はすべての地点で検出されるが，とくにNo.3とNo.4のイワノガリヤ群落で20〜40％と高い出現率である。ウシノケグサ型は，その多くがボート状(長台形)を呈し，イワノガリヤス，チシマガリヤスなどのイチゴツナギ亜科に由来するものである。円錐台形型は，No.1bとNo.2地点でそれぞれ27％と42％と突出している。円錐台形型はすべてイネ亜科に多少なり含有するので特定の植物分類群と関連づけることは難しい。しかしながら，ウシノケグサ型の多いNo.3地点で円錐台形型が少ないことから，ヨシ由来のケイ酸体と考えた方が自然であろう。ファン型は，その多くがヨシに帰属するものであるが，出現率は全地点で極めて少ない。反面，棒状型とポイント型は万遍なく見出される。また，No.4地点でトクサ型が検出されたのは，イヌスギナの繁茂が優勢であるからだろう。元来，スゲ属が優勢である本湿原でスゲ属由来のカヤツリグサ

型が各地点で少ない。これは，前に述べたようカヤツリグサ型は全体にケイ化が弱く，泥炭中でその多くが溶解したためであろう。特殊な例として，糞塊状ケイ酸体(樹木材部起源？)が No.1a と No.1b 地点で約4％，マコモの通気組織由来のケイ酸体が数％それぞれ検出された。

　この湿原は，元来ヨシ群落の優占する低位泥炭地であったが，河川の氾濫や乾燥化によりヤチハンノキやイワノガリヤスの侵入を許したのであろう。植生調査ではヨシの繁茂状態は No.2＞＞No.1b＞No.1a であるが，植物ケイ酸体組成ではさほど違いが見られない。しかし，ヒゲシバ型と円錐台形型の合計が多い No.2 あるいは No.1b でヨシの繁茂が最も多かったと思われる。

　植物ケイ酸体組成はあくまでも定性的なものであるので，量的(単位面積あたり)な関係については評価するのは難しい。そこで，ヨシ由来のヒゲシバ型ケイ酸体に焦点をしぼり，ヨシ葉部生産量(g/m^2y^{-1})の推定を試みた(図90)。なお，泥炭の集積年数は既知テフラにもとづいて求めた。

　この推定法は，藤原(1979)のファン型ケイ酸体の密度による手法と基本的には同一であるが，対象とした植物ケイ酸体が短細胞ケイ酸体であることと，密度の測定法が容量法である点に違いがある。

　ヨシ葉部生産量(g/m^2y^{-1})は，植生調査時のヨシ繁茂の予想に反し，No.1b で 65.3 g/m^2y^{-1} と最大で，No.2 の 30.0 g/m^2y^{-1} を上回っていた。また，ほとんどヨシが繁茂していない No.3 と No.4 地点の群落において僅かのヨシ葉部生産量(2.2〜4.1 g/m^2y^{-1})であった。どの地点も次表層(5〜10 cm)の葉部生産量が高く，とくに No.1b で 71.3 g/m^2y^{-1} と最大であった。これらの値は，十勝・根釧地域のヨシ葉部現存量(37〜95 g/m^2y^{-1})に近似していた。

　これまでは湿原のごく表層の泥炭について見てきたが，北海道の湿原は後氷期初頭以降に生成したものが多く，その厚さも 10 m を超えることは稀で，ほとんどが 5 m 以下である。このような厚さの連続した泥炭堆積物について植物ケイ酸体分析から植生の復元を検討した例は稀である。一方，花粉分析について植生の変遷を調べた研究は多数見られるが，その多くは湿原植生を復元するものでなく，周辺地域の植生を含めた広域的な植生(とくに森林植生)を復元することを目的としている。

　以下に，早期完新世から現在までの湿原堆積物における植物ケイ酸体分析を行った Kawano et al. (2007)による泥川湿原の例について見てみよう。

　泥炭試料は，北海道北部のアカエゾマツ林をともなう高層湿原からシンウォール・サンプラーを用い地表下 250 cm まで採取したものである。湿原堆積物は最下層に泥炭混じりの粘土層(樹皮の ^{14}C 年代：約 11,850 yBP)があり，その上部に分解の進んだ低位泥炭，あるいは中間泥炭が 2 枚の泥炭混じり粘土層を挟在しながら表層約 45 cm の深さまで堆積している。さらに，上部に未分解のミズゴケ泥炭層，樽前岳a統テフラ(Ta-b：1739 yAD)層，そして，最表層にササ地下茎の混じった泥炭層が堆積する。

　図91は泥川湿原堆積物の植物ケイ酸体ダイアグラムである。

　ダイアグラム中の植物ケイ酸体は，ICPN Working Group(Madella et al., 2005)，近藤(2004)および杉山・藤原(1986)の命名を用いて併記しているが，以下では本書で記載してきた分類名に沿って説明する。

　この湿原堆積物は，図91に示したように，形態組成の特徴により大まかに 4 つの植物ケイ酸体帯(UDS2-1, 2, 3, 4)に設定されている。

①UDA2-1 帯(約 12,000〜10,000 年前の早期完新世)
ウシノケグサ型(Festucoid)と高頻度の棒状型(Elongate long cll)，ポイント型(Acicular Hair

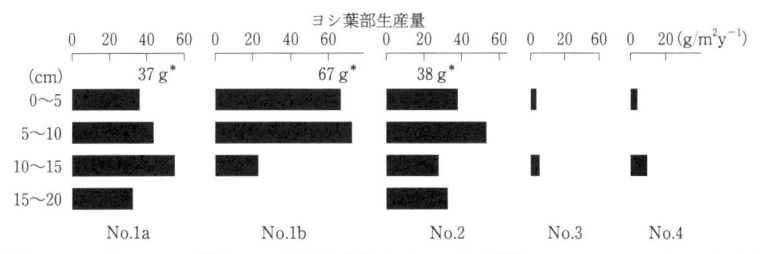

図90　表層(0〜20 cm)における推定ヨシ葉部生産量(g/m^2y^{-1}) (近藤ほか，2005 のデータをもとに作成)。
*地表部のヨシ葉部現存量(g/m^2y^{-1})

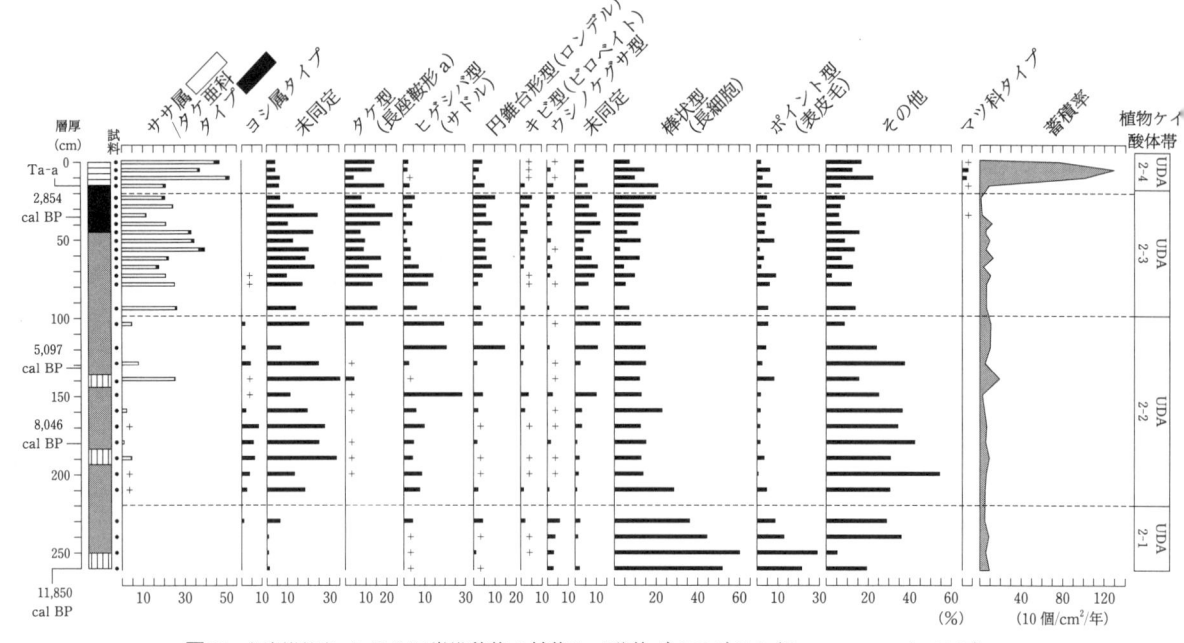

図91 泥川湿原における泥炭堆積物の植物ケイ酸体ダイアグラム(Kawano et al., 2007)．
根茎遺体をともなう泥炭，ミズゴケ泥炭，泥炭，泥炭混じり粘土，＋＜1％

cell)で特徴づけられ，イチゴツナギ亜科が優勢なイネ科植物相であったと推定される．

②UDA2-2帯(10,000～5,000 yBP)

ウシノケグサ型が衰退し，代って5,000年前ごろからヨシ由来のファン型ケイ酸体(Phragmites Type)と短座鞍形ケイ酸体(Saddle)が徐々に出現率を増す．同時に，未同定のファン型ケイ酸体の増加が顕著になる．この時期は，ヨシの優勢な低位泥炭が最もよく発達するが，ササの侵入はまだ散在する程度であった．また，キビ型(亜鈴形)ケイ酸体(Bilobate)やササ属由来のタケ型ケイ酸体(Bamusoid)が少量ながら出現する．

③UDA2-3帯(4,000～3,000 yBP)

ヨシが上部に向かい徐々に衰退し，代ってササ属由来のファン型ケイ酸体(Sasa Type/Bambusoideae)とタケ型ケイ酸体の出現率が急増する．また，キビ型ケイ酸体も僅かであるが上部に向かい増加傾向にある．一般的に泥炭地に見られるキビ型ケイ酸体はヌマガヤに帰属するが，このデータのみでは母植物はわからない．ヌマガヤのファン型ケイ酸体は形態に特徴があるので，その存在が認知できれば予測がつく．仮に，この帯に比較出現率の高い未同定のファン型ケイ酸体がヌマガヤに帰属すれば決定的な証拠になる．

UDA2-3帯では，キビ型ケイ酸体の母植物(ヌマガヤ)とササ属の湿原への侵入が顕著な時期で泥炭の分解もかなり進行したと思われる．UDA2-3帯最上部のミズゴケ泥炭にはササ属と未同定のファン型ケイ酸体の母植物(ヌマガヤ)が繁茂していたことが推測される．

④UDA2-4帯(1,000 yBP～現在)

③に引き続き，さらに乾燥化とあいまって，湿原全体がササ属によって覆われた．このことは，ササ属由来のファン型とタケ型ケイ酸体の高い出現率と集積量が如実に物語っている．また同時に，ササ属の急激な進入にともなって，マツ科由来の植物ケイ酸体(Paniceae Type)の出現が見られるようになる．すなわち，1,000 yBPごろから，マツ科由来の移入仮導管由来ケイ酸体の出現が見られ，Ta-aテフラ降灰以降に最大2.6％の検出が確認された．元来マツ科は植物ケイ酸体の生産が極めて少ない(近藤ほか, 2003)ので，この程度の値であれば周辺にある程度マツ科樹木が繁茂していたと推定される．したがって，湿原周辺地域のアカエゾマツ林の成立時期は約1000年前であると推測された．

この湿原は，ほかの地点の植物ケイ酸体組成と考

え合せると，低層，中間あるいは高層湿原に移行する陸地化過程中のもので，最終的には周囲の乾燥化により湿原生成が衰退し，アカエゾマツを混えたササ原に変貌するのであろう。

　湿原堆積物の植物ケイ酸体群集中にササ類起源のケイ酸体がしばしば検出されるが，これらのケイ酸体がすべて現地性とは限らない。なぜなら，ササ類は乾燥地を好む植物で，元来湿原植物として群落をなさないからである。しかしながら近年，湿原の水位の低下による乾燥化により低層湿原ばかりでなく高層湿原までササが侵入し，原野化(美唄湿原やサロベツ湿原で顕著)している。とくに，分解の進んだ低位泥炭中でタケ型が出現する場合，そのタケ型が現地性のものであるのか，異地性のものであるのか判断することは植物ケイ酸体分析のみでは甚だ難しい。しかしながら，湿原周辺の地形，泥炭の特性(例えば，腐植酸の腐植化度，灼熱損失量など)，泥炭に混じる植物遺体などを総合的に調べることで，ある程度の予想は可能であろう。

　愛知県作手村に分布する大野原湿原の泥炭堆積物の例では，泥炭に検出されるタケ型(メダケ属?)の存在は灼熱損失量，腐植酸の特性などによって周辺台地からの黒ボク土の混入に起因することを支持する結果が得られている(Tsutuki et al., 1992)。

4. 北海道における最近340年間のササ属葉部生産量の推移と最終間氷期以降のササ属の地史的動態

　北海道十勝平野は，明治以前は鬱蒼とした冷温帯落葉広葉樹の原生林が分布し，その林床にはササ属をはじめとする草本類が繁茂していたが，明治以後開拓によりほとんどの畑地に変貌した。しかしながら，現在僅かながら孤立林として畑地の間に島状に点在している(図92)。小さい林では，林床にオオクマザサ(ミヤコザサ節)が密生し，ほかの林床植物が少ない。他方，大きな林では林縁を中心にササが密生するが，林内にはところどころ疎らでほかの草本類が群落をなしている。この点について，林床草本種の多様性に与える影響について調べた生態学研究では，森林の分断後，エッジ効果(林縁を中心とした環境条件の変化)によりササが林内に分布を拡大したことが明らかにされている(紺野ほか，2000)。しかし，開墾前のササの分布についての記録はなく，分断の影響に関しては推測の域を出ていない。

　そこで，ササの生育環境の異なるふたつの林分について，ササの葉部現存量と樽前岳-bテフラ(Ta-b：1677年降灰)腐植層の植物ケイ酸体群集について

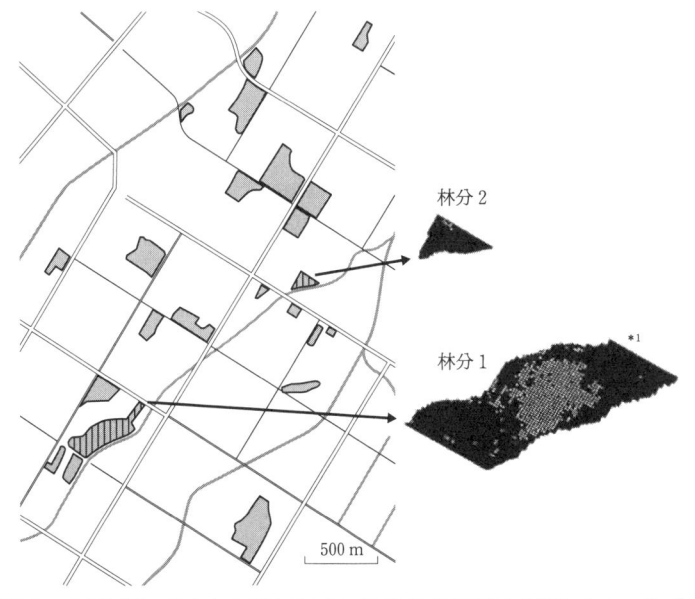

図92　十勝平野に分布する孤立林と試料採取地(紺野康夫原図をもとに作成)。
[*1]黒く塗りつぶされている部分はオオクマザサの密度が高いことを示す。

調べた。林分1と2の植物ケイ酸体の形態別組成(図93)では，340年間極端な違いはなく，林床におけるイネ科植物相に大きな変化は認められない。ただし，両林分でササの生育密度にかなりの違いがあったようで，現在ササ密度の高い林分2で林分1のタケ型が約2倍の出現率(約30%)であった(近藤ほか，2007)。これら両土壌の腐植層の厚さは12 cmである。したがって，340年間に12 cmの腐植層が集積されたことになり，これは1 cm集積するのに約28年を要したことを意味する。

タケ型ケイ酸体密度(個/1gの土)から推定したササ葉部生産量(図94)は，林分1においてTa-bテフラ降灰後で36 g/m²y⁻¹と比較的少ないが，約280年前で50 g/m²y⁻¹と僅かに増加した。しかし，その後，約100年間で衰退するが，再び約60年前に最下層のレベルと同程の現存量40 g/m²近くまで回復した。他方，林分2においてTa-bテフラ降灰後では林分1とほぼ同じ35 g/m²y⁻¹であるが，約280年前に急激に162 g/m²y⁻¹まで増加する。それ以降は漸減し，約110年前に40 g/m²y⁻¹まで低下，再び最表層で78 g/m²y⁻¹と現存量の68 g/m²y⁻¹よりやや増加した。ただし，この年間生産量は腐植層2 cmの平均値として表している。したがって，57年間には多少の変動があることを念頭においてほしい。

林分1と2は，340年間におけるササの葉部推定生産量の増減傾向が類似しており，両林分も250年前で最大値を示す。しかし，林床のササ密度の高い林分2は，林分1に比べササ葉部推定生産量も現存量と同様に高く，340年間の変動もそれぞれの林分のササ密度を反映しながら継承していた。このようにササ葉部生産量は，多少の変動を繰り返しながら，その土地の土壌環境に即した条件のもとで生育拡大したものと思われる。したがって，ここ340年間は多少の変動の繰り返しが見られるが，大きな変化はなかったと見るべきであろう。

なお，本林分のササ葉部現存量は，最表層の葉部

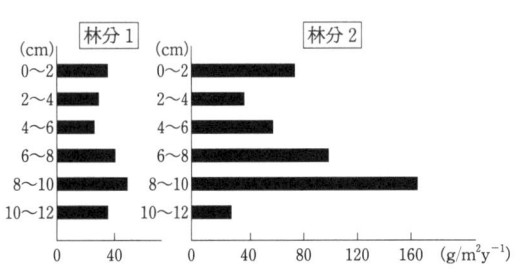

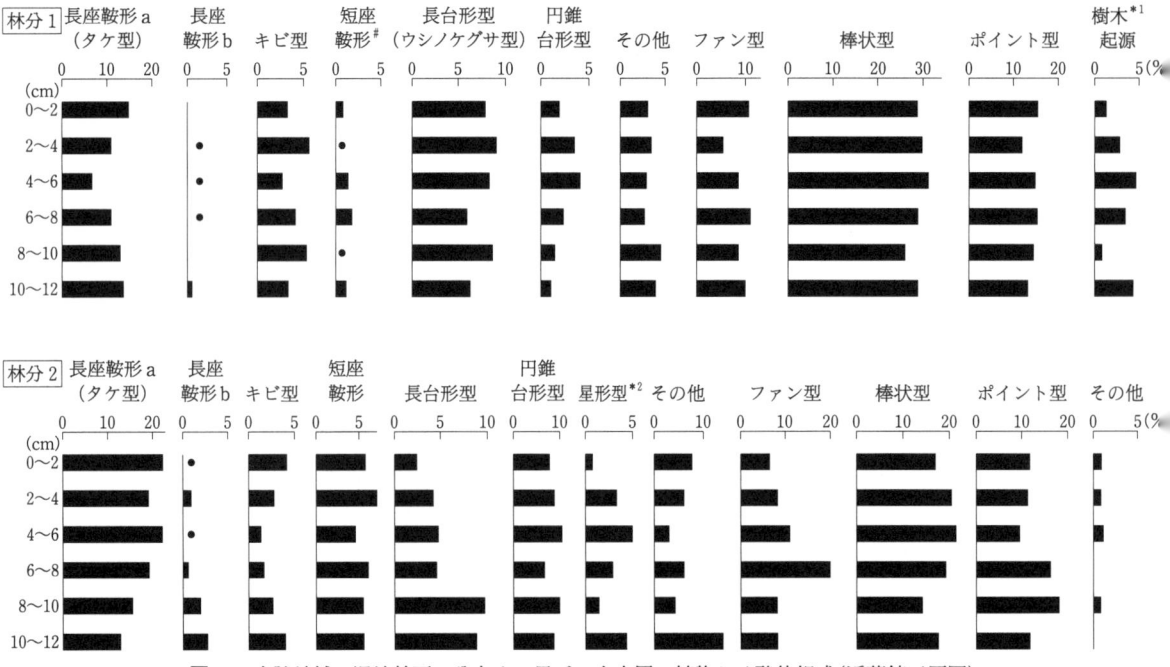

図94 林分1と林分2における黒ボク土表層のササの推定葉部生産量(g/m²y⁻¹)(近藤錬三原図)

図93 十勝地域の湿地林下に分布する黒ボク土表層の植物ケイ酸体組成(近藤錬三原図)。
#ヒゲシバ型，*¹キタコブシ型，*²ホガエリガヤ型，●：<1%

推定生産量とほぼ比例関係（r=0.731, n=10）にあり，かつ葉部推定生産量とタケ型ケイ酸体の出現率の間には有意な正の相関関係（r=0.837, n=18）が認められている。このことは，タケ型出現率から過去のササ属の葉部生産量あるいはバイオマスを推定に有用な情報をもたらすと考える（近藤ほか，2007）。

ところで，北海道には平地，山地を問わず，ササ属はどこにでもごく自然に見られ，ときには広大な草原を形成する。その生息域は積雪深と密接な関係をもち，150cm以上の多雪地域にはチシマザサ節，50cm以下の寡雪地域にはミヤコザサ節，そして中間地域にはチマキザサ節がすみわけて分布している（豊岡ほか，1981，1983）。しかし，北海道においてこのササ属がどの時期に成立し，その勢力を拡大・分散したかはよくわかっていない。

植生史研究の手法のひとつである花粉分析において，ササ類の花粉はほかのイネ科と同じ形態（1個の発芽口をもつ球形）のため識別できないという欠点[※6]に加えて，長期1回開花型であるので，開花が稀で花粉生産量に乏しいことから研究の対象から外されることが多い。佐瀬ほか（2004）も指摘しているように，そのことがササ属の地史的動態についての研究を阻んだ理由かもしれない。

これまで述べてきたように，ササ属由来のタケ型およびファン型ケイ酸体は特有な形態をしており，ほかのイネ科由来のケイ酸体と明確に識別できるので，これらのケイ酸体を応用する植物ケイ酸体分析は，ササ属の地史的動態を知る上で有効な方法である。その上，日本各地におけるササ類由来のケイ酸体についての情報が累積テフラ堆積物中の植物ケイ酸体分析により蓄積されている。すなわち，九州および関東地方では，少なくとも最終氷期以降途切れなくササ属が植生の主要な構成種であったようだ（井上ほか 2000, 2006；細野・佐瀬，1985；近藤・佐瀬，1986；佐瀬ほか，1987）。しかし，最終氷期と完新世初頭以降ではササ類の内容が異なる。最終氷期には寒地性のササ属，完新世初頭以降は暖地性のメダケ属（とくにネザサ節）が優勢な主な植生であった。また，東北地方北部では，ササ属が最終氷期に一時衰退するものの，最終間氷期以降ほぼ連続して植生の主要構成種として維持していたらしい（佐瀬ほか，1995；佐瀬・細野，1999）。一方，北海道では最終氷期にタケ型の出現が極めて希薄で，ウシノケグサ型が優勢なイチゴツナギ亜科を主とする草原が衰退することなく広がっていた。そのような草原のなかに亜寒帯針葉樹林も島状，あるいは疎らに茂っていたのである。この時期は，花粉分析の結果によるとコケスギラン・ヨモギ，あるいはイネ科の草本類・シダ類の生育するツンドラ，またはグイマツ・ハイマツを主とする疎林と草原であったと考えられている（小野・五十嵐，1991；安田，2007）。このような草原にはマンモスをはじめ，野牛，ヘラジカ（?）などの大型動物が闊歩していたと想定され，草原はそれらの動物の格好の生息環境であったであろう。現在ササ属は年間の平均気温1℃，最寒月の平均気温−20℃に達するサハリンあたりまでもチシシマザサの生育が認められているが，シュミット線（北緯49°30′）の北東部には存在しない。このような気候環境の最終氷期にイチゴツナギ亜科が優勢で，なぜササ属が忽然と衰退したのか，単に著しい寒冷のみがササ属の生育を阻んだ原因とみてよいのであろうか。

佐瀬ほか（2004）は，石狩低地南部の最終間氷期以降のテフラ土壌累積層について，とくにササ属の地史的動態に着目して植物ケイ酸体分析を行った。その結果は，図95のように植物ケイ酸体群変動にもとづく最終間氷期以降の植生史としてまとめている。

すなわち最終氷期以降において，ササ属植生は樽前dテフラ（Ta-d）直上の腐植層以降に各地域の気候環境に即しながらパッチ状に拡大した節がある。現在と同様な寒冷気候下の根釧地域ではササ属が優勢な植生になるのはほかの地域に比べ遅れ，摩周fテフラ（Ma-f）上部の腐植層時代（縄文後期）である。十勝地域や斜網地域では，根釧地域よりやや早く，Ta-dテフラ，Ma-kテフラ直上の腐植層（縄文中期）でササ属の出現が見られる。したがって，道南，道央，十勝，斜網および根釧地域の間には，若干の時間的ズレがあったと思われる。

さらに，古い最終間氷期における累積テフラ堆積物のササ属の変遷を酸素同位体ステージとの関連からみると，洞爺テフラ（Toya）降灰前の酸素同位体ステージ5e〜5bにかけてタケ型が現在の表層と同程度かやや多く検出され，ササ属の優勢な植生が想

[※6] イネ，トウモロコシ，ハトムギ，ヨシなどの花粉は走査型電子顕微鏡や位相差光学顕微鏡（花粉壁の微細構造の違い）で正確に同定される（中村，1977；塚田，1980）。

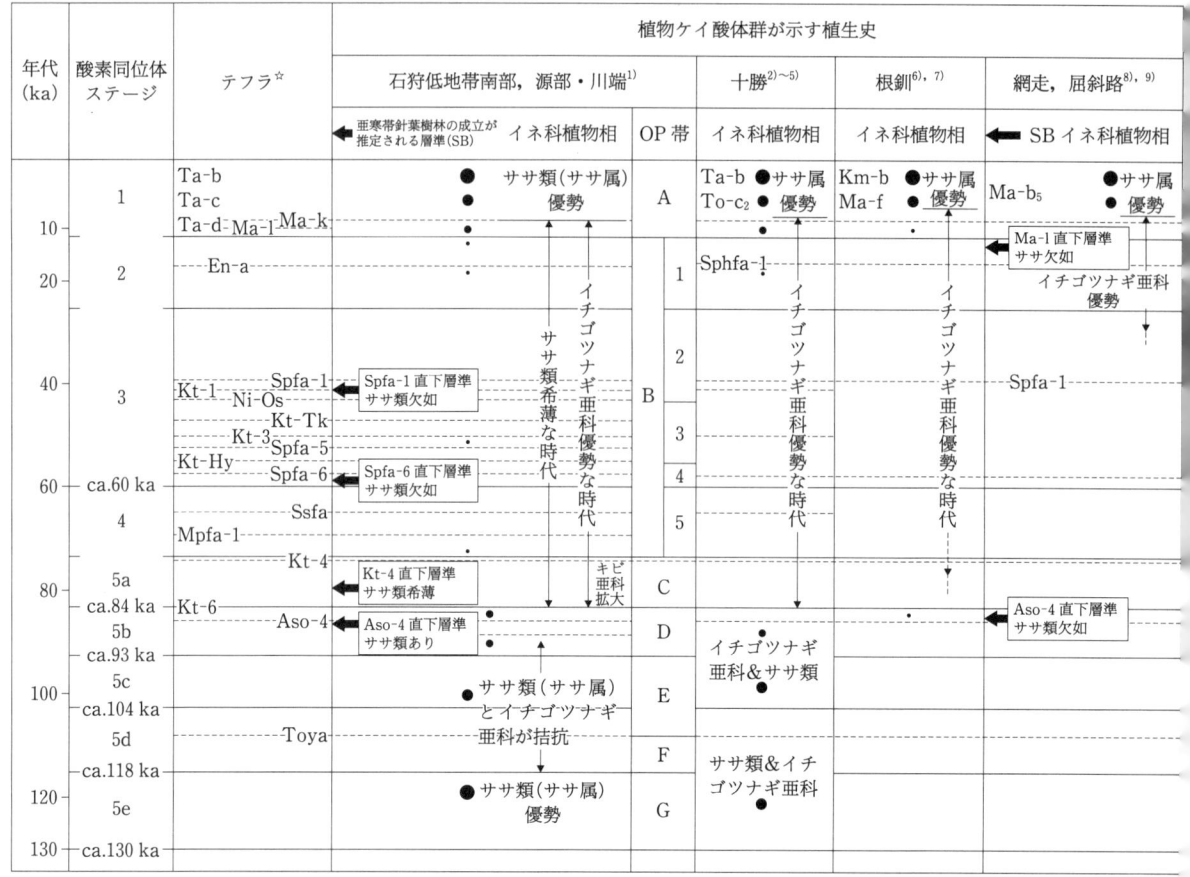

年代 (ka)	酸素同位体 ステージ	テフラ☆	植物ケイ酸体群が示す植生史							
			石狩低地帯南部, 源部・川端[1]			十勝[2]〜[5]		根釧[6], [7]	網走, 屈斜路[8], [9]	
			← 亜寒帯針葉樹林の成立が推定される層準(SB)	イネ科植物相	OP帯	イネ科植物相	イネ科植物相	← SB イネ科植物相	
10―	1	Ta-b Ta-c Ta-d―Ma-1―Ma-k		● ササ類(ササ属)優勢	A	Ta-b ● ササ属 To-c₂ 優勢	Km-b ● ササ属 Ma-f 優勢	Ma-b₅ ● ササ属 優勢	
20―	2	―En-a―			1	Sphfa-1		← Ma-1直下層準 ササ類欠如 イチゴツナギ亜科 優勢	
40―	3	Kt-1 Ni-Os ―Spfa-1― Kt-Tk Kt-3 ―Spfa-5―	← Spfa-1直下層準 ササ類欠如	ササ類希薄な時代	2	イチゴツナギ亜科優勢な時代	イチゴツナギ亜科優勢な時代	―Spfa-1―	
60―	ca.60 ka	Kt-Hy ―Spfa-6― ―Ssfa― Mpfa-1	← Spfa-6直下層準 ササ類欠如		3 4 5			
	4	―Kt-4―				イチゴツナギ亜科優勢な時代		
80―	5a	Kt-6	← Kt-4直下層準 ササ類希薄	キビ亜科拡大	C			← Aso-4直下層準 ササ類欠如
	ca.84 ka	―Aso-4―	← Aso-4直下層準 ササ類あり		D			
	5b ca.93 ka					イチゴツナギ亜科&ササ類 ●		
100―	5c			ササ類(ササ属)とイチゴツナギ亜科が拮抗	E			
	5d ca.104 ka	―Toya―			F	ササ類&イチゴツナギ亜科 ●		
120―	5e ca.118 ka			● ササ類(ササ属)優勢	G			
130―	ca.130 ka							

図95 北海道における植物ケイ酸体群変動にもとづく最終間氷期以降の植生史(佐瀬ほか, 2004に一部加筆)。
☆星テフラ記号は町田・山縣(1994)に準ずる。1)佐瀬ほか(2004), 2)近堂ほか(1995), 3)近藤・筒木(1996), 4)近藤(1985), 5)近藤・北沢(1995), 6)佐瀬・近藤(1874), 7)近藤(1982a), 8)細野ほか(1995b), 9)佐瀬ほか(2001)。黒丸は, 全植物ケイ酸体に占めるタケ型ケイ酸体の割合。●: 約20%, ●: 約10%, •: 約5%, ・:1%以下

定される。それが5b後半の阿蘇4(Aso-4)テフラ層降灰前後から5b/5aの境界のクッタラ6テフラ(Kt-6)層にかけて衰退し, 針葉樹とイチゴツナギ亜科主体の植生に移行する。その後一時, キビ亜科が5aのクッタラ4テフラ(Kt-4層)の間で拡大(?)するが, ササ属は最終氷期に向けほとんど消失する。酸素同位体ステージ5eの時期は現在より温暖な気候とされ, 東北地方の八戸ではメダケ属が優勢な植物相であったが, 石狩低地南部ではメダケ属進出の兆しは見られない(佐瀬・細野, 1999；佐瀬ほか, 2004)。このことは, ネザサ植生で特徴づけられる暖温帯気候がこの地帯まで達することがなかったことを示す。十勝忠類のナウマンゾウ包含層はこの時期の堆積物と推測されており, 花粉や大型植物遺体分析の結果から現在よりやや温暖な気候であったとされ(十勝団体研究会, 1978)。同堆積物の植物ケイ酸体分析からはササ属由来のタケ型も現生の表層と同程度検出されている。

Aso-4テフラ直下の層から針葉樹起源とタケ型の両ケイ酸体が併行して見出されるが, 斜網地域の同層ではタケ型はまったく検出されていない(細野ほか, 1995)。この違いは, 石狩低地南部地域と斜網地域との間に何らかの植生に及ぼす要因があったのか, それとも単に林床の違いによる質的な亜寒帯針葉樹林を示すのかよくわからない。さらに, 試料点数を増やして, 面的観点から詳しくササ属と針葉樹起源ケイ酸体の動向を調べる必要があろう。

最終間氷期のなかで寒冷な気候とされている酸素同位体スージ5dは, ササ属がイチゴツナギ属と拮抗して繁茂していることから, 5bほど寒冷でなく,

現在の根釧地域よりやや寒冷な程度と推測される。

このように，北海道のササ属の地史的動態は，テフラの年代や花粉化石群から推定される気候変動に大枠で似ている。すなわち，温暖な完新世と最終間氷期においては，ササ属を主要構成種とする植生が継続的に成立していたが，寒冷な最終氷期においては，ササ属の希薄あるいは欠如した植生が成立していたといえよう(佐瀬ほか，2004)。上記してきたように，ササ属の地史的動態についての概略は理解できるとしても，それは土壌中に検出されるタケ型の出現率を根拠に推定しているにすぎず，ササ属のどの節がどのように分布していたのかは定かでない。また，最終氷期の植物ケイ酸体密度は現在の1/10〜1/100の違いが見られることから，同じ出現率のタケ型でも最終氷期と間氷期ではタケ型出現率の重みが違うことを十分認識してほしい。

5. 植物ケイ酸体と土壌生成

日本各地の黒ボク土(火山灰土)中に普遍的に観察される黒色腐植層が草地植生下で生成したとする有力な証拠は，腐植層がイネ科起源ケイ酸体を多量に含有し，しかもそれらが有機物含量と正の相関関係(図96)を示すという事実から支持されている(加藤，1960，1977；Kondo et al., 1988；佐瀬・加藤，1976b；佐瀬・近藤，1974)。

しかし，土壌中の植物ケイ酸体量と有機炭素量との関係は，気候や植生が似た地域において上記のような正の相関関係が見られるが，広域地域の土壌を対象とした場合は必ずしも明瞭でないこともある。佐瀬・加藤(1976b)は，腐植層中の植物ケイ酸体組成のキビ型＋ウシノケグサ型/タケ型比が0.5以下と以上，あるいは等しいふたつの群の腐植層に分けることで，それらの関係がより明瞭になることを明らかにした(図97, 98)。これは，イネ科植物群内で植物種により植物ケイ酸体生産量(例えば，ササ類葉身のケイ酸体量8%はススキの約2倍以上である)とバイオマスの関係に違いがあるからである。上記の比が

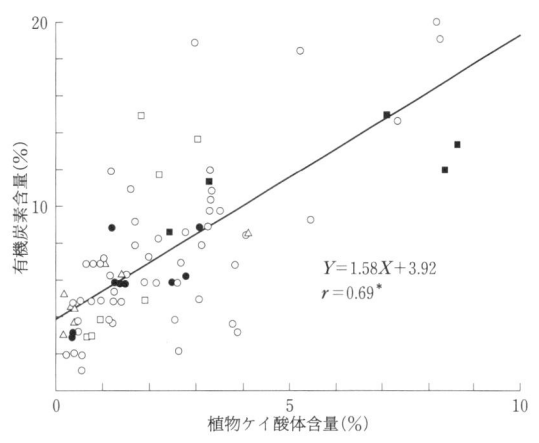

図97 黒ボク土腐植層〔植物ケイ酸体組成(キビ型＋ウシノケグサ型)/タケ型≧0.5〕の有機炭素含量と植物ケイ酸体含量の関係(佐瀬ほか，1976b)．
●北海道，□東北，△関東，■東海，○九州

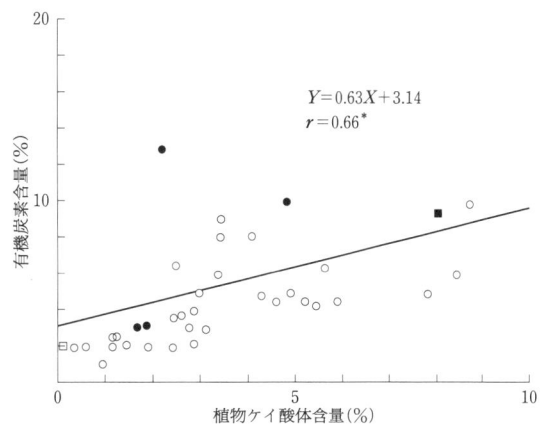

図98 黒ボク土腐植層〔植物ケイ酸体組成(キビ型＋ウシノケグサ型)/タケ型＜0.5〕の有機炭素含量と植物ケイ酸含量の関係(佐瀬ほか，1976b)．
●北海道，□東北，■東海，○九州

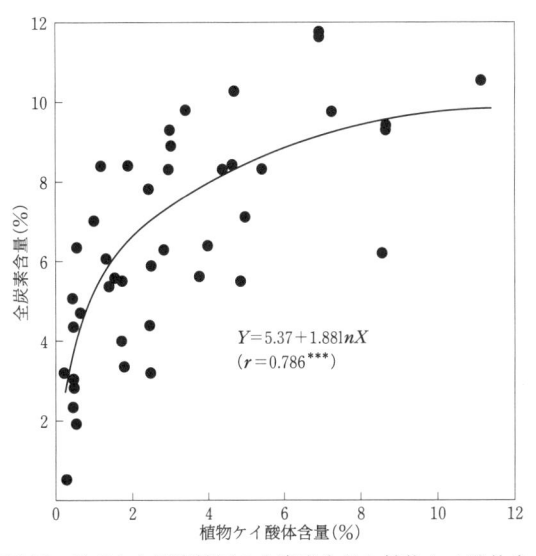

図96 黒ボク土壌腐植層の全炭素含量と植物ケイ酸体含量の関係(Kondo et al., 1988)

0.5以下の腐植層はタケ亜科(主にササ属)，0.5以上の腐植層は非タケ亜科(ススキ，エノコログサ，ウシノケグサなど)がそれぞれ腐植給源植物であったと予測され，前者は同じ植物ケイ酸体量を含有していても有機炭素量が後者より少ないことを示している。

このように黒ボク土の腐植集積に貢献する植物相はイネ科植物であり，それらは気候帯，植生帯とほぼ対応しながら分布していることが植物ケイ酸体の形態組成から推測された(近藤・佐瀬，1986；Kondo et al., 1988；佐瀬，1980b)。このことは，ススキのみが腐植給源植物の主体であるかのような捉え方を修正する必要があることを示唆している。

わが国のように高温湿潤気候下では，テフラ(火山灰)を母材とする土壌といえどもそこに生育する植生は極相としての森林である。前記したように，黒ボク土の下で気候極相に逆ってイネ科草植生が維持されてきたのは元の植生を破壊するような生態的変化が生じためで，火山灰の降下，人間の干渉(野焼き・焼畑)，野火などがその主要な要因であろう(山根，1973)。このことに関して，坂口(1987)は，旧石器時代からの野焼きの繰り返しがイネ科植物相を主体とした半自然草原を維持させ，黒ボク土の生成に寄与したことを遺跡と黒ボク土の分布の一致から推定している。母材の違いはともかく，黒ボク土の生成にはイネ科植物が強く関わっていたことは事実らしい。

佐瀬ほか(1993b)は，黒ボク土生成開始期の下限を完新世初頭(10,000年前)とする通説に問題提起を示し，土壌のおかれた植生環境の違いや地域により生成開始期に違いが見られることを十和田火山降灰地域の累積テフラ断面の腐植組成と植物ケイ酸体分析から明かにした(図99)。とくに，調査地域で見られた黒ボク土の生成開始期のズレが植生環境の相違に対応していることを見出し，それが人間の営力による植生への干渉度合の違いによるものと考えた。

すなわち，十和田火山降灰地域は，40,000～13,000年前の広域風成塵の付加した特徴的な土壌には針葉樹起源，イチゴツナギ亜科起源およびササ

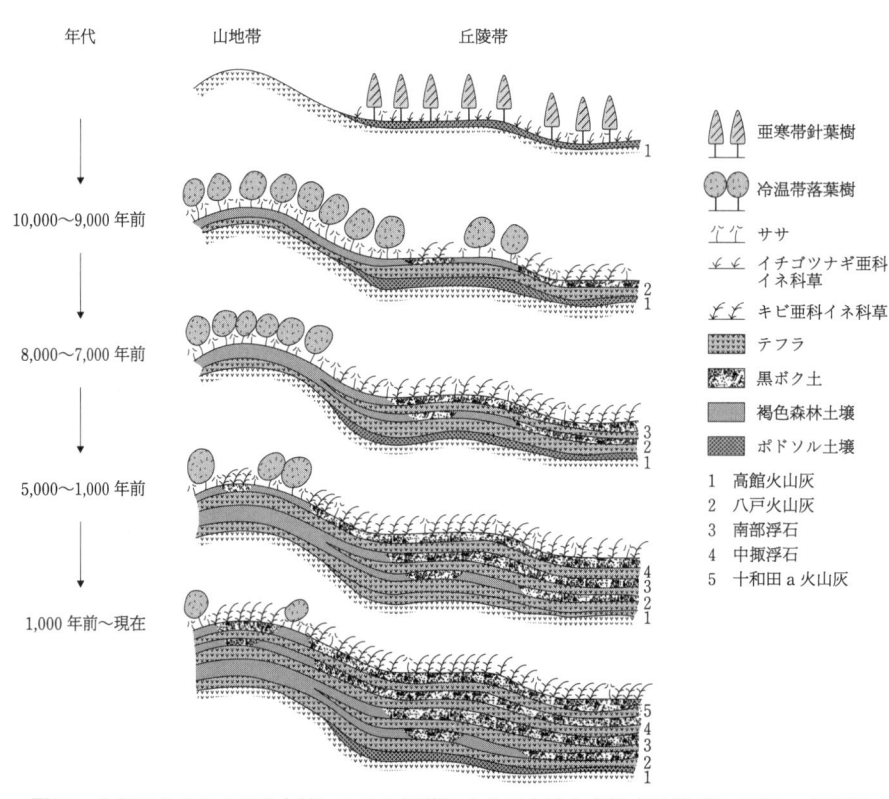

図99 十和田火山テフラ分布域における累積性火山灰土壌生成模式図(佐瀬，1986c；細野ほか，1992；佐瀬ほか，1993b にもとづく佐瀬・細野，1995)

属起源のケイ酸体が見出されており，現在の北海道北部からサハリン南部の亜寒帯気候に似た針葉樹林と林床植生が広がっていたと想定される．この時期，台地において黒ボク土の生成はまったく見られない．寒さも和らいだ完新世初頭(10,000～9,000年前)において台地上に黒ボク土の生成が芽ばえるが，丘陵地ではその生成はモザイク状に留まり，山地ではまったくその兆しは見られない．完新世中ごろ(約7,000～6,000年前)になると，ようやく丘陵地において黒ボクの生成が開始される．だが，山地では依然とし黒ボク土生成は見られない．完新世の後期(約5,000～1,000年前)にいたり，山地でも一部の地域で黒ボク土の生成が始まるようになる．したがって，東北地方において黒ボク土の生成開始期は，1万年前以降の温暖湿潤な気候とその下に成立した草原的植生の出現と連動していると言えると結論づけている．

また，佐瀬ほか(2008a)は，人為的作用によって生じた草原的植生環境[*7]が黒ボク土層の生成に重要な役割を演じたことを三内丸山遺跡の土壌生成履歴(植生環境，人の活動および黒ボク土層の関係)から例証した．

わが国のような湿潤温暖な気候下では，前記したように火入れなどの人為の影響が常に加えられなければ草原は維持されないので，低地，段丘，山麓周辺地域で古代人が意識的に森林を破壊したことは予想される．しかし，人口の少なかった古代[*8]に，厳しい山奥まで広く野焼き・火入れなど行われたかは定かでなく，今後検討しなければならない課題である．

植被の影響が土壌生成に関与したほかの例として，富士山麓および天城山麓のテフラを母材とする黒ボク土と褐色森林土の植物ケイ酸体分析から調べた研究(佐瀬ほか，1985)がある．すなわち，両土壌は同一母材(火山灰)・気候下に発達しながら断面形態が異質(とくに腐植層)で，黒ボク土の生成にはススキ(キビ型)，イチゴツナギ亜科(ウシノケグサ型)などの草本類，褐色森林土の生成にはブナ(はめ絵パズル状の表皮細胞ケイ酸体)，常緑ガシ(Y字状の厚壁異形細胞ケイ酸体)などの樹木と林床のササ属(タケ型・ファン型)が深く関わっていたことが植物ケイ酸体の形態組成から明らかにされた．このような黒色腐植層と植生の対応関係は，秩父地方(永塚，1984)，長野県黒姫山(河室・鳥居，1986；Kawamuro & Torii, 1986)および十和田・八甲田山のテフラ由来の黒ボク土と褐色森林土においても報告されている．

同様な対応関係は，日本ばかりでなく南半球に位置するニュージーランド北島の累積テフラ・火山灰質レス堆積物中で明瞭に表れている(細野ほか，1991；Kondo et al., 1994；佐瀬ほか，1988)．

ニュージーランドは，植物・動物相を除くと気候・風土が日本とよく似ており，とくに北島は広く火山灰(テフラ)で覆われている．しかし日本と異なり，黒色腐植層は火山灰土の表層のみだけで多くの埋没土にはほとんど見られない．

図100は，ニュージーランド北島ロトルア近郊のTe Ngae累積テフラ堆積物の植物ケイ酸体ダイアグラムである．

この図で明らかのように，1,850年前に降灰したTaupoテフラ層から完新世初頭のWaiohauテフラ層までの約9,400年間は，樹木起源ケイ酸体が優勢なナンキョクブナなどの広葉樹を主体とする植生環境であった．この時期は温暖湿潤な気候であったが，常に黒色腐植層は見られない．対照的に黒色腐植層が見られるのは，Taupoテフラ層直上のKawaroaとRotomahana両テフラの表層である．

約1,000年以前のニュージーランドは鳥類の楽園とされる南海の孤島であったが，ポリネシア人の大規模な移住と，それにともなう焼畑農耕，モア狩などにより森林破壊が大々的に行われ，土地の草原化が進んだと考えられている．このようすは，イネ科・シダ類の勢力が拡大したという花粉分析の結果(McGlone, 1983, 1988)と同様に，植物ケイ酸体組成にも如実に表れている．それは，後氷期以降徐々に増加安定化した樹木起源ケイ酸体がTaupoテフラ層からKawaroaテフラ層に向けで急激に低下，代わってイネ科起源ケイ酸体が顕著に増加することからも理解できる．このことは，Kawaroaテフラ層の堆積と前後して植生が劇的に変化したことを示し

[*7] 十分な日光が地表に届き，土壌温度が上昇しうる解放区間をもつ植生環境が黒ボク土の生成に重要であり，草原という狭い枠にとらわれず，疎林なども含めた明るい植生環境を「草原的植生」とする提案が三浦ほか(2009)によってなされている．この意味からすると，二次林や栽植林も広義の草原的植生に該当する．

[*8] 縄文早期・前期で11～23万人前後と予測されている(埴原，1994)．

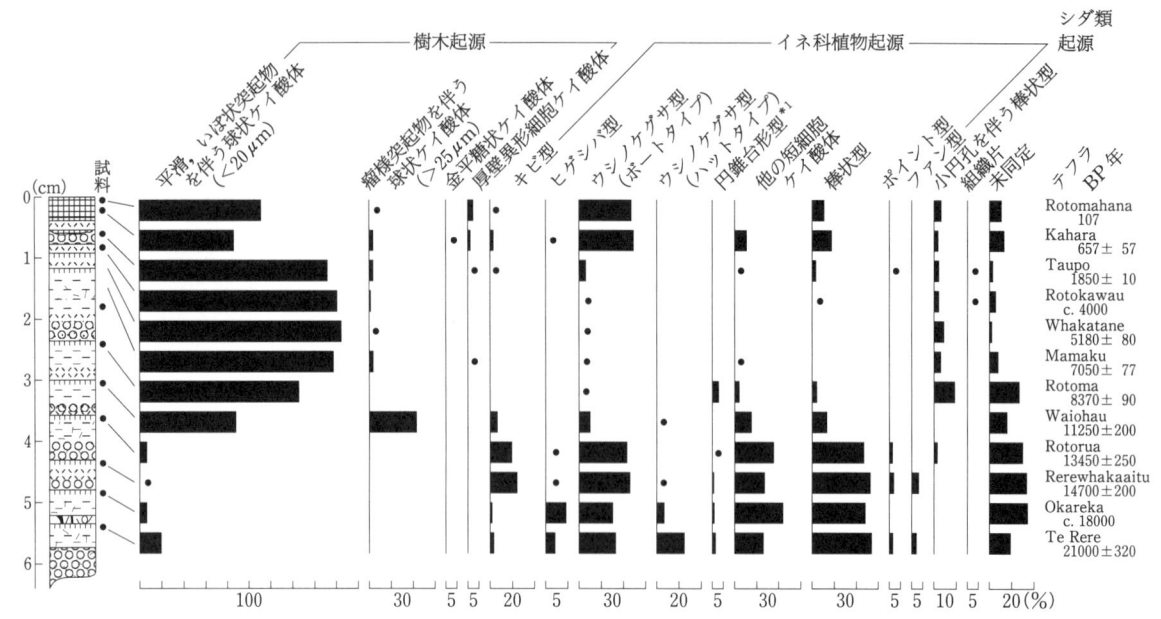

図100 ニュージーランド，Te Ngae Road 累積テフラ層の植物ケイ酸体ダイアグラム（近藤錬三原図）。
*1 Chionochloid に相当，● < 1%

ている。このように，人間活動による草原の維持には黒色腐植層生成にとって不可欠の要素であり，ロトルア周辺へのマオリ人の人口増加と呼応する。

ところで，Rotorua テフラ層以前の最終氷期において樹木起源ケイ酸体の出現率は5%にも満たなく，80%以上がイネ科起源のケイ酸体で占められている。このことは，かつてのテフラ層の地表部には *Festuca*，*Rytidosperma*，*Poa*，*Chionochloa* などによって優占するタソックランド（現在のトンガリロ国立公園の景観）が広がっていたことを示し，そこではモアのような「飛べない鳥」がそれらのイネ科草本類をついばんでいたと想像される。このような Te Ngae 累積テフラ堆積物に見られる植物ケイ酸体ダイアグラムの傾向は特殊な例でなく，近接する Waimaugu 累積テフラ堆積物においても確認されている（細野ほか，1991）。

イネ科植物が黒ボク土の腐植の生成・集積に関与していいことは上述の通りであるが，腐植の集積や腐植酸の腐植化度の相違がイネ科植物間でどうなのかという詳細なことは知られていない。この点に関して，北海道の黒ボク土の埋没腐植層から抽出した腐植酸の腐植化度（$\triangle$LogK と RF 値）[*9] と短細胞ケイ酸体との関係を調べた例（堀・近藤，1993）があるので以下に紹介する。

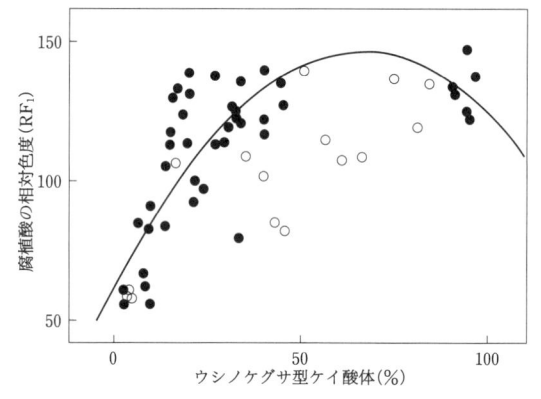

図101 腐植酸の相対色度とウシノケグサ型ケイ酸体割合の関係（堀 雅子原図）。
ただし，全短細胞ケイ酸体に占めるキビ型ケイ酸体の割合が●：10%未満，○：10%以上の試料。$r = 0.587***$

[*9] 腐植酸の黒味の程度を示す定量的表現。腐植化度は単位濃度あたりの 600 nm の吸光度（RF）および吸収スペクトルの傾き（$\triangle$LoK）を指標として定義され，このふたつの指標によって腐植酸は A，B，Rp および P の4つの型に分類されている。なお，RF：腐植酸の [K_{600}/（比色液 30 ml あたりの 0.1 N KMnO$_4$ 消費量 ml）] ×1000，$\triangle$LogK：logK_{400} − logK_{600}，K_{400}，K_{600} は，それぞれ腐植酸比色液の波長 400 nm，600 nm における吸光係数である（熊田，1997）。

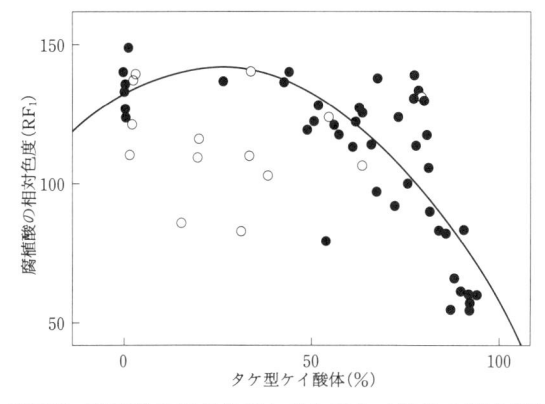

図102 腐植酸の相対色度とタケ型ケイ酸体の割合(堀雅子原図)。
ただし、全短細胞ケイ酸体に占めるキビ型ケイ酸体の割合が●：10％未満、○：10％以上の試料。$r=-0.546***$

図101，102にあるように，腐植酸のRF値(相対色度)はイチゴツナギ亜科由来のウシノケグサ型ケイ酸体と有意な正，ササ属由来のササ型ケイ酸体と負の相関関係がそれぞれ認められる。つまり，イチゴツナギ亜科の繁茂(リターの土壌への添加)が多いほど腐植酸の黒味が強くなり，一方，ササ属の顕著な繁茂は腐植酸の黒味を抑制するのことを物語っている。この違いは，有機・無機組成および土壌中での分解・腐植化のされ方が両植物で異なることに起因する。このことを裏づける実証的研究が植物遺体(ススキ，ササ，カシワ)の加温培養実験で得られている(大塚ほか，1994)。すなわち，新鮮火山灰に植物遺体を添加・加温培養し，それらの腐植酸の生成過程を反応速度論的に検討した結果，イチゴツナギ亜科に化学特性の類似するススキ添加土壌では，黒色化に関与する基質の量と反応速度は十分に大きく，活性エネルギーはササ，カシワより小さいので，A型腐植酸の生成が容易であるという。このように同じイネ科植物において，植物種の違いにより腐植酸の腐植化度に及ぼす影響のされ方も異なるといえよう。

同様に火山灰土表層から抽出した腐植酸のPg吸収強度[*10]とファン型ケイ酸体密度から求めた植物

[*10] 土壌腐植酸の可視部(350〜700 nm)吸光曲線に見られる615，570，450 nm付近の特有な吸収帯をPg(緑色色素)吸収と呼び，この吸収発現強度を[K 615−K 700/(K 600−K 700)]で算出した。ただし，Kλは波長λnmにおける吸光度である(渡邊ほか，1993)。

推定生産量との間にも有意な関係が認められている(渡邊ほか，1993)。すなわち，腐植酸のPg吸収強度とササ属推定生産量との間には正の相関関係($r=0.81$, $n=21$)，ススキ属推定生産量との間には負の相関関係($r=-0.61$, $n=21$)がそれぞれ認められる。また，暖かさの指数と腐植酸のPg吸収強度との間には負の相関関係が見られる。このことは，ササ属の生育密度が高いほどPg吸収の発現が強く，逆にススキ属の出現が顕著なほどPgの吸収の発現が抑えられること，低温条件もPg吸収の発現に関与していることを示唆している。

これまで紹介してきた事例は，植被の違いが同じ母材，気候条件であっても異なる土壌の生成や腐植酸の質的性質に影響を及ぼすことを植物ケイ酸体分析によって実証したものである。

6. 2次堆積物なかでの植物ケイ酸体の移動・運搬

関東ローム層で代表される，いわゆる「ローム層」は，テフラとその風成2次堆積物(火山灰質レスを含む)の総称である。佐瀬ほか(1990)は，この「ローム層」が土壌学用語である累積性A層の性格をもっていることをローム層に普遍的に検出される植物ケイ酸体の存在から提示した。すなわち，ローム層中の植物ケイ酸体は，主にテフラ・風成塵がその土壌化と平行して徐々に堆積する過程で，植被から供給され集積したもので，本質的に完新世の腐植層と同じ堆積過程で形成されたものであると考えた。このことは，加藤(1979)も指摘しているように残積土を中心概念として発展してきた土壌層位(ABC命名法)がテフラ・レスを母材とする土壌層位の命名法としてそぐわないこと示している。しかしながら，ローム層のなかには層位分化が明瞭なものもあり，土壌構造の発達，根系の生痕化石(佐瀬ほか，1992；徳永ほか，1992，1998，2003)などが観察されることからA層とするよりAB層またはBA層とした方が適切なこともある。また，植物ケイ酸体は寒冷期の植被の少ない環境下では風食を含めた侵食作用などによりほかから付加される機会が多いので，植物ケイ酸体の存在のみで累積A層と機械的に捉えるのはいささか疑問が残る。ローム層を累積A層と認定するには植物ケイ酸体の存在だけでは不十分であ

り，ほかの研究手法(例えば，根系の生痕化石，微細形態など)と併用しながら解決しなければならない。これらのローム層中の植物ケイ酸体がほかからの付加物(異地性)であるか否かを実証するにいたる手だては今のところない。しかし，風の営力により遠くまで植物ケイ酸体が運搬されることはすでにオーストラリア(Baker, 1959a；Locker & Martini, 1989)，南アフリカ(Folger et al., 1967)などの例で知られいる。わが国に広く分布するローム層がローカル的な風成塵やレス様物質と同様な作用で堆積したとするならば，ローム層の植物ケイ酸体はそれらから多少とも混入していると見るのが自然であろう。事実，ニュージーランドのレス堆積物中にはファン型酸体に偏り，短細胞ケイ酸体は痕跡か，まったく検出されず，ときおり，海成の海綿骨針と共に検出される例が見られる。それらは，現世の地表面ではあまり観察されないファン型ケイ酸体であり，恐らくそれほど遠くないところから風あるいは水の営力により移動・運搬されたものと思われる。

　ローム層中の植物ケイ酸体の組成，例えば短細胞ケイ酸体と非短細胞ケイ酸体(泡状細胞，長細胞，ブリッケルヘア，ミクロヘア，柵状細胞などに由来するケイ酸体)の偏りから，現地性か否かが実証できれば大変都合がよいのだが。一般的に植物葉身の表皮細胞には，粒径の小さい短細胞ケイ酸体と大きい非短細胞ケイ酸体がほぼ一定の割合で含まれており，それらの風化抵抗性に極端な差がないと仮定すると，土壌や堆積物中でもそのバランスは変わらないはずである。極端にファン型あるいは短細胞ケイ酸体のみに偏る場合は「異地性が強い」と一応疑うべきであろう。ローム層中の植物ケイ酸体がほかからの混入か，現地性のものかを明らかにするには，植物ケイ酸体の土壌や堆積物中への移動・運搬機構についてのさらなる基礎研究が必要である。

　わが国に飛来する黄砂(風成塵)には，ファン型ケイ酸体がまったく認められず，亜鈴形(キビ型)や長台形(ウシノケグサ型)由来の短細胞ケイ酸体が検出されている(佐瀬ほか，2003)。これは，黄砂が飛来の途中でファン型ケイ酸体(>40 μm)を分級落下させ，粒径の小さい短細胞ケイ酸(約20 μm)が日本に運搬されたことを示している。したがって，わが国のローム層中で検出される植物ケイ酸体には異地性のものも多少含まれていると見るべきであろう。とくに，土壌や堆積物中の植物ケイ酸量が少ない場合は注意しなければならない。

　わが国において，このような植物ケイ酸体の移動・運搬機構についての研究は極めて乏しい。ただし，千葉県小櫃川河口域の表層堆積物において，表層中の植物ケイ酸体の分布・風化度と植物群落分布との関連から植物ケイ酸体の運搬様式ならびに保存性について調べた報告がある(江口，1994)。それによると，植物ケイ酸体のタイプの違いよって風による運搬の強さも異なり，シルト・極細粒砂サイズと挙動を共にしながら地形の傾斜変換点や窪地に植物

図103　En-a古砂丘堆積物上に発達する累積性黒ボク土(近藤錬三原図)。
試料は，2A，4Aおよび5A層から採取。4Aと5A層からは2cm間隔，2A層からは5cm間隔でそれぞれ採取。
Ta-c：樽前cテフラ，To-c₂：十勝c₂テフラ，Ta-d：樽前dテフラ

ケイ酸体が堆積するようである。

ところで，北海道十勝地域には，En-a テフラの2次堆積物からなる内陸古砂丘が分布している。とくに，帯広川西町の古砂丘は十勝団体研究グループ(1978)によりその分布，配列，形態的特徴，内部構造などが詳細に知られている。すなわち，この古砂丘上部には完新世の新規テフラ(Ta-b, Ta-c, To-c₂, Ta-d)と腐植層が約60 cmの厚さで被覆しており，その下に En-a テフラ2次堆積物からなる腐植層をともなう古土壌が1 m以上の厚さで存在する(図103)。この古土壌の腐植層(有機炭素量：3〜5%)は20〜28 cmと極めて厚く，かつ詳細に観察すると土色が一様でない。古土壌上のこの腐植層は古砂丘上の全面を覆っているわけでなく，ごく局所的に見られるにすぎない。したがって，古砂丘上とその周辺の同層準では腐植層はほとんど欠如している。

このことは，厚い黒色腐植層が周辺地域の表層から数度にわたり局所的に集積した2次堆積物であることを示唆している。

表層からの土壌層位は，1AC(Ta-a)/2A/2C(Ta-c)/3BC(To-c2)/4A/4BC/4C(Ta-d)/5A1/5A2/5Bw/5BC/5C(En-a)の順に一応配列している。古土壌の生成期間は，ボール状ローム層(5Bw)から摘出した炭化木片の ¹⁴C 放射年代 11,940±240 yBP と Ta-d テフラの ¹⁴C 放射年代 8,940±160 yBP の間であるので，約3,000年前と推測される。この厚い腐植層と上部の腐植層の両方について山中式採土器(2 cm, 10 ml)を用いて2 cm間隔で試料を採取した。

図104と105は，En-古砂丘堆積物に発達する古土壌の腐植層，ならびにその上部を被覆する完新世のテフラ(Ta-c, Ta-d)腐植層(以下，腐植層を省略し，テフラ名で呼ぶ)における植物ケイ酸体密度とそのダイアグラムを示したものある。

植物ケイ酸体密度は，En-a テフラで 0.75〜

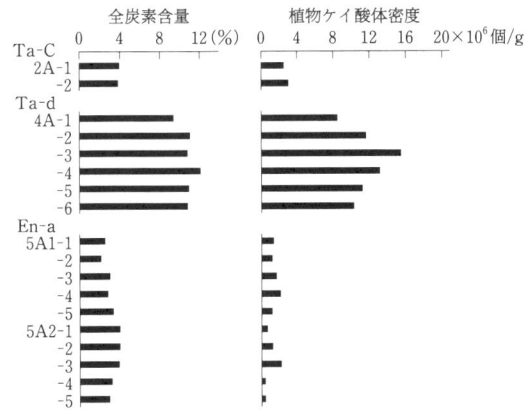

図 104 En 古砂丘上の累積腐植層の全炭素含量と植物ケイ酸体密度(金田敏和原図)

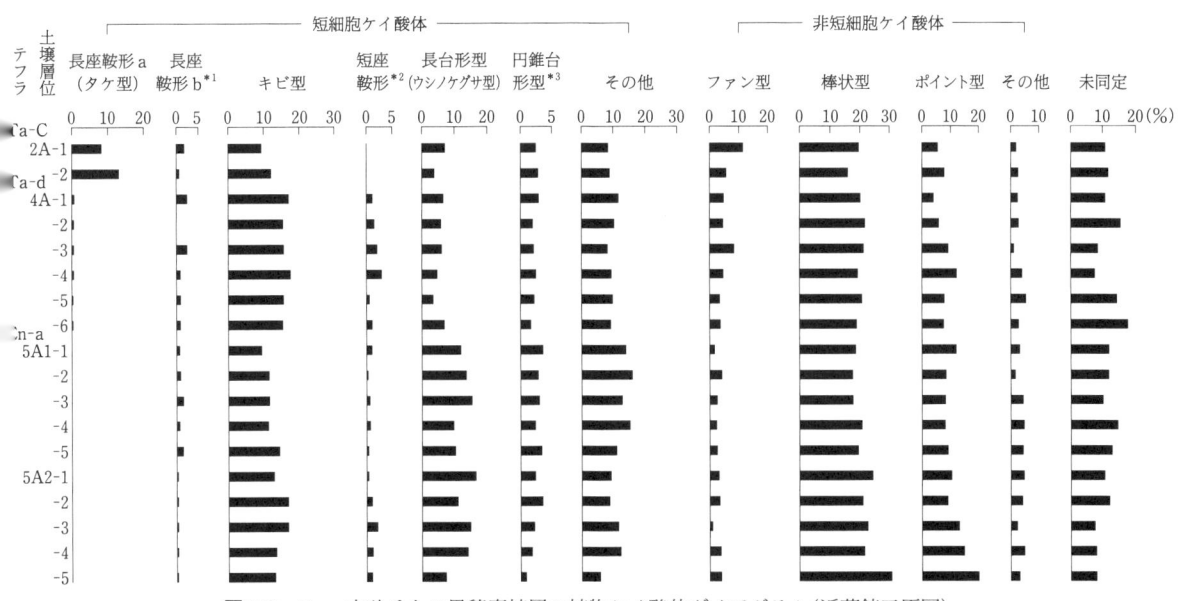

図 105 En-a 古砂丘上の累積腐植層の植物ケイ酸体ダイアグラム(近藤錬三原図)。

[1] ダンチク亜科，一部タケ亜科，その他の亜科に見られる。Takachi(2000)のヌマガヤ型に相当。 [2] Twiss(1992)のヒゲシバ型に相当。 [3] Pearsall and Timble(1984)の 1 Honed Towers や Spools に相当

$3.0×10^6$ 個/g の幅が見られたが，一部の例外試料を除けば $2.0×10^6$ 個/g 前後とさほど変わらない。しかし，Ta-d テフラの $8.5～16.0×10^6$ 個/g と比べると平均で約 1/8 以下と小さい。また Ta-c テフラの約 $3.0×10^6$ 個/g に比べても低い。Ta-テフラで密度が高いのは，この時期が縄文海進期の最も温暖な気候（ヒプシサーマル）に相当し，有機物の集積量（全炭素量として 9.1～12.0%）も高かったためと思われる。しかし，Ta-d および En-a テフラのいずれも全炭素量と植物ケイ酸体量との間にはほとんど関係は認められない。とくに，En-a テフラは全炭素量 2.3～4.6% と Ta-c テフラとさほど変わらないが，全炭素量の割には植物ケイ酸体密度が著しく低い。このことは，両テフラにおいて，植物ケイ酸体が腐植の集積と直接関係ないことを示している。おそらく古砂丘堆積物に風成塵や周辺地域の表層土が風により幾度も集積，あるいは匍匐堆積したものと推測される。とくに En-a テフラは周辺地域の同層準の状況と肉眼観察で土色が一様でなったことなどから，数回にわたって集積した 2 次堆積物とした植物ケイ酸体密度からの予測と符合する。なお，この古砂丘堆積物には微細石英が多量に含まれており，それらが中国大陸から運び込まれた風成塵（黄砂）の混入であることが指摘されている（近藤ほか，1998；中村，1999）。

植物ケイ酸体ダイアグラムを見ると，長座鞍形 a（タケ型）ケイ酸体は Ta-c テフラで約 10%，Ta-d テフラで 1% 以下，そして，En-a テフラでまったく検出されない。他方，キビ型と長台形（ウシノケグサ型）はすべてのテフラで数%～約 20% までまんべんなく含まれていた。とくに，Ta-d テフラでキビ型が 20% と十勝地域の完新世テフラ腐植層のなかで最も高い出現率を示した。また，En-a テフラも Ta-d テフラと同様にキビ型が 20% 以上の高い出現率であった。十勝地域の更新世後期の En-a テフラ腐植層に相当する層準では，通常寒冷気候下に生育するイチゴツナギ亜科由来のウシノケグサ型ケイ酸体が優勢で，タケ型やキビ型がほとんど検出されていない。他方，ポイント型と棒状型ケイ酸体の出現率は比較的高く，ファン型ケイ酸体は低いことが知られている。また，キビ型の給源イネ科植物は主に温暖な気候を好む C_4 植物である。Ta-d テフラはともかく，寒冷な気候下で形成された古砂丘堆積物の腐植層でなぜキビ型の出現率が高いのか不思議である。先にも述べたが，植物ケイ酸体の一部がほかから付加，すなわち風成塵やそれらの降下した表層から風と共に匍匐移動あるいは混入堆積したとすると，ある程度の納得のいく解答がえられる。すなわち，この古砂丘堆積物中には中国大陸から飛来した黄砂（風成塵）が混入しており，また，それらにはファン型が検出されず，キビ型の高い出現率により特徴づけられる。黄砂を混えた薄い腐植層は例えごく僅かの量であっても，風により砂丘の傾斜分岐点や窪地に寄せ場的に濃縮されるならば，元来の形態別組成に黄砂のそれが加わり，キビ型とウシノケグサ型両ケイ酸体で特徴づけられる組成に限りなく近づくと予測さる。このことが En-a 古砂丘腐植層の植物ケイ酸体組成の特殊性に反映されたのであろう。

なお，Ta-d テフラで見られる植物ケイ酸体ダイアグラムの結果も，En-a 古砂丘と同様に不自然なところがあり，周辺地域からの多少の表層土混入が推測される。

このように 2 次堆積物中の植物ケイ酸体の存在は，過去の地表面の証であると同時に，ほかの地表面から運搬・堆積というふたつの側面を担っている。

7. 植物ケイ酸体と土壌・堆積物の年代

植物ケイ酸体の特性を利用した土壌と堆積物の年代は，直接法と間接法のふたつの方法によって推定されよう。

直接法は，植物ケイ酸体に吸蔵されている有機炭素の ^{14}C 放射年代や植物ケイ酸体の特性を利用した土壌および堆積物のケイ酸体の電子スピン共鳴（ESR）年代，熱ルミネッセンス（TL）年代を直接測定する方法である（Ikey & Golson, 1985；Rowlete & Pearcell, 1988；Wilding, 1967）。ESR と TL 年代は原理的に類似しており，その違いは測定法が異なる点にある。とくに，ESR は地球科学や考古学の新しい年代測定法として注目されている。

^{14}C 放射年代測定は，これまで土壌中の各種有機物を対象に多数実施されているが，植物ケイ酸体を取り扱った報告は極めて少ない。この方法の応用は，年代測定ためのほかの有機物が保存されていない堆積物で有効であるが，^{14}C 年代測定用の有機物を植物ケイ酸体から確保するには多量（数十 kg）の土壌を

必要とする．最近では，数 mg の有機炭素量(数十 g の土)で ¹⁴C 放射年代測定可能な加速器質量分析計(¹⁴C-AMS)が日常的に使用(中村，2003)されており，植物ケイ酸体を用いたこの ¹⁴C 放射年代の応用は考古学や地質学に多大な貢献をもたらすと思われる．とくに今後，腐植量の乏しい熱帯土壌において重要視さるであろう．

年代測定の間接法としては，①植物ケイ酸体の組成や量の違いにより復元された古気候による推定法，②植物ケイ酸体の蓄積率による推定法，③植物ケイ酸体の風化度による推定法などがある．

①は，花粉年代(花粉帯)と同様な手法で，同じ堆積物断面内の植物ケイ酸体群集と気候上の出来事，あるいは土器形式系列との対応関係から相対的年代を推定する方法である．

Robinson(1980)は，アメリカ・テキサス州中南部の後氷期の気候変遷にこの方法を適用し，ヒゲシバ型(短草本イネ科)とキビ型(長草本イネ科)との比率の違いから，後氷期の気候上の出来事による編年とよく対応することを示した．この年代推定法は，わが国においても東京都板橋区成増路頭，石狩低地帯早来町源武路頭などの累積層において試行されている(佐瀬ほか，1987, 2004)．また，タケ亜科の変遷がササ属とメダケ属(ネザサ節)由来のファン型ケイ酸体において相反する動向をとり，ササ属由来のファン型ケイ酸体は寒冷な時期，そしてネザサ節由来のファン型ケイ酸体は温暖な時期に高い出現率を示す．このような事実から，宮城県築舘丘陵の堆積物につ

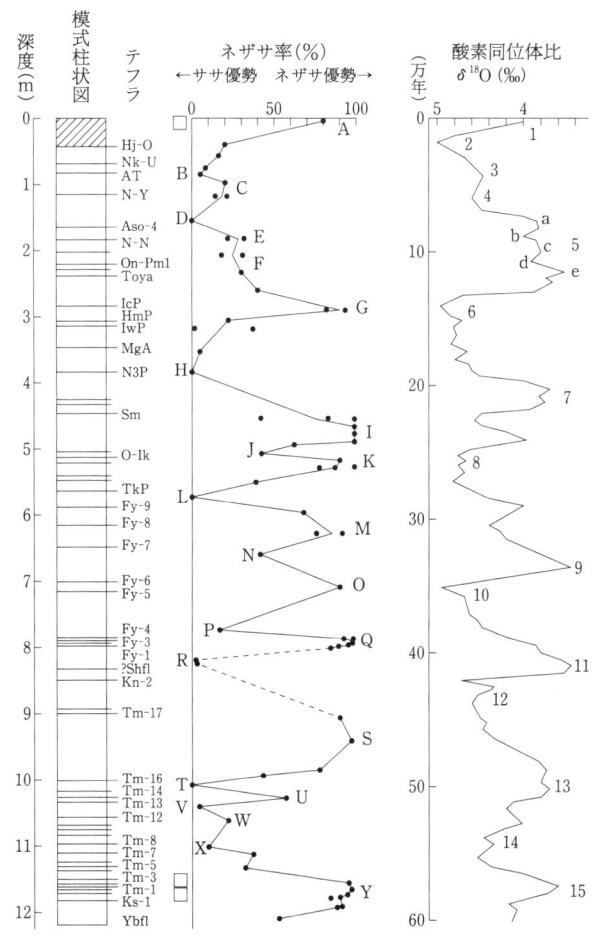

図 106 宮城県築舘丘陵におけるネザサ率の変遷と深海底コアの酸素同位対比曲線(Shackleton et al., 1990；杉山・早田，1996a を改変した杉山，2000)．
酸素同位対比のデータは ODP Site 677．
□：メダケ節検出

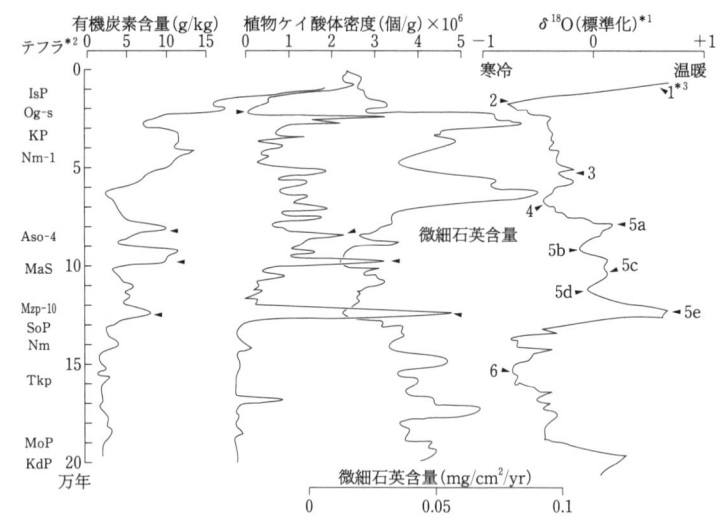

図107 累積テフラ層の有機炭含量，植物ケイ酸体密度，微細石英含量と酸素同位対比の対応関係(近藤ほか，2001aのデータをもとに作成)。
*1 Martinson et al., (1987)，*2 鈴木(1993)，*3 数字は酸素同位体ステージを示す。
IsP：今市スコリア，OgS：小川軽石，KP：鹿沼軽石，Nm-1：行川第一軽石，Aso-4：阿蘇4，MaS：満美穴スコリア，MzP-10：水沼第10軽石，Sop：早乙女軽石，Nm：行川スコリア，TpK：高久軽石，MoP：真岡軽石，KdP：黒田原軽石

いてササ属とネザサ節由来のファン型ケイ酸体密度を測定し，これらの密度と換算係数により両植物の推定生産量を求めた(杉山・早田，1997a)。そして，ササ属に対するネザサ節の推定生産量比率を「ネザサ率」*11 と呼び，地表から地下12mの層にわたり連続的に「ネザサ率」分布曲線を描いた(図106)。つまり，温暖な時期は「ネザサ率」が100％に近く，寒冷な時期は0％に限りなく近くなることを意味する。

宮城県築舘丘陵堆積物の「ネザサ率」の分布曲線は，地球規模の気候変動サイクルを示す酸素同位体比曲線と類似性が認められた。また，堆積物の最下位の層は，「ネザサ率」の変遷から酸素同位体ステージ15の間氷期(温暖期)に対比される可能性が高く，この堆積物の年代が約60万年前とする古磁気年代測定そのほかの見解と符合するとされている。

近藤ほか(2001a)は，植物ケイ酸体密度が過去20万年間の有機炭素量，微細石英含量および酸素同位体比の曲線と対応することを栃木県小川町芳井の喜連川丘陵に位置する累積テフ層から5cm間隔で連続採取したコア試料の植物ケイ酸体分析から見出している(図107)。すなわち，寒冷期は，大陸からの風成塵の土壌への付加(微細石英量)が多く，かつ植物ケイ酸体密度と有機炭素量が少ない。反面，温暖期は微細石英量の付加が少なく，植物ケイ酸体密度と有機炭素量も多くなる傾向にある。有機物の集積量が多いのは温暖化にともないバイオマスの増加と風成塵の付加による土壌へ希釈効果が少ないためであろう。有機炭素量のピークと植物ケイ酸体密度のピークは対応するが，それらの値に比例関係はなく，有機炭素量はむしろ下層ほど低い。これは，有機物が埋積時間の経過とともに分解するために，風化抵抗性がケイ酸体より弱いことによる。なお，植物ケイ酸体密度の最大値は，酸素同位体ステージ5eの時期で最大ピークを示し，現在より暖かい間氷期に相当する。この時期のファン型ケイ酸はメダケ属のネザサ節やキビ亜科起源のものが主体であることがわかっている。このように堆積物中の植物ケイ

---

*11 メダケ属には，ネザサ節，メダケ節およびリュウキュウチク節が含まれ，関東地方以北におけるメダケ属の主体はネザサ節である。このため，従来はネザサ節に着目して上記の比率を「ネザサ率」と呼称してきた。しかし，西日本の各地ではメダケ節の占める割合がネザサ節を上回る場合があり，南九州ではメダケ節が優占していることから，両者を含むメダケ属の比率という意味で最近では「メダケ率」の名称が使用されている(杉山，2001)。

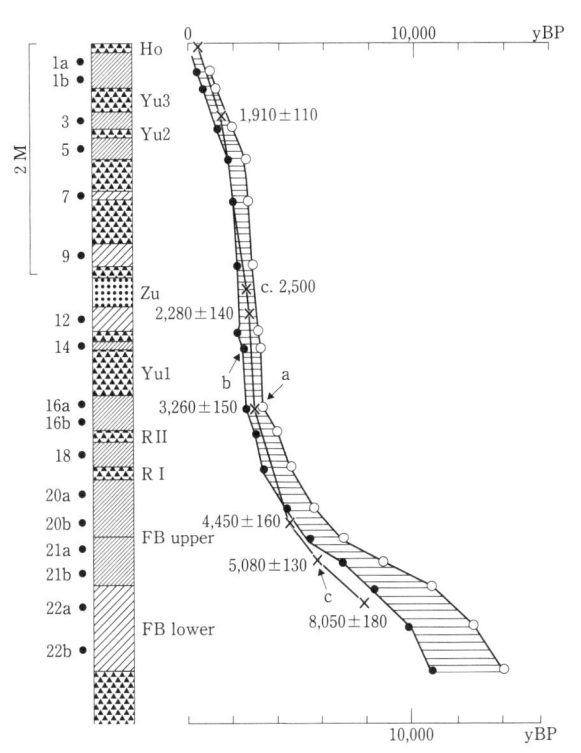

図108　累積テフラ断面腐植中の植物ケイ酸体の蓄積年数から推定した土壌年代(加藤ほか，1986a)。
Ho：宝永スコリア，Yu1-3：湯船原スコリア，Zu：砂沢スコリア，RI, II：レッドスコリア，FB：黒土，a：3.6 g/m²/y，b：4.7 g/m²/y，c：¹⁴C年代，10 mg/cm² = 1 g/m²

酸体密度の分布曲線によっても概略の相対年代は推定できるのである。

②は，土壌および堆積物中の植物ケイ酸体量(g/m²)を各種の方法(重量法，容量法，ガラスビーズ法など)によって測定し，生態学データをもとにした植物の年ケイ酸体生産量(g/m²y⁻¹)で除すことで，土壌および堆積物の蓄積年率が推定できる。この推定法の適用例(図108)は，加藤ほか(1986a)により静岡県湯船原の田沢湖累積テフラ層で実施され，5,000年前までは腐植層の¹⁴C放射年代と蓄積率による推定年代と比較的対応関係にあることが確認されている。図108では，植物の年ケイ酸体生産量を3.6と4.7 g/m²y⁻¹の2通りを想定しているが，植物の年ケイ酸体生産量は生育している場所，その土壌条件や気候により異なるので，この年代測定を用いる際には多数の植物について1年間あたりのケイ酸体生産量をストックし，その場所に適した量(g/m²y⁻¹)を予測することと，土壌中での植物ケイ酸体の溶解性を考慮することが大切である。

③は，土壌，あるいは堆積物から分離した植物ケイ酸体における表面の受食度の違いから相対年代を推定する方法で，①や②の年代測定法に比べ試料調整の容易さに加え，時間的にもコスト的にも優れている。ただし，欠点として，測定者の主観が反映されやすく，また，測定地点や土壌の違いである程度の変動が見られる。この方法も，①と同様に河室(1983a)や加藤ほか(1986b)によって特定の地域で検討されているのに留まっている。

植物ケイ酸体の風化度はそれらの埋積環境および特性(粒径・給源細胞・組成分)によって変わるが，下層あるいは埋没年代が古いほど，その表面に円孔が多数見られ，徐々に，輪郭が不明瞭になる。このような観点から，風化度の規準は植物ケイ酸体表面の平滑さ，円孔の粒径・密度などを勘案し，以下の7段階に設定した(図109)。

①風化度1は，表面全体がほぼ平滑であるが，

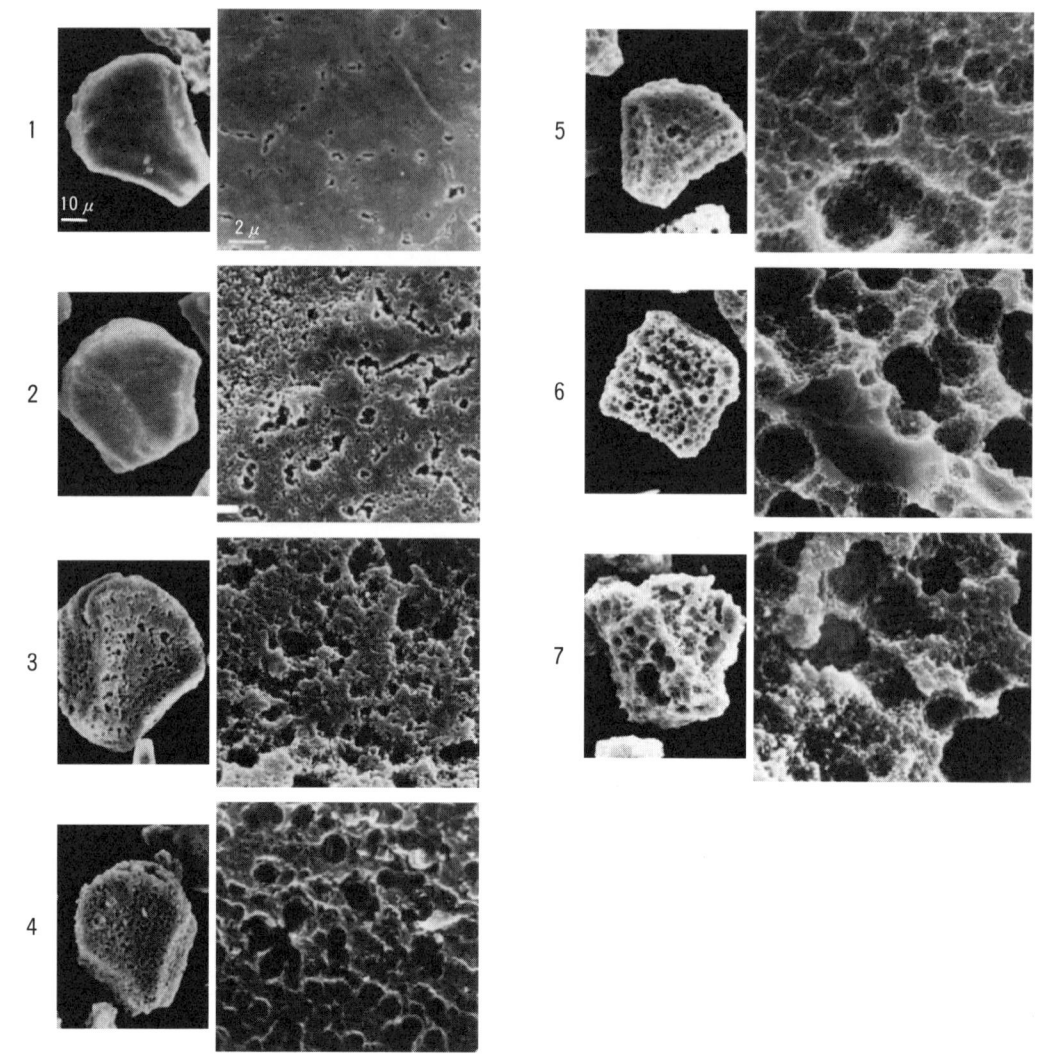

図109 植物ケイ酸体表面の受食の程度(近藤, 1988)。数字は植物ケイ酸体の風化度(1〜7)を示す。

0.2 μm 程度の微小円孔が僅か認められる。②風化度 2 は，表面の平滑面が消失し，多数の微小円孔で占められる。③風化度 3 は，小円孔の一部が拡大し，2〜4 μm の中円孔が出現する。④風化度 4 は，中円孔がさらに拡大し，円孔内部に深く受食する。⑤風化度 5 は，約 5 μm の大円孔が出現する。隣接の中円孔どうしが合体する。⑥風化度 6 は，多数の大円孔が出現する。内部深くまで受食する。⑦風化度 7 は，円孔の輪郭が不明瞭，円孔どうしが結合し 10 μm 以上の円孔が出現する。内部深くまで受食する。

風化度は，上記の規準にもとづき，400 倍の光学顕微鏡で 1 個ずつ判定し，総数 200〜300 個の加重平均値を求めことで得られる。ただし，母集団の標

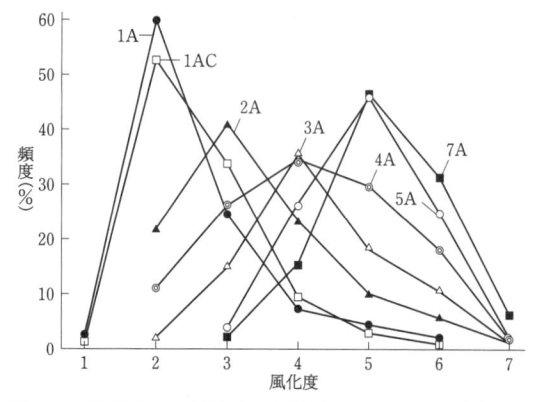

図110 累積黒ボク土断面の腐植層から分離した植物ケイ酸体の風化度の頻度分布(近藤, 1988)。
風化度：植物ケイ酸体表面の受食程度

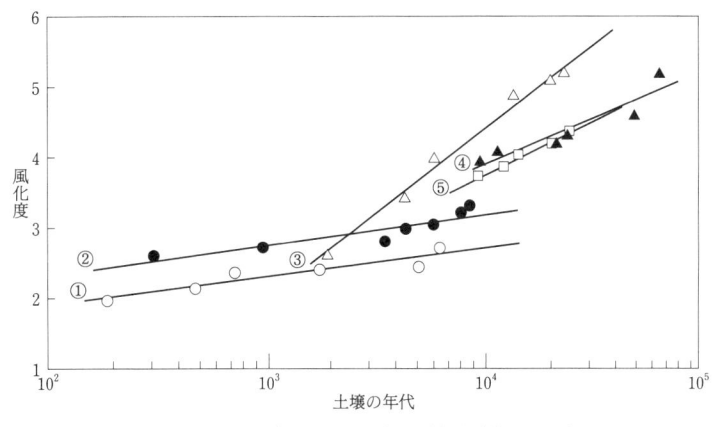

図111 土壌の年代と風化度の関係(近藤, 1988).
○北海道虹別, ●北海道帯広, △静岡県椎路, ▲東京都成増, □熊本県瀬田
① $Y=0.182\log X+0.998(r=0.932***)$, ② $Y=0.199\log X+1.316(r=0.878***)$,
③ $Y=0.650\log X-2.397(r=0.996***)$, ④ $Y=0.578\log X-i, 471(r=0.938***)$,
⑤ $Y=1.048\log X-5.331(r=0.994***)$

準偏差が1.64以下の場合は200個,1.64以上の場合はこの値以下になるような個数の加重平均値を用いた(近藤,1988).風化度は,同じ試料内で幅が見られるが,正規分布(図110)を示しており,古い埋没試料ほど風化度が高い.幅があるのは植物ケイ酸体の供給された年代に違いがあるため受食のされ方も異なるからである.それ故,採取試料の集積年が大きいほど,この幅は大きくなるといえよう.

このように植物ケイ酸体は,土壌あるいは堆積物中で風化を受けるが,その風化に及ぼす外的要因として,堆積物の,①EhとpH,②水分環境(地下水の質と量),③温度環境と植物ケイ酸体の埋没時間などが挙げられる.他方,内的要因として,植物ケイ酸体の,①水分と有機炭素量,②シリカやアルミナなどの化学成分,③比表面積などが挙げられよう.

黒ボク土の腐植層から分離した植物ケイ酸体の風化度と土壌年代との関係を日本全土の多くの試料で検討したところ,多少のバラツキが見られるが,地域性や水分環境を考慮していないのにも関わらず,6万年前までは植物ケイ酸体の風化度と間に有意な正の相関関係($r=0.745, n=133$)が認められている(近藤,1988).そこで,上記の試料から土壌温度レジーム[*12]の異なる代表的土壌断面を選び,植物ケイ酸体の風化度と土壌年代との関係を見たところ,図111に示したように極めて良好な関係が認められた.

フリジックな土壌温度レジーム(年平均:0〜8℃)の北海道標茶町虹別で風化度が最も低く,ついでメシックな土壌温度(年平均:8〜15℃)の帯広市宮本遺跡,サーミックな土壌温度(年平均:15〜22℃)の東京都板橋区成増,熊本県大津町瀬田,静岡県沼津市椎路遺跡の順に高い.

このように,サーミックな土温度レジームにある土壌断面の試料は風化の進行がフリジックやメシックな土壌温度レジーム地域の試料に比べ高いといえる.とくに,椎路遺跡断面の試料は回帰直線の勾配がほかの断面試料より大きい.これは,植物ケイ酸体の風化が全体に進んでいるからであろう.おそらく,テフラの岩質と水分環境がほかと異なる状況にあるためと思われる.

加藤ほか(1986b)も沼津市東西椎路および富士山麓の土壌断面について,腐植層から分離した植物ケイ酸体の風化度と土壌年代の関係を検討し,上記と同様な結果を得ている.

これらの年代推定法は主観が多少加わるが,同じ規準で行えば,^{14}C放射年代の補助手段として,土壌学や考古学での利用が大いに期待されよう.

[*12] アメリカ合衆国の土壌分類で用いられている土壌温度環境の区分.深さ50cm,または土層の厚さが50cm以下のときは基岩接触部位の年平均地温(℃)を示す.低次カテゴリーにおける分類基準として用いられている.

8. 植物ケイ酸体と農耕の起源，栽培作物

イネを代表とする栽培作物が何時ごろわが国に伝播したかは，農耕文化の成立を知る上で極めて重要である。わが国における水田農耕の開始は，登呂遺跡の水田跡や炭化植物遺体，炭化種子の存在などから弥生時代であることが実証されている。その後，福岡県板付遺跡と群馬県日高遺跡において，縄文時代晩期から弥生時代の水田址が発見され，かなり早い時期からわが国に稲作が伝播したことがわかってきた。

しかしながら，登呂遺跡のように明瞭な水田址や住居址遺構，そして多数の木製農具遺物が発見され，弥生時代が水田稲作農耕社会であったことを具体的な形として示すことができたのはごく稀なことである。多くは，遺構の一部や破片，あるいは灰，炭化物などとして発見されるにすぎない。

植物ケイ酸体分析は，このような炭化植物遺体やそれらの痕跡すらわからない遺跡堆積物から過去の植生を復元するのに役立っている。とくに，わが国での水田発祥・伝播に植物ケイ酸体は大きく関わってきた。

このこと関して，藤原(1998)は，『稲作の起源を探る』のなかで，機動細胞ケイ酸体研究の発端，方法と手法，展開，稲作発祥地の中国でのイネ水田探査，そして縄文農耕の可能性などについてエピソードを加えながら平易に述べている。ここでは，その概略の一部を紹介しよう。

これまで述べてきたように，植物ケイ酸体はイネ科植物分類群と比較的対応関係が見られ，その形態が特有であることから，過去の植生の復元法として注目されてきた。

藤原(1976a，1976b，1978，1979，1982，1983，1989)は，数ある植物ケイ酸体のなかでも，イネ葉身表側の表皮に見られる機動細胞由来のケイ酸体(以下，ファン型ケイ酸体)の形に着目し，その断面形態，裏面紋様，あるいは表面の突起の有無がイネの近縁種と区別できることを確認し，ファン型ケイ酸体を弥生および縄文時代の遺跡土壌や土器胎土から検出した。その結果，わが国における稲作農耕の歴史は，少なくても縄文晩期まで遡ることを指摘した。その後，水田址をもつ遺跡数は増加し，1,990年には岡山県津島遺跡・南溝手遺跡で出土した土器胎土からファン型ケイ酸体が検出された(藤原，1995；宇田津，2008)。これらのことから，水田農耕の起源は縄文時代後期，今から3,500年前であることが実証された。最近では，さらに縄文時代前期・中期(6,000～4,000年前)まで古くなることが予測されている。

ところで，遺跡土壌や堆積物から植物ケイ酸体が検出される際に，常に取りざたされるのは外部からの植物ケイ酸体の混入についての問題である。しかし，この問題は花粉，珪藻などの微化石すべてが共通して抱えており，植物ケイ酸体だけのものではない。例えば，イネのファン型ケイ酸体が遺跡土壌で検出されたとしても，そこが水田跡であったという証明にはならないのである。この点については，第8章3節の植物ケイ酸体のタフォノミーにおいても触れているが，ファン型ケイ酸体が何らかの自然条件により後代の土層から紛れ込む可能性もまったく否定できないからである。しかし，同じ包含層中の縄文土器にイネのファン型ケイ酸体が含まれていれば，ほかからの混入はなく，縄文時代にイネがあったことを証明することになる。

杉山(2000)は，多くの経験と調査事例にもとづき，「発掘調査された水田址の土壌試料中には，通例イネ機動細胞ケイ酸体が5,000個/g以上と多量に検出される。ただし，この個数は，検出される土壌の堆積速度にもよるが，少なくとも数十年間にわたって，その場で稲作が行われていたと思われる。このように，イネ機動細胞ケイ酸体が5,000個/g以上の密度で土壌から検出された場合，そこでの稲作の可能性が高いと判断する」と述べている。しかし，この密度は，あくまでも目安であり，イネの収穫法が穂刈りから株刈りに変わったと考えられる古墳時代以降では，水田址におけるイネのファン型ケイ酸体の密度が減少し，約3,000個/gでも水田址であることが知られている。これは，株刈りにより，稲藁が水田に還元されなくなったためと考えられている。また，極端に密度が少ない場合でも，稲作が行われていなかったと必ずしも言い切れない。それは，稲作期間が極めて短かったり，土の堆積率が速かったり，あるいは表層が流亡したりすることで低い密度になることもあるからである。

以下に，青森・垂柳遺跡において水田跡がイネのファン型ケイ酸体密度により，どのような手順(藤

原，1984a，1984b，1987；藤原・杉山，1984；藤原ほか，1990a)で確認されたかを見ることにする。

まず，本調査に先立ってボーリングステッキ(検土杖)，あるいは試堀断面(トレンチ)から土壌試料を採取し，どの程度イネのファン型ケイ酸体が土壌に分布しているか，その密度を測定する。そして，土層の中で最もイネのファン型ケイ酸体密度の高い層を確認する。垂柳遺跡では，田舎館式土器包含層の第VI層が9,800個/土1gと最も高く，埋蔵されている可能性が大きいと判断された。次いで，20 m間隔でメッシュを組み，ボーリング・ステッキで第VI層水田跡の分布域のイネのファン型ケイ酸体を探査した。その結果，探査により推定された水田跡の分布域(図112A)と発掘調査後得られた考古学所見(図112B)とほぼ一致することが確かめられ，イネのファン型ケイ酸体密度による水田跡探査法の有効性が実証されたのである。

上述したような水田跡の埋蔵域を事前に探査する方法[13]は，今日水田址調査法としてマニアル化されいる。

このように，ファン型ケイ酸体密度により水田農耕の開始期がこれまでよりも1,000年以上も遡る縄文時代後期(4,000〜3,000年前)，そして東北地方へ伝播が8世紀以降とされていた通説よりさらに早まり，弥生時代中期には青森まで達していたこが明らかにされた。

一方，わが国において植物ケイ酸体分析によりイネ以外の栽培植物についてその存在があっても，栽培されていたという確証は今のところない。ただし，縄文・弥生時代の住居址のカマドや焼土，炭化種子の灰像分析よりヒエ，キビ，アワなどが検出され(松谷，2001)，それらの栽培の可能性が指摘されている。

水田稲作以外の縄文農耕の可能性は，主に焼畑農耕との関係から今日まで行われている焼畑跡(宮崎県東臼杵郡椎葉村)で検討されいる(佐々木，1984)。しかし，今のところ植物ケイ酸体分析から明確な解答は得られていない。

そこで，杉山ほか(1988)はわが国において焼畑が行われていたかどうかを検証すべく，まずキビ，ア

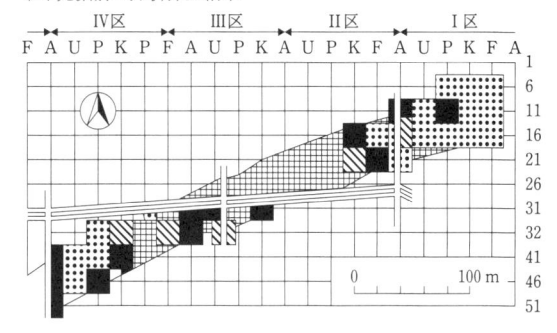

---

[13] この方法で発掘された水田址は500例以上とされている(杉原真二氏の私信による)。

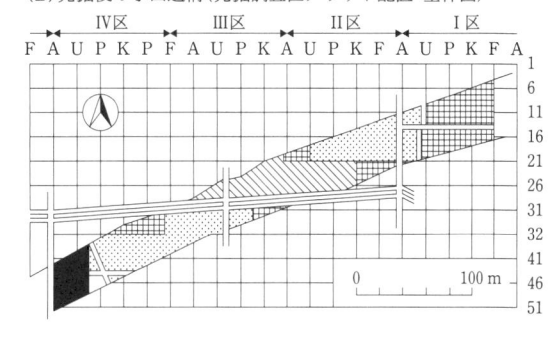

図112 植物ケイ酸体分析による水田址の探索(藤原，1984b)．
■ >10⁴/g， ▨ 10⁴〜5×10³/g， ▦ <5×10³/g， ▩ 水田跡検出範囲， ▨ 湿地帯範囲

ワ，ヒエのファン型ケイ酸体について，ほかの野生キビ連と比較しながらその形態的特徴を調べ，以下の点を明らかにした。すなわち，

①キビ連8属のうち，チヂミザサ属，チカラシバ属，スズメノヒエ属，ナルコビエ属の4属は，断面の形状，裏面紋様，大きさなどの形態的特徴により，メヒシバ属以外，それぞれ識別される。

②エノコログサ属は，側長/縦長比が約2.0以上と細長く，裏面模様が不明瞭であることでヒエ属やキビ属と識別される。

③ヒエ属とキビ属は類似しているが，典型的形態のものについては識別が可能である。

④ヒエ属のうち，ヒエはイヌビエ，ケイヌビエなどの野生種に，エノコログサ属のうちアワはエノコログサ，キンエノコログサなどの野生種にそれぞれ似ており，栽培種の同定は困難である。

要するに，キビ属，アワ属，およびヒエ属の属間での識別は可能であるが，それらの栽培種と野生種の区別は難しいらしい。したがって，土壌，あるい

は堆積物中からファン型ケイ酸体が検出されても、それらがヒエ、アワおよびキビであると特定できないのである。

青森垂柳遺跡のⅥa層が水田址であったことはすでに述べたが、同層直下に位置するⅥc層ではイネのファン型ケイ酸体は検出されず、多量のキビ連由来のファン型ケイ酸体が見出されている。このファン型ケイ酸体は、この層に多量に検出されるヨシのファン型ケイ酸体の存在から推定される湿地環境がエノコログサ属やキビ属の生育環境に不適であるという状況証拠、ならびにヒエ属に特有な形態のものが多いことなどからヒエ属に帰属するとされる。このことは、水田稲作以前にヒエ属が何らかの形で利用された根拠になっている(杉山ほか, 1988)。また、青森三内丸山遺跡の縄文時代前期の堆積物からも多量のヒエ属(イヌビエ)のファン型ケイ酸体が検出されており、食用として利用された可能性が示唆された(藤原, 1998)。

ファン型ケイ酸体の密度は上述してきた古代の水田や畑作農業の成立を知る手がかりを与えてくれるばかりでなく、当時の植物生産量も求めることができる。そこで、水田跡から検出されるイネとその随伴雑草のファン型ケイ酸体密度から、それら植物の生産量を推定した青森県垂柳遺跡について述べる。なお、推定植物生産量の求め方はコラム4に解説しているので参考にしてほしい。

垂柳遺跡は大きく9つの層序(図113)からなり、Ⅵ層が弥生時代中期の水田跡に相当する(杉山ほか, 1988)。Ⅵa層からはイネのファン型ケイ酸体密度が14,000個/gと多量に検出された。これに土壌の仮比重(0.83 g/cm³)とイネ籾の換算係数($1.03×10^{-5}$)をかけると、厚さ1 cmの平方メートル(m²)あたりのイネ籾量は約1.2 kgになる。ただし、この数値は年間の推定生産量でないことに注意してほしい。年間1 m²あたりの推定生産量は、厚さ1 cmの土の蓄積年数がわかれば、その数値で割ることで求められる。ともあれ、Ⅵa層の厚さは15 cmであるので、これに1.2 kgを乗じ、10 a(1,000 m²)あたりに換算すると、Ⅵa層で生産されたイネ籾推定生産量は18 t/10 a・15 cmとなる。もし、当時の年間イネ籾収量が100 kg/10 aとすると、180年間同じ場所で稲作が継続されたことになる。また、Ⅵ層には雑草としてキビ連(キビ属、エノコログサ属、ヒエ属)やヨシ属も随伴している。キビ属やエノコログサ属は湿地環境を好まないので、このキビ連はヒエ属と見てもよいだろう。このことは、ヒエ属特有のファン型ケイ酸体をもつものが多いことからも裏づけられよう。最下層(Ⅵc層)にはファン型ケイ酸体は検出されず、キビ連(ヒエ属)の籾が約3.6 t/10 a・cm(約19 t/10 a・5.4 cm)と多量に検出される。このことから、水田稲作以前にヒエ属がなんらかの形で利用されていたようである。

図113から明らかのように表層のイネ籾生産量は水田址の約3倍以上と多い。これは近世のイネ栽培の技術革新による生産力の向上、あるいは栽培が長期にわたって維持されてきた結果のいずれかの現れである。遺跡周辺は、過去も現在においても湿地環境であるために、乾燥地を好むタケ亜科の推定生産量はごく僅かにすぎない。

イネのファン型ケイ酸体以外にも異なるタイプの

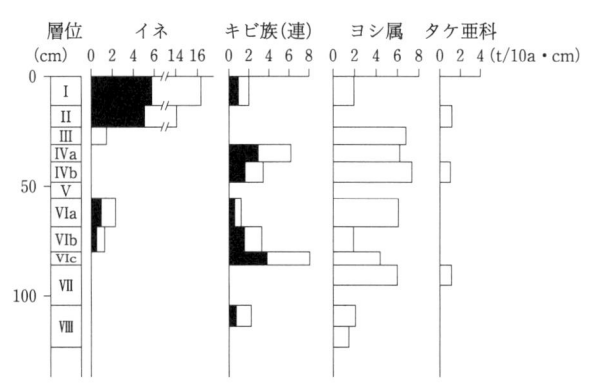

図113 垂柳遺跡R区32地点における主な植物の推定生産量(藤原, 1984a, 考古学ジャーナル, 227, 2-8を加筆改編した杉山ほか, 1988)。
イネ、キビ族(連)の黒部分は種実重、白ワクは全体重。キビ族(連)はヒエと仮定して算出した。

植物ケイ酸体によって各種栽培作物と農耕の関係について調べた例(中南アメリカにおけるトウモロコシ栽培)がある。

　Pearsall(1978)は，南アメリカ・エクアドルのサンタ・エルナ半島におけるReal Alto遺跡土壌(床・穴・炉ばた)からトウモロコシに普遍的に見られる十字形ケイ酸体を検出した。同時に，エクアドルヤに自生するイネ科野草10属とトウモロコシ9系統について，その葉身に含有する十字形ケイ酸体の存在とその大きさについても調べた(表25)。それによると，十字形ケイ酸体をもつイネ科野草はガマグラス属，クリノイガ属，オヒシバ属の3属のみであることを突き止めた。また，トウモロコシ9系統の大きさ(平均)は，小が13％，中が52％，大が36％，特大が2％であった。一方，遺跡土壌の十字形ケイ酸体の大きさは，小が12％，中が55％，大が30％，特大が検出されない以外，その構成比はトウモロコシ(平均)に酷似しいた。イネ科野草3属には大と特大の十字形ケイ酸体は認められなかった。したがって，トウモロコシにのみ形成される大の十字形ケイ酸体が高い出現率で検出されたことは，当時すでにエクアドルでトウモロコシが栽培されていたことを示唆するものである。Piperno(1984)はこの手法をさらに発展させ，十字形ケイ酸体を3次元

表25　野生イネ科，トウモロコシおよび遺跡土壌の十字形ケイ酸体(Pearsall, 1978)

試料	十字形ケイ酸体(粒径)[*1]			
	小	中	大	特大
野生イネ科				
ガマグラス属	25	75	0	0
クリノイガ属	20	80	0	0
オヒシバ属	100	0	0	0
トウモロコシ(系統)				
Mischa	13	63	25	0
Mischa-Huandango	0	46	52	2
Sabanero	7	81	12	0
Morochon	9	50	41	0
Purpule flint	77	23	0	0
(C) Patillo	6	79	15	0
Canguil	12	74	14	0
(O) Patillo	0	50	48	2
Cuzco	0	25	62	13
平均	13	55	30	2
遺跡土壌	13	52	36	0

[*1] 小：$6.87〜11.40\ \mu m$，中：$11.45〜15.98\ \mu m$，大：$16.03〜20.56\ \mu m$，特大：$20.61〜25.19\ \mu m$

形態によって8つの異形(Variant)に細分し，40種のイネ科野生種，トウモロコシの21系統および原種(Teosinte)の6系統についてそれらの特徴を検討した。その結果，大多数のトウモロコシの系統はVarient 1の出現率が高く，それに比べVarient 2と6の出現率が低かった(図114)。対照的に，多くの原種はVarient 2と6の出現率が高かった。また，大多数のイネ科野生種はVarient 6の出現率が高く，かつ大きな十字形ケイ酸体が少ない際立った傾向をともなうことからトウモロコシと明白に区別された。かくして，十字形ケイ酸体のVarientによる同定の有効性が認められ，この同定が中南アメリカ各地の遺跡土壌で適用されるようになった(表26)。とくに，Varient 1の出現率，Varient 1と6の大きさの各変数を用いた判別分析によって各種遺跡土壌から検出された十字形ケイ酸体をトウモロコシとイネ科野生種のいずれかであるかを判別し，中央パナマ太平洋岸地域におけるトウモロコシ栽培の存在(2,500〜1,000 yBP)を推測した。上記の手法を用いた最近の研究では，トウモロコシ栽培が中央アメリカおよび南アメリカにおいて5,000〜4,000 yBPに存在したことがデンプン粒子の研究からも裏づけられている(Piperno, 2009)。

　上述したふたつのケイ酸体は，いずれも葉身表皮中のファン型と短細胞由来のケイ酸体の形態を適用して栽培種を特定した例であるが，それらと種子の穎細胞ケイ酸体の形態から栽培植物やその収穫行程を推測した例について以下に紹介しよう。

　Havey & Fuller(2005)は，北部中央インドに位置する新石器時代のMahagara遺跡においてミレットとイネの収穫行程(収穫・脱穀・篩・製粉)が植物ケイ酸体分析により予測可能かどうかを調べた。

　Mahagara遺跡は，インドにおける稲作農耕初

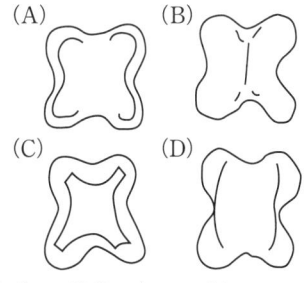

図114　十字形ケイ酸体の各タイプ(Piperno, 1984 抜粋)。
A：Valient 1，B：Valient 2，C・D：Valient 5・6

表26 中央アメリカのエクアドルとパナマの考古学遺跡における十字形ケイ酸体の特徴（Piperno, 1988の図7-1と図7-2をもとに作成）

	Variant 1	% 6	粒径サイズ（平均）Varient 1	十字形（数）
エクアドル				
Real Alto				
早期陶磁器堆積物				
Vadiva Ⅰ：3250yB. C.	48	34	12.4	50
Vadiva Ⅱ：3250yB. C.	73	23	12.8	30
Vadiva Ⅲ：	56	26	13.3	30
Vadiva Ⅲ：2350yB. C.	83	17	13.2	60
後期陶磁器堆積物				
Maqachaliia：1500yB. C.	33	50	11.9	50
パナマ				
Aguadulce				
早期陶磁器堆積物（2000yB. C.〜1000yB. C.）	80	15	13.8	83
Sitic Sierra（300yB. C.〜A. D. 500y）	82	18	14.0	50

期の中心地であったとされている。発掘現場からの大型遺体は相対的に乏しいが，インデカタイプと思われる多くのイネ種子が検出されている。また，イネの籾は，Mahagara遺跡において陶器用のテンパー[14]として使われていた。この陶器にはとくにイネの籾ガラと多少の種子を含んでいたが，収穫行程で捨てられる葉や茎の痕跡はなかった。また，家畜檻の周りに小屋跡が見られ，家畜を飼育のようすがうかがえた。いずれにしても，この遺跡は大型遺体に乏しく，種子も痕跡程度であったことから，稲作農耕が本格的に行われていたのか，ただ単にほかから持ち込まれ家畜の飼料として利用していたのかは推測の域を脱しない。これら点を究明するために，彼らは主にごみ堆積物が散在する区画から大型遺体試料（主に種子）と植物ケイ酸体試料を採取し，それ

らを詳細に調査した。大型遺体分析の結果，以前の発掘と同様にイネ種子が見られ，そのほかにもミレット，コムギ，オオムギ，豆類の種子がごく僅かながら検出された。だが，これらの作物はすべて種子だけで，藁（葉・茎）はなかった。Mahagara遺跡における大型遺体のデータからは，イネ栽培の確証がなく，それらの種子すべてはほかから持ち込まれた可能性が高いと予測された。しかしながら，植物ケイ酸体分析は，大型遺体分析の結果と違った解釈を提示した。すなわち，採取地点の大多数の試料において，イネ由来のすべてのケイ酸体はほぼ同量検出された（表27）。これは，各試料のなかでイネ植物体の各部位がおおよそ同程度含まれていたことを示す。すなわち，葉身由来のケイ酸体（亜鈴形）の存在は，収穫行程の初期，つまり脱穀後の藁であること

表27 Mahagara遺跡のイネ起源ケイ酸体の各タイプ（Harvey & Fuller, 2005）。1g堆積物中の数

イネ起源ケイ酸体の各タイプ	MGR-02-1	MGR-02-2	MGR-02-3	MGR-02-4	MGR-02-5	MGR-02-6	MGR-02-7	MGR-02-8	MGR-02-9	MGR-02-10
Double-peaked 穎細胞	17	0	33	65	40	153	68	0	0	0
多細胞穎	2	27	286	111	40	102	99	0	0	0
ひしゃく状亜鈴形	13	0	66	108	40	77	136	0	0	0
ファン形泡状細胞	10	0	66	86	40	77	113	0	0	0
全ケイ酸体	1141	5524	12700	9395	17427	14082	9764	2165	1935	1566

[14]物質の強度，練りなどを増すために加えられた添加物

をほのめかしている．ふたつの試料(MGR-02-2, 3)はこの傾向に従わず，両試料ともほかの植物ケイ酸体タイプより頴由来ケイ酸体タイプがかなり多かった．この頴細胞ケイ酸体の存在は，試料中に葉身由来のケイ酸体がまったくないか，少なかったのことから，収穫行程の後期の副産物であることを示している．また，この遺跡にはミレット由来のケイ酸体も存在したが，詳しい同定はなされていない．イネ頴と雑草頴由来ケイ酸体の間に極めて高い比例関係にあることから，ミレットの多くは恐らくイネの雑草として混入したものであろう．なお，コムギとオオムギ由来のケイ酸体はまったく検出されていない．このように，植物ケイ酸体分析は，イネとミレットが新石器時代にMahagara遺跡で栽培され，各収穫工程をなしていたことを示したのである．

同様な見解は群馬県子持村の黒井峰遺跡で杉山・石井(1989)によっても実証されている．すなわち，榛名二ツ岳伊香保テフラ直下の遺構内の灰化物からイネ頴細胞ケイ酸体が，また高床式倉庫の床面から多量のコムギ頴細胞由来のケイ酸体が検出され，前者はイネ脱穀後の籾ガラの捨て場，後者は貯蔵庫であったと推測された．また，飼葉桶と見られる遺構の試料からはイネのファン型ケイ酸体が多量に検出され，稲藁が飼料として利用されていたこともわかった．建物の屋根材と見られる炭化物遺体からはススキ属，防風囲いの試料からはブナ科由来の植物ケイ酸体が検出され，当時に集落の様相を知る手がかりとなった．

以上は，栽培作物，あるいは農耕の起源をイネ科由来の植物ケイ酸体分析により実証したイネ(日本・インド)，トウモロコシ(中・南アメリカ)などの例である．ほかの地域においても，植物ケイ酸体を巧みに応用して各種の栽培作物やムギ，オオムギ，エンバクの頴細胞由来のケイ酸体が考古学遺跡から見出されており，それらの栽培や農業の存在が推測されるとともに，乾燥農業における灌漑技術の可能性についても示唆されている．また，イネ科植物以外ではパプアニューギニアの高地における6,950～6,440年前(Denham et al., 2003；Wilson, 1985)と南カメルーンにおける約2,400年前のバナナ栽培(Mbida et al., 2000)，C. Columbusによる新大陸発見以前のアメリカにおけるカボチャ栽培(Piperno et al., 2000)の可能性についての研究があり，それらの今後の発展が大いに期待されよう．

9．植物ケイ酸体と考古学遺物

植物ケイ酸体は，耐熱性に富んでいるために植物遺体や花粉がほとんど見出されない炭化物，灰，焼土，土器胎土などからも検出される．この特性を利用して，炭化物，灰，焼土などの植物ケイ酸体分析によって古代人の生活様式や遺跡周辺の古環境の情報が得られる．屋根藁，壁，燃料，衣類などにどのような植物が利用され，ゴミ捨て場にはどのような種類の植物が捨てられたのか，また，土器胎土に添加物として用いた植物，ならびに土器や陶磁器の内部に存在している炭化物は食物，あるいは供え物なのかなど，古代人の生活に密着した利用法や目的(住宅，食糧，儀式，貯蔵，運搬など)が植物ケイ酸体分析によって推測可能なのである．

縄文土器や土師器の胎土には植物ケイ酸体，海綿骨針，珪藻などが混入していることが知られている．この土器胎土中の植物ケイ酸体の存在は，土器製作時に粘土に添加物として植物繊維を意識的に混入したか，あるいは素地自体にすでに植物ケイ酸体が混入していた場合の2通りが考えられる．仮に前者であれば混ぜた植物種が判明でき，後者であれば素地採集地の産地同定ができる．

藤原(1982)は，熊本地方の縄文時代各期の土器胎土から植物ケイ酸体を見出し，とくに縄文時代晩期初頭にあたる多数の土器片からイネのファン型ケイ酸体を検出した．これは，熊本地方でこの時代にすでに何らかの形で稲作が行われたことを示唆している．また，これらの土器にはイネ以外にもヨシ属，ススキ属，タケ亜科のファン型細胞ケイ酸体が包含されており，それらの植物が繁茂していた時代の土壌(または水田土壌)の一部を少なくとも土器素材として使用していたと考えた．このようにわが国において土器胎土の植物ケイ酸体分析は，主にイネ生産時期の下限を示す証拠として多くの縄文時代の遺跡(熊本県上南部，岡山県総社市南溝手，岡山大学津島，岡山県美甘村姫笹原)で実施されきた．

北海道十勝地域の縄文時代前・中期の土器片には肉眼で植物繊維と判明できるものが見られる．この植物繊維の給源を明らかにするために土器片の植物ケイ酸体分析が試みられた．その結果，ササ属以外

に特定の植物との関係は不明であった。そこで，より繊維が明瞭で一部炭化した土器片の表面を走査型電子顕微鏡で観察したところ，それらは単子葉植物や非イネ科植物の表皮細胞の特徴を示すものであった。さらに，それらの土器片の植物ケイ酸体分析を行ったところササ属，イチゴツナギ亜科植物と双子葉植物由来のケイ酸体が検出され，それら両植物の繊維であることが明らかにされた(近藤，1990)。

愛媛県松山市の祝谷アイリ遺跡(弥生時代後期後半)から採取した土器がどこで製作され，どの種の素材が使用されたのか，その供給源を探るために土器胎土とその素材と考えられる粘土層の植物ケイ酸体分析が実施された。その結果，土器胎土は，粘土層に比べ植物ケイ酸体の量や種類が少ないことから，それを素材としていないことがわかった。また，土器胎土中にはヨシ属やシイノキ属に由来する植物ケイ酸体が含まれており，ヨシの繁茂する湿地や森林の土壌が土器素材として用いられていた。なお，水田土壌を土器素材とした積極的証拠は確認されなかった(杉山，1992)。

遺跡の暖炉，灰，炭化物および焼土は，遺跡周辺の環境や当時の生活文化を知る貴重な情報源であるが，遺跡のなかで明確な形としてなかなか残ってくれない。だから，それらの遺物は視覚から判断することは甚だ難しい。しかし，植物が灰の中で原形を留めなくても，細胞に沈積した植物ケイ酸体が何ら変化せず残存するような場合，その形態から母植物の予測は可能であり，このことに関連する数多くの事例が報告されている。

加藤(1975)は，静岡県愛麓山麓に位置する元野遺跡(縄文早期)の炉跡の焼土とその直下の黒ボク土の植物ケイ酸体分析を行った。その結果，両試料もタケ型ケイ酸体が圧倒的に多かったが，焼土試料で明らかに植物ケイ酸体が富加(650 ないし 1,100 kg)していた。このことは，古代人が遺跡周辺に生育していたタケ・ササ類などのイネ科植物を燃料の一部として使用していたことを示唆する。同様な結果は，縄文時代の東京都八王子弁天橋遺跡(縄文早期後葉)，多摩ニュータウン遺跡(縄文前期後葉)および千葉県栄町竜角寺ニュータウン遺跡においても報告されている(近藤，1981；大越，1980，1982a)。ササ類は遺跡周辺にごく普通に繁茂していた野草であるので，古代人が最も手近な燃料として利用したことは想像で

きる。しかし，古代人がササ類などの野草だけを燃料にしたわけではなく，葉の付いた小枝も材部と一緒に用いたはずである。それにも関わらず，植物ケイ酸体分析では樹木を利用したという証拠はほとんど見あたらない。これは，燃料として樹木の材部・樹皮を利用しなかったのではなく，樹木の葉，材部，樹皮などには元来植物ケイ酸体がごく僅か，あるいはまったく含まれていなかったからであろう。葉身はともかく，わが国の樹木の材部・樹皮にはほとんど植物ケイ酸体は含有されていない。一方，熱帯・亜熱帯樹木の小枝・材部にはケイ酸の細胞内容物が含有されており，それらの遺跡の灰からは材部由来のケイ酸体が検出されるので燃料としての樹木の利用が容易にわかる。

ただし，植物ケイ酸体が材部・樹皮に含まれていなくても石灰質のファイトリス(シュウ酸石灰の結晶)はあらゆる樹木に含有しているので，その存在と結晶の形態から燃料としての樹木の利用が予測できるのである。

樹木の木部・樹皮を燃料として利用していたことを実証した研究はイスラエルの洞窟遺跡で報告されている。すなわち，イスラエの中・後期旧石器時代の洞窟遺跡(Hayonim Cave, Kebara Cave, Amud Caveなど)から発掘した暖炉と灰について，そのシュウ酸石灰結晶と植物ケイ酸分析が行われた。それによると，ネアンデルタール人は樹木，灌木および樹皮を燃料として主に用いたが，イネ科植物類もそれらと一緒に利用していたようである。また，イネ科以外の草本植物は寝床のシーツ，一部燃料や食糧として利用していたらしい(Albert, 2000；Albert & Weiner, 2001；Albert et al., 2000；Madella et al., 2002)。

前記したように遺跡に見られる「かまどの灰」は，燃料あるいは食糧として用いた廃棄物の可能性が大きい。岩手県源道遺跡(平安時代)の灰層中にはイネの藁・籾を主体したイネ科植物(キビ・ヒエ・アワ・ムギ)由来の植物ケイ酸体が多数検出され，それらが食糧として利用されていたようだ(佐瀬，1989b)。

北海道函館市中野A遺跡には広範囲に赤褐色土(5YR4/6・4/8)が層状に分布しており，その起源がテフラ(銭亀沢火山灰層？)，あるいは焼土のいずれか疑義のあるところであった。そこで，赤褐色土層，上下の黒色腐植層と対比しながら植物ケイ酸体分析を行ったところ，赤褐色土層には黒色腐植層中より多

い植物ケイ酸体量を含み，少なくとも1次堆積のテフラ層(C層)でなく，焼土である可能性が示唆された。併行して調査された鉱物学的比較検討からも焼土は1次堆積のテフラ(C層)でないことが実証されている。この焼土様土層がなぜ広範囲に分布しているのかその理由は明らかでなく，今後の研究課題とされた(近藤，1995b)。

イギリスの著名な考古学者 V. G. Childe は，その著書の冒頭で『人間のあらゆる行動を可能な限り復元し，そこに示された思想を再現することが考古学(者)の使命』と述べている(Childe, 1956)。考古学遺物は，人間行動が遺した証であり，その遺物の所在を丹念に調べることで過去の生活や社会における人間の行動，自然環境などを知ることがでるのである。この意味において，植物ケイ酸体は過去の人間社会行動の解明に一翼を担っているといえよう。

10. 植物ケイ酸体と食性

イネ科草本類は葉・鞘にケイ酸を多量に含有するが，これらは草食動物の食餌の摂取に対し，身をまもる自己防衛のためと考えられている。すなわち，草食動物と植物は捕食—被捕食の関係があり，植物は生存のためにいろいろな防除手段を取っている。例えば，双子葉植物の葉・皮に集中するフラボノイドや有毒物質のアルカロイドは自己防衛のためのもので，イネ科植物はそのようなものの代りにケイ酸を地上部に集積し，食べにくくすること(歯の摩擦)で身を守っているのである。これは，イネ科植物と草食動物との長い共存の進化(歯の形態・機能)のなかでイネ科植物が獲得したものらしい。

ともあれ，草食動物はイネ科植物を主に採食するが，胃のなかでごく僅かに溶解したケイ酸は消化器に吸収され，腎臓を通って尿として排泄される。ときには，羊の症例でよく見られる腎臓結石となることもある。ところが，尿により排出されたケイ酸以外の多くはほとんど消化せず糞として放出される。反芻動物のケイ酸の摂取，消化器内での吸収，それによって生ずる尿結石などについての詳細は Jones & Handreck(1967)に紹介されているので興味のある方は一読されたい。

動物の消化管でほとんど分解されない不溶性ケイ酸は固体としての植物ケイ酸体である。このような

ことから，家畜や野生動物の糞から植物ケイ酸体を分離・抽出し，その量と形態組成からそれら動物の食餌摂取量や食性を知ろうとする試みが内外で報告されている。以下では，野生動物のエゾシカと家畜の緬羊で給餌試験として行われた例について紹介する。

野生エゾシカの保護・管理は，人間と動物の共存をはじめ，自然環境保護の面から重要な課題である。しかし，エゾシカの個体群の分布や個体数の変動に影響を与える要因のひとつである食餌条件を知る食性についての詳細はなことはあまり知られていない。

そこで佐藤(1981)は，エゾシカの糞分析による食性解析の可能性を検討するために，エゾシカ(満1歳の雄，約70 kg)の舎飼給餌試験を行った。エゾシカの糞は，給餌後，2日以内に排泄されることを餌と共に与えた指標植物中の植物ケイ酸体の出現から確認した。餌はチモシーとクマイザサを用い，それぞれ別の期間に糞を採取した。糞の採取は10回行い，餌と糞中の植物ケイ酸体量を湿式灰化法で求めた(表28)。

すなわち，クマイザサ1,223.5 g(平均)の採食で，糞680.9 g(平均)，チモシー734.9 g(平均)の採食で，糞530.0 g(平均)がそれぞれ排泄された。したがって，糞中の植物ケイ酸体の平均の回収率はクマイザサで97.2±1.12%，チモシーで94.3±0.64%(99%信頼区間)であった。なお，糞中の植物ケイ酸体の形態に変化はまったく認められなった。以上の結果から，植物ケイ酸体はエゾシカの体内で分解されず，

表28 給餌試験によるエゾシカ糞の植物ケイ酸体含量 (佐藤，1981)

試料	>10 μm の植物ケイ酸体(g)		B/A×100(%)
	餌(A)	糞(B)	
1	27.5	26.3	95.5
2	27.7	27.1	98.1
3	25.9	25.3	97.6
4	28.0	27.1	96.6
5	25.5	24.4	95.8
6	26.1	25.6	97.9
7	21.3	21.0	98.3
8	33.0	32.2	97.5
9	26.9	25.9	96.2
10	29.3	28.7	98.0
平均	27.1	26.4	97.2±1.12

エゾシカ満1歳の雄(推定平均体重70 kg)

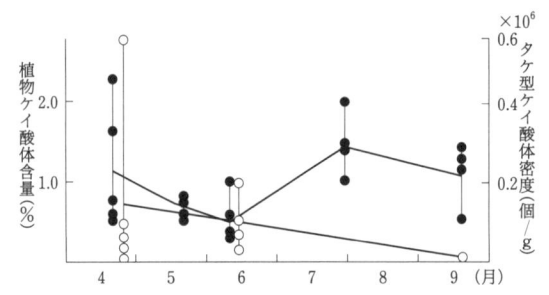

図115 エゾシカ糞の植物ケイ酸体含量とタケ型ケイ酸体含量の季節変化（近藤，1983a；立原厚子原図より作成）。
●—● ケイ酸体含量，○—○ タケ型密度

咀嚼などに変化しないことを示すばかりでなく，これを利用することで野生動物や家畜の摂食量および食性について定性的，かつ定量的に把握できる目途がついた。そこで，この方法にもとづいて野外における野生エゾシカの糞分析を季節的に追跡した（図115）。

糞中の植物ケイ酸体量は，採集地点でかなり変動が見られたが，一般に5～6月は少なく，4，8月および9月に多い。また，糞乾物1gに含まれるタケ型ケイ酸体個数は植物ケイ酸体量と同様にかなり変動が認められる。この値は4月で最も高く，6，9月と漸次低下した。9月のタケ型ケイ酸体個数は4月の2％にすぎなかった。このようなことから，エゾシカは栄養価の高い餌の少ない春（4～6月）には，ほかの時期よりミヤコザサ節（種名不明）を多く採食するが，それ以降の餌の豊富な時期にはミヤコザサ節以外の植物を採食することが推測された（立原・藤巻，1987）。

同様な手法は，放牧家畜の採食草種の判定や採食量の推定に応用されている（松本，1997；松本・菅原，1997；松本ほか，1991）。

緬羊の舎飼給餌試験による植物ケイ酸体の糞中への回収率は約90％であり，エゾシカのチモシーよりやや低い。しかし，糞中のケイ酸体はその形態を維持し，草種判定や採食量の推定に影響を生じないことがわかったので，草種の指標ケイ酸体（トールフェスク：楕円型，オーチャードグラス：ボート型）を用いて糞中の植物ケイ酸体から採食量を推定した。その結果，実測値と推定値（平均誤差率7％）はほぼ等しく，草種ごとの採食量の推定は可能であることが明らかになった。この方法をイネ科混播草地において適用し，一定の成果が得られている（松本，1997）。

これまで述べてきたことは，現生の動物の食餌についてであるが，次に過去の人間を含む動物の食餌がどのようなものであったかを動物化石や生痕化石から調べた事例を紹介しよう。

動物は朽ちた後，ほとんどの部分は土壌や堆積物のなかで分解・消失するが，運がよければ化石として残る。そのなかでも咀嚼器官である歯は食餌と最も関係深く，その形態により動物の食性がある程度推測できるのである。しかし，さらに詳しい食性を知るには歯の形態だけでは不十分で，動物が直接何を食べていたか調べる必要がある。幸いにも，人間や野生動物の歯には石灰化した沈殿物が歯石や結石として残っている（図116）。

この歯石の主成分はシュウ酸石灰であるが，ケイ酸や有機物も多かれ，少なかれ歯石のなかに組み入れられている。ケイ酸は，主にイネ科植物体中の植物ケイ酸体に由来し，イネ科植物を食する草食動物の歯石のなかに多少とも包含されている。したがっ

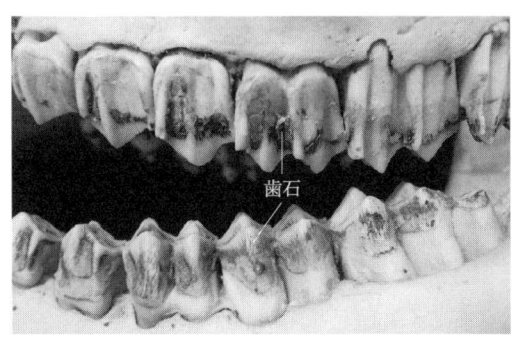

図116 エゾシカの歯石
（帯広畜産大学野生動物管理学研究室保存標本）

表29 アメリカマストドンおよび現世・化石草食動物臼歯の歯石から抽出した植物ケイ酸体タイプと珪藻の頻度数
(Gobetz & Bozarth, 2001 をもとに作成)

試料	乾物量(g)	イチゴツナギ型 長台形	イチゴツナギ型 波状台形	ヒゲシバ型 鞍形	キビ型 亜鈴形/十字形	未同定 その他の短細胞	カヤツリグサ型円錐形	長細胞/泡状細胞/表皮毛	エノキ属 Celtis sp.	双子葉植物/集合体	棘状突起物をともなう球状	未同定	珪藻	総計
オジロジカ KU 8416 Odocoileus virginianus	0.15	22	17	15	6	10		28					2	100
ヘラジカ KU 139998 Alces alces	0.14	1		1		1		5					3	11
鮮新世キリンラクダ KU 2756 Gigantcamelus frickii	5.58	31	2	12	1	5		25	1			1	21	100
アメリカマストドン KUVP129776 Mammut americanum	4.97	41		6	9			34				7		100
アメリカマストドン KUVPC-2411 Mammut americanum	13.2	36		15		6	2	28		3	3	4		100
アメリカマストドン KUVP 5983 Mammut americanum	1.92	30	4	18	3		2	23	2		3	13		100

植物ケイ酸体の形態は，Brown(1984)とTwiss et al.(1969)の分類に準ずる．

て，歯石から植物ケイ酸体を摘出すれば，動物がどのような植物を食べていたのか，その概略がわかるのである．

このように歯石から直接的に植物ケイ酸体を摘出し，その食性を調べる手法のほかに，歯の微細摩耗模様から間接的に食性を調べる手法もある．この方法により生草を常食とするいわゆる「グレイザー(Grazer)」の仲間か，それとも草も食べるが主に若芽，木の葉・小枝，樹皮も食べる「ブラウザー(Browzer)」の仲間か，あるいはそれらの中間であるのかを知り得ることができる．しかし，最近，植物ケイ酸体の硬度(51-211 HV)[*15]は，歯のエナメル質(257-397 HV)に比べかなり柔らかいことがわかった．これは，歯の微細摩擦模様が植物ケイ酸体によるものとしてきたこれまでの結果を覆すものであり，今後その取り扱いを慎重に再評価しなおさねばならない(Sanson et al., 2007)．

上述した歯以外にも生痕化石とされる糞石(Coprolite)やミイラ化した遺体の胃の内容物を植物ケイ酸体，大型植物遺体，花粉分析などにより直接的に食性を知ることができる．

Gobetz & Bozarth(2001)は，アメリカ・カンサス州の更新世後期堆積物から発掘したアメリカマストドン4個体の大臼歯から歯石と結石を摘出し，それらに含まれる植物ケイ酸体の形態組成分析からアメリカマストドン[*16]が過去にどのような植物を食べていたか調査した．同時に，対比のために生草を主食とする現世のオジロジカと新芽，木の葉・小枝，樹皮を主食とするヘラジカ，ベアードバクの顎の歯，化石のジラフキャメルの大臼歯の結石と歯石についても調べた．このうち1個体のアメリカマストドンには植物ケイ酸体が検出されなかった．

アメリカマストドン歯石の植物ケイ酸体分析(表29)は，イチゴツナギ型，鞍形，非短細胞(長細胞，泡状細胞，毛)などのイネ科起源ケイ酸体が主体(約85%)であり，ブラックベリーの種子と広葉樹由来のケイ酸体がごく稀であった．また，針葉樹由来のケイ酸体はまったく検出されなかった．現生と化石の「ブラウザー」および草食種の仲間の歯石と結石には広葉樹や針葉樹起源ケイ酸体はほとんど検出されなかった．この少なさは，樹木種が元来ケイ酸に乏しいことと，ケイ酸の乏しい若い葉やシュート(shoot)を動物が選んで食べた結果のいずれか，それともその両方であると思われた．

アメリカマストドンは，顎の形態，牙の湾曲，特徴的な軛状歯型などから，これまで平野をテリ

[*15]物質の硬さの程度を表す尺度．いろいろな測定法があるが，この数値は最も汎用性の高いビッカース硬度計により測定した値．例えば，この硬度計により測定した鉱物の硬さは，以下のとおりである．石膏(60 HV)，方解石(136 HV)，蛍石(200 HV)，リン灰石(659 HV)．

[*16]第四紀後期(6,000年前絶滅)に北米大陸全域に生息していたゾウの仲間(ゾウ目・マンムート科)．四肢はやや短く，ずんぐりした体形で，約260 cmの長い牙をもっていた．主に森林に生息し，針葉樹の葉や枝，また湿原の草などを食べていたといわれている．

リーとする草食性のマンモスと違い，森を生息地として活動していた「ブラウザー」と考えられていた(Shoshani & Tassy, 1996)。このことは，トウヒ属，モミ属などの針葉樹花粉の頻度，双子葉樹木とその果実，そして針葉樹の小枝を含む腸内残渣の存在などから，アメリカマストドンが湿地，あるいは浅い沼の散在するコニファー/パークランドにすんでいたという推測からもうかがえる。

しかしながら，マストドンの3個体にはイネ科植物由来のケイ酸体が多量に含まれていたことから，イネ科草本が食餌の主要なものであったと推測された。また，珪藻に加えて，多量のイネ科植物ケイ酸体の存在は，マストドンが更新世後期の冷涼，湿潤な環境下の水辺の近くでイネ科植物を食べていたことを示している(Gobetz & Bozarth, 2001)。

このような歯の結石や歯石の植物ケイ酸体の適用は，このほかにも有蹄動物(Armitage, 1975)，草食動物(Middleton & Rovner, 1994)，バイソン(Bozarth & Hofman, 1998)，恐竜(Prasad et al., 2005)などでも実施されている。

前に述べた現生の野生動物や家畜の糞と同様に，過去の人間をはじめ動物の糞は，生痕化石として取り扱われ糞石(Coprolite)と呼ばれ，考古学遺構や洞穴住居遺構からしばしば発見されている。

Bryant & Williams-Dean (1975)は，アメリカ・西南テキサス州のロックシェルターから採取した人間の糞石の植物ケイ酸体とシュウ酸石灰結晶の同定により，古代人がヒラウチサボテン(Opuntia coccinellifera)とリュウゼツラン(Agave stricta)を食べていたことを見出した。また，ニュージーランド・プレンティ湾コヒカにおいて，マオリ人の入植地(約700年BP〜1800年AD)から採取した人間と犬の糞石の花粉，植物ケイ酸体および珪藻分析によると，糞石からキク科のプーハー(Sonchus spp.)とガマ科のラウポ(Typha)タイプの花粉が高い頻度で検出された。この両方の植物は，マオリ人によって食物として利用されていたことが知られている。花粉，植物ケイ酸体および珪藻分析を総合的に考察した結果，糞石の多くはたぶん犬のものであるようだ。しかしながら，人間と犬の食べ物はかなり重複するので，マオリ人もそれらを食べていたとみるのが自然であろう。花粉，植物ケイ酸体および珪藻分析は，当時の生活していた周辺の状態(季節，年代，自然環境など)や食生活(ガマ，ワラビなど)についての情報を提供してくれた(Horrocks et al., 2003)。

上記に述べてきた糞石は，植物の面から見た食餌についての見解である。しかし，古代人は，当然ながら肉や動物性タンパク質も食していており，糞石中には未消化な骨片，羽毛なども含まれているのが普通である。わが国の縄文時代の遺跡にも人間の糞石が多数見出されているが，今のところシュウ酸石灰結晶や植物ケイ酸体分析による調査例は残念ながら皆無である。ただし，糞石の形態や内容物などから当時の食生活や健康状態が詳しく調べられている(安田，2007)。

最後に，ニュージーランド南島のフィヨルドランド・タカヘ渓谷にかつて生息していた「飛べない鳥，モア」の糞石(2,385±95年 yBP)について紹介しよう。

最近のDNA研究によると，ニュージーランドのモアは9〜10種生息していたらしい。フィヨルドランド・タカヘ渓谷に生息していた山岳モアはツバサモア属(Megalaptery didinus)，エレファントモア属(Pachyornis australi)，およびオオモア属(Dinornis struthoides, Dinornis novaezealandeae)の4種である。最も大きい Dinornis novaezealandeae は山岳の灌木地帯に生息していたとされている(Bunce et al., 2003；Huynen et al., 2003)。これらの4種の体重はそれぞれ60，90，90および120 kgと推定されている。糞石は最も小さなツバサモア属(Megalapteryx didinus)の落しものと推測されている。

この絶滅モアは南島の海抜の高い山岳地帯の石灰岩の洞窟を生息域としていた。タカヘ渓谷の気候は年降水量2,500 mm以上，1日の平均気温が4.6℃で，部分的にナンキョクブナ(Nothfoagus menziesii, N. cliffortioides)の優占する森林帯である。ナンキョクブナ帯の上部にはタソックランド(Chionochloa, Poa, Festuca, Rytidosperma などが繁茂)と山岳低木が優占する。モアの糞石はロックシェルターAから発掘されたもので，ニュージーランド・ウエリントンのテ・パパ・トンガレワ博物館に保管されている。譲与された5試料について植物ケイ酸体，花粉および大型植物遺体分析が行われた(Horroks et al., 2004；Kondo et al., 1994)。

植物ケイ酸体分析は，Poa, Festuca, Chionochlora, Rytidosperma などのイネ科草本類由来のケイ酸体(長台形，円錐台形，鞍形，亜鈴形など)が主で，

表30 モア糞石中に見出された植物遺体(Horrocks *et al.*, 2004 をもとに作成)

	材部	葉身	果実	花粉/胞子	植物ケイ酸体[*2]
シルバービーチ以外のナンキョクブナ (*Nothofagus truncata, N. Tawhairaunui* など).	○	○		○	○
シルバービーチ *Nothofagus menzisii*		○		○	
マウンティンビーチ *Nothofagus cliffortioides*		○			
マウンティントアトア(セロリ松)*Phyllocladus alpinus*		○		○	
ミロ/トタラ *Prumnopitys/Podocarpus*				○	
マコマコ？または，プセウドパナクス？ *Aristotelia* spp.? or *Pseudopanax anomaus*?		○		○[*1]	
コポロスマ属の仲間 *Coprosma* spp.?		○		○	
コゴメグサ属の仲間 *Euphrasia* spp.?		○			
イネ科/カヤツリグサ科 Poaceae/Cyperaceae		○		○	○
ウシノケグサ属の仲間 *Festuca* spp., (Poaceae)					○
イチゴツナギ属の仲間 *Poa* spp. (Poaceae)					○
リチドスペルマ　セティホリュウム *Rytidosperma setifolium* (Poaceae)					○
カヤツリグサ科 Cyperacea				○	○
スゲ属 *Carex*? (Cyperaceae)			○		
ミズニラ属 *Isoetes alpine*				○	
モノレート型シダ				○	
セン類 Musci		○			

[*1]*Pseudopanax*, [*2]Kondo *et al.*(1994)

それに僅かなスゲ属やナンキョクブナ材部由来のケイ酸体によって特徴づけられた．大型植物遺体は，ナンキョクブナ属の葉・小枝，樹木の幹，単子葉植物の葉，双子葉樹木の葉など検出された(表30)．花粉は，ナンキョクブナ属(*Nothofagus mennzie, Nothofagus* spp., ほかのビーチ)が主で，マウンティントアトア(*Phyllocladus alpines*)，マコマコ(*Aristoelia serrata*)，ポプロスマ(*Poprosma* spp.)，イネ科(Poaceae)，カヤツリグサ科(Cypreaceae)，シダ類などをともなっていた．これらの分析結果を総合的に見ると，この山岳モアは，樹木の小枝(*Nothofagus mennzie, Nothofagus* spp.)や若芽とともに草本類(イネ科，カヤツリグサ科)をついばんでいたらしい．

以上，これまで植物ケイ酸体分析による植物学，土壌学，地質学，動物学，考古学などへ適用例についてそのごく一部を紹介してきたが，このほかにも半導体，セラミックを含む近代工業製品の原料源として，また，食道癌や尿結石の医学分野における植物ケイ酸体の役割が注目されている．

引用・参考文献

Abrantes, F. 2001. Assessing the Ethmodiscus ooze problem: new perspective from a study of an eastern equatorial Atlantic core. *Deep Sea Research Part I, Oceanographic Research Papers*, **48**, 125-135.

Abrantes, F. 2003. A 340,000 year continental climate record from tropical Africa—news from opal phytoliths from the equatorial Atlantic. *Earth and Planetary Science Letters*. **209**, 165-179.

Agarie, S., Agata, W., Uchida, H., Kubota, F., and Kaufman, P.B. 1996. Function of silica bodies in the epidermal system of rice (*Oryza sativa* L.): Testing the window hypothesis. *Journal of Experimental Botany*, **47**, 655-660.

Akersten, W.A., Foppe, T.M., and Jefferson, G.T. 1988. New source of dietary data for extinct herbivores. *Quaternary Research*, **30**, 92-97.

Albert, R.M. 2000. Study of ash layers through phytolith analyses from the Middle Paleolithic levels of Kebera and Tabua Cave. PhD thesis, University of Barcelona, Balcelona.

Albert, R.M. and Rosa, M. 2006. Reconstrucción de la vegetación en África Oriental durante el Plio-Pleioceno a través del studio de fitolitos: La Garganta de Olduvai (Tanzania), *Ecosistemas*, **15**, 47-58.

Albert, R.M. and Weiner, S. 2001. Study of phytoliths in prehistoric ash layers from Kebara and Tabun Caves using a quantitative approach. In Meunier, J.D &. Colin, F. (eds.), Phytoliths: Applications in earth science and human history, A.A. Balkema Publishers, Rotterdam, pp.251-266.

Albert, R.M., Lavi, O., Estroff, L., and Weiner, S. 1999. Mode of occupation of Tabun Cave, Mt. Carmel, Israel during the Mousterian period: A study of the sediments and phytoliths. *Journal of Archaeological Science*, **26**, 1249-1260.

Albert. R.M., Weiner, S., Bar-Yosel, O., and Meignen, L. 2000. Phytoliths in the middle palaeolithic deposits of Kebara Cave, Mt. Carmel, Israel: study of the plant materials used for fuel and other purposes. *Journal of Archaeological Science*, **27**, 931-947.

Albert, R.M., Bar-Yosef, O., Meignen, L., and Weiner, S. 2003. Quantitative phytolith study of hearths from the Natufian and MiddlePalaeolithic levels of Hayonim Cave (Galilee, Israel). *Journal of Archeaeological Science*, **30**, 461-480.

Albert, R.M., Bamford, M.K., and Cabanes, D. 2006. Taphonomy of phytoliths and macroplants in different soils from Olduvai Gorge (Tanzania) and the application to Plio-Pleistocene palaeoanthropological samples. *Quaternary International*, **148**, 78-94.

Albert, R, M., Shahack-Gross, R., Cabanes, D., Gilboa, A., Lev-Yadun, S., Portillo, M., Sharon, I., Boaretto, E., and Weiner, S. 2008. Phytolith-rich layer from the Late Bronze and Iron Ages at Tel Dor (Israel): mode of formation and archaeological significance. *Journal of Archaeological Science*, **35**, 57-75.

Albert, R.M., Bamford, M.K., and Cabanes, D. 2009. Palaeoecological significance of palms at Olduvai Gorge, Tanzania, based on phytolith remains. *Quaternary International*, **193**, 41-48.

Alexandre, A., Colin, F., and Meunier, J.-D. 1994. Phytoliths as indicators of the biogeochemical turnover of silicon in equatorial rainforest. *Comptes Rendus de l'Academie des Sciences*, **319**, 453-458.

Alexandre, A., Meunier, J.-D., Colin, F., and Koud, J.-M. 1997a. Plant impact on the biogeochemical cycle of silicon and related weathering processes. *Geochimica et Cosmochimica Acta*, **61**, 677-682.

Alexandre, A., Meunier, J.-D., Lézine, A.-M., Vincens, A., and Schwartz, D. 1997b. Phytoliths: indicators of grassland dynamics during the late Holocene in intertropical Africa. *Palaeogeography, Palaeoclimatology, Palaeoecology*, **136**, 213-229.

Alexandre, A., Meunier, J.-D., Marriotti, A., and Soubies, F. 1999. Late Holocene phytolith and carbon-isotope record from a Latosol at Salitre, South-central Brazil. *Quaternary Research*, **51**, 187-194.

Alexandre J.D., Fehrenbacher, J.B., and Ray, B.W. 1968. Characteristics of dark colored soils developed under prairie in a toposequence in northwesten Illinois. In Schramm, P. (ed.), *Prairie and prairie reconstruction*. Knox College Biological Field Station, Special Publication, 3, Galesburg, Fllineis, pp.34-38.

Amarasinghe, V. and Watoson, L. 1988. Comparative ultrastructure of microhairs in grasses. *Botanical Journal of the Linnean Society*, **98**, 303-319.

Amos, G.L. 1952. Silica in timbers. *Austtralia Commonwealth Scientific and Industrial Research Organisation Bulletin*, **267**, 1-55 (Plate 1〜4).

Amos, G.L. and Dadswell, H.E. 1948. Siliceous inclusions in wood in relation to marine borer resistance. Australia Commonwealth Scientific and Industrial Research Organization, *Journal of the Council for Scientific and Industrial Research*, **21**, 190-196.

Andrejko, M.J. and Cohen, A.D. 1984. Scanning electron microscopy of silcophytoliths from the Okefenokee swamp-marsh complexes. In Cohen A.D., Casagrande, D.J., Andrejko, M.J., and Best, G.R. (eds), The Okefenokee swamp: Its Natural History, Geology and Geochemistry, Los Alamos, Wetland Surveys, New Mexico, pp.468-491.

Andrejko, M.J., Cohen A.D., and Raymond, R. Jr. 1983. Origin of mineral matter in peat. In Raymond, R. Jr. and Andrejko, M.J. (eds.), Mineral Matter in Peat: Its Occurrence, Form, and Distribution. Los Alamos National Laboratory Publication, LA-9907-OBES, pp.3-24.

Anderjeko, M.J., Raymond, R. Jr., and Cohen, A.D. 1984. Biogenic silica in peats: possible source for certification in

lignites. *Chemical Abstract*, **101**(9402v), 182.
Anderson D.W., De Jong, E., and McDonald, D.S. 1979. The pedologenetic origins and characteristics of organic matter of solod soils. *Canadian Journal of Soil Science*, **59**, 357-362.
Aoki, Y., Hoshino, M., and Matsubara, T. 2007. Silica and testate amoebae in a soil under pine-oak forest. *Geoderma*, **142**, 29-35.
新井重光 1989. 大野原泥炭腐植酸の光学的性質と分画,「大野原湿原研究会報告集Ⅰ」, 愛知県南設楽郡作手村教育委員会, pp.53-54.
有村玄洋・菅野一郎 1965. 植物蛋白石について(予報), 九州農試彙報, **11**, 97-109.
Arimura, S. and Kanno, I. 1965. Some mineralogical and chemical characteristics of plant opal in soils and grasses of Japan. *Bulletin of Kyushu Agricultural Experiment Station*, **11**, 110-120.
Armitage, P.L. 1975. The extraction and identification of opal phytoliths from the teeth of ungulates. *Journal of Archaeological Science*, **2**, 187-197.
Artshwager, E. 1925. Anatomy of the vegetative organs of sugar cane. *Journal of Agricultural Research*, **30**, 197-221.
Artshwager, E. 1930. A comparative study of the stem epidermis of certain sugar cane varieties. *Journal of Agricultural Research*, **41**, 853-865.
Artshwager, E. 1940. Morphology of vegetative organs of sugarcane. *Journal of Agricultural Research*, **60**, 503-549.
Atahan, P., Itzstein-Davey, F., Taylor, D., Dodson, J., Qin, J., Zheng, H., and Brooks, A. 2008. Holocene-aged sedimentary records of environmental changes and early agriculture in the lower Yangetze, China. *Quaternary Science Reviews*, **27**, 556-570.
Baba, I. 1956. Studies on the nutrition of the rice plant with special reference to nitrogen and silica. *Proceedings of Crop Science Society of Japan*, **24**, 29-33.
馬場多久男 2000. 葉でわかる樹木 ―625種の検索―, 信濃毎日新聞社, 長野, 396pp.
Bakeman, M.E. and Nimlos, T.J. 1985. The genesis of Mollisols under douglas fir. *Soil Science*, **140**, 449-452.
Baker, G. 1959a. Opal phytolith in some Victorian soils and "Red Rain" residues. *Australian Journal of Botany*, **7**, 64-87.
Baker, G. 1959b. A contrast in the opal phytolith assemblages of two *Victorian soils*. *Australian Journal of Botany*, **7**, 88-96.
Baker, G. 1959c. Fossil opal-phytoliths and phytolith nomenclature. *Australian Journal of Science*, **21**, 305-306.
Baker, G. 1960a. Fossil opal-phytoliths. *Micropaleontology*, **6**, 79-85.
Baker, G. 1960b. Hock-shaped opal phytoliths in the epidermal cell of oats. *Australian Journal of Botany*, **8**, 69-74.
Baker, G. 1960c. Phytolitharien. *The Australian Journal of Science*, **22**, 392-393.
Baker, G. 1960d. Phytoliths in some Australian dusts. *Royal Society of Victoria, Proceedings*, **72**, 21-40.
Baker, G. 1961a. Opal phytoliths and adventitious mineral particles in wheat dust. *Mineragraphic Investigations Technical Paper*, **4**, 3-12.
Baker, G. 1961b. Opal phytoliths from sugar cane, San Femando, Philippine Islands. *Queensland Museum, Memoirs of the Queensland Museum, Brisbane*, **14**, 1-12.
Baker, G. 1968. Micro-forms of hay-silica glass and of volcano glass. *Mineralogical Magazine*, **36**, 1012-1023.
Baker, G., Jones, L.H.P., and Wardrop, I.D. 1959. Cause of the wear in sheep's teeth. *Nature*, **184**, 1583-1584.
Baker, G., Jones, L.H.P., and Wardrop, I.D. 1961. Opal phytoliths and mineral particles in the rumen of the sheep. *Australian Journal of Agricultural Research*, **12**, 462-472 (Plate I～II).
Ball, T.B. 2002. Scanning electron microscopy of phytoliths: some technical tips. *The Phytolitharien, Bulletin of the Society for Phytolith Research*, **14**(1&2), 5-7.
Ball, T.B. and Brotherson, J.D. 1992. The effect of varying environmental conditions on phytolith morphometries in two species of grass (*Bouteloua curtipendula* and *Panicum virgatum*). *Scanning Microscopy*, **6**, 1163-1181.
Ball, T.B., Brotherson, J.D., and Gardner, J.S. 1993. A typologic and morphometric study of variation in phytoliths from einkorn wheat (*Triticum monococcum*). *Canadian Journal of Botany*, **71**, 1182-1192.
Ball, T.B., Gardner, J.S., and Brotherson, J.D. 1996. Identifying phytoliths produced by inflorescence bracts of three species of wheat (*Triticum monococcum* L., *T. dicoccum* Schrank, and *T. aseitivum* L.) using computer-assisted image and statistical analyses. *Journal of Archaeological Science*, **23**, 619-632.
Ball, T.B., Gardner, J.S., and Anderson N. 2001. An approach to identifying inflorescence phytoliths from selected species of wheat and barley. In Meunier, J.D. and Colin, F. (eds.), Phytoliths: Applications in earth science and human history. A.A. Balkema Publishers, Lisse, pp.289-302.
Ball, T.B., Vrydaghs, L., Van Den Hauwe, I., and De Langhe, E. 2006. Differentiating banana phytoliths: wild and edible *Musa acuminata* and *Musa balbisian*. *Journal of Archaeological Science*, **33**, 1228-1236.
Bamber, R.K. and Lanyon, J.W. 1960. Silica deposition in several woods of New South Wales. *Tropical Woods*, **113**, 48-54.
Bamford, M.K., Albert, R.M., and Cabanes, D. 2006. Plio-Pleistocene macroplant fossil remains and phytoliths from

Lowermost Bed II in the eastern palaeolake margin of Olduvai Gorge, Tanzania. *Quaternary International*, **148**, 95-112.

Barboni, D., Bonnefille, R., Alexandre, A., and Meunier, J.D. 1999. Phytoliths as paleoenvironmental indicators, West Side Middle Awash Valley, Ethiopia. *Palaeogeography, Palaeoclimatology, Palaeoecology*, **152**, 87-100.

Bárcena, M.A., Cacho, I., Abrantes, F., Sierro, F.J., Grimalt J.O., and Flores, J.A. 2001. Paleoproductivity variations related to climatic conditions in the Alboran sea (Western Mediterranean) during the last glacial-interglacial transition: the diatom record. *Palaeogeography, Palaeoclimatology. Palaeoecology*, **167**, 337-357.

Bárcena, M.A., Flores, J.A., Sierro, F.J., Pérez-Folgado, M., Fabres, J., Calafat, A., and Canals, M. 2004. Planktonic response to main oceanographic changes in the Alboran Sea (Western Mediterranean) as documented in sediment traps and surface sediments. *Marine Micropaleontology*, **53**, 423-445.

Barczi, A., Golyeva, A.A., and Peto, Á. 2009. Palaeoenvironmental reconstruction of Hungarian kurgans on the basis of the examination of palaeosoils and phytolith analysis. *Quaternary International*, **193**, 49-60.

Barkworth, M.E. 1981. Foliar epidermes and taxonomy of North American *Stipeae* (Gramineae). *Systematic Botany*, **6**, 136-152.

Barkworth, M.E. and Everett, J. 1987. Evolution in the *Stipeae*: Identification and relationships of its monophyletic taxa. In Soderstrom, T.R., Hilu, D.W., Campbell, C.S. and Barkworth, M.E. (eds.), Grass Systematics and Evolution. Smithsonian Institution Press, Washington DC, pp.251-264.

Bartoli, F. 1983. The biogeochemical cycle of silicon in two temperate forest ecosystem. *Environmental Biogeochemistry Ecological Bulletin* (Stockholm), **35**, 469-467.

Bartoli, F. 1985. Crystallochemistry and surface properties of biogenic opal. *Journal of Soil Science*, **36**, 335-350.

Bartoli, F. and Selmi, M. 1977. Sur l'evolution du silicium vegetal en milieuk pedogeneticques aeres acides. *Comptes Rendus de l'Academie des Sciences, Paris Series* D **284**, 279-282.

Bartoli, F. and Souehier, L.J. 1978. Cycle et rôle du silicum d'origine végètale dans les écosystèms forestiers tempérés. *Annals des Sciences Forestières*, **35**, 187-202.

Bartoli, F. and Wilding, L.P. 1980. Dissolution of biogenic opal as a function of its physical and chemical properties. *Soil Science Society of American Journal*, **44**, 873-878.

Bartoli, F., Monrozier, L.J., and Rapaire, J.R. 1980. Sur la stabilization des matières organiques azotées par les minéraux silico-almineux dans les podozols: phytolithes et argiles. *Comptes Rendus de l'Academie des Sciences, Paris Séries*, D **291**, 183-186.

Bayadjian, C.H.C., Eggers, S., and Reinhard, K. 2007. Dental wash: a ploblematic method for extracting microfossils from teeth. *Journal of Archaeological Science*, **34**, 1622-1628.

Beavers, A.H. and Stephen, I. 1958. Some features of the distribution of plantopal in Illinois soils. *Soil Science*, **86**, 1-5.

Bennett, D.M. 1982a. An ultrastructural study on development of silicified tissues in the leaf tip to barley (*Hordeum sativum* L.). *Annals of Botany*, **50**, 229-237.

Bennett, D.M. 1982b. Silicon deposition in the roots of *Hordeum sativum* Jess., *Avena sativa* L. and *Trititicum aestivum* L. *Annals of Botany*, **50**, 239-246.

Bennett, D.M. and Parry, D.W. 1981. Electron-probe microanalysis studies of silicon in the epicarp hairs of the caryopses of *Hordeum sativum* Jess., *Avena sativa* L., *Secale cereale* L. and *Triticum aestivum*. *Annals of Botany*, **48**, 645-654.

Bennett, D.M. and Sangster, A.G. 1981. The distribution of silicon in adventitious roots of the bamboo *Sasa palmata*. *Canadian Journal of Botany*, **59**, 1680-1684.

Bennett, D.M. and Sangster A, G. 1982. Electron-probe microanalysis of silicon in the adventitious roots and terminal internode of the culm of *Zea mays*. *Canadian Journal of Botany*, **60**, 2024-2031.

Berlin, A.M., Ball, T., Thompson, R., and Herbert, S.C. 2003. Ptolemaic agriculture, "Syrian Wheat", and *Triticum aestivum*. *Journal of Archaeological Science*, **30**, 115-121.

Berna, F., Behar, A., Shahack-Gross, R., Berg, J., Boaretto, E., Gilboa, A., Sharon, I., Shalve, S., Shilstein, S., Yahalom-Mack, N., Zorn, J.R., and Weiner, S. 2007. Sediments exposed to high temperatures: reconstructing pyrotechnological processes in Late Bronze and Iron Age Strata at Tel Dor (Israel). *Journal of Archaeological Science*, **34**, 358-373.

Bertoldi de Pomar, H. 1972. Opalo organogenoen sedimentos superficiales de la llanura Santafesina. *Ameghiniana*, **9**, 265-279. (in Spanish with English abstract)

Bertoldi de Pomar, H. 1975. Los silicofitolitos: Sinopsis de su conocimieno. *Darwiniana*, **19**, 173-206.

Bhatt, T., Coombs, M., and O'Neill, C. 1984. Biogenic silica fibre promotes carcinogenesis in mouse skin. *International Journal of Cancer*, **34**, 519-528.

Birchall, J.D. 1989. The importance of study of biominerals to materials technology. In Mann, S., Webb, J., and Williams, R, J.P. (eds.), Biomineralization, Chemical and Biochemical Perspectives. VCH Verlargsgesellschaft,

Weinheim, Germany, pp.491-509.
Birchall, J.D. 1990. The role of silicon in biology. *Chemistry in Britain*, **26**, 141-144.
Bishop, R.L., Rands, R.L., and Holley, G.R. 1982. Ceramic composition analysis in archaeological perspective. In Shiffer, M.B. (ed.), Advances in Archaeological Methods and Theory Vol.5. Academic Press, New York., pp.275-330.
Blackman, E. 1968. The pattern and sequence of opaline silica deposition in rye (*Secale cereale* L.). *Annals of Botany*, **32**, 207-218.
Blackman, E. 1969. Observations on the development of the silica cells of the leaf sheath of wheat (*Triticum aestivum*). *Canadian Journal of Botany*, **47**, 827-838.
Blackman, E. 1971. Opaline silica bodies in the range grasses of southern Alberta. *Canadian Journal of Botany*, **49**, 769-781.
Blackman, E. and Parry D.W. 1968. Opaline silica deposition in rye (*Secale cereal* L.). *Annals of Botany*, **32**, 199-206.
Blinnikov, M.S. 2005. Phytoliths in plants and soils of the interior Pacific Northwest, USA. *Review of Palaeobotany and Palynology*, **135**, 71-98.
Blinnikov, M.S., Busacca, A., and Whitlock, C. 2001. A new 100,000-year phytolith record from the Columbia basin, Washington, U.S.A. In Meunier, J.D. and Colin, F. (eds.), Phytoliths: Applications in earth science and human history. A.A. Balkema Publisher, Rotterdam, pp.27-56.
Blinnikov, M.S., Busacca, A., and Whitlock, C. 2002. Reconstruction of the late Pleistocene grassland of the Columbia basin, Washington, USA, based on phytolith records in loess. *Palaeogeography, Palaeoclimatology, Palaeoecology*, **177**, 77-101.
Bobrov, A.A. and Bobrova, E.K. 2001. Phytolith assemblages in podzol and podzolic soils of the south-west coast the Ohotsk sea. In Meunier, J.D. and Colin, F. (eds.), Phytoliths: Applications in earth science and human history. A. A. Balkema Publishers, Rotterdam, pp.365-370.
Bobrov, A.A., Bobrova, E.K., and Alexeev, Ju.E. 2001. Biogenic silica in biosystematics-potential uses. In Meunier, J.D. and Colin, F. (eds.), Phytoliths: Applications in earthscience and human history. A.A. Balkema Publishers, Lisse, pp.279-288.
Bode, E., Kozik, S., Kunz, U., and Lehmann, H. 1994. Comparative electron microscopic studies on the process of silicification in leaves of 2 different grass species. *Deutsche tierätzliche Wochenschrift*, **101**, 367-372.
Bombin, M. and Muchlenbachs, K. 1980. Potential of $^{18}O/^{16}O$ ratios in opaline plant silica as a continental paleoclimatic tool. *American Quaternary Association Abstract and Program, Sixth Biennial Meeting at Toront*, Maine, pp.43-44.
Bonnet, O.T. 1972. Silicified cells of grasses: A major source of plant opal in Illinois soils. *Agricultural Experiment Station Bulletin*, **742**, 1-32.
Borba-Roschel, M., Alexandre, A., Varajão, A.F.D.C., Meunier, J.D., Varajão, C.A.C., and Colin, F. 2006. Phytoliths as indicators of pedogenesis and paleoenvironmental changes in the Brazilian cerado. *Journal Geochemical Exploration*, **88**, 172-176.
Borrelli, N.L., Osterrieth, M., and Macrovecchio, J. 2008. Interrelations of vegetal cover, silicophytolith content and pedogenesis of Typical Argiudolls of the Pampean Plain, Argentina. *Catena*, **75**, 146-153.
Borrelli, N.L., Osterrieth, M., Oyarbide, F., and Marcovecchio, J. 2009. Calcium biominerals in typical Argiudolls from the Pampean Plain, Argentina: An approach to the understanding of their role within the calcium biogeochemical cycle. *Quaternary International*, **193**, 61-69.
Boutton, T.W. 1996. Stable carbon isotope ratios of soil organic and their use as indicators of vegetation and climate change. In Boutton, T.W. and Yamasaki, S.I. (eds.), Mass Spectrometry of Soils. Marcel Dekker, New York, pp. 47-82.
Bowdery, D. 1985. Phytolith studies in Australian prehistory. *Phytolitharien Newsletter*, **3**(3), 4-6.
Bowdery, D. 1989. Phytolith analysis: Introduction and application. In Beck, W., Clarke, A., and Head, L. (eds.), Plants in Australian Archaeology. *Tempus・Volume 1*, pp.161-196.
Bowdery, D. 1996. Phytolith analysis applied to archaeological site in the Australian arid zone. PhD Thesis, The Australian National University, Canbera.
Bowdery, D. 2001. Phytolith and starch data from an obsidian tool excavated at Bitokara, New Britain Province, Papua New Guinea: A 3400 year old hafting technique?. In Meunier, J.D. and Colin, F. (eds.), Phytoliths: Applications in earth science and human history. A.A. Balkema Publishers, Lisse, pp.225-237.
Bowdery, D., Hart, D.M., Lentfer, C., and Wallis, L.A. 2001. A universal phytolith key. In Meunier J.D. and Colin, F. (eds.), Phytoliths: Applications in earth science and human history. A.A. Balkema Publishers, Lisse, pp.267-278.
Boyadjian, C.H.C., Eggers, S., and Reinhard, K. 2007. Dental wash: a problematic method for extracting microfossil from teeth. *Journal of Archaeological Science*, **34**, 1622-1628.
Boyd, M. 2005. Phytolith as paleoenvironmental indicators in a dune field on the northern Great Plains. *Journal of*

Arid Environments, **61**, 357-375.
Boyd, W.E., Lentfer, C.J., and Torrence, R. 1998. Phytolith analysis for a wet tropics environment: methodological issues and implications for the archaeology of Garua Island, West New Britain, Papua New Guinea. *Palynology*, **22**, 213-228.
Boyd, W.E., Lentfer, C.J., and Parr, J.F. 2005. Interactions between humus activity, volcanic eruptions and vegetation during the Holocene at Garua and Numundo, West New Britain, PNG. *Quaternary Research*, **64**, 384-398.
Bozarth, S.R. 1986. Morphologically distinctive *Phaseolus, Cucurbita and Helianthus annus* phytoliths. In Rovner, I. (ed.), Plant opal phytolith analysis in archaeology and paleoecology. Proceedings of the 1986 Phytolith Research Workshop, Occasional Papers no.1 of the phytolitharien, North Carolina State University, Raleigh, pp.56-66.
Bozarth, S.R, 1987a. Diagnostic opal phytoliths from rinds of selected *Cucurbita* species. *American Antiquity*, **52**, 607-615.
Bozarth, S.R. 1987b. Opal phytolith analysis of edible fruits and nuts native to Central Plains. *Phytolitharien Newsletter*, **4**(3), 9-10.
Bozarth, S.R. 1988. Preliminary opal phytolith analysis of modern analogs from parklands, mixed forest, and selected conifer stands in Prince Albert National Park, Saskatchewan. *Current Research in the Pleistocene* **5**, 45-46.
Bozarth, S.R. 1990. Diagnostic opal phytoliths from pods of selected varieties of common beans (*Phaseolus vulgaris*). *American Antiquity*, **55**, 98-104.
Bozarth, S.R. 1992. Classification of opal phytoliths formed in selected dicotyledons native to the Great Plains. In Rapp, G. Jr. and Mulholland, S. C (eds.), Phytolith Systematics-Emerging Issues. Advances in Archaeological and Museum Science・Volume 1, Plenum Press, New York, pp.193-214.
Bozarth, S.R. 1993a. Biosilicate assemblages of boreal forests and aspen parkland. In Pearsall, D.M. and Piperno D. R. (eds.), Current research in phytolith analysis: application in archaeology and paleoecology. MASCA Research Papers in Science and Archaeology, Vol.10, The University Museum of Archaeology and Anthropology, Philadelphia, pp.95-105.
Bozarth, S.R. 1993b. Maize (*Zea mays*) cob phytoliths from a Central Kansas Great Bend aspect archaeological site. *Plains Anthropologist*, **38**, 279-286.
Bozarth, S.R. 1996. Pollen and opal phytolith evidence of prehistoric agriculture and wild plant utilization in Lower Verde River Valley, Arizona. PhD Thesis, University Kansas.
Bozarth, S.R. and Hofman, J. 1998. Phytolith analysis of bison teeth calculus and impact from sites in Kansas and Oklahoma. *Current Research in the Pleistocene*, **15**, 95-96.
Bozarth, S.R. and Guderjan, T.H. 2004. Biosilicate analysis of residue in Maya dedicatory cache vessels from Blue Creek, Belize. *Journal of Archaeological Science*, **31**, 205-215.
Bracco, R., del Puerto, L., Inda, H., and Castineira, C. 2005. Mid-late Holocene culture and environmental dynamics in Eastern Uruguay. *Quaternary International*, **132**, 37-45.
Brandenburg, D.W., Russel, S.D., Estes, J.R., and Chissoe, W.E. 1985. Backscattered electron imaging as a technique for visualizing silica bodies in grasses. *Scanning Electron Microscope* **1985**(4), 1509-1517.
Brandis, D. 1907. Remarks on the structure of bamboo leaves. *Transaction of the Linnean Society*, Series 2, *Botany*, **7**, 69-92.
Bremond, L., Alexandre, A., Véla, E., and Guiot, J. 2004. Advantages and disadvantages of phytolith analysis for the reconstruction of Mediterranean vegetation: an assessment based on modern phytolith, pollen and botanical data (Luberon, France). *Review of Palaeobotany and Palynology*, **129**, 213-228.
Bremond, L., Alexandre, A., Hély, C., and Guiot, J. 2005. A phytolith index as a proxy of tree cover density in tropical areas: calibration with Leaf Area Index along a forest-savanna transect in Southeastern Cameroon. *Global and Planetary Change*, **45**, 277-293.
Bremond, L., Alexandre, A., Wooller, M.J., Hély, C., Williamson, D., Schäfer, P.A. Majule, A., and Guiot, J. 2008. Phytolith indices as proxies of grass subfamilies on East African tropical mountain. *Global and Planetary Change*, **61**, 209-224.
Brizuela, M.A., Detling, K., and Cid, M.S. 1986. Silicon concentration of grasses growing in sites with different grazing histories. *Ecology*, **67**, 1098-1101.
Brown, D.A. 1984. Prospects and limits of a phytolith key for grasses in the central United States. *Journal of Archaeological Science*. **11**, 345-368.
Brown, D.A. 1986a. Taxonomy of a midcontinent grasslands phytolith key. In Rovner, I. (ed.), Plant opal phytolith analysis in archaeology and paleoecology. Proceedings of the 1986 Phytolith Research Workshop, Occasional Papers no.1 of the phytolitharien, North Carolina State University, Raleigh, pp.67-86.
Brown, D, A. 1986b. Geographic and taxonomic aspects of research design for opal phytolith analysis in the midcontinent plants. In Rovner, I. (ed.), Plant opal phytolith analysis in archaeology and paleoecology. Proceed-

ings of the 1986 Phytolith Research Workshop, Occasional Papers no.1 of the Phytolitharien, North Carolina State University, Raleigh, pp.89-102.

Brown, W.V. 1958. Leaf anatomy in grass systematic. *Botanical Gazette*, **119**, 170-178.

Bryant, V.M. Jr. 1974. The role of coprolite analysis in Archaeology. *Bulletin of the Texas Archaeological Society*, **45**, 1-28.

Bryant, V.M. Jr., and Williams-Dean, G. 1975. The coprolites of man. *Scientific American*, **232**, 100-109.

Brydon, J.E., Dore, W.G, and Clark J.S. 1963. Silicified plant asterosclereids preserved in Soil. *Soil Science Society of America Proceedings*, **27**, 476-477.

Buchet, L., Cremoni, N., Rucker, C., and Verdin, P. 2001. Comparison between the distribution of dental microstriations and plant material included in the calculus of human teeth. In Meunier J.D. and Colin, F. (eds.), Phytoliths: Applications in earth science and human history. A.A. Balkema Publishers, Lisse, pp.107-117.

Bukry, D. 1979. Comments on opal phytoliths and stratigraphy of neogene silicoflagellates and coccoliths at deep sea drilling project site 397 off northwest Africa. In Luyendyk, B.P. *et al.* (eds.), Initial Reports of the Deep Sea Drilling Project 49. U.S. Government Printing Office, Washington, DC, pp.977-1009.

Bukry, D. 1980. Opal phytoliths from the tropical eastern Pacific Ocean, Deep Sea Drilling Project Leg 54. In Rosendahl B.R. and Hekinian, R. (eds.), Initial Reports Deep Sea Drilling Project 54. U.S. Government Printing Office, Washington, D.C. pp.575-589.

Bukry, D. 1987. North Atlantic Quaternary silico-flagellates, Deep Sea Drilling Project Leg 94. In Orlfsky, S. (ed.), Initial Reports of the Deep Sea Drilling Project 94. U.S. Government Printing Office, Washington D.C. pp.779-783.

Bunce, M., Worthy, T.H., Ford, T., Hoppitt, W., Willersley, E., Drummond, A., and Cooper, A. 2003. Extreme reversed sexual size dimorphism in the extinct New Zealand moa *Dinornis*. *Nature*, **425**, 172-175.

Burgess, P.F. 1965. Silica in Sabah timbers. *Malayan Forester*. **28**, 223-229.

Cabanes, D., Burjachs, F., Expósito, I., Rodríguez, A., Allué, E., Euba, I., and Vergès, J.M. 2009. Formation processes through archaeobotanical remains: The case of the Bronze Age levels in El Mirador cave, Sierra de Atapuerca, Spain. *Quaternary International*, **193**, 160-173.

Cailin, W., Fujiwara, H., Udatsu, T., and Linghua, T. 1994. Morphorological features of silica bodies from motor cells in local and modern cultivated rice (*Oryza sativa* L.) from China. *Ethnobotany*, **6**, 77-86.

Campos, A.C. de and Labouriau L.G. 1969. Corpos silicosos de gramíneas dos Cerrados II. *Pesquisa Agropecuraria Brasileria*, **4**, 143-151.

Campos, S., del Puerto, L., and Inda, H. 2001. Opal phytolith analysis: Its applications to the archaeobotanical record in eastern Uruguay. In Meunier J.D. and Colin, F. (eds.), Phytoliths: Applications in earth science and human history. Balkema Publishers, Lisse Rotterdam, pp.129-142.

Canti, M.G. 2003. Aspects of the chemical and microscopic characteristics of plant ashes found in archaeological soils. *Catena*, **54**, 339-361.

Carbone, V.A. 1977a. Environment and prehistory in the Shenandosh Valley. PhD Dissertation, The Catholic University of America, 227pp.

Carbone, V.A. 1977b. Phytoliths as paleoecological indicators. *Annals of the New York Academy of Sciences*, **288**, 194-205.

Carnelli. A.L., Madella, M., and Theurillat, J.-P. 2001. Biogenic silica production in selected alpine plant species and plant communities. *Annals of Botany*, **87**, 425-434.

Carnelli. A.L., Madella, M., and Theurillat, J.P., and Ammann, B. 2002. Aluminum in the opal silica reticule of phytoliths: a new tool palaeoecologyical studies. *American Journal of Botany*, **89**, 346-391.

Carnelli. A.L., Theurillat, J.-P., and Madella, M. 2004. Phytolith types and type-frequencies in subalpine -alpine plant species of the Europe Alps. *Review of Paleobotany and Palynology*, **129**, 39-65.

Carquist, S. 1961. Comparative plant anatomy. Holt, Rinehart and Winston, New York, 164pp.

Carter, J.A. 1999. Late Devonian, Permian and Triassic phytoliths from Antarctica. *Micropaleontology*. **45**, 56-61.

Carter, J.A. 2000. Phytoliths from loess in Southland, New Zealand. *New Zealand Journal of Botany*, **38**, 325-332.

Carter J.A. 2002. Phytolith analysis and paleoenvironmental reconstruction from Lake Poukawa Core, Hawkes Bay, New Zealand. *Global and Planetary Change*, **33**, 257-267.

Carter, J.A. 2003. Vegetational changes following volcanic eruptive events from phytolith analysis from lake Poukawa Core, Hawkes Bay, New Zealand. *Acta Palaeontologica Sinica*, **42**, 68-75.

Carter, J.A. and Lian, O.B. 2000. Paleoenvironmental reconstruction from the last interglacial using phytolith analysis, south eastern North Island, New Zealand. *Journal of Qualenary Science*, **15**, 733-743.

Chaffey, N.J. 1983. Epidermal structure in the ligule of rice (*Oryza sativa* L.). *Annals of Botany*, **52**, 13-31.

Chandrasekhar, S., Pramada, P.M., Raghavan, P., Satyanarayana, K.G., and Chatters, R.M. 1963. Siliceous skeletons of wood fibers. *Forest Products Journal*, **13**, 368-372.

Chattaway, M.M. 1953. The occurrence of heartwood crystals in certain timbers. *Australian Journal of Botany*, **1**,

27-38.
Chattaway, M.M. 1955. Crystals in woody tissues. Part I. *Tropical Woods*, **102**, 55-74.
Chattaway, M.M. 1956. Crystals in woody tissues: Part II. *Tropical Woods*, **104**, 100-124.
Chen, B. and Jiang, Q. 1997. Antiquity of the earliest cultivated rice in central China and its implication. *Economy botany*, **51**, 307-310.
Chen, C. and Lewin, C. 1969. Silicon as a nutrient element for *Equisetum arvense*. *Canadian Journal of Botany*, **47**, 125-131.
Cherif, M., Asselin, A., and Belanger, R.R. 1994. Defense responses induced by soluble silicon in cucumber roots infected by *Pythium* spp. *Phytopathology*, **84**, 236-242.
チャイルド, V.G. 1964. 考古学の方法 (Piecing together their past, The interpretation of archaeological data. Routledge & Kegan Paul PLC, London, 1956), 近藤義郎訳, 河出出版, 東京, 222pp.
Ciochon, R.L., Piperno, D.R., and Thompson, R.G. 1990. Opal phytoliths found on the teeth of the extinct ape *Gigantopithecus blacki*: implications for paleodietary studies. *Proceedings of National Academy Science*, **87**, 8120-8124.
Clark, C.A. and Gould, F.W. 1975. Some epidermal characteristics of paleas of *Dichanthelium, Panicum*, and *Echnochloa*. *American Journal of Botany*, **62**, 743-748.
Clarke, J. 2003. The occurrence and significance of biogenic opal in the regolith. *Earth-Science Reviews*, **60**, 175-194.
Clayton, W.D. and Renvoize, S.A. 1986. Genera Graminium, Grasses of the World. Kew Publishing, Richmond, 389pp.
Coil, J., Alejandra Korstanje, M.A., Archer, S., and Hastorf, C.A. 2003. Laboratory goals and considerations for multiple microfossil extraction in archaeology. *Journal of Archaeological Science*, **30**, 991-1008.
Crüger, H. 1857. Weistindische Fragmente, 9. *El Cauto. Botanischen Zeitung*, **15**, 281-292, 297-308.
Cummings, L.S. 1989. Coprolites from medieval Christian Nubia: An interpretation of diet and nutritional stress. PhD Dissertation, University of Colorado, 204pp.
Cummings, L.S. 1992. Illustrated phytoliths from assorted food plants. In Rapp Jr., G. and Mulholland, S.C. (eds.), Phytolith Systematics-Emerging Issues. Advances in Archaeological and Museum Science・Volume 1, Plenum Press, New York, pp.175-192.
Cummings, L.S. 1996. Paleoenvironmental interpretations for the Mill Iron Site: stratigraphic pollen and phytolith analysis. In Frison, G.C. (ed.), The Mill Iron Site. University of New Mexico Press, Albuquerque Chapter 6, 248pp.
Cummings, L.S. and Maggennis, A. 1997. A phytolith and starch record of food and grit in Mayan human tooth tartar. In Pinilla A. Juan-Tresseras J., and Machado, M.J. (eds.), The State of the Art of Phytoliths in Soils and Plants. Monografias del Centro de Ciencias Medioambientales 4, Consejo Superior de Investigaciones Cientifica, Madrid, pp.211-218.
Cutler, D.F. 1965. Vegetative anatomy of Thurniaceae. *Kew Bulletin*, **19**, 431-441.
Cutler, D.F. 1969. Anatomy of the monocotyledons, IV. Juncales. Clarendon Press, Oxford.
カトラー, D.F. 1981. 入門応用植物解剖学 (Applied plant anatomy —An introduction to structure and development—, Cambridge University Press, Cambridge, 1978), 遠山益訳, 共立出版, 東京, 210pp.
長南信雄 1970. 禾本類の葉における同化組織に関する研究 第5報 —葉肉構造の作物間の比較—, 日本作物学会紀事, **39**, 418-425.
Darragh, P.J., Gaskin, A.J., and Sanders, J.V. 1976. Opals. *Scientific American*, **6**, 84-95.
Darwin, C. 1846. An account of the fine dust which often falls on vessels in Atlantic Ocean. *Quaternary Journal of the Geologist of London*, **2**, 26-30.
ダーウィン, C. 1881. みみずと土壌の形成 (The formation of vegetable mould through the action of worms, with observations on their habits. John Murray, London, 1881), 渋谷寿夫訳, たたら書房, 米子, 185pp.
Davis, A., Russel, S.J., Rimmer, S.M., and Yeakel, J.D. 1984. Some genetic implications of silica and aluminosilicates in peat and coal. *Inteternational Journal of Coal Geology*, **3**, 293-314.
Davies, I. 1959. The use of epidermal characteristics for the identification of grasses in the leafy stage. *Britain Grassland Society Journal*, **14**, 7-16.
Dayanandan, P. 1983. Localization of silica and calcium carbonate in plants. *Scanning Electron Microscope*, **1983(3)**, 1519-1524.
Dayanandan, P. and Kaufman, P.B. 1973a. A scanning electron microscope study of isolated guard cells. *Proceedings of the Electron Microscopy Society of America, 31th Annual Meeting*, pp.454-455.
Dayanandan, P. and Kaufman, P.B. 1973b. Stomata in *Equisetum*. *Canadian Journal of Botany*, **51**, 1555-1564.
Dayanandan, P. and Kaufman, P.B. 1976. Trichomes of *Cannbis sativa* L. (Cannbinaceae). *American Journal of Botany*, **63**, 578-591.
Dayanandan, P., Kaufman, P.B., and Franklin, C.I. 1983. Detection of silica in plants. *American Journal of Botany*, **70**, 1079-1084.
Decker, H.F. 1964. An anatomic-systematic study of the classical tribe Festuceae (Gramineae). *American Journal of*

Botany, **51**, 453-463.
Delhon, C., Alexandre, A., Berger, J.F. Thiébault, S.T., Brochier, J.L., and Meunier, J.D. 2003. Phytolith assemblages as a promising tool for reconstructing Mediterranean Holocene vegetation. *Quaternary Research*, **59**, 48-60.
Delhon, C., Martin, L., Argant, J., and Thiebault, S. 2008. Shepherds and plants in the Alps: multi-proxy archaeological analysis of Neolithic dung from "La Grande Pivoire" (Isére, France). *Journal Archaeological Science*, **35**, 2937-2952.
Denham, T.P., Haberle, S.G., Lentfer, C., Fullagar, R., Field, J., Therrin, M., Porch, N., and Winsborough, B. 2003. Origin of agriculture at Kuk swamp in the highlands of New Guinea. *Science*, **301**, 189-193.
Deng, D. 1998. The studies on phytolith system of Cyperaceae. *Guihaia*, **18**, 204-208 (in Chinese with English summary).
Deng, D. 2002. Studies on phytolith system of *Kobresia* (Cyperaceae). *Guihaia*, **22**, 394-398 (in Chinese with English summary).
Desplanques, V., Cary, L., Mouret, J.C., Trolard, F., Bourrie, G., Grauby, O., and Meunier, J.D. 2006. Silicon transfers in a rice field in Camargue(France). *Journal of Geochemical Exploration*, **88**, 190-193.
De Wet, J.M.J. 1956. Leaf anatomy and phylogeny in the tribe Danthoniae. *American Journal of Botany*, **43**, 175-182.
Dimbleby, G.W. 1978. Plants and Archaeology. Marper Collins, London, 190pp.
Dinsdale, D., Gordon, A.H., and George, S. 1979. Silica in the mesophyll cell walls of Italian Rye grass (*Lolium multiflorum* Lam. cv. RvP.). *Annals of Botany*, **44**, 73-77.
Dobbie, J.W. and Smith M.J.B. 1982a. Silicate nephrotoxicity in the experimental animals: The missing factor in analgesic nephropathy. *Scottish Medicine Journal*, **27**, 10-16.
Dobbie, J.W. and Smith M.J.B. 1982b. The silicon content of body fluids. *Scottish Medicine Journal*, **27**, 17-29.
Dominguez-Rodrigo, M., Serrallonga, J., Juan-Tresserras, J., Alcala, L., and Luque, L. 2001. Woodworking activities by early human: a plant residue analysis on Achulian stone tools from Peninji (Tanzania). *Journal of Human Evolution*, **40**, 289-299.
Doolittle, W.E. and Frederick. C.D. 1991. Phytoliths as indicators of prehistoric maize (*Zea mays* subsp. *mays*, Poaceae) cultivation. *Plant Systematics and Evolution*, **177**, 175-184.
Doore, W.G 1960. Silica deposits of Canadian grasses. *Canadian Society of Agronomy*, **6**, 96-99.
Dormaar, J.F. and Lutwick, L.E. 1966. A biosequence of soils in the rough fescue prairie-poplar transition in southwestern Alberta. *Canadian Journal of Earth Science*, **3**, 457-471.
Dormaar, J.F. and Lutwick. L.E. 1969. Infrared spectra of humic acids and opal phytoliths as indicators of paleosols. *Canadian Journal of Soil Science*, **49**, 29-37.
Drees, L.R., Wilding, L.P., Smerck, N.E., and Senkayi, A.L. 1989. Silica in soils: Quartz and disordered silica polymorphs. In. Dixon J.B. &.Weed S.B (eds.), Minerals in soil environments. *Soil Science Society of America*, Madison, Wisconsin, pp.913-974.
Drum, R.W. 1968a. Electron microscopy of opaline phytoliths in *Phragmites* and other Gramineae. *American Journal of Botany*, **55**, 713 (Abstracts Paper).
Drum, R.W. 1968b. Silicification of *Betula* woody tissue in *vitro*. *Science*, **161**, 175-176.
Dunn, M.E. 1983. Phytolith analysis in archaeology. *Midconitinental Journal of Archaeology*, **8**, 287-297.
Edman, G. and E. Soderberg 1929. Auffindung von Reis in einer Tonscheibe aus einer etwa fünftausend-jähringen Chinesischen Siedlung. *Bulletin of the Geological Survey of China*, **8**, 363-365.
Efremov, I.A. 1940. Taphonomy: a new branch of paleontology. *Pan-American Geologist*, **74**, 81-93.
Eglinton, T.I. and Egilinton, G. 2008. Molecular proxies for paleoclimatology. *Earth and Planetary Science Letters*, **275**, 1-16.
江口誠一 1994. 沿岸域における植物珪酸体の分布 —千葉県小櫃川河口域を例として—, 植生史研究, **2**, 19-27.
江口誠一 2005. 水田雑草の植物珪酸体形態とその遺跡からの産状, 考古学と自然科学, **51**, 1-9.
江口誠一 2006. 植物ケイ酸体化石群の産出量による空間域の復元 —縄文晩期の三浦半島逗子湾奥海岸を例にして—, 地理学評論, **79**, 309-321.
江口誠一 2007. 砂浜海岸における微地形区ごとの植物珪酸体群, 考古学と自然科学, **56**, 65-70.
江口誠一・河野樹一郎. 2009. 第四紀の生物群 —植物珪酸体—,「デジタルブック最新第四紀学」(日本第四紀学会50周年電子出版編集委員会編), CD-ROM 概説集, 丸善, 東京, 30 pp.
Ehrenberg, C.G. 1838. Beobachatungen uber neue Larger fossiler Infusorien und des Vorkommen von Fichtenblutenstaub neben deutlichen Fichtenholz, Haifisschzahnen, Echintten und Infusorrien in volhynischen Feuersteinen der Kreide. *Preussischen Akademie der Wissenschaften zur Berlin*.
Ehrenberg, C.G. 1841. Nachtrag zu dem Vortrage über Vertreitung und Einfluss des mikroskopischen Lebens in Süd- und Nordamerika. Monatsbericht der Köiglich Preussischen Akademie der Wissenschaften zur Berlin, pp.139-144.
Ehrenberg, C.G. 1845. On the muddy deposits at the mouths and deltas of various rivers in Northern Europe, and the infusorial animalcules found in those deposits. *Quaternary Journal of Geological Society of London*, **1**, 251-257.

Ehrenberg, C.G. 1846. Zasätze zu der Mittheilungen uber die vulkanischen Phytolitharien der Insel Ascension. *Monatsberichte der Königliche Preussischen Akademie der Wissenschaften zur Berlin*, pp.191-202.

Ehrenberg, C.G. 1847. Passatstaub und Blutregen. Deutsch Akademie der Wissenschaften zur Berlin, Abhandlung., pp.269-460.

Ehrenberg, C.G. 1851. On the tchoroizem of Russia. *Quaternary Journal of Geological Society of London*, **7**, 112-113.

Ehrenberg, C.G. 1854. Microgeologie, Leipzig, Leopold Voss, 2vols, 374pp.

Elbaum, R., Weiner, S., Albert, R.M., and Elbaum, M. 2003. Detection of burning of plant materials in the archaeological record by changes in the refractive indices of siliceous phytoliths. *Journal of Archaeological Science*, **30**, 217-226.

Elbaum, R., Melamed-Bessudo, C., Tuross, N., Levy, A.A., and Weiner, S. 2009. New methods to isolate organic materials from silicified phytoliths reveal fragmented glycoproteins but no DNA. *Quaternary International*, **193**, 11-19.

Eleuterius, L.N. and Lanning, F.C. 1987. Silica in relation to leaf decomposition of *Juncus roemerianus*. *Journal of Coastal Research*, **3**, 531-534.

Ellis, R.P. 1976. A procedure for standardizing comparative leaf anatomy in Poaceae, I. The leaf blade as viewed in transverse section. *Bothalia*, **12**(1), 65-109.

Ellis, R.P. 1979. A procedure for standardizing comparative leaf anatomy in Poaceae, II.The epidermis as seen in surface view. *Bothalia*, **12**(4), 641-671.

Ellis, R.P. 1986. A review of comparative leaf-blade anatomy in the systematic of the Poaceae: the past twenty-five years. In Soderstrom, T.R. *et al*., (eds.), Grass Systematics and Evolution. Smithsonian Institution Press, Washington DC, pp.3-10.

Farmer, V.C., Delbos, E., and Miller, J.D. 2005. The role of phytolith formation and dissolution in controlling concentrations of silica in soil solutions and streams. *Geoderma*, **127**, 71-79.

Fearn M.l. 1998. Phytolith in sediment as indicators of grass pollen source. *Reviews of Paleobotany and Palynology*, **103**, 75-81.

Figueiredo, R.C.L. and Handro, W. 1971. Corpos silicosos de gramineas dos Cerrados V. III Simpósio sôbre o Cerrado, Edqard Blucher, Saõ Paulo, pp.215-230.

Fisher, R.F., Bourn, C.N., and Fisher, W.F. 1995. Opal phytoliths as an indicator of the floristics of prehistoric grasslands. *Geoderma*, **68**, 243-255.

Folger, D.W. Burkle, L.H., and Heezen, B.C. 1967. Opal phytolith in a North Atlantic dust fall. *Science*, **155**, 1243-1244.

Forman, S.A. and Sauer, F. 1962. Some changes in the urine of sheep fed a hay high in silica. *Canadian Journal of Animal Science*, **42**, 9-17.

Formanck, J. 1899. Über die Erkennung der in den Nahrungs- und Futtermitteln vorkommenden Spelzen. *Zeitschrift für Untersuchung der Nahrungs- und Genussmittel*, **11**, 833-843.

Fox, C.L., Pérez-Pérez, A., and Juan, J. 1994. Dietary information through the examination of plant phytoliths on the enamel surface of human dentition. *Journal of Archaeological Science*, **21**, 29-34.

Fox, C.L., Juan, J., and Albert, R.M. 1996. Phytolith analysis on dental calculus, enamel surface, and burial soil: information about diet and paleoenvironment. *American Journal of Physical Anthropolology*, **101**, 101-113.

Fraceschi, V.R. and Horner, H.T. Jr. 1980. Calcium oxalate crystaline plants. *Botanical Review*, **46**, 361-427.

Fraysse, F., Pokrovsky, O.S., Schott, J., and Meunier, J.-D. 2006. Surface properties, solubility and dissolution kinetics of bamboo phytoliths. *Geochimica et Cosmochimica Acta*, **70**, 1939-1951.

Fredlund, G. G. 1986a. Problems in the simultaneous extraction of pollen and phytoliths from clastic sediments. In Rovner, I. (ed.), Plant opal phytolith analysis in archaeology and paleoecology. Proceedings of the 1986 Phytolith Research Workshop, Occasional Papers no.1 of the phytolitharien, North Carolina State University, Raleigh, pp. 102-111.

Fredlund, G. G. 1986b. A 620,000 year opal phytolith record from central Nebrashan Loess. In Rovner, I. (ed.), Plant opal phytolith analysis in archaeology and paleoecology. Proceedings of the 1986 Phytolith Research Workshop, Occasional Papers no.1 of the phytolitharien, North Carolina State University, Raleigh, pp.12-23.

Fredlung, G. G. 1993. Palaeoenvironmental interpretations of stable carbon, hydrogen, and oxygen isotopes from opal phytoliths, Eustis Ash Pit, Nebraska. In Pearsall, D.M. and Piperno, D.R. (eds.), Current Research in Phytolith Analysis: Application in Archaeology and Paleoecology. MASCA Research Papers in Science and Archaeology Vol.10, The University Museum of Archaeology and Anthropology, Phyladelphia, pp.37-46.

Fredlung. G.G. and Tieszen, L.T. 1994. Modern phytolith assemblage from the North American Great Plains. *Journal of Biogeography*, **21**, 321-335.

Fredlung. G.G. and Tieszen, L.T. 1997a. Phytolith and carbon isotope evidence for late quaternary vegetation and climate change in Southern Black Hills, South Dakota. *Quaternary Research*, **47**, 206-217.

Fredlung. G.G. and Tieszen, L.T. 1997b. Calibrating grass phytolith assemblages in climatic terms: Application to late Pleistocene assemblages from Kansas and Nebraska. *Palaeogeography Palaeoclimatology, Palaeoecology*, **136**, 199-211.

Frey-Wyssling, A. 1930a. Über die Ausscheidung der Kieselsäure in der Pflanze. *Berichte der Deutschen Botanischen Gesellschaft*, **27**, 179-183.

Frey-Wyssling, A. 1930b. Vergleich zwischen der Ausscheidung von Kieselsäure und Kalziumsalzen in der Pflanze. *Berichte der Deutschen Botanischen Gesellschaft*, **48**, 184-191.

Frohnmeyer, M. 1914. Die Entstechung und Ausbildung der Kieselzellen bei den Gramineen. *Bibliotheca Botanica*, **21**, 1-41.

藤原宏志 1976a. 板付遺跡における Plant Opal 分析 —板付, 市営住宅建設にともなう発掘調査報告 1971〜1974—, 「福岡市埋蔵文化財調査報告書第 35 集」, 福岡教育委員会, pp.53-66.

藤原宏志 1976b. プラント・オパール分析法の基礎的研究(1) —数種イネ科植物の珪酸体標本と定量分析法—, 考古学と自然科学, **9**, 15-29.

藤原宏志 1976c. プラント・オパール分析による古代栽培植物の探索, 考古学雑誌, **62**, 148-156.

藤原宏志 1976d. 古代土器胎土に含まれるプラント・オパールの検出, 考古学ジャーナル, **125**, 6-10.

藤原宏志 1978. プラント・オパール分析法の基礎的研究(2) —イネ(*Oryza*)属植物における機動細胞珪酸体の形状—, 考古学と自然科学, **11**, 9-20.

藤原宏志 1979. プラント・オパール分析法の基礎的研究(3) —福岡・板付遺跡(夜臼期)水田および群馬・日高遺跡(弥生時代)水田における稲(*O. sativa* L.)生産総量の推定—, 考古学と自然科学, **12**, 29-42.

藤原宏志 1982. プラント・オパール分析法の基礎的研究(4) —熊本地方における縄文土器胎土に含まれるプラント・オパールの検出—, 考古学と自然科学, **14**, 55-65.

藤原宏志 1983. プラント・オパールからみた縄文から弥生 —縄文晩期から弥生初頭における稲作の実証的検討—, 歴史公論, **8**, 63-70.

藤原宏志 1984a. プラント・オパール分析法とその応用 —先史時代の水田址探索—, 考古学ジャーナル, **227**, 2-8.

藤原宏志 1984b. 垂柳遺跡における水田址の研究, 「青森県埋蔵文化財調査報告書(垂柳遺跡)」, 青森県教育委員会, pp.139-152.

藤原宏志 1987. プラント・オパール分析による弥生時代水田遺構の検討 —とくに鳥取・目久美遺跡および青森・垂柳遺跡の水田遺構について—, 渡部忠世教授退官記念号, 東南アジア研究, **25**, 140-150.

藤原宏志 1989. プラント・オパールと水田, 新しい研究法は考古学になにをもたらしたか(第 3 回『大学と科学』シンポジュウム組織委員会編), クバプロ, pp.156-168.

Fujiwara, H. 1993. Research into the history of rice cultivation using plant opal analysis. In Pearsall, D.M. and Piperno, D.R. (eds.), Current Research in Phytolith Analysis: Application in Archaeology and Paleoecology. MASCA Research Papers in Science and Archaeology Vol.10, The University Museum of Archaeology and Anthropology, Phyladelphia, pp.147-158.

藤原宏志 1995. 南溝手遺跡出土土器胎土のプラント・オパール分析結果について, 「南溝手遺跡1, 岡山県立大学建設に伴う発掘調査I, 岡山県埋蔵文化財発掘調査報告 100」, 岡山県教育委員会, pp.457-459.

藤原宏志 1998. 稲作の起源を探る, 岩波新書 554, 岩波書店, 東京, 201pp.

藤原宏志・佐々木章 1978. プラント・オパール分析法の基礎的研究(2) —イネ(*Oryza*)属植物における機動細胞珪酸体の形状—, 考古学と自然科学, **11**, 9-20.

藤原宏志・杉山真二 1984. プラント・オパール分析法の基礎的研究(5) —プラント・オパール分析による水田址の探査—, 考古学と自然科学, **17**, 73-85.

Fujiwara, H. Jones, R., and Brockwell, S. 1985. Plant opals (phytoliths) in Kakadu archaeological sites: a preliminary report. In Jones H.R (ed.), Archaeological Research in Kakadu National Park. *Special Publication* No.13, *Australian National Parks and Wildlife Service*, pp.155-164.

藤原宏志・佐々木章・杉山真二 1986. プラント・オパール分析法の基礎的研究(6) —プラント・オパール分析による畑作農耕址の検証—, 考古学と自然科学, **18**, 111-125.

藤原宏志・松田隆二・杉山真二 1988. 古代のイネ科植生 —プラント・オパールからの検証—, 「縄文農耕論へのアプローチ —畑作文化の誕生—」(佐々木高明・松山利夫編), 日本放送出版会, 東京, pp.65-90.

藤原宏志・佐々木章・俣野敏子 1989. 先史時代水田の区画規模決定要因に関する検討, 考古学と自然科学, **21**, 23-33.

藤原宏志・松田隆二・杉山真二 1990a. 青森：垂柳遺跡における水田域の推定とその変遷に関する実証的考察, 考古学と自然科学, **22**, 29-41.

藤原宏志・佐藤洋一郎・甲斐玉浩明・宇田津徹郎 1990b. プラント・オパール分析(形状解析法)によるイネ系統の歴史的変遷に関する研究, 考古学雑誌, **75**, 349-358.

福嶋喜章 1989. 植物と無機化合物, 特にシリカとの関連, 豊田中央研究所レビュー, **24**, 34-53.

福嶋喜章 1993. 植物のシリカ集積機構, セラミックス, **28**, 7-11.

古野 毅・澤辺 攻編 1994. 木材科学講座 2 組織と材質, 海青社, 大津, 190pp.

Gallego, L. and Distel, R.A. 2004. Phytolith assemblages in grasses native to Central Argentina. *Annals of Botany*,

94, 865-874.

Ganjoo, R.K. and Shaker, S. 2007. Middle Miocene pedological record of monsoonal climate from NW Himalaya (Jammu&Kashmir Site), India. *Journal of Asian Earth Sciences*, **29**, 704-714.

Geis, J.W. 1972. Biogenic silica in selected plant materials. PhD Dissertation, State University of New York, Syracuse University, Syracuse, 102pp.

Geis, J.W. 1973. Biogenic silica in selected species of deciduous angiosperms. *Soil Science*, **116**, 113-119 (Plate I～VI).

Geis, J.W. 1978. Biogenic opal in three species of Gramineae. *Annals of Botany*, **42**, 1119-1129.

Geis, J.W. 1986. Characteristics of biogenic opaline silica in angiosperm and coniferous trees. *Phytolitharien Newsletter*, **4**(2), 3-11.

Geis, J.W. and Joes, R.L. 1973. Ecological significance of biogenic opaline silica. In Dindal, D.L. (ed.), *Proceedings of First Soil Microcommunities Conference, USAEC, Soil Microcommunities I.*, pp.74-85.

Gill, E.D. 1967. Stability of biogenetic opal. *Science*, **158**, 810.

Gobetz, K.E. and Bozarth, S.R. 2001. Implication for late Pleistocene Mastodon diet from opal phytoliths in Tooth Calculus. *Quaternary Research*, **55**, 115-122.

Gol'yeva, A.A. 1996. Experience in using phytolith analysis in soil science. (Translated from Pochvovedeniye, No. 12, 1995, 1498-1503), *Eurasian Soil Science*, **28**, 248-256.

Gol'yeva, A.A., Aleksandrovsky, A.L., and Tselishcheva, L.K. 1995. Phytolith analysis of Holocene Paleosols. *Eurasian Soil Science* (Traslated from Pochvovedniye, No.3, 1994, 34-40), **27**, 46-56.

Govindarajalu, E. 1968a. The systematic anatomy of South Indian Cyperacea. *Fuirena* Rottb. *Botanical Journal of the Linnean Society*, **62**, 27-40.

Govindarajalu, E. 1968b. The systematic anatomy of South Indian Cyperacea. *Cyperus* L. subgen. *Kyllinga* (Rottb.) Suringar. *Botanical Journal of the Linnean Society*, **62**, 41-58.

Govindarajalu, E. 1975. The systematic anatomy of South Indian Cyperaceae: *Eleocharis* R. Br., *Rhynchospora* Vahl and *Scleria* Bergius. *Adansonia, series 2*, **17**, 59-76.

Grave, P. and Kealhofer, L. 1999. Assessing bioturbation in archaeological sediments using soil morphology and phytolith analysis. *Journal of Archaeological Science*, **26**, 1239-1248.

Grob, A. 1896. Beiträge zur Anatomie der Epidermis der Gramineenblätter. *Bibliotheca Botanica*, **7**, 1-64.

Gügel, I.L., Grupe.G., and Kunzelmann, K.H. 2001. Simulation of dental microwear: Characteristics traces by opal phytoliths give clues to ancient human dietary behavior. *American Journal of Physical Anthropology*, **114**, 124-138.

Gupta, P.C. and Pradhan, K. 1975. A note of the effect of silica on in *vitro* dry matter digestibility of legume and non-legume forages. *Indian Journal of Animal Science*, **45**, 497-498.

Haelbaek, H. 1959. How farming began in the Old World. *Archaeology*, **12**, 183-189.

Haelbaek, H. 1961. Studying the diet of ancient man. *Archaeology*, **14**, 95-101.

Handreck, K.A. and Jones L.H.P. 1967. Uptake of monosilicic acid by *Trifoium incarnatum* (L.). *Australian Journal of Biological Science.*, **20**, 483-485.

Handreck, K.A. and Jones L.H.P. 1968. Studies of silica in the oat plant. IV. Silica content of plant parts in relation to stage of growth, supply of silica, and transpiration. *Plant and Soil*, **29**, 449-459.

Hanifa, A.M., Subramaniam, T.R., and Ponnaiya, B.W.X. 1974. Role of silica in resistance to the leaf roller, *Cnaphalocrocis medinalis* Guenee in rice. *Indian Journal of Experimental Biology*, **12**, 463-465.

埴原和男 1994. 日本人の起源(増補), 朝日選書517, 朝日新聞社, 東京, 261pp.

原 襄 1994. 植物形態学, 朝倉書店, 東京, 180pp.

Hart, D.M. 1988a. The plant opal content in the vegetation and sediment of a swamp at Oxford Falls, New South Wales, Australia. *Australian Journal of Botany*, **36**, 159-170.

Hart, D.M. 1988b. A safe method for extraction of plant opal from sediments. *Search*, **19**, 293-294.

Hart, D.M. 1990. Occurrence of the 'Cyperaceae-type' phytolith in Dicotyledons. *Australian Systematic Botany*, **3**, 745-750.

Hart, D.M. 1992. A field appraisal of the role of plant opal in the Australian environment. PhD Thesis, Macquarie University.

Hart, D.M. 1997. Phytoliths and fire in Sidney Basin, New South Wales, Australia. In Pinilla A. Juan-Tresseras J., and Machado, M.J. (eds.), The State of the Art of Phytoliths in Soils and Plants. Monografias del Centro de Ciencias Medioambientales 4, Consejo Superior de Investigaciones Cientifica, Madrid, pp.101-110.

Hart, D.M. 2001. Elements occluded within phytoliths. In Meunier J.D and F. Colin (eds.) Phytoliths: Applications in earth science and human history. A.A. Balkema Publishers, Lisse, pp.313-316.

Hart, D.M. and Humphreys, G.S. 1997a. Plant opal phytoliths: An Australian Perspective. *Quaternary Australia*, **15**, 17-25.

Hart, D.M. and Humphreys, G.S. 1997b. The mobility of phytoliths in soils: pedological considerations. In Pinilla A. Juan-Tresseras, J., and Machado, M.J. (eds.), The State-of-the-Art of Phytoliths in Soils and Plants. Monografias del Centro de Ciencias Medioambientales 4, Consejo Superior de Investigaciones Cientifica, Madrid, pp.93-100.

Hart, D.M. and Wallis, L.A. 2003. Phytolith and Starch Research in the Australian-Pacific-Asia Regions: the State of the Art, Terra Australis 19, Pandanus Books, Research School of Pacific and Asian Studies, The Australian National University, Camberra, pp.137-152.

Harvey, E.L. and Fuller, D.Q. 2005. Investigating crop processing using phytolith analysis: the example of rice and millets. *Journal of Archaeological Science*, **32**, 739-752.

橋川　潮・森脇　勉・渡部忠世 1980. 水田に投入されてきた有機物量の定量 —古代から近世までに開田された水田の諸例—, 日本作物学会紀事, **49**(別号2), 153-154.

早川由紀夫 1994. ローム層の特徴とその成因, 日本第四紀学会講演要旨集, **24**, 86-87.

早田文蔵 1929. ササ属ノ解剖分類学的研究, 植物学雑誌, **43**, 23-45.

Hayward, D.M. and Parry, D.W. 1973. Electron-probe microanalysis studies of silica distribution in barley (*Hordeum sativum* L.). *Annals of Botany*, **37**, 579-591.

Hayward, D.M. and Parry, D.W. 1975. Scanning electron microscopy of silica deposition in the leaves of barley (*Hordeum sativum* L.). *Annals of Botany*, **39**, 1003-1009.

Hayward, D.M. and Parry, D.W. 1980. Scanning electron microscopy of silica of deposits in the culms, floral bracts and awns of barley (*Hordeum sativum* Jess.). *Annals of Botany*, **40**, 541-548.

Helena C., Boyadjian, C., Eggers, S., and Reinhard, K. 2007. Dental wash: A problematic method for extracting microfossils from teeth. *Journal of Archaeological Science*, **34**, 1622-1628.

Herbauts, J., Berthelon, S., and Gruber, W. 1990. Relation entre pratique de l'essartage et distribution des phytolithes dans deux sols forestiers de l'Ardenne Belege. *Pedologie*, **40**, 225-242.

Herbauts, J., Dehalu, F.A., and Gruber, W. 1994. Quantitative determination of plant opal content in soils, using a combined method of heavy liquid separation and alkali dissolution. *European Journal of Soil Science*, **45**, 379-385.

Herrera, C.M. 1985. Grass/grazer radiation: an interpretation of silica body diversity. *OIKOS*, **45**, 446-447.

東　照夫・馬場洋美 1995. ジャワ島火山灰土壌の植物珪酸体と腐植の性状, ペドロジスト, **39**, 56-65.

東　照夫・鈴木　渉 1996a. ルソン島に分布するいくつかの火山灰土壌の植物珪酸体から見た過去の植生推定, ペドロジスト, **40**, 11-25.

東　照夫・鈴木　渉 1996b. フタバガキ科樹木葉部の植物珪酸体組成, ペドロジスト, **40**, 26-31.

平田友信・佐伯　浩・原田　浩 1972. 南洋材の柔細胞中の結晶およびシリカの走査型電子顕微鏡による観察, 京大農学部演習林報告, **44**, 194-205.

樋山正士 1992. 顕微鏡がひらいたミクロの驚異, 研成社, 東京, 154pp.

Hodson, M.J. 1986. Silicon deposition in the roots, clum and leaf of *Phalaris canariensis* L. *Annals of Botany*, **58**. 167-177.

Hodson, M.J. and Angster, A.G. 1987. Recent progress in botanical research on phytolith. *Phytolitharien Newsletter*, **5**(1), 5-11.

Hodson, M.J. and Parry, D.W. 1982. The ultrastructure and analytical microscope of silicon deposition in the aleurone layer of the caryopsis of *Setaria italica* (L.) Beauv. *Annals of Botany*, **50**, 221-228.

Hodson, M.J. and Sangster, A.G. 1988a. Observations on the distribution of mineral elements in the leaf of wheat (*Triticum aestivum* L.) with particular reference of silicon. *Annals of Botany*, **62**, 463-471.

Hodson, M.J. and Sangster, A.G. 1988b. Silica deposition in the inflorescence bracts of wheat (*Triticum aestivum* L.) I. Scanning electron microscopy and light microscopy. *Canadian Journal of Botany*, **66**, 829-838.

Hodson, M.J. and Sangster, A.G. 1989. Silica deposition in the inflorescence bracts of wheat (*Triticum aestivum*) II. X-ray microanalysis and backscattered electron imaging. *Canadian Journal of Botany*, **67**, 281-287.

Hodson, M.J. and Sangster, A.G. 1999. Aluminum/silicon interactions in conifers. *Journal of Inorganic Biochemistry*, **76**, 89-98.

Hodson, M.J., Sangster, A.G., and Parry, D.W. 1982. Silicon deposition in the inflorescence bristles and macrohairs of *Setaria italica* (L.) Beauv. *Annals of Botany*, **50**, 843-850.

Hodson, M.J., Sangster, A.G., and Parry, D.W. 1984. An ultrastructural study on the development of silicified tissues in the lemma of *Phalralis canariensis* L. *Proceedings of the Royal of Society of London*, Series B**222**, 413-425.

Hodson, M.J., Sangster, A.G., and Parry, D.W. 1985. An ultrastructural study on the developmental phases and silicification of the glumes of *Phalaris canadiensis* L. *Annals of Botany*, **55**, 649-665.

Hodson, M.J., Williams, S.E., and Sangster, A.G. 1997. Silica deposition in the needles of the gymnosperms, I. Chemical analysis and light microscopy. In Pinilla A. Juan-Tresseras J., and Machado, M.J. (eds.), The State of the Art of Phytoliths in Soils and Plants. Monografias 4 del Centro de Ciencias Medioambientales, Consejo Superior de Investigaciones Cientifica, Madrid, pp.123-133.

Hodson, M.J., Westerman J., and Tubb, H.J. 2001. The use of inflorescence phytoliths from the Triticeae in food science. In Meunier J.D &. Colin, F (eds.), Phytoliths: Applications in earth science and human history. A.A. Balkema Publishers, Rotterdam, pp.87-99.

Holst, I., Moreno, P., Jorge, E., and Piperno D.R. 2007. Identification of teosints, maize, and *Tripasacum* in Mesoamerica by using pollen, starch grains, and phytoliths. *Proceedings of the National Academy of Sciences*, **104**, 17608-17613.

堀　雅子　1993. イネ科植物に由来する短細胞珪酸体の形態的特徴とその細分類，帯広畜産大学畜産学研究科修士論文，137pp.

堀　雅子・近藤錬三　1993. 火山灰土腐植層から検出された短細胞珪酸体の特性と腐植酸の腐植化度との関係, 日本土壌肥料学会 講演要旨集, **39**, 251.

Horrocks, M. and Lawlor, I. 2006. Plant microfossil analysis of soils from Polynesian stonefields in South Aukland, New Zealand. *Journal of Archaeological Science*, **33**, 200-217.

Horrocks, M. and Nunn, P.D. 2007. Evidence for introduced taro (*Colocasia esculenta*) and lesser yam (*Dioscorea esculenta*) in Lapita-era (c.3050-2500 cal. yrBP) deposits from Bourewa, southwest Viti Levu Island, Fiji. *Journal of Archaeological Science*, **34**, 739-748.

Horrocks, M., Deng, Y., Ogden, J., and Sutton, D.G. 2000a. A reconstruction of the history of a Holocene sand dune on Great Barrier Island, northern New Zealand, using pollen and phytolith analyses. *Journal of Biogeography*, **27**, 1269-1277.

Horrocks, M., Jones, M.D., Carter, J.A., and Sutton, D.G. 2000b. Pollen and phytoliths in stone mounds at Pouerua, Northland, New Zealand: implications for the study of Polynesia farming. *Antiquity*, **74**, 863-872.

Horroks, M., Irwin, G.J., McGlone, M.S., Nichol, S.L., and Williams, L.J. 2003. Pollen, phytoliths and diatoms in prehistoric coprolites from Kohika, Bay of Plenty, New Zealand. *Journal of Archaeological Science*, **30**, 13-20.

Horrocks, M., Costa D.D., Wallace, R., Gardner, R., and Kondo, R. 2004. Plant remains in coprolites diet of a subalpine moa (*Dinornithiformes*) from southern New Zealand. *Emu*, **104**, 149-156.

細野　衛・佐瀬　隆　1985. 浦和市の関東ローム層 ―特に鉱物と植物珪酸体について―, 浦和市史「調査報告書第集自然編 第17集」(埼玉県浦和市役所総務部市史編纂室編), pp.83-101.

細野　衛・佐瀬　隆　1997. 黒ボク土生成試論, 第四紀, **29**, 1-9.

細野　衛・佐瀬　隆　2003. 関東ローム層中のいわゆる「黒色帯」生成における人為の役割(試論) ―旧石器文化3万年問題と関連して―, 軽石学雑誌, **9**, 67-87.

細野　衛・大羽　裕・佐瀬　隆・宇津川徹・青木潔行　1991. ニュージーランド北島Waimanguにおける完新世累積火山灰土壌の生成と植生の関係, 第四紀研究, **30**, 91-102.

細野　衛・佐瀬　隆・青木潔行　1992. 示標テフラによる黒ボク土の生成開始時期の推定 ―十和田火山テフラ分布域湯ノ台地区を例にして―, 地球科学, **46**, 121-132.

細野　衛・佐瀬　隆・青木潔行・木村　準　1994. 示標テフラによる黒ボク土の生成開始時期の推定 ―十和田火山テフラ分布域蔦沼地区を例にして―, 地球科学, **48**, 477-486.

細野　衛・佐瀬　隆・青木潔行　1995a. 八戸浮石層直下の炭化片粒子を含む埋没土壌の植生履歴と腐植, ペドロジスト, **39**, 42-49.

細野　衛・佐瀬　隆・木村　準　1995b. 植物珪酸体分析からみた阿蘇4火山灰直下の埋没土壌の植生 ―北海道斜里平野を事例にして―, 第四紀研究, **27**, 17-27.

細野　衛・佐瀬　隆・高地セリア好美　2007. 青森県三内丸山遺跡の縄文文化土層の成因を解読する ―縄文文化最盛期土層は，なぜ黒くないのか？―, 軽石学雑誌, **16**, 59-72.

Huang, E. and Zhang, M. 2000. Pollen and phytolith evidence for rice cultivation during the Neolithc at Longquizhang, eastern Jianghuai, China. *Vegetation History and Archaeobotany*, **9**, 161-168.

Hutton, J.T. and Norrish, K. 1974. Silicon content of wheat husks in relation to water transport. *Australian Journal of Research*, **25**, 203-212.

Huynen, L., Millar, C.D., Scofield, R.P., and Lambert, D.M. 2003. Nuclear DNA sequences detect species limits in ancient moa. *Nature*, **425**, 175-178.

ICPN Working Group: Madella, M., Alexandre, A., and Ball, T. 2005. International code for phytolith nomenclature 1.0. *Annals of Botany*, **96**, 253-260.

Ikeya, M. and Golson, J. 1985. ESR dating of phytolith (Plant opal) in sediments: a preliminary study. In Ikeya, M. and Miki T. (eds.), *ESR Dating and Dosimetry*, Tokyo: Ionics, pp.281-285.

井上　浩・岩槻邦男・柏谷博之・田村道夫・堀田　満・三浦宏一郎・山岸高旺　1997. 植物系統分類の基礎, 北隆館, 東京, 389pp.

井上　弦・杉山真二・長友由隆　2000. 都城盆地の累積性黒ボク土における有機炭素含量と植物珪酸体, ペドロジスト, **44**, 109-123.

井上　弦・米山忠克・杉山真二・岡田英樹・長友由隆　2001. 都城盆地の累積性黒ボク土における炭素・窒素安定同位体自然存在比の変遷 ―植物ケイ酸体による植生変遷との対比―, 第四紀研究, **40**, 307-318.

井上　弦・長岡信二・杉山真二　2006. 島原半島南東部における姶良Tnテフラを挟在する黒ボク土の要因, 第四紀研究, **45**, 303-311.

Inoue.K. and Sase T. 1996. Paleoenvironmental history of post-Toya ash tephric deposits and paleosols at Iwate

Volcano, Japan, using aeolian dust content and phytolith composition. *Quaternary International*, **34**, 127-137.
Iriarte, J. 2003. Assessing the feasibility of identifying maize through the analysis of cross-shaped size and three-dimensional morphology of phytoliths in the grasslands of southeastern South America. *Journal of Archaeological Science*, **30**, 1085-1094.
Iriarte, J. and Paz, E.A. 2009. Phytolith analysis of selected native plants and modern soils from southeastern Uruguay and its implication for paleoenvironmental and archaeological reconstruction. *Quaternary International*, **193**, 99-123.
Ishida, S., Parker, A.G., Kennet, D., and Hodson, M.J. 2003. Phytolith analysis from the archaeological site of Kush, Ras al Khaimah, United Arab Emirates. *Quaternary Research*, **59**, 310-321.
Itzstein-Davey, F., Taylor, D., Dodson, J. Atahan, P., and Zheng, H. 2007. Wild and domesticated forms of rice (*Oryza* sp.) in early agriculture at Qingpu, lower Yangtze, China: evidence from phytoliths. *Journal of Archaeological Science*, **34**, 2101-2108.
岩波洋造 1980. 花粉学, 講談社, 東京, 212pp.
岩田悦行 1962. 禾本科の牧草および野草の葉に見られる機動細胞について, 日本草地学会誌, **8**, 7-14.
岩田悦行 1963. 邦産牧草の水分生理(2) —オーチャードグラスの葉の開閉と水分関係—, 日本草地学会誌, **9**, 28-33.
岩田悦行 1967. イチゴツナギ属(*Poa*)植物の葉身の開閉と機動細胞, 岐阜大学農学部研究報告, **24**, 327-337.
Jiang, Q. 1995. Searching for evidence of early rice agriculture at prehistoric sites in China through phytolith analysis: an example from central China. *Review of Palaeobotany and Palynology*, **89**, 481-485.
Jiang, X. and Zhou, Y. 1989. SEM observation on crystals and silica in wood species of Chinese Gymnospermae. *Acta Botanica Austro Sinica*, **31**, 835-840. (in Chinese with English summary).
Johnston, A., Bezeau, L.M., and Smoliak S. 1967. Variation in silica content of range grasses. *Canadian Journal of Plant Science*, **47**, 65-71.
Jones J.B. and Sebnit E.R. 1971. The nature of opal. I. Nomenclature and constituent phase. *Journal of the Geological Society of Australia*, **18**, 57-68.
Jones, J.B., Sanders, J.V., and Segnit, E.R. 1964. Structure of opal. *Nature*, **204**, 990-991.
Jones, J.G. and Bryant, V.M. Jr. 1992. Phytolith taxonomy in selected species of Texas Cacti. In Rapp, G. Jr. and Mulholland, S.C (eds.), Phytolith Systematics-Emerging Issues. Advances in Archaeological and Museum Science・Volume 1, Plenum Press, New York, pp.215-238.
Jones, L.H.P. and Handreck K.A. 1963. Effects of iron and aluminum oxides on silica in solution in soils. *Nature*, **198**, 852-853.
Jones, L.H.P. and Handreck K.A. 1967. Silica in soils, plants, and animals. *Advances in Agronomy*, **19**, 107-149.
Jones, L.H.P. and Milne A.A 1963. Studies of silica in the oat plant. I. Chemical and physical properties of the silica. *Plant and Soil*, **18**, 207-220.
Jones, L.H.P., Milne A.A., and Wadham, S.M. 1963. Studies of silica in the oat plant. II. Distribution of the silica in the plant. *Plant and Soil*, **18**, 358-371.
Jones, L.H.P., Milne A.A., and Saders J.V. 1966. Tabashir: An opal of plant origin. *Science*, **151**, 464-466.
Jones, R.L. 1964. Note on the occurrence of opal phytoliths in some Cenozoic sedimentary rocks. *Journal of Paleontology*, **38**, 773-775.
Jones, R.L. 1969. Determination of opal in soil by alkali dissolution analysis. *Soil Science Society of America Proceedings*, **33**, 976-978.
Jones, R.L. and Beavers, A.H. 1963a. Sponge spiclues in Illinois soils. *Soil Science Society of America Proceedings*, **27**, 438-440.
Jones, R.L. and Beavers, A.H. 1963b. Some mineralogical and chemical properties of plant opal. *Soil Science*, **96**, 375-379.
Jones, R.L. and Beavers A.H. 1964a. Aspects of catenary and depth distribution of opal phytoliths in Illinois soils. *Soil Science Society of America Proceedings*, **28**, 413-416.
Jones, R.L. and Beavers A.H. 1964b. Variation of opal phytolith content among some great soil groups in Illinois. *Soil Science Society of America Proceedings*, **28**, 711-712.
Jones, R.L. and Hay W.W. 1975. Bioliths. In Giesking, J.E. (ed.), Soil components Vol.2, Inorganic components. Springer-Verlag, New York, pp.481-496.
Jones, R.L., Hay, W.W., and Beavers, A.H. 1963a. Microfossils in Wisconsinan loess and till from western Illinois and eastern Iowa. *Science*, **140**, 1222-1224.
Jones, R.L., McKenzie J., and Beavers, A.H. 1963b. Opaline microfossils in some Michigan soils. *The Ohio Journal of Science*, **64**, 417-423.
Juan-Tresseras, J., Lalueza, C., Albert, R., and Calvo, M. 1997. Identification of phytoliths from human dental remains from the Iberian Peninisula and the Balearic Islands. In Pinilla, A., Juan-Trsserras, J. and Machado, M. J. (eds.), The State of the Art of Phytoliths in Soils and Plants. Monografias del Centro de Ciencias Medioam-

bientales 4, Consejo Superior de Investigaciones Cientifica, Madrid, pp.197-203.

Kaiser, T.M. and Rössner, E. 2007. Dietary resource partitioning in ruminant communities of Miocene wetland and karst paleoenvironments in Southern Germany. *Palaeogeography, Palaeoclimatology, Palaeoecology*, **252**, 424-439.

Kajale, M.D. and Eksambekar, S.P. 1997. Application of phytolith analyses to a Neolithic site at Budihal, district Gulbarga, South India. In Pinilla, A., Juan-Trsserras, J. and Machado, M.J. (eds.), The State of the Art of Phytoliths in Soils and Plants. Monografias del Centro de Ciencias Medioambientales 4, Consejo Superior de Investigaciones Cientifica, Madrid, pp.219-229.

Kajale, M.D. and Eksambekar, S.P. 2001a. Phytolith approach for investigating ancient occupations at Balathal, Rajasthan, India. Part.1: Evidence of crops exploited by initial farmers. In Meunie, J.D. and Colin, F. (eds.), Phytoliths: Applications in earth science and human history. A.A. Balkema Publishers, Rotterdam, pp.199-204.

Kajale, M.D. and Eksambekar, S.P. 2001b. Phytolith approach for investigating ancient occupations at Balathal, Rajasthan, India. Part.2: Late chalcolitic in early historic stratigraphic reconstruction. In Meunier, J.D. and Colin, F. (eds.) Phytoliths: Applications in earth science and human history. A.A. Balkema Publisher, Rotterdam, pp.205-212.

Kalicz, P.J. and Boethtcher, S.E, 1990. Phytolith analysis of soils at Buffalo Beats, a small opening in southeast Ohio. *Bulletin of the Torrey Botanical* Club, **117**, 445-449.

環境庁編 1988. 日本の重要な植物群落 II. —特定植物群落報告書—, 大蔵省印刷局, pp.168-174.

菅野一郎・有村玄洋 1955. 日本火山灰土に関する研究（第10報）, 日本土壌肥料学雑誌, **26**, 41-45.

菅野一郎・有村玄洋 1958. 土壌中の植物性蛋白石（Plant Opal）について, ペドロジスト, **2**, 78-80.

Kanno, I. and Arimura, S. 1958. Plant opal in Japanes soils. *Soil and Plant Food*, **4**, 62-67.

菅野一郎・有村玄洋 1965. 植物蛋白石について（予報）, 九州農業試験場彙報, **11**, 97-109.

Kaplan, L., Smith, M.B., and Sneddon, L.A. 1992. Cereal grain phytoliths of southwest Asia and Europe. In Rapp Jr., G. & Mulholland, S.C. (eds.), Phytolith Systematics-Emerging Issues. Advances in Archaeological and Museum Science・Volume 1, Plenum Press, New York, pp.149-174.

Karkanas, P., Bar-Yosef, O., Goldberg, P., and Weiner, S. 2000. Diagenesis in prehistoric cave: the use of minerals that from *in situ* to assess the completeness of the archaeological record. *Journal of Archaeological Science*, **27**, 915-929.

Karkanas, P., Rigaud, J.-P., Simek, J.F., Albert, R.M., and Weiner, S. 2002. Ash bones and guano: a study of minerals and phytoliths in the sediments of Grotte XVI, Dordogne, France. *Journal of Archaeological Science*, **29**, 721-732.

Kariya, Y., Sugiyama, S., and Sasaki, A. 2004. Changes in opal phytolith concentration of Bambusoideae morphotypes in Holocene peat soils from the pseudo-alpine zone on Mount Tairappyo, Central Japan. *The Quaternary* Research, **43**, 129-137.

加藤富司雄 1932. 邦産大麦ノ「スポドグラム」, 宮崎高等農林学校学術報告, **4**, 87-110.

加藤富司雄 1933. 小麦ノ葉ノ「スポドグラム」, 宮崎高等農林学校学術報告, **5**, 29-50.

加藤芳朗 1958.「黒ボク」土壌中の Plant Opal について, ペドロジスト, **2**, 73-77.

加藤芳朗 1960.「黒ボク」土壌中の植物起源粒子について（予報）, 日本土壌肥料学雑誌, **30**(11), 549-552.

加藤芳朗 1962. 関東ローム層の細砂鉱物組成, 地球科学, **62**, 11-20.

加藤芳朗 1963. 火山灰中の植物珪酸体, 第四紀研究, **3**, 59-61.

加藤芳朗 1975.「元宿遺跡発掘調査報告書」, 沼津市教育委員会, pp.48-49.

加藤芳朗 1977. 植物珪酸体 —土の中の化石—, 静岡地学, **36**, 4-16.

加藤芳朗 1979. 土壌生成分類における母材の意義, ペドロジスト, **23**, 58-65.

加藤芳朗・佐瀬　隆・堺井茂雄・金沢信夫 1986a. 累積火山灰断面腐植層中の植物珪酸体による年代推定法（I）—蓄積年率からの推定—, 第四紀研究, **25**, 99-104.

加藤芳郎・佐瀬　隆・堺井茂雄・金沢信夫 1986b. 累積火山灰断面腐植層中の植物珪酸体による年代推定（II）—風化度からの推定—, 第四紀研究, **25**, 105-112.

勝山輝男 2005. 日本のスゲ, 文一総合出版, 東京, 375pp.

Kaufman, P.B., Cassel, S.J., and Adams, P. 1955. On the nature of intercalary growth and cellular differentiation in internodes on *Avena sativa*. *Botanical Gazette*, **126**, 1-13.

Kaufman, P.B., Petering, L.B., and Smith, J.G. 1970a. Ultrastructural development of cork-silica cell pairs in *Avena* internodal epidermis. *Botanical Gazette*, **131**, 173-185.

Kaufman, P.B., Petering, L.B., and Smith, J.G. 1970b. Ultrastructural studies on cellular differentiation in intermodal epidermis of *Avena sativa*. *Phytomorphology*, **20**, 281-309.

Kaufman, P.B., Bigelow, W.C., Schmid, R., and Ghosheh, N.S. 1971. Electron microprobe analysis of silica in epidermal cell of *Equisetum*. *American Journal of Botany*, **58**, 309-316.

Kaufman, P.B., LaCroix, J.D., Rosen, J.J., Allard, L.F., and Bigelow, W.C. 1972a. Scanning electron microscopy and electron microprobe analysis of silicification patterns in inflorescence bracts of *Avena sativa*. *American Journal of Botany*, **59**, 1018-1025.

Kaufman, P.B., Soni, S.L., LaCoix, J.D., Rosen, J.J., and Bigelow, W.C. 1972b. Electron-prove microanalysis of silicon in the epidermis of rice (*Oryza sativa* L.) internodes. *Planta*, **104**, 10-17.

Kaufman, P.B., LaCroix, J.D., Dayanandan, P., Allard, L.F., Rosen, J.J., and Bigelow, W.C. 1973a. Silicification of developing internodes in the perennial scouring rush (*Equisetum hyemale* var. *affine*). *Developmental Biology*, **31**, 124-135.

Kaufman, P.B., Soni, S.L. Bigelow, W.C., and Ghosheh, N.S. 1973b. Scanning electron microscopic analysis of the leaf and internodal epidermis of rice plant (*Oryza sativa*). *Phytomorphology*, **23**, 52-58.

Kaufman, P.B., Dayanandan, P., Goldoftas, M., Lau, E., Srinivasan, J., Clark, J.M., Hollingsworth, P., Mardinly, J., and Bigelow, W.C. 1978. Analysis of primary deposition sites for silica ($SiO_2 \cdot nH_2O$) in panicoid and festucoid grasses and in scouring rushes (*Equisetum*) by scanning electron microscopy and energy-dispersive microanalysis. *Microbeam Analysis Society Proceedings 13th Conference*, Ann Arbor, Michigan, pp.82A-82C.

Kaufman, P.B., Takeoka, Y., and Bigelow, W.C. 1979a. Scanning electron microscopy and X-ray microanalysis of silica in the leaf sheath pulvinus and internodal intercalary meristem of rice. *Japanese Journal of Crop Science*, **48** (Extra issue 1), 187-188.

Kaufman, P.B., Takeoka, Y., Carlson, T.J., Bigelow, W.C., Jones, J.D., Moore, P.H., and Ghosheh, N.S. 1979b. Studies on silica deposition in sugar cane (*Saccharum* spp.) using scanning electron microscopy, energy-dispersive x-ray analysis, neutron activation analysis, and light microscopy. *Phytomorphology*, **29**, 185-193.

Kaufman, P.B., Dayanandan, P., Takeoka, Y., Bigelow, W.C., Jones, J.D., and Iler, R. 1981. Silica in shoots of higher plants. In Simpson, T.l. and Volcani B.E (eds.), Silicon and siliceous structures in biological system. Springer-Verlag, New York, pp.409-449.

Kaufman, P.B., Dayanandan, P., Franklin, C.I., and Takeoka, Y. 1985. Structure and function of silica bodies in the epidermal system of grass shoots. *Annals of Botany*, **55**, 487-507.

河室公康 1983a. 十和田火山灰由来の褐色森林土および黒色土のＡ層および埋没Ａ層中の植物珪酸体について，日本林学会論文集，**94**，183-186.

河室公康 1983b 走査電子顕微鏡観察によるササ属およびススキ属等の植物珪酸体の形態について，「35回日本林学会関東支部論文集」，pp.127-129.

河室公康 1984. 植物珪酸体(1) 一林野に群生する主なイネ科植物葉中の植物珪酸体の形態一，森林立地，**26**，18-25.

河室公康・鳥居厚志 1986. 長野県黒姫山に分布する火山灰由来の黒色土と褐色森林土の成因的特徴 ―とくに過去の植被の違いについて―，第四紀研究，**25**，81-98.

Kawamuro, K. and Torii, A. 1986. Post vegetation on volcanic ash forest soils in Hakkoda mountain. *Bulletin of Forest Product Research Institute*, **339**, 69-89.

Kawanabe, S. 1968. Temperature responses and systematics of the Gramineae. *Proceedings of Japan Society for Plant Taxonomy*, **2**, 17-20.

河野樹一郎・河野耕三・宇田津徹朗・藤原宏志 2006. 宮崎県南部の照葉樹林における樹種構成と表層土壌中の樹木珪酸体との関係，植生史研究，**14**，3-14.

Kawano, T., Takahara, H., Nomura, T., Shibata, H., Uemura, S., Sasaki, N., and Yoshioka, T. 2007. Holocene phytolith record at *Picea glehnii* stands on the Dorokawa Mire in northern Hokkaido, Japan. *The Quaternary Research*, **46**, 413-426.

Kealholfer, L. 1996. The human environment during the late Pleistocene and Holocene in Northeastern Thailand: phytolith evidence from Lake Kumphawapi. *Asian Perspectives*, **35**, 80-96.

Kealhofer, L. and Penny D. 1998. A combined pollen and phytolith record for fourteen thousand years of vegetation change in northeastern Thailand. *Review of Palaeobotany and Palynology*, **103**, 83-93.

Kealhofer, L. and Piperno, D.R. 1994. Early agriculture in Southeast Asia: Phytolith analysis evidence from the Bang Pakong Valley, Thailand. *Antiquity*, **68**, 564-572.

Kealhofer, L. and Piperno, D.R. 1998. Opal phytoliths in Southeastern Asia Flora. *Smithsonia Contributions to Botany*, **88**, 1-39.

Kelly, E.F., Amundson, R.G., Marino, B.D., and Deniro, M.J. 1991. Stable isotope ratios of carbon in phytoliths as quantitative method of monitoring vegetation and climate change. *Quaternary Research*, **35**, 222-233.

Kelly, E.F., Yonker, C.M., and Marino, B, D. 1993. Stable carbon isotope composition of paleosols: an application to the Holocene. *Climate Change in Continental Isotopic Records, Geophysical Monograph*, **78**, 233-239.

Kelly, E.F., Blecker, S.W., Yonker, C.M., Olson, C.G., Wohl, E.E., and Todd, L.C. 1998. Stable isotope composition of soil organic matter and phytoliths as paleoenvironmental indicators. *Geoderma*, **82**, 59-81.

Kerns, B.K., Moore, M.M., and Hart, S.C. 2001. Estimating forest- grassland dynamics using soil phytolith assemblages and $\delta^{13}C$ of soil organic matter. *Ecoscience*, **8**, 478-488.

Kim, K. and Whang, S.S. 1992. Nature of phytoliths and their application in botany. *Korea Journal of Botany*, **35**, 283-305 (in Korean with English abstract).

Klein, R.L. and Geis, J.W. 1978. Biogenic silica in the Pianaceae. *Soil Science*, **126**, 145-156.

Klukkert, S. 1987. Technical topics. *The Phytolitharien Newsletter, Bulletin of the Society for Phytolith Research*, **4**(2), 3.

小林　純 1971. 水の健康診断, 岩波新書 777, 岩波書店, 東京, 206pp.

小林幹夫 1986. 八丈島産ササ属植物における機動細胞珪酸体について, 植物地理・分類研究, **34**, 31-35.

近藤錬三 1974. Opal phytoliths ―植物珪酸体の形態的特徴とイネ科植物分類グループとの関連―, ペドロジスト, **18**, 2-10.

近藤錬三 1975. 樹木起源の珪酸体について, ペドロジスト, **20**, 176-190.

Kondo, R. 1977. Opal phytoliths, inorganic, biogenic particles in plants and soils. *Japan Agricultural Research Quarterly*, **11**, 198-203.

近藤錬三 1981. 弁天橋遺跡土壌の植物珪酸体分析,「弁天橋遺跡調査報告書」, 八王子市弁天橋遺跡調査研究会, pp.67-71.

近藤錬三 1982a. Plant Opal による黒色腐植層の成因究明に関する研究,「昭和 56 年度科学研究費補助金(一般研究 C)研究成果報告書」, 帯広, 32pp.

近藤錬三 1982b. 九州の埋没火山灰腐植層中の植物珪酸体について, 日本土壌肥料学会講演要旨集, **28**, 146.

近藤錬三 1983a. 植物珪酸体(プラントオパール)分析の農学および理学への応用, 十勝農学談話会誌, **24**, 66-83.

近藤錬三 1983b. 土壌中の植物起源オパール ―"植物珪酸体分析" から何がわかるのか―, 化学と生物, **21**, 739-741.

近藤錬三 1984. プラント・オパールとその応用をめぐって, 歴史公論, **10**, 114-123.

近藤錬三 1985. 居辺 16 遺跡土壌の植物珪酸体分析,「居辺遺跡」, 上士幌教育委員会, pp.70-77.

近藤錬三 1988. 植物珪酸体(Opal Phytolith)からみた土壌と年代, ペドロジスト, **32**, 189-203.

近藤錬三 1989. 植物珪酸体分析による非火山灰土壌の植生経歴究明に関する研究,「昭和 62, 63 年度科学研究費補助金(一般研究 C)研究報告書」, 帯広, 40pp.

近藤錬三 1990. 八千代 A 遺跡住居跡床面土壌および土器胎土の植物珪酸体分析,「帯広埋蔵文化財調査報告書第 8 冊, 帯広八千代遺跡」, 帯広市教育委員会, pp.35-43.

近藤錬三 1993. 植物珪酸体,「第四紀試料分析法 2 ―研究対象別分析法―」(日本第四紀学会編), 東京大学出版会, 東京, pp.235-245.

近藤錬三 1995a. 日本における植物珪酸体研究とその応用,「近堂祐弘教授退官記念論文集」(近堂祐弘教授退官記念論文集刊行会編), 帯広, pp.31-56.

近藤錬三 1995b. 函館市中野 A 遺跡土壌および焼土(?)の植物珪酸体分析,「函館市中野遺跡(II) ―函館空港拡張工事用地内埋蔵文化財発掘調査報告書―」(本文編), 財団法人北海道埋蔵文化財センター, pp.388-393.

近藤錬三 1996. イネ科植物の根および地下茎由来の植物珪酸体について, 日本土壌肥料学会講演要旨集, **42**, 134.

近藤錬三 2000a. 泥炭土の調査法,「地球環境調査計測事典 第 1 巻：陸地編」(竹内　均監修), フジ・テクノシステム, 東京, pp.942-947.

近藤錬三 2000b. 植物ケイ酸体,「化石の研究法 ―採集から最新の解析法まで―」(化石研究会編), 共立出版, 東京, pp.59-63.

近藤錬三 2004. 講座　植物ケイ酸体研究, ペドロジスト, **48**, 46-64.

近藤錬三 2005. 講座　植物ケイ酸体研究 II, ペドロジスト, **49**, 38-51.

近藤錬三・原田佳孝 1980. 泥炭構成植物および泥炭土の植物珪酸体について, 日本土壌肥料学会講演要旨集, **26**, 134.

近藤錬三・堀　雅子 1994. ニュージーランドにおけるダンチク亜科植物葉身の円錐台珪酸体について, ペドロジスト, **38**, 10-19.

近藤錬三・石田正人 1981. カシワ林下の火山灰土壌の植物珪酸体について, 日本土壌肥料学会講演要旨集, **27**, 134.

Kondo, R. and Iwasa, Y. 1981. Biogenic opal of humic yellow latosol and yellow latosol in Amazon region. *Research Bulletin of Obihiro University*, **12**, 231-239.

近藤錬三・北沢　実 1995. 落し穴遺構土壌の植物珪酸体分析,「帯広市埋蔵文化財調査報告書　第 13 冊：帯広・宮本遺跡 2」, 帯広市教育委員会, pp.75-86.

近藤錬三・大滝美代子 1992. タケ亜科植物葉身の短細胞珪酸体, 富士竹類植物園報告, **36**, 23-43.

近藤錬三・ピアスン友子 1981. 樹木葉のケイ酸体に関する研究(第 2 報) ―双子葉被子植物樹木葉の植物ケイ酸体について―, 帯広畜産大学学術研究報告, **12**, 217-229.

近藤錬三・佐瀬　隆 1986. 植物珪酸体 ―その特性と応用―, 第四紀研究, **25**, 31-63.

Kondo, R. and Sase, T. 1990. Opal phytolith analysis of Japanese soils with regard to interpretation of paleovegetation, In *14th International congress of Soil Science Transaction, Vol. V.: Commission V*, Kyoto, Japan. pp.372-373.

近藤錬三・隅田友子 1978. 樹木葉のケイ酸体に関する研究(第 1 報) ―裸子植物および単子葉被子植物樹木葉の植物ケイ酸体について―, 日本土壌肥料学雑誌, **49**, 138-144.

近藤錬三・筒木　潔 1996. 十勝平野に分布する後期更新世古土壌の植物珪酸体群集と古環境, 帯広畜産大学学術研究報告, **20**, 55-66.

近藤錬三・山北千鶴 1987. 土壌中のタケ亜科植物起源珪酸体の同定(その 1) ―ファン型(機動細胞)珪酸体の形態的特徴―, 日本土壌肥料学会講演要旨集, **33**, 14.

Kondo, R., Sase, T., and Kato, Y. 1988. Opal phytolith analysis of Andisols with regard to interpretation of paleovegetation. In Kinloch, D.I. et al. (eds.), Properties, Classification and Utilization of Andisols and Paddy soils

Proceedings of the 9th International Soil Classification Workshop. *Japan Committee for the 9th International Classification Workshop*, Sendai, pp.520-534.

近藤錬三・Childs, C.W.・Atkinson, I. 1992. ニュージーランドの植物および土壌における植物珪酸体の形態的特徴, 日本土壌肥料学会講演要旨集, **38**, 150.

Kondo, R., Childs C.W., and Atkinson, I. 1994. Opal phytoliths of New Zealand. Manaaki Whenua Press, Lincoln, New Zealand, 82pp.

近藤錬三・筒木 潔・中村浩也・谷 昌幸 1998. 十勝平野中央部に分布するパラ褐色土様古土壌の特性, 日本土壌肥料学会講演要旨集, **44**, 120.

近藤錬三・吉永秀一郎・若槻由香・筒木 潔 2001a. 喜連川丘陵を覆う中～後期更新世テフラ露頭の植物珪酸体について, 日本土壌肥料学会講演要旨集, **47**, 122.

近藤錬三・岡田英樹・米山忠克 2001b. 日本におけるイネ科植物由来の植物珪酸体の有機炭素量および ^{13}C 自然存在比, 第四紀研究, **40**, 185-192.

Kondo, R., Tsutsuki K., Tani, M., and Maruyama.R. 2002. Differentiation of genera *Pinus*, *Picea*, and *Abies* by the transfusion tracheid phytoliths of Pinaceae leaves. *Pedologist* **46**, 32-36.

近藤錬三・大澤聰子・筒木 潔・谷 昌幸・芝野伸策 2003. マツ科樹木の葉部に由来する植物ケイ酸体の特徴, ペドロジスト, **47**, 90-103.

近藤錬三・内田泰三・筒木 潔・谷 昌幸 2005. 植物ケイ酸体密度による釧路湿原のヨシ葉部生産量の推定, 日本土壌肥料学会講演要旨集, **51**, 111.

近藤錬三・紺野康夫・富松 裕・佐藤雅俊 2007. タケ型ケイ酸体密度による十勝の湿地林下に分布するササの葉部生産量の推定, 日本土壌肥料学会講演要旨集, **53**, 114.

近藤良男 1931. 灰像による生薬鑑識の研究 第3報, 薬学雑誌, **51**, 913-935.

近藤良男 1933. 灰像による生薬鑑識の研究 第4報, 薬学雑誌, **53**, 503-548.

近藤良男 1934. 灰像による生薬鑑識の研究 第5報, 薬学雑誌, **54**, 1019-1047.

近藤万太郎・笠原安男 1934. 粟・黍・稗及び近縁植物の穎の灰像の比較研究, 農学研究, **23**, 199-242.

Kondo, M. and Kasahara, Y. 1935. Vergleichende Untersuchungen über Aschenbilder der Spelzen von *Chaetochloa*, *Panicium*, *Echnochroa*, *Sacciopsis* and *Syntherisma*. *Berichte des Ohara Instituts für landwirtschaftliche Forschungen*, **6**, 491-513.

近堂祐弘・近藤錬三・小崎 隆・加藤 誠 1995. 寒冷地気候における古土壌の分類 ―堆積年代および生成環境に関する研究―, 「近堂祐弘教授退官記念論文集」(近堂祐弘教授退官記念論文集刊行会編), 帯広, pp.11-29.

紺野康夫・富松 裕・山岸洋貴・近藤錬三・佐藤雅俊 2000. 分断景観におけるササの分布拡大が林床草本の種多様性に与える影響, 「プロ・ナトゥーラ・ファンド第16期 助成金報告書」, 財団法人 自然保護助成基金, pp.35-42.

Krauskope, K.B. 1956. Dissolution and precipitation of silica at low temperatures. *Geochimica et Cosmochimica Acta*, **10**, 1-26.

Krauss, D.A 1997. The use of phytolith analysis in paleoenvironmental reconstruction and environmental management of Martha's Vineyard, Massachusetts. PhD Thesis, University of Massachusetts. Boston.

Krishnan, S., Samson, N.P., Ravichandran, P., Narasimhan, D., and Dayanandan, P. 2000. Phytoliths of Indian grasses and their potential use in identification. *Botanical Journal of Linnean Society*, **132**, 241-252.

Krull, E.S., Skjemstad, J.O., Graetz, D., Grice, K., Dunning, W., Cook, G., and Parr, J.F. 2003. ^{13}C-depleted charcoal from C4 grasses and the role of occluded carbon in phytoliths. *Organic Geochemistry*, **34**, 1337-1352.

熊田恭一 1997. 土壌有機物の化学(第2版), 学会出版センター, 東京, 304pp.

Kurmann, M.H. 1985. An opal phytolith and palynomorph study of extant and fossil soils in Kansas(U.S.A.). *Palaeogeography, Palaeoclimatology, Palaeoecology*, **49**, 217-235.

Küster, E. 1897. Über die anatomischen Charaktere der Chrysobalaneen insbesondere ihre Kieselablagerungen. *Botanisches Zentralblatt*, **69**, 46-54, 97-106, 129-139, 161-169, 193-202, 225-234.

Labouriau, L.G. 1983. Phytolith work in Brazil, a minireview. *Phytolitharien Newsletter*, **2**(2), 6-11.

Lanning, F.C. 1960. Nature and distribution of silica in strawberry plants. *American Society for Horticultural Science, Proceedings*, **76**, 349-358.

Lanning, F.C. 1963. Silicon in rice. *Journal of Agriculture and Food Chemistry*, **11**, 435-437.

Lanning, F.C. and Eleuterius, L.N. 1983. Silica and ash in tissues of some coastal plants. *Annals of Botany*, **51**, 835-850.

Lanning, F.C. and Eleuterius, L.N, 1985. Silica and ash in tissues of some plants growing in the coastal area of Mississippi, USA. *Annals of Botany*, **56**, 175-172.

Lanning, F.C. and Eleuterius, L.N, 1987. Silica and ash in native plants of the central and southeastern regions of the United States. *Annals of Botany*, **60**, 361-375.

Lanning, F.C. and Eleuterius, L.N. 1989. Silica deposition in some C_3 and C_4 species of grasses, sedges and composites in the U.S.A. *Annals of Botany*. **64**, 395-410.

Lanning, F.C. and Eleuterius, L.N, 1992. Silica and ash in seeds of cultivated grains and native plants. *Annals of*

Botany, **69**, 151-160.
Lanning, F.C., Ponnaiya, B.W.X., and Crumpton, C.F. 1958. The chemical nature of silica in plants. *Plant Physiology*, **33**, 339-343.
Lanning, F.C., Hopkins, T.L., and Loera, J.C. 1980. Silica and ash content and depositional patterns in tissues of mature *Zea mays* L. plants. *Annals of Botany*, **45**, 549-554.
Lathrap, D.W., Marcos, J.G., and Zeidler, J.A. 1977. Real Alto: An ancient ceremonial center. *Archaeology*, **30**, 2-13.
Lawson, R.J., Schenker, M.B., McCurdy, S.A., Jenkins, B., Lischak, L.A., John, W., and Scales, D. 1995. Exposure to amorphous silica fibers and other particulate matter during rice farming operations. *Applied Occupational and Environmental Hygiene*, **10**, 677-684.
Lentfer, C.J. and Boyd, W.E. 1998. A comparison of three methods for the extraction of phytoliths from sediments. *Journal of Archaeological Science*, **25**, 1159-1183.
Lentfer, C.J. and Boyd, W.E. 1999. An assessment of techniques for the deflocculation and removal of clays from sediments used in phytolith analysis. *Journal of Archaeological Science*, **26**, 31-44.
Lentfer, C.J. and Boyd, W.E. 2000. Simultaneous extraction of phytoliths, pollen and spores from sediments. *Journal of Archaeological Science*, **27**, 363-372.
Lentfer, C.J. and Boyd, W.E. 2001. Phytolith research relating to the archaeology of West New Britain, Papua New Guinea. In Meunier, J.D. and Colin, F. (eds.), Phytoliths: Applications in earth science and human history. A.A. Balkema Publishes, Lisse, pp.213-224.
Lentfer, C.J., Boyd, W.E., and Gojak, D. 1997. Hope farm windmill: phytolith analysis of cereals in Early Colonial Australia. *Journal of archaeological Science*, **24**, 841-856.
Lejju, J., Robertshaw, P., and Taylor, D. 2006. Africa's earliest bananas? *Journal of Archaeological Science*, **33**, 102-113.
Lewin, J. and・Reismann, B.F.E. 1969. Silica and plant growth. *Annual Review of Plant Physiology*, **20**, 289-304.
Lewis, R.O. 1978. Use of opal phytoliths in pleoenvironental reconstruction. *Wyoming Contributions to Anthropology*, **1**, 127-132.
Lewis, R.O. 1981. Use of opal phytoliths in paleoenvironental reconstruction. *Journal of Ethnobiology*, **1**, 175-181.
Li, X., Zhou, J., and Dodson, J. 2003. The vegetation characteristics of the 'Yuan' area at Yaoxian on the Loess Plateau in China over the last 12000years. *Review of Palaeobotany and Palynology*, **124**, 1-7.
Liebowitz, H. and Folk, R.L. 1980. Archaeological geology of Tel Yin'am, Galilee, Israel. *Journal of Field Archaeology*, **7**, 23-42.
Linder, H.P. 1984. A phylogenetic classification of the Africa Restionaceae. *Bothalia*, **15**, 11-76.
Liu, T., Zhang, X., Xiong, S., Qin, X., and Yang, X. 2002. Glacial environments on the Tibetan Plateau and global cooling. *Quaternary International*. **97**, 133-139.
Locker, S. and Martini, E. 1986. Phytolith from the southwest pacific, site 591. In Kennett, J.P., von der Borch, C. C. et al. (eds.), Initial reports the Deep Sea Drilling Project, Leg90, Noumea, New Caledonia to Wellington, New Zealand, Part 2. U.S. Government Printing Office, Washigton, pp.1079-1084.
Locker, S. and Martini, E. 1989. Phytoliths at Deep Sea Drilling Project Site 591 in the southwest Pacific and aridification of Australia. *Geologische Rundschchau*, **78**, 1165-1172.
Lopez-Buendia, A.M., Whateley, M.K.G., Bastida, J., and Urquiola, M.M. 2007. Origins of mineral matter in peat mash and peat bog deposits, Spain. *International Journal of Coal Geology*, **71**, 246-262.
Lu. H.-Y. and Liu, K.B. 2003a. Morphological variations of lobate phytoliths from grasses in China and the southeastern USA. *Diversity and Distribution*, **9**, 73-87.
Lu. H.-Y. and Liu, K.B. 2003b. Phytoliths of common grasses in the coastal environments of southeastern USA. *Estuarine, Coastal and Shelf Science*, **58**, 587-600.
Lu, H.-Y. and Wang, Y.-J. 1990. A study on plant opal and its application in the explanation of paleoenvironment of Qingdao in the past 3,000 years. *Chinese Science Bulletin*, **35**(6), 498-503.
Lu, H.-Y. and Wang, Y.-J 1991. A study on phytolith in loess and profile paleo-environmental evolution at Heimugou in Luochan, Shaanxi Province since late Pleistocene. *Quaternary Sciences*, **1**, 84-94. (in Chinese with English abstract).
Lu, H.-Y., Wu. N.-Q., Nie, G.-Z., and Wang, Y.-J. 1991. Phytolith in loess and its bearing on plaleovegitation. In Liu, T.-S.(ed.), Loess, environment and global change. Science Press, Beijing, pp.112-123.
Lu, H.-Y., Wu, N.-Q., Liu, D.-S., Han, J.M., Qin, X.-G., Sun, X.J., and Wang, Y.-J. 1996. Seasonal climatic variation recorded by phytolith assemblages from the Baoji loess sequence in central China over the last 150,000a. *Science in China (Series D)*, **39**, 629-639.
Lu, H.-Y., Wu. N.-Q., and Liu B.-Z. 1997. Recognition of rice Phytoliths. In Pinilla A. Juan-Tresseras J., and Machado, M.J. (eds.), The State of the Art of Phytoliths in Soils and Plants. Monografias del Centro de Ciencias Medioambientales 4, Consejo Superior de Investigaciones Cientifica, Madrid, pp.159-165.

Lu, H.-Y., Liu, T.-S., Wu. N.-Q., Han, J.-M., and Guo, Z.-T. 1999. Phytolith record of vegetation succession in the southern Loess Plateau since Late Pleistocene. Quaternary Sciences, **4**, 348-354. (in Chinese with English abstract).

Lu, H.-Y., Wu, N.-Q, Liu, K-B., Jiang, H., Liu, K.-B., and Liu, T.-S. 2006. Phytoliths as quantitative indicators for the reconstruction of past environmental conditions in China I: Phytolith-based transfer function. *Quaternary Science Reviews*, **25**, 945-959.

Lu, H.-Y., Wu, N.-Q, Liu, K-B., Jiang, H., and Liu, T.-S. 2007. Phytoliths as quantitative indicators for the reconstruction of past environmental conditions in China II: palaeoenvironmental reconstruction in the Loess Plateau. *Quaternary Science Reviews*, **26**, 759-772.

Lutwick, L.E. 1969. Identification of phytoliths in soils. In Pawluk, S. (ed.), *Pedology and Quaternary Research Symposium, National Canadian Research Council and University of Alberta*, Canada, pp.77-82.

Ma, J.F. 2003. Function of silicon in higher plants. In Müller W.E.G. (ed.), *Progress in Molecular and Subcellar Biology, Vol. 33*, Springer-Verlag, Berlin Heidelberg, pp.127-146.

Ma, J.F. and Takahasi, E. 2002. Soil, Fertilizer, and Plant Silicon Research in Japan. Elsevier, 294pp.

Ma, J.F., Tamai, K.,Yamaji, N., Mitani, N., Konishi, S., Katsuhara, M., Ishiguro, M., Murata, Y., and Yano, M. 2006. A silicon transporter in rice. *Nature*, **440**, 688-691.

Ma, J.F., Yamaji, N., Mitani, M., Tamai, K., Konishi, S., Fujiwara, T., Katsuhara, M., and Yano, M. 2007. An efflux transporter of silicon in rice. *Nature*, **448**, 209-213.

MacDonald, L.L. 1974. Opal phytoliths as indicators of plant succession in north Central Wayoming. MS thesis, University of Wyoming, 71pp.

町田 洋・新井房夫 1993. 火山灰アトラス —日本列島とその周辺—, 東京大学出版会, 東京, 276pp.

町田 洋・鈴木正男 1971. 火山灰の絶対年代と第四紀後期の編年 —フイッション・トラック法による試み—, 科学, **41**, 263-270.

Machida, H. and Sugiyama S. 2001. The impact of the Kikai-Akahoya explosive eruptions on human societies. In Torrence, R. and Grattan J. (eds.), Natural Disasters and Cultural Change. Roatledge, London, pp.313-325.

町田 洋・鈴木正男・宮崎明子 1971. 南関東の立川, 武蔵野ロームにおける先土器時代遺物包含層の編年, 第四紀研究, **10**, 290-305.

MacNeish, R.S., Cunnar, G., Zhao, A., and Libby, J. 1998. Second annual report Sino-America Jiangxi Origin of Rice Project (SAJOR). (revised edition), Andover, 80pp.

Madella, M. 1997. Phytoliths from a Central Asia loess-palesol sequence and modern soils: Their taphonomical and palaeoecological implications. In Pinilla A., Juan-Tresseras J., and Machado, M.J. (eds.), The State of the Art of Phytoliths in Soils and Plants. Monografias del Centro de Ciencias Medioambientales 4, Consejo Superior de Investigaciones Cientifica, Madrid, pp.49-57.

Madella, M. 2001. Understanding archaeological structures by means of phytolith analysis: A test from the iron age site of Kilise Tepe-Turkey. In Meunier, J.D. and Colin, F. (eds.) Phytoliths: *Applications in earth science and human history*. A.A. Balkema Publishers, Lisse, pp.173-182.

Madella, M. 2002. Ecological and climatic information of phytolith assemblages analogues from modern soil developed under herbaceous vegetation. *The Phytolitharien, Bulletin of the Society for Phytolith Research*. **14**(3), 12-13.

Madella, M. 2003. Investigating agriculture and environment in South Asia: present and future contributions from opal phytoliths. In Weber, S. and Belcher, W.R. (eds.), Indus Ethnobiology, New Perspectives from the Field. Lexington Books, Lanham, pp.199-249.

Madella, M., Power-Jones, A.H., and Jones, M.K. 1998. A simple method of extraction of opal phytoliths from sediments using a non-toxic heavy liquid. *Journal of Archaeological Science*, **25**, 801-803.

Madella, M., Jones, M.K., Goldberg, P., Goren, Y., and Hovers, E. 2002. The exploitation of plant resources by Neanderthals in Amud Cave (Israel): The evidence from phytolith studies. *Journal of Archaeological Science*, **29**, 703-719.

Madella, M., Jones, M.K., Echlin, P., Powers-Jones, A., and Moore, M. 2009. Plant water availability and analytical microscopy of phytoliths: Implications for ancient irrigation in arid zones. *Quaternary International*, **193**, 32-40.

前川和正・神頭武嗣・渡辺和彦 2002. ケイ酸による作物病害の抑制と作用機作,「ケイ酸と作物生産」(日本土壌肥料学会編), 博友社, 東京, pp.77-118.

Mainland, I.L. 1998a. Dental microwear and diet in domestic sheep (*Ovis aries*) and goat (*Capra hircus*): distinguishing grazing and fodder-fed ovicaprids using a quantitative analytical approach. *Journal of Archaeological Science*, **25**, 1259-1271.

Mainland, I.L. 1998b. The lamb's last supper: the role of dental microwear analysis in reconstructing livestock diet in the past. *Environmental Archaeology*, **1**, 55-62.

Mainland, I.L. 2001. The potential of dental microwear for exploring seasonal aspects of sheep husbandry and management in Norse Greenland. *Archaeozoolgia*. **11**, 79-100.

Mainland, I.L. 2003. Dental microwear in grazing and browsing Gotland sheep (*Ovis aries*) and its implications for dietary reconstruction. *Journal of Archaeological Science*, **30**, 1513-1527.

Mainland, I.L. 2006. Pastures lost? A dental microwear study of ovicaprine deiet and management in Norse Greenland. *Journal of Archaeological Sience*, **33**, 238-252.

Mann, S., Perry, C.C., and Williams, R.P.J. 1983. The characterization of the nature of silica in biological system. *Journal of Chemical Society, Chemical Communications*, **4**, 168-170.

Marscher, H. 1995. Mineral nutrition of higher plants. Academic Press, London, 389pp.

Martinson, O.G., Pisias, N.G., Hays, J.D., Imbrie, J., Moore, T.G. Jr., and Scackleton, N.J. 1987. Age dating and orbital theory of the ice ages: development of a highresolution 0 to 300,000-year chronostratigraphy. *Quaternary Research*, **27**, 1-29.

Marumo, Y. and Yanai, H. 1986. Morphological analysis of opal phytoliths for soil discrimination in forensic science investigation. *Journal of Forensic Science*, **31**, 1039-1049.

松本洋子 1997. 植物ケイ酸体を指標物質とする放牧家畜の採食草種の判定と採食量の推定, 東北大学大学院農学研究科博士論文.

松本弘子・菅原和夫 1997. 植物ケイ酸体による放牧家畜の食草種の判定と採食量の推定(1), 日本草地学会誌, **43**, 249-257.

松本弘子・菅原和夫・伊藤　巌 1991. 植物ケイ酸体を用いた放牧家畜の採食量および採食草種の推定 ―植物ケイ酸体の分離方法の検討―, 川渡農場報告, **7**, 63-74.

松岡慧二 2000. 海綿動物,「化石の研究法 ―採集から最新の解析法まで―」(化石研究会編), 共立出版, pp.125-128.

松田隆二・岡村　渉・藤原宏志・宇田津徹朗 1991. 静岡平野南部における弥生時代後期(登呂層)水田址の検討 ―登呂遺跡, 有東梔子遺跡, 鷹ノ道遺跡, 有東遺跡を例として―, 考古学と自然科学, **23**, 27-40.

松谷暁子 1969. 考古学における灰像の利用, 考古学ジャーナル, **36**, 8-11.

Matsutani, A. 1972. Spodography analysis of ash from the Kotosh site: a preliminary report. In Izumi, S. and Terada, K. (eds.), Andes 4, Excavations at Kotosh site, Peru, 1963 and 1969, University of Tokyo Press, Tokyo, pp.319-326.

Matsutani, A. 1973. Microscopic study on the "amorphous silica" in sediments from the Douara Cave. In Suzuki H.& Terada E. (eds.), "The Palaeolithic Site at Douara Cave in Syria". University of Tokyo Press, Tokyo, pp.121-131.

松谷暁子 1981. 灰像と灰化像による縄文時代の作物栽培の探求, 考古学ジャーナル, **192**, 18-22.

松谷暁子 1988. 電子顕微鏡でみる縄文時代の栽培植物,「畑作文化の誕生 ―縄文農耕論へのアプローチ―」(佐々木高明・松山利夫編), 日本放送出版会, pp.91-117.

松谷暁子 2001. 灰像と炭化像による先史時代の利用植物の探求, 植生史研究, **10**, 47-65.

Mbida, C.M., Van Neer, W., Doutrelepont, H., and Vrydaghs, L. 2000. Evidence for banana cultivation and animal husbandry during the first millennium bc in the forest southern Cameroon. *Journal of Archaeological Science*, **27**, 151-162.

McClaren, M.P and Umlauf, M. 2002. Desert grassland dynamics estimated from carbon isotopes in grass phytoliths and soil organic matter. *Journal of Vegetation Science*, **11**, 71-76.

McGlone, M.S. 1983. Polynesian deforestation of New Zealand: a preliminary synthesis. *Archaeology of Oceania*, **18**, 1-10.

McGlone, M.S. 1988. Glacial and Holocene vegetation history-20ky to present: New Zealand. In Huntley, B. and Webb, T. (eds.), Vegetation history. Kluwer Academic Publisher, Dordrecht, pp.557-602.

McNair, J.B. 1932., The interrelation between substances implants: Essential oil and resins, cyanogens and oxalate. *American Journal of Botany*, **19**, 255-271.

McNaughton, S.J. and Tarrants, J.L. 1983. Grass leaf silicification: Natural selection for an inducible defense against herbivores. *Proceeding of the National Academy Science*, **80**, 790-791.

McNaughton, S.J. and Tarrants J.L., and Davis, R.H. 1985. Silica as a defense against herbivory and a grown promoter in Africa grasses. *Ecology*, **66**, 528-535.

Mehra, P.N. and Sharma, O.P. 1965. Epidermal silica cells in the Cyperaceae. *Botanical Gazette*, **126**, 53-58.

Mercader, J. Runge, F., Vrydaghs, L., Doutrelepont, H., Ewango, C.E.N., and Juan-Tresseras, J. 2000. Phytoliths from Archaeological sites in the tropical forest of Ituri, Democratic Republic of Congo. *Quaternary Research*, **54**, 102-112.

Mercader, J., Marti, R., Martnez, J., and Brooks, A. 2002. The nature of 'stone-lines' in the Africa Quaternary record: archaeological resolution at the rainforest site of Mosumu, Equatorial Guinea. *Quaternary International*, **89**, 71-96.

Merceron, G., de Bonis, L., Viriot, L., and Blondel, C. 2005. Dental microwear of fossil bovids from northern Greece: paleoenvironmental conditions in the eastern Mediterranean during the Messinian. *Palaeogeography, Palaeoclimatology, Palaeoecology*, **217**, 173-185.

Metcalfe, C.R. 1956. Some thoughts on the structure of Bamboo leaves. *Botanical Magazine Tokyo*, **69**, 391-400.

Metcalfe, C.R. 1960. Anatomy of the monocotyledons I.Gramineae. Clarendon Press Oxford, London, 731pp.

Metcalfe, C.R. 1971. Anatomy of the monocotyledons V. Cyperaceae. Clarendon Press Oxford, London, 597pp.

Mettenius, G.H. 1864. Über die Hymenophyllaceae. *Abhandlungen der Köeniglich-Säechsische Gessellschaft der*

Wissenschaften zur Mathematische-Phyikalische Klasse, **7**, 403-504.

Meunier, J.D. 2003. Le rôle des plantes dans le transfert du silicium à la surface des continents. *Comptes Rendus Geoscience*, **335**, 1199-1206.

Meunier, J.D. and Colin, F.I. (eds.) 2001. Phytoliths: Applications in Earth Science and Human History. A.A. Balkema Publisher, Rotterdan, 371pp.

Meunier, J.-D., Colin, F., and Alarcon, C. 1999. Biogenic silica storage in soil. *Geology*, **27**, 835-838.

Meunier, J.-D., Alexandre, A., Colin, F., and Braun, J.-J., 2001. Intêrêt de l'étude du cycle biogéochimique du silicium pour interpréter la dynamique des sols tropicaux. *Bulletin de la Sociêtê Gêlogique de France*, **172**, 533-538.

Middleton, W.D. 1990. An improved method for extraction of opal phytoliths from tartar residues on herbivore teeth. *Phytolitharien Newsletter*, **6**(3), 2-5.

Middleton, W.D. 1991. Applied studies in phytolith analysis: M.A. Thesis, on file at San Francisco, CA, USA.

Middleton, W.D. and Rovner, I. 1994. Extraction of opal phytoliths from herbivore dental calculus. *Journal of Archaeological Science*, **21**, 469-473.

Miller, A. 1980. Phytoliths as indicator of farming technique. *Paper presented at the 45th annual meeting of the Society for American Archaeology*, Philadelphia.

宮縁育夫・杉山真二 2006. 阿蘇カルデラ東方域のテフラ累層における最近約3万年間の植物珪酸体分析, 第四紀研究, **45**, 15-28.

宮縁育夫・杉山真二 2008. 阿蘇火山南西麓のテフラ累層における最近3万年間の植物珪酸体分析, 地学雑誌, **117**, 704-717.

三浦英樹・佐瀬 隆・細野 衞・刈谷愛彦 2009. 第四紀土壌と環境変動 —特徴的土層の生成と形成史—,「デジタルブック最新第四紀学 CD-ROM 概説集」(日本第四紀学会50周年電子出版編集委員会編), 丸善, 東京, 30pp.

Mizota, C., Itoh, M., Kusakabe, M., and Noto, M. 1991. Oxygen isotope ratios of opaline silica and plant opal in three recent volcanic ash soils. *Geoderma*, **50**, 211-217.

Möbius, M. 1908. Über die Festlegung der Kalksalze und Kieselkörper in der Pflanzenzellen. *Berichte der Deutschen Botanischen Gesellschafft*, **26**A, 29-37.

Molisch, H. 1913. Mikrochemie der Pflanze. Gustav Fischer, Jena. pp.74-76.

Molisch, H. 1918. Beiträge zur Mikrochemie der Pflanze, 12 und 13, 12: Über Riesenkieselkörper im Blatte von *Arundo donax*. *Berichte der Deutschen Botanischen. Gesellschaft*, **36**, 474-481.

Molisch, H. 1920. Ashenbild und Pflanzenverwandschaft. Sitzungsberichte, Abt. 1/ Akademie der Wissenshaften in Wien, *Mathematisch-Naturwissenschaftliche Klasse*, **129**, 261-294.

モーリッシュ. H. 2003. 植物学者モーリッシュの大正日本観察記(Im Lande der Aufgehenden Sonne. Springer-Julius, Vienna, 1927), 瀬野文教訳, 草思社, 東京, 421pp.

Montti, L., Honaine, M.F., Osterrieth, M., and Ribeiro, D.G. 2009. Phytolith analysis of *Chusquea ramosissima* Lindm. (Poaceae: Bambusoideae) and associated soils. *Quaternary Internationals*, **193**, 80-89.

Moore, P.D. and Bellamy, D.J. 1974. Peatlands. Elewk Science, London, 220pp.

Moore, P.H. and Ghosheh, N.S. 1979. Studies on silica deposition in sugar cane (*Saccharum* spp.) using scanning electron microscopy, energy-dispersive x-ray analysis, neutron activation analysis, and light microscopy. *Phytomorphology*, **29**, 185-193.

Morris, L.R., West, N.E., Baker, F.A., Van Miegroet, H., and Ryel, R.J. 2009a. Developing an approach for using the soil phytolith record to infer vegetation and disturbance regime changes over the past 200 years. *Quaternary International*, **193**, 80-89.

Morris, L.R., Baker, F.A. Morris, C., and. Ryel, R.J. 2009b. Phytolith types and type-frequencies in native and introduced species of the sagebrush steppe and pinyon-juriper woodlands of the Great Basin, USA. *Review of Palaeobotany and Palynology*, **157**, 339-357.

本村浩之 1996. イネ科植物における非短細胞珪酸体の形態的特徴に関する研究, 帯広畜産大学畜産学研究科修士論文, 163pp.

本村浩之・近藤錬三 1995. 日本産ダンチク亜科植物における泡状細胞(機動細胞)珪酸体の形態的特徴, 日本土壌肥料学会講演要旨集, **41**, 123.

Motomura H., Fuji, T., and Suzuki, M. 2000. Distribution of silicified cells in the leaf blades of *Pleioblastus* chino (Francher et. Savatier) Makino (Bamsoideae). *Annals of Botany*, **85**, 751-757.

Motomura, H., Mita, M., and Suzuki M. 2002. Silica accumulation on long-lived leaves of *Sasa veitchii* (Carrière) Rehder (Poaceae- Bambusoideae). *Annals of Botany*, **90**, 149-152.

Motomura H., Fuji, T., and Suzuki, M. 2004. Silica deposition in relation to ageing of leaf tissues in *Sasa veitchii* (Carriere) Rehder (Poaceae: Bambusoideae). *Annals of Botany*, **93**, 235-248.

Motomura, H., Fujii, T., and Suzuki, M. 2006. Silica deposition in abaxial epidermis before the opening of leaf blades of *Pleiobastus chino* (Poaceae, Bambusoidea). *Annals of Botany*, **97**, 513-519.

Motomura, H., Hikosaka, K., and Suzuki, M. 2008. Relationships between photosynthetic activity and silica accumulation with age of leaf in Sasa veichii (Poaceae, Bambusoidea). *Annals of Botany*, **101**, 463-468.

Mulholland, S.C. 1986a. Classification of grass silica phytoliths. In Rovner, I. (ed.), Plant opal phytolith analysis in archaeology and paleoecology. Proceedings of the 1986, Phytolith Research Workshop, Occasional Papers no.1 of the phytolitharien, North Carolina State University, Raleigh, pp.41-52.

Mulholland, S.C. 1986b. Identification of plants in a sediment. In Rovner, I. (ed.), Plant opal phytolith analysis in archaeology and paleoecology. Proceedings of the 1986 Phytolith Research Workshop, Occasional Papers no.1 of the phytolitharien, North Carolina State University, Raleigh, pp.123-129.

Mulholland, S.C. 1989. Phytolith shape frequencies in North Dakota grasses: a comparison to general patterns. *Journal of Archaeological Science*, **16**, 489-511.

Mulholland, S.C. 1990. *Arundo donax* phytolith assemblages. *The Phytolitharien, Bulletin of the Society for Phytolith Research*, **6**(2), 3-9.

Mulholland, S.C. 1993. A test of phyolith analysis at Big Hidatsa, North Dagota. In Pearsall, D.M. and Piperno, D. R. (eds.), Current Research in Phytolith Analysis: Application in Archaeology and Paleoecology. MASCA Research Papers in Science and Archaeology Vol.10, The University Museum of Archaeology and Anthropology, Phyladelphia, pp.131-145.

Mulholland, S.C. and Prior, C. 1993. AMS radiocarbon dating of phytoliths. In Pearsall, D.M. and Piperno, D.R. (eds.), Current Research in Phytolith Analysis: Application in Archaeology and Paleoecology. MASCA Research Papers in Science and Archaeology Vol.10, The University Museum of Archaeology and Anthropology, Phyladelphia, pp. 21-23.

Mulholland, S.C. and Rapp, G. Jr. 1989. Characterization of grass phytoliths for archaeological analysis. *Materials Research Society Bulletin*, **14**, 36-39.

Mulholland, S.C. and Rapp, G. Jr. 1992a. Phytolith systematics: An introduction. In Rapp, G. Jr. and Mulholland, S. C (eds.), Phytolith Systematics-Emerging Issues. Advances in Archaeological and Museum Science・Volume 1, Plenum Press, New York, pp.1-14.

Mulholland, S.C. and Rapp, G. Jr. 1992b. A Morphological classification of grass silica-bodies. In Rapp., G. Jr and Mulholland, S.C. (eds.), Phytolith Systematics-Emerging Issues. Advances in Archaeological and Museum Science・Volume 1, Plenum Press, New York, pp.65-89.

Mulholland, S.C., Rapp G. Jr., and Ollendorf, A. 1988. Variation in phytoliths from corn leaves. *Canadian Journal of Botany*, **66**, 2001-2008.

Mulholland, S.C. and Rapp, G. Jr. Ollendorf, A.L., and Regal, R. 1990. Variation in phytolith assemblages within a population of corn (cv. Mandan yellow flour). *Canadian Journal of Botany*, **68**, 1638-1645.

村田威夫・谷城勝弘 2006. 野外観察ハンドブック ―シダ植物―, 全国農村教育協会, 東京, 134pp.

室井 綽 1969. 竹・笹の話, 北隆館, 東京, 331pp.

Murthy, L.S.V. 1965. Silica in Sarawak timbers. *Malayan Forester*, **28**, 27-45.

永塚鎮男 1984. 火山灰に由来する褐色森林土の成因的特徴(2) ―土壌生成に及ぼす植生の影響―, 日本土壌肥料学会講演要旨集, **30**, 148.

中村浩也 1999. 十勝平野における古土壌の理化学性および鉱物学的特性に関する研究, 帯広畜産大学畜産学研究科修士論文, 107pp.

中村 純 1967. 花粉分析, 古今書院, 東京, 232pp.

中村 純 1977. 稲作とイネ花粉, 考古学と自然科学, **10**, 21-30.

中村俊夫 2003. 加速器質量分析(AMS)による環境中およびトレーサ放射同位体の高感度測定, *Radioisotopes*, **52**, 145-171.

Nanko, H. and Côté, W.A. 1980. Crystals and other inclusions in the phloem. In Nanko, H. and Cote W.H (eds.), Bark structure of hardwoods grown on southern pine site. Syracuse University Press, Syracuse, New York, pp.47-51.

南光浩毅・Cote, W.A. 1981. Magnolia と Aphananthe の二次師部中のシリカを含む師部繊維, 日本木材学会大会研究発表要旨集, **31**, 70.

Neethirajan, S., Gordon, R., and Wang, L. 2009. Potential of silica bodies (phytoliths) for nanotechnology. *Trends in Biotechnology*, **27**, 461-467.

Netolizky, F. 1900. Mikroskopische Untersuchung gänzlich verkohlter vorgeschichtlicher Nahrungsmittel aus Tirol. *Zeitschrift für Untersuchung der Nahrungs-und Genussmittel*, dritter Jahragang 1900, **3**, 401-407.

Netolizky, F. 1912a. Hirse und *Cyperus* aus dem pärhistorischen Ägypten. *Beihefte zum Botanischen. Zentralblatt*, **29**, 1-11.

Netolizky, F. 1912b. Kieselmenbranen der Dicotyledonenblätter Mitteleuropas. *Österreichishe Botanische Zeitschrift*, **62**, 353-359, 407-411, 466-473.

Netolizky, F. 1929. Die Kieselkörper. In Lindsbauer, K. (ed.) "Handbuch der Pflanzenanatomie, Allgemeiner Teil 1. Cytologie, Band III/Ia", Gebruder Borntraeger, Berlin, pp.1-19, 101-118.

Neubauer, H. 1905. Mikrophotographien der für die Nahrungs-und Futtermittle-untersuchung wichtigsten Gramineenspelzen. *Landwirtschaftliche Jahrbücher*, **34**, 973-984.

Newmann, D. 2003. Silicon in plants. In Müller, W.E.G. (ed.), Progress in Molecular and Subcellular Biology, Vol.

33, pp.149-160.
Newmann, D. and Nieden, U. 2003. Silicon and heavy metal tolerance of higher plants. *Phytochemistry*, **56**, 685-692.
Norgren, J.A. 1973. Distribution, form and significance of plant opal in Oregon soils. PhD Dissertation, Oregon State University, 165pp.
Norton, B.E. 1967. Occurrence of silica in *Lepidosperm limosa*. *The Australian Journal of Science*, **29**, 371-372.
能登　健・杉山真二 2002. プラント・オパール分析による古墳時代の休閑放牧跡の植生復元, 考古学と自然科学, **43**, 67-75.
能登　健・内田憲治・石井克巳・杉山真二 1989. 古墳時代の陸苗代 ―群馬県子持村黒井峰・西組遺跡の発掘調査から―, 農耕の技術, **12**, 21-47.
Numata, M. 1969. Progressive and retrogressive gradient of grassland vegetation measured by degree of succession-ecological judgment of grassland and condition and trend IV. *Vegetation*, **19**, 96-127.
Numata, M. 1971a. Quaternary history of grasslands ―particularly on relationship of climate to grasses and grassland type and on human role in development of grassland formations on the earth―. *Bulletin of the biogeographical society of Japan*, **26**, 21-26.
Numata, M. 1971b. Quaternary history of grasslands ―particularly on relationship of climate to grasses and grassland type and on human role in development of grassland formations on the earth―. *Bulletin of the biogeographical society of Japan*, **27**, 1-8.
沼田　眞・岩瀬　徹 2002. 図説日本の植生, 講談社, 東京, 313pp.
Oberholster, R.E. 1968. A method for the separation of plant opal in soils. *South African Journal of Agricultural Science*, **11**, 195-196.
O'Green, A.T. and Busacca, A.J. 2001. Faunal burrows as indicators of paleo-vegetation in eastern Washington, USA. *Palaeogeography, Palaeoclimatology, Palaeoecology*, **169**, 23-37.
Ohara, K. 1926a. Über die Verwendung des Ashenbildes für die Bestimmung Technisch Verwendeter Hölzer. Denkschriften, Akademie der Wissenshaften in Wien, *Mathematisch-Naturwissen schaftliche Klasse*, **100**, 301-320.
Ohara, K. 1926b. Über die Verwendung des Ashenbildes für die Erkennung japanischen Papierfasern. *Österreichische Botanische Zeitschrift Jahrg*. **7-9**, 153-157.
小原亀太郎・近藤良男 1929. 灰像による生薬鑑識の研究(第1報) ―第四改正日本薬局方葉薬類の灰像―, 薬学雑誌, **49**, 1036-1048.
小原亀太郎・近藤良男 1930. 灰像による生薬鑑識の研究(第2報) ―獨, 墺薬局方葉薬の灰像―, 薬学雑誌, **51**, 738-749.
大木麒一 1927. 竹類ノ葉ノアッシェンビルトノ分類学的価値ニ就キテ(予報1), 植物学雑誌, **41**, 719-731.
大木麒一 1928. 竹類ノ葉ノアッシェンビルトノ分類学的価値ニ就キテ(予報2-5), 植物学雑誌, **42**, 270-278, 311-317, 387-395, 514-524.
大木麒一 1929. 竹類ノ葉ノアッシェンビルトノ分類学的価値ニ就キテ(予報6, 7), 植物学雑誌, **43**, 193-205, 479-489.
大木麒一 1930. 竹類ノ葉ノアッシェンビルトノ分類学的価値ニ就キテ(予報8, 9), 植物学雑誌, **44**, 351-359, 537-545.
大木麒一 1931. やだけノ葉ノ灰像, 植物研究雑誌, **7**, 197-208.
Ohki, K. 1932. On the systematic importance of Spodograms in the leaves of the Japanese Bambusaceae. *Journal of the Faculty of Science, Imperial University of Tokyo Section 3, Botany*, **4**, 1-130.
大木麒一 1934a. おかめざさ属ノ葉ノ「アッシェンビルト」ニ就テ, 植物研究雑誌, **10**, 42-45.
大木麒一 1934b. 竹類ノ葉ノ「アッシェンビルト」ノ分類学的価値ニ就イテノ付加(第一), 植物学雑誌, **48**, 338-340.
大木麒一 1939. 禾本科ノ葉ノアッシュンビルトノ分類学的価値ニ就イテ I., 植物学雑誌, **53**, 208-212.
大越昌子 1980. 市原市士字遺跡群 No.100 地点における住居址出土灰の分析結果について, 日本考古学研究所集報, **2**, 239-265.
大越昌子 1982a. 焼土中の灰の分析, 「龍角寺ニュータウン遺跡群」, 龍角寺ニュールン遺跡調査会, pp.90-113.
大越昌子 1982b. プラント・オパール, 「寿能泥炭層遺跡発掘調査報告書 ―自然遺物編―」(埼玉教育委員会編), 埼玉県教育委員会, pp.239-265.
大越昌子・宮村新一 2004. イネ第2葉に形成される珪酸体の微細構造解析と元素分析, 第四紀研究, **43**, 113-128.
大越昌子・宮村新一・堀　輝三 1999. EF-TEM によるイネ(*Oryza sativa L.*)第2葉に形成される珪酸体の解析, 医・生電顕会誌, **14**, 89-90.
大野原湿原研究会 1989. 大野原湿原研究会報告集 I, 愛知見南設楽群作手村教育委員会, 76pp.
大塚紘雄・君和田健二・上原洋一 1994. 新鮮火山灰においてススキ, ササ, カシワの植物遺体から無菌的環境下で生成される腐植酸の生成過程, 日本土壌肥料学会誌, **65**, 629-636.
岡村　渉・藤原宏志・宇田津徹朗 1991. 静岡平野南部における弥生時代後期(登呂層)水田址の検討, 考古学と自然科学, **23**, 27-40.
Ollendorf, A.L. 1987. Archaeological implications of a phytolith study at Tel Miqne (Ekron), Israel. *Journal of Field Archaeology*, **14**, 453-463.
Ollendorf, A.L. 1992. Towards a classification scheme of sedge (Cyperaceae) phytoliths. In Rapp, G. Jr. and Mulholland, S.C (eds.), Phytolith Systematics-Emerging Issues. Advances in Archaeological and Museum Science

Volume 1, Plenum Press, New York, pp.91-111.

Ollendorf, A.L., Mulholland, S.C., and Rapp, G. Jr. 1987. Phytoliths from some Israeli sedges. *Israel Journal of Botany*, **36**, 125-132.

Ollendorf, A.L., Mulholland, S.C., and Rapp, G. Jr. 1988. Phytolith analysis as a means of plant identification: *Arundo donax* and *Phragmites communis*. *Annals of Botany*, **61**, 209-214.

O'Neill, C.H., Hodges, G.M., Riddle, P.N., Jordan, P.W., Newman, R.H., Flood, R.J., and Toulson, E. 1980. A fine fibrous silica contaminant of flour in the high oesophageal cancer area of North East Iran. *International Journal of Cancer*, **26**, 617-628.

O'Neill, C.H., Pan, Q.-Q., Clarke, G., Liu, F-S., Hodges.G., Ge, M., Jordan, P., Chang, Y-M., Newman, R., and Toulson, E.C 1982. Silica fragments from millet bran in mucosa surrounding oesophageal tumours in patients in Northern China. *The Lancet*, **1**, 1202-1206.

O'Neill, C.H., Jordan, P., Bhatt, P., and Newman, R. 1986. Silica and oesophageal cancer. *CIBA Foundstion Symposia*, **121**, 214-230.

小野有吾・五十嵐八枝子 1991. 北海道の自然史 —氷期の森林を旅する—, 北海道大学図書刊行, 札幌, 219pp.

長田武正 1990. 日本イネ科植図譜, 平凡社, 東京, 759pp.

Osterrieth, M., Madella, M., Zurro, D., and Alvarez, M.F. 2009. Taphonomical aspects of silica phytoliths in the loess sediments of the Argentinean Pampas. *Quaternary International*, **193**, 70-79.

Palmer, P.G. 1976. Grass cuticles: a new paleoecological tool East African lake sediments. *Canadian Journal of Botany*, **54**, 1725-1734.

Parfenova, E.I. and Yarinova, E.A 1956. The formation of secondary minerals in connection with the migration of elements. *Pochivovedenie*, **4**, 38-42. (in Russian).

パルフェノーヴァ, E.I.・ヤリローヴァ, E.A. 1967. 土壌鉱物学 (Минералогические Исследовиия в Почвоведении, USSR Academy of Sciences Press, Moscow, 1962), 佐野 豊訳, たたら書房, 米子, 238pp.

Parmenter, C. and Folger, D.W. 1974. Eolian biogenic detritus in deep sea sediments: a possible index of equatorial ice age aridity. *Science*, **185**, 695-698.

Parr, J.F. 2002. A comparison of heavy liquid floatation and microwave digestion techniques for the extraction of fossil phytoliths from sediments. *Review of Palaeobotany and Palynology*, **120**, 315-336.

Parr, J.F. 2004. Morphometric and visual fossil phytolith identification using a regionally specific digital database. *The Phytolitharien, Bulletin of the Society for Phytolith Research*, **16**(2), 2-10.

Parr, J.F. and Sullivan, L.A. 2005. Soil carbon sequestration in phytoliths. *Soil Biology and Biochemistry*, **37**, 117-124.

Parr, J.F., Dolic, V., Lancaster, G., and Boyd, W.E. 2001. A microwave digestion method for the extraction of phytoliths from herbarium specimens. *Review of Palaeobotany and Palynology*, **116**, 203-212.

Parry, D.W. and Hodson, M.J. 1982. Silica distribution in the caryopsis and inflorescence bracts of foxtail millet (*Setaria italica* (L.) Beauv.) and its possible significance in carcinogenesis. *Annals of Botany*, **49**, 531-540.

Parry D.W. and Kelso, M 1975. The distribution of silicon deposits in the roots of *Molinia caerulea* (L.) Moench. and *Sorghum bicolor* (L.) Moench. *Annals of Botany*, **39**, 995-1001.

Parry, D.W. and Smithson, F. 1957. Detection of opaline silica in grass leaves. *Nature*, **179**, 975-976.

Parry, D.W. and Smithson, F. 1958a. Silicification of branched cells in the leaves of *Nardus stricta* L. *Nature*, **182**, 1460-1461.

Parry, D.W. and Smithson, F. 1958b. Silicification of bulliform cells in grasses. *Nature*, **181**, 1549-1550.

Parry, D.W. and Smithson, F. 1958c. Techniques for studying opaline silica in grass leaves. *Annals of Botany*, **22**, 543-549 (Plate 1, 2).

Parry, D.W. and Smithson, F. 1963. Influence of mechanical damage on opaline silica deposition in *Molinia caerulea* L. *Nature*, **199**, 925-926.

Parry, D.W. and Smithson, F. 1964. Types of opaline silica depositions in the leaves of British grasses. *Annals of Botany*, **28**, 169-185 (Plate I~IV).

Parry, D.W. and Smithson, F. 1966. Opaline silica in the inflorescences of some British grasses and cereals. *Annals of Botany*, **30**, 525-538.

Parry, D.W. and Soni, S.L. 1972. Electron-probe of microanalysis of silicon in the root of *Oriza sativa* L. *Annals of Botany*, **36**, 781-783.

Parry, D.W. and Winslow, A. 1977. Electron-probe microanalysis of silicon accumulation in the leaves and tendrils of *Pisum sativum*(L.) following root severance. *Annals of Botany*, **41**, 275-278.

Parry, D.W., Hodson, M.J., and Sangster A.G. 1984. Some recent advances in studies of silicon in higher plants. *Philosophical Transactions of the Royal Society of London, Series* B **304**, 537-549.

Parry, D.W., O'Neil, C.H., and Hodson, M.J. 1986. Opaline silica deposits in the leaves of *Bidens pilosa* L. and their possible significance in cancer. *Annals of Botany*., **58**, 641-647.

Patel, R. 1974. Wood anatomy of the dicotyledons indigenous to New Zealand: 6. Meliaceae. *New Zealand Journal of Botany*, **12**, 159-166.

Patel, R. 1986. Wood anatomy of the dicotyledons indigenous to New Zealand; 15. Fagacea. *New Zealand Journal of Botany*, **24**, 189-202.

Patel, R. 1991. Wood anatomy of the dicotyledons indigenous to New Zealand; 21. Loranthaceae. *New Zealand Journal of Botany*, **29**, 429-449.

Pearsall, D.M. 1978. Phytolith analysis of archaeological soils. Evidence for maize cultivation in Formative Ecuador. *Science*, **199**, 177-178.

Pearsall, D.M. 1979. The application of ethonobotanical techniques to the problem of subsistence in the Ecuadorian formative. PhD Dissertation, University of Illinois, 270pp.

Pearsall, D.M. 1980. Analysis of an archaeological maize kernel cache from Manabi Province, Ecuador. *Economic Botany*, **34**, 344-351.

Pearsall, D.M. 1982a. Maize phytoliths: A clarification. *Phytholitharien Newsletter*, **1**(2), 3-4.

Pearsall, D.M. 1982b. Phytolith analysis: Application of a new paleoethnobotanical technique in archaeology. *American Anthropologist*, **84**, 862-871.

Pearsall, D.M. 1983. Evaluating the stability of subsistence strategies use of paleoethnobotanical data. *Journal of Ethnobiology*, **3**, 121-137.

Pearsall, D.M. 1989. Paleoethnobotany, A Handbook of Procedures. Academic Press, Inc., San Diego, 470pp.

Pearsall, D.M. 1990. Application of phytolith analysis to reconstruction of past environments and subsistence: recent research in Pacific. *Micronesia Supplement*, **2**, 65-74.

Pearsall, D.M. 2002. Maize is still ancient in Prehistoric Ecuador: They view from Real Alto, with comments on Staller and Thomson. *Journal of Archaeological Science*, **29**, 51-55.

Pearsall, D.M. and Dinan, E.H. 1992. Developing a phytolith classification system. In Rapp, G. Jr. and Mulholland, S.C. (eds.), Phytolith Systematics-Emerging Issues. Advances in Archaeological and Museum Science・Volume 1, Plenum Press, New York, pp.37-64.

Pearsall, D.M. and Piperno, D.R. 1990. Antiquity of maize cultivation in Ecuador: Summary and reevaluation of the evidence. *American Antiquity*, **55**, 324-337.

Pearsall, D.M. and Trimble, M.K. 1984. Identifying past agricultural activity through soil phytolith analysis: a case study from the Hawaiian Islands. *Journal of Archaeological Science*, **11**, 119-133.

Pearsall, D.M., Piperno, D.R., Dinan, E.H., Umlauf, M., Zhao, Z., and Benfer, R.A., Jr. 1995. Distinguishing rice (*Oryza sativa* Poaceae) from wild *Oryza* species through phytolith analysis: result of preliminary research. *Economic Botany*, **49**, 183-196.

Pearsall, D.M., Chandler-Ezell, K., and Chandler-Ezeil, A. 2003. Identifying maize in neotropical sediments and soils using cob phytoliths. *Journal of Archaeological Science*, **30**, 611-627.

Pearsall, D.M., Chandler-Ezell, K., and Chandler-Ezell, A. 2004a. Maize in anicient Ecuador: results of residue analysis of stone tools from the Real Alto site. *Journal of Archaeological Science*, **31**, 423-442.

Pearsall, D.M., Chandler-Ezell, K., and Chandler-Ezell, A. 2004b. Maize can still be identified using phytoliths: response to Rovner. *Journal of Archaeological Science*, **31**, 1029-1038.

Pease, D.S. and Anderson, J.U. 1969. Opal phytoliths in *Bouteloua eriopoda* Torr. roots and soils. *Soil Science Society of America Proceedings*, **33**, 321-322.

Perry, C.C., Mann, S., and Williams, R.J.P. 1984a. Structural and analytical studies of the silicified macrohairs from the lemma of the grass *Phalaris canariensis* L. *Proceedings of the Royal Society of London* B, **222**, 427-438.

Perry, C.C., Mann, S., and Williams, R.J.P., Watt, F., Grime, G.W., and Takacs, J. 1984b. A scanning proton microprobe study of macrohairs from the lemma of the grass *Phalaris canariensis* L. *Proceedings of the Royal Society of London, Series* B, **222**, 439-445.

Peterson, I. 1983. Plant stones. *Science News*, **124**, 88-89, 94.

Piperno, D.R. 1983. The application of phytolith analysis to the reconstruction of plant subsistence and environments in prehistoric Panama. PhD Dissertation, Temple University, 459pp.

Piperno, D.R. 1984. A comparison and differentiation of phytoliths from maize and wild grasses: Use of morphological criteria. *American Antiquity*, **49**, 361-383.

Piperno, D.R. 1985a. Phytolith analysis and tropical paleo-ecology: Production and taxonomic significance of siliceous forms in New World plant domesticates and wild species. *Review of Paleobotany and Palynology*, **45**, 185-228.

Piperno, D.R. 1985b. Phytolithic analysis of geological sediments from Panama. *Antiquity*, **59**, 13-19.

Piperno, D.R. 1985c. Phytolith records from prehistoric agriculture fields in the Calima Region. *Pro Calima*, Vol.4, Vereingung Pro Calima, Basel, Switzerland, pp.37-40.

Piperno, D.R. 1985d. Phytolith taphonomy and distributions in archaeological sediments from Panama. *Journal of Archaeological Science*, **12**, 247-267.

Piperno, D.R. 1986. A survey of phytolith production and taxonomy in non-graminaceous plants: implications for paleoecological reconstruction. In Rovner, I. (ed.), Plant opal phytolith analysis in archaeology and paleoecology. Proceedings of the 1986 Phytolith Research Workshop, Occasional Papers no.1 of the phytolitharien, North Carolina State University, Raleigh, pp.35-40.

Piperno, D.R. 1988. Phytolith Analysis: An archaeological and geological perspective. Academic Press, New York, 280pp.

Piperno, D.R. 1989. The occurrence of phytoliths in the reproductive structures of selected tropical angiosperms and their significance in tropical paleoecology, paleoethnobotany and systematics. *Review of Palaeobotany and palynology*, **61**, 147-173.

Piperno, D.R. 1990. Aboriginal agriculture and land usage in the Amazon basin, Ecuador. *Journal of Archaeological Science*, **17**, 665-677.

Piperno, D.R. 1993. Phytolith charcoal records from deep lale cores in the American tropics. In Pearsall, D.M. and Piperno, D.R. (eds.), Current Research in Phytolith Analysis: Application in Archaeology and Paleoecology. MASCA Research Papers in Science and Archaeology Vol.10, The University Museum of Archaeology and Anthropology, Phyladelphia, 1993, pp.58-71.

Piperno, D.R. 1994a. Phytolith and charcoal evidence for prehistoric slash-and-burn agriculture in Darien rain forest of Panama. *The Holocene*, **4**, 321-325.

Piperno, D.R. 1994b. On the emergence of agriculture in the New World. *Current Anthropology*, **35**, 637-64.

Piperno, D.R. 1998. Paleoethonobotany in the Neotropics from microfossils: new insights into ancient plant use and agricultural origins in the tropical forest. *Journal of World Prehistory*, **12**, 393-449.

Piperno, D.R. 2003. A few kernels short of a cob: on the Staller and Thompson late entry scenario for the introduction of maize into northern South America. *Journal of Archaeological Science*, **30**, 831-836.

Piperno, D.R. 2006. Quaternary environmental history and agricultural impact on vegetation in Central America. *Annals of the Missouri Botanical Garden*, **93**, 274-296.

Piperno, D.R. 2009. Identifying crop plants with phytolith (and starch grains) in Central and South America: A review and an update of the evidence. *Quaternary International*, **193**, 146-159.

Piperno, D.R. and Becker, P. 1996. Vegetational history of a site in the central Amazon Basin derived from phytolith and charcoal records from natural soils. *Quaternary Research*, **45**, 202-209.

Piperno, D.R. and Jones, J.G. 2003. Paleoecological and archaeological implications of late Pleistocene/ Early Holocene record of vegetation and climate from the pacific coastal plain of Panama. *Quaternary Research*, **59**, 79-87.

Piperno, D.R. and Pearsall, D.M. 1993a. AMS Radiocarbon Dating of Phytoliths. In Pearsall, D.M and Piperno, D.R (eds.)., Current Research Phytolith Analysis: Applications in Archaeological Paleoecology. *MASCA Research Papers in Sceience and Archaeology* Vol.10, The University Museum of Arehaeology and Anthopology, Phyladelphia, pp.9-18.

Piperno, D.R. and Pearsall, D.M. 1993b. Phytoliths in the reproductive structures of maize and teosinte: implications for the study of maize evolution. *Journal of Archaeological Science*, **20**, 337-362.

Piperno, D.R. and Pearsall, D.M. 1998. The silica bodies of tropical America grasses: morphology, taxonomy, and implications for grass systematics and fossil phytolith identification. *Smithsonian Contributions to Botany*, Number 85, Smithsonian Institution Press, Washington DC, 40pp.

Piperno, D.R. and Stothert, K.F. 2003. Phytolith evidence for early Holocene *Cucurbita* domestication in Southwest Ecuador. *Science*. **299**, 1054-1057.

Piperno, D.R. and Sues, H.-D. 2005. Dinosaurs dined on grasses. *Science*, **310**, 1126-1128.

Piperno, D.R., Clary, K.H., Cooke, R.G., Ranere, A.J., and Weiland, D. 1985. Preceramic maize in central Panama: phytolith and pollen evidence. *American Anthropologist*, **87**, 871-878.

Piperno, D.R., Bush, M.B., and Colinvaux, P.A. 1990. Paleoenvironments and human occupation in Late-Glacial Panama. *Quaternary Research*, **33**, 108-116.

Piperno, D.R., Bush, M.B., and Colinvaux, P.A. 1991. Paleoecological perspectives on human adaptation in Central Panama, II. The Holocene. *Geoarchaeology*. **6**, 277-250.

Piperno, D.R., Andres, T.C., and Stothert, K.E. 2000. Phytoliths in *Cucurbita* and other Neotropical Cucurbitaceae and their occurrence in early archaeological sites from the lowland American tropics. *Journal of Archaeological Science*, **27**, 193-208.

Piperno, D.R., Holst, I., Ranere, A.J., Hansell, P., and Stothert, K.R. 2001. The occurrence of genetically controlled phytoliths from maize cobs and starch grains from maize kernels of archaeological stone tools and human teeth, and in archaeological sediments from Southern Central America and Northern South America. *The Phytolitharien, Bulletin of the Society for Phytolith Research*, **13**(2&3), 1-7.

Piperno, D.R., Holst, I., Wessel-Beaver, L., and Andres, T.C. 2002. Evidence for the control of phytolith formation in Cucurbitia fruits by the hard rind (Hr) genetic locus: Archaeological and ecological implications. *PNAS*, **99**, 10923-10928.

Pironon, J., Meunier, J.D., Alexandre, A., Mathieu, R., Mansuy, L., Grosjean, A., and Jarde, E. 2001. Individual characterization of phytoliths: experimental approach and consequences on paleoenvironment understanding. In Meunier, J.D. and Colin, F. (eds.) Phytoliths: Applications in earth science and human history. A.A. Balkema Publishers, Rotterdam, pp.329-342.

Polcyn, M., Polcyn, I., Rovner, I., and Newmann, K. 1997. Phytolith contribution to paleoenvironmental investigations in the Sahel of Burkia Faso, West Africa. In Pinilla A., Juan-Tresseras J., and Machado, M.J. (eds.), The State of the Art of Phytoliths in Soils and Plants: Monografias del Centro de Ciencias Medioambientales 4, Consejo Superior de Investigaciones Cientifica, Madrid, pp.181-183.

Polcyn, M.Polcyn, I., and Rovner, I. 2001. A phytolith study of Neolithic ploughing from the Zagaje Stradowskie Site, Poland, In Meunier, J.D. and Colin, F. (eds.) Phytoliths: Applications in earth science and human history. A. A. Balkema Publishers, Rotterdam, pp.149-154.

Pokras, E.M. and Mix, A.C. 1985. Eolian evidence for spatial variability of late quaternary climates in Tropical Africa. *Quaternary Research*, **24**, 137-149.

Portillo, M., Albert, R.M., and Henry, D.O. 2009. Domestic activities and spatial distribution in Ain Abū Nukhayla (Wadi Rum, Southern Jordan): The use of phytoliths and spherulites studies. *Quaternary International*, **193**, 174-183.

Postek, M.T. 1981. The occurrence of silica in the leaves of *Magnolia grandiflora* L. *Botanical Gazette*, **142**, 124-134.

Powers, A.H. 1992. Great expectations: A short historical review of European phytolith systematics. In Rapp, G. Jr. and Mulholland, S.C. (eds.), Phytolith Systematics-Emerging Issues. Advances in Archaeological and Museum Science・Volume 1, Plenum Press, New York, pp.15-35.

Powers A.H. and Gilbertson, D.D. 1987. A simple preparation technique for the study of opal phytoliths from archaeological and quaternary sediments. *Journal of Archaeological Science*, **14**, 529-535.

Powers, A.H. and Padmore, J. 1993. The use of Quantitative methods and statistical analysis in the study of opal phytoliths. In Pearsall, D.M. and Piperno, D.R. (eds.), Current Research in Phytolith Analysis: Application in Archaeology and Paleoecology. MASCA Research Papers in Science and Archaeology Vol.10, The University Museum of Archaeology and Anthropology, Phyladelphia, pp.47-56.

Powers, A.H. Padmore, J., and Gilbertson, D.D. 1989. Studies of late prehistoric and modern opal phytoliths from coastal sand dunes and machair in Northwest Britain. *Journal of Archaeological Science*, **16**, 27-45.

Prasad, V., Strömberg, C.A.E., Alimohammadian, H., and Sahni, A. 2005. Dinosaur coprolites and early evolution of grasses and grazers. *Science*, **310**, 1177-1180.

Prat. H. 1932. L' épiderme des Graminées. *Annales des Sciences Naturelles: Botanique, Seris* 10, **14**, 117-324.

Prat, H. 1936. La Systématiquc des Graminées. *Annales des Sciences Naturelles.Botanique Series* 10, **18**, 165-258.

Prat, H. 1948. General features of the epidermis in *Zea mays*. *Annals of the Missouri Botanical Garden*, **35**, 341-351.

Prebble, M., Schallenberg M., Carter, J., and Shulmeister, J. 2002. An analysis of phytolith assemblages for the quantitative reconstruction of late Quaternary environments of the Lower Taieri Plain, Otago, South Island, New Zealand I. Modern assemblages and transfer functions. *Journal of Paleolimnology*, **27**, 394-413.

Prebble, M. and Schallenberg, M. 2002. An analysis of phytolith assemblages for the quantitative reconstruction of late quaternary environments of the Lower Taieri Plain, Otago, South Island, New Zealand II. Paleoenvironmental reconstruction. *Journal of Paleolimnology*, **27**, 415-427.

Premathilake, R. and Risberg, J. 2003. Late Quaternary climate history of the Horton Plains, central Sri Lanka. *Quaternary Science Reviews*, **22**, 1525-1541.

Prychid, C.D., Rudall, P.J., and Gregory, M. 2004. Systematics and biology of silica in monocotyledons. *The Botanical Review*, **69**, 377-440.

Puech, P.F, Chevaux, M.J., and Notonier, R. 2001. A Method for examination of exogenus deposits on dental surfaces. In Meunier, J.D. and Colin, F. (eds.), Phytoliths: Applications in earth science and human history. A.A. Balkema Publishers, Lisse, pp.101-106.

Raeside, J.D. 1964. Loess deposits of the South Island, New Zealand, and soils formed on them. *New Zealand Journal of Geology and Geophysics*, **7**, 811-838.

Raeside, J.D. 1970. Some New Zealand plant opals. *New Zealand Journal of Science*, **13**, 122-132.

Rapp, G. Jr. 1986. Morphological classification of phytoliths. In Rovner, I. (ed.), Plant opal phytolith analysis in archaeology and paleoecology. Proceedings of the 1986 Phytolith Research Workshop, Occasional Papers no.1 of the Phytolitharien, North Carolina State University, Raleigh., pp.33-34.

Rapp, G. Jr. and Mulholland S.C. (eds.) 1992. Phytolith Systematics-Emerging Issues. Advances in Archaeological and Museum Science・Volume 1, Plenum Press, New York, 350pp.

Reid, J.S. 1947. Silica in beech timbers. *The New Zealand Journal of Forestry*, **5**, 330-333.

Reinhard, K.J. and Bryant, V.M. Jr. 1992. Coprolite analysis: a biological perspective on archaeology. In Schiffer, M. B. (ed.), Archaeological method and theory, University of Arizona Press, Tuscon, pp.245-288.
Reinhard, K.J. and Danielson, D.R. 2005. Pervasiveness of phytoliths in prehistoric southwestern diet and implications for regional and temporal trends for dental microwear. *Journal of Archaeological Science*, **32**, 981-988.
Renvoize, S.A. 1982a. A survey of leaf-blade anatomy in grasses. I. *Andropogoneae. Kew Bulletin*, **37**, 315-321.
Renvoize, S.A. 1982b. A survey of leaf-blade anatomy in grasses. II. *Arundinelleae. Kew Bulletin*, **37**, 489-495.
Renvoize, S.A. 1982c. A survey of leaf-blade anatomy in grasses. III. *Garnotieae. Kew Bulletin*, **37**, 497-500.
Renvoize, S.A. 1983. A survey of leaf-blade anatomy in grasses. IV. *Eragrostideae. Kew Bulletin*, **38**, 469-478.
Renvoize, S.A. 1985a. A survey of leaf-blade anatomy in grasses. V. The bamboo allies. *Kew Bulletin*, **40**, 509-535.
Renvoize, S.A. 1985b. A survey of leaf-blade anatomy in grasses. VI. *Stipeae. Kew Bulletin* **40**, 731-736.
Renvoize, S.A. 1985c. A survey of leaf-blade anatomy in grasses. VII. *Pommereulleae. Orcuttieae* and *Pappophoreae*, *Kew Bulletin* 40, 737-744.
Renvoize, S.A. 1986a. A survey of leaf-blade anatomy in grasses. VIII. *Arundinoideae. Kew Bulletin*, **41**, 323-338.
Renvoize, S.A. 1986b. A survey of leaf-blade anatomy in grasses. IX. *Centothecoideae. Kew Bulletin*, **41**, 339-342.
Renvoize, S.A. 1987a. A survey of leaf-blade anatomy in grasses. X. *Bambuseae. Kew Bulletin*, **42**, 201-207.
Renvoize, S.A. 1987b. A survey of leaf-blade anatomy in grasses. XI. *Paniceae. Kew Bulletin*, **42**, 739-768.
Retallack, G. 1984. Completeness of the rock and fossil record: some estimates using fossil soils. *Paleobiology*, **10**, 59-78.
Richer, H.G. 1980. Occurrence, morphology and taxonomic implications of crystalline and siliceous inclusions in the secondary xylem of Lauraceae and related families. *Wood Science and Technology*, **14**, 35-44.
Richmond, K.E. and Sussman.M. 2003. Got silicon?. The non-essential beneficial plant nutrient. *Current Opinion in Plant Biology*, **6**, 268-272.
Riquier, J. 1960. Les phytolithes de certains sols Tropicaux et des podzols. *7th International Congress of Soil Science Transactions* 4, Madison, Wisconsin, U.S.A., pp.425-431.
Robinson, R. 1980. Environmental chronology for central and south Texas: External correlation to the Gulf coastal plain an the southern high plains. Paper presented at the 45th annual meeting of Society of American Archaeology, Philadelphia.
Romero, O., Lange, C., Swap, R., and Wefer, G. 1999. Eolian transported freshwater diatoms and phytoliths across the equatorial Atlantic record: temporal changes in Saharan dust transport pattern. *Journal of Geophysical Research*, **104**, 3211-3222.
Rosen, A.M. 1989. Microbotanical evidence for cereals in Neolithic levels at Tel Teo and Yiftahel in the Galilee, Israel. *Journal of the Israel Prehistoric Society*, **22**, 68-77.
Rosen, A.M. 1992. Preliminary identification of silica skeletons from near eastern archaeological sites: An anatomical approach. In Rapp, G. Jr. and Mulholland, S.C. (eds.), Phytolith Systematics-Emerging Issues. Advances in Archaeological and Museum Science・Volume 1, Plenum Press, New York, pp.129-147.
Rosen, A.M. 1993. Phytolith evidence for early cereal exploitation in the Levant. In Pearsall, D.M. and Piperno, D. R. (eds.), Current Research in Phytolith Analysis: Application in Archaeology and Paleoecology. MASCA Research Papers in Science and Archaeology Vol.10, The University Museum of Archaeology and Anthropology, Phyladelphia, pp.160-171.
Rosen, A.M. 1999. Phytoliths as indicators of prehistoric irrigation farming. In Anderson P. (ed.) Prehistory of Agriculture. *New Experimental and Ethnographic Approaches, UCLA, Institute of Archaeology*, Los Angeles, pp. 193-198.
Rosen, A.M. 2000. Phytolith analysis in New Eastern Archaeology. In Pike, S. and Gitin, S. (eds.), The Practical Impact of Science on Near Eastern and Aegean Archaeology. Archaeotype Publication, London, pp.9-15.
Rosen, A.M. 2001. Phytolith evidence for agro-pastoral economies in the Scythian period of southern Kazakhstan. In Meunier, J.D. and Colin, F. (eds.), Phytoliths: Applications in earth science and human history. A.A. Balkema Publishers, Lisse, pp.183-198.
Rosen, A.M. and Weiner, S. 1994. Identifying ancient irrigation: a new method using opaline phytoliths from emmer wheat. *Journal of Archaeological Science*, **21**, 125-135.
Rovner, I. 1971. Potential of opal phytoliths for use in paleoecological reconstruction. *Quaternary Research*, **1**, 343-359.
Rovner, I. 1972. Note on a safer procedure for opal phytolith extractant. *Quaternary Research*, **2**, 591.
Rovner, I. 1975. Plant opal phytolith analysis in Midwestern archaeology. *Michigan Academician*, **8**, 129-137.
Rovner, I. 1983. Plant opal phytolith analysis: Major advances in archaeobotanical research. ln Schiffer, M.B. (ed.), Advances in Archaeological Method and Theory Vol.6. Academic Press, New York, pp.225-266.
Rovner, I. 1986a. The history of phytolith analysis in archaeology. In Rovner, I. (ed.), Plant opal phytolith analysis in archaeology and paleoecology. Proceedings of the 1986 Phytolith Research Workshop, Occasional Papers no.

1 of the phytolitharien, North Carolina State University, Raleigh, pp.1-3.
Rovner, I. 1986b. Downward percolation of phytoliths in stable soils: a non-issue, In Rovner, I. (ed.), Plant opal phytolith analysis in archaeology and paleoecology. Proceedings of the 1986 Phytolith Research Workshop, Occasional Papers no.1 of the phytolitharien, North Carolina State University, Raleigh, pp.23-31.
Rovner, I. 1986c. Phytolith sampling and research design in archaeology. In Rovner, I. (ed.), Plant opal phytolith analysis in archaeology and paleoecology. Occasional Papers no.1 of the phytolitharien, North Carolina State University, Raleigh, pp.111-121.
Rovner, I. 1987. Plant opal phytoliths: A probable factor in the origins of agriculture. In Manzanilla, L. (ed.), BAR International Series 349, 1987: Studies in the Neolithic and Revolutions, The V. Godon Childe Colloquium, Mexico, 1986, pp.103-119.
Rovner, L. 1988. Macro- and micro-ecologyical reconstruction using plant opal phytolith data from archaeological sediments. *Geoarchaeology*, **3**, 155-163.
Rovner, I. 1994. Floral history by the back door: a test of phytolith analysis in residential yards at Harpers Ferry. *Historical Archaeology*, **28**, 37-48.
Rovner, I. 2001a. Cultural behavior and botanical history: Phytolith analysis in small places and narrow intervals. In Meunier, J.D. and Colin, F. (eds.), Phytoliths: Applications in earth science and human history. A.A. Balkema Publishers, Rotterdam, pp.119-127.
Rovner, I. 2001b. Phytolith evidence from large-scale climatic change in small-scale hunter-gather sites of the Middle Archaic Period, eastern USA. In Meunier, J.D. and Colin, F. (eds.), Phytoliths: Applications in earth science and human history. A.A. Balkema Publishers, Rotterdam, pp.303-312.
Rovner, I. 2004. On transparent blindfolds: Comments on identifying maize in Neotropical sediments and soils using cob phytoliths. *Journal of Archaeological Science*, **31**, 815-819.
Rovner, I. and Russ, J.C. 1992. Darwin and design in phytolith systematic: Morphmetric methods for mitigating redundancy. In Rapp, G. Jr. and Mulholland, S.C (eds.), Phytolith Systematics-Emerging Issues. Advances in Archaeological and Museum Science・Volume 1, Plenum Press, New York, pp.253-276.
Rowlett, R. and Pearsall, D. M. 1988. Phytolith dating by thermoluminescence. In Third Phytolith Research Workshop, The University of Missouri, Columbia.
ルダル, P. 1997. 植物解剖学入門 ―植物体の構造とその形成―（Anatomy of flowering plants. An introduction to structure and development, Cambridge University Press, Cambridge, 1992), 鈴木三男・田川由美子訳, 八坂書房, 東京, 197pp.
Runge, F. 1995. Potential of opal phytoliths for use in paleoecological reconstruction in the humid tropics of Africa. *Zeitschrift für Geomorphologie, Supplementbände*, **99**, 53-64.
Runge F. 1996. Opal-phytolithe in Pflanzen aus dem humiden und semi-ariden Osten Afrikas und ihre Bedeutung für die Klima- und Vegetationsgeschichte. *Botanishche Jahrbucher für Systematik Pflanzengeschichte und Pflanzengeographie*, **118**, 303-363.
Runge, F. 1998. The effect of dry oxidation temperature (500°C-800°C) and of natural corrosion on opal phytoliths. In Meunier, J.D. and Faure-Denard, L. (eds.), Second International Meeting on Phytolith Research. Aix-en-Provence, Ceage, p.73.
Runge, F. 1999. The opal phytolith inventory of soils in central Africa ―quantities, shape, classification, and spectra. *Review of Palaeobotany and Palynology* **107**, 23-53.
Runge, F. 2001. Evidence for land use history by opal phytolith analysis: Examples from the Central African Tropics (Eastern Kivu, D.R. Congo). In Meunier, J.D. and Colin, F. (eds.), Phytoliths: Applications in earth science and human history. A.A. Balkema Publishers, Rotterdam, pp.73-85.
Runge, F. and Runge, J. 1997. Opal phytoliths in East Africa plants and soils. In Pinilla A., Juan-Tresseras J., and Machado, M.J. (eds.), The State of the Art of Phytoliths in Soils and Plants: Monografias del Centro de Ciencias Medioambientales 4, Consejo Superior de Investigaciones Cientifica, Madrid, pp.71-82.
Ruprecht, F. 1866. Geobotanical investigations on chernozem. *USSR Academy of Sciences* (in Russian).
Russ, J.C. and Rovner, I. 1989. Stereological identification of opal phytolith populations from wild and cultivated *Zea. American Antiquity*, **54**, 784-792.
阪口　豊 1974. 泥炭地の地学, 東京大学出版会, 東京, 329pp.
阪口　豊 1987. 黒ボク土文化, 科学, **57**, 352-361.
Samuels, A.L., Glass, A.D.M., Ehret, D.L., and Menzies, J.G. 1991. Distribution of silicon in cucumber leaves during infection by powdery mildew fungus (*Sphaerotheca fuliginea*). *Canadian Journal of Botany*, **69**, 140-146.
Sangster, A.G. 1968. Studies of opaline silica deposits in the leaf of *Siegligia decumbens* L. 'Bernh', using the scanning electron microscope. *Annals of Botany*, **32**, 237-240.
Sangster, A, G. 1970a. Intracellular silica deposition in immature leaves in three species of the Gramineae. *Annals of Botany*, **34**, 245-257.

Sangster, A, G. 1970b. Intracellular silica deposition in mature and senescent leaves of *Sieglingia decumbens* (L.) Bernh. *Annals of Botany*, **34**, 557-570.
Sangster, A.G. 1977a. Characteristics of silica deposition in *Digitaria sanguinalis* (L.) Scop. *Annals of Botany*, **41**, 341-350.
Sangster, A.G. 1977b. Electron-probe microassay studies of silicon deposits in the roots of two species of *Andropogon*. *Canadian Journal of Botany*, **55**, 880-887.
Sangster, A.G. 1978a. Silicon in the roots of higher plants. *American Journal of Botany*, **65**, 929-935.
Sangster, A.G. 1978b. The distribution of silicon deposits in the rhizomes of two *Andropogon* species. *Canadian Journal of Botany*, **56**, 148-156.
Sangster, A.G. 1978c. Electon-probe microassays for silicon in the roots of *Sorghastrum nutans* and *Phragmites communis*. *Canadian Journal of Botany*, **56**, 1074-1080.
Sangster, A.G. 1983a. Anatomical features and silica depositional patterns in the rhizomes of the grasses *Sorghastrum nutans* and *Phragmites australis*. *Canadian Journal of Botany*, **61**, 752-761.
Sangster, A.G. 1983b. Silicon distribution in the nodal roots of the grass *Miscanthus sacchariflorus*. *Canadian Journal of Botany*, **61**, 1199-1205.
Sangster, A.G. 1985. Silicon distribution and anatomy of the grass rhizome, with special reference to *Miscanthus sacchariflorus* (Maxim.) Hackel. *Annals of Botany* **55**, 621-634.
Sangster, A.G. and Hodson, M.J. 1992. Silica deposition in subterranean organs. In Rapp, G. Jr. and Mulholland, S. C (eds.), Phytolith Systematics-Emerging Issues. Advances in Archaeological and Museum Science・Volume 1, Plenum Press, New York, pp.239-251.
Sangster, A.G. and Hodson, M.J. 2001. Silicon and aluminum codeposition in the cell wall phytoliths of gymnosperm leaves. In Meunier, J.D. and Colin, F. (eds.), Phytoliths: Applications in earth science and human history. A.A. Balkema Publishers, Rotterdam, pp.343-355.
Sangster, A.G. and Hodson, M.J. 2007. Silicification of conifers and its significance to the environment. In Mederra, M. and Zurro, D. (eds.), Plants, People and Places: Recent Studies in Phytolith Analysis. Oxbow books, Oxford, pp.79-91.
Sangster, A.G. and Parry D.W. 1969. Some factors in relation to bulliform cell silicification in the grass leaf. *Annals of Botany*, **33**, 315-323.
Sangster, A.G. and Parry D.W. 1971. Silica deposition in the grass leaf in relation to transpiration and the effect of Dinitrophenol. *Annals of Botany*, **35**, 667-677.
Sangster, A.G. and Parry, D.W. 1976a. Endodermal silicon deposits and their linear distribution in developing roots of *Sorghum bicolor*(L.)Moench. *Annals of Botany*, **40**, 361-371.
Sangster, A.G. and Parry, D.W. 1976b. Endodermal silicification in mature, nodal roots of *Sorghum bicolor* (L.) Moench. *Annals of Botany*, **40**, 373-379.
Sangster, A.G., Hodson, M.J., and Parry, D.W. 1983a. Silicon deposition and anatomical studies in the inflorescence bracts of four *Phalaris* species with their possible relevance to carcinogenesis. *New Phytologist*, **93**, 105-122.
Sangster, A.G., Hodson, M.J., Parry, D.W., and Rees, J.A. 1983b. A developmental study of silicification in the trichomes and associated epidermal structures of the inflorescence bracts of the grass *Phalaris canariensis* L. *Annals of Botany*, **52**, 171-187.
Sanson, G.D., Kerr, S.A., and Gross K.A. 2007. Do silica phytoliths really wear mammalian teeth?. *Journal of Archaeological Science*, **34**, 526-531.
佐々木章 1979. 東京・なすな原遺跡および三重・北堀遺跡(古墳時代・水田)におけるイネ生産量の推定,「自然科学の手法による遺跡・古文化財等の研究・昭和53年度年次報告書」, pp.98-101.
佐々木章 1984. 焼畑山地土壌のプラント・オパール分析 —宮崎県椎葉村向山—,「古文化財に関する保存科学と人文・自然科学・総括報告書」, pp.747-752.
佐々木章・藤原宏志 1975. 過去に施用された稲藁堆肥量を推定する方法 —Plant Opal分析の応用—, 日本作物学会紀事, **44**, (別号1), 65-66.
Sasaki, N., Kawano, T., Takahara, H., and Sugita, S. 2004. Phytolith evidence for the 700-year history of a dwarf-bamboo community in the sub-alpine zone of Mt. Kamegamori, Shikoku Island, Japan. *Japanese Journal of Historical Botany*, **13**, 35-40.
佐々木高明・松山利夫編 1988. 畑作文化の誕生 —縄文農耕論へのアプローチ—, 日本放送出版会, 東京, 369pp.
佐瀬 隆 1980a. 南部浮石層直下の埋没土壌の植物珪酸体分析, 第四紀研究, **19**, 117-124.
佐瀬 隆 1980b. 植物珪酸体(プラント・オパール)分析 —古環境復元の新しい方法—, 岩手の地学, **12**, 32-40.
佐瀬 隆 1981. 八戸浮石層直下の埋没土壌の植物珪酸体(プラントオパール)分析, 第四紀研究, **20**, 15-20.
佐瀬 隆 1984. No.122遺跡の住居址炉跡のプラントオパール分析,「多摩ニュータウン遺跡, 東京都埋蔵文化財センター調査報告書」, 東京都埋蔵文化財センター, pp.140-149.
佐瀬 隆 1986a. 湯舟沢遺跡の植物珪酸体分析,「滝沢村文化財調査報告書第2集, 湯舟沢遺跡」, 滝沢村教育委員会, pp.845-

864.
佐瀬　隆 1986b. ニュージーランドの火山灰土壌のプラントオパール分析, ペドロジスト, 30, 2-12.
佐瀬　隆 1986c. 十和田火山灰起源の完新世テフラ層を母材とする火山灰土壌のプラントオパール分析, ペドロジスト, 30, 102-114.
佐瀬　隆 1989a. 黒色腐植層(黒土層)の生成に関する覚書, 「紀要Ⅸ」, 岩手県埋蔵文化財センター, pp.49-66.
佐瀬　隆 1989b. 源道遺跡のM25土抗土に挟在する灰層の植物珪酸体分析・灰像分析,「岩手県文化振興事業団埋蔵文化財調査報告書(第138集) ―源道遺跡発堀調査報告書―」, 岩手県文化振興事業団埋蔵文化財センター, pp.243-246.
佐瀬　隆 1990. 火山灰土の植物珪酸体組成と植生環境, 九州大学農学部 博士論文, 161pp.
佐瀬　隆 2003. 植物ケイ酸体, 「地球環境調査計測事典 第1巻 ―陸地編―」(竹内　均監修), フジ・テクノシステム, 東京, pp.974-981.
佐瀬　隆・細野　衛 1988. 武蔵野台地成増における関東ローム層の植物珪酸体分析. 第四紀研究, 26, 1-11.
佐瀬　隆・細野　衛 1995. 1万年前の環境変動は火山灰―土壌の生成にどのような影響を与えたか？ ―黒ボク土生成試論―,「近堂祐弘教授退官記念論文集」(近堂祐弘教授退官記念論文集刊行会編), 帯広, pp.57-64.
Sase, T. and Hosono, M. 1996. Vegetation histories of Holocene volcanic ash soils in Japan and New Zealand: Relationship between genesis of melanic volcanic ash soils and human impact. *Earth Science* (*Chikyu Kagaku*), 50, 466-482.
佐瀬　隆・細野　衛 1999. 青森県八戸市, 天狗岱のテフラ ―土壌累積層の植物珪酸体群集に記録された氷期-間氷期サイクル―, 第四紀研究, 38, 353-364.
Sase, T. and Hosono, M. 2001. Phytolith record in soils interstratified with late quaternary tephras overling the eastern region of Towada volcano, Japan. In Meunier, J.D. & Colin, F. (eds.), Phytoliths: Applications in earth science and human history. A.A. Balkema Publishers, Rotterdam, pp.57-71.
佐瀬　隆・細野　衛 2007. 植物ケイ酸体と環境復元, 「土壌を愛し, 土壌を守る ―日本の土壌, ペドロジー学会50年の集大成―」(日本ペドロジー学会編), 博友社, 東京, pp.335-342.
佐瀬　隆・加藤芳朗 1976a. 現世ならびに埋没火山灰土腐植層中の植物起源粒子 ―とくに植物珪酸体に関する研究(第Ⅰ報)―給源植物の推定に関する問題―, 第四紀研究, 15, 21-33.
佐瀬　隆・加藤芳朗 1976b. 現世ならびに埋没火山灰土腐植層中の植物起源粒子 ―とくに植物珪酸体に関する研究(第Ⅱ報)―火山灰土の腐植給源植物に関する問題と植物珪酸体を用いた古気候推定―, 第四紀研究, 15, 66-74.
佐瀬　隆・近藤錬三 1974. 北海道の埋没火山灰土腐植層中の植物珪酸体について, 帯広畜産大学学術研究報告, 8, 456-483.
佐瀬　隆・近藤錬三・井上克弘 1984. 岩手山麓に分布するテフラの植物珪酸体分析. 第四紀学会講演要旨集, 14, 65-66.
佐瀬　隆・加藤芳朗・牧野誠一 1985. 富士山麓および天城山麓の火山灰土壌の植物珪酸体分析, ペドロジスト, 29, 44-59.
佐瀬　隆・細野　衛・宇津川徹・加藤定男・駒村正治 1987. 武蔵野台地成増における関東ロームの植物珪酸体分析, 第四紀研究, 26, 1-11.
佐瀬　隆・細野　衛・宇津川徹・青木潔行 1988. The Te Ngae Road Tephra Section(ニュージーランド)における火山灰土壌の植物珪酸体分析 ―過去2万年間の土壌と植生の関係―, 第四紀研究, 27, 153-174.
佐瀬　隆・近藤錬三・井上克弘 1990. 岩手山麓における最近13,000年間の火山灰土壌の植生環境 ―分火山灰層の植物珪酸体分析―, ペドロジスト, 34, 15-30.
佐瀬　隆・徳永光一・石田智之 1992. 累積テフラ層における根系状孔隙の垂直分布特性, 起源およびその意義, 第四紀研究, 31, 131-146(図版Ⅰ～Ⅳ).
佐瀬　隆・細野　衛・天野洋司 1993a. 熱帯湿潤地域における火山灰土壌の植生履歴 ―フイリッピンの火山灰土壌の植物珪酸体分析―, ペドロジスト, 37, 138-145.
佐瀬　隆・細野　衛・青木潔行・木村　準 1993b. 指標テフラによる黒ボク土の生成開始時期の推定と火山灰土壌生成に関する一考察 ―十和田火山テフラ分布域川向, 赤坂両地区を例にして―, 地球科学, 47, 391-408.
佐瀬　隆・細野　衛・青木潔行・木村　準 1994. 指標テフラによる黒ボク土の生成開始時期の推定 ―十和田火山テフラ分布域蔦沼区を例にして―, 地球科学, 48, 477-486.
佐瀬　隆・井上克弘・張　一飛 1995. 洞爺火山灰以降の岩手テフラ層の植物珪酸体群集と古環境, 第四紀研究, 34, 91-100.
佐瀬　隆・細野　衛・井上克弘 1996. 火山灰土, その層相と堆積環境 ―黒土とロームの成因, 氷期―間氷期サイクルの記録―, 第四紀, 28, 25-37.
佐瀬　隆・細野　衛・鬼丸和幸・星野フサ・渡邊眞紀子 2001. 北海道, 美幌峠および周辺域における晩氷期以降の植物珪酸体群集からみた植物相と土壌相の変遷 ―ササ草原の成立と黒ボク土層の生成開始期―, 美幌博物館研究報告, 9, 25-48.
佐瀬　隆・細野　衛・鈴木正章・谷野喜久子 2003. 2002年3月, 4月の黄砂から検出された植物珪酸体, 地球科学, 57, 3-5.
Sase, T., Hosono, M., Waldmann, G., Kimura, J., and Aoki, K. 2003. Opal phytolith assemblages of Allodian soils below Laacher See Tephra, Eastern Eifel Volcanic field, Germany. *The Quaternary Reseach*, 42, 41-48.
佐瀬　隆・山縣耕太郎・細野　衛・木村　準 2004. 石狩低地帯南部, テフラ ―土壌累積層に記録された最終間氷期以降の植物珪酸体群の変遷 ―特にササ類の地史的動態に注目して―, 第四紀研究, 43, 389-400.
佐瀬　隆・加藤芳朗・細野　衛・青木久美子・渡邊眞紀子 2006. 愛鷹山南麓地域における黒ボク土層生成史 ―最終氷期以降における黒ボク土層生成開始期の解読―, 地球科学, 60, 147-163.

佐瀬　隆・細野　衛・高地セリア好美 2008a. 三内丸山遺跡の土壌生成履歴 —植生環境，人の活動および黒ボク土層の関係—，植生史研究, **16**, 37-47.
佐瀬　隆・町田　洋・細野　衛 2008b. 相模原台地，大磯丘陵，富士山東麓の立川—武蔵野ローム層に記録された植物珪酸体群集変動 —酸素同位体ステージ5.1以降の植生・気候・土壌史の解読—，第四紀研究, **47**, 1-14.
佐竹義輔 1929. いらくさ群植物ニ於ケル葉ノSpodogramsノ分類学的価値ニ就キテ 第1-2報, **43**, 206-217, 413-421.
佐竹義輔 1930. いらくさ群植物ニ於ケル葉ノSpodogramsノ分類学的価値ニ就キテ 第3報, **44**, 113-120.
Satake, Y. 1931. Systematic and anatomical studies on some Japanes plants, I. *Journal of the Faculty of Science, Imperial University of Tokyo, Sect.III Botany*, **3**, 485-511.
佐藤孝則 1981. エゾシカ糞の植物珪酸体による食性の研究, 帯広畜産大学畜産学研究科修士論文, 48pp.
佐藤洋一郎 1999. DNA考古学, 東洋書店, 東京, 201pp.
佐藤洋一郎 2000. 日本のイネはどこから来たのか DNA解析, 「考古学と化学をむすぶ」(馬淵久夫・富永健編), 東京大学出版会, 東京, pp.223-242.
佐藤洋一郎 2003. 野生イネと考古学, 「野生イネの自然史 —実りの進化生態学—」(森島啓子編著), 北海道大学図書刊行会, 札幌, pp.123-138.
佐藤洋一郎・藤原宏志 1992. イネの起源地はどこか, 東南アジア研究, **30**, 59-68.
佐藤洋一郎・宇田津徹朗・藤原宏志 1990. イネの*indica*および*japonica*の機動細胞にみられるケイ酸体の形状および密度の差異, 育種学雑誌, **40**, 495-504.
Scott, l. 2002. Grassland development under glacial and interglacial conditions in southern Africa: Review of pollen, phytolith and isotope evidence. *Palaeogeography, Palaeoclimatology, Palaeoecology*, **177**, 47-57.
Schellenberg, H.C. 1908. The remains of plants from the North Kurgan, Anau. In Pumpelly, R. (ed.), *Explorations in Turkestan: Expedition of 1904* **2**, 471-473.
Scurfield, G., Michell, A.J., and Silva, S.R. 1973. Crystal in woody stems. *Botanical Journal of the Linnean Society of London*, **66**, 277-289.
Scurfield, G., Anderson, C.A., and Segnit, E.R. 1974a. Silica in woody stems. *Australian Journal of Botany*, **22**, 211-229.
Scurfield, G., Segnit, E.R., and Anderson, C.A. 1974b. Silicification of wood. *Proceedings of the Scanning Electron Microscope Conference* 1974, pp.389-396.
Sedov, S.N., Selleiro-Rebolledo, E., and Gama-Castro, J.E., 2003a. Andosol to Luvisol evolution in central Mexico: timing, mechanisms and environmental setting. *Catena*, **54**, 459-513.
Sedov, S., Solleiro-Robolledo, S., Morales-Puente, P., Arias-Herreia, A., Vallejo-Gòmez, E., and Jasso-Castañeda, C. 2003b. Mineral and organic components of the buried paleosols of the Nevado de Touca, Central Mexico as indicators of paleoenvironments and soil evolution. *Quaternary International*, **106-107**, 169-184.
Sendulsky, T. and Labouriau, L.G. 1966. Corpos silicosos de gramíneas dos Cerrados. I. In Labouriau, L.G. (ed.), *IIo-Simpôsio Sôbre o Cerrado*, *Anais Academia Brasileira de Ciências*, **38** *(Suplemento)*, 159-170, 60 prachas.
Senior, L.M. and Cummings, L.S. 2003. Identification of ceramic kiln fuel from phytolith analysis. *The Phytolitharien*, **15**(2), 3-6.
Shahack-Gross, R. and Finkelstein, I. 2008. Subsistence practices in an arid environment: a geoarchaeological investigation in an Iron Age site, the Negev highlands, Israel. *Journal of Archaeological Science*, **35**, 965-982.
Shahack-Gross, R., Shemesh, A., Yakir, D., and Weiner, S. 1996. Oxygen isotopic composition of opaline phytoliths: Potential for terrestrial climatic reconstruction, *Geochimica et Cosmochimica Acta*, **60**, 3949-3953.
Shahack-Gross, R., Marshall, F., and Weiner, S. 2003. Geo-Ethonoarchaeology of Pastoral Sites: The identification of livestock enclosures in abandoned Massai Settlements. *Journal of Archaeological Science*, **30**, 439-459.
Shahack-Gross, R., Albert R.M., Gilboa, A., Nagar-Hilman, O., Sharon, I., and Weiner, S. 2005. Geoarchaeology in an urban context: the uses of space in a Phoenician monumental building at Tel Dol (Israel). *Journal of Archaeological Science*, **32**, 1417-1431.
Shahack-Gross, R., Simons, A., and Ambrose, S.H. 2008. Identification of pastoral sites using stable nitrogen and carbon isotopes from bulk sediment samples: a case study in modern and archaeological pastoral settlements in Kenia. *Journal of Archaeological Science*, **35**, 983-990.
Sharma, M. and Rao, K.R. 1970. Investigations on the occurrence of silica in Indian timbers. *Indian Forester*, **96**, 740-754.
Sharma, O.P. 1972. Anatomy of *Scirpus squarrosus* L. *Current Science* (Bangalore), **41**, 494-497.
Shoshani, J. and Tassy, P. (eds.). 1996. The Proboscidea: Evolution and Palaeoecology of Elephants and their Relatives. Oxford University Press, Oxford, 502pp.
Shulmeister, J., Soons, J.M., Berger, G.W, Harper, M. Holt, S., Moar, N., and Carter, J.A. 1999. Environmental and sea-level changes on Banks Peninsula (Canterbury, New Zealand) through three glaciation- interglaciation cycles. *Palaeogeography, Plaeoclimatology, Palaeoecology*, **152**, 101-127.
Siemens, A.H., Hebda, R.J., Hernández, M.N., Piperno, D.R., Stein, J.K., and Zolá Báez, M.G. 1988. Evidence for a

cultivar and a chronology from patterned wetland in central Veracruz, Mexico. *Science*, **242**, 105-107.
Simmonds, D.H., St. Clair, M.S., and Collins, J.D. 1970. Surface structure of wheat and its contribution to the dust problem. *Cereal Science Today*, **15**, 230-234.
Simpson, I.A., Vésteinsson, O., Paul Adderley, W., and McGovern, T.H. 2003. Fuel resource utilisation in landscapes of settlement. *Journal of Archaeological Science*, **30**, 1401-1420.
Smith, F.A. 1998. Characterization of organic material in phytoliths from a C_3 and a C_4 grass. In Meunier, J.D. and Faure-Denard, L. (eds.), Second International Meeting on Phytolith Research, Aix-en-Provence, Cerage, pp.72.
Smith, F.A. 2002. The carbon isotope signature of fossil phytoliths: The dynamics of C_3 and C_4 grasses in the Neogene.PhD Thesis, University of Chicago, II.
Smith, F.A. and Anderson, K.B. 2001. Characterization of organic compounds in phytoliths: improving the resolving power of phytolith $δ^{13}C$ as a tool for paleoecological reconstruction of C_3 and C_4 grasses. In Meunier, J.D. and Colin, F. (eds.), Phytoliths: Applications in earth science and human history. A.A. Balkema Publishers, Rotterdam, pp.317-327.
Smith, F.A. and White, J.W.C. 2004. Modern calibration of phytolith carbon isotope signatures for C_3/C_4 paleograssland reconstruction. *Palaeogeography, Palaeoclimatology, Palaeoecology*, **207**, 277-304.
Smith, M.B., Kaplan, L., and Davis, E.A. 1986. Biogenic silica: phytolith formation in maize tissue culture. In Rovner, I. (ed.), Plant opal phytolith analysis in archaeology and paleoecology. Proceedings of the 1986 Phytolith Research Workshop, Occasional Papers no.1 of the phytolitharien, North Carolina State University, Raleigh, pp.141-147.
Smithson, F, 1956a. Plant opal in soils. *Nature*, **178**, 107.
Smithson, F. 1956b. Silica particles in some British soils. *Journal of Soil Science*, **7**, 122-129.
Smithson, F. 1958. Grass opal in British soils. *Journal of Soil Science*, **9**, 148-155.
Smithson, F. 1959. Opal sponge spiculed in soils. *Journal of Soil Science*, **10**, 105-109.
Soni, S.L. and Parry, D.W. 1973. Electron probe microanalysis of silicon deposition in the inflorescence bracts of the rice plant (*oryza sativa*). *American Journal of Botany*, **60**, 111-116.
Staller, J.E. 2003. An examination of palaeobotanical and chronological evidence for a early introduction of maize (*Zea mays* L.) into South America: A response to Pearsall. *Journal of Archaeological Science*, **30**, 373-380.
Staller, J.E. and Thompson, R.G. 2002. A multidisciplinary approach to understanding the initial introduction of maize into coastal Ecuador. *Journal of Archaeological Science*, **29**, 33-50.
Starna, W.Y. and Kane, D.A. Jr. 1983. Phytoliths, archaeology, and caveats: a case study from New York state. *Man in the Northeast*, **26**, 21-32.
Sterling, C. 1967. Crystalline silica in plants. *American Journal of Botany*, **54**, 840-844.
Stewart, D.R.M. 1965a. The epidermal characters of grasses, with special reference to East Africa plain species, Part 1. *Botanisch Jahrbucher fur Systematik, Pflanzengeschichte, und Pflanzengeographie*, **84**, 63-116.
Stewart, D.R.M. 1965b. The epidermal characters of grasses, with special reference to East Africa plain species, Part 2. *Botanisch Jahrbucher fur Systematik, Pflanzengeschichte, und Pflanzengeographie*, **84**, 117-174.
Strömberg, C.A.E. 2002. The origin and spread of grass-dominated ecosystems in the late Tertiary of North America: preliminary results concerning the evolution of hypsodonty. *Palaeogeography, Palaeoclimatology, Palaeoecology*, **177**, 59-75.
Strömberg, C.A.E. 2004. Using phytolith assemblages to reconstruct the origin and spread of grass-dominated habitats in the great plains of North America during the late Eocene to early Miocene. *Palaeogeography, Palaeoclimatology, Palaeoecology*, **207**, 239-275.
Strömberg, C.A.E. 2009. Methodological concerns for analysis of phytolith assemblages: Does count size matter?. *Quaternary International*, **193**, 124-140.
Strömberg, C.A.E., Werdelin, L., Friis, E.M., and Sarac, G. 2007. The spread of grass-dominated habitats in Turkey and surrounding areas during the Cenozoic: Phytolith evidence. *Palaeogeograpy, Palaeoclimatology, Palaeoecology*, **250**, 18-49.
Struve, G.A. 1835. De silica in plantis nonnullis. PhD Dissertation, University of Berlin.
Suess, E. 1966. Opal Phytoliths. MS Thesis, Kansan State University, 77pp.
須藤彰司・飯高和美 1961. マンガシノ材中のシリについて, 木材工業, **16**, 32-33.
須藤彰司・飯高和美・山根又光・岩見 優 1967. 南洋材中のシリカの存在, 林業試験場研究報告, **200**, 43-55.
杉山真二 1987a. タケ亜科植物の機動細胞珪酸体, 富士竹類植物園報告, **31**, 70-83.
杉山真二 1987b. 遺跡調査におけるプラント・オパール分析の現状および問題点, 植生史研究, **2**, 27-37.
杉山真二 1992. 植物珪酸体分析, 「松山市文化財調査報告書 25 ―松山市道後城北遺跡, 祝谷アイリ遺跡―」, (財)松山市生涯学習振興財団, 埋蔵文化財センター, pp.83-100.
Sugiyama, S. 1993. Miwa site phytolith analysis. In Barnes, G.L. and Okita, M. (eds.), The Miwa Project, Survey, coring and excavation at the Miwa site, Nara, Japan. *British Archaeological Reports International Series* 582, Oxford, pp.65-73.

杉山真二 1999. 植物珪酸体分析からみた最終氷期以降の九州南部における照葉樹林発達史, 第四紀研究, **38**, 109-123.

杉山真二 2000. 植物珪酸体（プラント・オパール），「考古学と自然科学―③　考古学と植物」(辻　誠一郎編)，同成社，東京，pp.189-213.

杉山真二 2001a. 植生と環境, 季刊考古学, **74**, 14-18.

杉山真二 2001b. 古環境復元に向けた植物珪酸体分析法の確立と応用に関する研究, 東京工業大学大学院　総合理工学研究科博士論文, 134pp.

杉山真二 2002a. 喜界アカホヤ噴火が南九州の植生に与えた影響　―植物珪酸体分析による検討―, 第四紀研究, **41**, 311-316.

杉山真二 2002b. 九州南部における黒ボク土の分布とイネ科草原植生の変遷史, 月刊地球, **24**, 790-794.

杉山真二 2008a. 南九州における後期旧石器時代初頭の植生と環境, 日本文化財科学会　研究発表要旨, **25**, 70-71.

杉山真二 2008b. 自然科学分析と考古学, 考古学ジャーナル, **580**, 51-52.

杉山真二・藤原宏志 1986. 機動細胞珪酸体の形態によるタケ亜科植物の同定　―古環境推定の基礎資料として―, 考古学と自然科学, **19**, 69-84.

杉山真二・藤原宏志 1987. 川口市赤山陣屋敷遺跡におけるプラント・オパール分析,「赤山・古環境編」, 埼玉県川口市遺跡調査会, pp.281-298.

杉山真二・石井克己 1989. 群馬県子持村, FP直下遺跡から検出された灰化物の植物珪酸体（プラント・オパール）分析, 日本第四紀学会講演要旨集, **19**, 94-95.

杉山真二・佐瀬　隆 1992. 植物珪酸体分析,「富沢遺跡　―第30次調査報告書第II分冊（旧石器時代編）―」, 仙台教育委員会, pp.310-329.

杉山真二・早田　勉 1994. 植物珪酸体分析による遺跡周辺の古環境推定（第2報）―九州南部の灰台地上における照葉樹林の分布拡大の様相―, 日本文化財科学会・研究発表要旨集, **11**, 53-54.

杉山真二・早田　勉 1996. 植物珪酸体分析による宮城県高森遺跡とその周辺の古環境推定　―中期更新世以降の氷期―間氷期サイクルの検討―, 日本第四紀学会講演要旨集, **26**, 68-69.

杉山真二・早田　勉 1997a. 植物珪酸体分析による古環境推定　―ササ類の植生変遷と積雪量の変動―, 日本第四紀学会講演要旨集, **27**, 134-135.

杉山真二・早田　勉 1997b. 南九州の植生と環境　―植物珪酸体分析による検討―, 月刊地球, **19**, 252-257.

Sugiyama, S. and Soda, T. 1998a. Phytological study on the early Paleolithic culture in Takamori site, Northeast Japan, ―The relation between the change of Bambusoideae and the Glacial-interglacial cycle―. In Meunier, J.D. and Faure-Denard, L. (eds.), Second International Meeting on Phytolith Research, Aix-en-Provence, Cerage, p.26.

Sugiyama, S. and Soda, T. 1998b. Phytolith studies on lucidophyllus forest development since the Last Glacial in south Kyushu, Japan. In Meunier, J.D. and Faure-Denard, L. (eds.), Second International Meeting on Phytolith Research, Aix-en-Provence, Cerage, p.35.

Sugiyama, S. and Soda, T. 1999. Phytological study of the Middle Pleistocene Kami-takamori Site (Japan), The correlation between the frequency of Bambusoideae and the Glacial-interglacial Cycle. *Abstracts of the 64th Annual Meeting, Society of American Archaeology* (Chicago), p.279.

杉山真二・松田隆二・藤原宏志 1988. 機動細胞珪酸体の形態によるキビ族植物の同定とその応用　―古代農耕追求のための基礎資料として―, 考古学と自然科学, **20**, 81-92.

杉山真二・渡邊眞紀子・山元希里 2002. 最終氷期以降の九州南部における黒ボク土発達史, 第四紀研究, **41**, 361-374.

Sullivan, K.A. and Kealhofer, L. 2004. Indentifying activity areas in archaeological soils from a colonial Virginia house lot using phytolith analysis and soil chemistry. *Journal of Archaeological Science*, **31**, 1659-1673.

鈴木　渉 1994. フイリピン火山灰土の植物珪酸体分析による過去の植生推定, 筑波大学大学院環境科学研究科修士論文, 107pp.

鈴木貞夫 1978. 日本タケ科植物総目録, 学習研究社, 東京, 384pp.

鈴木毅彦 1993. 北関東那須原周辺に分布する指標テフラ層, 地学雑誌, **102**, 73-90.

Swineford, A. and Franks, P.C. 1959. Opal in the Ogallala formation in Kansas. In Ireland, H.A. (ed.), Silica in sediments. *Special Publication-Society of Economic Paleontologist and Mineralogist*, **7**, 111-120.

Tack, M. 1986. Phytolith analysis as corroborative physical findings. In Rovner, I. (ed.), Plant opal phytolith analysis in archaeology and paleoecology. Proceedings of the 1986 Phytolith Research Workshop, Occasional Papers no. 1 of the phytolitharien, North Carolina State University, Raleigh, pp.129-132.

Takachi, C.Y. 2000. Studies on soil degradation using opal phytolith analysis and soil chemical properties as tools. PhD Thesis, The United Graduate School of Agricultural Sciences, Iwate University, 202pp.

Takachi, C.Y., Sase, T., and Inoue, K. 2000. Succession of vegetation in the human-induced soil degraded area in the Kitagami Mountain. *The Quaternary Research*, **39** 25-32.

Takachi, C.Y., Kondo, R., and Tsutsuki, K. 2001. Opal phytolith assemblage and its relation with plant biomass. *The Quaternary Research*, **40**, 337-344.

高橋英一 1987. ケイ酸植物と石灰植物　―作物の個性を探る―, 農文協, 東京, 191pp.

高橋英一 2007. 作物にとってケイ酸とはなにか　―環境適応性をたかめる「有用元素」―, 農文協, 東京, 189pp.

高橋英一・三宅靖一 1976a. 植物界におけるケイ酸植物の分布について(その1) —単子葉綱における分布, ケイ酸の比較植物栄養学的研究(第5報)—, 日本土壌肥料学雑誌, **47**, 296-300.

高橋英一・三宅靖一 1976b. 植物界におけるケイ酸植物の分布について(その2) —双子葉綱における分布, ケイ酸の比較植物栄養学的研究(第6報)—, 日本土壌肥料学雑誌, **47**, 301-306.

高橋英一・三宅靖一 1976c. 植物界におけるケイ酸植物の分布について(その3) —裸子植物, 羊歯植物, 蘚苔植物における分布, ケイ酸の比較植物栄養学的研究(第7報)—, 日本土壌肥料学雑誌, **47**, 333-337.

高橋英一・田中輝夫・三宅靖一. 1981a. 植物界におけるケイ酸植物の分布について(その4) —羊歯植物における分布—, 日本土壌肥料学雑誌, **52**, 445-449.

高橋英一・田中輝夫・三宅靖一 1981b. 植物界におけるケイ酸植物の分布について(その5) —イネ科植物における分布—, 日本土壌肥料学雑誌, **52**, 503-510.

高橋英一・田中輝夫・三宅靖一 1981c. 植物界におけるケイ酸植物の分布について(その6) —ツユクサ目—カヤツリグサ目の系統における分布およびウリ科, イラクサ科におけるケイ酸集積性—, 日本土壌肥料学雑誌, **52**, 511-515.

Takahasi, T., Dahlgren, R.A., and Sase, T. 1994. Formation of melanic epipedons under forest vegetation in the xeric moisture regime of northern California. *Soil Science and Plant Nutrition*, **40**, 617-628.

Takatsuki, S. 1978. Precision of fecal analysis: a feeding experiment with penned sika deer. *The Journal of the Mammalogical Society of Japan*, **7**, 167-180.

武田友四郎 1985. イネ科 C_3, C_4 植物の生態と地理的分布に関する研究 第3報 —インド亜大陸におけるイネ科 C_3, C_4 植物の地理的分布について—, 日本作物学会紀事, **54**, 365-372.

武田友四郎 1988. イネ科 C_3, C_4 植物の生態と地理的分布に関する研究 第4報 —世界におけるタケ亜科植物の地理的分布について—, 日本作物学会紀事, **57**, 449-463.

武田友四郎・森山 晋 1985. イネ科 C_3, C_4 植物の生態と地理的分布に関する研究 第2報 —極東および東南アジア地域におけるイネ科 C_3, C_4 植物の地理的分布について—, 日本作物学会紀事, **54**, 65-71.

武田友四郎・谷川孝弘・県 和一・箱山 晋 1985. イネ科 C_3, C_4 植物の生態と地理的分布に関する研究 第1報 —日本におけるイネ科 C_3, C_4 植物の分類ならびに気象条件による地理的分布—, 日本作物学会紀事, **54**, 54-64.

Takeoka, T., Inoue, S., and Kawano, S. 1959. Notes on some grasses. IX. Systematic significance of bicellular microhairs of leaf epidermis. *Batanical Gazette*, **121**, 80-91.

Takeoka, Y., Kaufman, P.B., and Matsumura, O. 1979. Comparative microscopy of idioblasts in lemma epidermis of some C_3 and C_4 grasses (Poaceae) using sump method. *Phytomorphology*, **29**, 330-337.

Takeoka, Y., Kondo, K., and Kaufman, P.B. 1983a. Leaf surface fine-structures in rice plants cultured under shaded, and non-shaded condition. *Japan Journal of Crop Science*, **52**, 534-543.

Takeoka, Y., Matsumura, O., and Kaufuman, P.B. 1983b. Studies on silicification on epidermal tissues of grasses as investigated by soft x-ray image analysis. I. On the method to detect and calculate frequency of silica bodies in bulliform cell. *Japan Journal of Crop Science*, **52**, 544-550.

舘岡亜緒 1956a. スズメガヤ亜科, キビ亜科の葉の解剖学的特徴の再検討, 植物研究雑誌, **31**, 210-218.

舘岡亜緒 1956b. ダンチク族, 殊にチョウセンガリヤス属の葉の解剖学的知見, 植物研究雑誌, **31**, 326-332.

舘岡亜緒 1959. イネ科植物の解説, 明文堂, 東京, 151pp.

舘岡 孝 1961. Pariana(イネ科)の葉の解剖学的研究, 植物研究雑誌, **36**, 299-304.

Tateoka, T. 1963. Notes on some grasses. XIII. Relationship between Oryzeae and Ehrharteae, with special reference to leaf anatomy and histology. *Botanical Gazette*, **124**. 264-270.

谷城勝弘 2007. カヤツリグサ科入門図鑑, 全国農村教育協会, 東京, 247pp.

立原厚子・藤巻祐蔵 1987. 植物珪酸体によるエゾシカの食性分析, 帯広畜産大学学術研究報告, **15**, 167-172.

Terrell, E.E. and Wergin, W.P. 1979. Scanning electron microscopy and energy dispersive x-ray analysis of leaf epidermis in *Zizania* (Gramineae). *Scanning Electron Microscopy*, **3**, 81-88.

Terrell, E.E. and Wergin, W.P. 1981. Epidermal features and silica deposition in lemmas and awns of *Zizania* (Gramineae). *American Journal of Botany*, **68**, 697-707.

Ter Welle, B.J.H. 1976a. On the occurrence of silica grains in the secondary xylem of the Chrysobalanaceae. *International Association of Wood Anatomists, Bulletin*, **1976**, 19-29.

Ter Welle, B.J.H. 1976b. Silica grain in woody plants of the neotropics, especially Surinam. In Baas, P., Bolton, A. J., and Catling, D.M. (eds.), Wood structure in Biological and Technological Research. Leiden Botanical Series 3, University Press, Leiden, pp.107-142.

Thomson, M.C. and Rapp, G. Jr. 1989. Paleobotany from phytoliths. In Herzog, Z., Rapp, G. Jr. and Negbi, O. (eds.), Excavations at Tell Michal, Israel. University of Minnesota Press, Minneapolis, pp.223-225.

Thompson, R.G. and Dogan, A.U. 1987. Scanning electron microscopy study of opal phytoliths recovered from the residues of utilized ceramics. *Journal of Electron Microscopy Techniques*, **7**, 146.

Thompson, R.G. And Mulholland, S.C. 1994. The identification of corn in food residues on utilized ceramics at the Shea Site(32CS101). *The Phytolitharien Newsletter, Society for Phytolith Research*, 8(2), 7-11.

Thompson, R.G. and Staller, J.E. 2001. An analysis of opal phytoliths from food residues of selected sherds and dental calculus from excavations at the site of La Emerenciana, El Oro Province, Ecuador. *The Phytolitharien, Bulletin of the Society for Phytolith Research*, **13**(2&3), 8-16.

Thompson, R.G., Kluth, D., and Kluth. R. 1995. Brainerd ware pottery function explored through opal phytolith analysis of food residues. *Journal of Ethnobiology*, **15**, 305.

Thorn, V.C. 2004a. An annotated bibliography of phytolith analysis and atlas of selected Newzealand subantarctic and subalpine phytolith (Antarctic data siries No 29). Antarctic Research Center, Victoria University of Wellington, 67pp.

Thorn, V.C. 2004b. Phytoliths from subantarctic Campbell Island: plant production and soil surface spectra. *Review of Palaeobotany and Palynology*, **132**, 37-59.

十勝団体研究会 1978. 地団研専報/22「十勝平野」, 地学団体研究会, 札幌, 433pp.

徳永光一・石田智之・矢野悟道・佐瀬 隆 1992. 土壌孔隙造影法による植物群落の地下構造の考察 ―植物―土壌系の研究に対する調査手法の提案―, 日本生態学会誌, **42**, 249-262.

徳永光一・佐瀬 隆・石田智之 1998. 北海道十勝の累積火山灰土層における根成孔隙の発達と古気候の影響, ペドロジスト, **42**, 88-96.

徳永光一・佐々木長市・佐藤幸一・佐瀬 隆・加藤芳朗・工楽善道・井上智博 2003. 弥生時代水田土に残る稲の痕跡に関する研究 ―池島・福万寺遺跡におけるX立体造影法の適用例―, 考古学と自然科学, **47**, 35-55.

Tomlinson, P.B. 1959. An anatomical approach to the classification of Musaceae. *Journal of the Linnean Society of Botany*, **55**, 779-809.

Tomlinson, P.B. 1961a. The anatomy of Canna. *Journal of the Linnean Society of Botany*, **56**, 467-473.

Tomlinson, P.B. 1961b. Anatomy of the Monocotyledons. II. Pamae. Clarendon Press, Oxford, 453pp.

Tomilinson, P.B. 1961c. Morphological and anatomical characteristics of the Marantaceae. *Journal of the Linnean Society of Botany*, **58**, 55-78.

外山秀一 1985. 縄文農耕論と古植物研究, 人文地理, **37**, 407-421.

外山秀一 1994. プラント・オパールからみた稲作農耕の開始と土地条件の変化, 第四紀研究, **33**, 317-329.

外山秀一 2006. 遺跡の環境復元, 微地形分析, 花粉分析, プラント・オパール分析とその応用, 古今書院, 東京, 350pp.

外山秀一・中山誠一 2000. プラント・オパール土器胎土分析からみた中部日本の稲作農耕の開始と遺跡の立地 ―山梨・新潟の試料を中心に―, 日本考古学雑誌, **11**, 27-60.

豊岡 洪・佐藤 明・石塚森吉 1981. 北海道におけるササ類の分布とその概況, 北方林業, **33**, 143-146.

豊岡 洪・佐藤 明・石塚森吉 1983. 北海道ササ分布図 ―概況―, 林業試験場北海道支部, 36pp.

Tsartsidou, G., Lev-Yadun, S., Albert R.M., Miller-Rosen, A., Efstratiou, N., and Weiner, S. 2007. The phytolith archaeological record: strengths and weaknesses evaluated based on a quantitative modern reference collection from Greece. *Journal of Archaeological Science*, **34**, 1262-1275.

塚田松雄 1980. 植物珪酸体(Phytolith), 軽石学雑誌, **6**, 51-63.

Tsutsuki, K. Kondo, R., Shiraishi, H., Kuwazuka, S., and Ohnohara Wetland Research Group 1993. Composition of lignin-degradation products, lipids, and opal phytoliths in peat profile accumulated since 32,000 years B.P. in central Japan, *Soil Science and Plant Nutrition.*, **39**, 463-474.

Turner, B.L., II. and Harrison, P.D. 1981. Prehistoric raised field agriculture in the Maya Lowlands. *Science*, **213**, 399-405.

Twiss, P.C. 1986. Morphology of opal phytoliths in C_3 and C_4 grasses. In Rovner, I. (ed.), Plant opal phytolith analysis in archaeology and paleoecology. Proceedings of the 1986 Phytolith Research Workshop, Occasional Papers no. 1 of the phytolitharien, North Carolina State University, Raleigh., pp.4-11.

Twiss, P.C. 1987. Grass opal phytoliths as climatic indicators of Great Plains Pleistocene. In Johnson, W.C. (ed.), *Quaternary Environments of Kansas Geological Survey Guidebook Series*, 5, pp.179-188.

Twiss, P.C. 1992. Predicted world distribution of C_3 and C_4 grass phytoliths. In Rapp, G. Jr. and Mulholland, S.C. (eds.), Phytolith Systematics-Emerging Issues. Advances in Archaeological and Museum Science・Volume 1, Plenum Press, New York, pp.113-128.

Twiss, P.C. 2001. A curmudgeon's view of grass phytolithology. In Meunier, J.D. and Colin, F. (eds.), Phytoliths: Applications in earth science and human history. A.A. Balkema Publishers, Lisse, pp.7-25.

Twiss, P.C., Suess, E., and Smith, R.M. 1969. Morphological classification of grass phytoliths. *Soil Science Society of America Proceedings*, **33**, 109-115.

Tyree, E.L. 1993. Technical note: acetone pretreatment for non-acid digestion of olive fruits and oil sediments. *Phytolitharien Newsletter*, 8(1), 5-6.

Tyree, E.L, 1994. Phytolith analysis of olive oil and wine sediments for possible identification in archaeology. *Canadian Journal of Botany*, **72**, 499-504.

Tyurin, I.V. 1937. On the biological accumulation of silica in soils, In Problems of Soviet Soil Science. USSR Academy of Sciences Press, Collection, **4**, 3-23.

宇田津徹朗 2008. 津島岡大遺跡土壌のプラント・オパール分析, 岡山大学埋蔵文化財調査研究センター紀要, 13-19.

宇田津徹朗・藤原宏志 1991. 乖離係数法(Coefficient of Estrangement)によるイネ(*Oryza sativa*)の亜種判別に関する検討, 考古学と自然科学, **23**, 41-50.
宇田津徹朗・王　才林・柳沢一男・佐々木章・鄒　江石・湯　陵華・藤原宏志 1994. 中国・草鞋山遺跡における古代水田址調査(第1報) —遺跡周辺部における水田址探索, 考古学と自然科学, **30**, 23-36.
宇田津徹朗・藤原宏志・湯　陵華・王　才林 2000. 新石器時代の土壌および土器のプラントオパール分析 —江蘇省を中心として—, 日本中国考古学会報, **10**, 51-67.
宇田津徹朗・湯　陵華・王　才林・鄭　雲飛・佐々木章・柳沢一男・藤原宏志 2002. 中国・草鞋山遺跡における古代水田址調査(第3報) —広域ボーリング調査による水田遺構分布の推定—, 考古学と自然科学, **43**, 51-66.
宇田津徹朗・長友良隆・花俣良太・毛利真裕子 2007. プラント・オパールから環境および年代情報抽出に関する基礎的研究(I), 日本文化財科学会研究発表要旨, **24**, 146-147.
Umemoto, K. 1973. Mode of morphological forms of crystalline inorganic component in plants: Silicon bodies in wheat. *Chemical and Pharmceutical Bulletin*, **21**, 1391-1393.
梅本光一郎 1974a. ユキノシタ科アジサイ属植物葉中のシュウ酸カルシウム結晶パターン, 薬学雑誌, **94**, 110-115.
梅本光一郎 1974b. 日本産ユキニシタ科植物における結晶性無機成分の化学組成ならびに形態について, 薬学雑誌, **94**, 1627-1633.
Umemoto, K. 1975. Genetic rule of the pattern of crystalline inorganic components in the plant: patterns of quartz bodies and calcium oxalate crystals. *Chemical and Pharmceutical Bulletin*, **23**, 1383-1384.
Umemoto, K. 1976. Application of the 'low-temperature plasma ashing method for biological tissues' to studies in the field of virology. *Experientia*, **32**, 871.
梅本光一郎 1977. ヤナギ科植物における結晶性無機組成ならびにパターンについて, 植物分類地理, **28**, 123-130.
梅本光一郎 1979. 高周波酸素プラズマの植物組織低温灰化への応用研究, 京都薬科大学学位論文, 127pp.
Umemoto, K. Hutoh, H., and Hozumi, K. 1973. Identification of the plant source of the Chinese crude drug dan-zhu-ye using the low temperature plasma ashing techniques. *Microchimica. Acta* (Wine), **1973**, 301-313.
梅村　弘・近藤錬三 1984. 野尻湖周辺の黒ボク土のプラント・オパールについて, 日本土壌肥料学会講演要旨集, **30**, 149.
Umlauf, M. 1993. Phytolith evidence for Initial Period maize at Cardal, central coast of Peru. In Pearsall, D.M. and Piperno D.R. (eds.), Current Research in Phytolith Analysis: Application in Archaeology and Paleoecology. MASCA Research Papers in Science and Archaeology Vol.10, The University Museum of Archaeology and Anthropology, Phyladelphia, pp.125-129.
University of Missouri Paleoethnobotany Laboratory 2002. Phytolith Database, Dicotyledonous Production Table. University of Missouri Paleoethnobotany Laboratory. pp.1-13.
浦上啓太郎・市川三郎 1937. 泥炭地の特性と其の農業, 北海道農業試験場彙報, **60**, 1-306.
Usov, N.I. 1943. Biological accumulation of silica in soils. Pedology, **9-10**, 30-36. (in Russian).
宇津川徹・上條朝宏 1980a. 土器胎土中の動物珪酸体について(1), 考古学ジャーナル, **181**, 22-25.
宇津川徹・上條朝宏 1980b. 土器胎土中の動物珪酸体について(2), 考古学ジャーナル, **184**, 14-17.
宇津川徹・細野　衛・杉原重夫 1979. テフラ中の動物珪酸体 "Opal Sponge Spicules" について, ペドロジスト, **23**, 134-144.
宇都宮宏・太田　勉・山県　恂・土井彌太郎 1974. イネ科植物の機動細胞と葉面の凹凸について, 山形大学農学部学術報告, **25**, 905-916.
Van Bennekom, A.J., Fred Jansen, J.H.F., Van der Gaast, S.J., Van Iperen, J.M., and Pieters, J. 1989. Aluminum-rich opal: an intermediate in the preservation of biogenic silica in the Zaire (Congo) deep-sea fan. *Deep Sea Research*, **36**, 173-190.
Van Iperen, J.M., Van Weering, T.C.E., Fred Jansen, J.H.F., and Van Bennekom, A.J. 1987. Diatoms in surface sediments of the Zaire deep-sea fan (Se Atlantic Ocean) and their relation to overlying water masses. *Netherlands Journal of Sea Research*, **21**, 203-217.
Verdasco, C. 2002. Man: agent of accumulation and alteration of natural deposits. *Quaternary International*. **93**, 215-220.
Verdin, P., Berger, J.-F., and Lopez-Saez, J.-A. 2001. Contribution of phytolith analysis to the understanding of historical agrosystems in the Rhône mid-valley (Southern France). In Meunier J.D. and Colin, F. (eds.), Phytoliths: Applications in earth science and human history. A.A. Balkema Publishers, Rotterdam, pp.155-172.
Verma, S.D. and Rust, R.H. 1969. Observations on opal phytoliths in a soil biosequence in southeastern Minnesota. *Soil Science Society of America, Proceedings*, **33**, 749-751.
Vignal, C. 1969. Contribution à l'étude épidermique de quelques Cyéracées: *Carex*, *Cyperus*, *Scirpus* et *Kobrsia*. *Annales de la Faaculte des Sciences de Marseilles*, **42**, 313-321.
Von Mohl, H. 1861. Über das Kieselskelett lebender Pflanzenzellen. *Botanischen Zeitung*, **19**, 209-215, 217-221, 225-231, 305-308.
Vrydaghs, L., Doutrelepont, H., Beeckman, H., and Haerinck, E. 2001. Identification of a morphotype association of *Phoenix dactylifera* L. lignified tissues origin at Ed-Dur (1st AD), Umm Al-Qaiwain(U.A.E.). In Meunier, J.D. and

Colin, F. (eds.), Phytoliths: Applications in earth science and human history. A.A. Balkema Publishers, Rotterdam, pp.239-250.

Walker, D. and Walker, P.M. 1961. Stratigraphic evidence of regeneration in some Irish bog. *Journal of Ecology*, **49**, 169-185.

Wallis, L.A. 2001. Environmental history of northwest Australia based on phytolith analysis at Carpenter's Cap I. *Quaternary International*, **83-85**, 103-117.

Wallis, L.A. 2003. An overview of leaf phytolith production patterns in selected northwest Australian flora. *Review of Paleobotany and Palynology*, **125**, 201-248.

Wang, C.L., Fujiwara, H., Udatsu, T., and Tang, L.H. 1994. Morphological features of silica bodies from motor cells in local and modern cultivated rice (*Oryza sativa* L.) from China. *Ethnobotany*, **6**, 77-86.

Wang, C.L., Fujiwara, H., Udatsu, T., and Sato, Y. 1995. Principal component analysis of four morphological characters of silica bodies from motor cells in rice (*Oryza sativa* L.). *Ethnobotany*, **7**, 17-28.

王　才林・宇田津徹朗・藤原宏志・佐々木章・湯　陵華 1994. 中国・草鞋遺跡における古代水田址調査（第2報）―遺跡土壌におけるプラント・オパール分析―, 考古学と自然科学, **30**, 37-52.

王　才林・宇田津徹朗・藤原宏志・鄭　雲飛 1996. イネの機動細胞珪酸体形状における主成分分析およびその亜種判別への応用, 考古学と科学, **34**, 53-71.

王　才林・張　敏・宇田津徹朗・藤原宏志 1998a. 中国・龍虬庄遺跡におけるプラント・オパール分析, 考古学と自然科学, **36**, 43-61.

王　才林・宇田津徹朗・湯　陵華・鄒　江石・鄭　雲飛・佐々木章・柳沢一男・藤原宏志 1998b. プラント・オパールの形状からみた中国・草鞋山遺跡（6000年前～現在）に栽培されたイネの品種群およびその歴史的変遷, 育種学雑誌, **48**, 387-394.

Wang, W.-M. and Yu Z.-Y. 1997. A Study of phytoliths and palynomorphs of quaternary red earth in Xingzi Country, Jiangxi Province and its significance. *Acta Micropalaeontologica Sinica*, **14**, 41-48. (in Chinese with English abstract)

Wang, W.-M., Huang, F., and Saito, T. 2001. Prospects for phytolith study on quaternary laterite in south China, In Meunier, J.D. and Colin, F. (eds.), Phytoliths: Applications in earth science and human history. A.A. Balkema Publishers, Rotterdam, pp.371-378.

Wang, Y.-J. and Lu, H.-Y 1989. An introduction study on plant opal and its uses. *Journal of Oceanography of Huanghai and Bohai Seas*, **7**, 66-68. (in Chinese with English abstract).

Wang, Y.-J. and Lu, H.-Y. 1993. The study of phytolith and its application. China Oceanic Press, Beijing, 228pp. (in Chinese with English abstract).

Wang, Y.-J., Lu, H.-Y., Heng, P., Cang, S., and Feng, Z.-J. 1991. Study of plant opal silica and its preliminary application in Quaternary geology in China. *Marine Geology and Quaternary Geology*, **11**, 113-124. (in Chinese with English abstract).

Wang, Y.-J., Lu, H.-Y., Tan, D., and Houng, L. 1992. Study of phytoliths in ancient casting money mould and burned mud and their significance. *Chinese Science Bulletin*, **37**, 324-345. (in Chinese).

渡辺　裕. 1971. 粘土鉱物のサンプリング. 土壌成分のサンプリング（浅見輝夫ほか共著），講談社サイエンティフィク，東京，pp.32-56.

渡邊眞紀子 1993. 黒ボク土の生成と気候・植生環境の空間的対応 ―土壌の資源的価値に関する比較文化的考察分(2)―. 中央学院大学比較文化研究所紀要，**7**, 129-143.

渡邊眞紀子・坂上寛一・杉山真二・青木久美子 1993. 火山灰土壌の腐植酸 Pg 吸収発現強度の特性とその規定要因 ―環境指標としての土壌色素発現強度の有効性の検討―. 地学雑誌, **102**, 583-593.

Watanabe, M., Sakagami, K., Aoki, K., and Sugiyama, S. 1994. Altitudinal distribution of humus properties of Andisols in Japan. *Geographicial Review of Japan*, **67**, 36-49.

Watanabe, M., Tanaka, H., Sakagami, K., Aoki, K., and Sugiyama, S. 1996. Evaluation of Pg absorption strength of humic acids as a paleoenvironmental indicator in buried paleosols on tephra beds, Japan. *Quaternary International*, **34-36**, 197-203.

Watanabe, N. 1968. Spodographic evidence of rice from prehistoric Japan. *Journal of the Faculty of Science. University of Tokyo*, Sec.V, Anthropology, **3**, 217-235.

Watanabe, N. 1970. A spodographic analysis of millet from prehistoric Japan. *Journal of the Faculty of Science. University of Tokyo*, Sec.V, Anthropology, **3**, 357-379.

渡辺直経 1973. 灰像による穀物遺残の検出法（上），考古学研究, **20**, 65-73.

渡辺直経 1974. 灰像による穀物遺残の検出法（下），考古学研究, **21**, 55-62.

渡辺直経 1981. 遺跡の灰から穀物をさぐる ―灰像による鑑別―，「考古学のための化学10章」（馬淵久夫・富永　健編），東京大学出版，東京，pp.201-219.

Watson, L. and Clifford, H.T. 1976. The major group of Australian grasses: a guide to sampling. *Australian Journal of Botany*, **24**, 489-507.

Watteau, F., Villemin, G., Ghanbaja, J., and Toutain, F. 2001. Relation between silica and organic matter in a soil: an ultrastractural study. In Meunier, J.D. and Colin, F. (eds.), Phytoliths: Applications in earth science and human history. A.A. Balkema Publishers, Rotterdam, pp.357-363.

Weatherhead, A.V. 1988. The occurrence of plant opal in New Zealand soils, *New Zealand Soil Bureau Scientific Report*, **108**, 1-53.

Weaver F.M. and Wise, S.W. Jr. 1974. Opaline sediments of the southeastern Coastal Plain, and horizon A: Biogenic origin. *Science*, **184**, 899-901.

Webb, E.A. 2000. Stable isotopic compositions of silica phytoliths and plant water in grasses: implications for the study of paleoclimate. PhD Thesis, The University of Western Ontario, 208pp.

Webb, E.A. and Longstaffe, F.J. 2000. The oxygen isotopic compositions of silica phytoliths and plant water in grasses: Implications for the study of paleoclimate. *Geochimica et Cosmochimica Acta*, **64**, 767-780.

Webb, E.A. and Longstaffe, F.J. 2002. Climatic influences on the oxygen isotopic composition of biogenic silica in prairie grass. *Geochimica et Cosmochimica Acta*, **66**, 1891-1904.

Webb, E.A. and Longstaffe, F.J. 2003. The relationship between phytolith- and plant-water $\delta^{18}O$ values in grasses. *Geochimica et Cosmochimica Acta*, **67**, 1437-1449.

Werner, O. 1928. Blatt-Ashenbilder Heimischer Wiesengräser als Mittel ihrer Verwandtschafts- und Wettbestimmung. *Biologia Generalis*, **4**, 125-136.

Whang, S.S. and Kim, K. 1994. Opal phytolith morphology in rice. *Journal of Plant Biology*, **37**, 53-67 (in Korean with English abstract).

Whang, S.S. and Hill, R.S. 1995. Phytolith analysis in leaves of extent and fossil populations of *Nothofagus Lophozonia*. *Australian Systematic Botany*, 8, 1055-1065.

Whang, S.S., Kim, K., and Hess, W.M. 1998. Variation of silica bodies in leaf epidermal long cells within and among seventeen species of *Oryza* (Poaceae). *American Journal of Botany*, **85**, 461-466.

Whitehead, J.M., Ehrmann, W., Harwood, D.M., Hillenbrand, C.D., Quilty, P.G., Hart, C., Taviani, M., Thon, V., and McMinn, A. 2006. Late Miocene paleoenvironment of the Lambert Graben embayment, East Antarctica, evident form: Mollusc paleontology, sedimentology and geochemistry. *Global and Planetary Change*, **50**, 127-147.

Whiting, F., Connel, R., and Forman, S.A. 1958. Silica urolithiasis in beef cattle. *Canadian Journal of Comparative Medicine*, **22**, 332-337.

Whitman, B. 1986. Recent advances in light microscopy techniques. In Rovner, I. (ed.), Plant opal phytolith analysis in archaeology and paleoecology. Proceedings of the 1986 Phytolith Research Workshop, *Occasional Papers no.1 of the phytolitharien*, North Carolina State University, Raleigh, pp.52-56.

Wieler, A. 1893. Uber das Vorkmmen von Verstopfungen in den Gafässen mono- und dicotyler Plfanzen. Medeel. Proefstation Midden-java, pp.1-41.

Wieler, A. 1897. Beiträge zur Anatomie des Stockes von *Saccharum*. *Beitrage für Wissenschaftlichen Botanik*, **2**, 141.

Wiesner J. 1867. Einteitung in die technische Miroskopie nebst mikroskopisch technischen Untersuchungen, Vienna.

Wilding, L.P. 1967. Radiocarbon dating of biogenetic opal. *Science*, **156**, 66-67.

Wilding, L.P. and Drees, L.R. 1968a. Biogenic opal in soils as an index of vegetative history in the prairie peninsula. In Bergstrom, R.E. (ed.), The Quaternary of Illinois.: A symposium in observance of the centennial of the University of Illinois. Special Publication No. 14, University of Illinois, College of Agriculture pp.96-103.

Wilding, L.P. and Drees, L.R. 1968b Distribution and implications of sponge spicules in surficial deposits in Ohio. *The Ohio Journal of Science*, **68**, 92-99.

Wilding, L.P. and Drees, L.R. 1971. Biogenic opal in Ohio soils. *Soil Science Society of America Proceedings*, **35**, 1004-1010.

Wilding, L.P. and Drees, L.R. 1973. Scanning electron microscopy of opaque opaline forms isolated forest soils in Ohio. *Soil Science Society of America Proceedings*, **37**, 647-650.

Wilding, L.P. and Drees, L.R. 1974. Contributions of forest opal and associated crystalline phases to fine silt and clay fraction of soils. *Clays and Clay Minerals*, **22**, 295-306.

Wilding, L.P. and Drees, L.R. 1976. Biogenic opal in soils—Morphology, physical properties. In Harward, H. and Wada, K. (eds.), Amorphous and poorly crystalline clays. *Extended Abstract of U.S. - Japan Seminar*, Oregon State University, Corvallis, Oregon, pp.9-13.

Wilding, L.P. and Geissinger, H.D. 1973. Correlative light optical and scanning electron microscopy of minerals: A methodology study. *Journal of Sedimentary Petrology*, **43**, 280-286.

Wilding, L.P., Brown, R.E., and Holowaychuk, N. 1967. Accessibility and properties of occluded carbon in biogenetic opal. *Soil Science*, **103**, 56-61.

Wilding, L.P., Smeck, N.E., and Drees, L.R. 1977. Silica in soils: Quartz, cristobalite, tridymite, and opal. In Dixon, J.B. and Weed, S.B. (eds.), Minerals in Soil Environments. Soil Science Society of America, Madison, Wisconsin, pp.471-552.

Wilding, L.P., Hallmark, C.T., and Smeck, N.E. 1979. Dissolution and stability of biogenic opal. *Soil Science Society of American Journal*, **43**, 800-802.

Wilson, S.M. 1985. Phytolith analysis at Kuk, an early agricultural site in Papua New Guinea. *Archaeology of Oceania*, **20**, 90-96.

Witty, J.E. and Knox, E.G. 1964. Grass opal in some chestnut and forest soils in north central Oregon. *Soil Science Society of America Proceedings*, **28**, 685-688.

Wooller, M.J., Street-Perrott, F.A., and Agnew, A.D.Q. 2000. Late quaternary fires and grassland paleoecology of Mount. Kenya, East Africa: evidence from charred grass cuticles in lake sediments. *Palaegeography, Palaelimatology, Palaoecology*, **164**, 207-230.

Wu M.S.-Y. 1958a. The anatomical study of Bamboo leaves. *Quaternary Journal of the Taiwan Museum*, **11**, 349-370 (Plate I〜XI).

Wu M.S.-Y. 1958b. The classification of Bamusoidea based on leaf anatomy. *Botanical Bulletin of Academica Sinica*, **3**, 83-108 (Plate I〜III).

Wu, N., Lü, H.-Y., Nie, G.-Z., Wang, Y., Meng, Y., and Gu G. 1992. The study of phytoliths in C_3 and C_4 grasses and its palaeoecological significance. *Quaternary Science*, **3**, 241-251. (in Chinese with English abstract).

Wurschhmidt, A.E. and Korstanje, M.A. 2001. Maize and kitchens. First evidence of phytoliths in archaeological sites of north-western Argentina. In Meunier, J.D. and Colin, F. (eds.), Phytoliths: Applications in earth science and human history. A.A. Balkema Publishers, Rotterdam, pp.143-148.

Wüst, R.A.J. and Bustin, R.M. 2003. Opaline and Al-Si phytoliths from a tropical mire system of West Malaysia: abundance, habit, elemental composition, preservation and significance. *Chemical Geology*, **200**, 267-292.

Wüst, R.A.J., Ward, C.R., Bustin, R.M., and Hawke, M.I. 2002. Characterization and quantification of inorganic constituents of tropical peats and organic-rich deposits from Tasek Bera (Peninsular Malaysia): Implication for coal. *International Journal of Coal Geology*, **49**, 215-249.

Xie, S., Guo, J., Huang, J., Chen, F., Wang, H., and Farmond, P. 2004. Restricted utility of $δ^{13}C$ of bulk organic matter as a record of paleovegetation in some Loess-paleosol sequences in the Chinese Plateau. *Quaternary Research*, **62**, 86-93.

山縣耕太郎 1994. 支笏湖およびクッタラ火山のテフロクロノロジー, 地学雑誌, **103**, 268-286.

山根一郎 1973. 川渡山草地における土壌と植生, ペドロジスト, **17**, 112-119.

Yarilova, E.A. 1952. Crystrallization of phytolitharia in the soils. *Doklad Akademiya Nauk SSSR*, **83**, 911-912. (in Russian).

Yarilova, E.A. 1956. Mineralogical investigation of a sub-alpine Chernozem on andesite basalt. *Kora Vyvetrivaniya, Vip. 2, Akademiya Nauk SSSR*, Moskva, pp.45-60. (in Russian).

安田喜憲 2007. 環境考古学事始 ―日本列島2万年の自然環境史―, 洋泉社, 東京, 346pp.

Yeck, R.D. and Gray, F. 1969. Preliminary studies of opaline phytoliths from selected Oklahoma soils. *Proceedings of the Oklahoma Academy of Science and Forestry*, **48**, 112-116.

Yeck, R.D. and Gray, F. 1972. Phytolith size characteristics between Udolls and Ustolls. *Soil Science Society of America Proceedings*, **36**, 639-641.

Zang, W.X. 2002. The bi-peak-tubercle of rice, the character of ancient rice and the origin of cultivated rice. In Yasuda, Y. (ed.), Origins of pottery and agriculture. Lustre Press, New Delhi, pp.205-216.

Zeder, M.A., Emshwiller, E., Smith, B.D., and Bradley, D.G. 2006. Documenting domestication: the intersection of genetics and archaeology. *Trends in Genetics*, **22**, 139-155.

張 一飛・井上克弘・佐瀬 隆 1994. 洞爺火山灰以降に堆積した岩手火山テフラ層中の広域風成塵, 第四紀研究, **33**, 131-151.

Zhao, Z. 1988. The Middle Yangtze region in China is one place where rice was domesticated: Phytolith evidence from the Diaotonghuan Cave, Northern Jiangxi. *Antiquity*, **72**, 885-897.

Zhao, Z. and Piperno, D.M. 2000. Late Pleiostocene/Holocene environments in the Middle Yangtze River Valley, China and rice (*Oryza sativa* L.) domestication: the phytolith evidence. *Geoarchaeology*, **15**, 203-222.

Zhao, Z., Pearsall, D.M., Benfer, R.A. Jr., and Piperno, D.R. 1998. Distinguishing rice (*Oryza sativa* Poaceae) from wild *oryza* species through phytolith analysis, II: Finalized method. *Economic Botany*, **52**, 134-145.

Zheng, Y.You, X., Xu, J., Bia, Q., and Yu, W. 1994. Rice phytolithic analysis of Hemudu Site. *Journal of Zhejiang Agriculture University*, **1994**, 81-85. (in Chinese).

Zheng, Y., Dong, Y., Matsui, A., Udatsu, T., and Fujiwara, H. 2003. Molecular genetic basis of determining subspecies of ancient rice using the shape of phytoliths. *Journal of Archaeological Science*, **30**, 1215-1221.

Zheng, Y., Matsui, A., and Fujiwara, H. 2004. Phytoliths of rice detected in the Neolithic sites in the Valley of the Taihu Lake in China. *Environmental Archaeology*, **8**, 177-183.

Zhou, Tian-Su 1995. The detection of the accumulation of silicon in *Phalaenopsis* (Ochidaceae). *Annals of Botany*, **75**, 605-607.

Zo, J., Tang, L. and Wang C. 2005. On the origin of cultivated Keng rice (*Oryza sativa* L. Subsp. Japonica), *Scientica Agricultura Sinica 1998*: **31**, 75-81. (translated by Bryan Gordon; page nos.refer to original Chines text).

Zotov, V.D. 1963. Synopsis the grass subfamily Arundonoideae in New Zealand. *New Zealand Journal of Botany*, **1**, 78-136.

Zucol, A.F., Brea, M., and Scopel, A. 2005. First record of fossil wood and phytolith assemblages of the Late Pleistocene in El Palmar National Park (Argentina). *Journal of South American Earth Sciences*, **20**, 33-43.

Zurro, D., Madella, M., Briz, I., and Vila, A. 2009. Variability of the phytolith record in fisher-hunter-gatherer sites: An example from the Yamana society (Beagle Channel, Tierra del Fuego, *Argentina*). *Quaternary International*, **193**, 184-191.

あとがき

　私と植物ケイ酸体との，直接的出会いは，今から40年ほど前にさかのぼる。

　当時，私は，わが国におけるテフロクロノロジー（火山編年学）の先駆者の一人である山田　忍先生のもと，火山灰土壌の生成・分類や特性についての研究に携わっていた。その研究の一環として，北海道網走管内に分布する火山灰土壌の鉱物組成の分析を手掛けるなかで，顕微鏡の視野中に頻繁に出現する多様な形状の粒子の存在を知ることになる。その粒子は，輪郭が僅かに浮き上がって見え，色は無色から淡いピンク色を呈し，微細ながら一つひとつがまことに個性的であった。

　振り返れば，以来35年，私の専門である泥炭土壌研究の傍ら，興味を示す卒業論文や修士論文を書く学生と共に細々ながら植物ケイ酸体研究を継続してこれたのは，この植物ケイ酸体のもつ世界が奥深く興味の尽きないものであったからこそである。

　表題の「プラント・オパール」は，イギリスの土壌学者，F. Smithson により Nature (1956) のなかで初めて用いられた名称である。彼が従来から呼ばれてきた「ファイトリス」をわざわざ「プラント・オパール」と置き換えて使った理由は，かの宝石のオパールと植物ケイ酸体が，化学性や光学性をまったく一つにすることから，名称の一般化されやすい平易性を重視し，記憶に残りやすいその呼び方の美しいイメージに期待したからであろう。

　九州の火山灰土壌や東海地方東部の黒ボク土壌の腐植層から普遍的に検出されるプラント・オパールは，1950年後半にわが国においてにわかに関心が深まり，ペドロジスト誌第2号に特集として管野一郎氏，加藤芳朗氏などにより紹介された。しかし，最近の内外の研究を概観してみると，「オパールファイトリス」の名称の方が「プラント・オパール」よりも広く使われる傾向にある。

　本書の表題は，この傾向に逆らうようではあるが，あえて「プラント・オパール」の名称を使用することにした。その魅力的な語感から専門家に限らずより多くの方々に植物ケイ酸体について関心をもっていただき，この微細な鉱物から拡がる大きな世界を共有したいと考えたからである。ただし，本文中においては，プラント・オパール研究の時代的な経緯を踏まえ，今日，一般的に呼称されている「植物ケイ酸体」の用語を一貫して用いることにした。

　わが国においては，これまでのところ植物ケイ酸体の図鑑や，啓蒙的な解説書が残念ながらほとんど見られないのが現状である。本書は，その観点からも植物ケイ酸体学研究の一助になればと考え，これまで公表してきた研究成果を中心に，未公表の研究結果も含めて再構築し，纏めたものである。

　草稿の当初は，植物ケイ酸体学研究の入門書的な解説に，植物から分離した代表的植物ケイ酸体の走査型電子顕微鏡（SEM）写真を加えただけのものであった。北海道大学出版会編集者の成田和男氏と具体的な話し合いを重ねるなかで，植物ケイ酸体のSEM写真のリストが膨大であり，この多量のSEM写真を活かしながら，植物ケイ酸体学の基礎解説から応用面を含めた総合的な内容の著書にしてはどうかというありがたい助言をいただいた。再び内容を構築し直し，植物ケイ酸体の発見当初から今日に至る（1935〜2009年）までの簡潔な研究史を含め，基礎から応用までを解説した草稿が完成した。これに，各種植物から分離した植物ケイ酸体のSEM写真と，これまで内外において公表されてきた種々の論文を収録した引用・参考文献を加えて，本書の完成に至った次第である。

　前述のように，長年の研究生活のなかで，同定を目的として各種植物から分離し，撮影した植物ケイ酸体の写真は，我ながら驚くほどの量になっている。本書のなかでも，結果としてSEM写真の占める割合が高く，その意味から，表題を象徴的に「プラント・オパール図譜」とさせていただいた。副題の「走査型電子顕微鏡写真による植物ケイ酸体学入門」が，当初からの著者の意図した内容を十分に補ってくれるものと考える。

　植物ケイ酸体は，植物細胞の鋳型としてつくられる細胞のレプリカのようなものであるので，本来は植物の解剖学や形態学を対象とする基礎学問のなかで発展すべきものである。しかし，以外なことにそ

れら専門家によるアプローチは少なく，これまで，考古学，第四紀学，環境科学などでの応用面による研究のみが先行してきた。これらの研究の少なくとも一部は，植物の解剖学的知識のないままに形態の記載や用語を使用してきたため，植物ケイ酸体についての誤解を生じさせたことは否めない。本書では，植物ケイ酸体と植物細胞との関連や用語について，可能な限り解剖学的視点から解説を試みた。

なお，本書のSEM写真は，植物ケイ酸体の同定を補助する目的のために撮影したものであり，植物系統分類学的な意図をもって撮影したものではない。したがって，SEM写真はイネ科，カヤツリグサ科草本類，樹木類，シダ類などのようにごく大まかな分類による配列であることを承知していただきたい。

本著を書き終えて改めて思うことは，植物ケイ酸体研究は学問的体裁が未だ整っていないにも関わらず，その応用は驚くほど多岐にわたっていることである。

本文で紹介した文献数の推移から，過去20年の植物ケイ酸体研究の躍進は目を見張るものがある。一部の国や専門家に偏っていた植物ケイ酸体研究が，各国において植物ケイ酸体の植生復元能力に対する認識が高まるにつれて，多方面で広く応用されるようになってきた。その一方では，植物ケイ酸体についての記載用語，定義，同定の根拠など基本的，基礎的部分は未だ曖昧であり，各国や研究者間で異なった見解や解釈がなされている。

近年では，国際学会の前段ともいえるInternational Meetings on Phytolith Researchが欧米を中心に各国もち回りで隔年開催の会議を行っている。しかし，上記以外，植物ケイ酸体研究について自由活発に論議する公の場はほとんどなく，この打開策として，欧米やオーストラリアの研究者グループにより植物ケイ酸体の記載，分類などの名称を標準化しようとする試みが行われ始めている。

残念ながら，わが国においての植物ケイ酸体研究の現状は，特定の研究者に偏り，論議も十分とはいえない。研究者の横の繋がりを密にし，情報交換の場をもとうとする気運の創出が望まれる。

今後，植物ケイ酸体研究はどのように発展を遂げていくのであろうか。

三次元コンピューターグラフィック手法を駆使した植物ケイ酸体同定・分類は間近な課題であろう。^{14}C加速器質量分析計（AMS）測定の精度向上は，植物ケイ酸体の微量な吸蔵有機炭素の測定を容易にし，^{13}C同位体測定と共に，応用の幅を大きく広げることに繋がるであろう。いつの時代も，基礎的データの集積を怠ることなく，分析機器などの科学技術革新と相まって，植物ケイ酸体分析が，今後，考古学や環境科学を含めた多くの関連領域において，その存在価値を高めていくことを願ってやまない。

本書を執筆するにあたり，多くの方々に有形無形の多大なる援助をいただいた。

いずれも故人となられたが，恩師の帯広畜産大学山田　忍先生，田村昇市先生には現場に密着した土壌学を，前任教授の近堂裕弘先生には地学の魅力とフィールドワークについて有益なご指導をいただいた。個性豊かな三人の先生の教えは，今も私の研究基盤の大きな支えとなっている。

実際の実験などは，卒業論文や修士論文研究の一部として学生諸氏に分担していただいた部分が多く，特に，木下雅子氏，佐瀬　隆博士，本村浩之博士にはこの場を借りて感謝を申し上げたい。

植物試料の提供および採取の際にご便宜とご教示をいただいた柏木治次氏（富士竹類植物園），河野恭廣名古屋大学名誉教授，沢田壮兵帯広畜産大学名誉教授，筒木　潔教授（帯広畜産大学畜産学部），梅村弘博士（元長野農業試験場），北沢　実氏（帯広百年記念館），芝野伸策氏（東京大学北海道演習林），矢野義治博士（元国立科学博物館筑波植物園），ニュージーランドのDr. Cyril Childs（Formerly Landcare Research, Lower Hutt），Dr. Ian Atokinson（Formerly Landcare Research, Lower Hutt），フィリピンのDr. Ian A. Navarreteに心からの謝意を表する。

本書の出版にあたり，北大出版会の成田和男氏には計画の当初から刊行に至るまで，全般にわたり大変ご苦労をおかけした。豊富な経験にもとづく，熱心で適切な数々のご助言なくしては，本書の実現は難しかったであろう。また添田之美さんには校正でお世話になった。改めてお二人に感謝を申し上げる。

最後に，妻　映子は常に私の研究生活の傍らにあって，多忙な生活のなか，時には論文の清書，文章表現校正の一端をも担ってくれた。その献身的な支えに対して大きな感謝を記し，本書の結びとする。

2010年7月20日　　　　　　　近藤　錬三

事項索引

[ア]
青森三内丸山遺跡　308
青森・垂柳遺跡　306,307,309
亜寒帯　270
亜寒帯気候　295
亜寒帯針葉樹林　292
阿蘇4テフラ　292
天窓説　192
網目模様　34,35,36,65,68,225,250
アメリカマストドン　315
アルミナ質ファイトリス　181,187
亜鈴間短細胞　208
亜鈴形　73,75,223,244,246
亜鈴形クラス　244
亜鈴形ケイ酸体　38,39,232
亜鈴細胞間短細胞　207
亜鈴状型　246
泡状細胞　174,205,207,210
泡状細胞群　228
泡状細胞ケイ酸体　221
泡状細胞ケイ酸体の分類　248

[イ]
イオンスパッタリング装置　203
維管束鞘　210,211,217
異形　309
異形細胞　213
イスラエルの中・後期旧石器時代の洞窟遺跡　312
板状ケイ酸体　165
イチゴツナギ亜科　207
イチゴツナギ型　242,244,274
イチゴツナギ型クラス　244,247
イチゴツナギ型ケイ酸体　233
異地性　265,266,289,298
移入仮導管　214,219,270
イネ科起源ケイ酸体　293
イネ科植物ケイ酸体群集　270
イネ科植物ケイ酸体の分類　242
イネ科植物相　270
イネ科植物葉身の横断面　208
イネ科草本類の変遷　274
イネ機動細胞ケイ酸体　178,179,306
イネ籾推定生産量　308
疣状突起物　90
イワノガリヤ群落　286
イワノガリヤス－イヌスギナ群落　285
イワノガリヤス・ヨシ泥炭　283

[ウ]
浮きイネ　195
ウシノケグサ型　244,248,278,287
ウシノケグサ型クラス　247

ウシノケグサ型ケイ酸体　43,233
薄板状ケイ酸体　100
裏面紋様　225,306,307
ウルム氷期の最寒期　276

[エ]
穎細胞ケイ酸体　309
エゾシカ　314
エゾシカの糞分析　313
枝状ケイ酸体　213
エッジ効果　289
エネルギーフィルター電子分光顕微鏡　200
エネルギーロス分光電子顕微鏡　200
エレファントモア属　316
円形　218
円錐状ケイ酸体　216
円錐台形(型)　242,246,286～288,290
円錐台形ケイ酸体　62,99,233,244
円錐台形クラス　244
円筒形　246

[オ]
オイキット　263
黄色土　272
大型遺体　267
大型遺体分析　310
大型ケイ酸体　231
大型植物化石　283
オオモア属　316
オジロシカ　315
オルトケイ酸　192
温帯　277
温暖湿潤な気候　295

[カ]
かいば桶状ケイ酸体　116,217
塊状ケイ酸体　218
海藻状ケイ酸体　208
灰像分析　182,212
海綿骨針　174,267,298
海綿状組織　213
階紋模様　213
火焔状突起物　18,20,250
可給態ケイ酸　190
火山灰土壌　196
カシューナッツ状　213
カシューナッツ状ケイ酸体　213,258
加速器質量分析計　301
褐色森林土　266,272,295
仮導管　213
仮比重　281,308
株刈り　306

花粉帯　264, 301
花粉年代　301
花粉分析　173, 291
カボチャ栽培　311
下面　222
下面模様　60, 83, 85, 225, 249
カヤツリグサ型ケイ酸体　241, 252
カヤツリグサ型ケイ酸体の分類　251
ガラス破片状ケイ酸体　258
カリフラワー状　258
カレイ状ケイ酸体　8, 28, 208
灌漑技術　179
換算係数　281, 308
乾式灰化　199
完新世　266, 275, 291
完新世初頭　295
乾性沈着物　266
乾性林　270
乾燥化　288
乾燥・半乾燥　265
関東ローム層　277
間氷期　302
寒冷地土壌　266

[キ]
鬼界アカホヤテフラ　273, 279
機械的移動　266
気孔　205
気孔間長細胞　207, 208
気候極相　294
気候帯　270
気候変動　180
煙管状ケイ酸体　28, 29
亀甲紋様　34〜36, 225, 250
機動細胞　205, 207
機動細胞ケイ酸体　222
機動細胞ケイ酸体密度　279
機動細胞由来のケイ酸体　306
キビ亜科　207
キビ型　242, 246, 270, 278
キビ型クラス　244
キビ型ケイ酸体　34, 39, 232
給源細胞　218
吸収型トランスポーター Lsil 遺伝子　193
球状ケイ酸体　12, 220, 239
吸蔵有機物　188
暁新世　266
極相林　271, 272

[ク]
楔文字状ケイ酸体　163, 238
釧路湿原　282
嘴状ケイ酸体　258
屈折率　179
クッタラ4テフラ　292
くの字状ケイ酸体　119, 213
グラスビーズ法　263

グレイザー　315
グレートプレーンズ　180
グローブ状型　246
グローブ状ケイ酸体　11, 16, 207
クローブ油　202, 263
黒ボク土　180, 295
黒ボク土(の)生成開始期　294, 295

[ケ]
毛　205
ケイ化細胞　175, 192
ケイ化程度　265
蛍光 X 線分析　200
ケイ酸形骸　174
ケイ酸サイクル　197
ケイ酸細胞　207, 210, 265
ケイ酸植物　191
ケイ酸体　185, 207, 218
ケイ酸体の集積・発達過程　175
ケイ酸体の超微細構造　200
ケイ酸体密度　279, 282
ケイ酸の機能　192
ケイ酸の吸収と集積　190
ケイ酸の集積機構　176, 177
珪藻　185, 267, 283
珪藻分析　316
系統樹　179, 192
毛基部　208
結晶砂　199
結石　314
現地性　266, 289
顕微鏡調整資料の作成　202

[コ]
広域テフラ　275
高温湿潤気候　294
厚角組織　164, 165, 214, 215
後期洪積世テフラ　279
考古学遺跡　311
考古学遺物　311
黄砂　266, 298
格子つきプレパラート　262
更新世　266
更新世初頭　275
更新世中期　270
高層湿原　287, 288
厚壁異形細胞　213
厚壁異形細胞ケイ酸体　211, 237
厚壁組織　210, 213
孔辺細胞　207, 210, 213
小型ケイ酸体　231
古環境復元　189
黒色腐植層　279
古砂丘　299
湖沼堆積物　266
古植生復元　274
骨状ケイ酸体　47

骨状厚壁異形細胞　213
古土壌　275, 299
こぶ付き亜鈴形　73, 75
コルク　205
コルク細胞　208
ゴルフクラブ形クラス　244
ゴルフクラブ状型　246
ゴルフクラブ状ケイ酸体　207
根系の生痕化石　297
コンペイ糖状ケイ酸体　108, 258, 272
棍棒状ケイ酸体　94

[サ]
最終間氷期　291
最終氷期　291
細胞間隙　210
細胞タイプ　214, 242, 265
細胞内容物　135, 215
細胞壁　213
柵状組織　213
ササ属の地史的動態　291, 293
ササ属/メダケ属比　278
皿状ケイ酸体　70
酸素同位体ステージ　291
酸素同位体ステージ 5.1　278
酸素同位体ステージ 5d　292
酸素同位体ステージ 5e　292, 302
酸素同位体組成　267
酸素同位体比　181
産地同定　311

[シ]
軸方向柔組織　215
脂質　190
示準テフラ　270
刺状辺棒状型ケイ酸体　84
示性式　253
歯石　314
シダ植物　195
湿原　283
湿原植生　285, 287
湿原堆積物　287
湿式灰化法　201
湿地林　270
質量・発光分析計　186
師部　217
縞目模様　15, 20, 30, 76, 225, 250
下末吉ローム層　277
灼熱損失量　289
重液　202
シュウ酸石灰結晶　178, 316
シュウ酸石灰質のファイトリス　187
十字形　73, 223, 224
十字形ケイ酸体　9, 309, 310
柔組織　211
重量法　262
シュミット線　291

主脈および主脈間短細胞　208
主脈間長細胞　208
樹木起源ケイ酸体　237, 272
樹木起源ケイ酸体群集　272
樹木起源ケイ酸体の分類　255
シュルツ溶液　174, 201
小円形　43
硝酸・塩素酸カリウム　201
鍾乳体　120, 213
上面　222
縄文海進期　300
縄文時代後期　307
縄文時代前期　308
縄文時代晩期　306, 311
縄文中期　275, 276
縄文土器　311
縄文農耕　306
照葉樹起源ケイ酸体　272
照葉樹林　271, 272
照葉樹林の発達史　180
植生環境　294
植生帯　269
植生の変遷　287
植生履歴　274, 275
食道癌　176, 317
植被　295
植物遺体　283
植物起源粒子　185
植物ケイ酸体　173
植物ケイ酸体群集　261
植物ケイ酸体研究　173
植物ケイ酸体生産量　281
植物ケイ酸体組成　270, 274
植物ケイ酸体帯　264, 287
植物ケイ酸体ダイアグラム　264
植物ケイ酸体と土壌生成　293
植物ケイ酸体の安定性　265
植物ケイ酸体の移動・運搬機構　298
植物ケイ酸体の形状パラメーター　239
植物ケイ酸体の形態　205
植物ケイ酸体の硬度　315
植物ケイ酸体の識別　199
植物ケイ酸体の垂直方向への移動・運搬　266
植物ケイ酸体のタフォノミー　266, 306
植物ケイ酸体の蓄積率　301
植物ケイ酸体の同定　241, 263
植物ケイ酸体の発見　173
植物ケイ酸体の比表面積　265
植物ケイ酸体の風化度　301, 303
植物ケイ酸体の分離・抽出法　262
植物ケイ酸体の溶解性　265, 303
植物ケイ酸体の利点と欠点　267
植物ケイ酸体の粒径　231, 238
植物ケイ酸体分析　173
植物ケイ酸体分析の応用　269
植物ケイ酸体分析法の利点と欠点　267
植物ケイ酸体密度　272, 281, 283, 299, 302

植物ケイ酸体量　194, 281
植物蛋白石　182
植物分類群　218
シリカ細胞　185
シリカボデイ　185
試料採取法　261
皺模様　38, 59, 250
シンウォール・サンプラー　283, 287
深海堆積物　266
新規テフラ　299
新石器時代　309
腎臓結石　313
真比重　187
針葉樹起源のケイ酸体　277
森林土壌　197
森林破壊　295

[ス]
推骨状型　246
推骨状ケイ酸体　45, 54, 64, 72, 84, 89
水田稲作農耕　179
水田稲作農耕社会　306
水田稲作の発祥・伝搬　182
水田址調査法　307
水田農耕の開始　306
水田発祥・伝播　306
スカルプ模様　130, 220
ステグマタ細胞　217, 251
スプール状ケイ酸体　61
スポドグラム　212
スポドグラム分析　182

[セ]
生痕化石　179
赤外吸収スペクトル分析　188
赤色土　272
脊柱形クラス　244
脊柱状有腕細胞　207, 244
石灰質ファイトリス　178
セラミック　317
セレンゲティ大草原　177, 191
繊維　213
先駆植物　278
先端部　89, 227

[ソ]
草鞋遺跡　179
草原的植生　295
草原土壌　197
草原の変遷　180
走査型電子顕微鏡　176, 200
草種判定　314
双子葉植物　191
草食動物　313
草地　270
草地植生　293
草地植生型　270

側面　222
ソラマメ状ケイ酸体　213

[タ]
台形型ケイ酸体　243
第三紀前期　266
大腿骨状型　246
対比用ケイ酸体試料　262
第四紀　266
多角形状ケイ酸体　213, 237, 256
タケ型　242, 278, 283, 284, 286
タケ型クラス　244, 245
タケ型ケイ酸体　5, 18, 231
多湿黒ボク土　270
タソックランド　296, 316
立川ローム層　277
脱鉄処理　262
縦伸長型有腕柵状細胞　204, 207
縦長/側長比　7
多面体ケイ酸体　272
多面体状ケイ酸体　118
多様性　241, 263
短円錐台形　244
短円錐台形ケイ酸体　224
暖温帯　270, 278
炭化植物遺体　306
短座鞍形クラス　244
短細胞　174, 205, 265
短細胞ケイ酸体　221
短細胞ケイ酸体の分類　243
短座鞍形　62, 66, 246, 247
短座鞍形　223
短座鞍形クラス　247
短座鞍形ケイ酸体　64, 66
単子葉植物　191
ダンチク亜科　218
タンデトロン加速器質量分析装置　187
端面　222
端面下面部　19, 35, 68, 227
端面下部縦長/上部縦長比　249
端面形状　21, 60, 240
断面形態　306
端面上面部　66, 89, 90, 227
端面の形状　249

[チ]
チェルノーゼム　196
地下茎のケイ酸　211
中央突起　103
中間泥炭　287
中空嘴状ケイ酸体　104
中層湿原　285
中肋　213
長円錐台形　224
長円錐台形ケイ酸体　224
超音波処理　262
長細胞　174, 205, 210

長座鞍形　223
長座鞍形 a　223, 231, 246, 270, 284, 286, 299
長座鞍形 a クラス　244, 245
長座鞍形 b　58, 223, 246, 284, 286
長座鞍形 b クラス　244
長座鞍形ケイ酸体　5, 222
長台形　246
長台形クラス　244, 247
重複性　241, 263
直交ニコル　200
沈定法　200

[ツ]
通気組織　207
ツバサモア属　316
ツルコケモモ・ミズゴケ泥炭　283
ツーレ液　202

[テ]
低位泥炭堆積物　282
低温酸素プラズマ灰化装置　201
低層湿原　289
泥炭　283
泥炭構成植物　267, 283
泥炭生成作用　282, 283, 288
泥炭生態系　283
泥炭堆積物　283
泥炭蓄積年　282
泥炭の集積年数　287
電子顕微鏡　188
電子スピン共鳴年代　300
電子スピン共鳴法　181
電子プローブミクロ分光顕微鏡　200
電子分光影像顕微鏡　200
テンパー　179, 309
デンプン粒子　309

[ト]
透過型電子顕微鏡　200
導管要素　216
洞窟遺跡　179
凍結擾乱作用　266
動物ケイ酸体　186
動物の食性　179, 314
等方性　200
透明細胞　207, 227
トウモロコシ栽培　179, 309
洞爺テフラ　291
十勝忠類のナウマンゾウ包含層　292
土器形式系列　301
土器素材　312
土器胎土　306, 311, 312
特殊細胞　205
土壌温度レジューム　305
土壌層位　299
土壌中の植物ケイ酸体含量　197
土壌年代　305

土壌の堆積速度　306
「飛べない鳥，モア」の糞石　316
登呂遺跡　306

[ナ]
内皮　210, 214
内陸古砂丘　299
ナンキョクブナ　216, 239, 316

[ニ]
二酸化炭素固定の生化学的経路　189
乳頭双突　101, 213
乳頭突起　36, 37, 208, 210
乳頭突起物　101
尿結石　313, 317
人間の営力　294
人間の干渉　294

[ヌ]
ヌマガヤ型　284
ヌマガヤ型クラス　244

[ネ]
ネアンデルタール人　312
ネザサ率　302
ねじ飴状ケイ酸体　119
熱ルミネッセンス年代　300
熱ルミネッセンス法　181

[ノ]
農耕の起源　311
鋸歯辺棒状ケイ酸体　11, 24, 75
野焼き　294

[ハ]
バイオゲニックシリカ　185
バイオマス　291, 293
バイオリス　185
排出型トランスポーター Lsil 遺伝子　193
パイプ状型　246
パイプ状型クラス　244
パイプ状ケイ酸体　6, 78, 207
白亜紀後期　266
箱型ケイ酸体　93
土師器　311
波状辺棒状ケイ酸体　17, 214
畑作農耕　179
蜂の巣状ケイ酸体　135, 213, 258
バーティソル　266
バナナ栽培　311
ハネガヤ型　224, 246
ハネガヤ型ケイ酸体　99
ハネガヤタイプ　39, 285
歯のエナメル質　315
葉の向軸側　176, 205
葉の背軸側　176, 205
歯の微細摩耗模様　179, 315

はめ絵パズル状ケイ酸体　　237,256,272
半円状の突出物　　40
半自然草原　　270,275,294
半導体　　317
ハンノキ‐ムジナスゲ群落　　285
判別分析　　239

[ヒ]
非火山灰土壌　　272
微化石　　267,283
非黒ボク土　　191
非ケイ酸植物　　192
ヒゲシバ亜科　　207
ヒゲシバ型　　26,64,242
ヒゲシバ型クラス　　244,247
ヒゲシバ型ケイ酸体　　58,64,223
微細石英　　300,302
微細石英含量　　302
被子植物類　　195
非晶質含水ケイ酸　　186
皮層　　214
ヒプシサーマル期　　276
表皮細胞　　205,214,219

[フ]
ファイトリス　　186
ファン型　　242,246
ファン型ケイ酸体　　5,35,53,59,207,225,235,248,252
ファン型ケイ酸体の下面模様　　227
ファン型ケイ酸体の端面下部縦長/上部縦長比　　239
ファン型ケイ酸体の端面下部縦長/縦長(c/a)比　　240
ファン型ケイ酸体の分類　　248
ファン型ケイ酸体密度　　308
ファン型密度　　279
ファン型クラス　　244
フーウェライト　　199
風化度の基準　　303
風成2次堆積物　　297
風成塵　　266,298
風送塵　　274
封入剤　　202
複屈折　　199
複合亜鈴形　　73,75,223,244
副細胞　　210
副表皮　　215
腐植給源植物　　189,271
腐植酸のPg吸収強度　　297
腐植酸の生成過程　　297
腐植酸の特性　　289
腐植酸の腐植化度　　289,296
腐植集積　　294
二又脈系　　213
フトモモ科　　140
ブラウザー　　315
プリッケルヘア　　11,41,78,207,225
プリッケルヘアケイ酸体　　221
ブレード状ケイ酸体　　257

プレパラートの作成　　202
ブロモホルム　　202
分枝状ケイ酸体　　71,119
糞石　　179,199,316

[ヘ]
ベアードバク　　315
平滑辺棒状ケイ酸体　　89,152,238
平行脈系　　213
への字状ケイ酸体(A)　　122,123,257
への字状字状ケイ酸体(B)　　257
ヘラジカ　　315
偏光顕微鏡　　199

[ホ]
ポイント型　　235,242,246
ポイント型ケイ酸体　　11,36,41,69,207,225,234,275
ポイント型クラス　　244
放射柔組織　　215
放射組織　　218
棒状型　　242,246
棒状型クラス　　244
棒状ケイ酸体　　61
紡錘状ケイ酸体　　214
紡錘状細胞　　207
放牧家畜の採食草種の判定　　314
ホガエリガヤ型クラス　　244
星形　　246
星形クラス　　244
星形型　　290
星状厚壁異形細胞　　213
補食‐被補食の関係　　313
補助細胞　　207
ホスホエノールピルビン酸カルボキシラーゼ　　189
ホック状ケイ酸体　　106
ポドソル　　197
ポドソル様土壌　　196
ポリタグステン酸ナトリウム　　202
ポリネシア人　　295
ボール状ローム層　　299

[マ]
マイクロウエブ法　　181,201
埋没腐植層　　275
マオリ人　　316
マクロヘア　　207
マストドン　　179
マンモス　　316

[ミ]
ミクロヘア　　207
ミレット類　　249

[ム]
武蔵野ローム層　　277
ムジナスゲ‐イワノガリヤ群落　　285
ムジナスゲ‐ヨシ群落　　285

[メ]
メダケ率　302
緬羊の舎飼給餌試験　314

[モ]
モア　296
毛状突起　208
網状脈系　213
木性シダ　215
木部繊維　215
木部導管　210
盛り土や畦たて技術　179
モンテカルロ・シュミレーション　263

[ヤ]
焼畑　294
焼畑農耕　295,307
ヤスリ状型　246
ヤスリ状ケイ酸体　14,22,85
弥生時代　306
弥生時代中期　307,308

[ユ]
有縁壁孔　146,214
有機炭素量　188,293,302
有機炭素量のピーク　302
有効態ケイ酸　190
遊色効果　188
有毛鍾乳体　213

[ヨ]
葉肉細胞　207
葉部現存量　287
葉部生産量　287,290
容量法　262
横長/縦長比　240

[ラ]
ラグビーボール状ケイ酸体　117
裸子植物　195
螺旋紋　213

[リ]
リブロースホスフェイトカルボオキシラーゼ　189
粒径比　238
両端凹状棒状ケイ酸体　54,70
緑色組織　207

[ル]
累積性A層　297
累積テフラ層　279
累積テフラ堆積物　295
累積テフラ断面　273
累積テフラ・ローム層　274

[レ]
冷温帯　270,276〜278

[ロ]
ローカルな風成塵　275
ロゼット状ケイ酸体　258
ローム層　297

[ワ]
和櫛状ケイ酸体　14
ワックス包埋　199
腕細胞　207

[記号]
ΔLogKとRF値　296
$δ^{13}C$値　266
0.1 mm格子プレパラート　262
^{13}C自然存在比　181,189
^{14}C-AMS　301
^{14}C年代　181,266
^{14}C放射年代測定　300
$^{18}O/^{16}O$　181
3次元形態　202,221,228

[A]
Abaxial　205
Aerenchyma　207
AMS　181,187
Andisols　197
Arm Cell　207
Aso-4テフラ　292
Astro-sclereid　213,215
Axial parenchyma　215

[B]
Bottom View　222
Browzer　315
Bulliform Cell　207
Bundle sheath　217
Bundle sheath　210

[C]
C_3およびC_4イネ科植物　177
C_3植物　189
C_4植物　189
Cell wall　213
$CHBr_3$　202
Childe, V. G.　313
Chlorenchym　207
Chloridoid　175,242
Collenchyma　214
Colorless cell　227
Complex Dumbbel　223
Coprolite　199,316
Cork　205
Cork cell　205
Costal & Intercostal short cell　208
Cotex　214
Cross　223
Cystolith　120,213

[D]
Darwin, C.   173, 266
Dendroform Opals   212
Dichotomous venation   213
Dinornis novaezealandeae   316
Dinornis struthoides   316
DNA   181, 316
Dumbbel   223

[E]
EELS   200
EF-TEM   200
Ehrenberg, C. G.   173, 174
Elongate   175, 177, 242
En-古砂丘堆積物   299
End View   222
Endodermis   210, 214, 215
Epidermal cell   205
ESI   200
ESR   267
ESR 年代   300

[F]
Fan-shaped   177
Festucoid   175, 242, 287
Fiber   213
Fusoid Cell   207

[G]
Grazer   315
Guard cell   207

[H]
H_4SiO_4 192
Hair base   208
Hair cystolith   213
Hooke, R.   173

[I]
ICPN Working Group   241, 287
Idioblast   213
Ilimerization   266
Independent cystolith   213
Intercellular space   210
Intercostal long cell   208
Interzonal dumbbel short cell   208
Interzonal stomata long cell   208

[K]
Kt-4 層   292

[L]
Lobe   40
Long Saddle   222
Longitudinarlly elongated arm-palisade cell   207

[M]
Macro Hair   207
Mahagara 遺跡   309, 310
Megalaptery didinus   316
Mesophyll   207, 215
Micro Hair   207
Midrib   213
Molisch, H.   182, 212
Multiplicity   241, 263

[N]
n-アルカン   190

[O]
O-アルキルカーボン   190
Opal phytolith   173
Osteo-sclereid   213

[P]
Pachyornis australi   316
Palisade tissue   213
Panicoid   175, 242
Papilla   208
Parallel venation   213
PEP   189
Phloem   217
Pit bordered   214
Point-shaped   177
Pooid   177
Prickle Hair   207

[R]
Rachymorphous arm-cell   207
Ray parenchyma   215
Real Alto 遺跡   309
Redundacy   241, 263
Reticulate venation   213
RI   179
Rondel   43, 218
RuBP   189

[S]
Sclerenchyma   210, 213
Sclrereid   213, 215
SEM   200
Short Saddle   223
Short Truncated Cone   224
Side View   222
Silica Body   207
Silica Cell   207
Silica Skelton   174
$SiO_2 \cdot nH_2O$ 186
Spherical Scalloped Phytoliths   220
Spherical Spinulose Phytolith   217
Spongy tissue   213
SPT   202
Stipa Type   39, 224

Stomata 205
Subepidemis 215
Subsidiary cell 207

[T]
TEM 188,200
Thoulet 液 202
TL 267
TL 年代 300
Top View 222
Tracheid 213
Transfusion tracheid 214
Trapezoid ケイ酸体 243
Trichome 205,208

[V]
Variant 309
Vessel element 216
Vessel 210

[X]
X 線解析分析 188
Xylem fiber 215

[Y]
Y の字状 213
Y の字状ケイ酸体 119,122,123,213,272
Y の字状ケイ酸体 A 257
Y の字状ケイ酸体 B 257

和名索引

[ア]
アオイ科　195
アオギリ科　195
アオゴウソ　254
アオナリヒラダケ　235,236
アオモリトドマツ　238
アカエゾマツ　155,238
アカガシ　123,194,237
アカザ科　195
アカシア属　218
アガチス属　144
アカテツ科　195,215
アカトウヒ　156
アカネ科　195
アカバクスノキ属　135
アカマツ　149,238
アカミグワ　194
アカンカサスゲ　255
アケピロ　136
アケボノザサ　234,235
アサダ　194
アサダ科　195
アシアイ　232
アシボソ　232
アズマザサ　15,227,234,235
アズマザサ属　15,231
アズマネザサ　21,227
アゼスゲ　254,255
アナナス属　113
アピトン　141
アブラガヤ　103,254,255
アフリカヒゲシバ(ローズソウ)　70,226
アマギシザサ節　13,231
アメリカカラマツ　163
アメリカニレ　194
アメリカネズコ　146
アメリカハリグワ　194
アメリカヒバ　238
アラカシ　194,237
アレクトリオン属　138
アワ　77,102,212,232,307
アワガエリ属　48,49
アワガネザサ　22
アワ属　307
アンチポロ　121

[イ]
イイギリ科　195
イグサ科　195
イスノキ　119,237,267
イスノキ属　119,213
イタヤカエデ　270

イタリアンライグラス　194,226
イチイ　145
イチイ科　145,195
イチイガシ　237
イチイ属　145
イチゴツナギ　233
イチゴツナギ亜科　43,46,192,193,224,225
イチゴツナギ属　43,233
イチゴツナギ連　43
イチジク属　120
イッポンスゲ　254
イトイヌノハナヒゲ　194
イトキンスゲ　254
イトスゲ　254
イトススキ　83
イヌガシ　134
イヌスギナ　169
イヌビエ　75,223,228,235,236,307
イヌビエ属　194
イヌビワ　120
イヌマキ科　195
イヌムギ　233
イネ　34,101,191,194,195,223,227,232,234
イネ科　5,194,317
イネ属　34,193
イネ連　34,192,232
イノデ属　167
イブキザサ　13,234,235
イラクサ科　177,195
イラモミ　155
イワキスゲ　255
イワタバコ科　195
イワノガリヤス　47,194,233,235,287
イワヒバ科　168,195
イワヒバ属　168
インヨウチク　23,235
インヨウチク属　23

[ウ]
ウエインマニア属　137
ウエジ　170
ウコギ科　195,258
ウシクサ　197
ウシノケグサ　43,224,233
ウシノケグサ属　43,233
ウスイロスゲ　254
ウバメガシ　237
ウマノスズクサ科　195
ウマノチャヒキ　233
ウラジロガシ　123,194,237
ウラジロモミ　238
ウラハグサ　55,227,235,236

ウラハグサ属　55
ウリ科　177, 195
ウルシ科　195, 215
ウンゼンザサ　209, 234, 235

[エ]
エスカロニア科　139
エゾアブラガヤ　103, 194
エゾコウボウムギ　105
エゾサヤヌカグサ　37, 232
エゾサワスゲ　255
エゾツリスゲ　255
エゾノコウボウムギ　254
エゾノサヤヌカグサ　234
エゾマツ　158, 238
エゾミヤコザサ　10, 209
エノキ　194
エノコログサ　77, 226, 307
エノコログサ属　77, 228, 236
エンバク　101, 212
エンポデスマ属　107, 219

[オ]
オイオイ　107, 218, 239
オウシュウトウヒ　155
オウムバナ　116, 267
オウムバナ科　178, 195
オウムバナ属　116, 217
オウムバナ属の一種　116
オオアブラススキ　82, 232
オオアブラススキ属　82
オオアワガエリ(チモシー)　48, 49, 193, 233, 313
オオイトスゲ　255
オオイヌノハナヒゲ　103, 194
オオエノコログサ　77, 232
オオカサスゲ　255
オオカワズスゲ　194
オオクマザサ　9, 10, 94, 187, 191, 222, 289
オオニワホコリ　64, 232
オオネズミガヤ　232
オオバヤダケ　18
オオハリスゲ　254
オオムギ　46, 194, 212, 233, 235
オオムギ属　46
オガタマノキ　194
オカメザサ　31, 235
オカメザサ属　31, 231
オギ　83, 99, 194, 236
オキナワミチシバ　194
オクノカンスゲ　104, 194, 254
オクヤマザサ　234, 235
オシダ科　167
オーストラリアンサルトグラス　68
オトギリソウ科　195
オニナルコスゲ　104, 194, 255
オヌカザサ　209
オヒゲシバ属　70, 228

オヒシバ　69, 223, 228, 232, 234～236
オヒシバ属　69, 309
オヒョウ　121
オモダカ科　195
オレアリア属　136
オロシマチク　26

[カ]
カウリ　144
カエデ科　194, 195, 213
カキノキ科　195
カサスゲ　104, 194
ガジュマル　120, 213
カシワ　122, 194, 270
カゼクサ　64, 194, 235, 236
カゼクサ属　232
カタハタミヤコザサ　209
カトエ　170
カナクギノキ　237
カナダツガ　238
カナダトウヒ(シロトウヒ)　156
ガニア　103
ガニア属　103
カニツリグサ　233
カバノキ科　194, 195
カブスゲ　254
カボチャ属　178, 218
ガマ科　316
ガマグラス属　309
カマヒ　137
カミカワスゲ　254
カモガヤ(オーチャードグラス)　42, 194, 226, 233
カモガヤ属　42
カモノハシ　232
カヤツリグサ科　103, 178, 194, 195, 239, 317
カヤツリグサ目　177
カラスムギ　212, 235
カラスムギ属　50
カラスムギ連　50
カラチア属　117
カラマツ　162, 187
カラマツ属　162, 194, 214, 238
カルーナ　187
カルポデッス属　139
カロ　140
カワゴケソウ科　195
カワラスゲ　254
ガンコウラン　187
カンザンチク　19
カンチク　25, 235
カンチク属　25, 225, 231
カンナ科　195, 217
カンラン科　195, 215

[キ]
キオノクロア属　62, 233
キク　267

和名索引

キク科　　136, 191, 195, 316
キシリス科　　195
キスジクマザサ　　5
キタコブシ　　118
キタゴヨウ　　149, 238
キタノカワズスゲ　　255
キツネノゴマ科　　195
キビ　　72, 102, 212, 227, 232
キビ亜科　　72, 192, 236
キビ属　　72, 236, 307
キビ連　　73, 178
キャッサバ　　267
ギョウギシバ連　　69
キョウチクトウ科　　195
ギョウリュウモドキ　　187
キンエノコログサ　　77, 232, 235, 236, 307
キントラノオ科　　195
キンポウゲ科　　195
ギンメイホテイ　　26, 209

[ク]
グイマツ(樺太系)　　165
グイマツ属　　214
グイマツ(ダフヒアカラマツ)　　165, 238
クサヨシ　　50, 233, 235
クサヨシ属　　50
クジャクフモトシダ　　168
クシロチャヒキ　　233
クズウコン科　　195, 217
クスノキ　　131, 194, 237
クスノキ科　　131, 178, 194, 195, 213, 237
クスノキ属　　131
クヌギ　　237
クマイザサ　　5, 313
クマザサ　　94, 193, 235
クマツヅラ科　　143, 195
クライミング・バンブー　　33
グラウカトウヒ　　238
クラチンガン　　142
グランデスモミ　　160, 230, 238
クリソバラヌス科　　174, 195
クリノイガ属　　309
クルミ科　　195, 258
グレーンスゲ　　254
クロアブラガヤ属　　103
クロカワズスゲ　　254
クロチク　　26
クロツグ　　108, 194
クロツグ属　　108
クロベ属　　146
クロモジ　　194, 237
クロモジ属　　131
クワ科　　120, 121, 178, 193～195, 258

[ケ]
ケイヌビエ　　75, 232, 307
ケチヂミザサ　　73, 226, 232, 235

ゲッケイジュ　　237
ケヤキ　　121, 194
ケヤキ属　　121
ケヤリスゲ　　255

[コ]
ゴウソ　　255
コウボウ　　50, 233
コウボウシバ　　254
コウボウ属　　50
コウボウムギ　　194
ゴキダケ　　22
コケシノブ科　　195
コケスギラン　　291
コゴメグサ属　　317
コゴメスゲ　　254
ココヤシ　　109
コシノネズミガヤ　　66, 226, 232, 235, 236
コショウ科　　195
コスズメノチャヒキ　　52, 194, 224, 233
コチョウラン　　112
コチョウラン属　　112
コナラ　　194, 237
コナラ属　　122, 123
コヌカグサ　　51, 233
コバノイシカグマ科　　167, 168, 195
コブナグサ　　87, 223, 232
コブナグサ属　　87
コポロスマ属　　317
コマチダケ　　32
ゴマノハグサ科　　195
コムギ　　44, 101, 226
コムギ属　　44, 45, 193, 194
コムギ連　　44, 46
コメツガ　　166, 238
コロラドトウヒ　　156
ゴンゲンスゲ　　254, 255
コンテリクラマゴケ　　168
コントラマツ　　149

[サ]
サガリバナ科　　195
ササガヤ　　88
ササガヤ属　　88
ササキビ　　77
ササ属　　5, 231
ササ類　　194
サツマイモ　　267
サトイモ科　　195
サトウカエデ　　194
サトウキビ　　235, 236
サドスゲ　　254
サトチマキ　　5
サヤヌカグサ属　　37
サルトリイバラ科　　195
サワラ　　146, 238
サンアソウ科　　107, 195, 218, 239

[シ]

シイノキ属　125, 213
シカクイ　194, 254, 255
シクンシ科　195
シシガシラ科　167, 168
ジスチクリス　68
シソ科　195
シダ類　191, 317
シデ　194
シナノキ科　195
シバ　71, 232, 235, 236
シバ属　71, 228
シブヤザサ　234, 235
シベリアトウヒ　157, 285
シホウチク　30, 235
シホウチク属　30, 225, 231
シマヒゲシバ　70, 194, 235, 236, 240
ジャガイモ　267
ジャケツイバラ科　195
シャコタンチク　5, 235
ジュズダマ　90, 102, 232, 234～236
ジュズダマ属　90, 235
シュミットスゲ　254
ショウガ科　114, 195, 218
シラカシ　194, 237
シラスゲ　194, 254
シラビソ　160
シリブカガシ　127, 237
シルバータソック　43, 233
シルバービーチ　317
シロガネヨシ　61, 233
シロガネヨシ属　61
シロガネヨシ連　61
シロギリ属　142
シロシマインヨウチク　24
シロダモ　134, 194, 237
シロダモ属　134
シロマツ　148
シンピジュウム　112
シンピジュウム属　112, 217

[ス]

スイカズラ科　195
スイレン科　195
スエコザサ　15, 234, 235
スギ科　195
スキゾスタキュム属　33
スゲ　284
スゲ属　104
スズカケノキ科　195
ススキ　83, 99, 187, 194, 232, 236
ススキ属　83, 193, 194, 235
スズコナリヒラ　234
スズタケ　17, 95, 191, 234, 235
スズタケ属　17, 231
スズメガヤ　232
スズメガヤ亜科　192

スズメガヤ属　64
スズメガヤ連　64
スズメノチャヒキ　233
ズメノチャヒキ属　52
スズメノチャヒキ連　52
スズメノヒエ属　307
スダジイ　125, 194, 237, 267
ストローブマツ　152, 238
スポラダンツス属　107

[セ]

セイタカヨシ　58, 235, 236, 240
セイヨウダンチク　53, 194
センダン科　195
センブラマツ　154, 187
センリョウ科　195
セン類　317

[ソ]

ソナレシバ　194
ソルゴー　212

[タ]

タイサンボク　194, 237
タイミンチク　19, 234, 235
タイワンマダケ　209, 227
タガネソウ　105
タカネノガリヤス　194
タカワラビ科　170, 195
タカワラビ属　170
ダグラスモミ　166, 194
タケ亜科　5, 191, 235
タケ類　194
タケ連　5, 192, 225
タコノキ科　195
タジマシノ　16
タツノツメガヤ　65
タツノツメガヤ属　65
タテ科　195
タヌキラン　105, 255
タブノキ　129, 130, 194, 237, 267
タブノキ属　129
タライリ　135
タワ　135
ダンソニア連　62
ダンチク　53, 194, 226, 227, 232, 235, 236
ダンチク亜科　53, 178, 228, 235
ダンチク属　53, 193, 228, 235
ダンチク連　53, 229

[チ]

チガヤ　85, 236
チガヤ属　85
チカラシバ　80, 232, 234, 235
チカラシバ属　80, 307
チゴザサ　21, 227, 234, 235
チゴザサ属　225

チシマザサ	7, 94, 222, 227, 234
チシマザサ節	7, 231
チヂミザサ	236
チヂミザサ属	73, 307
チトキ	138
チトセスズ	12
チマキザサ	5, 226, 270
チマキザサ節	5, 231
チュウゴクザサ	5, 227, 234〜236
チュウゼンジスゲ	255
チョウセンカラマツ	164, 165
チョウセンハリモミ	157
チョウセンモミ	159
チリメンガシ	237

[ツ]

ツガ属	166, 194
ツクバナンブスズ	234, 235
ツクバネガシ	124, 194, 237
ツツジ科	195
ツヅラフジ科	195
ツブラジイ	126, 237
ツユクサ科	195
ツユクサ目	177
ツリフネソウ科	195
ツルコケモモ	187
ツルスゲ	254
ツルヨシ	58, 232

[テ]

テキリスゲ	254
テツホシダ	167
テンキグサ	233
テンキグサ属	46

[ト]

トウエンソウ科	195
トウシラベ	160, 238
トウダイグサ科	195, 215
トウチク	29, 234, 235
トウチク属	29, 231
トウヒ属	155, 194, 237, 238
トウモロコシ	91, 177, 194, 234〜236
トウモロコシ属	91, 225
トエトエ	61
トガサワラ	267
トガサワラ属	166
トキワススキ	84
ドクウツギ科	195
トクサ	191, 194
トクサ科	169, 194, 195
トクサ属	169
トショウ(ネズミサシ)	147
トタシバ	81, 227
トタシバ属	81
トタシバ連	81
トチカガミ科	195
トドマツ	161, 187
トベラ科	140, 195
トベラ属	140
トラフヒメバショウ	117

[ナ]

ナキリスゲ	104
ナス科	191, 195
ナリヒラダケ	27, 235
ナリヒラダケ属	27, 231
ナルコスゲ	254
ナルコビエ属	307
ナンキョクブナ	239
ナンキョクブナ属	128, 215, 317
ナンブザサ節	231
ナンブスズ	12, 226
ナンブスズ節	12
ナンブネマガリ	16
ナンヨウスギ科	144, 195

[ニ]

ニオイヒバ	238
ニカウ	108
ニガキ科	195
ニクズク科	195
ニグティア属	139, 219
ニシキギ科	195
ニレ科	178, 193〜195, 213
ニレ属	121

[ヌ]

ヌカボ	193
ヌカボ属	51
ヌマガヤ	56, 194, 222, 223, 226, 232, 234〜236, 284
ヌマガヤ属	56

[ネ]

ネグンドカエデ	194
ネザサ節	21, 231, 232
ネズミガヤ	232, 234, 235
ネズミガヤ属	67, 236
ネズミムギ	40, 233
ネムノキ亜科	218
ネムノキ科	195

[ノ]

ノウゼンカズラ科	195
ノガリヤス属	47, 193

[ハ]

ハイキビ	194
パイナップル	113, 267
パイナップル科	113, 195, 217
ハイマツ	153
ハガクレスゲ	254
ハガワリメダケ	20, 234, 235
ハクサンスゲ	254

ハクモクレン 118, 194
ハコネダケ 21, 234
ハコネナンブスズ 234, 235
ハコネメダケ 15
バショウ科 195, 217
バショウ属 115, 217
ハタベスゲ 255
ハチジョウススキ 83, 194, 227
ハードビーチ 128, 240
ハトムギ 90, 232, 235
ハナイ科 195
ハナカンナ属 113
バナナ 115
バナナ科 178
ハナマガリスゲ 255
パナマソウ科 195
ハネガヤ 39, 224, 234, 235
ハネガヤ属 39
ハネガヤ連 39
パパイヤ科 195
ハマガヤ 65, 194
ハマガヤ属 65, 236
ハマゴウ属 143
ハマニンニク 46
ハマビシ科 195
ハマビワ 132, 237
ハマビワ属 132, 133
バラ科 195
バリバリノキ 132, 267
バルサムモミ 159, 238
ハルニレ 270
バンクスマツ 148, 238
ハンノキ 270
パンノキ属 121
バンレイシ科 195

[ヒ]
ピイウピイウ 167
ヒエ 76, 100, 102, 212, 232
ヒエスゲ 254
ヒエ属 75, 236, 307
ヒカゲスゲ 254, 255
ヒガンバナ科 195
ヒゲシバ 232
ヒゲシバ亜科 64, 228, 236
ヒゴクサ 254
ヒトモトススキ 103, 254
ヒナノシャクジョウ科 195
ヒノキ科 146, 195, 258
ヒノキ属 146
ヒマワリ属 178
ヒメアブラススキ連 82, 211
ヒメカナリーグラス 233
ヒメカナワラビ 167
ヒメカワズスゲ 254
ヒメカンスゲ 254
ヒメシダ科 167, 168

ヒメシダ属 167
ヒメシマダケ 21
ヒメシラスゲ 254
ヒメスゲ 254, 255
ヒメモトススキ属 103
ビャクシン 187
ビャクシン属 147
ヒユ科 195
ヒョウタン 267
ヒラウチサボテン 316
ヒラギシスゲ 194, 255
ヒルガオ科 195
ヒルギ科 195
ビロードスゲ 254
ヒロバオゼヌマスゲ 254
ヒロバスゲ 104, 254, 255
ヒロハナドジョウツナギ 233
ビワモドキ科 195

[フ]
フイリスズ 17
フシゲイブキザサ 13
フシゲミヤコザサ 209
プセウドパナクス 317
フタバガキ科 195, 215
フタバガキ属 141
プタプタウエタ 139
フチョウソウ科 195
フトイ 103, 194, 254, 255
フトイ属 103
フトモモ科 140, 195
ブナ 122
ブナ科 122, 178, 193, 194, 213, 237
ブナ属 122, 213
プーハー 316
フモトシダ 167, 168
フモトシダ属 167
ブラキグロッティス属 136
ブラックビーチ 128, 240
ブラックベリー 315
プリリ 143
ブルセラ科 195
ブレキナム属 167
プレリーグラス 233
フレンチカンナ 113

[ヘ]
ペクチナモミ 187
ヘケタラ 136
ヘゴ科 170, 195
ヘゴ属 170
ベニノキ科 195

[ホ]
ホウオウチク 32, 222
ホウショウチク 32
ホウノキ 194

ホウライチク	32, 235	ミヤコザサ	10, 209, 234, 235, 270
ホウライチク属	32	ミヤコザサ節	9, 209, 231
ホガエリガヤ	51	ミヤマクロスゲ	255
ホガエリガヤ属	51	ミヤマジュズスゲ	255
ホザエリガヤ連	51	ミヤマノガリヤス	194
ホザキアヤメ	114	ミロ/トタラ	317

[ム]

ムクロジ科	138, 195
ムジナスゲ	105, 194
ムツオレダケ	209
ムラサキ科	195

ホザキアヤメ属	114		
ホシクサ科	195		
ホシダ	167		
ホソスゲ	254		
ホソバザサ	10, 209		
ホソバタブ	130		
ホソバトウチク	234		
ホソバヒカゲスゲ	254		
ホソムギ	40, 233		
ホソムギ属	40		

[メ]

メガルカヤ	89, 232
メガルカヤ属	89
メギ科	195
メダケ	20, 234, 235
メダケ節	20, 231, 232
メダケ属	19, 178, 225, 231
メトロシデロス属	140, 215
メヒシバ	79, 223, 232, 235
メヒシバ属	79, 307
メンヤダケ	18

ポタニカラマツ	163
ホタルイ	103, 255
ボタン科	195
ホテイアオイ科	195
ホテイチク	209
ポプロスマ	317
ボロボロノキ科	195
ホロムイスゲ	104, 194
ポンゴ	170
ポンデローサマツ	151, 215, 258

[モ]

モウソウチク	26, 234
モエギスゲ	254
モクマオウ科	195, 218
モクレン	194
モクレン科	118, 178, 193, 194, 213, 237
モクレン属	118
モミ属	159, 194, 237, 238
モラベ	143
モリンガ科	195
モロコシ	86, 100, 101, 211
モロコシ属	86
モンチコラマツ	149

[マ]

マウンティントアトア	317
マウンティンビーチ	240, 317
マケドニアマツ	153
マコマコ	317
マコモ	38, 194, 232
マコモ属	38
マダケ	26, 223, 234
マダケ属	26, 209, 225, 231
マツ科	148, 194, 195, 258
マツ属	148, 194, 237, 238
マテバシイ	127, 194, 237
マテバシイ属	127
マニラアサ	115
ママク	170
マヤカ科	195
マンゲアオ	133
マンサク科	119, 195, 213, 237
マンシュウカラマツ	164
マンシュウクロマツ	150

[ヤ]

ヤエヤマヤシ	108, 194
ヤエヤマヤシ属	108
ヤシ科	108, 178, 194, 195
ヤシ属	109, 111
ヤダケ	226, 234
ヤダケ属	18, 231
ヤチカワズスゲ	254
ヤチスゲ	254
ヤチダモ	270
ヤチハンノキ	194, 287
ヤチヤナギ	284
ヤツガタケトウヒ	157, 238
ヤドギリ科	195
ヤナギ科	195
ヤブコウジ科	195
ヤブスゲ	254
ヤブニッケイ	131, 194, 237

[ミ]

ミカヅキグサ属	103
ミズゴケ	284
ミズナラ	237
ミズニラ属	317
ミソハギ科	195
ミタケシノ	15
ミネズオウ	187
ミノボロスゲ	255

ヤマアゼスゲ　254
ヤマアワ　47, 233, 235
ヤマクワ　213
ヤマコウバシ　131, 194, 258, 267
ヤマノイモ科　195
ヤマモガシ科　139, 195, 218〜220
ヤム　267
ヤラメスゲ　194, 254

[ユ]
ユリ科　191, 195

[ヨ]
ヨシ　58, 97, 187, 223, 227, 232, 234〜236
ヨシ属　58, 193, 194, 232, 235
ヨナイナンブスズ　12
ヨモギ　291
ヨーロッパアカマツ(シベリアアカマツ)　149, 183, 237
ヨーロッパイチイ　145
ヨーロッパウシノケグサ　187
ヨーロッパカラマツ　164
ヨーロッパクロマツ　150, 237, 238
ヨーロッパトウヒ　238
ヨーロッパブナ　187
ヨーロッパモミ　238

[ラ]
ライムギ　101, 212
ラウポ　316
ラシオカルパモミ(アルプスモミ)　160
ラッキョウヤダケ　18, 234, 235
ラフラフ　167
ラン　267
ラン科　112, 178, 195, 217

ランギオラ　136

[リ]
リキダマツ　153, 154, 237, 238
リシリスゲ　254
リチドスペルマ属　63
リチドスペルマ　セティホリュウム　317
リップグッドブロム　233
リュウキュウチク　19, 234, 235
リュウキュウチク節　19, 232
リュウゼツラン　316
リュウゼツラン科　195
リュウビンタイ　168, 169
リュウビンタイ科　168, 169, 195
リュウビンタイ属　168, 169
リュキュウチク節　231

[レ]
レジノサマツ　154
レッドビーチ　128, 240
レプトカルプス属　107
レワレワ　139, 239

[ロ]
ロッコウミヤコザサ　10, 209
ロパロスティリス属　108, 111

[ワ]
ワイヤラッシュ　107, 218, 240
ワタスゲ　104, 254, 255, 284
ワタスゲ属　104
ワラビ　167
ワラビ属　167

学名索引

[A]

Abies balsamea　159
Abies grandis　160
Abies koreana　159
Abies lasiocarpa　160
Abies nephrolepis　160
Abies sachlinensis　161
Abies veitchii　160
Agathis　144
Agathis australis　144
Agave stricta　316
Agrostis　51
Agrostis gigantea　51
Alectryon　138
Alectryon excelsus　138
Ananas　113
Ananas comosus　113
Andropogon greardi　197
Andropogoneae　82
Angiopteris　168, 169
Angiopteris lygodiifolia　168, 169
Araucariaceae　144
Arenga　108
Arenga engleri　108
Aristotelia spp.　317
Arthraxon　87
Arthraxon hispidus　87
Artocarpus　121
Artocarpus sericarpus　121
Arundinaria auricma　208
Arundineae　53
Arundinella　81
Arundinella hirta　81
Arundinelleae　81
Arundinoideae　53
Arundo　53
Arundo donax　53
Arundo donax var. *versicolor*　53
Avena　50
Avena fatua　50
Avena sativa　101
Aveneae　50

[B]

Bambusa　32
Bambusa glancescens　32
Bambusa multiplex　32
Bambusa multiplex f. *variegata*　32
Bambusa multiplex var. *elegans*　32
Bambuseae　5
Bambusoidease　5
Beilshmiedia　135

Beilshmiedia tarairi　135
Beilshmiedia tawa　135
Blechnaceae　167, 168
Blechnum　167
Blechnum discolor　167
Brachyetreae　218
Brachyglottis　136
Brachyglottis repanda　136
Bromeliaceae　113
Bromus　52
Bromus inermis　52
Brylkinia　51
Brylkinia caudata　51
Brylkinieae　51

[C]

Calamagrostis　47
Calamagrostis epigeios　47
Calamagrostis langsdorffii　47
Calathea　117
Calathea zebrina　117
Canna　113
Canna xgeneralis　113
Carex　104
Carex dispalata　104, 106
Carex foliosissima var. *foliosissima*　104, 106
Carex insaniae　104, 105
Carex lasiocarpa var. *occultans*　105
Carex lenta　104
Carex macrocephala　105
Carex middendorfii　104, 106
Carex podogyna　105
Carex siderosticta　105
Carex vesicaria　104
Carpodetus　139
Carpodetus serratus　139
Castanopsis　125, 126
Castanopsis cuspidata　126
Castanopsis sieboldii　125
Chamaecyparis　146
Chamaecyparis prisfera　146
Chimonobambusa　25
Chimonobambusa marmorea　25
Chionochloa　62, 233, 296, 316
Chionochloa acicularis　232
Chionochloa beddiei　232
Chionochloa cheesemanii　62
Chionochloa conspicua　232
Chionochloa flavescens　232
Chionochloa pallens　232
Chionochloa rigida　62, 232
Chionochloa rubra　62

Chionochloa spialis　232
Chionochlora　316
Chloridoideae　64
Chloris　70
Chloris barbata　70
Chloris gayana　70
Cinnamomum　131
Cinnamomum camphora　131
Cinnamomum japonicum　131
Cladium　103
Cladium chinense　103
Cocos　109, 111
Cocos nucifera　109
Coix　90
Coix lacryma-jobi　90, 102
Coix lacryma-jobi var. *mayuen*　90
Compositae　136
Coprosma spp.　317
Cortaderia　61, 233
Cortaderia argentea　61
Cortaderia richardii　232
Cortaderia toetoe　61, 232
Cortaderiae　61
Costus　114
Costus malortieanus　114
Crassinodi　9
Cucurbita　218
Cunoiaceae　137
Cupressaceae　146
Cyathea　170
Cyathea dealbata　170
Cyathea medusium　170
Cyathea smithii　170
Cyatheaceae　170
Cymbidium　112
Cymbidium sp.　112
Cynodonteae　69
Cyperaceae　103, 317

[D]
Dactylis　42
Dactylis glomerata　42
Dactyloctenium　65
Dactyloctenium aegyptium　65
Danthonieae　62
Dennstaedtiaceae　167, 168
Dicksonia　170
Dicksonia squarrosa　170
Dicksoniaceae　170
Digitaria　79
Digitaria ciliaris　79
Diplachne　65
Diplachne fusca　65
Dipterocarpus　141
Dipterocarpus grandiflorus　141
Distichlis　68
Distichlis spicata　68

Distylium　119
Distylium racemosum　119
Dryopteridaceae　167

[E]
Echinochloa　75, 76
Echinochloa crus-galli　75
Echinochloa crus-galli var. *echinata*　75
Echinochloa utilis　76, 100, 102
Eleusine　69
Eleusine indica　69
Empodisma　107
Empodisma bminus　218
Equisetaceae　169
Equisetum　169
Equisetum arvens　191
Equisetum palustre　169
Eragrostideae　64
Eragrostis ferruginea　64
Eragrostis pilosa　64
Eriophorum　104
Eriophorum vaginatum　104
Escalloniacea　139
Euphrasia spp.　317

[F]
Fagaceae　122
Fagus　122
Fagus crenata　122
Festuca　43, 218, 296, 316
Festuca coxii　233
Festuca ovina　43
Ficus　120
Ficus eracta　120
Ficus microcarpa　120, 213

[G]
Gahnia　103
Gahnia procera　103, 105, 106

[H]
Hakonechloa　55
Hakonechloa macra　55
Heliconia　116
Heliconia sp.　116
Hibanobambusa　23
Hibanobambusa tranquillans　23
Hibanobambusa tranquillans f. *shirosima*　24
Hierochloe　50
Hierochloe odoratsa　50
Hordeum　46
Hordeum murinum　46

[I]
Imperata　85
Imperata cylindrica　85
Isoetes alpine　317

[J]
Juniperus 147
Juniperus rigida 147

[K]
Knightia 139
Knightia excelsa 139

[L]
Larix 162
Larix decidua 164
Larix gmelinii 165
Larix gmelinii var. *japonica* ex. *saghalin* 165
Larix kaempferi 162
Larix laricina 163
Larix olgensis 164
Larix olgensis var. *koreana* 164,165
Larix potaninii 163
Lasioderma 12
Lauraceae 129
Leersia 37
Leersia oryzoides 37
Leptocarpus 107
Leptocarpus similis 107,218
Leymus 46
Leymus mollis 46
Lindera 131
Lindera glauca 131
Lithocarpus 127
Lithocarpus edulis 127
Lithocarpus glabra 127
Litsea 132,133
Litsea acuminata 132
Litsea calicaris 133
Litsea japonica 132
Lolium 40
Lolium multiflorum 40,41
Lolium perenne 40,44

[M]
Macrochlamys 7
Magnolia 118
Magnolia heptapeta 118
Magnolia kobus var. *borealis* 118
Magnoliaceae 118
Marattiaceae 168,169
Medakesa 20
Meliceae 218
Metrosideros 140
Microlepia 167
Microlepia marginata 167,168,169
Microlepia marginata var. *bipinnata* 167,168
Microstegium 88
Microstegium japonicum 88
Miscanthus 83
Miscanthus condensatus 83,84
Miscanthus floridulus 84
Miscanthus sacchariflorus 83,84,99,100
Miscanthus sinensis 83,84,99,100
Miscanthus sinensis f. *gracillimus* 83,84
Molinia 56
Molinia japonica 56
Monilicadae 13
Moraceae 120,142
Morus bombycis 213
Muhlenbergia 66
Muhlenbergia curviaristata 66,67
Musa 115
Musa saplentum 115
Musa textilis 115
Musaceae 115
Musci 317
Mytaceae 140

[N]
Neolitsea 134
Neolitsea aciculata 134
Neolitsea sericea 134
Nezasa 21
Nothofagus 128
Nothofagus cliffortioides 316,317
Nothofagus fusca 128
Nothofagus mennzie 317
Nothofagus mennzisii 317
Nothofagus solandri 128
Nothofagus spp. 317
Nothofagus truncata 128
Nothofagus truncata, N. Tawhairaunui 317

[O]
Olearia 136
Olearia furfuracea 136
Olearia rani 136
Oplismenus 73
Oplismenus undulatifolius 73,74
Opuntia coccinellifera 316
Oryza sativa 34〜38,101,191,195,210
Oryzeae 34

[P]
Palmae 108
Paniceae 72
Panicum 72
Panicum miliaceum 72,102
Pennisetum 80
Pennisetum alopecuroides 80
Persea（*Machilus*） 129,130
Persea（*Machilus*）*japonica* 130
Persea（*Machilus*）*thunbergii* 129,130
Phalaenopsis 112
Phalaenopsis sp. 112
Phalaris 50
Phalaris arundinacea 50
Phleum 48,49

Phleum pratense　48, 49
Phragmites　58
Phragmites australis　58〜60, 97, 98
Phragmites commmunies　208
Phragmites japonica　58〜60
Phragmites karka　58〜60
Phyllocladus alpinus　317
Phyllostachys　26
Phyllostachys aurea f. *flavescens-inversa*　26
Phyllostachys bambusoides　26
Phyllostachys distichus　26
Phyllostachys heterocycla f. *pubescens*　26
Phyllostachys nigra　26
Picea　155
Picea abies　155
Picea bicolor　155
Picea glauca　156
Picea glehnii　155
Picea jezoensis　158
Picea koraiensis　157
Picea koyamae　157
Picea obovata　157
Picea pungens　156
Picea rubens　156
Pinaceae　148
Pinus　148
Pinus banksiana　148
Pinus bungeana　148
Pinus contorta　149
Pinus densiflora　149
Pinus monticola　149
Pinus nigra　150
Pinus parviflora var. *pentaphylla*　149
Pinus peuce　153
Pinus ponderosa　151
Pinus pumila　153
Pinus resinosa　154
Pinus rigida　153, 154
Pinus sembra　154
Pinus strobus　152
Pinus sylvestris　149
Pinus tabulaeformis　150
Pittosporace　140
Pittosporum　140
Pittosporum crassifolium　140
Pleioblastus　19
Pleioblastus argenteostriatus　22
Pleioblastus chino　21
Pleioblastus chino f. *angustifolius*　21
Pleioblastus chino var. *vagiratus*　21
Pleioblastus fortunei　21
Pleioblastus graminens　19
Pleioblastus hindsii　19
Pleioblastus linearis　19
Pleioblastus simoni　20
Pleioblastus simoni var. *heterophyllus*　20
Pleioblastus xystrophyllus　22

Poa　218, 296, 316
Poa calendnii　233
Poa citica　233
Poa laevis　43
Poaceae　5, 317
Poeae　43
Polystichum　167
Polystichum tsus-sinense　167
Pooideae　40, 43
Proteaceae　139
Prumnopitys/Podocarpus　317
Pseudopanax anomaus　317
Pseudosasa　18
Pseudosasa hamadae　18
Pseudosasa japonica f. *pleioblastoides*　18
Pseudosasa japonica f. *tsutsumiana*　18
Pseudotsuga　166
Pseudotsuga menziesii　166
Pteridium　167
Pteridium aquilinum　167, 169
Pteridium esculentum　167
Pterospermum　142
Pterospermum obliquum　142

[Q]
Quercus　122
Quercus acuta　123
Quercus dentata　122
Quercus salicina　123
Quercus sessilifolia　124

[R]
Restionaceae　107, 218
Rhopalostylis　108
Rhopalostylis sapida　108, 111
Rhynchospora　103
Rhynchospora fauriei　103, 106
Rytidosperma　63, 296, 316
Rytidosperma gracile　63, 232
Rytidosperma setifolium　317

[S]
Sapindeaceae　138
Sasa　5
Sasa apoiensis　10
Sasa chartacea　9, 10, 94, 96, 205
Sasa kagamiana subs. *yoshinoi*　12
Sasa kurilensis　7, 94〜96
Sasa lokkomontana　10
Sasa nipponica　10
Sasa ohominana　10
Sasa palmata　5
Sasa palmata subs. *neblosa*　5
Sasa palmata subs. *neblosa*(南方系)　5
Sasa scytophylla　13
Sasa senanensis　5
Sasa shimidzuana　12

Sasa togashiana　　12
Sasa tuboiana　　13
Sasa veitchii　　94, 96
Sasa veitchii f. (?)　　5
Sasa veitchii var. *tyugokensis*　　5
Sasaella　　15
Sasaella arakii　　15
Sasaella muroiana　　16
Sasaella ramosa　　15
Sasaella sawadai　　15
Sasaella suwekoana　　15
Sasaella tajima　　16
Sasamorpha　　17
Sasamorpha borealis　　17, 95
Sasamorpha borealis f. *albostrita*　　17
Sasamorpha kurilensis　　94
Satakentia　　108
Satakentia liukiuensis　　108
Schizostachyum　　33
Schizostachyum grande　　33
Schoenoplectus　　103
Schoenoplectus hotarui　　103
Schoenoplectus tabernaemontani　　103, 104
Scripus　　103
Scirpus asiaticus　　103, 106
Scirpus wichurae　　103
Secale cereale　　101
Selaginella　　168
Selaginella uncinata　　168
Selaginellaceae　　168
Semiarundinaria　　17
Semiarundinaria fastuosa　　27, 28
Setaria　　77
Setaria glauca　　77, 78
Setaria italica　　77, 78, 102
Setaria megaphylla　　205
Setaria palmifolia　　77, 78
Setaria pycnocoma　　77, 78
Setaria viridis　　77
Shibataea　　31
Shibataea kumasaka　　31
Sinobambusa　　29
Sinobambusa tootsik　　29
Sonchus spp.　　316
Sorghum　　86
Sorghum bicolor　　101, 102
Sorghum vulgare　　86, 100
Spodiopogon　　82
Spodiopogon sibiricus　　82
Sporadanthus traversii　　107, 218
Sterculiaceae　　142

Stipa　　39
Stipa pekinensis　　39
Stipeae　　39, 218

[T]
Taxaceae　　145
Taxus　　145
Taxus baccata　　145
Taxus cuspidata　　145
Tetragonocalamus　　30
Tetragonocalamus angulatus　　30
Thelypteridaceae　　167, 168
Thelypteris　　167
Thelypteris acuminata　　167
Themeda　　89
Themeda triandra var. *japonica*　　89
Thuja　　146
Thuja plicata　　146
Triticeae　　44, 46
Triticum　　44
Triticum aestivum　　44, 101
Tsuga　　166
Tsuga diversifolia　　166
Typha　　316

[U]
Ulmaceae　　121
Ulmus　　121
Ulmus laciniata　　121

[V]
Verbenaceae　　140, 143
Vitex　　143
Vitex lucens　　143
Vitex paruiflora　　143

[W]
Weinmannia　　137
Weinmannia racemosa　　137

[Z]
Zea　　91
Zea mays　　91〜93
Zelkova　　121
Zelkova serrata　　121
Zingiberaceae　　114
Zizania　　38
Zizania latifolia　　205
Zoysia　　71
Zoysia japonica　　71

近藤 錬三(こんどう れんぞう)

1942年 札幌市に生まれる
1964年 帯広畜産大学卒業
1989年 日本土壌肥料学会賞受賞
現　在 帯広畜産大学名誉教授　農学博士
専　門 土壌学, 植物ケイ酸体学, 第四紀学
主　著 泥炭土の有機物に関する化学的研究(北海道開発局, 1981), 第四紀試料分析法2 ―研究対象別分析法(共同執筆, 東京大学出版, 1993), Opal Phytoliths of New Zealand(共著, Mannaki Whenua Press, New Zealand, 1994), 地球環境調査計測事典(共同執筆, フジ・テクノシステム, 2000), 化石の研究法―採集から最新の解析法まで(共同執筆, 共立出版, 2000)
主論文 近藤錬三(2004). 講座 植物ケイ酸体研究, ペドロジスト, 48：46-64. 近藤錬三(2005). 講座 植物ケイ酸体研究 II, ペドロジスト, 49：38-51. 近藤錬三・佐瀬隆 (1986). 植物珪酸体―その特性と応用, 第四紀研究, 25：31-63. 近藤錬三・岡田英樹・米山忠克(2001). 日本におけるイネ科植物由来の植物ケイ酸体の有機炭素量および ^{13}C 自然存在比, 第四紀研究, 40：185-192. Kondo, R., Tsutski K., Tani, M., and Maruyama. R. (2002). Differentiation of genera *Pinus*, *Picea*, and *Abies* by the transfusion tracheid phytoliths of Pinaceae leaves., Pedologist, 46: 32-35. 近藤錬三・大澤聰子・筒木潔・谷昌幸・芝野伸策(2003). マツ科樹木の葉部に由来する植物ケイ酸体の特徴, ペドロジスト, 47：90-103. 本村浩之・米倉浩司・近藤錬三(2010). イネ科植物の泡状細胞珪酸体の多様性と記載用語の提案, 植生史研究, 18：3-12.

プラント・オパール図譜
走査型電子顕微鏡写真による植物ケイ酸体学入門

2010年10月10日　第1刷発行

著　者　近藤錬三

発行者　吉田克己

発行所　北海道大学出版会
札幌市北区北9条西8丁目 北海道大学構内(〒060-0809)
Tel. 011(747)2308・Fax. 011(736)8605・http://www.hup.gr.jp

㈱アイワード／石田製本㈱　　　　　　　　　Ⓒ 2010　近藤錬三

ISBN 978-4-8329-8197-3

野生イネの自然史 ―実りの進化生態学―	森島啓子編著	A5・228頁 価格3000円
麦の自然史 ―人と自然が育んだムギ農耕―	佐藤洋一郎 加藤鎌司 編著	A5・416頁 価格3000円
雑穀の自然史 ―その起源と文化を求めて―	山口裕文 河瀨眞琴 編著	A5・262頁 価格3000円
栽培植物の自然史 ―野生植物と人類の共進化―	山口裕文 島本義也 編著	A5・256頁 価格3000円
攪乱と遷移の自然史 ―「空き地」の植物生態学―	重定南奈子 露崎史朗 編著	A5・270頁 価格3000円
雑草の自然史 ―たくましさの生態学―	山口裕文編著	A5・248頁 価格3000円
花の自然史 ―美しさの進化学―	大原 雅編著	A5・278頁 価格3000円
植物の自然史 ―多様性の進化学―	岡田 博 植田邦彦編著 角野康郎	A5・280頁 価格3000円
高山植物の自然史 ―お花畑の生態学―	工藤 岳編著	A5・238頁 価格3000円
森の自然史 ―複雑系の生態学―	菊沢喜八郎 甲山隆司 編	A5・250頁 価格3000円
北海道山菜誌	山本 正 高畑 滋著 森田 弘彦	四六・276頁 価格1600円
被子植物の起源と初期進化	髙橋 正道著	A5・526頁 価格8500円
新北海道の花	梅沢 俊著	四六・464頁 価格2800円
新版北海道の樹	辻井 達一 梅沢 俊著 佐藤 孝夫	四六・320頁 価格2400円
北海道の湿原と植物	辻井達一 橘ヒサ子 編著	四六・266頁 価格2800円
写真集 北海道の湿原	辻井 達一 岡田 操 著	B4変・252頁 価格18000円
春の植物 No.1 植物生活史図鑑Ⅰ	河野昭一監修	A4・122頁 価格3000円
春の植物 No.2 植物生活史図鑑Ⅱ	河野昭一監修	A4・120頁 価格3000円
夏の植物 No.1 植物生活史図鑑Ⅲ	河野昭一監修	A4・124頁 価格3000円
普及版 北海道主要樹木図譜	宮部 金吾著 工藤 祐舜 須崎 忠助画	B5・188頁 価格4800円
札幌の植物 ―目録と分布表―	原 松次編著	B5・170頁 価格3800円
北海道高山植生誌	佐藤 謙著	B5・708頁 価格20000円
日本海草図譜	大場 達之 宮田 昌彦 著	A3・128頁 価格24000円

―北海道大学出版会―

価格は税別